AutoCAD 2010 工程绘图及 SolidWorks 2010、UG NX 7.0 造型设计

主　编　邢鸿雁　郑圣子

参　编　（按章节顺序排序）

周桂英　刘合荣　郭志全

主　审　姚涵珍

机 械 工 业 出 版 社

全书共分4篇16章。第1篇（第1～7章）AutoCAD 2010二维绘图基础，包括AutoCAD 2010基础知识、设置基本绘图环境、平面图形的绘制和编辑、尺寸标注、文字和图案填充、零件图的绘制、装配图的绘制；第2篇（第8、9章）AutoCAD 2010三维几何造型及其二维图的自动生成，包括三维绘图基础，创建、编辑三维实体以及三维实体的布尔运算，由三维实体生成二维视图、剖视图；第3篇（第10～13章）SolidWorks 2010三维实体建模及工程图的创建与编辑，包括SolidWorks基础、零件建模和编辑、装配零件、工程图；第4篇（第14～16章）UG NX 7.0造型设计，包括UG NX基本操作、特征建模和装配。每章最后都针对本章内容有大型、综合的实例，每个实例都提供了独立、完整的设计绘制过程，操作步骤都有简洁的文字说明和精美的图例展示。

本书可作为大专院校师生、研究生、工程技术人员学习应用的好教材。

图书在版编目（CIP）数据

AutoCAD 2010工程绘图及SolidWorks 2010、UG NX 7.0造型设计/邢鸿雁，郑圣子主编. —北京：机械工业出版社，2011.12（2023.1重印）

ISBN 978-7-111-36224-1

Ⅰ. ①A… Ⅱ. ①邢… ②郑… Ⅲ. ①工程制图：计算机制图—AutoCAD软件②工业设计：造型设计：计算机辅助设计—应用软件，SolidWorks 2010 ③工业设计：造型设计：计算机辅助设计—应用软件，UG NX 7.0 Ⅳ. ①TB237 ②TB47-39

中国版本图书馆CIP数据核字（2011）第215630号

机械工业出版社（北京市百万庄大街22号 邮政编码100037）

策划编辑：周国萍　责任编辑：周国萍

版式设计：张世琴　责任校对：刘志文

封面设计：马精明　责任印制：李　昂

北京中科印刷有限公司印刷

2023年1月第1版第17次印刷

184mm×260mm・23.75印张・583千字

标准书号：ISBN 978-7-111-36224-1

定价：45.00元

电话服务

客服电话：010-88361066

010-88379833

010-68326294

网络服务

机工官网：www.cmpbook.com

机工官博：weibo.com/cmp1952

金书网：www.golden-book.com

机工教育服务网：www.cmpedu.com

前　言

AutoCAD 是美国 Autodesk 公司开发的专门用于计算机辅助绘图和设计的软件包，具有易于掌握、使用方便、绘图精确和体系结构开放等优点；UG NX 是美国 Siemens 公司推出的一套集 CAD、CAM、CAE 于一体的软件系统，其囊括了产品设计、零件装配、模具设计、NC 加工、工程图设计、模流分析、自动测量和机构仿真等多种功能；SolidWorks 是一个用于进行零件建模、机械装配和图样制作的三维 CAD 系统。因此，AutoCAD、SolidWorks、UG 是 CAD 族群中在全世界使用最为普遍的几种软件，广泛应用于机械、建筑、电子、航空航天、石油化工、冶金、纺织、轻工等行业，并取得了丰硕的成果和巨大的经济效益。

AutoCAD 2010 是 Autodesk 公司开发的最新版本，该版本绘图功能更加强大，在运行速度、图形处理、网络功能等方面都达到了崭新的水平，可以绘制任意二维和三维图形；UG 集成软件能够让工业设计人员快速使模型概念化、加工自动化，它的功能覆盖了从概念设计到产品生产的整个过程；SolidWorks 软件能够提供不同的设计方案、减少设计过程中的错误、提高产品质量，同时操作简单方便、易学易用。

全书共分 4 篇 16 章。第 1 篇（第 1～7 章）AutoCAD 2010 二维绘图基础，包括 AutoCAD 2010 基础知识、设置基本绘图环境、平面图形的绘制和编辑、尺寸标注、文字和图案填充、零件图的绘制、装配图的绘制；第 2 篇（第 8、9 章）AutoCAD 2010 三维几何造型及其二维图的自动生成，包括三维绘图基础、创建和编辑三维实体以及三维实体的布尔运算，由三维实体生成二维视图、剖视图；第 3 篇（第 10～13 章）SolidWorks 2010 三维实体建模及工程图的创建与编辑，包括 SolidWorks 基础、零件建模和编辑、装配零件、工程图；第 4 篇（第 14～16 章）UG NX 7.0 造型设计，包括 UG NX 基本操作、特征建模和装配。每章最后都针对本章内容有大型、综合的实例，每个实例都提供了独立、完整的设计绘制过程，操作步骤都有简洁的文字说明和精美的图例展示。

本书由长期从事工程制图、AutoCAD、SolidWorks、UG 的教学、应用和开发工作的高校教师编写，对各个软件的功能、特点及应用有较深的理解和体会，是长期教学、工程设计经验的结晶。本书的最大特点是以工程制图为主线，以 AutoCAD 2010、SolidWorks 2010、UG NX 7.0 为软件平台，注意知识点与实例相结合，将典型的机械工程图的绘制贯穿始终，循序渐进，精辟地讲授了用 AutoCAD、SolidWorks、UG 进行工程绘图的要点、思路、方法及技巧，力求使读者“用得上，学得会，看得懂”，并能够学以致用，从而尽快掌握三个软件设计中的诀窍。本书不失为大专院校师生、研究生、工程技术人员学习应用的好教材。

参加本书编著的有周桂英（第 1～3 章）、刘合荣（第 4～7 章）、郑圣子（第 8、9 章）、邢鸿雁（第 10～13 章）、郭志全（第 14～16 章）。全书由邢鸿雁、郑圣子任主编，姚涵珍教授主审。

由于编者水平有限，书中错误、疏漏之处在所难免，恳请读者批评指正。

编　者

目　录

第 1 篇 AutoCAD 2010 二维绘图基础

第 1 章 AutoCAD 2010 基础知识

AutoCAD 是当今世界最流行的绘图软件之一，是一个集二维绘图、三维绘图及设计为一体的大型 CAD 软件。使用它可以精确、快速地绘制图形，因此广泛应用于机械、电子、建筑、服装和广告设计等行业。它综合了计算机知识和工程制图知识，具有易于掌握、使用方便、体系结构开放等优点。本章主要讲述 AutoCAD 2010 的基本功能；如何安装、启动和退出；AutoCAD 2010 的工作空间界面及 AutoCAD 2010 的命令输入方法。

1.1 AutoCAD 2010 概述

AutoCAD 2010 不仅继承了前些版本的优点，其功能也更加强大和完善，使许多操作变得更加直观和实用，将直观强大的概念设计和视觉工具结合在一起，促进了 2D 设计向 3D 设计的转换。AutoCAD 2010 软件整合了制图和可视化，加快了任务的执行，从而进一步简化了制图任务，极大地提高了效率。由于它的智能化，可以使读者更简捷、方便地使用软件，全面提升了工程设计的能力。

1.2 AutoCAD 2010 的安装、启动与退出

在使用 AutoCAD 2010 软件进行绘图之前，必须将该软件安装到计算机的硬盘中，安装过程可以根据 AutoCAD 安装向导来进行。安装前还要了解安装软件所要求的系统配置，对于现在的计算机来说，硬件环境一般都能达到软件的安装和运行要求，所以这里对安装软件的计算机硬件系统配置不再叙述。

1.2.1 安装方法

安装中文 AutoCAD 2010 的步骤如下：

1）首先将 AutoCAD 2010 的安装光盘放入光驱中，双击运行光盘，弹出 AutoCAD 2010 安装对话框，如图 1-1 所示。

2）单击“安装产品”，弹出图 1-2 所示的“选择要安装的产品”选项卡对话框，在此对话框中选择要安装的产品，然后单击“下一步”按钮。

图 1-1 AutoCAD 2010 安装对话框

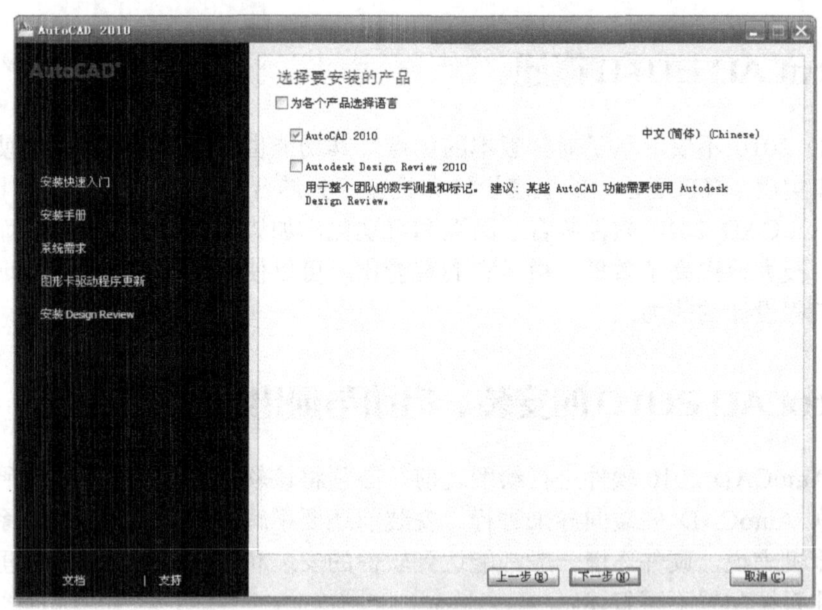

图 1-2 选择要安装的产品

3）弹出图1-3 所示的对话框，显示出软件的许可协议，用户若选择接受协议，则可以进行下一步操作，否则不能继续进行下一步安装工作。选中“我接受”单选按钮后，单击“下一步”按钮。

4）弹出图 1-4 所示的对话框，在显示的界面中输入 AutoCAD 2010 产品序列号和产品密钥。在相应空栏中填入自己的信息，然后单击“下一步”按钮。

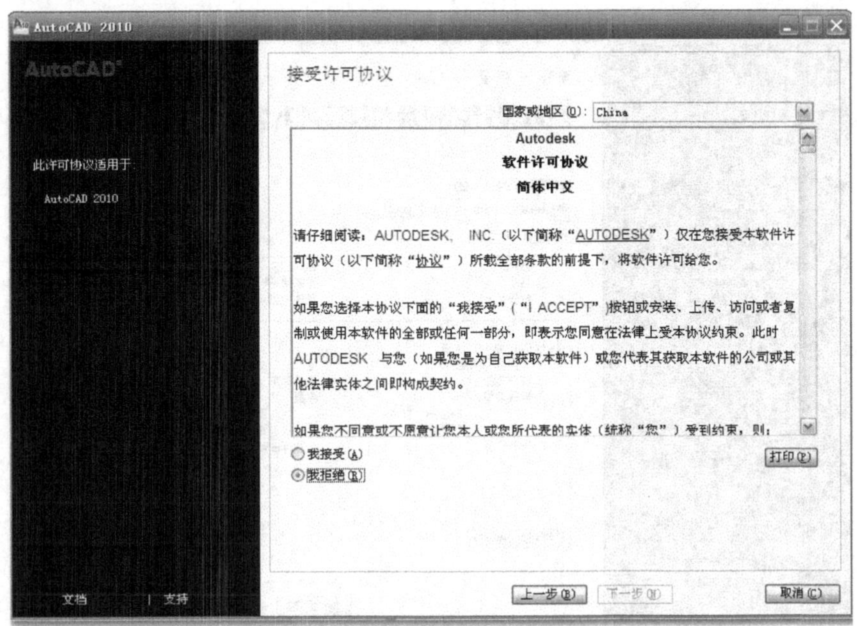

图 1-3 “软件许可协议”选项卡

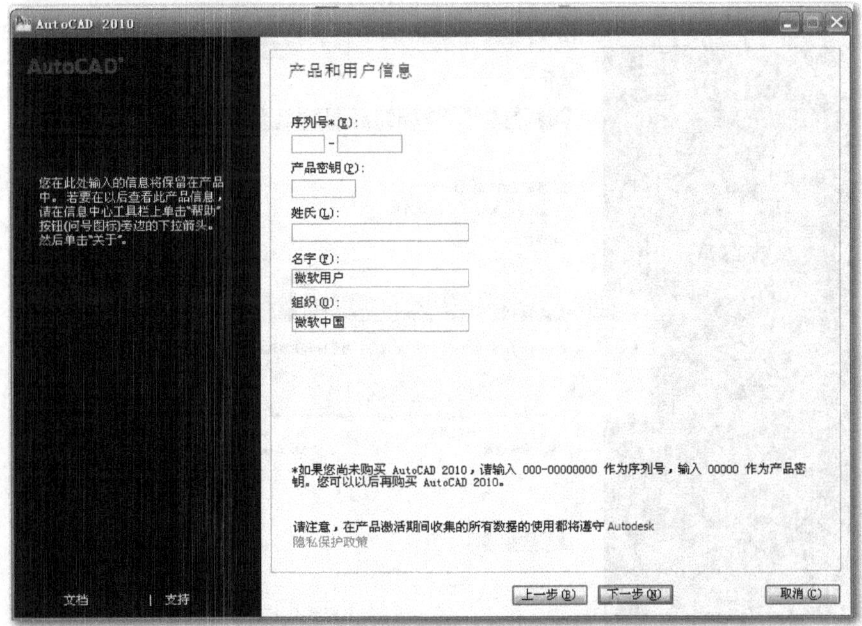

图 1-4 “产品和用户信息”选项卡

5）选择要配置的产品，然后单击“安装”按钮，如图 1-5 所示。

6）此时，系统弹出图1-6 所示的对话框，提示用户是否使用安装产品的默认设置，单击“是”按钮进行安装。

7）AutoCAD 2010 安装时默认的安装目录是 C:\Program Files\AutoCAD 2010。

8）如果想改变默认安装路径，可单击“浏览”按钮，选择想要安装的路径。

9）定了安装路径，单击“下一步”按钮，显示开始安装的确认信息。

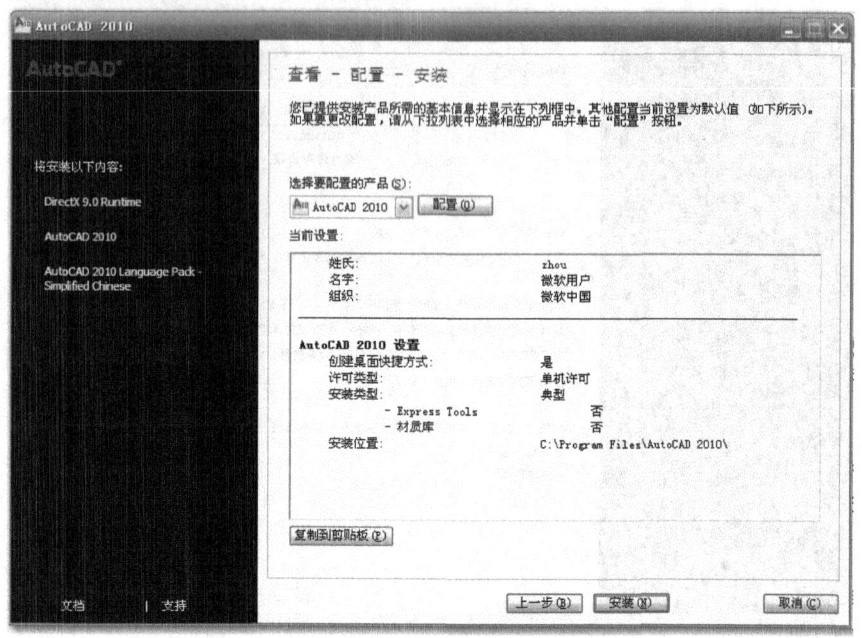

图 1-5 “查看-配置-安装”选项卡

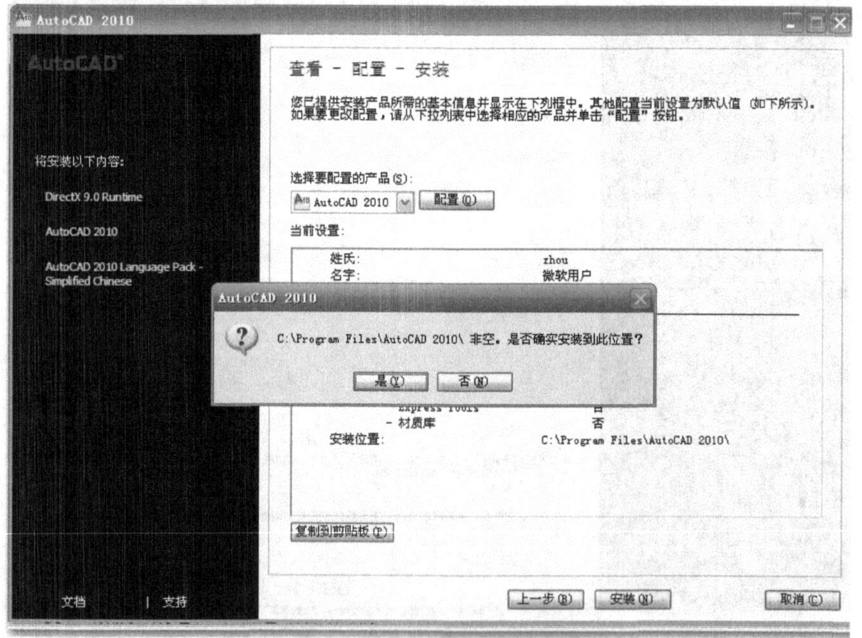

图 1-6 选择使用默认设置

10）确认无误后，单击“下一步”按钮，开始安装，安装界面将随时显示安装进程，如图 1-7 所示。

11）安装结束后，重新启动计算机。

12）软件安装结束后，在计算机桌面上创建一个快捷图标。

图 1-7　显示安装进程

1.2.2　启动与退出

1．启动

将 AutoCAD 2010 软件安装到计算机上之后，便可以启动 AutoCAD 2010 绘制各种图形，启动 AutoCAD 2010 的主要方法：

1）双击桌面上的 AutoCAD 2010 应用程序的快捷图标。

2）在桌面上的 AutoCAD 2010 快捷图标上单击鼠标右键，在弹出的快捷菜单中执行“打开”命令。

3）双击文件夹中扩展名为“DWG”的文件。

4）通过“开始”菜单启动：单击“开始”→“所有程序”→“Autodesk”→“AutoCAD 2010-Simplified Chinese”→“AutoCAD 2010”，如图 1-8 所示。

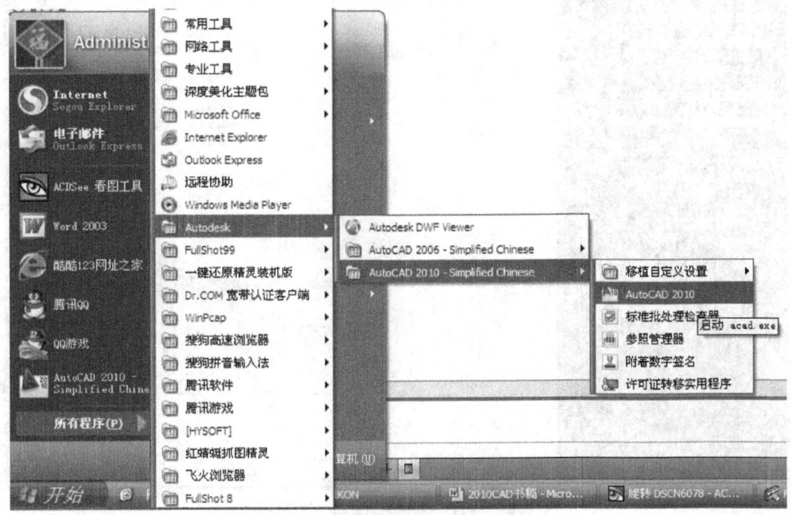

图 1-8　通过“开始”菜单启动

在第一次启动 AutoCAD 2010 时，将出现“AutoCAD 2010—初始设置”对话框。在该对话框中可以针对不同的用户创建配置，即对 AutoCAD 2010 的工作界面初始化设置，其操作步骤如下：

1）双击桌面上的 AutoCAD 2010 快捷图标，打开“AutoCAD 2010—初始设置”对话框，如图 1-9 所示。

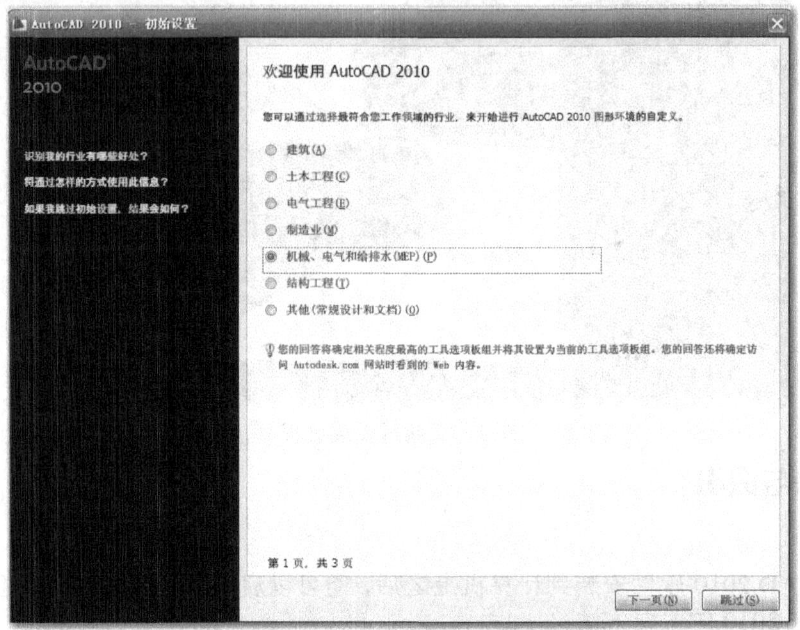

图 1-9 “AutoCAD 2010—初始设置”对话框

2）在“AutoCAD 2010—初始设置”对话框中选择符合自己工作领域的行业，然后单击下一页(N)按钮，打开“优化您的默认工作空间”选项卡，如图 1-10 所示。

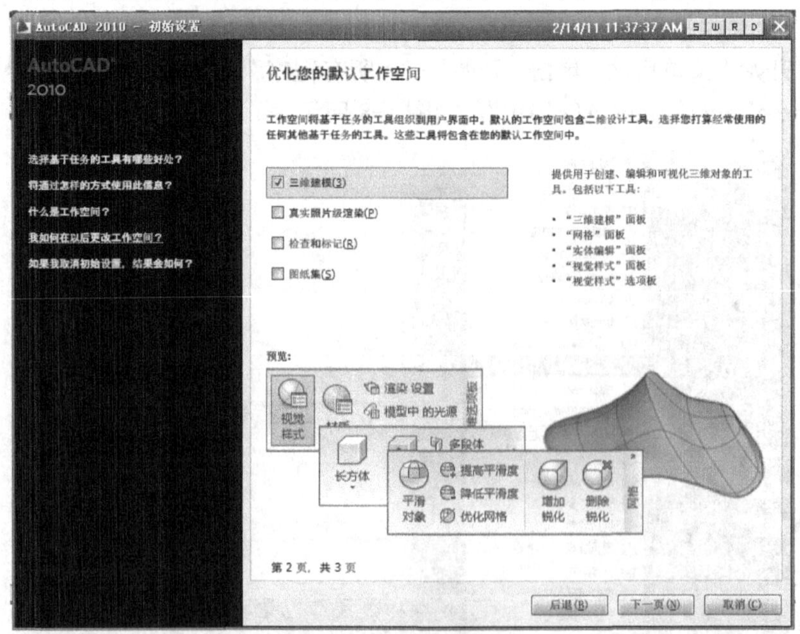

图 1-10 选择优化空间

3）在“优化您的默认工作空间”选项卡中通过初始设置，可以将“三维建模、照片真实级感渲染”等基于任务的工具添加到默认工作空间，例如：选中“三维建模”复选框，单击下一页(N)按钮，打开“指定图形样板文件”选项卡，如图 1-11 所示。

4）在“指定图形样板文件”选项卡中，指定要使用的默认图形样板文件，单击完成(F)按钮，完成初始设置，进入图 1-12 所示的界面，进行 CAD 绘图工作。

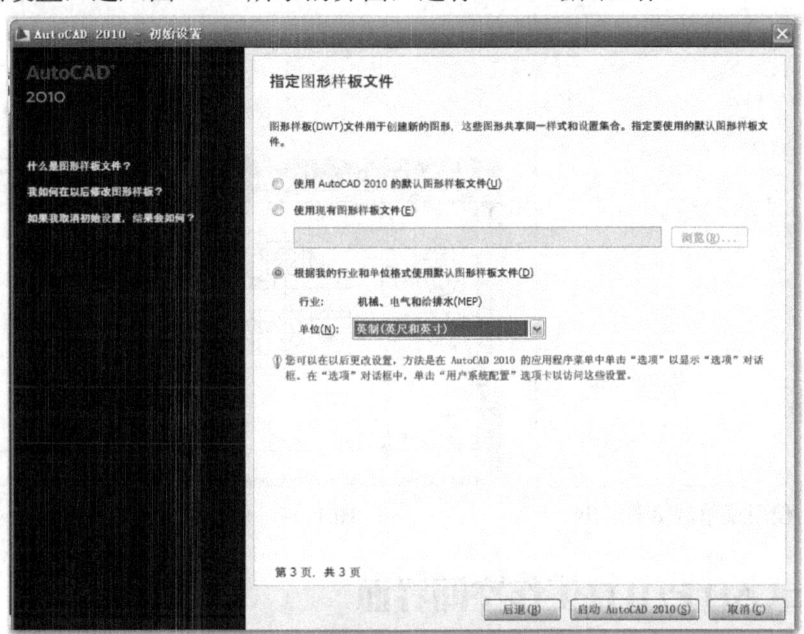

图 1-11 “指定图形样板文件”选项卡

图 1-12 完成初始设置

2. 退出

当完成图形的绘制及编辑操作之后，应退出 AutoCAD 2010。退出 AutoCAD 2010 的主要方法：

1）单击菜单浏览器图标，在打开的菜单中单击 退出 AutoCAD 按钮，即可退出 AutoCAD 2010，如图 1-13 所示。

2）单击 AutoCAD 2010 窗口右上角的关闭按钮，如图 1-14 所示。

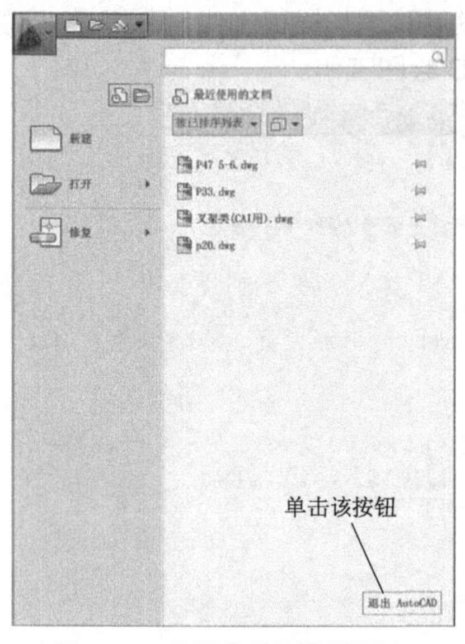

图 1-13　使用菜单浏览器退出

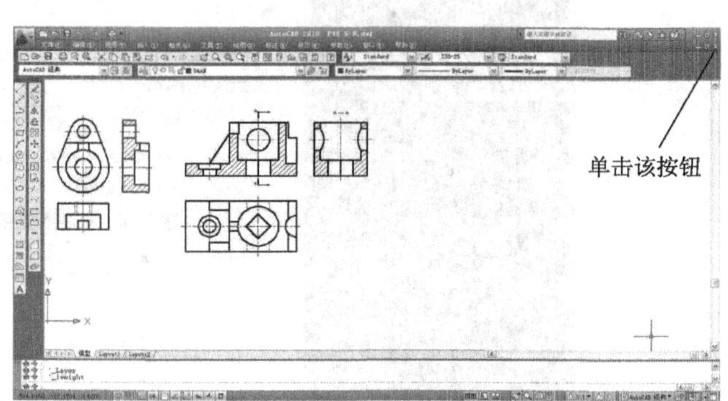

图 1-14　使用“关闭”按钮退出

1.3　AutoCAD 2010 工作空间界面

AutoCAD 2010 提供了三种工作空间界面，即二维草图与注释（图 1-15）、三维建模（图 1-16）和 AutoCAD 经典（图 1-17）。要在这三种工作空间界面中切换，只需在状态托盘中单击切换工作空间图标，在弹出的菜单中选择相应的工作空间即可。

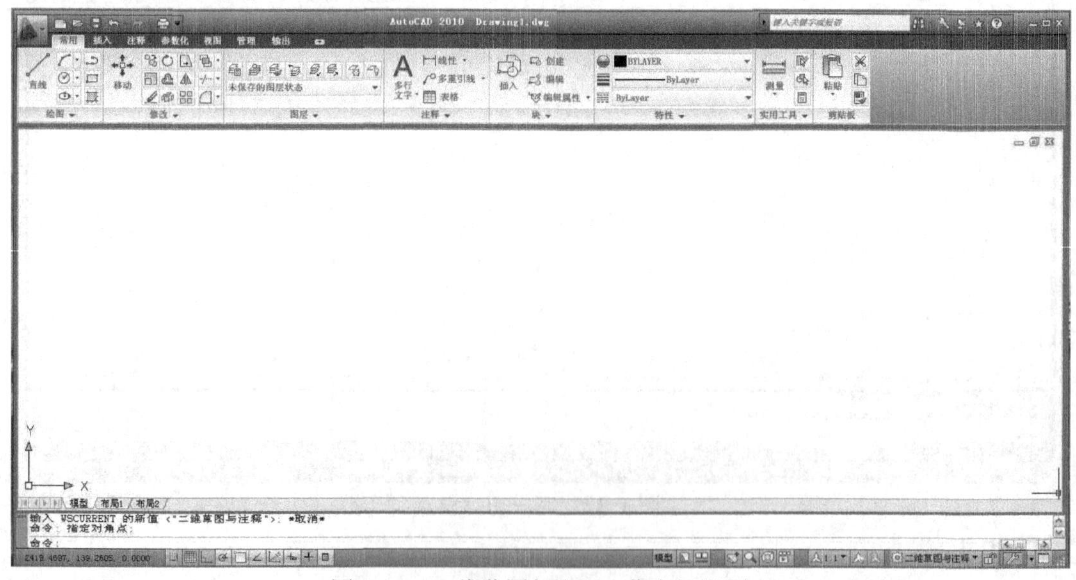

图 1-15　二维草图与注释工作空间界面

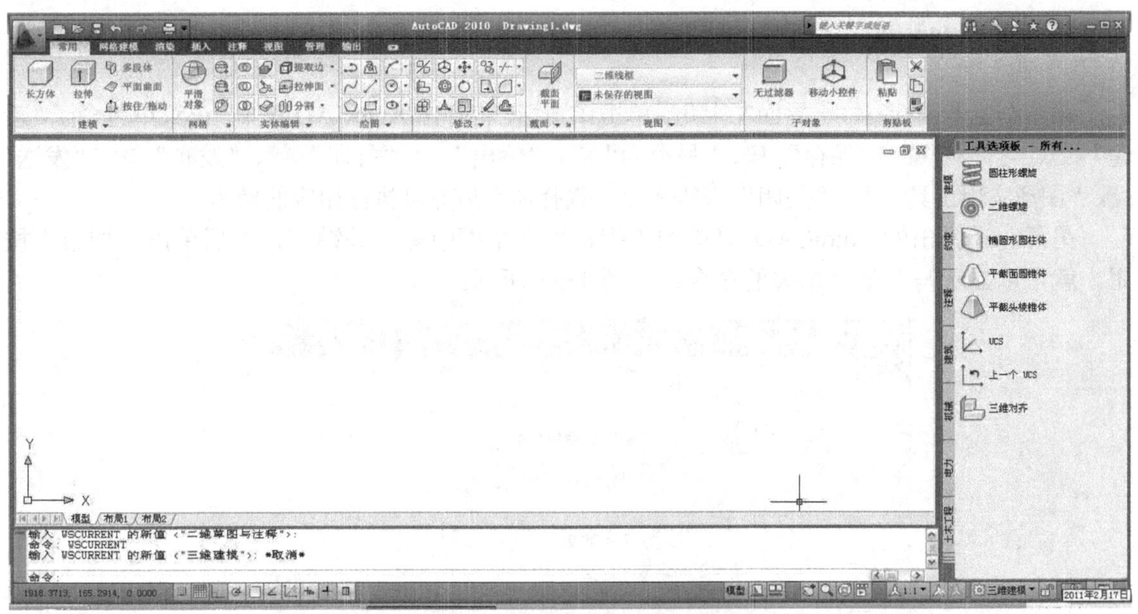

图 1-16　三维建模工作空间界面

AutoCAD 2010 三种工作空间界面主要由菜单浏览器、快速访问工具栏、标题栏、下拉菜单栏、绘图窗口、命令行、状态栏、状态托盘等元素组成。

本节以“AutoCAD 经典”工作空间界面为例进行介绍。图 1-17 对 AutoCAD 经典工作空间界面进行了详细的注释。

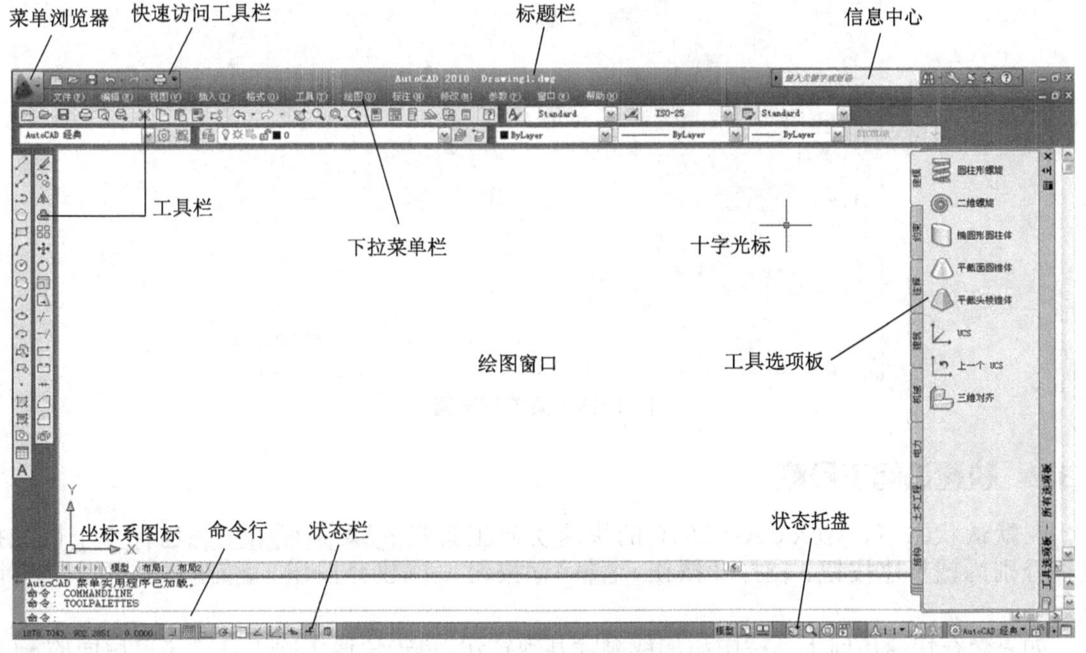

图 1-17　AutoCAD 经典工作空间界面注释

1.3.1 菜单浏览器

菜单浏览器图标位于界面左上角。单击该图标，将弹出 AutoCAD 菜单。该菜单包含了“新建”、“打开”、“保存”、“另存为”、“输出”、“打印”、“发布”、“发送”、“图形实用工具”、“关闭”等命令，选择命令后即可执行相应的操作。

另外，在弹出的 AutoCAD 菜单的“搜索”文本框中输入关键字，然后单击“搜索”按钮，就可以显示与关键字相关的命令，如图 1-18 所示。

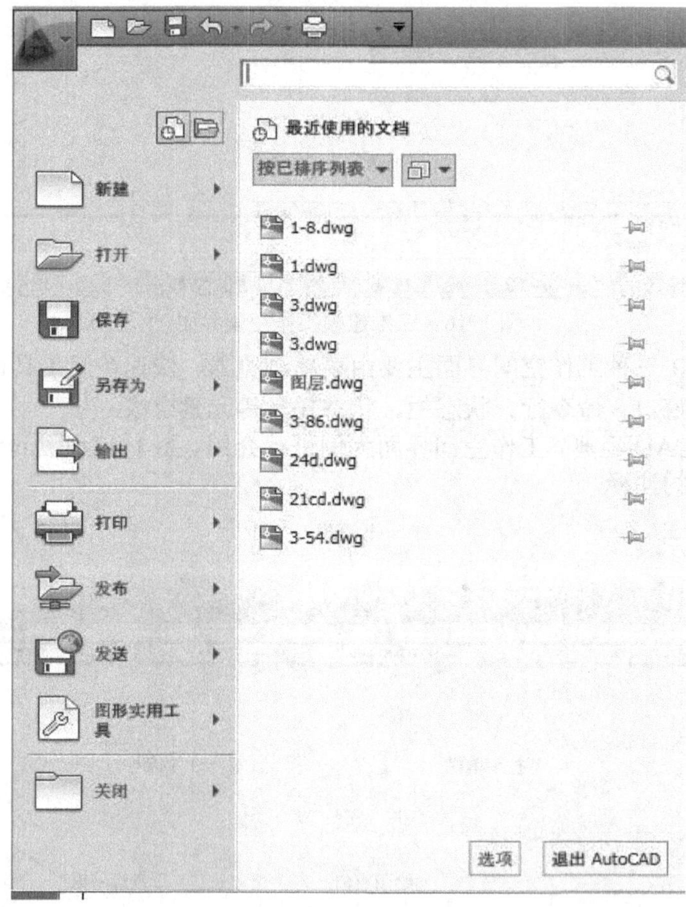

图 1-18 菜单浏览器

1.3.2 快速访问工具栏

在默认状态下，AutoCAD 2010 的快速访问工具栏包含 6 个快捷按钮，分别为新建按钮、打开按钮、保存按钮、放弃按钮、重做按钮、打印按钮。

如果想在快速访问工具栏中添加或删除其他按钮，单击快速访问工具栏菜单后面的（自定义快速访问工具栏）按钮，在弹出的“自定义快速访问工具栏”对话框中进行设置即可，如图 1-19 所示。

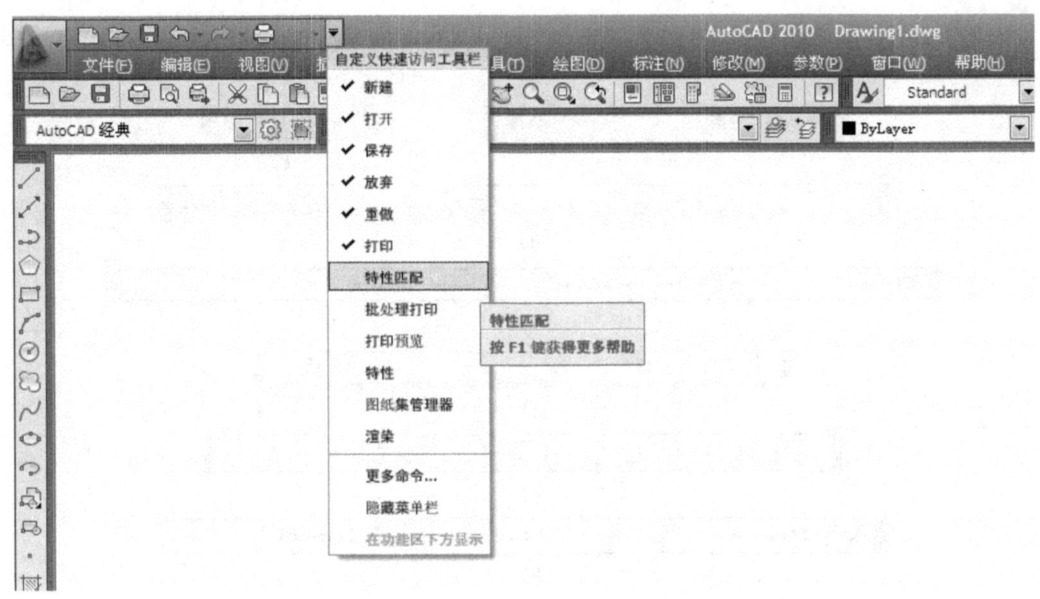

图 1-19 “快速访问工具栏”添加或删除其他按钮

1.3.3 标题栏

标题栏位于应用程序窗口的最上面，用于显示当前正在运行的程序名及文件名等信息，如果是 AutoCAD 默认的图形文件，其名称为 DrawingN.dwg（其中 N 是数字）。当用户第一次启动 AutoCAD 2010 时，在标题栏中会显示图形文件的名字 AutoCAD 2010 Drawing1.dwg，如图 1-19 所示。

标题栏中的信息中心提供了多种信息来源。在文本框中输入需要帮助的问题，然后单击搜索按钮，就可以获取相关的帮助。单击速博应用（Subscription）中心，注册为会员并访问订阅中心。单击通信中心按钮，可以获取最新的软件更新、产品支持通告和其他服务的直接链接。单击收藏夹按钮，可以保存一些重要的信息。

单击标题栏右端的按钮，可以最小化、最大化或关闭程序窗口。标题栏最左边是应用程序的小图标，单击它弹出一个 AutoCAD 窗口控制下拉菜单，利用该下拉菜单中的命令，可以进行最小化或最大化窗口、恢复窗口、移动窗口或关闭 AutoCAD 等操作。

1.3.4 工具栏

工具栏是应用程序调用命令的另一种方式，它是一组图标工具的集合。每个图标均以形象的图形按钮方式显示，很容易识别和记忆。

AutoCAD 共提供了二十多个已命名的工具栏，在工具栏中单击某个图标，即可启动相应的命令。默认情况下，标准、工作空间、绘图、绘图次序、特性、图层、修改、样式工具栏处于打开状态，如图 1-20 所示。如果要显示当前隐藏的工具栏，可在任意工具栏上单击右键，从弹出的快捷菜单中单击要显示或隐去的工具栏名称，就可以显示或关闭相应的工具栏。

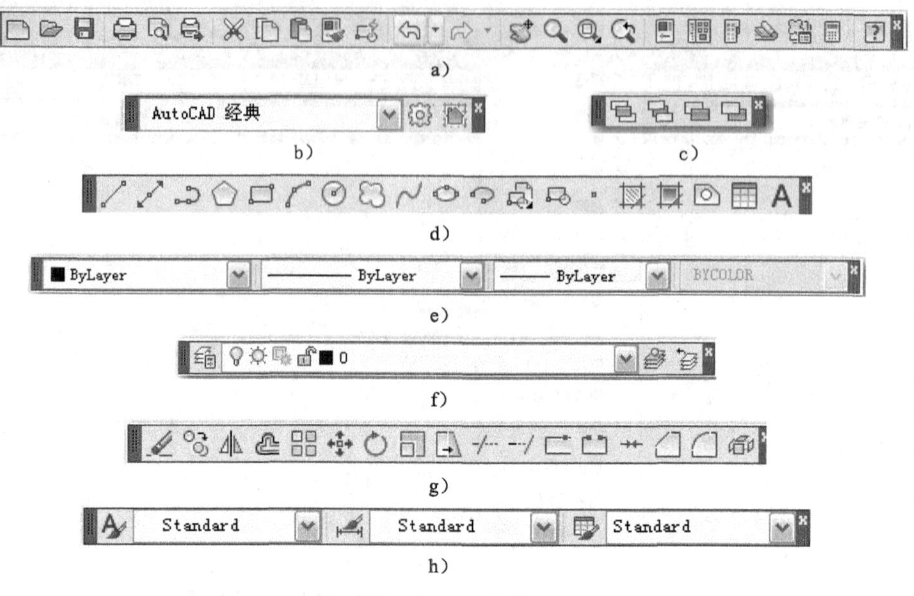

图 1-20 工具栏
a）标准工具栏 b）工作空间界面工具栏 c）绘图次序工具栏 d）绘图工具栏
e）特性工具栏 f）图层工具栏 g）修改工具栏 h）样式工具栏

1.3.5 下拉菜单

下拉菜单位于标题栏的下方，默认状态下的下拉菜单包含“文件”、“编辑”、“视图”、“插入”、“格式”、“工具”、“绘图”、“标注”、“修改”、“参数”、“窗口”、“帮助”等 12 个主菜单，每个主菜单均由一些相关的命令项组成。下拉菜单中的选项有三种情况：

1）右面有小三角符号的菜单项，表示还有子菜单，如图 1-21 所示。

2）单击右面有省略号的菜单项，将弹出一个对话框，如图 1-22 所示。

3）右面没有任何符号的菜单项，表示执行相应的 AutoCAD 命令。

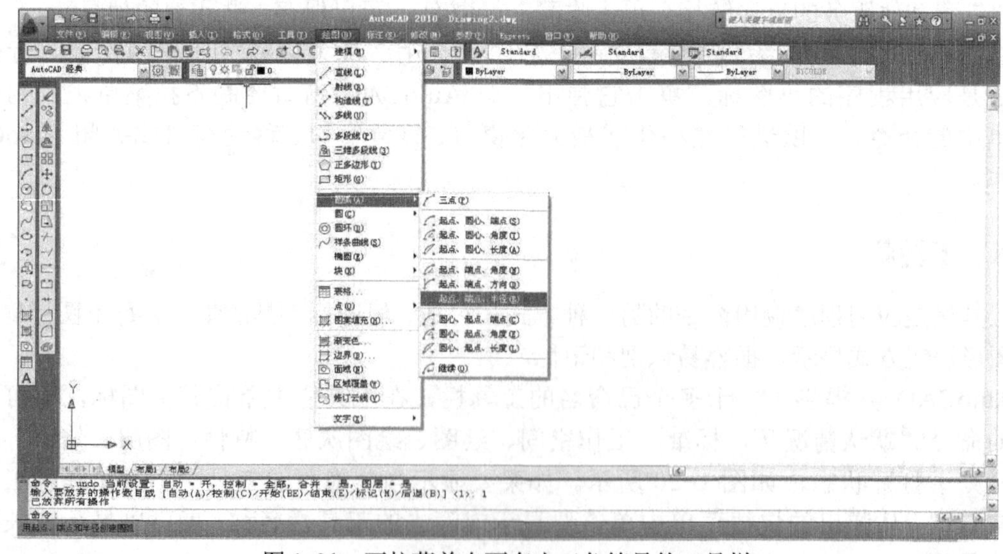

图 1-21 下拉菜单右面有小三角符号的工具栏

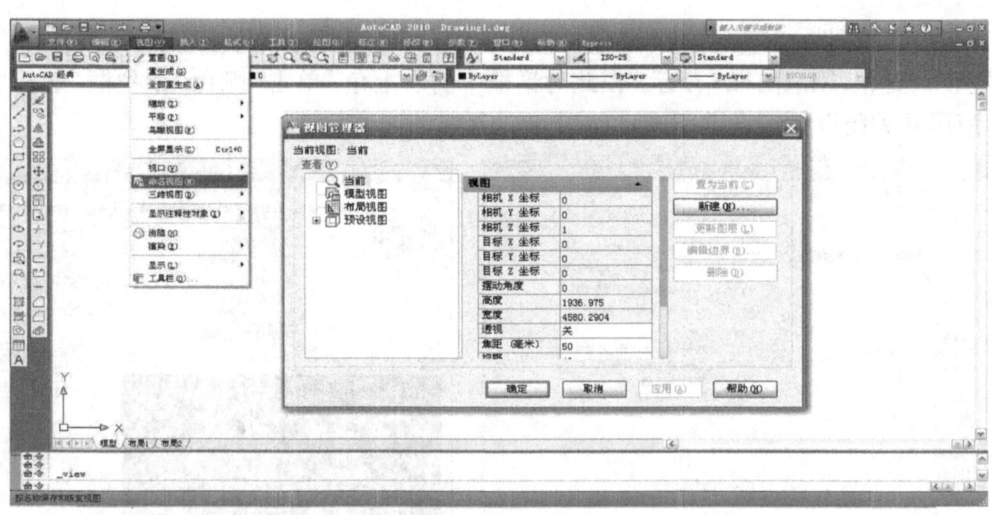

图 1-22　下拉菜单右面有省略号的工具栏

1.3.6　绘图窗口

绘图窗口是用户绘制图形的工作区域，所有的绘图结果都反映在这个窗口中。可以根据需要关闭其周围和里面的各个工具栏、选项板等，以增大绘图空间。如果图样比较大，需要查看未显示部分图形时，可以单击窗口右边与下边滚动条上的箭头按钮，或拖动滚动条上的滑块来移动图样。

在绘图窗口中除了显示当前的绘图结果外，还显示了当前使用的坐标系类型以及坐标原点，X、Y、Z 轴的方向等。在默认情况下，坐标系为世界坐标系（WCS）。

绘图窗口的左下方有“模型”、“布局 1”、“布局 2”选项，单击可以在模型空间和图样空间切换。

绘图窗口的颜色可以根据需要进行设置，例如将绘图窗口的颜色设置为黑色，操作步骤如下：

1）打开“工具”下拉菜单，找到最后一行“选项”（或在绘图窗口中单击鼠标右键），在弹出的快捷菜单中单击“选项”，如图 1-23 所示，则打开“选项”对话框，如图 1-24 所示。

图 1-23　调出“选项”

2）在打开的图 1-24 所示的“选项”对话框中，选择颜色按钮 颜色(C)... ，则打开“图形窗口颜色”对话框，如图 1-25 所示。在此对话框中的右上角，单击“颜色”下拉框，选择“黑”，单击“应用并关闭”按钮设置完成。

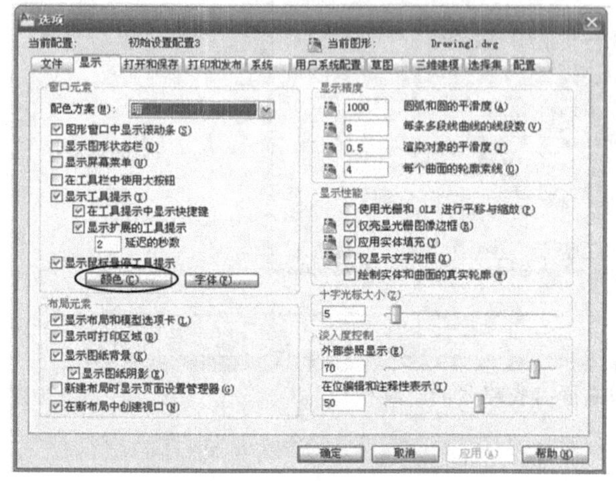

图 1-24 “选项”对话框

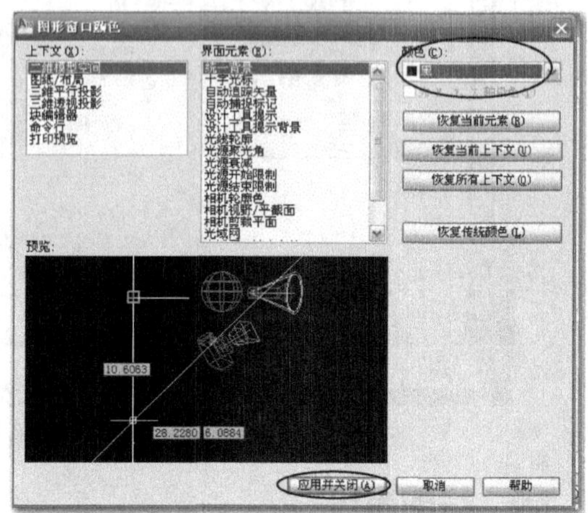

1-25 选择“图形窗口颜色”对话框

1.3.7 十字光标

十字光标一般位于绘图区中，以十字形式显示，可用来确定绘图时坐标点的指定，也可用于选择要进行编辑的图形对象。在 AutoCAD 2010 中，十字光标的默认大小为屏幕的 5%，可根据实际需要设定其大小。例如，将十字光标调整为整个屏幕的 30%，操作步骤如下：

1）在绘图区单击鼠标右键，在弹出的快捷菜单中选择“选项”命令，打开“选项”对话框，如图 1-26 所示。

2）选择“显示”选项卡，在“十字光标大小”栏的下面左端文本框中输入“30”，单击 确定 按钮，将十字光标设置为 30%并返回绘图区，如图 1-27 所示。

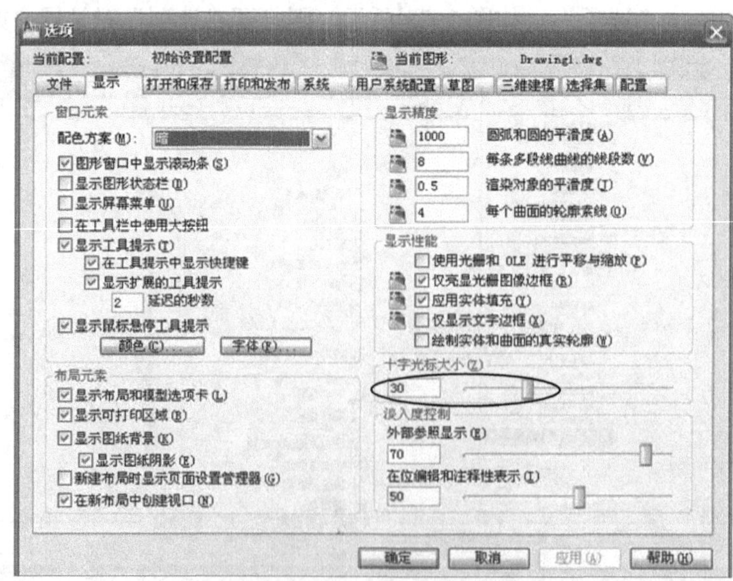

图 1-26 设置十字光标大小

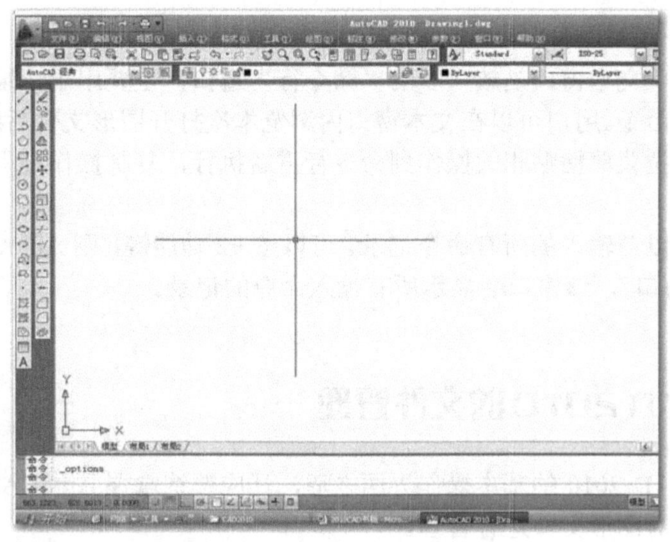

图 1-27 调整十字光标大小效果

1.3.8 工具选项板

AutoCAD 2010 默认创建多个专业选项板，如图 1-28 所示。使用工具选项板可在选项卡形式的窗口中整理块、图案填充和自定义工具。

可以通过在“工具选项板”窗口的各区域，单击鼠标右键时显示的快捷菜单访问各种选项和设置。其中，“机械”选项板包括公制（米制）或英制（寸制）的螺钉、螺母、焊接符号等常用的机械图块。

工具选项板调用方式：在标准工具栏中，单击工具选项板图标。

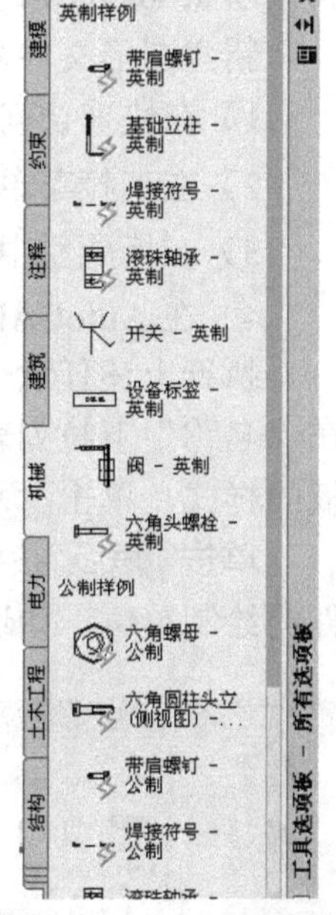

图 1-28 工具选项板

1.3.9 命令行与文本窗口

1. 命令行

命令行窗口位于 AutoCAD 2010 的底部，是 AutoCAD 与用户对话的平台。AutoCAD 通过命令提示行反馈各种信息，用户应时刻关注命令行中的提示信息，并按命令行中的提示信息进行相应的操作。使用 AutoCAD 绘图时，命令提示行一般有如下两种显示状态。

1）等待命令输入状态：表示系统等待用户输入命令，从而进行图形的绘制或编辑操作，如图 1-29 所示。

2）正在执行命令状态：在执行命令的过程中，命令提示行中将显示该命令的操作提示，以方便用户快速确定下一步操作，如图 1-30 所示。

图 1-29 等待命令输入状态

图 1-30 正在执行命令状态

2. 文本窗口

AutoCAD 2010 文本窗口是放大了的“命令行”窗口，主要用于记录命令的执行过程，也可以用来输入新命令。用户可以在文本窗口内浏览本次打开图形文件后所进行的相关操作；也可以通过编辑下拉菜单粘贴相关操作到命令行重新执行，复制操作过程到文本文件从而保存操作过程。

如果需要查看以前输入的所有命令记录，可以按 F2 功能键，则 AutoCAD 2010 自动弹出“AutoCAD 文本窗口”，该窗口会显示所有输入命令的记录。

1.4 AutoCAD 2010 的文件管理

在了解 AutoCAD 2010 的基本操作界面之后，还应熟练掌握 AutoCAD 2010 图形文件的操作，才能更好地对图形文件进行管理。

1.4.1 新建图形文件

启动 AutoCAD 2010 之后，系统将自动新建一个名为 Drawing1 的图形文件，该图形文件默认以 acadiso.dwt 为模板。根据需要也可以新建图形文件，以完成更多的绘图操作。

新建图形文件命令主要有以下几种方式：

1）在快速访问工具栏中单击新建按钮。

2）在下拉菜单中选择“文件”→“新建”命令。

3）在标题栏中单击新建按钮。

4）在 AutoCAD 2010 的命令行中输入 NEW 命令。

执行上述任意一个新建图形文件命令后，将打开图 1-31 所示的“选择样板”对话框，在“名称”下拉列表框中选择样板文件，在该对话框右侧的“预览”栏中，可预览到所选样板的样式，单击打开(O)按钮，即可创建基本样板上的图形文件。

单击打开(O)按钮右侧的按钮，可弹出图 1-32 所示的快捷菜单，在其中可选择图形文件的绘制单位，如选择“无样板打开-公制”命令，将使用公制单位为计量标准绘制图形。

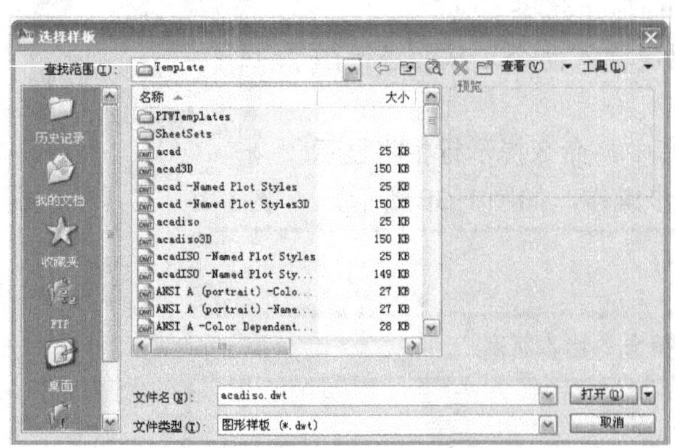

图 1-31 “选择样板”对话框

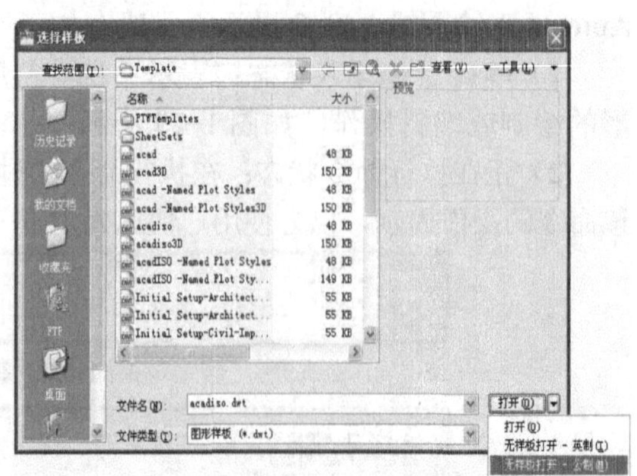

图 1-32 选择图形文件绘制单位

1.4.2 保存图形文件

保存图形文件就是将新创建的图形文件或修改过的图形文件保存在计算机中。保存图形不一定是在图形绘制完成后才进行，在图形文件创建后，以及在图形的编辑过程中都可以对其进行保存，以避免因计算机发生死机或停电等意外情况造成的损失。

（1）保存新图形文件　保存新图形文件就是对未保存过的图形以文件的形式进行保存，保存命令主要有以下几种方法：

1）在快速访问工具栏中单击保存按钮。

2）在下拉菜单中选择“文件”→“保存”命令。

3）在标题栏中单击保存按钮。

4）在 AutoCAD 2010 的命令提示行中输入 SAVE 命令

执行上述任意一个保存命令后，将打开图 1-33 所示的“图形另存为”对话框，在“保存于(I)”下拉列表框中选择图形文件的保存位置，在“文件名(N)”下拉列表框中输入要保存的图形文件名称，在“文件类型(T)”下拉列表框中选择文件保存的类型，单击保存(S)按钮，即可保存图形文件。

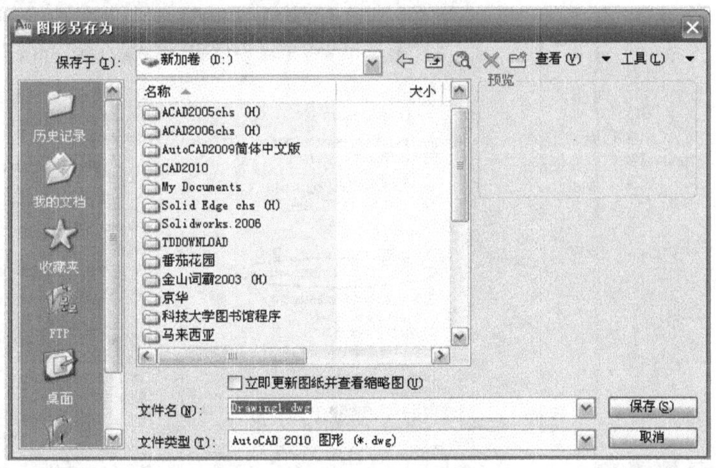

图 1-33 “图形另存为”对话框

在 AutoCAD 2010 中，可以将图形以不同的文件类型进行保存，其方法是在“图形另存为”对话框中的“文件类型(T)”下拉列表框中，选择文件的类型。

在 AutoCAD 2010 中，可以保存图形文件的格式有以下几种：

1）Dwg：AutoCAD 默认的图形文件类型。

2）Dxf：包含图形信息的文本文件或二进制文件，可供其他 CAD 程序读取该图形文件的信息。

3）Dws：二维矢量文件，使用这种格式可以在网络上发布 AutoCAD 图形。

4）Dwt：AutoCAD 样板文件，新建图形文件时，可以基于样板文件创建的图形文件。

（2）另存为其他图形文件　当不能确定图形文件修改后的效果是否良好，可执行另存为命令，将修改后的文件另存为一个其他名称的图形文件。其操作主要有以下三种方法：

1）在下拉菜单中选择“文件”→“另存为”命令。

2）单击菜单浏览器图标，在弹出的下拉菜单中选择“另存为”命令。

3）在 AutoCAD 2010 命令提示行中键入 SAVEAS 命令。

执行上述任意一个另存为命令后，将打开“图形另存为”对话框，然后按照保存图形文件的方法，对图形文件进行保存。即首先选择要保存图形文件的类型，接着选择图形文件的保存位置，最后指定图形文件名称。用户可在该基础上任意改动，而不影响原文件。

（3）定时保存图形文件　在 AutoCAD 2010 中，除了保存和另存为命令之外，还可以按着指定的时间对图形文件进行保存，从而免去随时手动保存的麻烦。设置定时保存功能后，当达到设置的时间间隔，计算机将自动保存当前正在编辑的文件内容。设置定时保存图形文件的操作方法如下：

1）在绘图区单击鼠标右键，在弹出的快捷菜单中选择“选项”命令，打开“选项”对话框，如图 1-34 所示。

2）在“选项”对话框中选择“打开和保存”选项卡，在“文件安全措施”栏中选中“自动保存”复选框，在下面文本框中输入“5”，设置自动保存的时间间隔为 5min，如图 1-35 所示。

3）单击 确定 按钮，返回绘图区，完成定时保存图形文件设置。

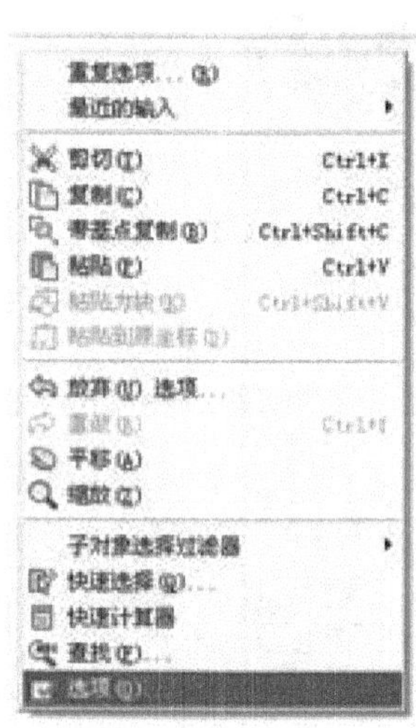

图 1-34　选择“选项”命令

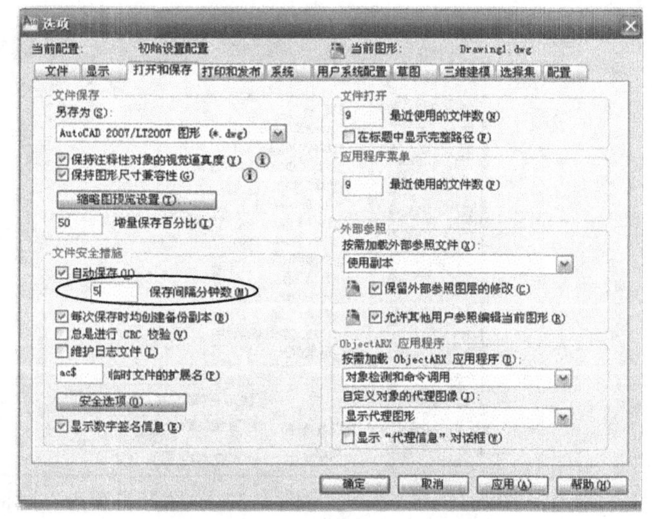

图 1-35　设置自动保存功能

1.4.3 打开图形文件

如果计算机中已经保存有 AutoCAD 图形文件，可以将其打开，进行查看和编辑。打开图形文件主要有以下几种方法：

1）单击菜单浏览器图标，在弹出的下拉菜单中选择“打开”命令。

2）单击标题栏打开按钮。

3）在快速访问工具栏中单击打开按钮。

4）在下拉菜单中选择“文件”→“打开”命令

执行以上任意一种操作，都将打开“选择文件”对话框，如图 1-36 所示。在“查找范围”下拉列表框中选择要打开的文件路径，在“名称”下拉列表框中选择要打开的文件，单击 打开(O) 按钮，即可打开图形文件。

图 1-36 “选择文件”对话框

1.4.4 加密图形文件

对图形进行加密，可以拒绝未经授权人员查看该图形文件，有助于在进行工程协作时确保图形数据的安全。打开加密后的图形文件时，只有输入正确的密码才能对图形进行查看和编辑。其操作方法如下：

1）将编辑完的图形文件存盘。

2）在下拉菜单中选择“文件→另存为”命令，调出“图形另存为”对话框，在该对话框中单击工具(L)按钮，在打开的菜单中选择“安全选项”命令，如图 1-37 所示。

3）在“安全选项”对话框中选择“密码”选项卡，在“用于打开此图形的密码或短语”文本框中输入密码，单击确定按钮，如图 1-38 所示。

4）在“确认密码”对话框中再次输入密码，单击确定按钮，如图 1-39 所示。

5）返回“图形另存为”对话框，单击保存(S)按钮，将图形文件加密保存。

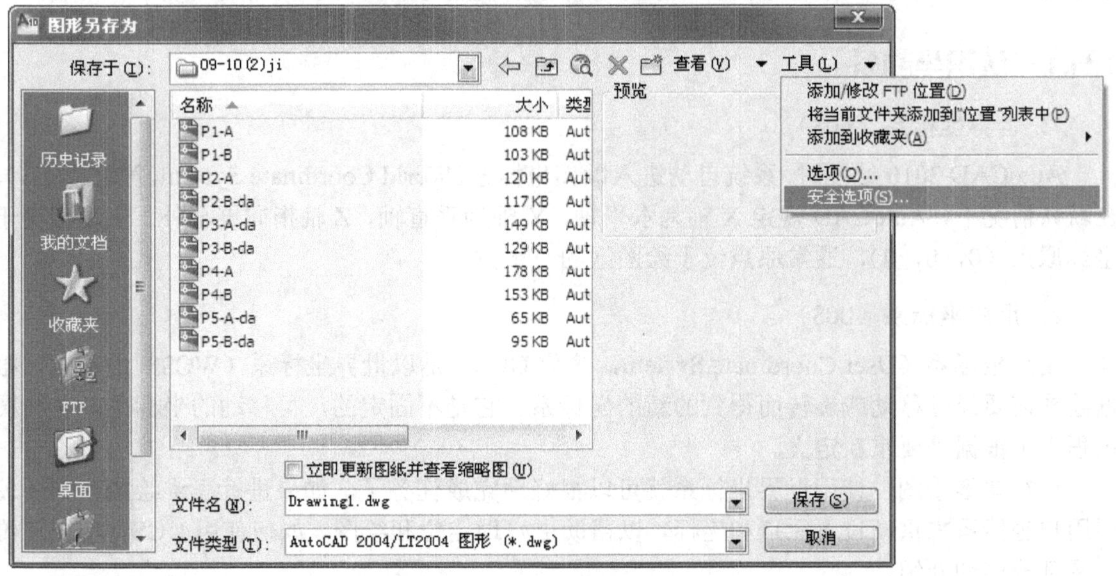

图 1-37 “图形另存为”对话框

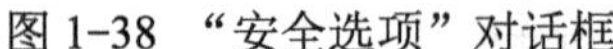
图 1-38 “安全选项”对话框

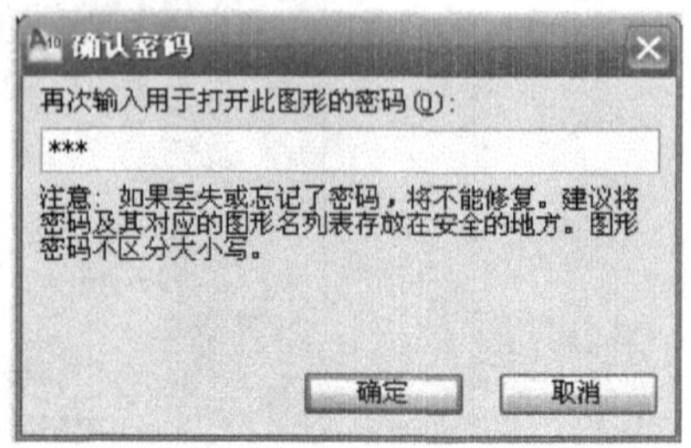

图 1-39 “确认密码”对话框

1.4.5 关闭图形文件

关闭 AutoCAD 2010 图形文件与退出 AutoCAD 2010 软件不同，关闭图形文件只是关闭当前编辑的图形文件，而不会退出 AutoCAD 2010 软件。关闭图形文件主要有以下几种方法：

1）单击菜单浏览器图标，在弹出的下拉菜单中选择“关闭”命令。

2）在下拉菜单中选择“文件”→“关闭(C)”命令。

3）单击绘图区右上方关闭按钮。

1.5 AutoCAD 2010 坐标系

坐标系是 AutoCAD 中确定目标位置的基本手段。在 AutoCAD 绘图过程中，所绘制的任何一个元素都是以坐标系为参照的，坐标显示在 AutoCAD 状态栏的左端。AutoCAD 坐标系包括世界坐标系和用户坐标系两种。掌握坐标系的使用方法，可以提高绘图效率和精度。

1.5.1 认识坐标系

1．世界坐标系（WCS）

AutoCAD 2010 绘图时，系统自动进入世界坐标系（World Coordinate System，简称 WCS）。在默认情况下，AutoCAD 规定 X 轴为水平轴，Y 轴为垂直轴，Z 轴指向屏幕外，三轴相交于坐标原点（0，0，0），通常原点位于绘图区的左下方。

2．用户坐标系（UCS）

用户坐标系（User Coordinate System，简称 UCS）是以世界坐标系（WCS）为基础，根据绘图需要经过移动或旋转而得到的新的坐标系。它是不固定的，可移动的坐标系，在绘图过程中可根据需要重新定义。

进行二维绘图，使用世界坐标系就可以很好地完成任务了。如果进行三维绘图，则要使用用户坐标系来重新设置原点和坐标，以帮助更好地定位和绘图。如何使用 UCS，将在三维绘图部分详细介绍。

1.5.2 坐标的显示模式

坐标显示的作用是为了跟踪作图时的光标位置。它位于状态行的左端，有以下三种显示模式：

（1）动态直角坐标（Dynamic Cartesian） 在这种模式下，随着光标的移动，X、Y、Z 的值不断发生相应变动。

（2）动态极坐标（Dynamic Polar） 在这种模式下，随着光标的移动，状态行内显示的是目标位置的极坐标、极角（与 X 轴正向的夹角）和 Z 坐标，如 3.5<12，0.0。

（3）静态坐标（Static） 在静态坐标下，坐标值并不随光标的移动马上变化，只有在选定点后，坐标值才变化。

当要指定相对于前一点的位置时，使用极坐标比较方便。三者之间的切换可按 F6 键或者 Ctrl+D 键。

1.5.3 坐标值的输入

在工程制图中，要实现图形的精确绘制，图形的定位就成为一个非常重要的内容。AutoCAD 2010 提供了几种方法来定位点的位置，现将几种常用的方法介绍如下：

（1）绝对直角坐标和绝对极坐标

1）绝对直角坐标的输入格式：当系统提示输入点时，直接输入 X 坐标、逗号、Y 坐标，然后回车，例如 6，4↙。

2）绝对极坐标的输入格式：当系统提示输入点时，直接输入“距离<角度”，然后回车，例如 15<30↙（表示该点距坐标原点的距离为 15 个单位，与 X 轴正方向的夹角为 30°。

（2）相对直角坐标和相对极坐标 相对坐标所关联的是先后输入的两个点之间的坐标关系。欲输入一个相对坐标，需在坐标值前加@符号。

1）相对直角坐标的输入格式：当系统提示输入点时，输入@，距离前一点的 X 方向的位移、逗号、距离前一点的 Y 方向的位移，然后回车，例如@14，−13↙。

2）相对极坐标的输入格式：当系统提示输入点时，输入@、极坐标、<、角度值，然后回车，例如@3<60↙。

绝对坐标和相对坐标的选用应本着如何使作图更为方便快捷的原则进行。如果所绘制的图形各点相对于某定点的坐标为已知，则应当选该定点为坐标原点，运用绝对坐标表达图形上各点的坐标。如果一个图形的相邻目标间的相对坐标比较容易确定，则应当运用相对坐标来操作。

（3）直接距离输入

输入格式：当系统提示输入点时，移动光标，用鼠标指定出绘制物体的方向，然后从键盘直接输入距离值。

注意

此法在绘制水平线与竖直线时尤为重要，打开正交模式，用鼠标指定出方向后直接输入长度。

（4）动态输入

调用方式：在状态行上，单击按钮使其凹下，动态输入处于打开；相反为关闭。

动态输入也可视为直接长度输入的一种扩充。在需要输入坐标的时候，AutoCAD 会跟随光标显示动态输入框，此时可以直接输入距离值，然后用 Tab 键切换到角度值，方便准确地输入坐标值。

注意

动态输入光标附近提供的坐标值是相对坐标值，要使用绝对坐标应在数值前加前缀“#”指定。

直接距离输入和动态输入不能同时使用，按下状态栏上的按钮，就可以使用动态输入，关闭就可以使用直接距离输入。图 1-40 为动态输入方式。

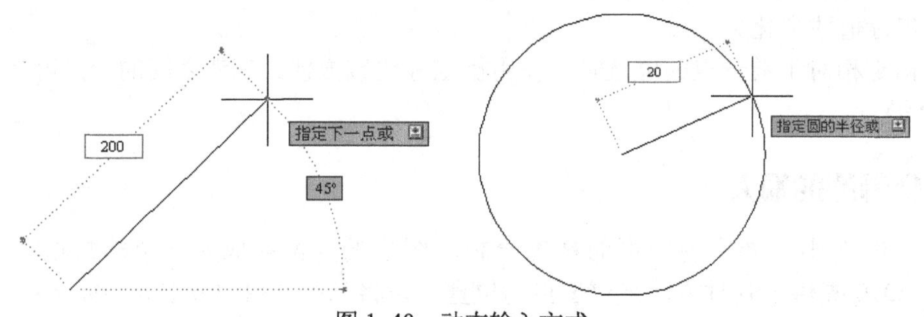

图 1-40 动态输入方式

1.6 AutoCAD 2010 命令输入方法

使用 AutoCAD 2010 进行绘图时，必须输入并执行一系列命令，以完成相应的操作。AutoCAD 2010 启动后进入默认的图形编辑状态，屏幕显示图形窗口，底部命令行窗口提示有命令，此时表示 AutoCAD 2010 已处于命令状态并准备接受命令。AutoCAD 2010 命令的输入设备主要有键盘、鼠标和数字化仪等，而又以鼠标和键盘最为常用。可以使用键盘输入命令，或者使用菜单等激活命令，从而实现建立、观看、修改等绘图与图形编辑工作。

1.6.1 菜单输入命令

利用菜单是输入执行 AutoCAD 2010 命令的一种最为简单的方法。AutoCAD 2010 可以用各种菜单输入执行命令，比如常用的工具栏菜单、下拉菜单和图标菜单等。要使用菜单输入命令，必须首先打开相应的菜单工具栏，在菜单工具栏中拾取相应的命令图标即可执行该命令。

1.6.2 快速输入命令

AutoCAD 2010 提供了工具条菜单、下拉菜单和屏幕菜单来输入命令，这对初学者非常方便。但对于有些熟练的用户，更喜欢用键盘直接输入命令，尤其是一些常用的命令可以一键输入，这比在菜单中一级一级地寻找或通过移动鼠标操作要快。可以一键输入的命令有：

A—画圆弧；B—调用“块定义”对话框；C—画圆；D—调用“尺寸样式管理”对话框；E—擦除；F—画圆角；G—对象编组对话框；H—“边界剖面线”对话框；I—调用“插入”对话框；M—移动；O—画平行线；P—平移观察窗口；R—重画图形；S—实体拉伸；T—调

用多行文本编辑器；U—撤销上一个命令操作；V—调用“视窗控制”对话框；W—调用“块存盘”对话框；X—打散操作；Z—缩放图形窗口。

1.6.3 键盘输入命令

键盘是 AutoCAD 输入文本的常用方法。从键盘输入命令，只需在命令提示符后面键入命令名，接着按下 Enter 或空格键即可。操作过程如下：

命令：命令名↙

命令：参数或子命令↙

操作的关键是对于命令序列要给出正确回答。只要掌握下列几条有关的符号约定，就不会感到困难了。

1）命令提示中在“或”前为命令操作默认选项，“[]”内为其他选项。

2）斜杠“/”作为命令选项（或称子命令）的分隔符。

3）选项中的大写字母表示它的关键字母，选取某个选项，只需输入这个大写字母即可。

4）在尖括号“<>”内出现的是默认项或当前值，若使用该项，直接回车。

现举一个画圆的例子来说明：

命令：C↙（输入画圆命令）

指定圆的圆心或 [三点(3P)/两点(2P)/切点、切点、半径(T)]: 5,5↙（给定画圆圆心）

指定圆的半径或 [直径(D)] <140.3697>: 10↙（给定画圆半径）

说明

画圆（Circle）有四种方式，即圆心与半（直）径方式、三点画圆（3P）方式、两点画圆方式（2P）、双切点半径画圆方式。默认状态下为圆心半径方式。

键盘操作可非常方便准确地输入画图的相关数据。

1.6.4 重复执行命令

AutoCAD 2010 执行完某个命令后，如果要立即重复执行该命令，则只需在命令：提示符出现后，按一下回车键或者空格键即可。

1.6.5 透明命令

AutoCAD 可以在某个命令正在执行期间，插入执行另一个命令。这个中间插入执行的命令须在其命令名前加“'”作为前导，我们称这种可从中间插入执行的命令为透明命令。例如，在使用“画圆”命令画圆的同时，可以透明地使用“缩放”命令来进行缩放。

命令: C↙

指定圆的圆心或 [三点(3P)/两点(2P)/切点、切点、半径(T)]: 'Zoom↙

指定圆的半径或 [直径(D)] <10.0000>: 'zoom

>>指定窗口的角点，输入比例因子 (nX 或 nXP)，或者

[全部(A)/中心(C)/动态(D)/范围(E)/上一个(P)/比例(S)/窗口(W)/对象(O)] <实时>:

注意

使用透明命令时，在透明命令的提示前会出现“>>”，它提醒读者当前正处于透明命令执行状态。当透明命令执行完成后，系统又回到原先命令的提示状态。最常用的透明命令有：

1）Help：寻求帮助。

2）Redraw：重画。

3）Zoom：缩放图形。

4）Pan：平移图形。

使用透明命令时，应注意以下限制：

1）当某些命令作为透明命令时将会有些变化。例如，Help 命令不能提示命令表，而只显示某个命令的使用信息；如果透明命令的使用使屏幕切换为文本窗口，则可按 F2 键使之返回图形窗口。

2）在命令提示符后使用透明命令，其效果等同于非透明命令。

3）当 AutoCAD 要求输入文本时，不能使用透明命令。

4）不允许同时执行两条或两条以上的透明命令。

5）不允许使用与正在执行的命令同名的透明命令。

1.7 综合实例——文件基本操作

操作步骤：

1）双击桌面上的 AutoCAD 2010 应用程序的快捷图标，启动 AutoCAD 2010。

2）启动 AutoCAD 2010 之后，系统将自动新建一个名为 Drawing1 的图形文件，该图形文件默认以 acadiso.dwt 为模板。

3）根据绘图需要选择 AutoCAD 2010 工作空间界面，即在状态托盘中单击“切换工作空间”图标，在弹出的菜单中选择相应的工作空间即可。

4）进行图形绘制工作。

5）根据需要也可以新建图形文件，以完成更多的绘图操作。

新建图形文件命令主要方式：

在标题栏中单击新建按钮。执行新建图形文件命令后，将打开图 1-31 所示的“选择样板”对话框，在“名称”下拉列表框中选择样板文件，在该对话框右侧的“预览”栏中，可预览到所选样板的样式，单击打开(O)按钮，即可创建基本样板上的图形文件。

6）如果计算机中已经保存有 AutoCAD 图形文件，可以将其打开，进行查看和编辑。打开图形文件方法：单击标题栏打开按钮。

7）当完成图形的绘制及编辑操作之后，应退出 AutoCAD 2010。退出 AutoCAD 2010 的主要方法：

① 在标题栏中单击保存按钮。

② 单击 AutoCAD 2010 窗口右上角的关闭按钮，打开图 1-41 所示对话框，单击是(Y)。

执行保存操作命令后，将打开图 1-42 所示的“图形另存为”对话框。在“保存于（I）”下拉列表框中选择图形文件的保存位置，在“文件名（N）”下拉列表框中输入要保存的图形文件名称，在“文件类型（T）”下拉列表框中选择文件保存的类型，单击保存(S)按钮，即可保存图形文件。

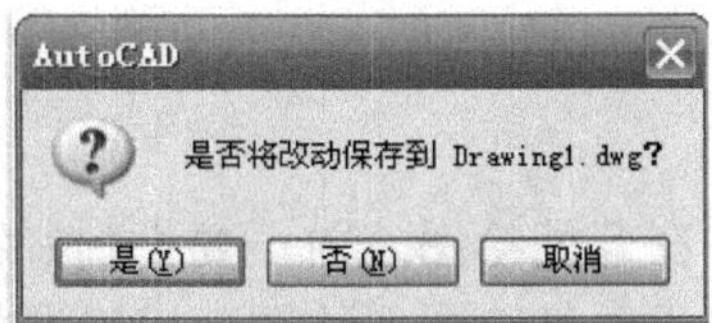

图 1-41　提示文件保存

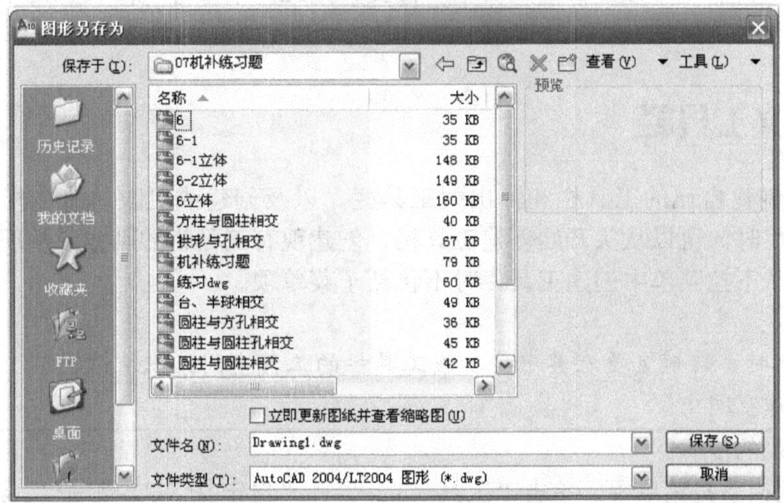

图 1-42　“图形另存为”对话框

第 2 章　设置基本绘图环境

回想一下手工绘图的过程，在开始绘图之前，要先削好铅笔，准备好尺子、橡皮和图纸等。用 AutoCAD 绘图，也类似于手工绘图。绘图环境设置好比手工绘图的尺子和图纸，基本绘图命令、编辑命令好比手工绘图的笔和橡皮。因此，绘图环境的设置是用 AutoCAD 绘图的基本要求和必备条件。

2.1　自定义工具栏

用户可以创建自己的工具栏和弹出型工具栏，以及创建或更改与命令相关联的按钮图像。创建工具栏时，可以从头开始创建工具栏、创建现有工具栏的副本或从现有下拉菜单中创建工具栏。从下拉菜单中创建工具栏时不包括子菜单项。

注意

创建工具栏时，应确定要在其中显示该工具栏的工作空间。默认情况下，新工具栏将会显示在所有工作空间中。

创建工具栏的步骤：

1）在标题栏下拉菜单中，单击“工具（T）”→“自定义（C）”→“界面（I）”，如图 2-1 所示。

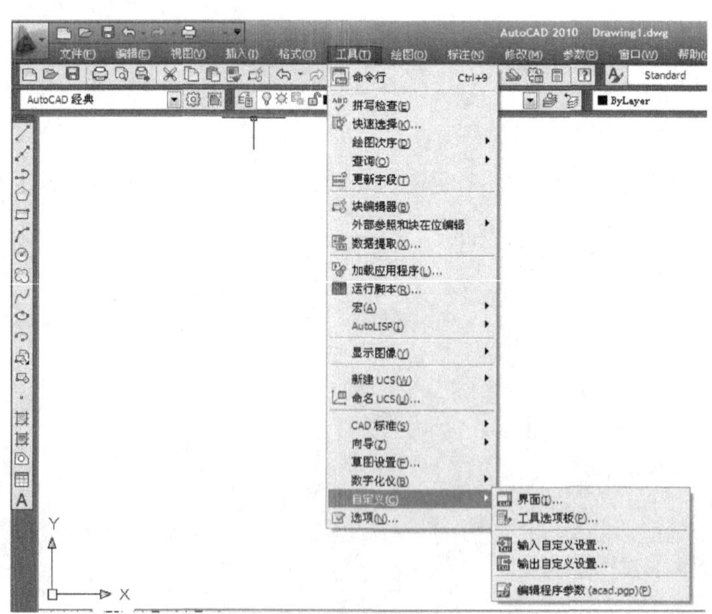

图 2-1　设置用户界面

2）在“自定义用户界面”对话框的“自定义”选项卡的“所有文件中的自定义设置”窗格中，在“工具栏”上单击鼠标右键，单击“新建工具栏”。“工具栏”树的底部将会出现一个新工具栏（名为“工具栏 1”）。

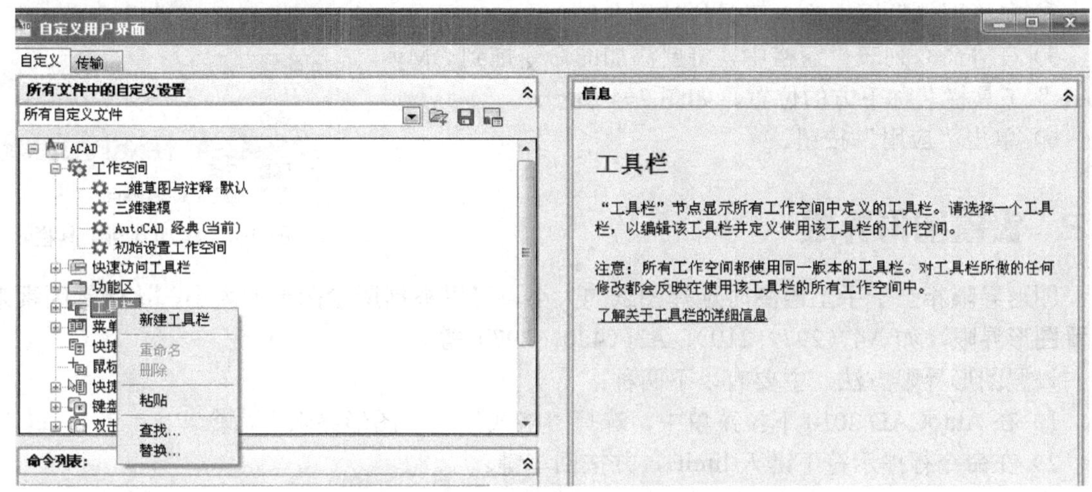

图 2-2 “自定义用户界面”编辑器对话框

3）执行以下操作之一：

① 输入新名称“My Tools”，覆盖默认名称“工具栏 1”。

② 在“工具栏 1”上单击鼠标右键，单击“重命名”，输入新的工具栏名称。

③ 单击“工具栏 1”，稍候再次单击该工具栏的名称，可编辑其名称。

4）在树状图中选择该新工具栏，然后更新“特性”窗格，如图 2-3 所示。

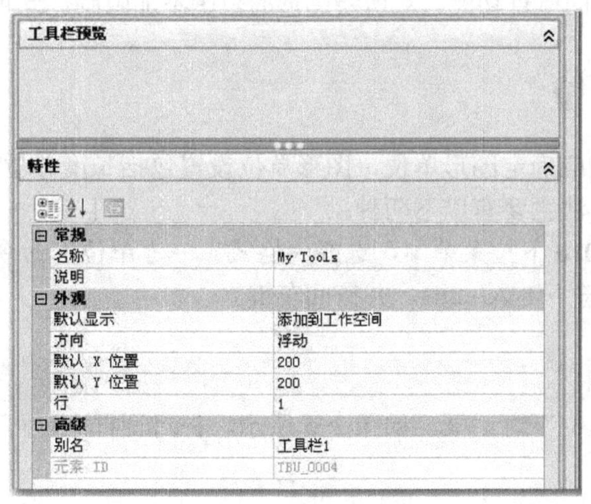

图 2-3 更新特性窗格

① 在“说明”框中为该工具栏输入说明。

② 在“默认显示”框中，指定将 CUIx 文件加载为局部自定义文件时，默认情况下是否应显示工具栏。

③ 在“方向”框中，指定工具栏的方向。

④ 在“默认 X 位置”框中输入一个数字。

⑤ 在“默认 Y 位置”框中输入一个数字。

⑥ 在“行”框中输入浮动工具栏的行数。

⑦ 在“别名”框中输入工具栏的别名。

5）在“命令列表”窗格中，将要添加的命令拖到“My Tools”工具栏名称下方的位置，如图 2-4 所示。

6）单击“应用”按钮。

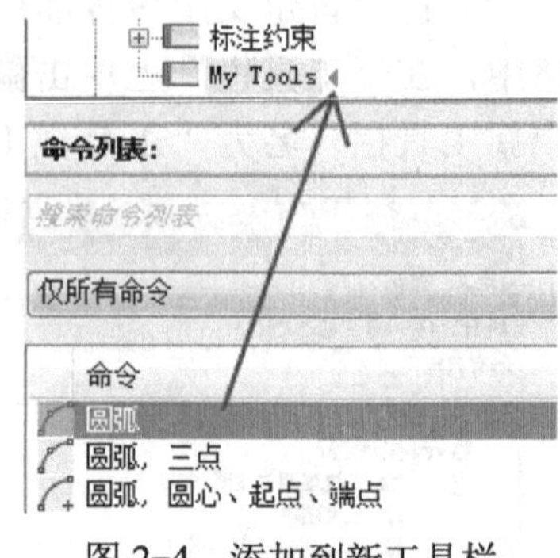

图 2-4　添加到新工具栏

2.2　设置图形界限

图形界限相当于手工绘图时选择图纸的大小，可以根据所绘图形的大小、比例等因素来设置图形界限，如 A4（297，210）、A3（420，297）等。

设置图形界限方法，主要有以下两种：

1）在 AutoCAD 2010 下拉菜单中，选择“格式”→“图形界限”命令。

2）在命令行提示符下键入 limits，并按回车键。

格式：

```
命令: limits↙
重新设置模型空间界限:
指定左下角点或 [开(ON)/关(OFF)] <0.0000,0.0000>:
指定右上角点 <420.0000,297.0000>:
```

命令中的参数：ON 表示打开图线边界的检查功能，对任何超出边界的图形对象不予接受；OFF 表示关闭图线边界的检查功能，对所绘图形的范围不加限制，此项为默认设置项。

2.3　设置图形单位

开始绘图前，首先应确定图形单位，图形单位设置包括长度单位和角度单位。

设置图形单位的方法主要有以下两种：

1）在 AutoCAD 2010 下拉菜单中，选择“格式”→“单位”命令。

2）在命令行提示符下键入 units，并按回车键。

格式：

```
命令: units↙
```

弹出一个“图形单位”对话框，如图 2-5 所示。在对话框中，可以对输入数据的格式和精度进行以下设置。

1．设置长度度量单位与精度

在长度选项组中，单击“类型（T）”下拉列表设置绘图单位的数据格式，通常选用小数，并在“精度（P）”下拉列表中选择设置当前长度单位格式的测量精度，选择整数。

2．设置角度度量单位与精度

在角度选项组中，单击“类型（Y）”下拉列表设置角度的数据格式，同样在其中的“精度（N）”

下拉列表中选择设置当前角度单位格式的测量精度。默认的角度格式是用十进制数来表示角度值。

3．确定零度角的位置

要控制角度的方向，请单击对话框中的 方向(D)... 按钮，此时将弹出“方向控制”对话框，如图 2-6 所示。默认时，0° 角的方向是“东（E）”，即为 X 轴正向；角度的正增量方向为逆时针方向。如果选中 □顺时针(C) 复选框，角度的正增量方向为顺时针方向。

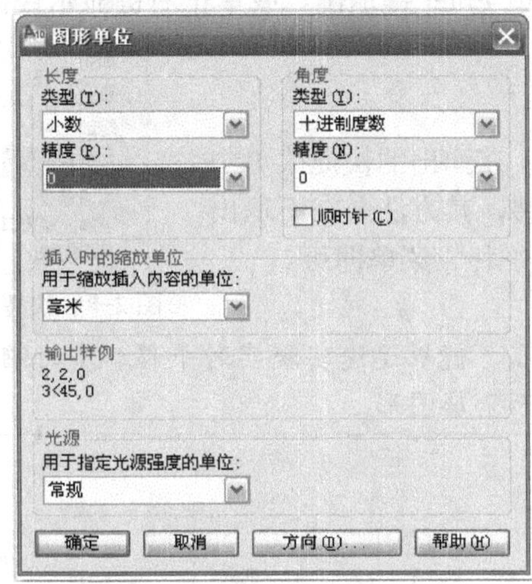

图 2-5 “图形单位”对话框

图 2-6 “方向控制”对话框

2.4 调整图形显示

在绘图过程中，有时需要将图形放大绘制细部结构，有时却要观看图形的全貌。AutoCAD 提供了强大的图形显示功能，但它只改变图形的显示尺寸，而不改变图形的真实尺寸，大大方便了用户观察和绘制图形的需要。

2.4.1 缩放

（1）功能　将绘图区域内的视图放大或缩小，图形的实际尺寸不变。

（2）调用方式

1）单击状态托盘中的🔍图标，或单击标准工具栏的缩放图标🔍。

2）在命令行提示符下键入 Zoom 或 Z，并按 Enter 键。

（3）格式

命令: Zoom↙

命令行提示：指定窗口的角点，输入比例因子 (nX 或 nXP)，或者

[全部(A)/中心(C)/动态(D)/范围(E)/上一个(P)/比例(S)/窗口(W)/对象(O)] <实时>:

按 Esc 键或 Enter 键退出，或单击右键显示快捷菜单。

2.4.2 实时平移

实时平移是移动观察图形的一个视口，可以在任何方向上移动观察图形，并且不会改变

图形的形状和位置。

（1）功能　移动鼠标即可改变视口位置。

（2）调用方式

1）单击状态托盘中的图标，或单击标准工具栏的缩放图标。

2）在命令行提示符下键入 Pan，并按 Enter 键。

（3）　操作步骤　按住鼠标左键，按 Esc 键或 Enter 键退出，或单击右键显示快捷菜单。

2.4.3 缩放与实时平移的快速转换

利用鼠标右键弹出的快捷菜单实施快速转换，在弹出的快捷菜单中（图 2-7）选择需要的菜单。缩放转换为实时平移，其方法是在不退出“缩放”显示状态下，单击鼠标右键，再选择“平移”菜单即可。

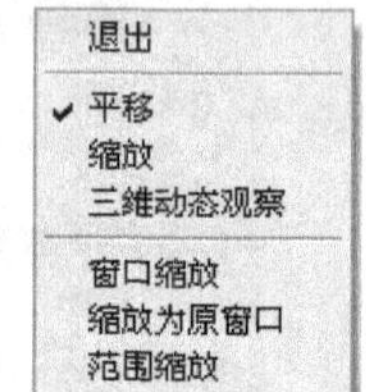

图 2-7　快捷菜单

说明

绘图时经常使用“Pan”和“Zoom”图标，能够迅速实现实时平移和实时缩放：输入“Z”回车，再输入“A”，系统响应后立即显示全屏图形。

2.5 设置图形对象特性

图形对象特性主要包括图形的线型、宽度和颜色等。在绘图时，需要使用图形对象特性来区分图形元素。使用不同的图形对象特性，从而达到图形层次清晰，重点突出，便于查看和修改。

2.5.1 图形线型

“acad.lin”文件和“acadiso.lin”文件中提供了标准线型库。可以直接使用已有的线型，也可以对它们进行修改或创建自定义线型，以符合行业的标准。

AutoCAD 2010 系统默认线型为 Continuous，即实线。在绘图过程中，一种线型往往不能满足绘图需要，经常需要添加其他线型，如点画线、虚线等。要添加线型，应该在“线型管理器”对话框中进行。打开“线型管理器”对话框的主要方法：

1）在 AutoCAD 2010 下拉菜单中，选择“格式”→“线型”命令。

2）在命令行提示符下键入 LINETYPE 或 LT 命令，并按 Enter 键。

执行上述命令之一，将打开“线型管理器”对话框，在其中即可添加线型。例如，添加细点画线（CENTER）的操作方法：

1）在 AutoCAD 2010 下拉菜单中，选择“格式”→“线型”命令，打开“线型管理器”对话框，如图 2-8 所示。

2）在“线型管理器”对话框中单击 加载(L)... 按钮，打开“加载或重载线型”对话框。

3）在“加载或重载线型”对话框的“可用线型”列表框中选择“CENTER”选项，如图 2-9 所示，单击 确定 按钮。

4）返回“线型管理器”对话框，单击 确定 按钮。关闭“线型管理器”对话框，完成线型的加载。

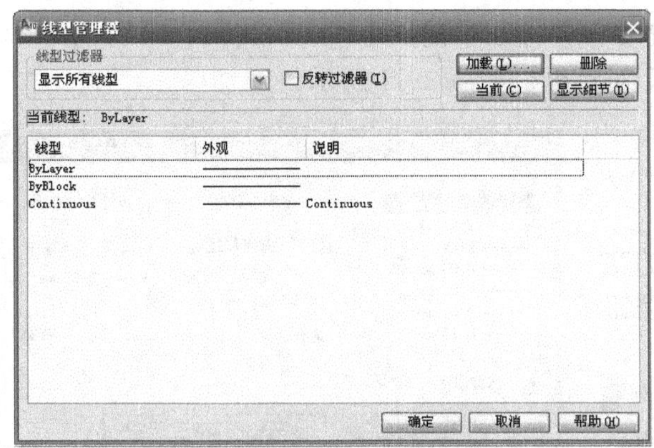

图 2-8 “线型管理器”对话框

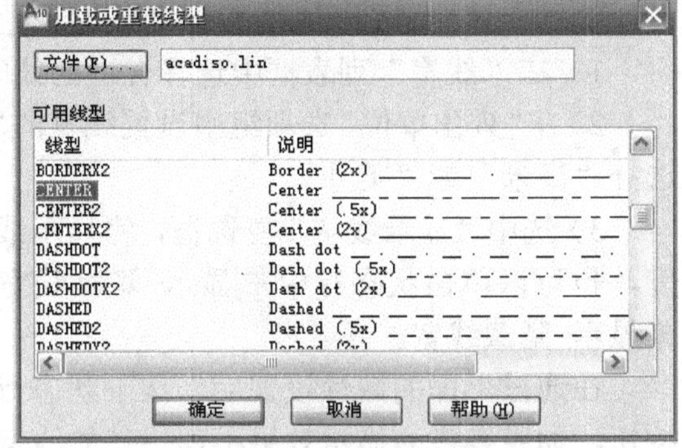

图 2-9 “加载或重载线型”对话框

在“线型管理器”对话框中单击显示细节(D)按钮，在对话框下部将显示“详细信息”，如图 2-10 所示。该栏中各选项的含义如下。

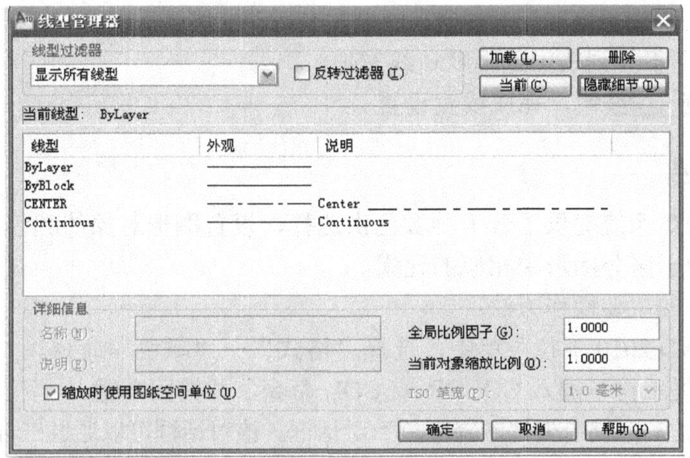

图 2-10 “线型管理器”对话框的显示细节

1）名称（N）：显示当前所选线型的名称，也可自行修改名称。

2）说明（E）：显示当前所选线型的说明信息。

3）全局比例因子（G）：在该文本框中指定当前绘图区中所有对象线型的缩放比例，等同于在命令提示行中键入 LISCALE 命令。

4）当前对象缩放比例（D）：更改当前线型在绘图区中的缩放比例。

5）缩放时使用图纸空间单位（U）：选中该复选框，表示按相同比例在图纸空间或模型空间缩放线型。

2.5.2 图形线宽

用 AutoCAD 绘图，不但要根据实体图形要素的要求设置线型，而且还要求根据实体图形要素设置显示和打印线宽。使用不同的图形线宽，可以清楚地表现图形对象元素。设置图形线宽的主要操作方法：

1）在 AutoCAD 2010 下拉菜单中，选择“格式”→“线宽”命令。

2）在命令行提示符下键入 Lineweight 命令，并按回车键。

执行上述命令之一，将打开“线宽设置”对话框，如图 2-11 所示。

1）在“线宽”列表框中选择合适的线宽。

2）在“列出单位”选项组中设置线宽的单位，选择“毫米”或“英寸”。

3）选中“显示线宽”复选框，将显示线的宽度，也可以单击状态行中显示/隐藏线宽按钮来显示/隐藏线宽。

在通过上面的属性设置后，按下状态行的按钮，如果线型的显示效果不理想（如线宽的显示不明显），可以再通过“线宽设置”对话框来调整。操作方法如下：

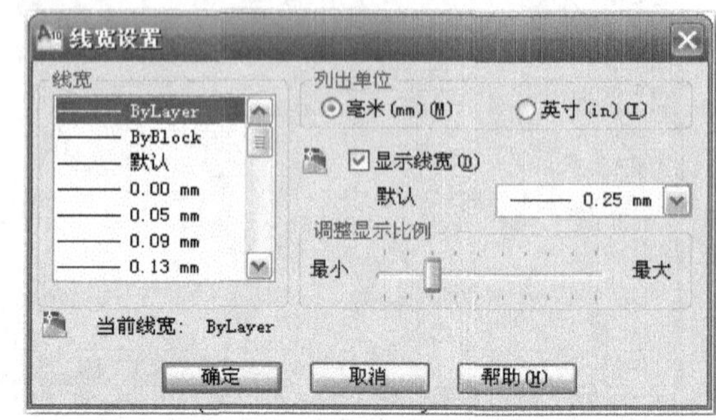

图 2-11 “线宽设置”对话框

鼠标放在状态行显示/隐藏线宽图标上，单击右键，在弹出的右键快捷菜单中单击“设置”，弹出图 2-11 所示的“线宽设置”对话框，通过左右拉动滑块来调整线宽显示。

4）在“默认”下拉列表中选择默认线宽值。

5）单击确定按钮，完成线宽设置。

2.5.3 图形颜色

AutoCAD 2010 系统提供了若干种颜色供选择，设置图形对象的颜色，可以直观地将图形对象编组，以便于区分图形中相似的元素。

设置图形颜色的主要操作方法：

1）在 AutoCAD 2010 下拉菜单中，选择“格式”→“颜色”命令。

2）在命令行提示符下键入 COLOR 或 COL 命令，并按回车键。

执行上述命令之一，将打开“选择颜色”对话框。该对话框可以通过三种类型的调色板选项卡来指定适合的颜色，其中“索引颜色”选项卡和“配色系统”选项卡如图 2-12、图 2-13 所示。

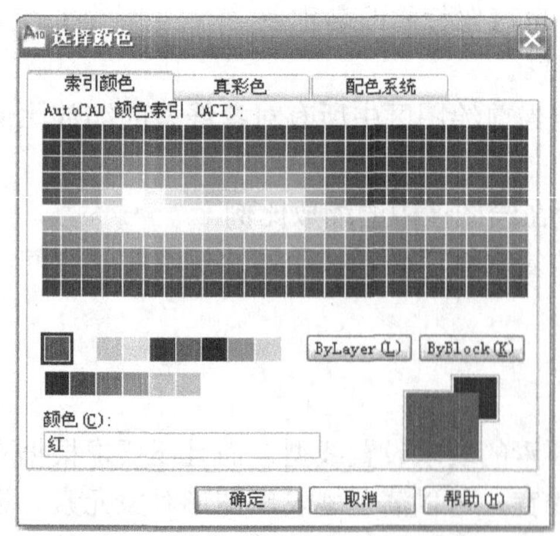

图 2-12 “索引颜色”选项卡

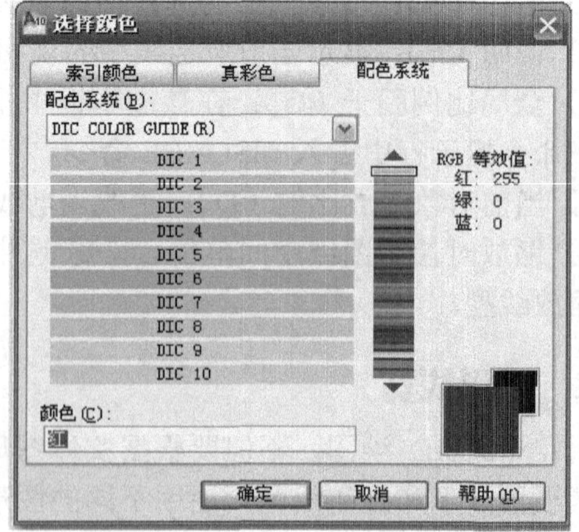

图 2-13 “配色系统” 选项卡

2.5.4 特性匹配

在 AutoCAD 2010 中，使用特性匹配功能可以将图形对象的特性进行复制，如线型、线宽、颜色等所在图层的特性。特性匹配命令的操作方法：

1）在 AutoCAD 2010 标准工具栏中，单击按钮。

2）在 AutoCAD 2010 下拉菜单中，选择“修改”→“特性匹配”命令。

3）在命令行提示符下键入 MATCHPROP 或 MA 命令，并按回车键。

执行上述命令之一，将提示选择特性匹配的源图形，再指定目标对象，完成选择后，目标图形对象的线型、线宽、颜色等特性将变为源图形对象的图形特性。

2.6 图层管理

图层是 AutoCAD 绘图的主要组织工具，图层就像一张没有厚度的透明纸，可以在上面绘制图形。绘制一幅实体图形，需要有各种线性元素，如点画线、虚线、细实线、粗实线等，又有尺寸、文字、图例符号等元素。为了便于管理图形的各种元素，AutoCAD 提出了图层的概念，在一幅图形中设置多个图层，每种图形元素分别放在不同的图层上，各层之间完全对齐，这些图层叠放在一起就构成了一幅完整的图形，如图 2-14 所示。

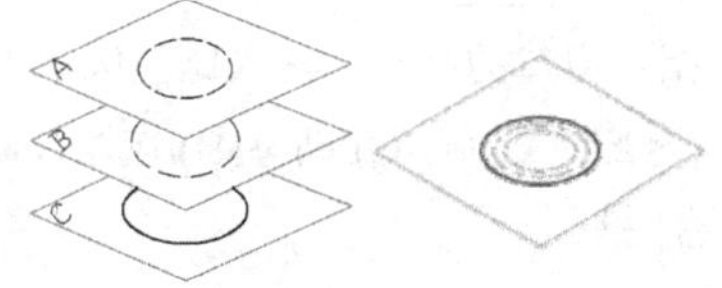

图 2-14　层与图形的关系

（1）图层特性管理器　进行设置和控制图层。如创建新图层、改变已有图层的特性。也可以控制图层的打开/关闭、冻结/解冻、锁定/解锁等。

（2）调用方式

1）在 AutoCAD 2010 菜单下拉工具栏中，选择“格式”→“图层”命令。

2）在命令行提示符下键入 LAYER 命令，并按回车键。

3）在图层工具栏中，单击图层特性按钮。

（3）操作步骤　单击图层特性按钮，弹出图 2-15 所示“图层特性管理器”对话框。

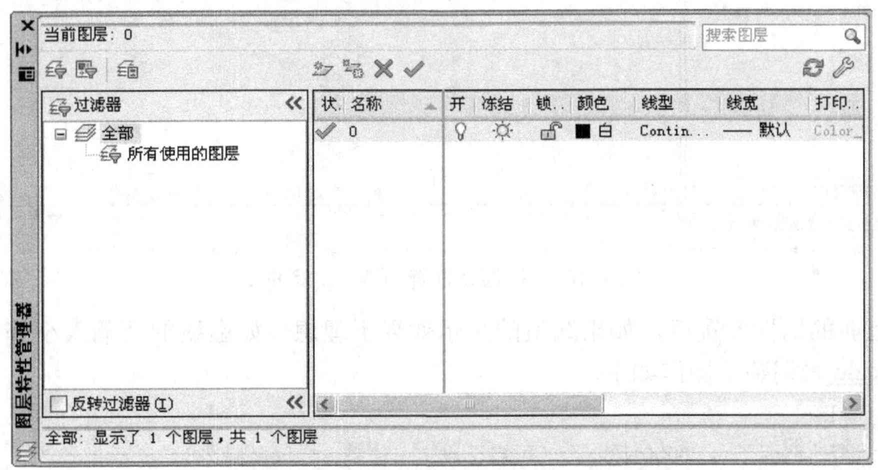

图 2-15　“图层特性管理器”对话框 1

2.7 综合实例

通过综合实例来掌握本章所学的 AutoCAD 2010 工作界面的设置、绘图环境的设置等操作及相关知识。操作步骤如下：

1．设置绘图环境

经分析绘图界限采用 A4 图纸。操作命令如下：

命令:Limits ↙

指定左下角点或 [开(ON)/关(OFF)] <0.00,0.00>:↙（直接回车表示接受默认设置）

指定右上角点 <12.00,9.00>: 297,210↙（设置为 A4 图纸）

命令:Units ↙

系统打开"图形单位"对话框，如图 2-5 所示，在此对话框中把小数的精度设置为 0。

2．用缩放命令控制图形缩放

命令:Zoom↙

指定窗口的角点，输入比例因子 (nX 或 nXP)，或者

[全部(A)/中心(C)/动态(D)/范围(E)/上一个(P)/比例(S)/窗口(W)/对象(O)] <实时>: A↙（满屏显示整个图形范围）

3．设置图层(即设置图层的层名、颜色、线型和线宽)

命令: 单击按钮

弹出图 2-15 所示"图层特性管理器"对话框。在此对话框中命名图层，设置图层的颜色、线型、线宽，结果 2-16 所示.

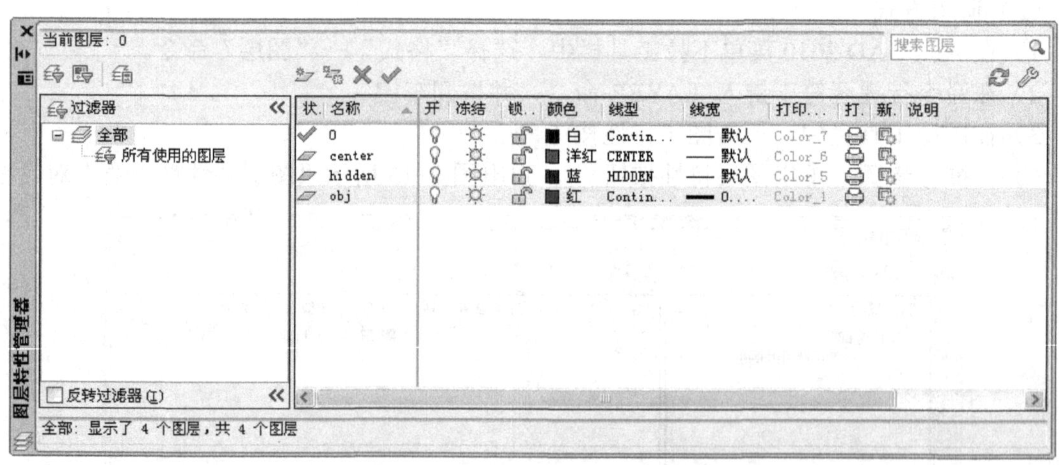

图 2-16 "图层特性管理器"对话框 2

通过上面的属性设置后，如果线型的显示效果不理想（如虚线的间隔太小等），可以通过命令 Ltscale 来调整。操作如下：

命令: Ltscale↙

输入新线型比例因子 <1.0000>: 0.5↙（可自己设定，值越大，间隔越大）

完成设置。

第 3 章　平面图形的绘制和编辑

平面图形是绘制零件图、装配图的基础，因此，要熟练掌握平面图形的绘制。创建平面图形，有两种方法：采用实体绘图命令和实体编辑命令来产生构成图形的各个实体对象。本章将详细介绍 AutoCAD 2010 绘图命令、编辑命令的使用及操作方法，通过实例练习使用绘图命令和编辑命令，并结合坐标点的输入方法，完成平面图形的绘制。

3.1　平面图形绘制的基本命令

使用 AutoCAD 2010 中的绘图命令，可以绘制出各种机械图形。其中，绘图命令主要包括点、直线、圆、圆弧、矩形、正多边形、多段线以及样条曲线等，掌握这些命令将有利于图形的绘制。

3.1.1　绘制点

在 AutoCAD 2010 中，点是组成图形的最基本元素。AutoCAD 2010 中有多种不同的表示方式，可以根据绘制图形的需要进行设置，也可以设置等分点和测量点。

（1）设置点的样式　设置点样式的方法：

1）在 AutoCAD 2010 下拉菜单工具栏中，选择“格式”→“点样式”命令。

2）打开“点样式”对话框，如图 3-1 所示，进行点样式设置。

3）在 AutoCAD 2010 命令行中键入 ddptype 并回车。

执行上述命令之一，调出“点样式”设置对话框，如图 3-1 所示，进行“点样式”设置。

（2）绘制点

1）功能：绘制单点或等分点及标志某些特殊的部分。

2）调用方式：

① 单击工具栏中的 · 图标。

② 在下拉菜单工具栏中。选择“绘图”→“点”命令。

③ 在 AutoCAD 2010 命令行中键入 Point 或 PO 并回车。

（3）格式

命令: 单击 · 图标（或键入 PO）↙

命令行提示：“指定点:”。

（4）操作实例　绘制图 3-2 所示图形。操作步骤如下：

命令: 单击 · 图标（或键入 PO↙）

命令行提示“指定点:”，在幕上指定一点，即在指定的位置绘制点，结果如图 3-2 所示。

绘制图 3-3 所示图形。操作步骤如下：

命令: 键入 divide（或键入 div↙）

命令行提示：选择要定数等分的对象: ，指定图 3-3 中的曲线。

命令行提示：输入线段数目或 [块(B)]: 键入 8↙

结果如图 3-3 所示。

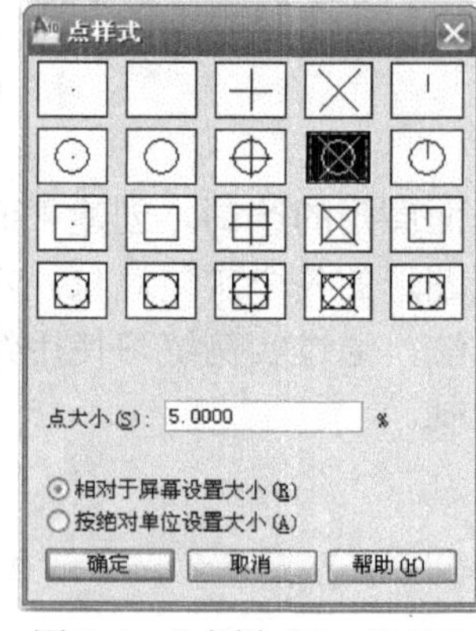

图 3-1 “点样式”对话框

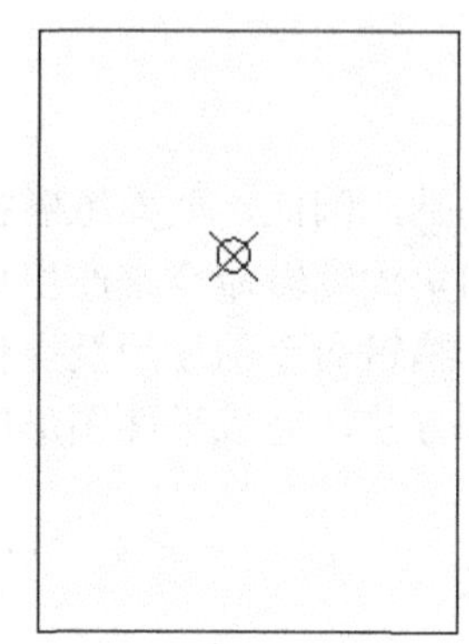

图 3-2 绘制点

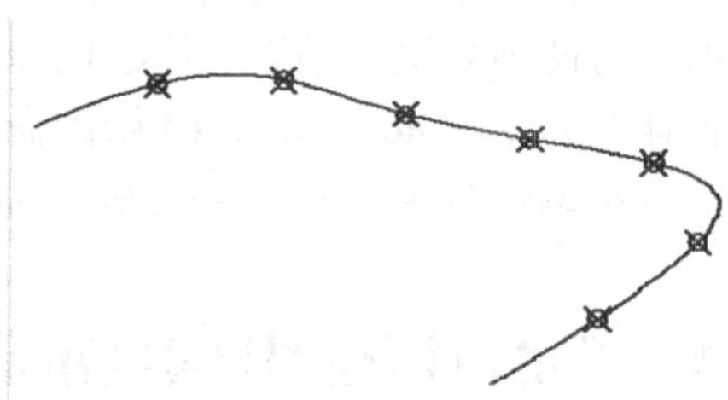

图 3-3 定数等分点

3.1.2 绘制线

（1）功能 绘制二维或三维直线段。

（2）调用方式

1）单击绘图工具栏中的图标。

2）在下拉菜单工具栏中选择“绘图”→“直线”命令。

3）在 AutoCAD 2010 命令行中，键入 line 或 L 命令并按回车键。

（3）格式

命令：单击图标

命令行提示：: _line 指定第一点:（指定起始点）

指定下一点或 [放弃(U)]:

指定下一点或 [闭合(C)/放弃(U)]:

指定下一点或 [闭合(C)/放弃(U)]: *取消*（按回车键结束命令）

可以依次绘制出连接相邻点的直线段。

命令中的参数：C—从当前位置自动与起点封闭；U—撤销上一个命令。

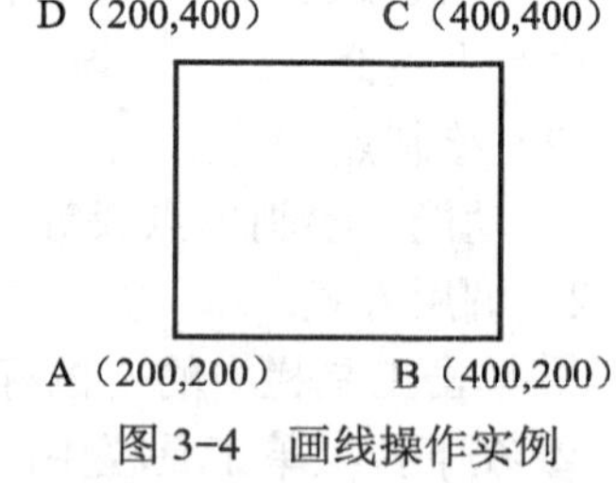

图 3-4 画线操作实例

（4）操作实例 用画线命令绘制图 3-4 所示图形。操作步骤如下：

命令: 单击图标（或键入 L↙）

命令行提示: _line 指定第一点:200,200↙（用绝对坐标输入起点 A）

指定下一点或 [放弃(U)]: 400,200↙（用绝对坐标输入 B 点）

指定下一点或 [放弃(U)]: @0,200↙（用相对直角坐标输入 C 点）

指定下一点或 [闭合(C)/放弃(U)]: @200<180↙（用相对极坐标输入 D 点）

指定下一点或 [闭合(C)/放弃(U)]: C↙（用 Close 封闭）。

注意

以上坐标在输入过程中，如果打开了“动态输入”，则输入第二个点以后的点的绝对坐标时，应先输入“#”；而输入相对坐标时则无需输入@，系统在默认设置下会自动当作相对坐标系。

3.1.3 绘制圆

（1）功能　按指定方式画圆。默认方式是确定圆心和半径画圆，还可以用两点（图 3-5b）、三点（图 3-5c）、与其他图形实体相切等六种方式画圆。

（2）调用方式

1）单击绘图工具栏中的图标。

2）在下拉菜单工具栏中选择“绘图”→“圆”命令。

3）在 AutoCAD 2010 命令行中，键入 Circle 或键入 C 并回车。

（3）格式

命令：单击图标

命令行提示：_circle 指定圆的圆心或 [三点(3P)/两点(2P)/切点、切点、半径(T)]:

指定圆的半径或 [直径(D)]:

即可画出一个给定圆心、半径（或直径）的圆。

命令中的参数：3P：指定圆周上的三点画圆；2P：指定直径的两个端点画圆；T：相切、相切、半径的方式画圆。

（4）操作实例　根据不同的已知条件进行画圆操作，完成图 3-5。

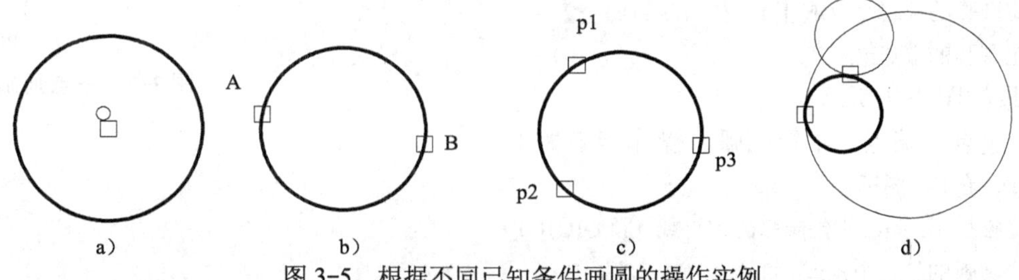

图 3-5　根据不同已知条件画圆的操作实例

绘制图 3-5a 指定圆心和半径画圆的操作如下：

命令：单击图标（或键入 C↙）

命令行提示：_circle 指定圆的圆心或 [三点(3P)/两点(2P)/切点、切点、半径(T)]:（输入 O 点坐标）↙

指定圆的半径或 [直径(D)]:（给定圆半径或直径 D）↙

结果如图 3-5a 所示。

绘制图 3-5d 相切、相切、半径的方式画圆的操作如下：

命令：单击图标

命令行提示：_circle 指定圆的圆心或 [三点(3P)/两点(2P)/切点、切点、半径(T)]:　T↙（以 T 方式画圆）

指定对象与圆的第一个切点:（定义与待画圆相切的第一个目标）↙

指定对象与圆的第二个切点:（定义与待画圆相切的第二个目标）↙

指定圆的半径 <122.9317>: 输入待画圆的半径↙

结果如图 3-5d 所示。

3.1.4 绘制圆弧

图 3-6 “圆弧”子菜单

圆弧是图形中重要的实体，AutoCAD 提供了 11 种画圆弧的方法。默认方法是三点绘制圆弧，角度方向默认为逆时针方向为正。

（1）功能　按指定方式画圆弧。

（2）调用方式

1）单击绘图工具栏中的图标。

2）在下拉菜单工具栏中选择“绘图”→“圆弧”命令。

3）在 AutoCAD 2010 命令行中，键入 Arc 或键入 A 并回车。

打开二级菜单，则弹出图 3-6 所示的子菜单，其中列出了画圆弧的 11 种方法。

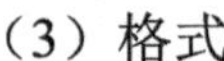

（3）格式

命令：单击图标

命令行提示: _arc 指定圆弧的起点或 [圆心(C)]:
指定圆弧的第二个点或 [圆心(C)/端点(E)]:
指定圆弧的端点:

（4）操作实例　介绍两种常用方法绘制圆弧。

1）三点画弧，操作步骤如下：

命令: 单击图标
命令行提示：_arc 指定圆弧的起点或 [圆心(C)]:P1
指定圆弧的第二个点或 [圆心(C)/端点(E)]:P2
指定圆弧的端点:P3

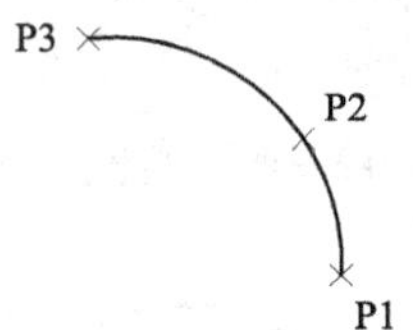

图 3-7　三点画弧

结果如图 3-7 所示。

2）起点、端点、半径画弧，操作步骤如下：

命令: 单击图标
命令行提示: _arc 指定圆弧的起点或 [圆心(C)]: P1
指定圆弧的第二个点或 [圆心(C)/端点(E)]: E↙
指定圆弧的端点: P2
指定圆弧的圆心或 [角度(A)/方向(D)/半径(R)]: R↙
指定圆弧的半径: 10 or –10↙

结果依次如图 3-8 所示。

3.1.5 绘制矩形

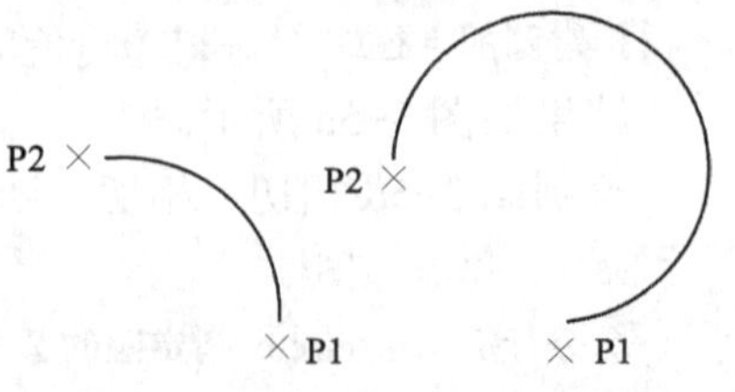

图 3-8　起点、端点、半径画弧

矩形是绘制平面图形时常用的简单图形。可直接绘制矩形，也可以对矩形倒角或倒圆角，还可以改变矩形的线宽。所以，应熟练掌握绘制矩形的命令及操作步骤。

（1）功能　根据需要绘制矩形。

（2）调用方式

1）单击绘图工具栏中的图标。

2）在下拉菜单工具栏中选择“绘图”→“矩形”命令。

3）在 AutoCAD 2010 命令行中，键入 Rectang 或键入 REC 并回车。

（3）格式

命令：单击▭图标

命令行提示：指定第一个角点或 [倒角(C)/标高(E)/圆角(F)/厚度(T)/宽度(W)]: 指定一点

指定另一个角点或 [面积(A)/尺寸(D)/旋转(R)]:

提示行中各选择项的功能介绍如下：

1）指定第一个角点：用于确定矩形第一个角点的位置，为系统的默认选项。可直接在系统提示下输入矩形一个角点的坐标，接着系统提示：指定另一个角点（输入另一个对角点的坐标，则绘出一个普通的矩形）。

2）倒角（C）：用于确定矩形的倒角尺寸，绘制倒直角的矩形。在系统提示下，输入 C 并回车，系统继续提示：

指定矩形的第一个倒角距离 <0.0000>: 输入倒直角第一边的距离

指定矩形的第二个倒角距离 <5.0000>: 输入倒直角第二边的距离

指定第一个角点或 [倒角(C)/标高(E)/圆角(F)/厚度(T)/宽度(W)]: 【在此提示下重复 1）选择项的操作即可】

3）标高（E）：用于确定矩形的绘图高度（标高），一般用于三维图形。在系统提示下，输入 E 并回车，系统继续提示：

指定矩形的标高 <0.0000>: 输入矩形的标高

指定第一个角点或 [倒角(C)/标高(E)/圆角(F)/厚度(T)/宽度(W)]: （在此提示下继续操作即可）

4）圆角（F）：用于绘制一个带圆角的矩形，需输入矩形的倒圆角半径值。在系统提示下，输入 F 并回车，系统继续提示：

指定矩形的圆角半径 <5.0000>: 输入圆角半径值

指定第一个角点或 [倒角(C)/标高(E)/圆角(F)/厚度(T)/宽度(W)]: （在此提示下继续操作即可）

5）厚度（T）：用于确定矩形的厚度，一般用于三维图形。在系统提示下，输入 T 并回车，系统继续提示：

指定矩形的厚度 <0.0000>: 输入矩形的厚度

指定第一个角点或 [倒角(C)/标高(E)/圆角(F)/厚度(T)/宽度(W)]: （在此提示下进行其他选项的操作）

6）宽度（W）：用于确定矩形的线宽，绘制指定线宽的矩形。在系统提示下，输入 W 并回车，系统继续提示：

指定矩形的线宽 <0.0000>: （输入矩形的线宽）

指定第一个角点或 [倒角(C)/标高(E)/圆角(F)/厚度(T)/宽度(W)]: （在此提示下进行其他选项的操作）

7）面积（A）：用于通过面积和长或宽创建矩形。操作方法：

命令：单击▭图标

命令行提示：指定第一个角点或 [倒角(C)/标高(E)/圆角(F)/厚度(T)/宽度(W)]: 指定一点

指定另一个角点或 [面积(A)/尺寸(D)/旋转(R)]: 在系统提示下，输入 A 并回车，系统继续提示：

输入以当前单位计算的矩形面积 <100.0000>: 输入矩形的面积值

计算矩形标注时依据 [长度(L)/宽度(W)] <长度>: 回车或输入 W

输入矩形长度 <10.0000>: 输入矩形的长度或宽度

8）尺寸（D）：用于通过矩形的长和宽创建矩形。第二个指定点将矩形定位在与第一角点相关的四个位置之一内。在系统提示下，输入 D 并回车，继续按系统提示操作。

9）旋转（R）：用于旋转所绘制的矩形成一定的角度。指定旋转角度后，系统按指定角度创建矩形。在系统提示下，输入 R 并回车，系统继续提示：

指定旋转角度或 [拾取点(P)] <0>: 输入角度
指定另一个角点或 [面积(A)/尺寸(D)/旋转(R)]: 输入另一个角点或选择其他选项

（4）操作实例　绘制图 3-9a 所示的图形。操作步骤如下：

命令：单击 □ 图标（或键入 Rect↙）
命令行提示：指定第一个角点或 [倒角(C)/标高(E)/圆角(F)/厚度(T)/宽度(W)]: C↙
指定矩形的第一个倒角距离 <0.0000>: 16↙
指定矩形的第二个倒角距离 <5.0000>: 16↙
指定第一个角点或 [倒角(C)/标高(E)/圆角(F)/厚度(T)/宽度(W)]: 点取图 3-9b 中的 P 点
指定另一个角点或 [面积(A)/尺寸(D)/旋转(R)]: @132，76↙

结果如图 3-9 b 所示。

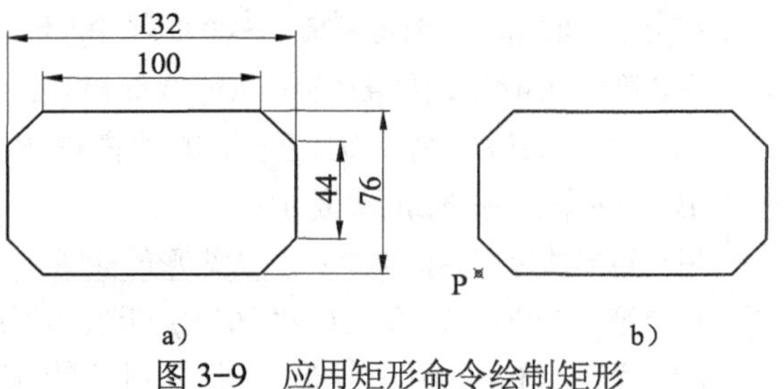

图 3-9　应用矩形命令绘制矩形

3.1.6　绘制正多边形

AutoCAD 可以绘制 3～1024 条边的正多边形，在机械绘图中应用十分广泛，例如六角螺母、六角螺栓的头部，都是正多边形。

（1）功能　根据需要绘制正多边形。

（2）调用方式

1）单击绘图工具栏中的⬠图标。

2）在下拉菜单工具栏中选择“绘图”→“正多边形”命令。

3）在 AutoCAD 2010 命令行中，键入 Rectang 或键入 REC 并回车

（3）格式

命令：单击⬠图标

命令行提示：_polygon 输入边的数目 <4>: 键入边数↙
指定正多边形的中心点或 [边(E)]: 指定正多边形的中心点
输入选项 [内接于圆(I)/外切于圆(C)] <I>: ↙
指定圆的半径: 指定半径↙

（4）操作实例

1）用内接法画正多边形。指定外接圆的半径。正多边形的所有顶点都在圆周上。其操作过程如下：

命令：单击⬠图标
命令行提示：_polygon 输入边的数目 <4>: 6↙
指定正多边形的中心点或 [边(E)]: 指定 P1
输入选项 [内接于圆(I)/外切于圆(C)] <I>: ↙
指定圆的半径: 15 or P2

结果依次如图 3-10 所示。

2）用外切法画正多边形。指定外切圆的半径。正多边形的各边中点都在圆周上。其操作过程如下：

命令：单击⬠图标

命令行提示：_polygon 输入边的数目 <6>: ↙

指定正多边形的中心点或 [边(E)]: P1↙

输入选项 [内接于圆(I)/外切于圆(C)] <I>: C↙

指定圆的半径: 15 or P2

结果依次如图 3-11 所示。

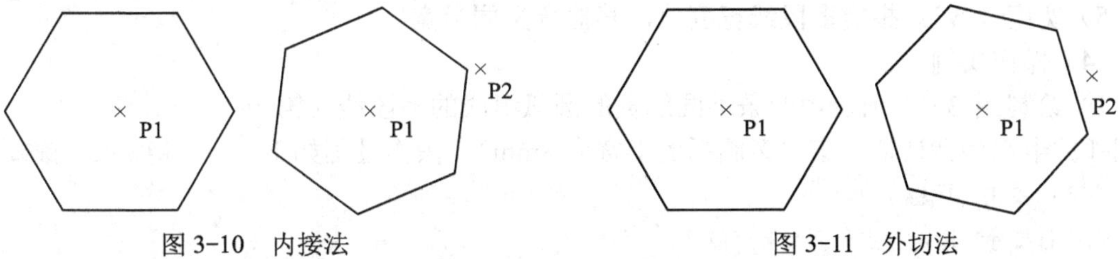

图 3-10 内接法　　图 3-11 外切法

3）用边长画正多边形。通过指定第一条边的端点逆时针来定义正多边形其他边。其操作过程如下：

命令：单击⬠图标

命令行提示：_polygon 输入边的数目 <4>: 6↙

指定正多边形的中心点或 [边(E)]: E↙

指定边的第一个端点: P1

指定边的第二个端点: P2

结果依次如图 3-12 所示。

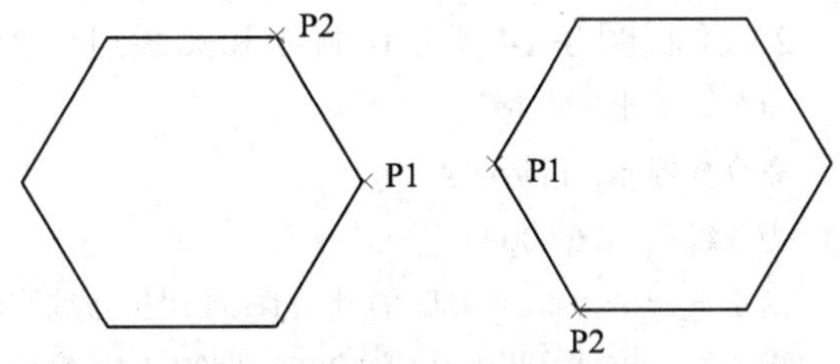

图 3-12 用边长画正多边形

3.1.7 绘制多段线

多段线是由直线和圆弧组合而成的折线或曲线，而且这些线段所构成的图形是一个整体。可以一次编辑所有线段，也可以分别编辑每条线段，设置各线段的宽度，使线段的始末端点具有不同的线宽。

（1）功能　根据需要绘制多段线。

（2）调用方式

1）单击绘图工具栏中的⮐图标。

2）在下拉菜单工具栏中选择“绘图”→“多段线”命令。

3）在 AutoCAD 2010 命令行中，键入 Pline 或键入 PL 并回车。

（3）格式

命令：单击⮐图标

命令行提示：指定起点: P1

当前线宽为 0.0000

指定下一个点或 [圆弧(A)/半宽(H)/长度(L)/放弃(U)/宽度(W)]: P2

不断地输入点将绘制由直线段组成的多段线，即直线方式；若输入 A，则为绘制圆弧方式。下面将提示行中各选项作一简单介绍：

1）圆弧（A）：将弧线段添加到多段线中。

2）半宽（H）：可以指定多段线的起点和终点的半宽值。

3）长度（L）：定义下一段多段线的长度，AutoCAD 将按照上一线段的方向绘制这一段多义线。若上一段是圆弧，将绘出与圆弧相切的线段。

4）放弃（U）：取消刚刚绘制的那一段线段或弧线段。

5）宽度（W）：指定多段线宽度值，其他意义同半宽。

（4）操作实例

1）绘制图 3-13 所示由两条不同线宽的圆弧组成的多段线（第一条圆弧的半宽为默认值，第二条圆弧的半宽为 8mm）。操作过程如下：

图 3-13 圆弧

命令：单击↩图标

命令行提示：指定起点：输入起点值↙

当前线宽为 0.0000

指定下一个点或 [圆弧(A)/半宽(H)/长度(L)/放弃(U)/宽度(W)]: 输入 A↙

指定圆弧的端点或

[角度(A)/圆心(CE)/方向(D)/半宽(H)/直线(L)/半径(R)/第二个点(S)/放弃(U)/宽度(W)]: 输入 H↙

指定起点半宽 <0.0000>: 输入 8↙

指定端点半宽 <8.0000>: 输入 8↙

指定圆弧的端点或[角度(A)/圆心(CE)/闭合(CL)/方向(D)/半宽(H)/直线(L)/半径(R)/第二个点(S)/放弃(U)/宽度(W)]: ↙（结束多段线的绘制，结果如图 3-13 所示）。

2）绘制图 3-14 所示由直线和弧线组成的多段线。操作过程如下：

命令：单击↩图标

命令行提示：指定起点: P1

当前线宽为 0.0000

指定下一个点或 [圆弧(A)/半宽(H)/长度(L)/放弃(U)/宽度(W)]: @10<30↙

指定下一点或 [圆弧(A)/闭合(C)/半宽(H)/长度(L)/放弃(U)/宽度(W)]: A↙

指定圆弧的端点或

[角度(A)/圆心(CE)/闭合(CL)/方向(D)/半宽(H)/直线(L)/半径(R)/第二个点(S)/放弃(U)/宽度(W)]: R↙

指定圆弧的半径: 5↙

指定圆弧的端点或 [角度(A)]: A↙

指定包含角: –225↙

指定圆弧的弦方向 <30>:↙

指定圆弧的端点或

[角度(A)/圆心(CE)/闭合(CL)/方向(D)/半宽(H)/直线(L)/半径(R)/第二个点(S)/放弃(U)/宽度(W)]: L↙

指定下一点或 [圆弧(A)/闭合(C)/半宽(H)/长度(L)/放弃(U)/宽度(W)]: @10<30↙

指定下一点或 [圆弧(A)/闭合(C)/半宽(H)/长度(L)/放弃(U)/宽度(W)]: ↙

结果如图 3-14 所示。

创建多段线之后，可用 Pedit 命令进行编辑，或使用 Explode 命令将其分解成单独的直线段和弧线段。在分解多段线时，线宽恢复为 0，分解后的线段将根据先前的多段线的中心重新定位。

图 3-14　直线和弧线方式

3.1.8　绘制样条曲线

样条曲线是通过一组定点的光滑曲线。定点数量由图形的大小确定。AutoCAD 使用的特殊样条曲线类型称为非均匀有理 B 样条曲线 NURBS（NURBS 是 Non Uniform Rational Bezier—Spline 的缩写）。样条曲线非常适合绘制不规则形状的曲线，例如飞机、汽车、轮船等零件的轮廓线，也常用于绘制波浪线。本节仅介绍用样条曲线绘制波浪线的方法和步骤。

（1）功能　根据需要绘制样条曲线。

（2）调用方式

1）单击绘图工具栏中的图标。

2）在下拉菜单工具栏中选择“绘图”→“样条曲线”命令。

3）在 AutoCAD 2010 命令行中，键入 SPline 或键入 SPL 并回车。

（3）格式

命令：单击图标

命令行提示：指定第一个点或 [对象(O)]: 指定一个点

指定下一点: 指定一个点

指定下一点或 [闭合(C)/拟合公差(F)] <起点切向>:

命令行中的各选项含义如下：

1）对象（O）：将一条多段线拟合生成样条曲线。

2）闭合（C）：生成一条闭合的样条曲线，当指定两个以上的顶点后，命令行中将出现该选项。选择该选项则闭合样条线，并且需要指定切线的矢量方向，然后结束样条曲线命令。

3）拟合公差（F）：选择该选项可以设置样条曲线的拟合公差值。输入的值越大，绘制曲线偏离指定的点越远；输入的值越小，绘制的曲线离指定的点越近。

4）<起点切向>：定义样条曲线的第一点和最后一点的切向，通常保持默认值即可。

（4）操作实例　绘制图 3-15 a 所示的波浪线。操作步骤如下：

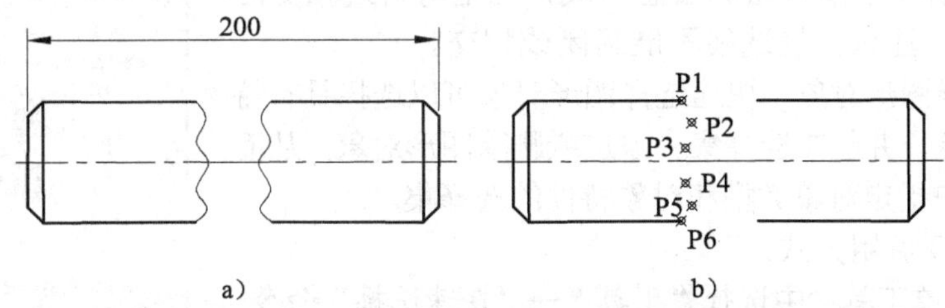

图 3-15　应用“样条曲线”命令绘制波浪线

命令：单击图标

命令行提示：指定起点: 捕捉图 3-15 b 中所示的 P1 点（起点）

当前线宽为 0.0000

指定下一点或 [圆弧(A)/半宽(H)/长度(L)/放弃(U)/宽度(W)]: 点取图 3-15 b 中所示的 P2 点

指定下一点或 [圆弧(A)/闭合(C)/半宽(H)/长度(L)/放弃(U)/宽度(W)]: 点取图 3-15 b 中所示的 P3 点

指定下一点或 [圆弧(A)/闭合(C)/半宽(H)/长度(L)/放弃(U)/宽度(W)]: 点取图 3-15 b 中所示的 P4 点

指定下一点或 [圆弧(A)/闭合(C)/半宽(H)/长度(L)/放弃(U)/宽度(W)]: 点取图 3-15 b 中所示的 P5 点

指定下一点或 [圆弧(A)/闭合(C)/半宽(H)/长度(L)/放弃(U)/宽度(W)]: 捕捉图 3-15 b 中所示的 P6 点（端点）

指定下一点或 [圆弧(A)/闭合(C)/半宽(H)/长度(L)/放弃(U)/宽度(W)]: ↙

指定起点切向: ↙

指定端点切向: ↙

用同样的方法绘制另一条波浪线，结果如图 3-15 a 所示。

3.2 平面图形编辑的基本命令

3.2.1 选择图形对象

要对图形对象进行编辑，首先要选择图形对象。AutoCAD 2010 选择对象的方法有多种，如点选和框选等。这里介绍几种常用选择图形对象的方法：

（1）点选图形对象　当需要选择某个对象时，直接将十字光标移动到绘图区的图形对象上，然后单击鼠标左键确定，即可选择该图形对象。

（2）框选图形对象　框选图形对象的操作也比较简单，其方法是：先在绘图区上单击一点，然后移动十字光标，在适当位置再进行单击，由起点到第二点所围成的矩形窗口就是框选区，即窗口所包含的图形对象被选中。框选又分为窗口选择和窗交选择两种。

1）窗口选择。当命令行提示“选择对象”时，在命令行中输入“Window”或“W”并按回车键，然后在绘图区分别拾取两点确定一个矩形框，在矩形框内的图形对象被选中。

2）窗交选择。当命令行提示“选择对象”时，在命令行中输入“Crossing”或“C”并按回车键，然后在绘图区分别拾取两点确定一个矩形框，但此时，不仅选中了窗口内的图形对象，同时也选中了所有与窗口交叉的图形对象。

（3）栏选图形对象　对复杂图形对象进行编辑时，采用“栏选图形对象”非常方便，其方法是：当命令行提示“选择对象”时，在命令行中输入“F”并按回车键，然后在绘图区绘制任意折线，凡是与折线相交图形对象均被选中。注意：栏选线不能封闭或相交。

（4）快速选择图形对象　快速选择图形对象可以选择具有特定属性的图形对象，并能在选择集中添加或删除图形对象，从而创建一个符合用户指定对象类型和对象特性的选择集。

快速选择命令调用方式：

1）在下拉菜单工具栏中选择“工具”→“快速选择”命令。

2）在 AutoCAD 2010 命令行中，键入 Qselect 并按回车键。

执行任意一种操作后，打开“快速选择”对话框，如图 3-16 所示。在对话框中设置好要选择对象的属性后，单击[确定]按钮，即可选择相同属性的对象。

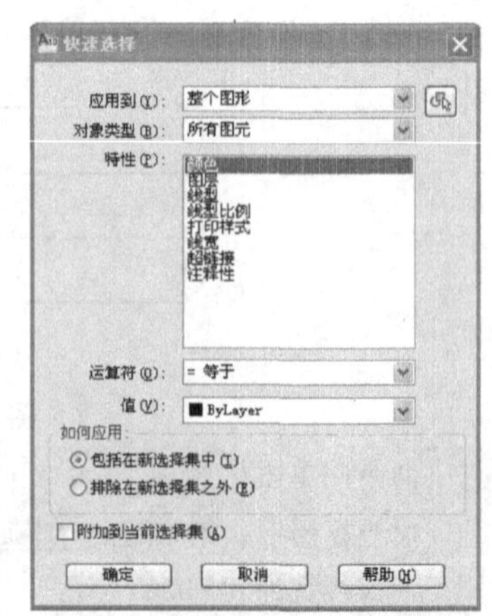

图 3-16 “快速选择”对话框

3.2.2 删除与修剪

（1）擦除命令

1）功能：将绘制错误或不再使用的图线擦去。

2）调用方式：

① 单击绘图工具栏中的图标。

② 在下拉菜单工具栏中选择“修改”→“擦除”命令。

3）格式：

命令：单击图标

命令行提示：选择对象：（选取要擦除的对象）

选择对象：（可以继续选取或回车结束选取）

即可擦除被选取的对象。

（2）修剪命令

1）功能：剪去一个目标的多余部分。

2）调用方式：

① 单击绘图工具栏中的图标。

② 在下拉菜单工具栏中选择“修改”→“修剪”命令。

3）格式：

命令：单击图标

命令行提示：当前设置:投影=UCS，边=无

选择剪切边...

选择对象或 <全部选择>: ↙

选择要修剪的对象，或按住 Shift 键选择要延伸的对象，或[栏选(F)/窗交(C)/投影(P)/边(E)/删除(R)/放弃(U)]:

命令行中的各选项含义简单介绍如下：

① <全部选择>：默认情况下，选择所有可见图形，作为修剪边界。

② 按住 Shift 键选择要延伸的对象：可在执行修剪命令时将图形进行延伸操作。

③ 栏选（F）：使用该选项后，在屏幕上绘制直线，与直线相交的将会被选中。

④ 窗交（C）：可以直接使用交叉方式选取多条被修剪的线条。

⑤ 投影（P）：指定修剪对象时使用的投影模式，在三维绘图时才会用到该选项。

⑥ 边（E）：确定是在另一对象的隐含边处修剪对象，还是仅修剪对象到与它在三维空间中相交的对象处，在三维绘图中进行修剪时才会用到该选项。

⑦ 删除（R）：删除选定的对象。

4）操作实例：用修剪命令修剪已有目标图 3-17a 的多余部分，结果如图 3-17b 所示。

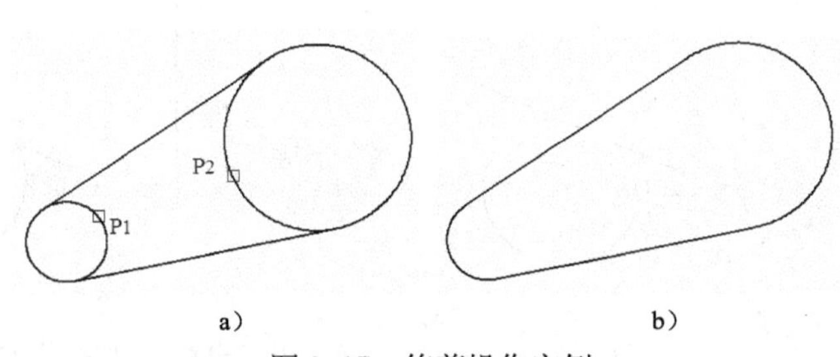

图 3-17 修剪操作实例
a）原图 b）结果

操作步骤如下：

命令：单击图标

命令行提示：当前设置:投影=UCS，边=无

选择剪切边...

选择对象或 <全部选择>: ↙（回车）

用鼠标分别点取 P1、P2 两段弧，结果如图 3-17b 所示。

3.2.3 延伸、拉长、拉伸

（1）延伸命令

1）功能：将选中的对象延伸到指定的边界。

2）调用方式：

① 单击绘图工具栏中的图标。

② 在下拉菜单工具栏中选择“修改”→“延伸”命令。

3）格式：

命令：单击图标

命令行提示：当前设置:投影=UCS，边=无

选择边界的边...

选择对象或 <全部选择>:

选择要延伸的对象，或按住 Shift 键选择要修剪的对象，或

[栏选(F)/窗交(C)/投影(P)/边(E)/放弃(U)]:

4）操作实例：用延伸命令，将图 3-18a 中的弧和直线延伸到指定边界，结果如图 3-18b 所示。

操作步骤如下：

命令：单击图标

命令行提示：当前设置:投影=UCS，边=无

选择边界的边...

选择对象或 <全部选择>: ↙（回车）

先用鼠标分别点取两条直线为边界边，然后再用鼠标分别点取 P1 弧和 P2 直线，结果如图 3-18b 所示。

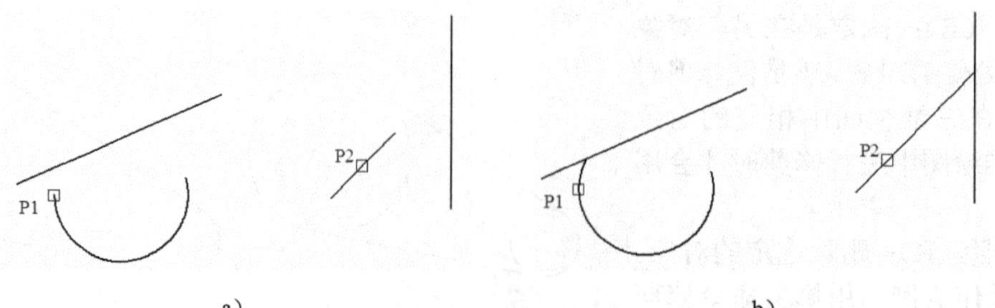

图 3-18　延伸操作实例

a）原图　b）结果

（2）拉长命令

1）功能：修改对象的长度和圆弧的包含角。

2）调用方式：

① 在下拉菜单工具栏中选择“修改”→“拉长”命令。

② 在 AutoCAD 2010 命令行中，键入 Lengthen 并回车。

3）格式：

命令：在下拉菜单工具栏中，选择“修改”→“拉长”命令

命令行提示：选择对象或 [增量(DE)/百分数(P)/全部(T)/动态(DY)]: de↙

输入长度增量或 [角度(A)] <0.0000>: 5↙

命令行中的各选项含义简单介绍如下：

① 选择对象：显示对象的长度，如果对象有包含角，则一同显示包含角。

② 增量（DE）：以指定的增量改变对象的长度，从选定对象中距离选择点最近的端点处按增量开始拉长。以指定增量修改圆弧的角度，从圆弧的指定端点处按增量开始拉长。如果增量是正值，就拉伸对象；如果是负值，就修剪对象。

输入长度增量或 [角度(A)] <0.0000>: 指定的增量或者修改圆弧的角度

输入长度增量或 [角度(A)] <0.0000>: A↙

输入角度增量 <0>: 指定增量↙

选择要修改的对象或 [放弃(U)]:

③ 百分数（P）：通过指定对象总长度的百分数拉伸对象长度；或通过指定圆弧总角度的百分比修改圆弧角度。选择该选项，命令行提示：

输入长度百分数 <100.0000>: <100 为当前值>，输入非零正值或按 Enter 键采用默认值

选择要修改的对象或 [放弃(U)]:

④ 全部（T）：通过指定固定端点间总长度的绝对值设置选定对象的长度；或通过指定总包含角设置选定对象的总角度。选择该选项，命令行提示：

指定总长度或 [角度(A)] <1.0000)>: 指定长度或输入 A 按 Enter 键

指定总长度或 [角度(A)] <20.0000)>: A↙

指定总角度 <57>:指定总角度

选择要修改的对象或 [放弃(U)]:

⑤ 动态（DY）：打开动态拖动模式。根据被拖动的端点的位置改变选定对象的长度。

AutoCAD 将端点移动到所需的长度或角度，而另一端保持固定。若选择要修改的对象为封闭，则提示：无法拉长此对象。

4）操作实例：拉长图 3-19 左图的图形。

操作步骤如下：

命令：在下拉菜单工具栏中选择“编辑”→“ 拉长”命令

命令行提示：选择对象或 [增量(DE)/百分数(P)/全部(T)/动态(DY)]: DE↙

输入长度增量或 [角度(A)] <0.0000>: 5↙

选择要修改的对象或 [放弃(U)]: 点画线端点 1

选择要修改的对象或 [放弃(U)]: 点画线端点 2

选择要修改的对象或 [放弃(U)]: 点画线端点 3

选择要修改的对象或 [放弃(U)]: 点画线端点 4

结果如图 3-19 左图所示。

（3）拉伸命令

1）功能：将选择的对象按规定的方向和角度拉长或缩短。

2）调用方式：

① 单击绘图工具栏中的图标。

② 在下拉菜单工具栏中选择“修改”→“拉伸”命令。

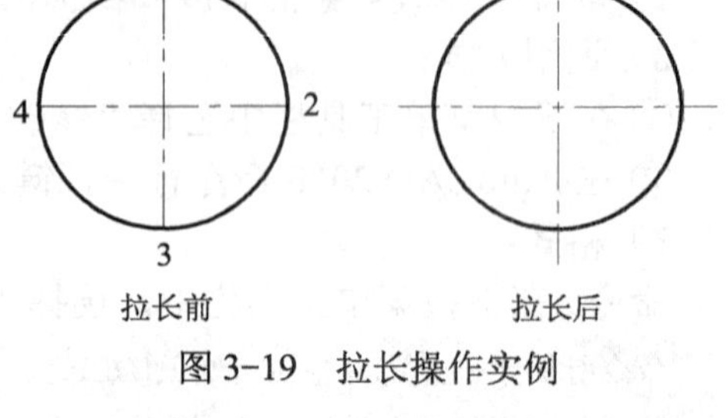

图 3-19　拉长操作实例

3）格式：

命令：单击图标

命令行提示：以交叉窗口或交叉多边形选择要拉伸的对象...
选择对象：指定对角点：
选择对象：
指定基点或 [位移(D)] <位移>:
指定第二个点或 <使用第一个点作为位移>:

4）操作实例：用拉伸命令将图 3-20a 拉伸为图 3-20c。

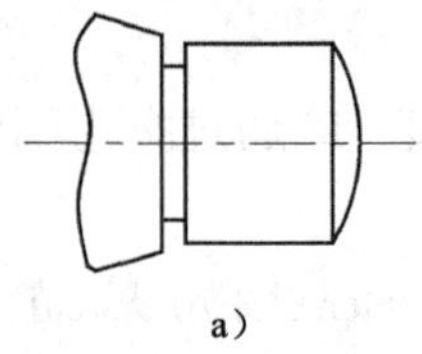

a）

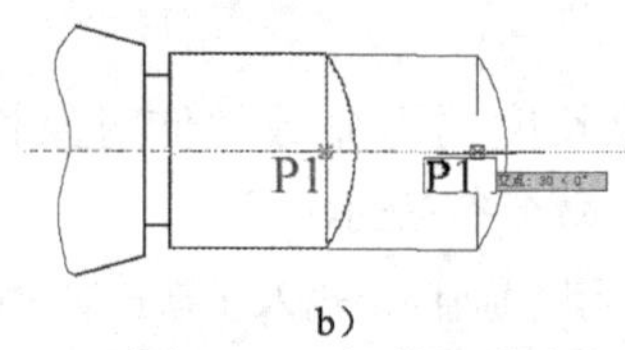

b）

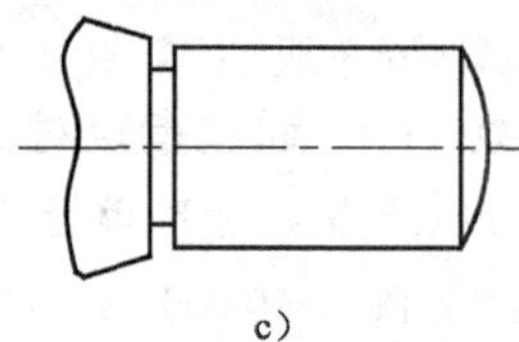

c）

图 3-20　拉伸操作实例

a）原图　b）过程　c）结果

操作步骤如下：

命令：单击图标
命令行提示：以交叉窗口或交叉多边形选择要拉伸的对象...
选择对象：用鼠标在绘图区选择要拉伸的对象，如图 3-20 b，↙
指定基点或 [位移(D)] <位移>:用鼠标指定图 3-20b 中的 P1 点
指定第二个点或 <使用第一个点作为位移>: 输入要拉伸的数值↙

结果如图 3-20 c 所示。

3.2.4　复制、镜像、阵列、偏移

（1）复制命令

1）功能：将指定对象复制到指定位置上，可以单个复制或多个复制。

2）调用方式：

① 单击绘图工具栏中的图标。

② 在下拉菜单工具栏中选择“编辑”→“复制”命令。

3）格式：

命令：单击图标

命令行提示：选择对象:（选取要复制的对象）

指定基点或 [位移(D)/模式(O)] <位移>:

4）操作实例：用复制命令将已有目标（图 3-21a）复制到指定位置，结果如图 3-26 b 所示。

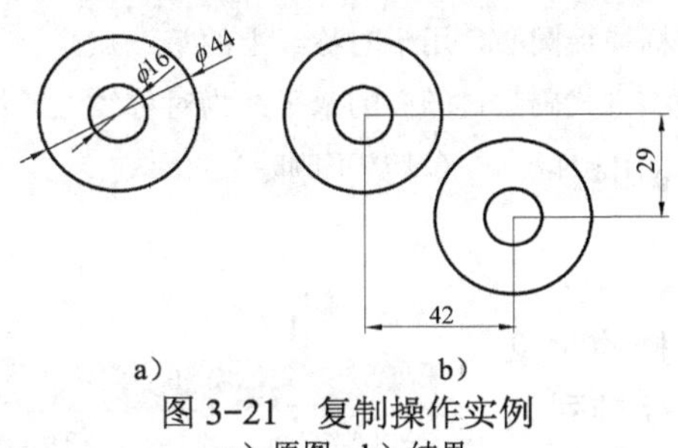

图 3-21　复制操作实例
a）原图　b）结果

操作步骤如下：

命令：单击图标

命令行提示：选择对象:↙（直接用鼠标选取目标，输入回车确认）

指定基点或 [位移(D)/模式(O)] <位移>: 42,-29↙（输入复制后目标的位置）

指定基点或 [位移(D)/模式(O)] <位移>: 指定第二个点或 <使用第一个点作为位移>:↙

结果如图 3-21b 所示。

（2）镜像命令

1）功能：按设定的对称线将选定目标进行对称操作。镜像时可以删除原对象，也可以保留原对象。

2）调用方式：

① 单击绘图工具栏中的图标。

② 在下拉菜单工具栏中选择“修改”→“镜像”命令。

3）格式：

命令：单击图标

命令行提示：选择对象:（选取要镜像的对象）

选择对象:（可以继续选取或回车结束选取）

指定镜像线的第一点: 指定镜像线的第二点:

要删除源对象吗？[是(Y)/否(N)] <N>:↙

4）操作实例：用镜像命令完成图 3-22 a 到图 3-22 c 的操作。

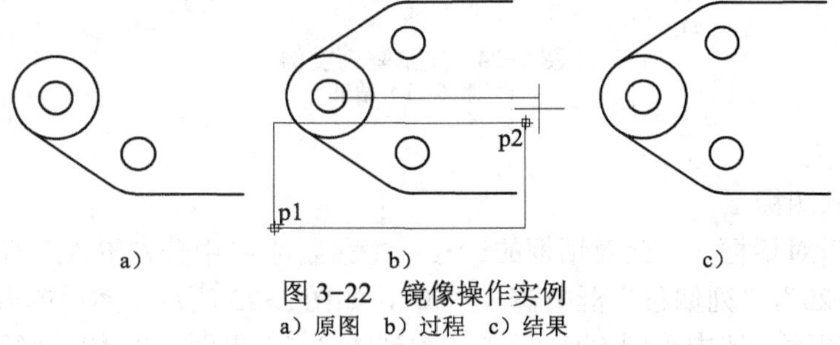

图 3-22　镜像操作实例
a）原图　b）过程　c）结果

操作步骤如下：

命令：单击图标

命令行提示：选择对象：（定义选取目标窗口左下角点 p1，如图 3-22 b 所示）

选择对象:（可以继续选取或回车结束选取）（定义选取目标窗口右上角点 p2，如图 3-22b 所示）

选择对象:（回车确认，选取目标结束）

指定镜像线的第一点：用鼠标捕捉圆心，用于对称线上的第一点）

指定镜像线的第二点：以追踪方式确定过圆心的水平线为对称线上的第二点）

要删除源对象吗？[是(Y)/否(N)] <N>: ↙（默认不删除）

结果如图 3-22 c 所示。

（3）阵列命令

1）功能：可以一次将选择的对象复制多个，并按一定规律进行排列。阵列有环形阵列和矩形阵列两种形式。对于环形阵列，可以控制副本对象的数目和决定是否旋转对象。对于矩形阵列，可以控制行和列的数目以及它们之间的距离。

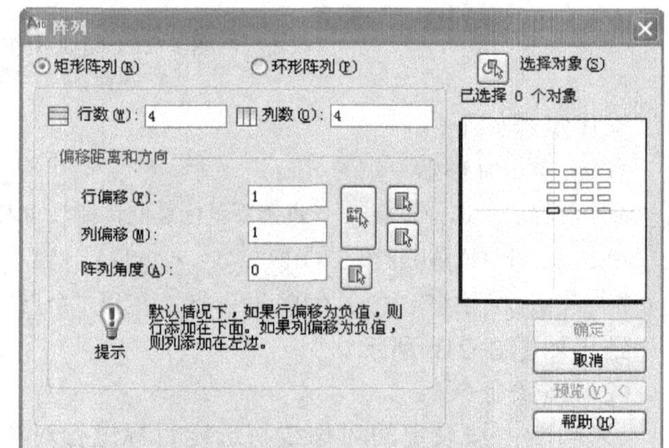

图 3-23 “阵列”对话框

2）调用方式：

① 单击绘图工具栏中的图标。

② 在下拉菜单工具栏中选择“修改”→“阵列”命令。

3）格式：

命令：单击图标

屏幕上出现图 3-23 所示的“阵列”对话框。在该对话框中，可以进行阵列的设置。

4）操作实例：用阵列命令完成图 3-24a 到图 3-24b 的操作。

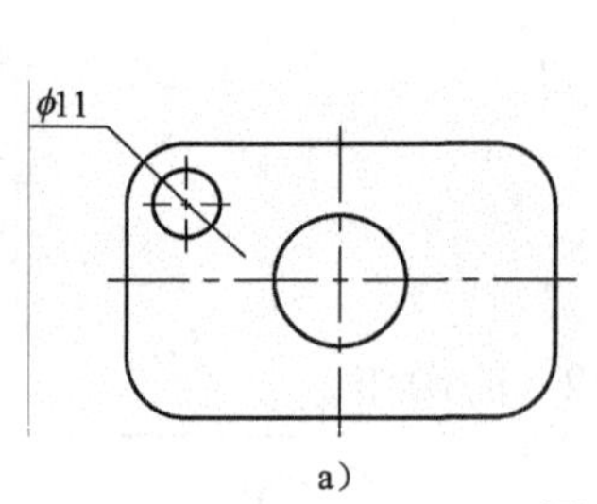

图 3-24 矩形阵列实例
a）原图 b）结果

操作步骤如下：

命令：单击图标

调出“阵列”对话框，在此对话框的栏中分别输入 2 行 2 列，在“行偏移”框中输入“-20”，“列偏移”框中输入“50”，如图 3-25 所示。然后单击“选择对象”按钮，返回绘图界面，选中小圆ϕ11，回车。回到图 3-25 界面，单击按钮，结果如图 3-24 b 所示。

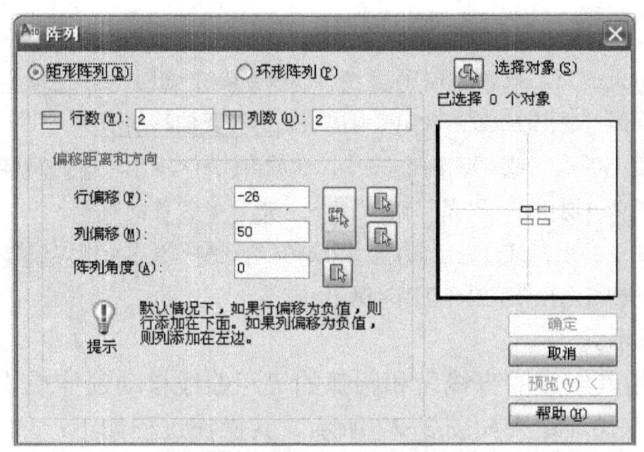

图 3-25　输入矩形阵列数值

（4）偏移命令

1）功能：根据指定的距离或指定的某个特殊点，建立一个与所选对象平行的新对象。也可以说，偏移命令就是进行平行复制。

2）调用方式：

① 单击绘图工具栏中的图标。

② 在下拉菜单工具栏中选择“修改”→“偏移”命令。

3）格式：

命令：单击图标

命令行提示：

当前设置: 删除源=否　图层=源　OFFSETGAPTYPE=0

指定偏移距离或 [通过(T)/删除(E)/图层(L)] <通过>:指定一个距离、输入 T 或↙

选择要偏移的对象，或 [退出(E)/放弃(U)] <退出>:选择一个对象或↙

指定要偏移的那一侧上的点，或 [退出(E)/多个(M)/放弃(U)] <退出>:在要偏移对象的一侧指定点

选择要偏移的对象，或 [退出(E)/放弃(U)] <退出>:↙

4）操作实例：用偏移命令完成图 3-26、图 3-27 的操作。

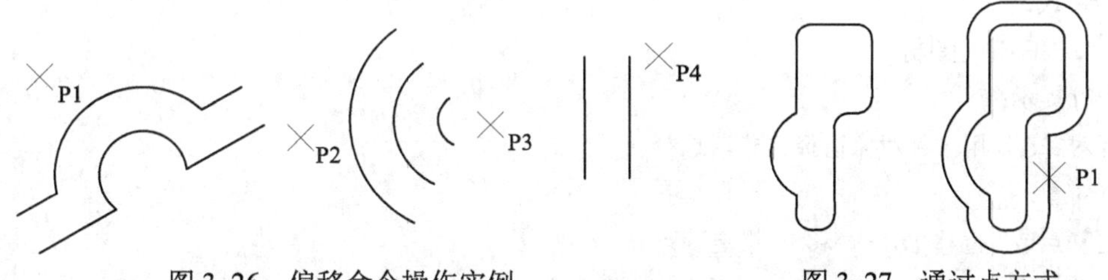

图 3-26　偏移命令操作实例　　图 3-27　通过点方式

操作步骤如下：

单击图标

命令行提示：

指定偏移距离或 [通过(T)/删除(E)/图层(L)] <通过>: 5↙

选择要偏移的对象，或 [退出(E)/放弃(U)] <退出>: 选择要偏移的对象

指定要偏移的那一侧上的点，或 [退出(E)/多个(M)/放弃(U)] <退出>: 指定偏移点 P1

选择要偏移的对象，或 [退出(E)/放弃(U)] <退出>: 选择要偏移的对象
指定要偏移的那一侧上的点，或 [退出(E)/多个(M)/放弃(U)] <退出>:指定偏移点 P2
选择要偏移的对象，或 [退出(E)/放弃(U)] <退出>: 选择要偏移的对象
指定要偏移的那一侧上的点，或 [退出(E)/多个(M)/放弃(U)] <退出>:指定偏移点 P3
选择要偏移的对象，或 [退出(E)/放弃(U)] <退出>: 选择要偏移的对象
指定要偏移的那一侧上的点，或 [退出(E)/多个(M)/放弃(U)] <退出>:指定偏移点 P4
选择要偏移的对象，或 [退出(E)/放弃(U)] <退出>:↙

结果如图 3-26 所示。

对于多义线，则由其组成的直线段和圆弧的等距曲线自动延伸或修剪而组成一条连续的多义线。采用通过点方式，结果如图 3-27 所示。其操作过程如下：

命令: 单击图标
命令行提示:
当前设置: 删除源=否 图层=源 OFFSETGAPTYPE=0
指定偏移距离或 [通过(T)/删除(E)/图层(L)] <20.0000>:↙
选择要偏移的对象，或 [退出(E)/放弃(U)] <退出>:选择多义线
指定要偏移的那一侧上的点，或 [退出(E)/多个(M)/放弃(U)] <退出>:指定偏移点 P1
选择要偏移的对象，或 [退出(E)/放弃(U)] <退出>: ↙

3.2.5 移动与旋转

（1）移动命令

1）功能：在指定方向上按指定距离移动对象，移动对象仅仅是位置平移，而不改变对象的方向和大小。

2）调用方式：

① 单击绘图工具栏中的图标。

② 在下拉菜单工具栏中选择“修改”→“移动”命令。

3）格式：

命令：单击图标

命令行提示:
选择对象: 使用一种对象选择方式，选择对象
选择对象: ↙
指定基点或 [位移(D)] <位移>: 指定基点
指定第二个点或 <使用第一个点作为位移>:指定第二点或↙

4）操作实例：用移动命令完成图 3-28 的操作。

操作步骤如下：

命令：单击图标
命令行提示：选择对象: 选择要移动的图形对象↙
指定基点或 [位移(D)] <位移>: 指定基点 P1
指定第二个点或 <使用第一个点作为位移>:指定第二点 P2↙

结果如图 3-28 b 所示。

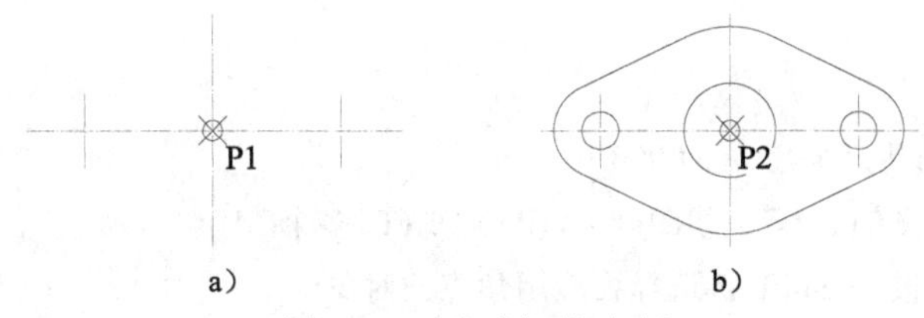

图 3-28　移动操作实例
a）原图　b）结果

（2）旋转命令

1）功能：将选中的对象绕基点（指定点）旋转指定的角度。默认设置时，输入的角度为正值，选中的对象按逆时针方向旋转；输入的角度为负值，则该对象按顺时针方向旋转。

2）调用方式：

① 单击绘图工具栏中的图标。

② 在下拉菜单工具栏中选择“修改”→“旋转”命令。

3）格式：

命令：单击图标

命令行提示：

UCS 当前的正角方向:　ANGDIR=逆时针　ANGBASE=0

选择对象: 选择旋转对象

选择对象: ↙（或继续选择对象）

指定基点: 选择旋转基点

指定旋转角度，或 [复制(C)/参照(R)] <0>: 输入旋转角度值↙

4）操作实例：使用旋转命令，将图 3-29a 图形旋转 90°。

操作步骤如下：

命令：单击图标

命令行提示：

UCS 当前的正角方向:　ANGDIR=逆时针　ANGBASE=0

选择对象: 选择图 3-29 a（全部选中）

选择对象: ↙

指定基点: 捕捉圆心（圆心为旋转基点）

指定旋转角度，或 [复制(C)/参照(R)] <0>: 90↙

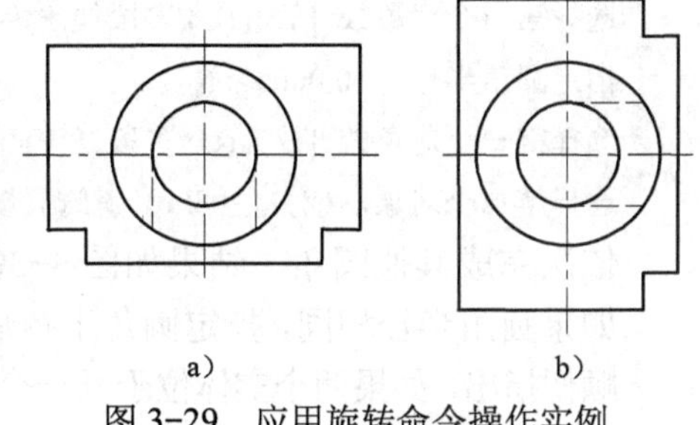

图 3-29　应用旋转命令操作实例
a）原图　b）结果

旋转结果如图 3-29 b 所示。

3.2.6　圆角与倒角

（1）圆角命令

1）功能：可以将两个相交的图形对象，利用给定的圆角半径作弧进行光滑连接。

2）调用方式：

① 单击绘图工具栏中的图标。

② 在下拉菜单工具栏中选择“修改”→“圆角”命令。

3）格式：

命令：单击▢图标

命令行提示：

当前设置：模式 = 修剪，半径 = 0.0000

选择第一个对象或 [放弃(U)/多段线(P)/半径(R)/修剪(T)/多个(M)]:

选择第二个对象，或按住 Shift 键选择要应用角点的对象：

4）操作实例：使用圆角命令对图 3-30a 进行倒圆角。

操作步骤如下：

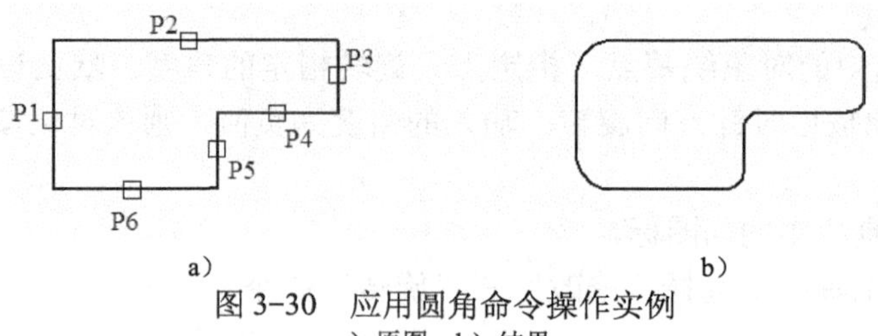

图 3-30　应用圆角命令操作实例
a）原图　b）结果

命令：单击▢图标

命令行提示：

当前设置：模式 = 修剪，半径 = 0.0000

选择第一个对象或 [放弃(U)/多段线(P)/半径(R)/修剪(T)/多个(M)]: R↙

指定圆角半径 <0.0000>: 10↙

选择第一个对象或 [放弃(U)/多段线(P)/半径(R)/修剪(T)/多个(M)]: 选 P1 线段

选择第二个对象，或按住 Shift 键选择要应用角点的对象：选 P2 线段

命令重复使用直接按回车键

当前设置：模式 = 修剪，半径 = 10.0000

选择第一个对象或 [放弃(U)/多段线(P)/半径(R)/修剪(T)/多个(M)]: R↙

指定圆角半径 <10.0000>: 5

选择第一个对象或 [放弃(U)/多段线(P)/半径(R)/修剪(T)/多个(M)]: 选 P2 线段

选择第二个对象，或按住 Shift 键选择要应用角点的对象：选 P3 线段

依次完成其他圆角，结果如图 3-30b 所示。

如果圆角半径相同，指定圆角半径后，再选择多段线（P），所有图形对象可同时进行圆角。

顺便指出，如果两个实体位于同一个图层，则圆角弧也将位于同一图层，否则将位于当前层。

（2）倒角命令▢

1）功能：可以将两个相交的图形对象进行倒角连接。

2）调用方式：

① 单击绘图工具栏中的▢图标。

② 在下拉菜单工具栏中选择“修改”→“倒角”命令。

3）格式：

命令：单击▢图标

命令行提示：（“修剪”模式）当前倒角距离 1 = 0.0000，距离 2 = 0.0000

选择第一条直线或 [放弃(U)/多段线(P)/距离(D)/角度(A)/修剪(T)/方式(E)/多个(M)]:

指定第一个倒角距离 <0.0000>:

指定第二个倒角距离 <5.0000>:

选择第一条直线或 [放弃(U)/多段线(P)/距离(D)/角度(A)/修剪(T)/方式(E)/多个(M)]:

选择第二条直线，或按住 Shift 键选择要应用角点的直线:

4）操作实例：

① 两条线作倒角。

命令：单击图标

命令行提示：(“修剪”模式) 当前倒角距离 1 = 0.0000，距离 2 = 0.0000

选择第一条直线或 [放弃(U)/多段线(P)/距离(D)/角度(A)/修剪(T)/方式(E)/多个(M)]: D↙

指定第一个倒角距离 <0.0000>: 5↙

指定第二个倒角距离 <5.0000>: 2↙

选择第一条直线或 [放弃(U)/多段线(P)/距离(D)/角度(A)/修剪(T)/方式(E)/多个(M)]:

选择第二条直线，或按住 Shift 键选择要应用角点的直线:

命令: ↙

(“修剪”模式) 当前倒角距离 1 = 5.0000，距离 2 = 2.0000

选择第一条直线或 [放弃(U)/多段线(P)/距离(D)/角度(A)/修剪(T)/方式(E)/多个(M)]: A↙指定第一条直线的倒角长度 <0.0000>: 5↙

指定第一条直线的倒角角度 <0>: 30↙

选择第一条直线或 [放弃(U)/多段线(P)/距离(D)/角度(A)/修剪(T)/方式(E)/多个(M)]: 拾取第一条直线

选择第二条直线，或按住 Shift 键选择要应用角点的直线: 拾取第二条直线

命令: ↙

命令行提示： (“修剪”模式) 当前倒角距离 1 = 5.0000，距离 2 = 2.0000

选择第一条直线或 [放弃(U)/多段线(P)/距离(D)/角度(A)/修剪(T)/方式(E)/多个(M)]:A↙

指定第一条直线的倒角长度 <0.0000>: 5↙

指定第一条直线的倒角角度 <0>:30↙

选择第一条直线或 [放弃(U)/多段线(P)/距离(D)/角度(A)/修剪(T)/方式(E)/多个(M)]: 拾取第一条直线

选择第二条直线，或按住 Shift 键选择要应用角点的直线: 拾取第二条直线

结果如图 3-31 所示。

如果第一个倒角距离与第二个倒角距离不相等，读者应分清第一条线与第二条线如何与两个倒角距离对应，否则将得不到所期望的结果。与圆角命令相同，如果两条线位于同一个图层，则倒角也将位于同一图层，否则将位于当前层。

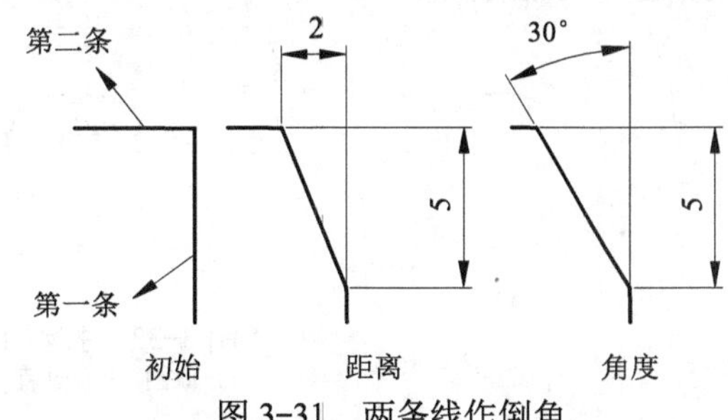

图 3-31 两条线作倒角

② 整条多义线作倒角。

命令：单击图标

命令行提示：(“修剪”模式) 当前倒角距离 1 = 0.0000，距离 2 = 0.0000

选择第一条直线或 [放弃(U)/多段线(P)/距离(D)/角度(A)/修剪(T)/方式(E)/多个(M)]: D↙

指定第一个倒角距离 <0.0000>: 10↙

指定第二个倒角距离 <10.0000>: 20↙

选择第一条直线或 [放弃(U)/多段线(P)/距离(D)/角度(A)/修剪(T)/方式(E)/多个(M)]: P↙

选择二维多段线: （选中多义线）

4 条直线已被倒角

上述命令序列的结果如图 3-32 所示。

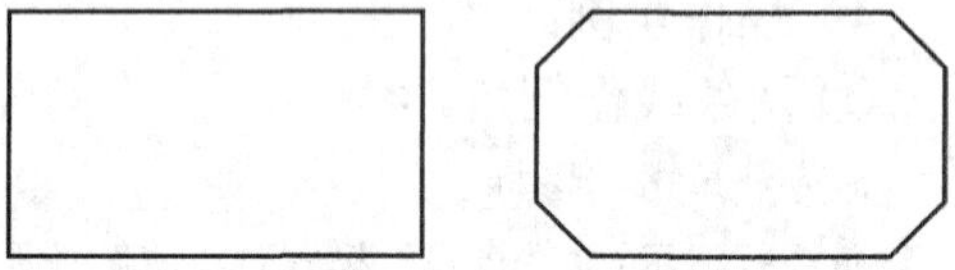

图 3-32 整条多义线作倒角

3.2.7 打断

（1）功能 将直线、多段线、圆弧和样条线等图形对象的任一部分删去或断开。但不能打断任何组合体，如图块等。

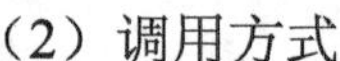

（2）调用方式

1）单击绘图工具栏中的打断于点或打断图标。

2）在下拉菜单工具栏中选择“修改”→“打断”命令。

（3）格式

命令：单击或图标

命令行提示：_break 选择对象:

指定第二个打断点 或 [第一点(F)]: _f

指定第一个打断点:

指定第二个打断点:

（4）操作实例

1）用打断于点将图 3-33a 打断于 P1 点。操作步骤如下：

命令：单击图标

命令行提示：_break 选择对象:

用鼠标选择图 3-33a，结果如图 3-33 b 所示

命令行提示：指定第二个打断点 或 [第一点(F)]: f

指定第一个打断点: 用鼠标指定图 3-33 b 中的 P1 点

结果如图 3-33c 所示。

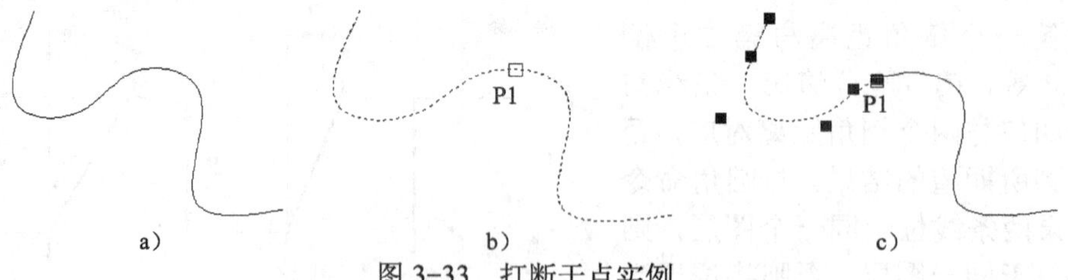

图 3-33 打断于点实例

a）原图 b）过程 c）结果

2）用打断将图 3-34a 打断。操作步骤如下：

命令：单击图标

命令行提示：_break 选择对象:

用鼠标选择图 3-34 a，结果如图 3-34 b 所示

命令行提示：指定第二个打断点 或 [第一点(F)]:
用鼠标指定图 3-34 b 中的 P1 点

结果如图 3-34c 所示。

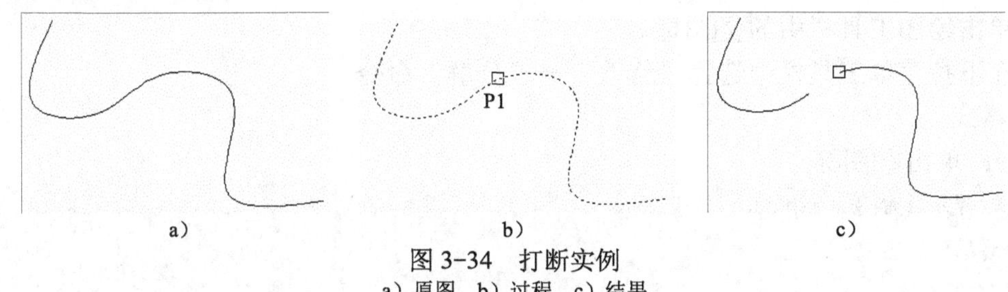

图 3-34 打断实例
a）原图 b）过程 c）结果

提示

☆ 使用打断命令打断对象时，在系统提示“选择对象”后，选择对象的同时，将鼠标移到对象上的位置将会被系统作为第一个打断点，然后在系统提示下指定第二个打断点。

☆ 使用打断命令对图形线条进行打断时，在命令提示后，只输入“@”，则表示第一个打断点与第二个打断点重合，这样同样可以实现打断于一点的操作。

3.2.8 合并与分解

（1）合并命令

1）功能：可以将多个图形对象合并为一个对象。可以合并的对象包括圆弧、直线、多段线和样条曲线等。

2）调用方式：

① 单击绘图工具栏中的图标。

② 在下拉菜单工具栏中选择“修改”→“合并”命令。

3）格式：

命令：单击图标

命令行提示：_join 选择源对象:
选择要合并到源的直线:
选择要合并到源的直线:

4）操作实例：将图 3-35a 合并成图 3-35b。操作步骤如下：

命令：单击图标
命令行提示：_join 选择源对象: 用鼠标选择图 3-35 a 中的 P1 线段
命令行提示：选择要合并到源的直线: 用鼠标选择图 3-35 a 中的 P2 线段
命令行提示：选择要合并到源的直线: ↙

结果如图 3-35b 所示。

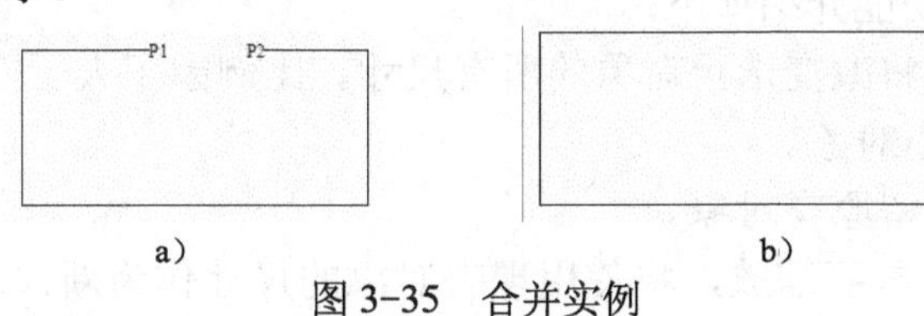

图 3-35 合并实例
a）原图 b）结果

（2）分解命令

1）功能：可以对实体进行分解，例如块等。

2）调用方式

① 单击绘图工具栏中的图标。

② 在下拉菜单工具栏中选择“修改”→“分解”命令。

3）格式

命令：单击图标

命令行提示：命令: _explode

选择对象:

选择对象:

4）操作实例：将图 3-36 a 分解。操作步骤如下：

命令：单击图标

命令行提示：命令: _explode

选择对象: 用鼠标指定图 3-36 a，结果如图 3-36b 所示

选择对象: ↙

结果如图 3-36c 所示。

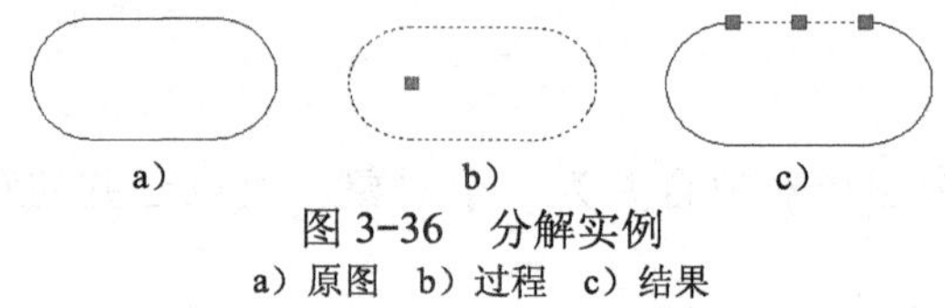

图 3-36　分解实例

a）原图　b）过程　c）结果

3.2.9 比例缩放

（1）功能　在 X 和 Y 方向使用相同的比例因子缩放选择集。这样，可以使对象变得更大或更小，但不改变它的宽高比。可以通过指定一个基点和长度（基于当前图形单位，被用做比例因子），或直接输入比例因子来缩放对象；也可以为对象指定当前长度和新长度。

（2）调用方式

① 单击绘图工具栏中的比例缩放图标。

② 在下拉菜单工具栏中选择“修改”→“缩放”命令。

（3）格式

命令：单击绘图工具栏中的缩放图标

命令行提示：选择对象: 使用一种对象选择方式选择对象

指定基点:

指定比例因子或 [复制(C)/参照(R)] <1.0000>:利用比例因子缩放或利用参照缩放

提示行中各选项的功能介绍如下：

1）指定比例因子：将改变选定对象的所有尺寸。比例因子大于 1 时，将放大对象；比例因子小于 1 时，将缩小对象。

2）复制（C）：将保留原有对象。

3）参照（R）：利用参照缩放，将使用现有对象的尺寸作为新尺寸的参照。要利用参照缩放，必须指定当前比例和新的比例长度。例如，如果一个对象的一边是 4.8 个单位长度，

要将它扩张到 7.5 个单位长度，则用 4.8 作为参照长度，7.5 作为新的长度。

（4）操作实例　将图 3-37 a 放大为图 3-41 c。

命令：单击图标

命令行提示：选择对象：框选图 3-37 a↙，结果如图 3-37 b

命令行提示：指定基点：指定 P1 点

指定比例因子或 [复制(C)/参照(R)] <1.0000>: 2↙

结果如图 3-37 c 所示。

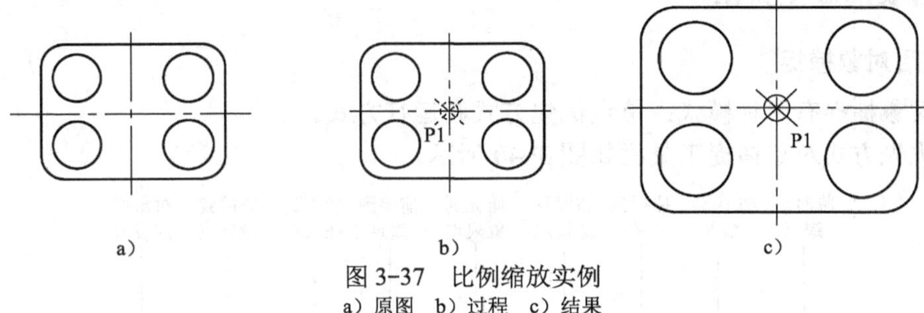

图 3-37　比例缩放实例
a）原图　b）过程　c）结果

注意

比例缩放实际上是改变了图形对象的尺寸大小，而“Zoom”缩放只是改变了图形对象的视觉大小，图形对象的实际尺寸并没有改变，这是两者的区别。

3.2.10　夹点编辑

使用夹点编辑对象是 AutoCAD 另一种编辑对象的方法，它不需要调用任何修改命令。在夹点编辑模式中，可以移动、拉伸、镜像、复制、旋转、比例缩放选定的对象。当启用了夹点方式，并选择了一个对象后，对象的关键点上将出现一些小的正方形方块，这就是对象的夹点，通过这些夹点可以编辑选定的对象，如图 3-38 所示。

在 AutoCAD 中使用夹点编辑，首先要选中某个夹点作为编辑操作的基点，也叫热点。这时命令行中将提示：指定拉伸点或[基点（B）/复制（C）/放弃（U）/退出（X）]：*取消*，可直接选择相应的操作。也可单击鼠标右键用快捷菜单进行选择，如图 3-39 所示。

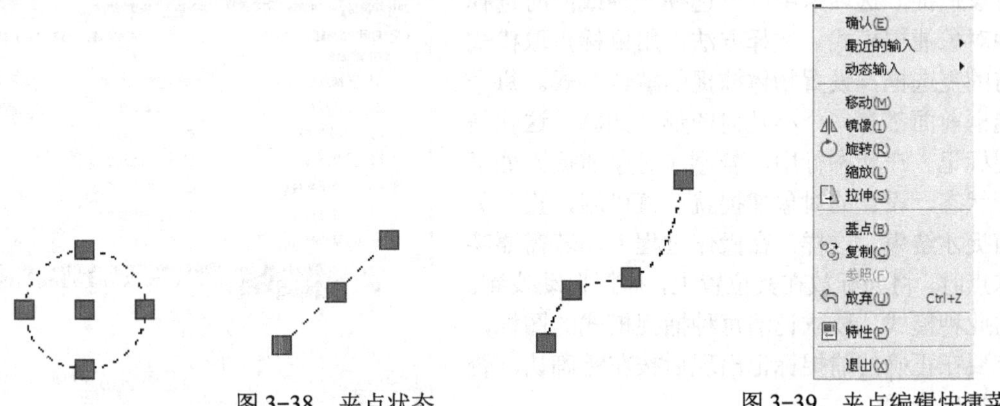

图 3-38　夹点状态　　图 3-39　夹点编辑快捷菜单

3.3 精确绘图的常用工具

在图形绘制过程中，经常需要选取一些特殊的点，如圆心、交点、端点、中点和垂足等，这些点靠人的眼力精确地找出，往往做不到。AutoCAD 提供了下列几种方法帮助快速、精确地捕捉到这些点，从而提高绘图的速度和精度。

3.3.1 对象捕捉工具条

1. 激活对象捕捉

激活对象捕捉有两种模式：单点优先方式和运行方式。

单点优先方式对象捕捉工具栏如图 3-40 所示。

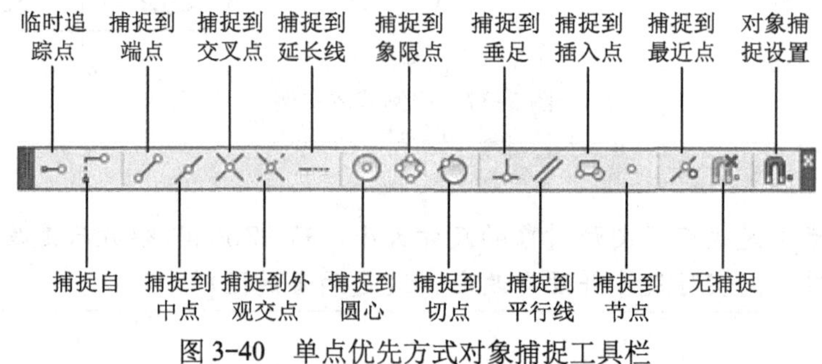

图 3-40 单点优先方式对象捕捉工具栏

（1）单点优先方式对象捕捉 单点是指所设定的对象捕捉模式只对一次点的输入有效，优先是优先于运行方式的对象捕捉模式。在命令的操作过程中，当需要使用某种特定对象捕捉模式时，临时单击对象捕捉工具条中的相应图标。捕捉到这个点后，单击左键，对象捕捉就自动关闭。单击某个捕捉功能仅能使用一次，下次使用时需再次单击，操作相对繁琐。

（2）运行方式对象捕捉 设置运行方式的对象捕捉模式，要打开“草图设置”对话框，打开的方法：将鼠标移到状态行，在□或□图标上单击鼠标右键，选择“设置（S）”选项，弹出图 3-41 所示的“草图设置”对话框。在对话框的“对象捕捉”选项卡中，可选择一种或同时选择多种对象捕捉模式。选择方法：用鼠标点取模式名前的复选框，设置物体捕捉的默认方式。每个复选框前面都有一个小几何图形，如□，这就是捕捉标记。在状态行中，若□（对象捕捉）处于打开状态，设置的对象捕捉就一直可用，直到关闭捕捉才结束。这样，在操作过程中，若需要某特殊点时，将光标放在其位置上，捕捉自动找到。使用此种模式，要求记清每种捕捉模式的图标，一定要在正确的捕捉标记出现后按左键确认，否则，将出错。

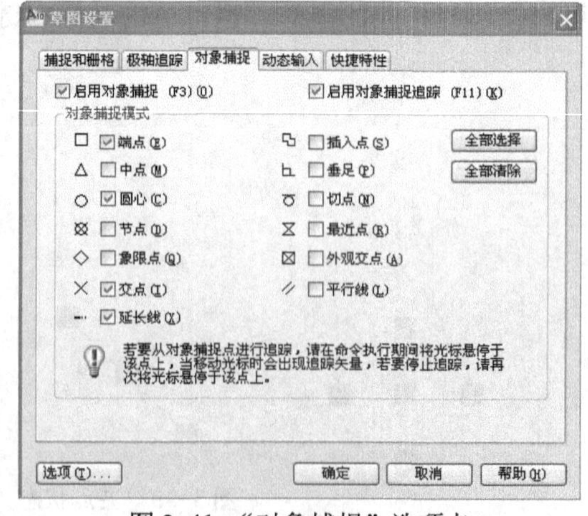

图 3-41 “对象捕捉”选项卡

2. 自动追踪

自动追踪可以帮助用户按指定的角度或与其他对象的特定关系来确定点的位置。打开自动追踪后，AutoCAD 会显示出临时辅助线来帮助用户在精确的位置和角度上创建对象。

自动追踪包括两种追踪方式，即对象捕捉追踪和极轴追踪。

（1）对象捕捉追踪　对象捕捉追踪必须与物体捕捉结合使用。在进行对象捕捉追踪前，要激活“对象捕捉”。对象捕捉追踪沿着基于对象捕捉点的辅助线方向追踪。

调用方式：单击状态行上的、图标，切换打开或关闭。

（2）极轴追踪　极轴追踪是按预先设定的角度增量来追踪点。当 AutoCAD 要求指定一个点时，系统将按预先设置的角度增量来显示一条辅助线，可按辅助线追踪得到光标点。

调用方法：单击状态行上的按钮，切换打开或关闭。

3.3.2 状态行与状态托盘

状态行与状态托盘如图 3-42 所示，位于 AutoCAD 2010 工作界面的最下方。状态栏由光标当前位置、辅助功能按钮组成。状态托盘中包括一些常见的显示工具和注释工具，通过这些按钮可以控制图形或绘图区的状态。

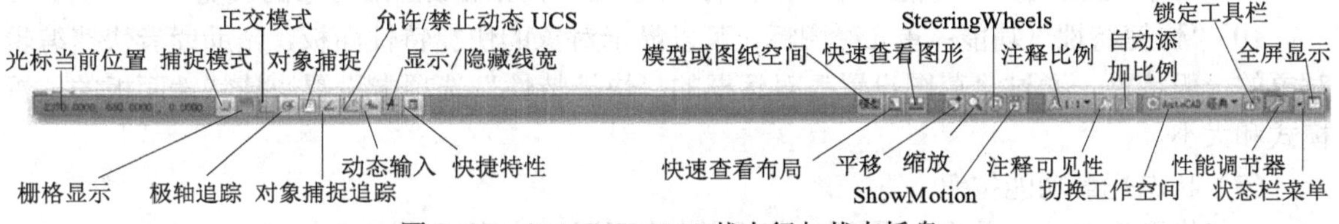

图 3-42　AutoCAD 2010 状态行与状态托盘

（1）光标当前位置　显示当前绘图区光标所在位置的 X、Y、Z 坐标，移动鼠标，坐标值也随着改变，单击坐标值区域可关闭该功能。

（2）辅助功能按钮　从左到右分别为“捕捉模式”、“栅格显示”、“正交模式”、“极轴追踪”、“对象捕捉”、“对象捕捉追踪”、“允许/禁止动态 UCS”、“动态输入”、“显示/隐藏线宽”、“快捷特性”等 10 个状态转换按钮，其功能如下：

1）“捕捉模式”功能：单击图标，打开捕捉设置。此时光标只能在 X 轴、Y 轴或极轴方向移动固定的距离（即精确移动）。

设置方法：单击“工具”下拉菜单中的“草图设置”命令，调出“草图设置”对话框，如图 3-43 所示。在对话框的“捕捉和栅格”选项卡中设置 X、Y 轴或极轴捕捉间距。

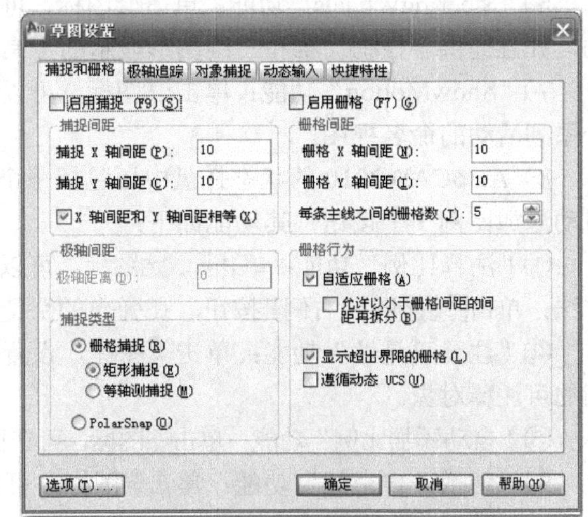

图 3-43　“草图设置”对话框

2）“栅格显示”功能：单击图标，打开栅格显示。此时屏幕上布满网点，好像坐标纸一样。可以控制其显示或隐藏。其中，点与点之间的间距（即 X 轴和 Y 轴间距）也可通过“草图设置”对话框的“捕捉和栅格”选项卡来设置。

3）“正交模式”功能：单击图标，打开正交模式，此时绘制水平或垂直线。

4）“极轴追踪”功能：单击图标，打开极轴追踪模式。在绘制图形时，系统将根据设置显示一条追踪线，可在该追踪线上根据提示精确移动光标，从而进行精确绘图。在默认情况下，系统预设了 4 个极轴，与 X 轴的夹角分别为 0°、90°、180°、270°（即角增量为 90°）。也可通过“草图设置”对话框的“极轴追踪”选项卡设置角度增量。

5）“对象捕捉”功能：单击图标，打开对象捕捉模式。在绘图过程中，可以使用对象捕捉模式自动捕捉到关键点，例如端点、中点、圆心和交点等。可以使用“草图设置”对话框的“对象捕捉”选项卡设置对象捕捉模式。

6）“对象捕捉追踪”功能：单击图标，打开对象捕捉追踪模式。可以帮助读者按指定的角度增量来追踪点，或沿着基于目标捕捉到的关键点辅助线方向追踪。

7）“允许/禁止动态 UCS”功能：单击图标，可以允许或禁止动态 UCS。

8）“动态输入”功能：单击图标，绘图时将自动显示动态输入文本框，方便绘图时设置精确数值。

9）“显示/隐藏线宽”功能：单击图标，可以显示或隐藏图形对象的线宽。

10）“快捷特性”功能：单击图标，可以显示对象的快捷特性面板，帮助读者快捷编辑对象的一般特性。通过“草图设置”对话框的“快捷特性”选项卡设置快捷特性面板的位置模式和大小。

（3）状态托盘功能按钮

1）“模型”功能：单击模型图标，将当前的模型空间切换为图纸空间。

2）“快速查看布局”功能：单击图标，可以快速查看布局效果。

3）“快速查看图形”功能：单击图标，可以浏览和操控当前布局中的图形对象。

4）“平移”功能：单击图标，可以快速平移绘图区的图形。

5）“缩放”功能：单击图标，可以快速缩放绘图区的图形。

6）“SteeringWheels”功能：单击图标，可以打开控制盘来追踪光标在绘图窗口中的移动，并且提供了控制二维和三维图形显示的工具。

7）“ShowMotion”功能：单击图标，可以访问当前图形中已存储并按类别组织起来的一系列活动的命名视图。

8）AutoCAD 2010 的状态托盘中还包括一个图形状态栏，含有注释比例、注释可见性、自动添加比例 3 个按钮，其功能如下：

①“注释比例”功能：单击1:1图标，可以根据不同需求自行更改对象的注释比例。其方法：单击1:1图标右侧按钮，在弹出的快捷菜单中选择需要的比例即可。

②“注释可见性”功能：单击图标，设置仅显示当前比例的可注释对象或显示所有比例的可注释对象。

③“自动添加比例”功能：单击图标，可在更改注释比例时自动将比例添加到可注释对象。

9）“切换工作空间”功能：单击图标，可以在二维草图与注释、三维建模、AutoCAD 经典，三种工作空间模式中切换。

10）“锁定工具栏”功能：单击图标，可以控制是否锁定工具栏或图形窗口在图形界面上的位置。

11）“性能调节器”功能：单击图标，检查图形卡和三维显示驱动程序，并确定是否将软件或硬件实现用于支持它们的功能。

12）“状态栏菜单”功能：单击图标，可以控制状态行中功能图标的显示与隐藏，或更改状态托盘设置。

13）“全屏显示”功能：单击图标，可以隐藏 AutoCAD 窗口中的功能。

3.4 综合实例

通过本节综合实例的练习，可以系统地掌握用 AutoCAD 绘制图形的方法和步骤。

3.4.1 圆弧连接

结合前面所介绍的知识，完成图 3-44 所示的圆弧连接。

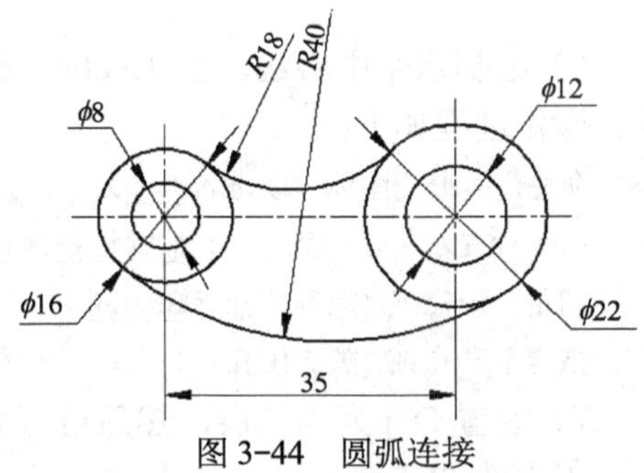

图 3-44　圆弧连接

1）设置绘图环境。经分析绘图界限采用 A4 图纸。操作命令如下：

```
命令:Limits ↙
指定左下角点或 [开(ON)/关(OFF)] <0.00,0.00>:↙（直接回车表示接受默认设置）
指定右上角点 <12.00,9.00>: 297,210↙（设置为 A4 图纸）
命令:Units ↙
```

系统打开“图形单位”对话框，如图 2-5 所示，在此对话框中把小数的精度设置为“0”。

2）用缩放命令控制图形缩放。操作命令如下：

```
命令:Zoom↙
指定窗口的角点，输入比例因子 (nX 或 nXP)，或者
[全部(A)/中心(C)/动态(D)/范围(E)/上一个(P)/比例(S)/窗口(W)/对象(O)] <实时>: A↙（满屏显示整个图形范围）
```

3）设置图层。图层的设置请参照图 3-45 所示的层名、颜色、线型和线宽。

4）在通过上面的属性设置后，如果线型的显示效果不理想，如虚线的间隔太小等，可以通过命令 Ltscale 来调整。操作如下：

```
命令: Ltscale↙
输入新线型比例因子 <1.0000>: 0.5↙（可自己设定，值越大，间隔越大）
```

5）打开状态行中的对象捕捉按钮和对象捕捉追踪按钮。

应用自动追踪功能前，必须进行设置，设置过程如下：鼠标右键单击状态行中的对象捕捉按钮，在弹出的快捷菜单中选择设置（s）选项，系统弹出“草图设置”对话框。在“对象捕捉”选项卡中选中需要的特殊点，如端点、中点、圆心点、象限点等捕捉方式复选框，单击 OK 按钮，系统切换到绘图屏幕。单击状态栏中的对象捕捉追踪按钮或极轴追踪按钮，使其处于打开状态，完成设置。

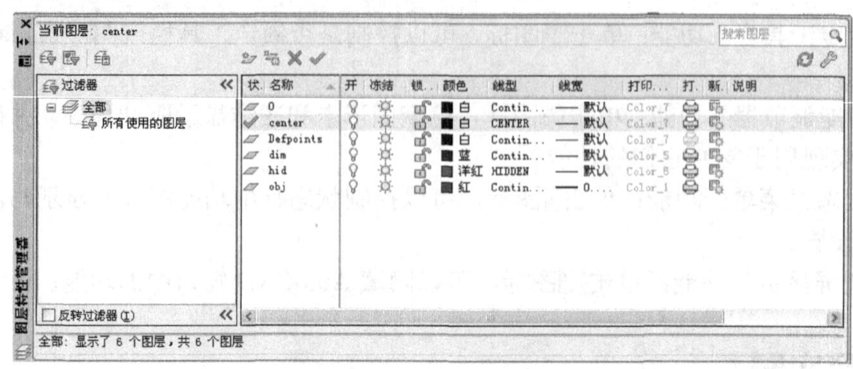

图 3-45　设置图层

6）绘制水平中心线。把 Center 层设置为当前层。在绘图区的适当位置画一条水平中心线。操作过程如下：

命令：单击图标（或键入 L↙）

命令行提示：指定第一点：捕捉绘图区内适当的一点

指定下一点或 [放弃(U)]: @35,0↙

指定下一点或 [放弃(U)]: ↙

7）设置 Obj 为当前层，然后进行如下操作：

① 绘制圆。

命令：单击图标（或键入 C↙）

命令行提示：_circle 指定圆的圆心或 [三点(3P)/两点(2P)/切点、切点、半径(T)]: 捕捉中心线左端点为圆心点

指定圆的半径或 [直径(D)]: 4↙（输入圆的半径）

命令：↙（直接回车表示重复刚执行完的画圆命令）

命令行提示：_circle 指定圆的圆心或 [三点(3P)/两点(2P)/切点、切点、半径(T)]: 捕捉半径为 4 的圆心点

指定圆的半径或 [直径(D)] <4.0000>: 8↙（输入圆的半径）

命令：↙（直接回车表示重复刚执行完的画圆命令）

命令行提示：_circle 指定圆的圆心或 [三点(3P)/两点(2P)/切点、切点、半径(T)]: 捕捉中心线右端点为圆心点

指定圆的半径或 [直径(D)] <8.0000>: 6↙（输入圆的半径）

命令：↙（直接回车表示重复刚执行完的画圆命令）

命令行提示：_circle 指定圆的圆心或 [三点(3P)/两点(2P)/切点、切点、半径(T)]: 捕捉半径为 6 的圆心点

指定圆的半径或 [直径(D)] <6.0000>: 11↙（输入圆的半径）

结果如图 3-46 所示。

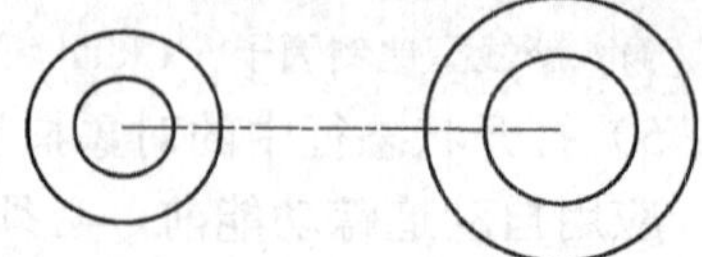

图 3-46　绘制圆

② 绘制 *R*18 和 *R*40 圆弧。用 AutoCAD 画圆命令来完成圆弧。

a）绘制半径为 *R*18 的圆。

命令：单击图标（或键入 C↙）

命令行提示：_circle 指定圆的圆心或 [三点(3P)/两点(2P)/切点、切点、半径(T)]: T↙（表示用 Ttr 方式画圆）

指定对象与圆的第一个切点：捕捉 *R*8 圆上的一个切点（指定和 *R*18 的圆相切的物体上的第一个切点）

指定对象与圆的第二个切点: 捕捉 *R*11 圆上的一个切点（指定和 *R*18 的圆相切的物体上的第二个切点）

指定圆的半径:18↙

b）绘制半径为 *R*40 的圆。

命令: ↙（直接回车表示重复刚执行完的画圆命令）

命令行提示: _circle 指定圆的圆心或 [三点(3P)/两点(2P)/切点、切点、半径(T)]: T↙（表示用 Ttr 方式画圆）

指定对象与圆的第一个切点: 捕捉 *R*8 圆上的一个切点（指定和 *R*40 的圆相切的物体上的第一个切点）

指定对象与圆的第二个切点: 捕捉 *R*11 圆上的一个切点（指定和 *R*40 的圆相切的物体上的第二个切点）

指定圆的半径:40↙

结果如图 3-47 所示。

8）修剪多余的圆弧。

命令：单击 ⁄ 图标

命令行提示：当前设置:投影=UCS，边=无

选择剪切边...

选择对象或 <全部选择>: ↙(全部选择)

选择要修剪的对象，或按住 Shift 键选择要延伸的对象，或[栏选(F)/窗交(C)/投影(P)/边(E)/删除(R)/放弃(U)]: 拾取要被剪切的部分

结果如图 3-48 所示。

9）把 Center 层设置为当前层，绘制圆的铅锤方向中心线，然后使用拉长命令修改中心线的长度，结果如图 3-49 所示，操作过程略。

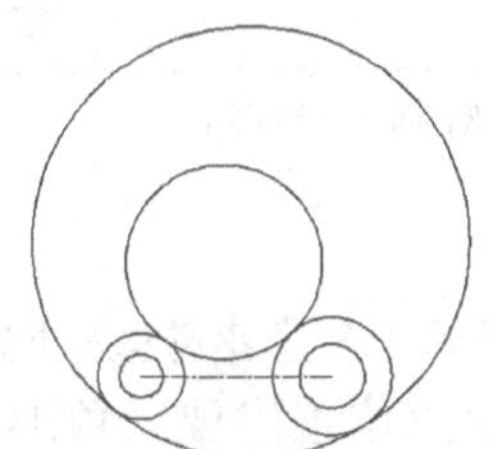

图 3-47　绘制 *R*18 和 *R*40 圆

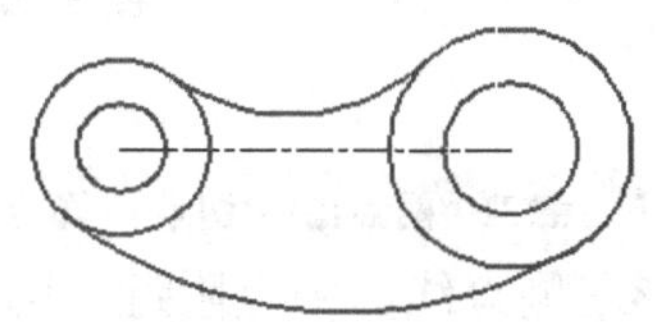

图 3-48　修剪后的图形

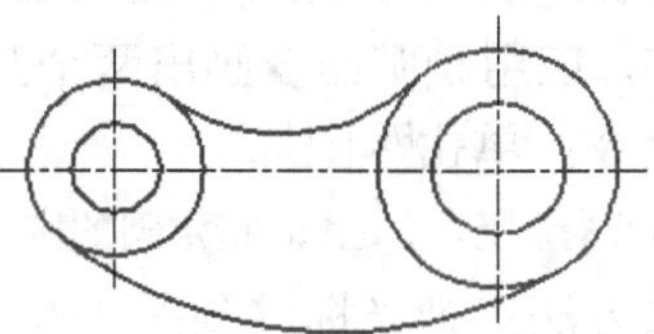

图 3-49　圆弧连接图形

3.4.2 平面图形

结合前面所介绍的知识，来完成图 3-50 所示的平面图形，其绘图步骤如下：

1）～5）步骤同 3.4.1 圆弧连接。

6）绘制平面图形。

a）绘制矩形。设置 Obj 为当前层，然后进行如下操作：

命令：单击 口 图标

命令行提示：指定第一个角点或 [倒角(C)/标高(E)/圆角(F)/厚度(T)/宽度(W)]: F↙

指定矩形的圆角半径 <0.0000>: 10 ↙

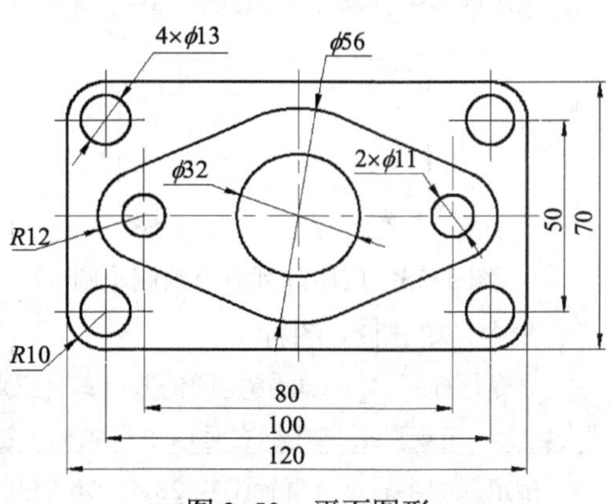

图 3-50　平面图形

指定第一个角点或 [倒角(C)/标高(E)/圆角(F)/厚度(T)/宽度(W)]: 捕捉绘图区内适当的一点

指定另一个角点或 [面积(A)/尺寸(D)/旋转(R)]: @120,70↙

结果如图 3-51 所示。

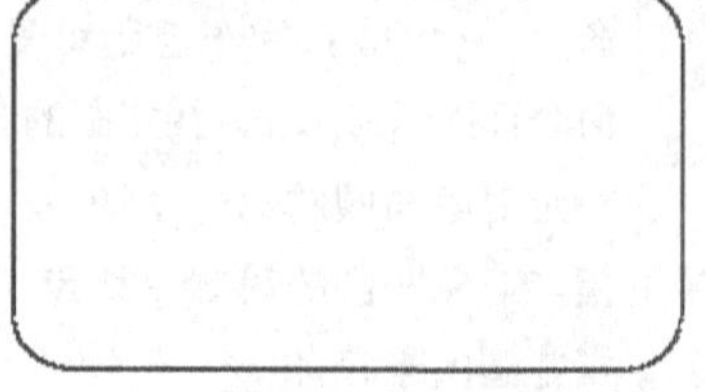

图 3-51　应用矩形命令绘制外框线

b）绘制四个小圆。

命令：单击 图标（或键入 C↙）

命令行提示：_circle 指定圆的圆心或 [三点(3P)/两点(2P)/切点、切点、半径(T)]: 移动光标到图 3-51 左下角圆弧附近，当圆心处出现小圆圈时单击鼠标左键确定

指定圆的半径或 [直径(D)]: 6.5↙

左下角的小圆已画出，接下来调用阵列命令画其余三个小圆。

单击图标，弹出图 3-52 所示“阵列”对话框，设置为“矩形阵列”，“行数”设置为“2”，“列数”设置为“2”，“行偏移”为“50”，“列偏移”为“100”。然后单击选择对象按钮，系统进入绘图区。

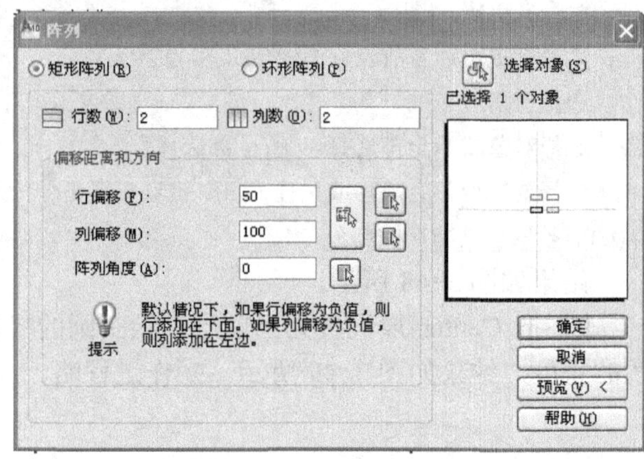

图 3-52 “阵列”对话框

选择对象：用鼠标点取刚绘出的小圆 ↙

返回到“阵列”对话框后，单击确定按钮，结果如图 3-53 所示。

c）绘制ϕ32、ϕ56 圆。应用 AutoCAD 的自动追踪功能来完成。单击状态行中的对象捕捉和对象追踪按钮使其处于打开状态，应用画圆命令画出两个圆。

命令：单击图标

命令行提示：_circle 指定圆的圆心或 [三点(3P)/两点(2P)/切点、切点、半径(T)]: 要求确定圆的圆心

其方法：把光标移到图 3-53 图形左侧直线的中点附近，则在该点位置出现三角形标志，同时显示注释条中点。再向右上移动光标，在最上直线的中点附近也出现一条辅助线，接下来向下移动光标。当小叉出现在两辅助线的正交交点处时，单击鼠标左键，则确定了圆的圆心，结果如图 3-54 所示。接下来系统提示：

指定圆的半径或 [直径(D)]: 16↙(ϕ32 的圆即绘出)

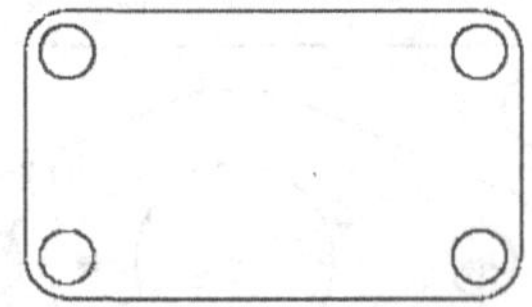

图 3-53　应用阵列命令绘制小圆

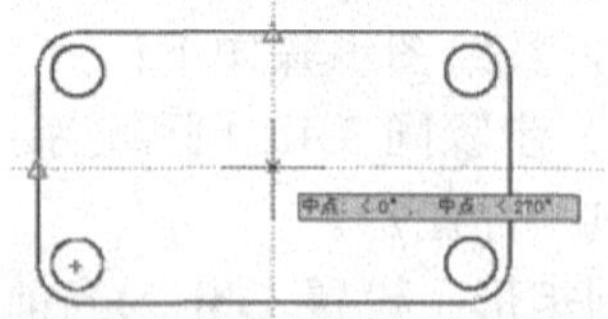

图 3-54　应用自动追踪功能确定圆心

命令：单击 图标

命令行提示：_circle 指定圆的圆心或 [三点(3P)/两点(2P)/切点、切点、半径(T)]: 移动光标到ϕ32 圆的圆心附近，出现圆心捕捉标志时，单击鼠标左键，ϕ56 圆的圆心即确定

指定圆的半径或 [直径(D)]: 28↙(ϕ56 的圆即绘出)

结果如图 3-55 所示。

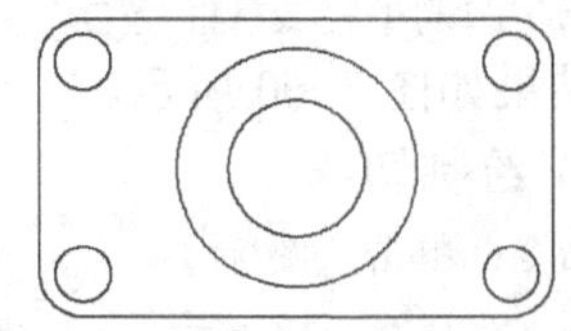
图 3-55 应用自动追踪功能绘制圆

d）绘制两个ϕ11 的圆。应用 AutoCAD 单点优先方式的对象捕捉功能来完成。其操作过程如下：

命令：单击图标

命令行提示：_circle 指定圆的圆心或 [三点(3P)/两点(2P)/切点、切点、半径(T)]: 要求确定圆的圆心

其方法：用鼠标单击单点优先方式对象捕捉工具栏中的捕捉自图标，然后移动光标到ϕ32 圆的圆心附近，当出现圆心捕捉标志时，单击鼠标左键，之后将光标向右水平移动，如图 3-56 所示。在命令行中输入 40 回车，ϕ11 圆的圆心即确定。

指定圆的半径或 [直径(D)]: 5.5↙(ϕ11 的圆即绘出)

结果如图 3-57 所示。

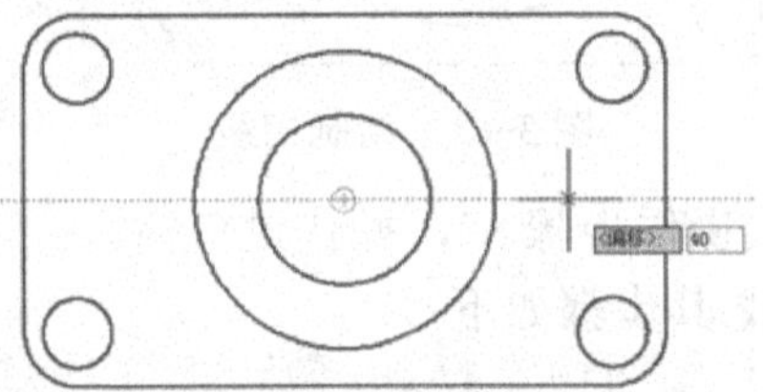

图 3-56 用单点优先方式确定圆心

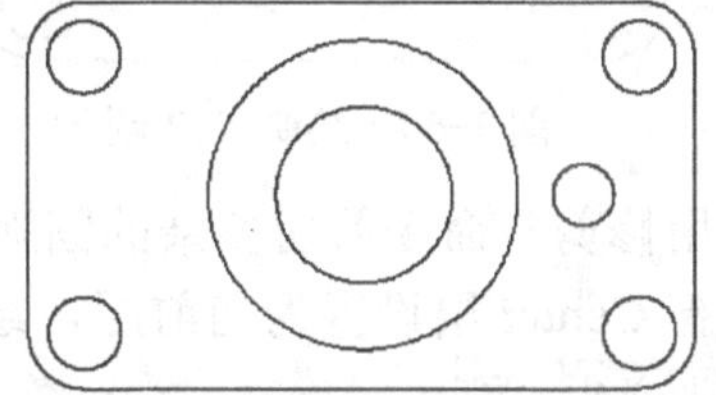
图 3-57 用单点优先方式绘制ϕ11 圆

右边的ϕ11 圆绘出后，用镜像命令绘制左边的ϕ11 圆。其操作方法如下：

命令：单击镜像图标

命令行提示：选择对象：用鼠标单击右边ϕ11 圆

选择对象：↙

指定镜像线的第一点：将光标移到图 3-58 图形最上直线的中点，单击鼠标左键

指定镜像线的第二点：将光标移到图 3-59 图形最下直线的中点，单击鼠标左键

要删除源对象吗？[是(Y)/否(N)] <N>:↙(ϕ11 的左边圆即绘出)

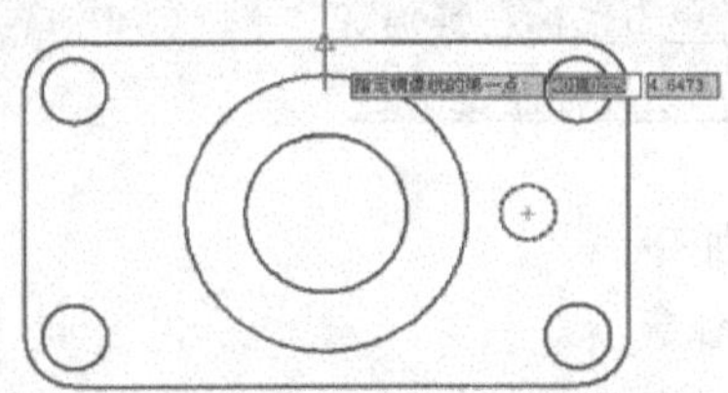
图 3-58 用镜像命令绘制ϕ11 圆 1

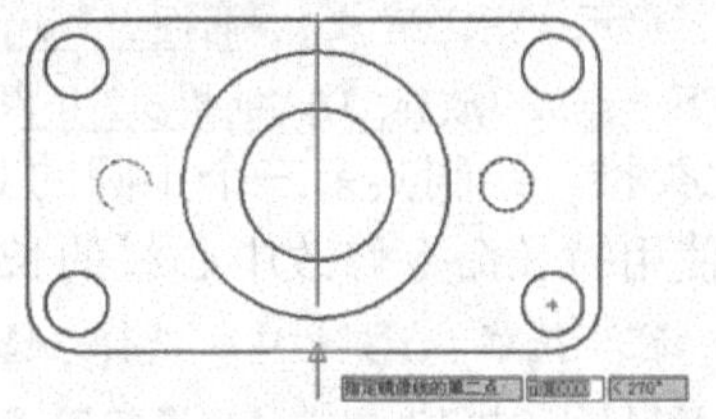
图 3-59 用镜像命令绘制ϕ11 圆 2

e）用画圆命令绘制两个 R12 圆弧。

命令：单击图标

命令行提示：_circle 指定圆的圆心或 [三点(3P)/两点(2P)/切点、切点、半径(T)]: 捕捉右边ϕ11 圆心，单击鼠标左键

指定圆的半径或 [直径(D)]: 12↙

命令:↙

命令行提示：_circle 指定圆的圆心或 [三点(3P)/两点(2P)/切点、切点、半径(T)]: 捕捉左边ϕ11 圆心，单击鼠标左键

指定圆的半径或 [直径(D)]: ↙

结果如图 3-60 所示。

f）绘制切线

命令：单击图标

命令行提示：指定第一点: 移动光标到 R12 圆上，当出现黄色切点捕捉标志时，单击鼠标左键确定

指定下一点或 [放弃(U)]: 移动光标到 ϕ56 圆上，当出现黄色切点捕捉标志时，单击鼠标左键确定

以此类推，绘制其余三条切线，结果如图 3-61 所示。

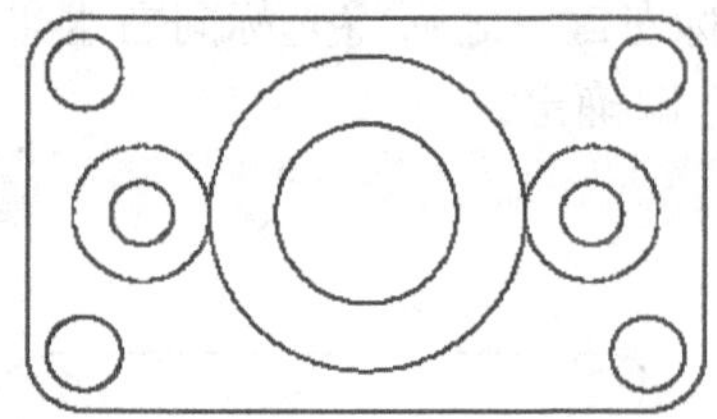

图 3-60　绘制 R12 圆

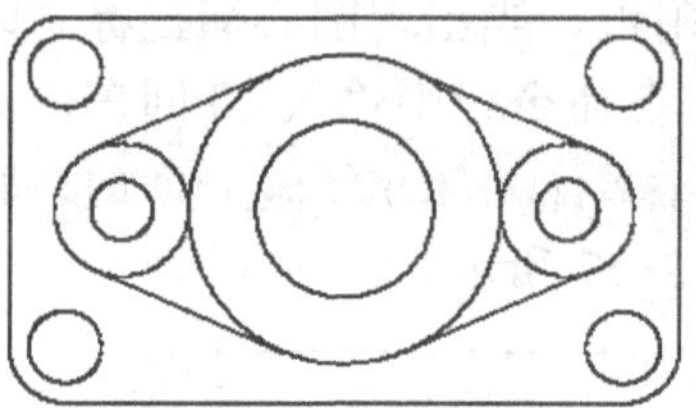

图 3-61　绘制切线

7）用修剪命令剪切多余的圆弧，同圆弧连接操作步骤 8)，操作过程略。

8）把 Center 层设置为当前层，绘制对称中心线,其步骤如下：

命令：单击图标

命令行提示：指定第一点: 捕捉矩形框左边直线的中点

指定下一点或 [放弃(U)]: 捕捉矩形框右边直线的中点

指定下一点或 [放弃(U)]: ↙

命令：↙

命令行提示：指定第一点: 捕捉矩形上边直线的中点

指定下一点或 [放弃(U)]: 捕捉矩形下边直线的中点

指定下一点或 [放弃(U)]: ↙

命令：↙

命令行提示：指定第一点: 捕捉ϕ13 小圆的左边象限点，单击鼠标左键确定

指定下一点或 [放弃(U)]: 捕捉ϕ13 小圆的右边象限点，单击鼠标左键确定

以此类推，绘制其余三个小圆的对称中心线。

9）使用拉长命令修改中心线的长度，操作步骤如下:

命令：在下拉菜单工具栏中，选择“修改”→“拉长”命令

命令行提示：选择对象或 [增量(DE)/百分数(P)/全部(T)/动态(DY)]: de↙

输入长度增量或 [角度(A)] <0.0000>: 3↙

选择要修改的对象或 [放弃(U)]: 用鼠标单击每条需要拉长的细点画线↙

结果如图 3-62 所示。

3.4.3 组合体三视图的绘制

绘制组合体的投影图是培养空间想象能力的一个重要环节，本节通过一个实例介绍 AutoCAD 绘制组合体投影图的方法和步骤。但本节所介绍的方法和步骤仅供读者参考。

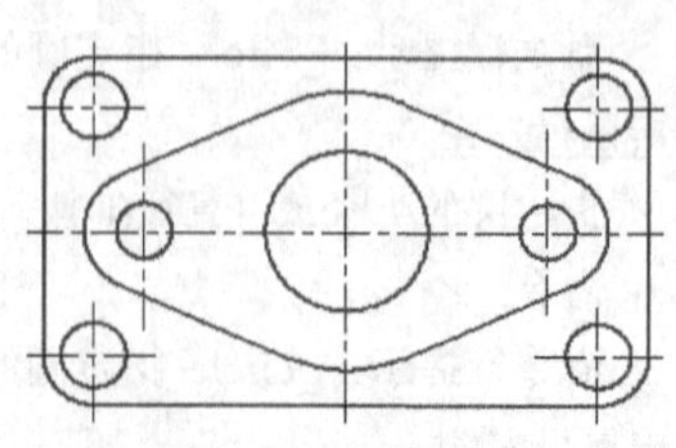

图 3-62　平面图形

设定自动捕捉方式，绘制图 3-63 所示组合体三视图，具体步骤如下：

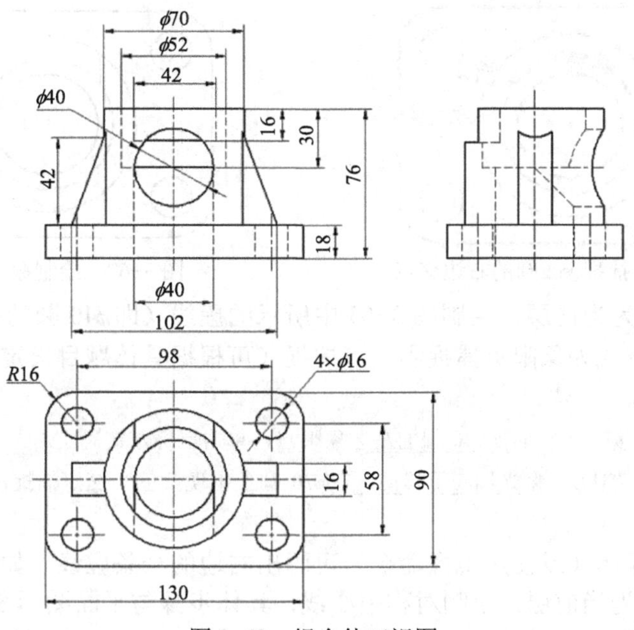

图 3-63　组合体三视图

1）设置绘图环境，把图纸范围设为 A3 图纸。

2）～5）步骤与圆弧连接同。

6）绘制组合体的水平投影图。

a）绘制底板。调出已设置的 Obj 层为当前层，具体操作步骤与绘制平面图形 6）中的 a）、b）相同。

b）绘制ϕ40、ϕ52、ϕ70 圆。具体操作步骤与绘制平面图形 6）中的 c）相同，结果如图 3-64 所示。

c）绘制ϕ70 圆柱后壁的截交线。

命令：单击图标

命令行提示：指定第一点：用鼠标单击捕捉自图标，然后单击ϕ70 圆的象限点之后，输入@21，0↙

结果如图 3-65 所示。

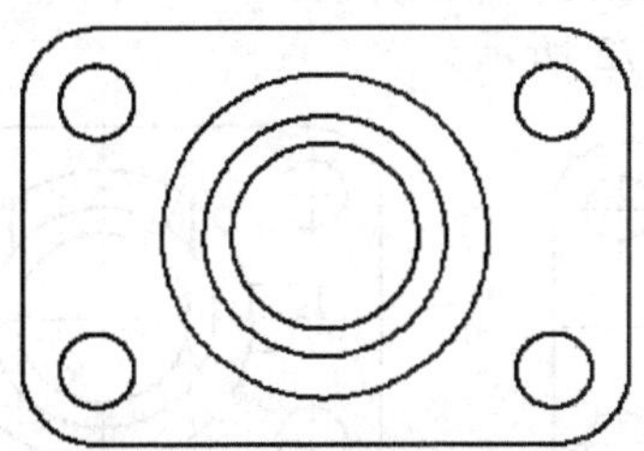

图 3-64　绘制底板与圆柱

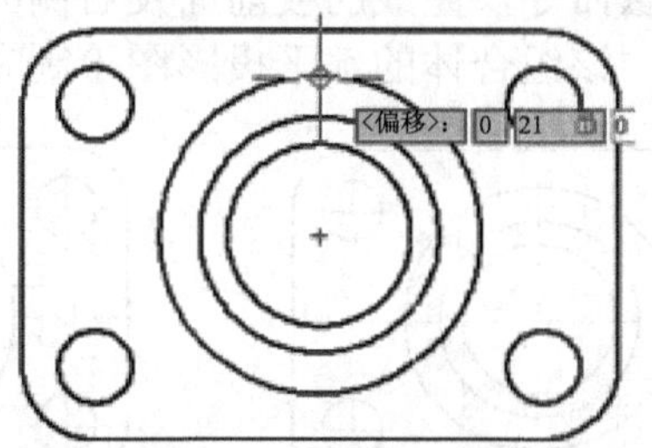

图 3-65　ϕ70 捕捉圆的象限点

指定下一点或 [放弃(U)]: 将光标向下垂直移动，在ϕ52 圆上出现黄色×交点捕捉标记时，单击鼠标左键确定↙（即右边截交线画出），如图 3-66 所示

使用修剪命令剪掉此线的多余部分。

重复画直线命令操作（或使用镜像命令）可画出左边的一条实线，结果如图 3-67 所示。

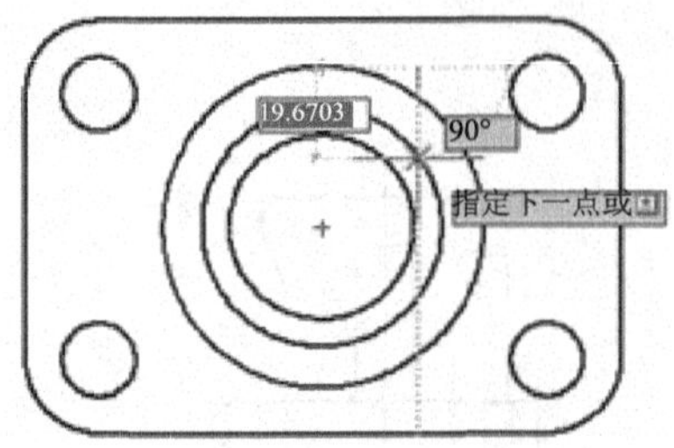

图 3-66　捕捉ϕ52 圆的右边交点

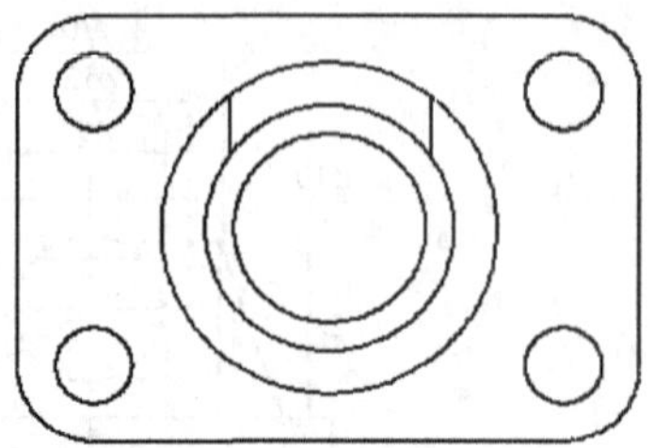

图 3-67　绘制截交线

d）调出 Hid 层为当前层，绘制图 3-63 中所示的虚线（即ϕ40 圆的投影）。

设定自动捕捉方式为象限点捕捉和交点捕捉（可根据具体题目设定所需的捕捉方式）。

命令：单击图标

命令行提示：指定第一点：捕捉ϕ40 圆的左边象限点，单击鼠标左键确定。

指定下一点或 [放弃(U)]：将光标向下移动，在ϕ70 圆上出现黄色×交点捕捉标记时，单击鼠标左键确定，如图 3-68 所示。

重复当前命令操作（或使用镜像命令）可画出右边的一条虚线，如图 3-69 所示。

e）调出 Cen 层为当前层，绘制对称中心线，具体步骤与平面图形 8）、9）相同。此处操作过程略，结果如图 3-70 所示。

f）调出 Obj 层为当前层，绘制肋板的水平投影。

命令：单击图标

命令行提示：指定第一点：用鼠标单击捕捉自图标，然后单击圆心，单击鼠标左键确定，输入@-51，0↙，结果如图 3-71 所示。

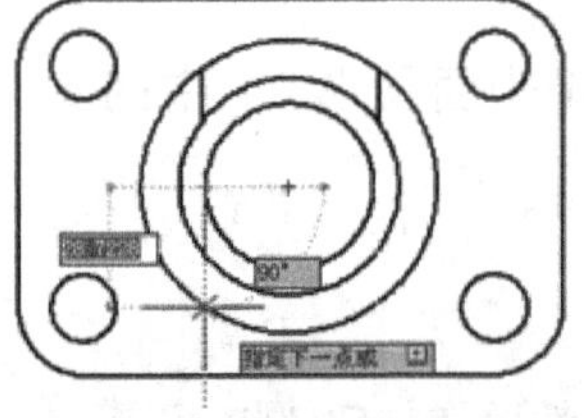

图 3-68　捕捉ϕ70 圆的交点

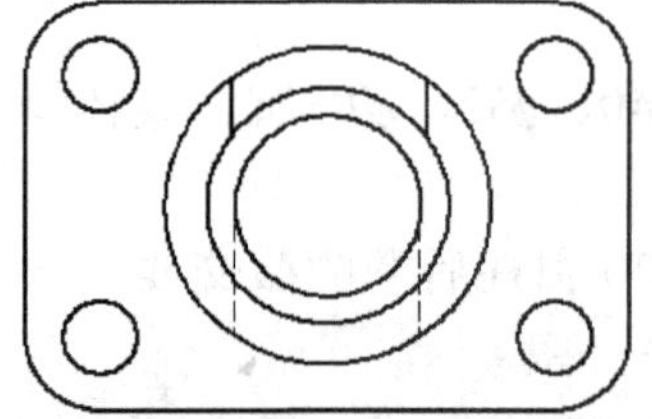

图 3-69　绘制虚线

用镜像命令，完成肋板前面及右侧的投影，结果如图 3-72 所示。

至此，该组合体的水平投影图绘制完毕，如图 3-72 所示。

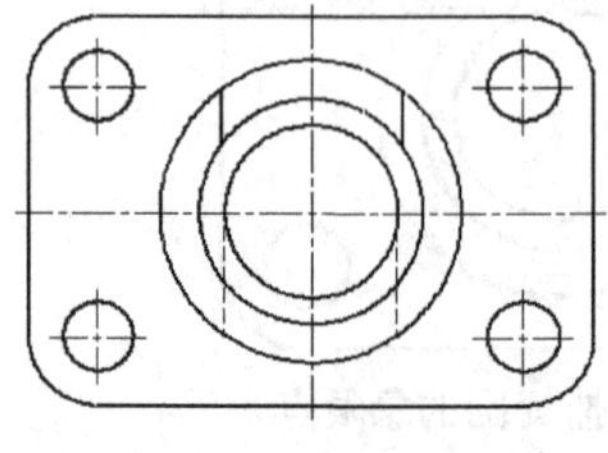

图 3-70　绘制对称线

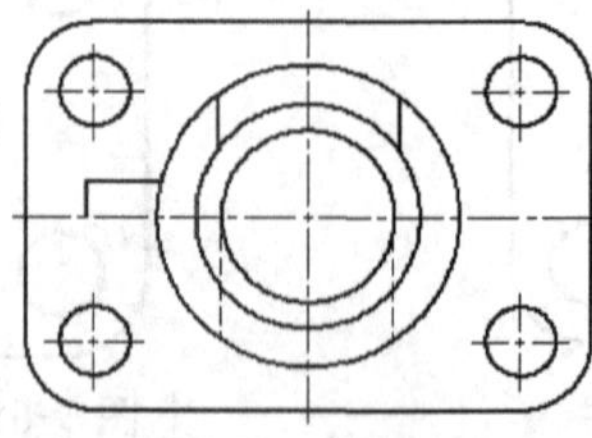

图 3-71　绘制肋板

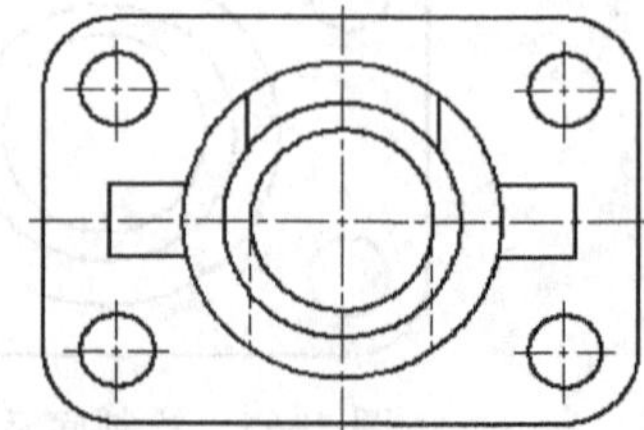

图 3-72　绘制肋板

7）应用对象捕捉追踪功能绘制组合体的正面投影图。操作过程如下：

a）调出 Obj 层为当前层，单击状态行中的对象捕捉按钮和对象捕捉追踪按钮，使其处于打开状态。

b）画底板矩形的正面投影图。

命令：单击图标

命令行提示：指定第一点：把光标移到图 3-73a 左侧直线端点附近，则在该点位置出现黄色□端点标志，表明此处是端点。向上移动光标，显示出的辅助线小叉移到适当的位置后，单击左键，确定画线的起点，如图 3-73a 所示。向右移动光标，到图形的右侧矩形直线附近的端点处，该点位置也出现黄色□端点标志时，向上移动光标。当小叉出现在两线的交点处时，如图 3-73b 所示，单击左键，则画出一条与水平投影图长对正的水平线。接下来系统提示：

指定下一点或 [放弃(U)]：@0，18↙

结果如图 3-73c 所示，已画出两条线。

命令：单击图标

命令行提示：指定第一点：把光标向左移动，捕捉已画出水平直线端点，显示出辅助线小叉时，单击左键确定。

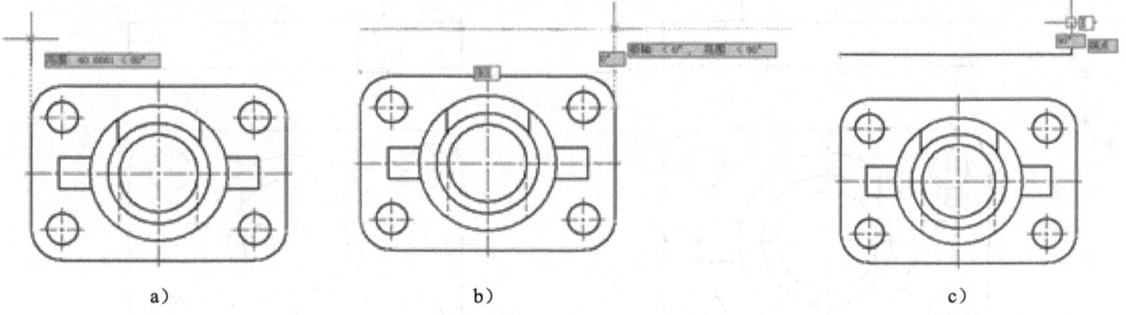

图 3-73　应用对象捕捉追踪绘制底板的正面投影图
a）原图　b）过程　c）结果

c）调出 Hid 层为当前层，画底板小圆的正面投影。

命令：单击图标

命令行提示：指定第一点：把光标向下移动，捕捉俯视图左侧小圆的象限点，出现黄色◇象限点标志后，将光标向上移动，与画出的水平直线端点相交，显示出辅助线小叉时，单击左键确定

命令：单击图标

命令行提示：指定第一点：将光标向上移动，与画出的最上面水平直线端点相交，显示出辅助线小叉时，单击左键确定

用同样方法或镜像命令画出ϕ52、ϕ40 圆和长度为 42 切口的正面投影，操作过程略。

d）调出 Obj 层为当前层，绘制ϕ70 圆的正面投影，方法同上。

e）绘制主视图中ϕ40 的圆。

命令：单击图标

命令行提示：_circle 指定圆的圆心或 [三点(3P)/两点(2P)/切点、切点、半径(T)]：用鼠标单击捕捉自图标，再把光标移到正面投影图中最上边直线中点，单击左键确定，然后输入@0，-30↙（即ϕ40 圆心）

指定圆的半径或 [直径(D)]：20↙（画出ϕ40 的圆）

结果如图 3-74 所示。

f）绘制肋板的正面投影。作图过程如下：

命令：单击图标

命令行提示：指定第一点：对点 1 进行 90° 对象捕捉追踪，捕捉到交点 3 后，单击鼠标左键确定（确定点 3）↙

指定下一点或 [放弃(U)]：@16,42↙（确定点 4）

命令：单击图标

命令行提示：指定第一点：对点 2 进行 90° 对象捕捉追踪，捕捉到交点 5，单击鼠标左键（确定点 5）↙

指定下一点或 [放弃(U)]：对点 5 进行 90° 极轴追踪，并将光标碰一下点 4，继续 90° 极轴追踪，显示出辅助线小叉时，单击左键确定（确定点 6）↙

g）用延伸命令延长直线 34 与 56 相交即可。结果如图 3-75 所示。

h）用修剪命令，剪掉多余线段。

i）用步骤 f）的方法或镜像命令画出肋板的右侧正面投影。

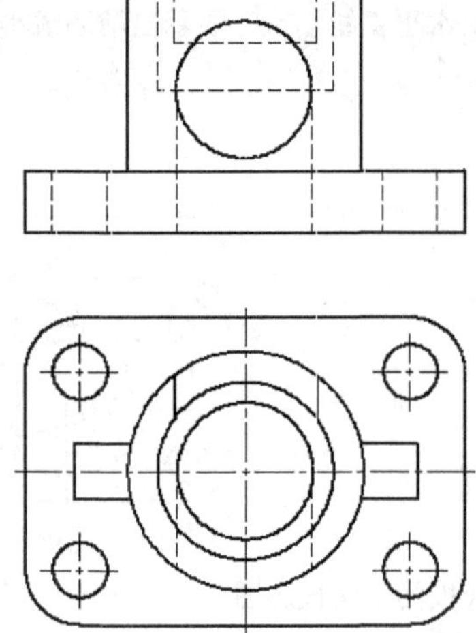

图 3-74 主视图中ϕ40 的圆

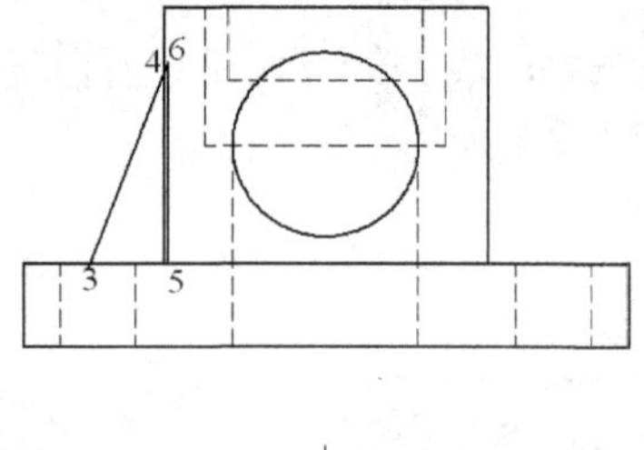

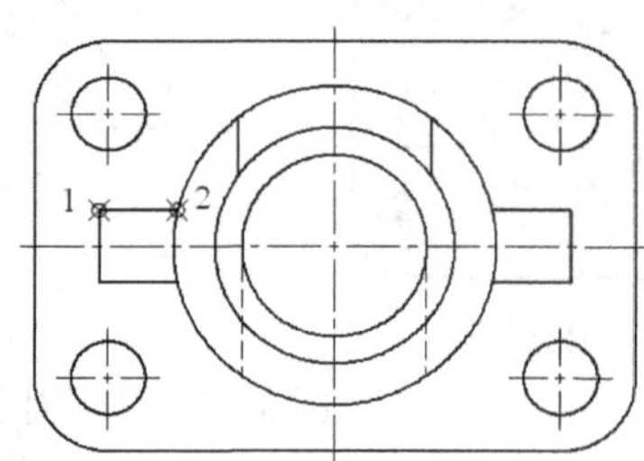

图 3-75 绘制肋板的主视图

j）调出 Cen 层为当前层，绘制对称线，操作步骤略。

k）用打断于点命令，打断 1、2、3、4、6、8 点。其操作方法如下：

命令：单击图标

命令行提示：_break 选择对象：将光标移到虚线段并选中

指定第二个打断点 或 [第一点(F)]: _f

指定第一个打断点:用鼠标单击 1 点

指定第二个打断点：@

用同样的方法打断 2、3、4、6、8 点。

l）用特性匹配命令改变 12、34、56、78 线段的线型。

单击特性匹配按钮，单击粗实线，单击需要变成粗实线的虚线，则虚线变成粗实线，结果如图 3-76 所示。

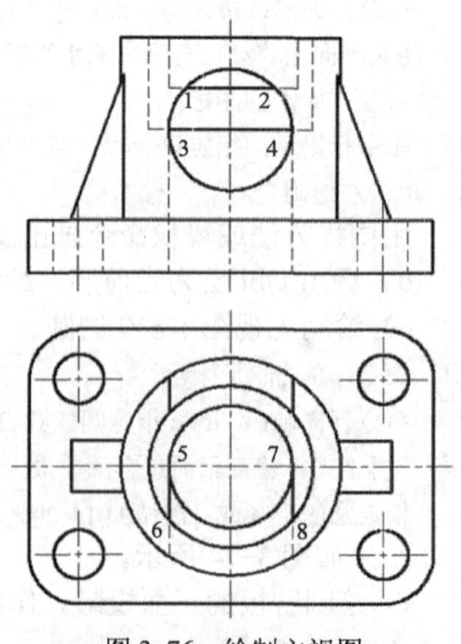

图 3-76 绘制主视图

8）绘制组合体的侧面投影图。操作过程如下：

a）应用复制命令，复制水平投影图。操作如下：

命令：单击按钮

命令行提示：选择对象: 选择水平投影图

选择对象: ↙

指定基点或 [位移(D)/模式(O)] <位移>: 捕捉水平投影图中ϕ40 的圆心

指定第二个点或 <使用第一个点作为位移>: 在右边适当位置单击鼠标左键，如图 3-77 所示

b）应用旋转命令把复制的图元旋转 90°。

命令：单击○图标

UCS 当前的正角方向: ANGDIR=逆时针 ANGBASE=0.00

选择对象: 选择复制后的水平图

选择对象: ↙

指定基点: 捕捉该图形ϕ40 的圆心

指定旋转角度，或 [复制(C)/参照(R)] <0.00>: 90↙

结果如图 3-78 所示.。

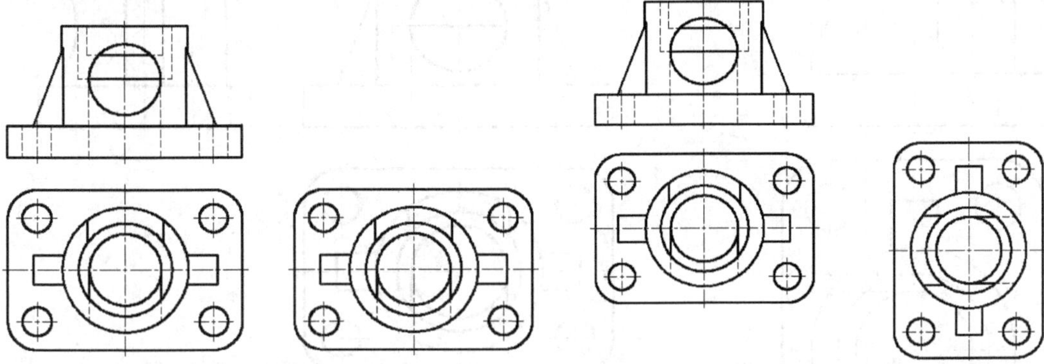

图 3-77　复制水平投影图　　图 3-78　旋转水平投影图

c）应用系统提供的自动追踪功能绘制符合高平齐、宽相等投影规律的侧面投影图，如图 3-79 所示。

具体操作步骤略。

☆　绘制肋板相贯线提示：

命令：单击⌒图标

命令行提示：指定圆弧的起点或 [圆心(C)]:点取图 3-80 中的左侧 a″点（起点）

指定圆弧的第二个点或 [圆心(C)/端点(E)]: 用自动追踪确定第二点 b″点

指定圆弧的端点: 点取图 3-80 中的右侧 a″点（端点）

结果如图 3-80 所示。

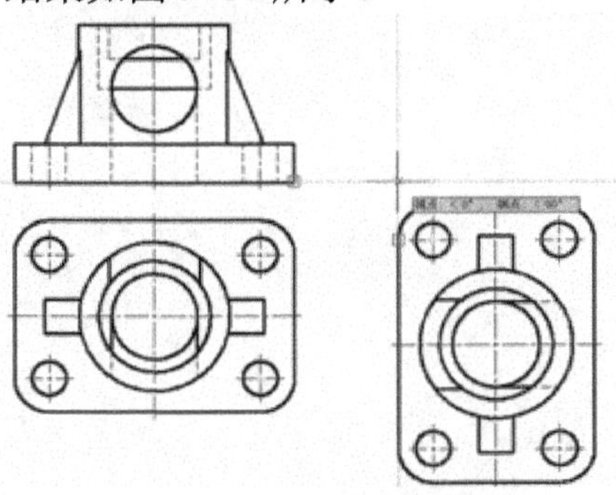

图 3-79　绘制侧面投影图

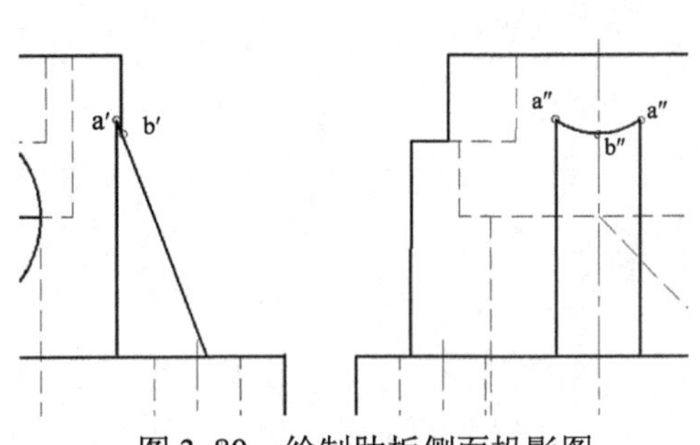

图 3-80　绘制肋板侧面投影图

☆　绘制ϕ40 圆与ϕ70 圆相贯线提示：

命令：单击⌒图标

命令行提示：指定圆弧的起点或 [圆心(C)]:点取图 3-81 中的 c″点（起点）

指定圆弧的第二个点或 [圆心(C)/端点(E)]: 用自动追踪确定第二点 d″点

指定圆弧的端点: 点取图 3-81 中的 e″点（端点）

☆　用同样方法绘制ϕ40 圆与ϕ52 圆相贯线，操作步骤略。

结果如图 3-81 所示。

9）擦除复制后的水平投影图。

至此，组合体的三面投影图全部绘制完毕，如图 3-82 所示。

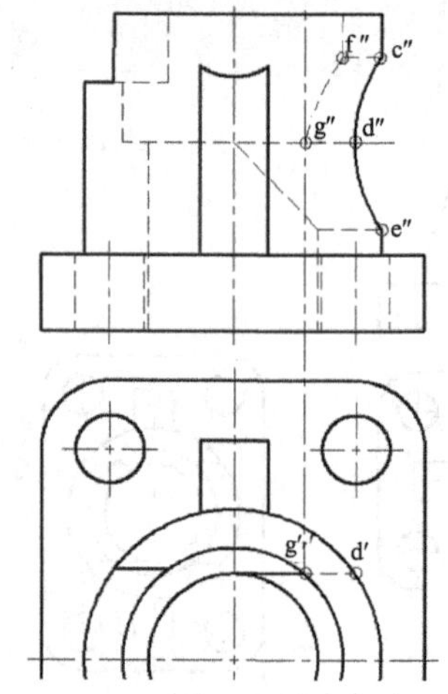

图 3-81　绘制相贯线侧面投影图

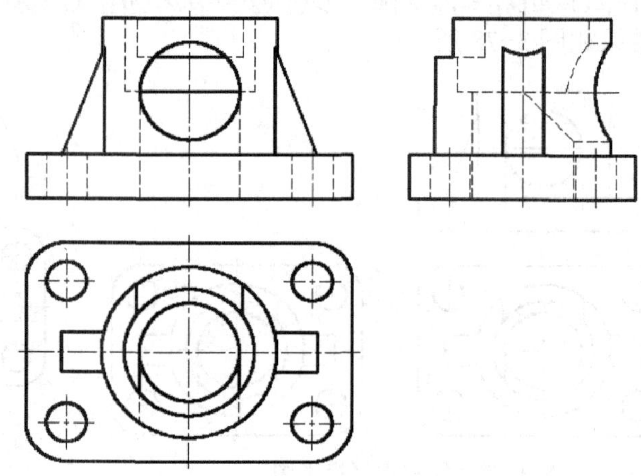

图 3-82　组合体三面投影图

第 4 章 尺寸标注

在实际绘图时，图形只能表达零件的内、外形状，而零件的真实大小和它们之间的相对位置必须通过标注尺寸才能表达清楚。标注尺寸是一项非常重要的工作，必须认真细致，一丝不苟。如果尺寸遗漏或错误，都会给加工和生产带来极大的损失。

AutoCAD 软件中提供了一套完整的尺寸标注命令，包括基本尺寸、尺寸公差和几何公差的标注以及对尺寸标注的编辑、修改命令。在进行标注尺寸时，尺寸数字可以通过软件自动测量目标对象进行标注，也可以通过键盘进行输入来标注，并将标注的尺寸放置在指定的位置。本章主要介绍：尺寸标注的组成；尺寸标注样式的设置（设置尺寸标注样式的目的是使尺寸标注满足国标要求）；各种类型的尺寸标注；尺寸标注的编辑修改及尺寸标注的综合应用。

4.1 尺寸标注的组成（GB/T4458.4—2003）

一个完整的尺寸应由尺寸界线、尺寸线、尺寸线终端和尺寸数字（包括必要的符号和字母）组成，如图 4-1 所示。

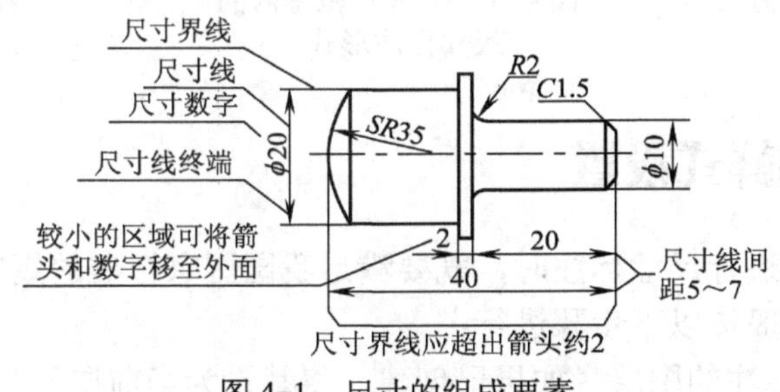

图 4-1 尺寸的组成要素

1. 尺寸界线

尺寸界线用来表示所注尺寸的起始和终止位置。

尺寸界线用细实线绘制，由图形的轮廓线、轴线或中心线处引出，也可以用这些线来代替。尺寸界线应超出箭头约 2mm。尺寸界线一般应与尺寸线垂直，必要时才允许与尺寸线倾斜。

2. 尺寸线

1）尺寸线用细实线，不能用其他图线来代替，也不能与其他图线重合或绘在其他图形的延长线上。标注线性尺寸时，尺寸线必须与所标注的线段平行。当一处有几条相互平行的尺寸线时，为避免尺寸线与尺寸界线相交，应遵循小尺寸在内、大尺寸在外的原则，如图 4-1 所示。

2）尺寸线的终端可以有两种形式：箭头和斜线。箭头适用于各种类型的图样；当尺寸线的终端采用斜线形式时，尺寸线与尺寸界线应相互垂直。机械图样中，一般采用箭头作为尺寸线的终端。

3）同一张图样中箭头的大小应一致。

3. 尺寸数字

尺寸数字用来表示零件的真实大小，与图形的大小无关。

1）尺寸数字一般应注在尺寸线的上方，也可注在尺寸线的中断处，但同一张图样上注法应尽量一致。

2）线性尺寸数字的方向，一般应按图 4-2 所示方向注写。水平方向字头向上，垂直方向字头向左，倾斜方向的尺寸数字有字头向上的趋势，并尽可能避免在图示 30° 范围内标注尺寸，无法避免时应引出标注，如图 4-3 所示。

3）尺寸数字不可被任何图线所通过，当无法避免时必须将该图线断开，如图 4-4 所示。

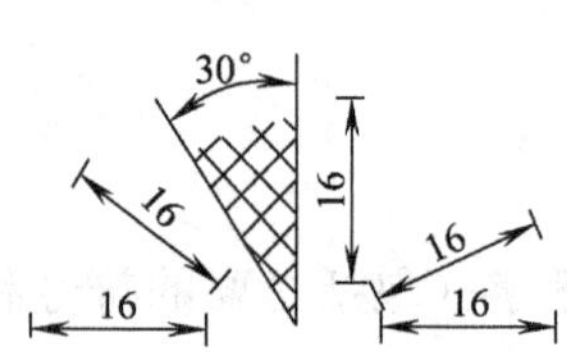

图 4-2 线性尺寸数字的方向

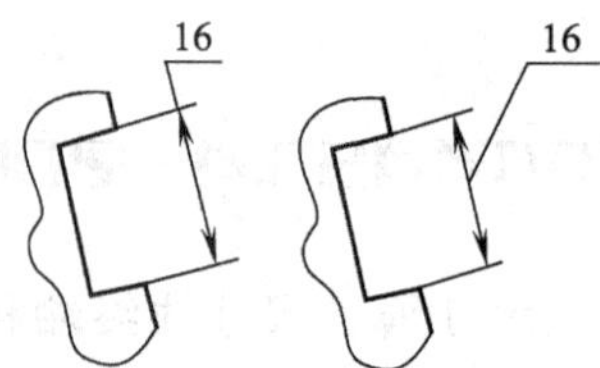

图 4-3 在 30° 范围内的尺寸标注形式

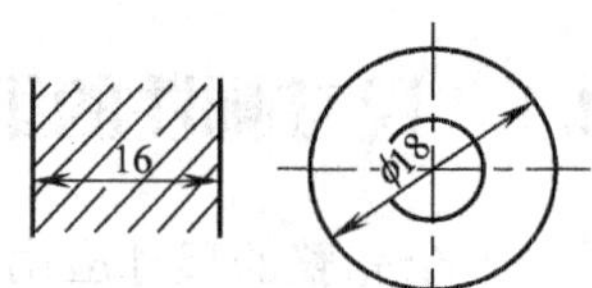

图 4-4 图线穿越尺寸数字时应断开

4.2 尺寸标注的样式设置

用 AutoCAD 软件进行尺寸标注时，既要满足我国国家标准的规定，又要快捷、方便地标注出完整的尺寸。一般按以下步骤进行：

1）创建适合尺寸标注的图层（如果已创建，将其设为当前层）。

2）调出尺寸标注工具条。

3）按照国家标准对尺寸标注的相关规定，设置一组或几组尺寸标注的样式。

4）使用已创建的尺寸标注样式和工具条中的相关命令，分别标注基本尺寸、尺寸公差和几何公差。

5）检查，并对错误尺寸进行编辑和修改。

每个标注都具有与之关联的标注样式。为使尺寸标注符合国家标准规定，在标注尺寸前，首先要设置尺寸标注样式。标注样式可以定义以下内容：尺寸线、尺寸界线、箭头和圆心标记的格式和位置；标注文字的外观、位置和方式；控制文字位置和尺寸线的规则；全局标注比例；主标注单位、换算标注单位和角度标注单位的格式和精度；公差值的格式和精度。在 AutoCAD 中，用工具或 Ddim 命令来设置。操作步骤为：

输入：Ddim 并回车或单击，系统弹出“标注样式管理器”对话框，如图 4-5 所示。该对话框中的各选项功能为：

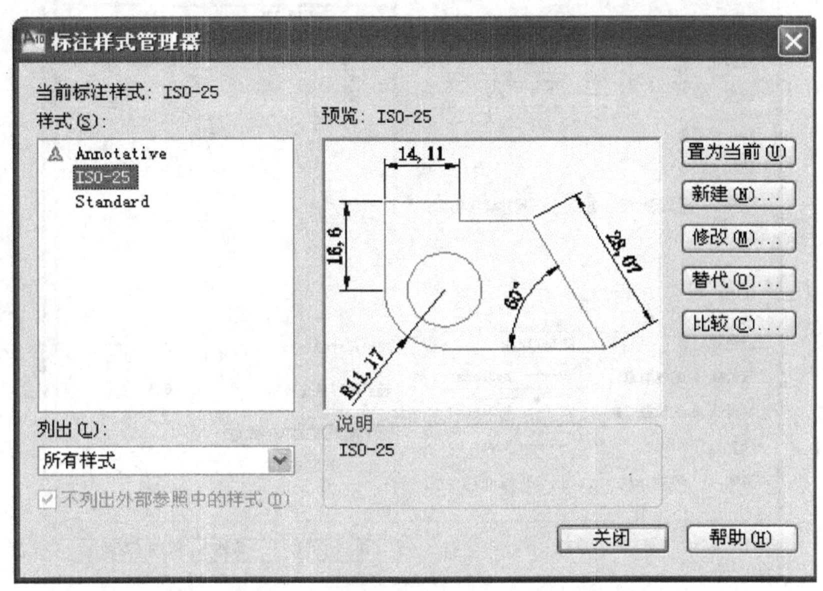

图 4-5 “标注样式管理器”对话框

1.“样式（S）”区域：

用于显示设定的尺寸标注样式。

2.“预览”区域

显示已选定的尺寸标注样式。

3.“列出（L）”区域：

确定在“样式（S）”区域中列出的尺寸标注式样的范围。

4.“说明”区域：

显示尺寸标注样式的文本信息。

5. 比较(C)... 按钮

比较不同尺寸标注样式之间的差别。

6. 替代(O)... 按钮

重新定义尺寸标注样式。

7. 修改(M)... 按钮

对已设置的尺寸样式进行必要的修改。

无论在“标注样式管理器”对话框中选择 修改(M)... 还是 替代(O)...，系统都会弹出“修改标注样式：ISO-25”对话框，如图 4-6 所示。

8. 新建(N)... 按钮

用于设置新的尺寸标注样式。单击 新建(N)... 按钮，系统弹出“创建新标注样式”对话框，如图 4-7 所示。该对话框中各选项的功能如下：

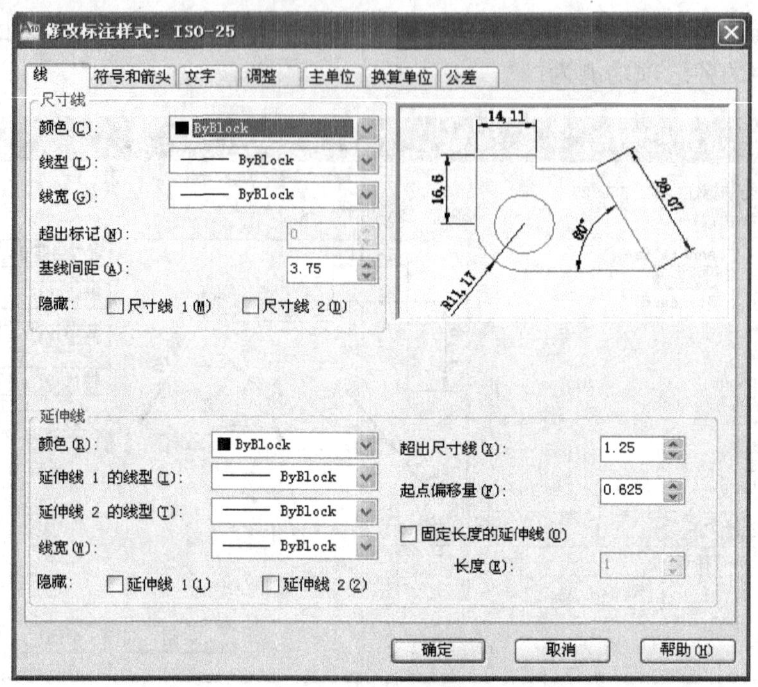

图 4-6 “修改标注样式：ISO-25”对话框

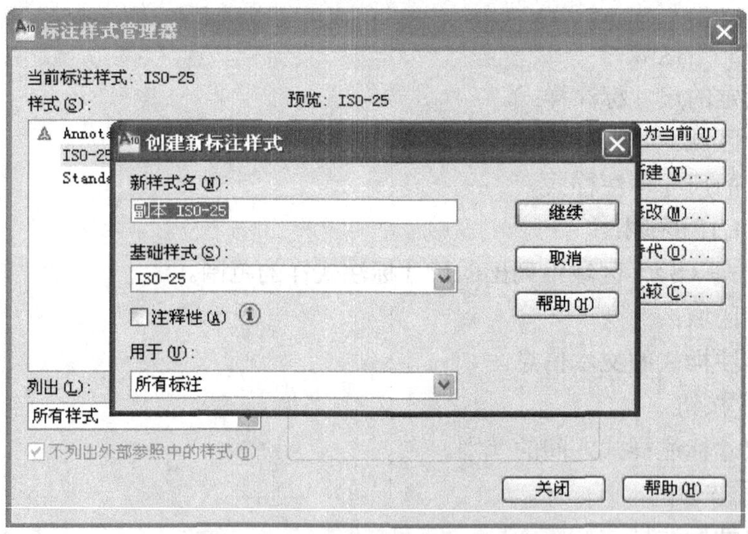

图 4-7 “创建新标注样式”对话框

(1)“新样式名(N)”框用于设置尺寸标注样式的名称，读者可以采用默认的名称 ISO-25，也可以重新命名。

(2)“基础样式(S)”下拉列表框　列出能够使用的尺寸标注样式。

(3)“用于(U)”下拉列表框　显示了尺寸标注的各种类型。

(4) 继续 按钮　用于对选定的尺寸类型继续进行设置。

在“用于(U)”下拉列表框中选择“所有标注”选项，然后单击 继续 按钮，弹出“新建标注样式：副本 ISO-25”对话框，如图 4-8 所示。

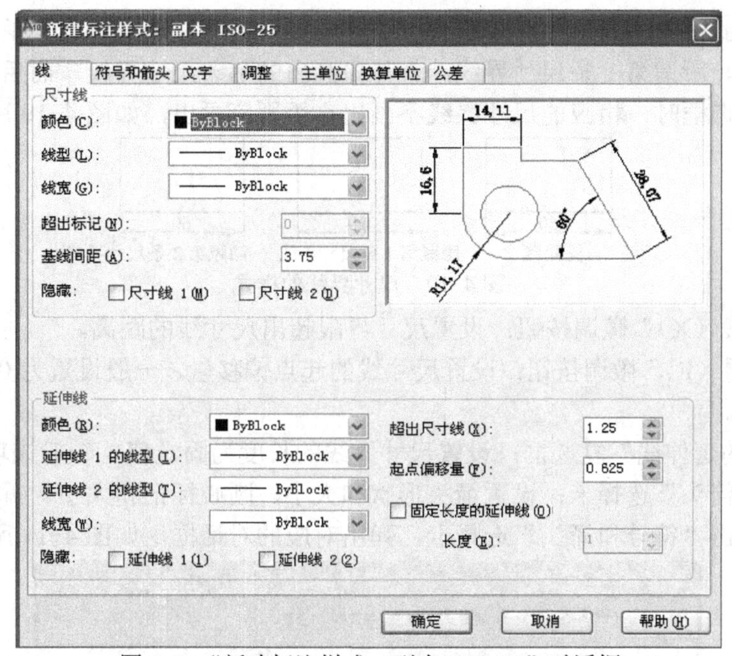

图 4-8 “新建标注样式：副本 ISO-25”对话框

“新建标注样式：副本 ISO-25”对话框中的各项功能如下：

1）“线”选项卡：设置尺寸线、尺寸界线、尺寸界线超出尺寸线的长度和尺寸线距离标注特征的距离。

①“尺寸线”组框：设置尺寸线的特性，其中包括：

“颜色（C）”下拉列表框：设置尺寸线的颜色。

“线型（L）”下拉列表框：设置尺寸线的线型。

“线宽（G）”下拉列表框：设置尺寸线的线型宽度。

“超出标记（N）”微调按钮：设置短线代替箭头时，尺寸线超出尺寸界线的长度。

“基线距离（A）”微调按钮：用于设置在标注基线型尺寸时，两尺寸线间的距离。

“隐藏”所对应的“尺寸线 1（M）”和“尺寸线 2（D）”复选框：控制是否隐藏第 1 条和第 2 条尺寸线。尺寸线被分为两部分，与第 1 条尺寸界线相邻的为第 1 条尺寸线；与第 2 条尺寸界线相邻的为第 2 条尺寸线。选中复选框时，表示隐藏该尺寸线不画出，否则画出尺寸线，如图 4-9 所示。

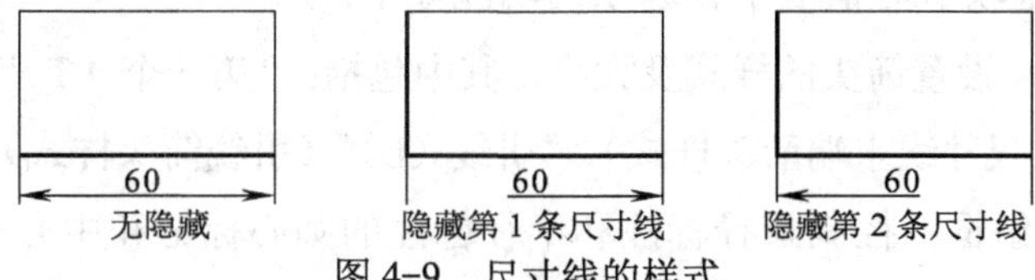

图 4-9　尺寸线的样式

②“延伸线”（即尺寸界线）组框：用于设置尺寸界线的特性，其中包括：

“颜色（C）”下拉列表框：用于设置尺寸界线的颜色，应选取与尺寸线相同的颜色。

“延伸性 1 的线型（I）”下拉列表框：设置第一条尺寸界线的线型。

“延伸性 2 的线型（I）”下拉列表框：设置第二条尺寸界线的线型。

“线宽（W）”下拉列表框：设置尺寸界线的线型宽度。

“隐藏”所对应的“延伸线 1（1）”和“延伸线 2（2）”复选框：设置是否隐藏第 1 条和第 2 条尺寸界线。所谓第 1 条尺寸界线，就是先画出的那条尺寸界线，而后画的为第 2 条尺寸界线。选中复选框时，相应的尺寸界线不画出，否则应画出，如图 4-10 所示。

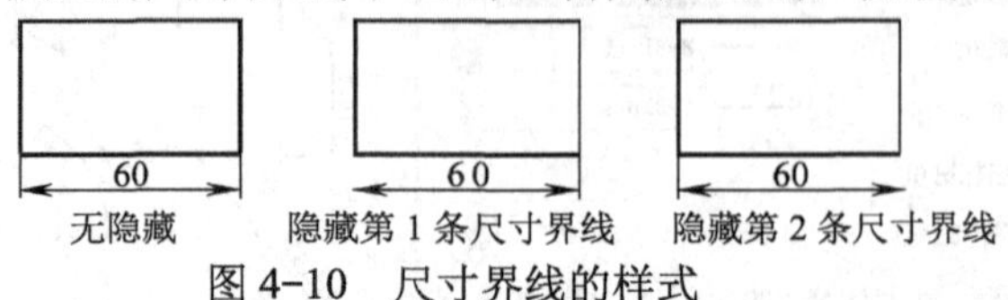

图 4-10　尺寸界线的样式

“超出尺寸线（X）”微调按钮：设置尺寸界限超出尺寸线的距离。

“起点偏移量（F）”微调按钮：设置尺寸线的起点偏移量，一般设置为 0，即尺寸线从所标注的轮廓起画。

“固定长度的延伸线”复选框：设置尺寸界线的长度为固定值，一般该项不选择。

2）“符号和箭头”选择卡：设置箭头形状和大小、圆心标记和大小、折断标注、弧长符号的位置等。单击“符号和箭头”选择卡，弹出对应的对话框，如图 4-11 所示。

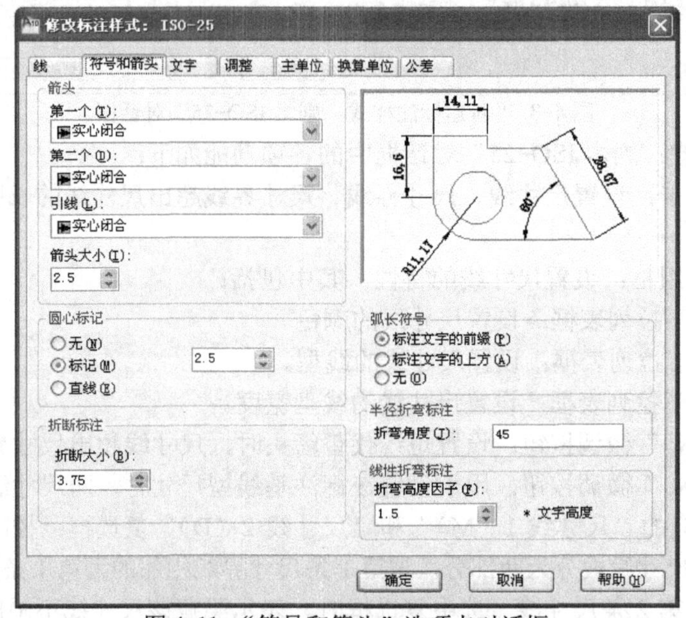

图 4-11　“符号和箭头”选项卡对话框

“符号和箭头”选项卡对话框中各选项的功能如下：

①“箭头”组框：设置箭头的样式及大小，其中包括：“第一个（T）”（尺寸线首端箭头样式）、“第一个（D）”（尺寸线末端箭头样式）、“引线（L）”（引线箭头样式）和“箭头大小（I）”。

②“圆心标记”组框：控制直径标注和半径标注的圆心标记和中心线的外观。

③“折断标注”组框：控制折断标注的间距宽度。

④“弧长符号”组框：控制弧长标注中圆弧符号的显示。

⑤“半径折弯标注”组框：控制折弯（Z 字型）半径标注的显示，如图 4-12 所示。

⑥“线性折弯标注”组框：控制线性标注折弯的显示。当标注不能精确表示实际尺寸时，通常将折弯线添加到线性标注中，如图 4-13 所示。

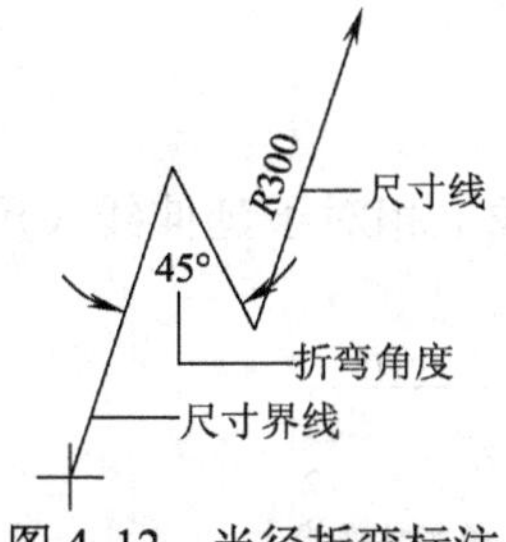

图 4-12　半径折弯标注

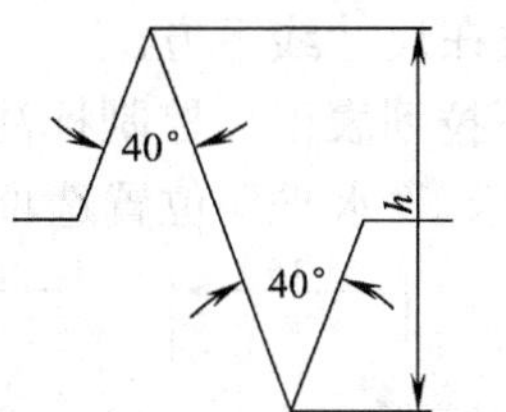

图 4-13　线性折弯标注

3）“文字”选项卡：设置标注文字的格式、放置和对齐，如图 4-14 所示。

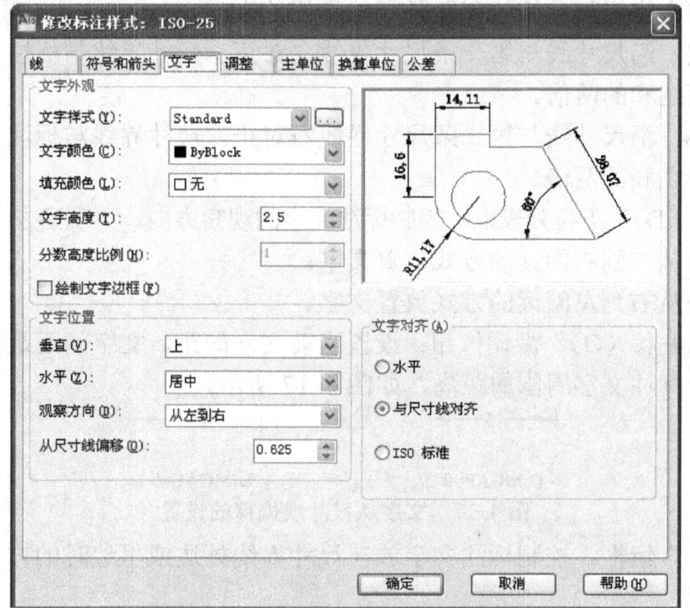

图 4-14　“文字”选项卡对话框

“文字”选项卡对话框中各选项的功能如下：

①“文字外观”组框：控制标注文字的格式和大小。

②“文字位置”组框：控制标注文字的位置。

a）“垂直（V）”下拉列表框控制标注文字相对尺寸线的垂直位置，如图 4-15 所示。“垂直”位置选项包括：

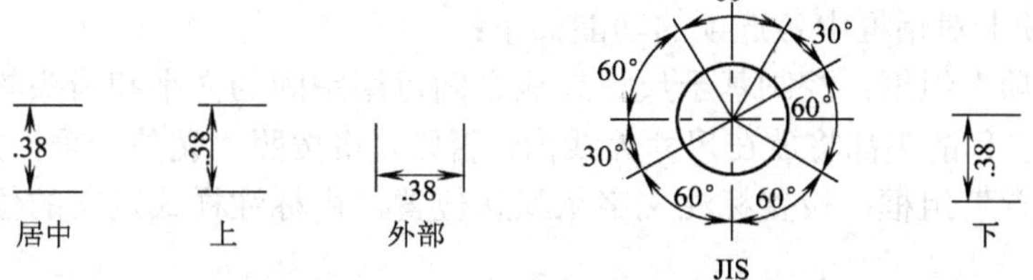

图 4-15　文字垂直方向放置的不同位置

居中：将标注文字放在尺寸线的两部分中间。

上：将标注文字放在尺寸线上方。

外部：将标注文字放在尺寸线上远离第一个定义点的一边。

JIS：按照日本工业标准（JIS）放置标注文字。

下：将标注文字放在尺寸线下方。

b）“水平（Z）”下拉列表框：控制标注文字在尺寸线上相对于延伸线（尺寸界线）的水平位置，如图 4-16 所示。“水平”位置选项包括：

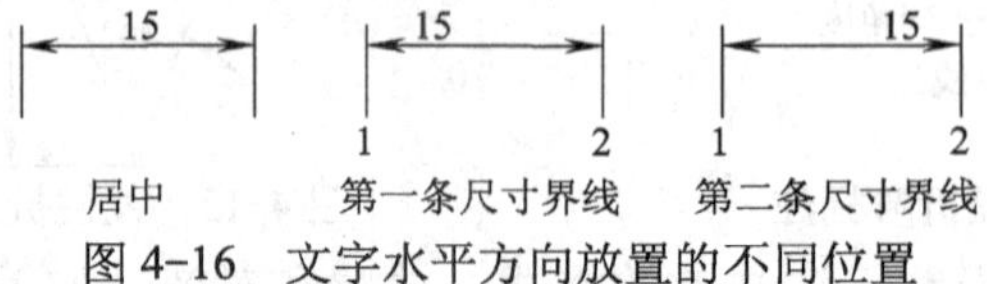

图 4-16　文字水平方向放置的不同位置

居中：将标注文字沿尺寸线放在两条尺寸界线的中间。

第一条延伸线：沿尺寸线与第一条尺寸界线左对正。尺寸界线与标注文字的距离是箭头大小加上文字间距之和的两倍。

第二条延伸线：沿尺寸线与第二条尺寸界线右对正。尺寸界线与标注文字的距离是箭头大小加上文字间距之和的两倍。

c）“观察方向（D）”下拉列表框：控制标注文字的观察方向。“观察方向”包括以下选项：

从左到右：按从左到右阅读的方式放置文字。

从右到左：按从右到左阅读的方式放置文字。

d）“从尺寸线偏移（O）”微调按钮：设置当前文字间距，文字间距是指当尺寸线断开以容纳标注文字时，标注文字周围的距离，如图 4-17 所示。

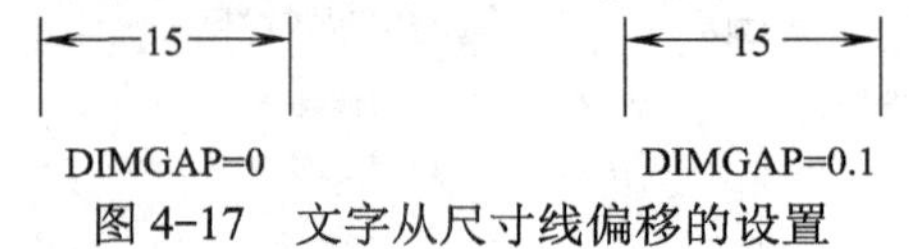

图 4-17　文字从尺寸线偏移的设置

③“文字对齐”组框：控制标注文字放在尺寸界线外边或里边时的方向，是保持水平还是与尺寸界线平行。

a）“水平”单选按钮：水平放置尺寸文字。

b）“与尺寸线对齐”单选按钮：尺寸文字与尺寸线对齐。

c）“ISO 标准”单选按钮：当文字在尺寸界线内时，文字与尺寸线对齐；当文字在尺寸界线外时，文字水平排列。

4）“调整”选项卡：用于设置尺寸线、箭头和尺寸文字相对于尺寸界线的位置，以及标注尺寸所用的单位、比例等有关内容。单击“调整”选项卡，系统弹出“调整”选项卡对话框，如图 4-18 所示。

“调整”选项卡对话框中各选项的功能如下：

①“调整选项”组框：控制基于尺寸界线之间可用空间的文字和箭头的位置。如果有足够大的空间，文字和箭头都将放在尺寸界线内。否则，将按照“调整选项”放置文字和箭头。

②“文字位置”组框：设置标注文字从默认位置（由标注样式定义的位置）移动时，标注文字的位置。

③“标注特征比例”组框：设置全局标注比例值或图纸空间比例。

a）将标注缩放到布局：根据当前模型空间视口和图纸空间之间的比例确定比例因子。当在图纸空间而不是模型空间视口中绘图时，将使用默认比例因子 1.0。

b）使用全局比例：为所有标注样式设置一个比例，这个比例指定了大小、距离或间距，包括文字和箭头大小。该缩放比例并不更改标注的测量值。

④“优化”组框：用于设置尺寸文字的附加选项。

a）手动放置文字：忽略所有水平对正设置，并把文字放在“尺寸线位置”提示下指定的位置。

b）在延伸线之间绘制尺寸线：即使箭头放在测量点之外，也在测量点之间绘制尺寸线。

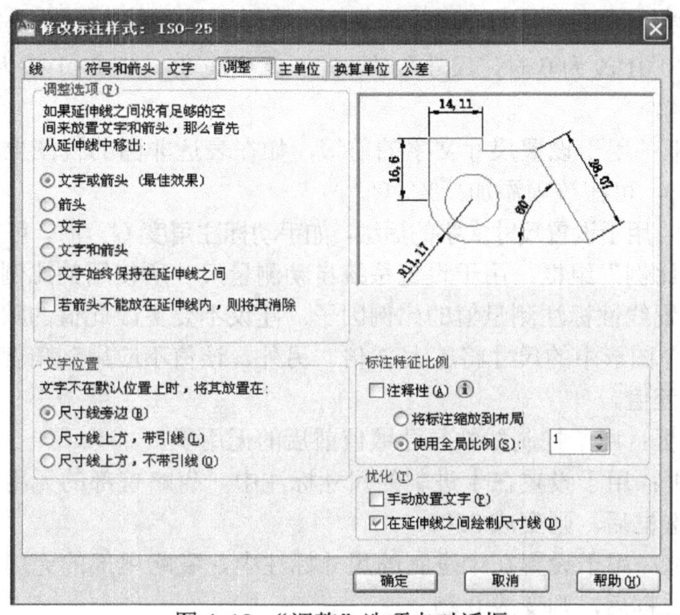

图 4-18 “调整”选项卡对话框

5）“主单位”选项卡：设置尺寸标注的单位。单击该选项卡，系统弹出“主单位”选项卡对话框，如图 4-19 所示。

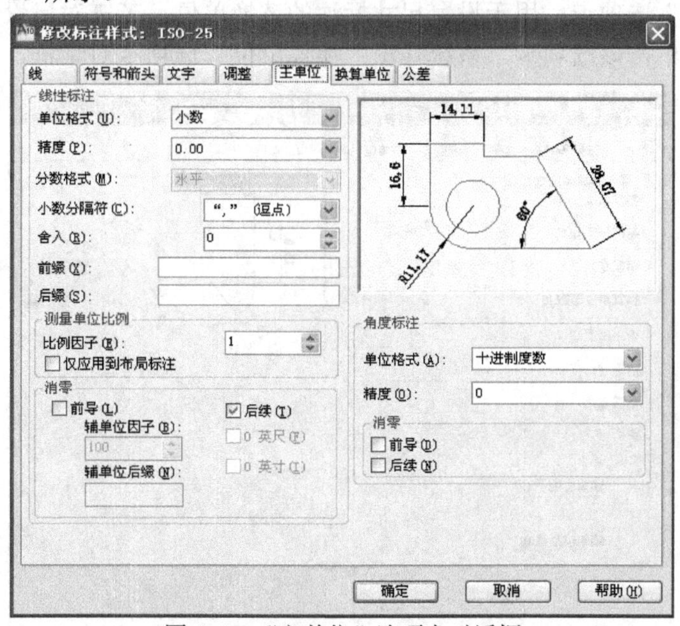

图 4-19 “主单位”选项卡对话框

“主单位”选项卡对话框中各选项的功能如下：

①“线性标注”组框：设置标注线性尺寸时使用的单位制度、精度等级等。其中包括：

“单位格式”下拉列表框：设置除角度之外的所有标注类型的当前单位格式。

“精度”下拉列表框：显示和设置标注文字中的小数位数。

“分数格式”下拉列表框：列出了分数值的显示方式，用于设置分数的格式。

“小数点分隔符”下拉列表框：用于设置以小数形式进行标注时小数点的样式。

“舍入”微调按钮：用于调节各种尺寸标注的取舍值，由系统自动确定尺寸数值时选用。例如在微调框中把 0.01 改为 0 时，尺寸数值 85.35 就变成 85；把 0.01 改为 0.1 时，尺寸数值 85.35 即改变为 85.4。

“前缀”文本框：用于设置尺寸文字的前缀，如在表达非圆的视图上标注直径尺寸时，需在尺寸数字前加ϕ，可在该项添加：%%C。

“后缀”文本框：用于设置尺寸文字的后缀，如手动标注角度（°）时，可在该项添加：%%d。

②“测量单位比例”组框：用于设置系统自动测量尺寸所使用的比例。

比例因子：设置线性标注测量值的比例因子。建议不要更改此值的默认值 1.00。例如，如果输入 2，则整个图形中的尺寸将放大 2 倍。另外，该值不应用到角度标注，也不应用到舍入值或者正负公差值。

③“消零”组框：用于控制线性尺寸数值前后的无用零。

“前导”复选框：用于设置在十进制的尺寸标注中，省略首部的无用零。例如尺寸数值 0.2500，选中该复选框后，则变成.2500。

“后续”复选框：用于设置在十进制的尺寸标注中，省略尾部的无用零。例如尺寸数值 0.2500，选中该复选框后，则变成 0.25。

④“角度标注”组框：用于设置标注角度型尺寸单位制度及精度等级。

⑤“消零”组框：用于控制角度型尺寸数值前后无用零。

6）“换算单位”选项卡：用于设置尺寸标注的替换单位。若需对已设置好的尺寸的单位制进行更改时，可单击该选项卡，系统弹出“换算单位”选项卡对话框，如图 4-20 所示。

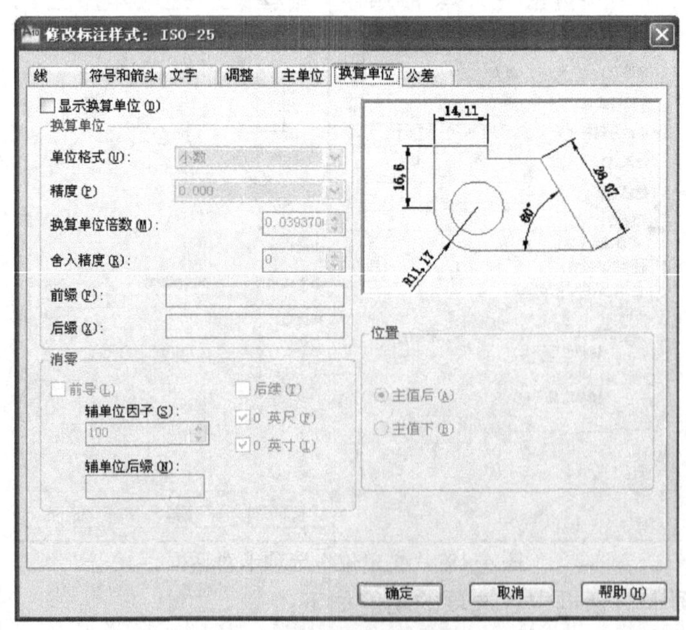

图 4-20 “换算单位”选项卡对话框

7）“公差”选项卡：用于设置尺寸偏差的形式。单击该选项卡，系统弹出“公差”选项卡对话框，如图 4-21 所示。“公差”选项卡对话框中各选择项的功能如下：

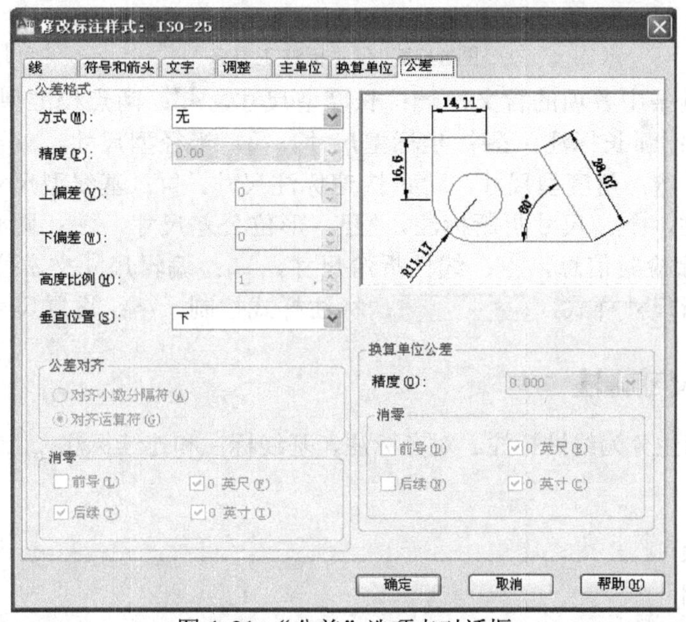

图 4-21 “公差”选项卡对话框

①“公差格式”组框：用于设置尺寸偏差样式，其中包括：

“方式”下拉列表框：设置尺寸偏差的样式，包括“无”、“对称”、“极限偏差”、“极限尺寸”、“基本尺寸”。

“精度”下拉列表框：用于设置公差的精度。

“上偏差”微调按钮：用于设置尺寸的上偏差值。

“下偏差”微调按钮：用于设置尺寸的下偏差值。

“高度比例”微调按钮：用于设置偏差高度的比例因子，当选“对称”时，该项设为 1；当选“极限偏差”时，该项设为 0.5。

“垂直位置”下拉列表框：设置尺寸偏差值相对于基本尺寸的对齐方式。

②“公差对齐”组框：用于控制上偏差和下偏差的对齐方式。

③“消零”组框：用于控制极限偏差值的前后零。

④“换算单位公差”组框：用于设置用替换单位制标注尺寸偏差的精度。

“精度”下拉列表框：用于设置精度。

⑤“消零”区域的选择项：用于控制极限偏差值的前后零。

9. 置为当前(U) 按钮

单击该按钮，确定把设置好的尺寸标注样式供当前使用者使用。

4.3 各种类型的尺寸标注

在 AutoCAD 中，尺寸标注分为长度型、半径型、直径型、角度型、引线型、折断型、坐标型等类型，如图 4-22 的尺寸标注工具条所示。

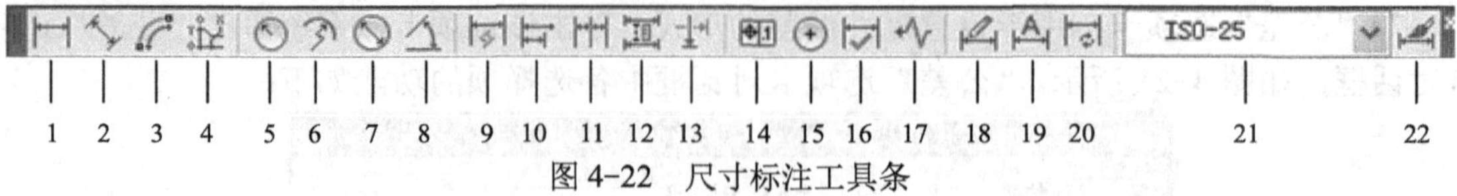

图 4-22　尺寸标注工具条

尺寸标注工具条中各项的含义：：长度型尺寸，：两点校准型尺寸，（被注对象一般为斜线），：弧长标注，：坐标型尺寸，：半径型尺寸，：折弯半径标注，：直径型尺寸，：角度型尺寸，：快速标注尺寸，：基线型尺寸，：连续型尺寸，：等距标注，：尺寸折断标注，：形位公差尺寸，：圆心标记，：为选定标注添加或删除检验信息，：线性折弯尺寸，：编辑尺寸文本位置，：编辑尺寸文本，：更新尺寸样式，ISO-25：标注样式控制，：设置尺寸标注式样。

4.3.1　长度型尺寸标注

长度型尺寸标注分为线性标注、对齐标注、基线标注和连续标注。

1．线性标注

（1）操作步骤

命令：单击

指定第一条延伸线原点或<选择对象>：输入第一条尺寸界线的起点或直接回车选择标注的线段

指定第二条延伸线原点：输入第二条尺寸界线的起点

指定尺寸线位置或 [多行文字（M）/文字（T）/角度（A）/水平（H）/垂直（V）/旋转（R）]：确定尺寸线的位置

该提示下，[ ]中各选项的功能如下：

1）多行文字（M）：手动输入尺寸文本。输入 M 并回车，系统弹出“文字格式”对话框，如图 4-23 所示。可在此对话框中输入尺寸文字或进行编辑。

图 4-23　“文字格式”对话框

2）文字（T）：手动直接输入尺寸文本。输入 T 并回车，系统提示：

输入标注文字<测量值>：输入尺寸文本↙

3）角度（A）：设置尺寸文字的倾斜角度。输入 A 并回车，系统提示：

指定标注文字的角度：输入角度值↙

4）水平（H）：用于标注水平方向的尺寸。

5）垂直（V）：用于标注垂直方向的尺寸。

6）旋转（R）：用于旋转标注。输入 R 并回车，系统继续提示：

指定尺寸线的角度<0>：输入尺寸线的倾斜角度

（2）应用举例　标注图 4-24 所示图中的尺寸。操作步骤如下：

命令：单击

指定第一条延伸线原点或<选择对象>：点取 P1 点

指定第二条延伸线原点：点取 P2 点

指定尺寸线位置或 [多行文字（M）/文字（T）/角度（A）/水平（H）/垂直（V）/旋转（R）]：点取 A 点，确定尺寸线的位置。

按回车键，重复当前命令，系统继续提示：

指定第一条延伸线原点或<选择对象>：点取 P2 点

指定第二条延伸线原点：点取 P3 点

指定尺寸线位置或 [多行文字（M）/文字（T）/角度（A）/水平（H）/垂直（V）/旋转（R）]：点取 B 点，确定尺寸线的位置

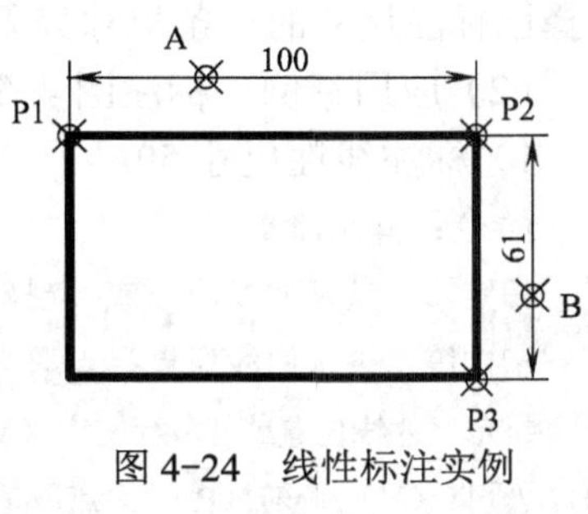

图 4-24　线性标注实例

2．对齐标注

对齐标注用于图中倾斜线的长度标注，即两点的连线既不水平也不垂直的线段，如图 4-25 所示。

（1）操作步骤

命令：单击

指定第一条延伸线原点或<选择对象>：输入第一条尺寸界线的起点

指定第二条延伸线原点：输入第二条尺寸界线的起点

指定尺寸线位置或 [多行文字（M）/文字（T）/角度（A）]：确定尺寸线的位置

（2）应用举例　标注图 4-25 所示图形的尺寸。操作步骤如下：

命令：单击

指定第一条延伸线原点或<选择对象>：点取 P1 点

指定第二条延伸线原点：点取 P2 点

指定尺寸线位置或 [多行文字（M）/文字（T）/角度（A）]：点取 A 点，确定尺寸线的位置

命令：单击

指定第一条延伸线原点或<选择对象>：点取 P2 点

指定第二条延伸线原点：点取 P3 点

指定尺寸线位置或 [多行文字（M）/文字（T）/角度（A）]：点取 B 点，确定尺寸线的位置

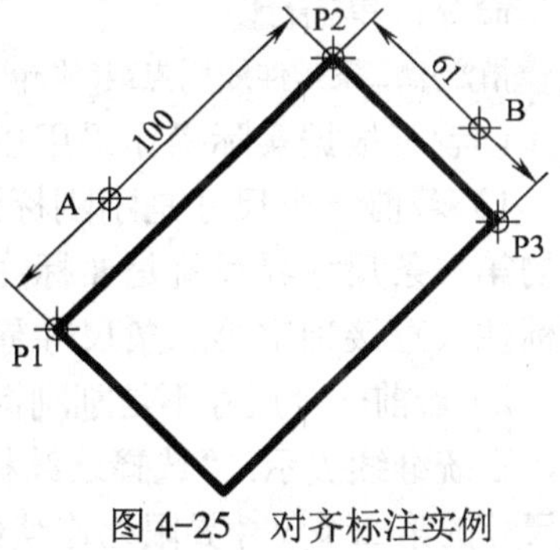

图 4-25　对齐标注实例

3．基线标注

基线标注即与前一个尺寸具有相同的尺寸标注起点，且尺寸线相互平行的尺寸标注方法。其尺寸线位置相对前一条尺寸线按尺寸样式设置的值自动标注，如图 4-26 所示。

（1）操作步骤

命令：单击

指定第二条延伸线原点或[放弃（U）/选择（S）]<选择>：

读者可根据实际操作采用以下两种输入方法：

1）若前一个尺寸是刚标注的，且它的第一条尺寸界线就是要标尺寸的基准，则可直接指定第二条尺寸界线的起点，并可以按照相应提示进行连续标注。

2）若前一个尺寸不是刚标注的，则需要按回车键，系统继续提示：“选择基准标注”，

选择已标注尺寸的一条尺寸界限为基准进行标注。

（2）应用举例　标注图 4-26 所示图形的尺寸。

1）标注线性尺寸 50。

命令：单击

指定第一条延伸线原点或<选择对象>：点取 P1 点

指定第二条延伸线原点：点取 P2 点

指定尺寸线位置或 [多行文字（M）/文字（T）/角度（A）/水平（H）/垂直（V）/旋转（R）]：点取适当的一点，确定尺寸线的位置

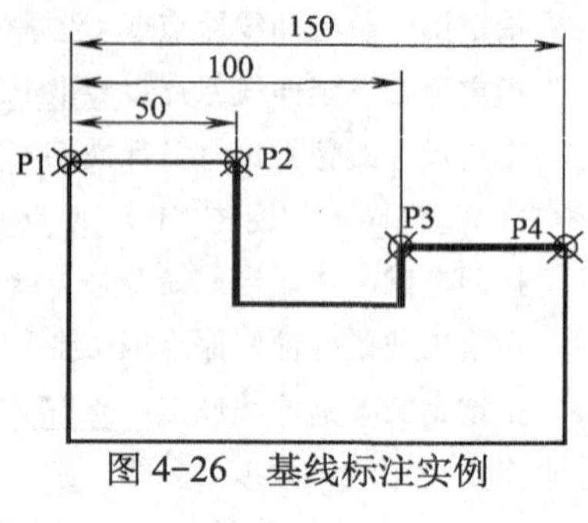

图 4-26　基线标注实例

2）标注基线尺寸 100 和 150。

命令：单击

指定第二条延伸线原点或[放弃（U）/选择（S）]<选择>：点取 P3 点

指定第二条延伸线原点或[放弃（U）/选择（S）]<选择>：点取 P4 点

指定第二条延伸线原点或[放弃（U）/选择（S）]<选择>：↙（结束该命令的操作）

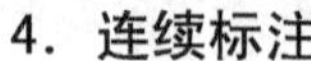

4．连续标注

连续标注即用前一次标注尺寸的第二条尺寸界线作为它的第一条尺寸界线，且两尺寸线位于同一条直线上的尺寸标注方法，如图 4-27 所示。

（1）操作步骤

命令：单击

指定第二条延伸线原点或[放弃（U）/选择（S）]<选择>：

读者可根据实际操作采用以下两种输入方法：

1）若前一个尺寸是刚刚标注的，并确定这一尺寸的第二条尺寸界线就是要标注尺寸的基准，则可直接标注（直接指定第二条尺寸界线的起点）。

2）若前一个尺寸不是刚刚标注的，则需要按回车键，系统继续提示："选择连续标注"，选择已经标注的尺寸的第二条尺寸界限为连续标注基准。

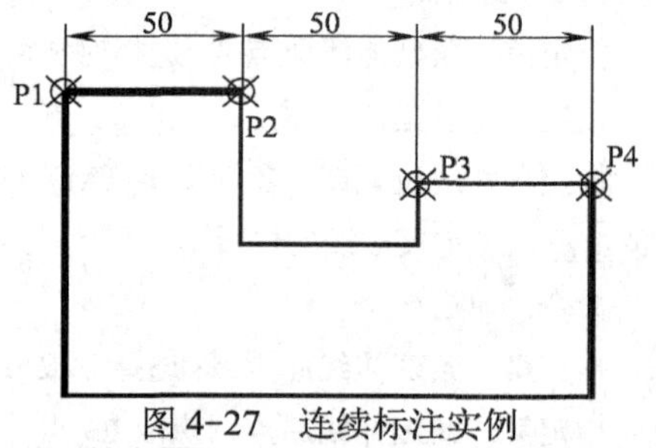

图 4-27　连续标注实例

（2）应用举例　标注图 4-27 所示图形的尺寸。

1）标注线性尺寸 50。

命令：单击

指定第一条延伸线原点或<选择对象>：点取 P1 点

指定第二条延伸线原点：点取 P2 点

指定尺寸线位置或 [多行文字（M）/文字（T）/角度（A）/水平（H）/垂直（V）/旋转（R）]：点取适当的一点，确定尺寸线的位置

2）标注连续尺寸 50。

命令：单击

指定第二条延伸线原点或[放弃（U）/选择（S）]<选择>：点取 P3 点

指定第二条延伸线原点或[放弃（U）/选择（S）]<选择>：点取 P4 点

指定第二条延伸线原点或[放弃（U）/选择（S）]<选择>：↙（结束该命令的操作）

4.3.2 半径型尺寸标注

半径型尺寸标注用于标注圆弧的半径尺寸，如图 4-28 所示。

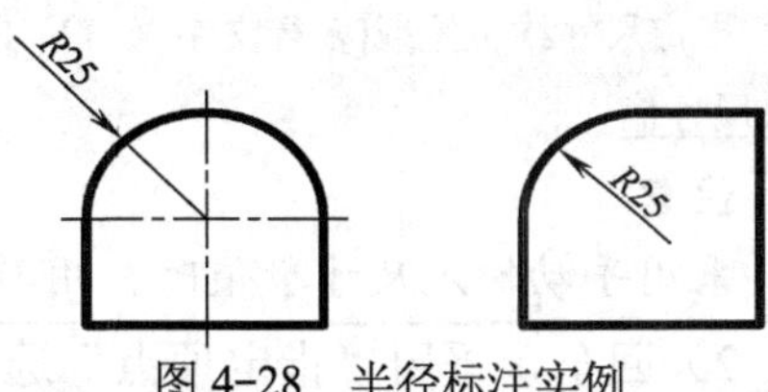

图 4-28 半径标注实例

操作步骤如下：

命令：单击

选择圆弧或圆：单击要标注的圆弧

标注文字=测量值

指定尺寸线位置或[多行文字（M）/文字（T）/角度（A）]：确定尺寸线的位置或选择[ ]内的选项重新输入尺寸值

4.3.3 直径型尺寸标注

直径型尺寸标注用于标注圆或圆弧的直径尺寸，如图 4-29 所示。

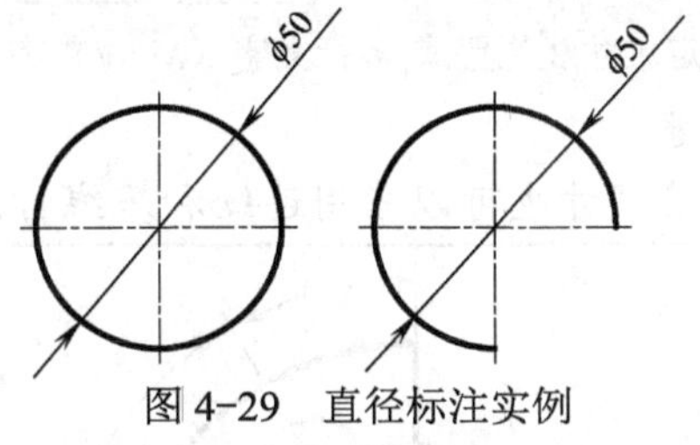

图 4-29 直径标注实例

操作步骤如下：

命令：单击

选择圆弧或圆：单击要标注的圆或圆弧

标注文字=测量值

指定尺寸线位置或[多行文字（M）/文字（T）/角度（A）]：确定尺寸线的位置或选择[ ]内的选项重新输入尺寸值

注意

采用手动输入尺寸数值时，用符号%%C 来表示直径符号ϕ。

4.3.4 角度型尺寸标注

角度型尺寸标注用于标注圆、圆弧、直线所夹的角度尺寸，如图 4-30 所示。《机械制图》国家标准规定，角度尺寸的尺寸数值一律水平书写，并在数值的右上角加注角度的单位符号“°”。

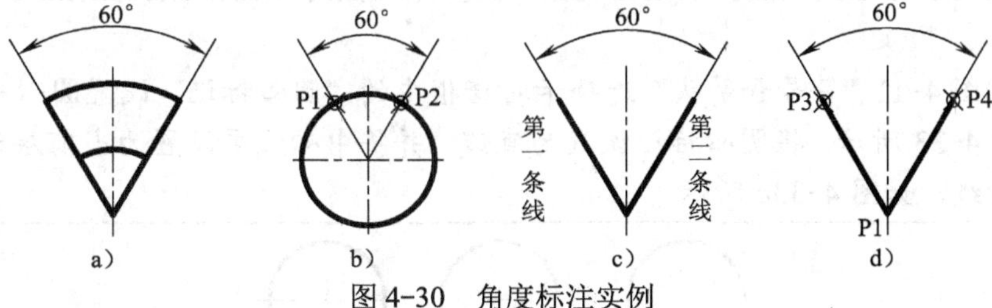

图 4-30 角度标注实例

操作步骤如下：

命令：单击

选择圆、圆弧、直线或 <指定顶点>：

1）直接选择圆弧（标注圆弧的中心角）、圆上一点（圆上一段弧的中心角）、直线或指定的端点（两直线间的夹角），接着提示：

选择第二条：指定第二点

指定尺寸线位置或[多行文字（M）/文字（T）/角度（A）]：确定尺寸线的位置或选择[ ]内的选项重新输入尺寸值

注意

采用手动输入尺寸数值时，用符号%%d 来表示角度单位符号“°”。

2）回车，采用“指定顶点”选择项：用于通过指定夹角的顶点标注尺寸，如图 4-30d 所示。其标注过程为：

命令：单击

选择圆、圆弧、直线或 <指定顶点>：↙

指定角的顶点：点取角的顶点，即图 4-30b 中的 P1 点

指定角的第一个端点：点取角的第一个端点，即图 4-30b 中的 P2 点

指定角的第二个端点：点取角的第二个端点，即图 4-30d 中的 P3 点

指定尺寸线位置或[多行文字（M）/文字（T）/角度（A）]：点取适当的一点，确定尺寸线的位置

注意

角度尺寸也可以采用连续和基线标注类型进行标注，如图 4-31 和图 4-32 所示。

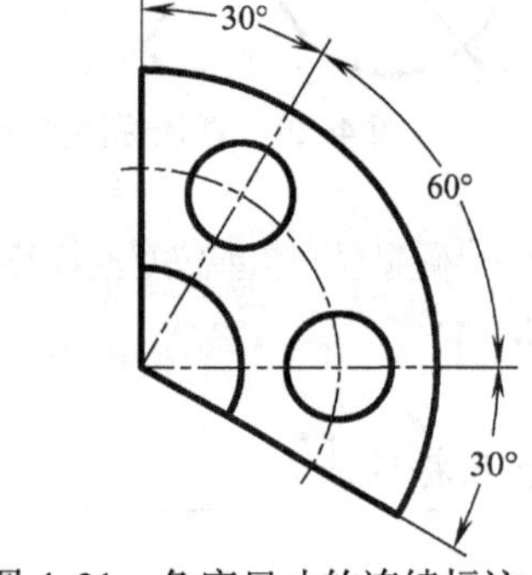

图 4-31 角度尺寸的连续标注

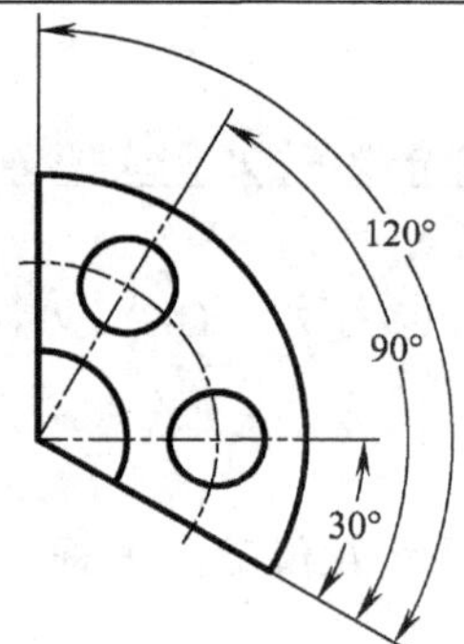

图 4-32 角度尺寸的基线标注

4.3.5 圆心标注

圆心标注用于标注圆或圆弧的圆心位置。在实际绘图时，常用该标注来画小圆的中心线。

注意

可以通过图 4-11“符号和箭头”选项卡对话框中的“圆心标记”设置圆心标记组件的默认大小，如图 4-33 所示。将圆心标记设置为直线，并将中心线层设置为当前层进行标注，即可绘制出中心线，如图 4-33c 所示

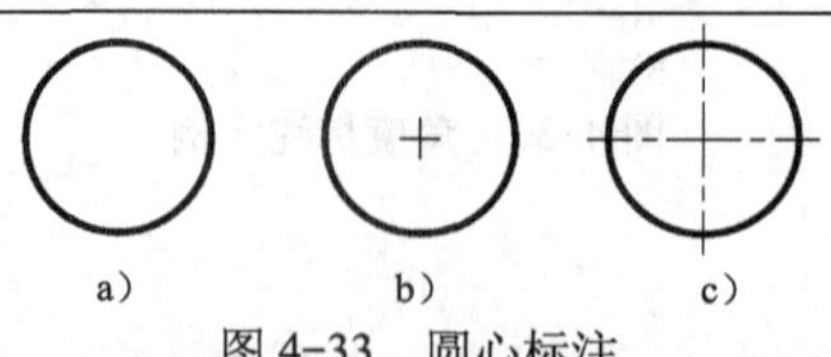

图 4-33 圆心标注

a）无标记 b）标记 c）直线

操作步骤如下：

命令：单击

选择圆弧或圆：选择要标注的圆弧或圆

4.3.6 引线型尺寸标注

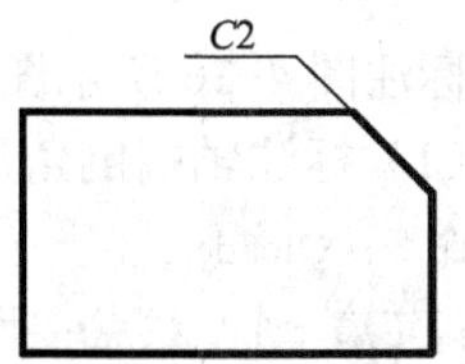

图 4-34 引线标注实例

引线型尺寸标注是标注旁注尺寸时经常用到的一种尺寸标注方法，如图 4-34 所示。旁注指引线既可以是折线，也可以是曲线；指引线的端点可以有箭头也可以无箭头。机械工程图样中常用该命令来进行倒角标注和几何公差的标注。

注意

用引线标注尺寸时，系统不能自动测量尺寸值，读者必须自己输入尺寸文本。

1．操作步骤

命令：Qleader↙

指定第一个引线点或[设置(s)]<设置>:

1）直接单击引线第一点，按下列提示进行标注

指定下一点：给定第二点

指定下一点：↙

指定文字宽度<0>：↙

输入注释文字的第一行<多行文字（M）>：输入尺寸数值↙

2）设置引线标注样式，系统弹出“引线设置”对话框，如图 4-35 所示。该对话框中包括注释、引线和箭头及附着三个选择卡。

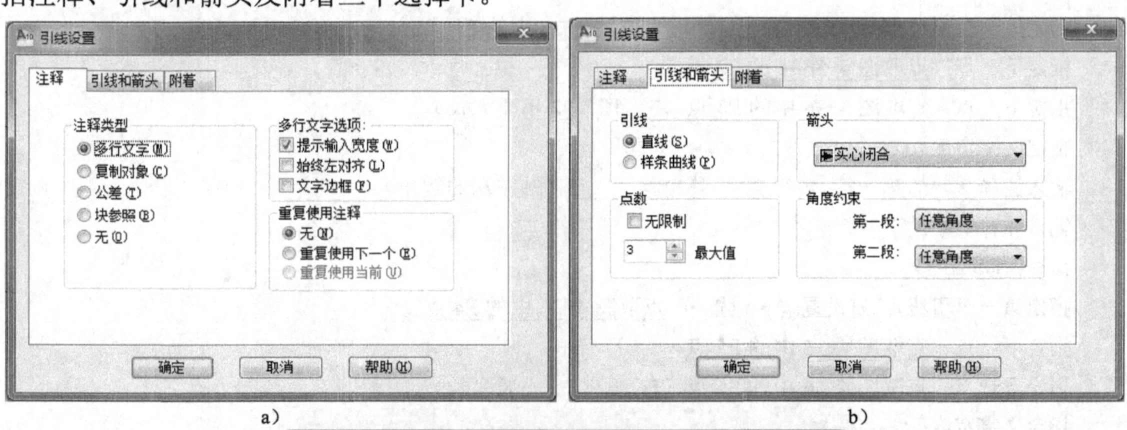

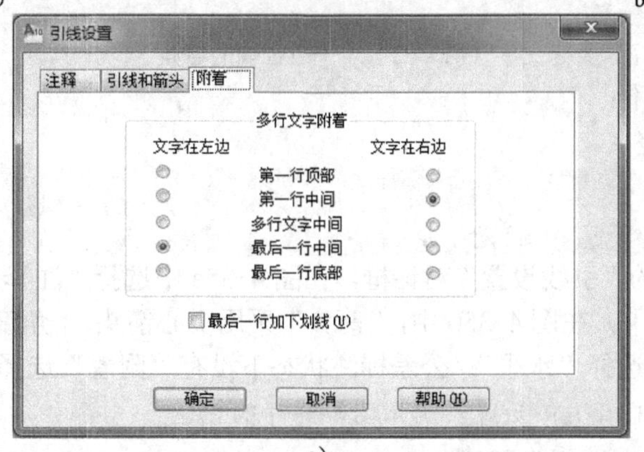

图 4-35 “引线设置”对话框

2．应用举例

标注图 4-36 所示图形的尺寸。

（1）标注轴端倒角尺寸

命令：Qleader↙

指定第一个引线点或[设置(s)]<设置>：↙

弹出图 4-35 所示的“引线设置”对话框，在图 4-35a 中，选择“注释”选项卡下的“多行文字”；单击“引线和箭头”选择卡，在图 4-35b 中，“箭头”选择“无箭头”，“角度约束”的“第一段”选择“45°”，“第二段”选择“水平”；单击“附着”选择卡，在图 4-35c 中选择最下端一行“最后一行加下划线（u）”，单击“确定”按钮。

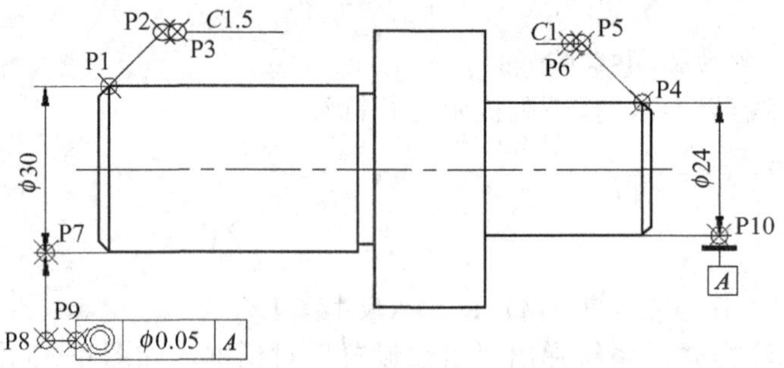

图 4-36　引线标注举例

指定第一个引线点或[设置(s)]<设置>：点取图 4-36 中的 P1 点

指定下一点：点取图 4-36 中的 P2 点

指定下一点：点取图 4-36 中的 P3 点（P3 距离 P2 不要太长）

指定文字宽度<0>：↙

输入注释文字的第一行<多行文字（M）>：C1.5（轴左端的倒角）

输入注释文字的下一行：↙

命令：Qleader↙

指定第一个引线点或[设置(s)]<设置>：点取图 4-36 中的 P4 点

指定下一点：点取图 4-36 中的 P5 点

指定下一点：点取图 4-36 中的 P6 点（P6 距离 P5 不要太长）

指定文字宽度<0>：↙

输入注释文字的第一行<多行文字（M）>：C1（轴右端的倒角）

输入注释文字的下一行：↙

（2）标注几何公差

命令：Qleader↙

指定第一个引线点或[设置(s)]<设置>：↙

弹出图 4-35 所示的“引线设置”对话框，在图 4-35a 中选择“注释”选项卡的“公差”；单击“引线和箭头”选择卡，在图 4-35b 中，“箭头”采用实心箭头，“角度约束”的“第一段”选择“90°”，“第二段”选择“水平”；公差标注状态下没有“附着”选择卡，单击“OK”按钮。

指定第一个引线点或[设置(s)]<设置>：点取图 4-36 中的 P7 点

指定下一点：点取图 4-36 中的 P8 点

指定下一点：点取图 4-36 中的 P9 点

这时系统弹出“形位公差”对话框，如图 4-37 所示。单击图 4-37a 中“符号”选项中上面黑色方块，弹出图 4-37b“特征符号”对话框。选择所需的符号后，在图 4-37a 相应栏里将显示该符号，如图 4-37c 所示。在该对话框的“公差 1”和“基准 1”中分别输入“0.05”和“A”，并在“0.05”左端的黑色方块中单击，将显示符号“ϕ”，如图 4-37c 所示。单击“确定”按钮完成几何公差标注，如图 4-36 所示（与ϕ24 对齐的基准符号及字母 A 用一般的画线、画圆及文本注写来完成）。

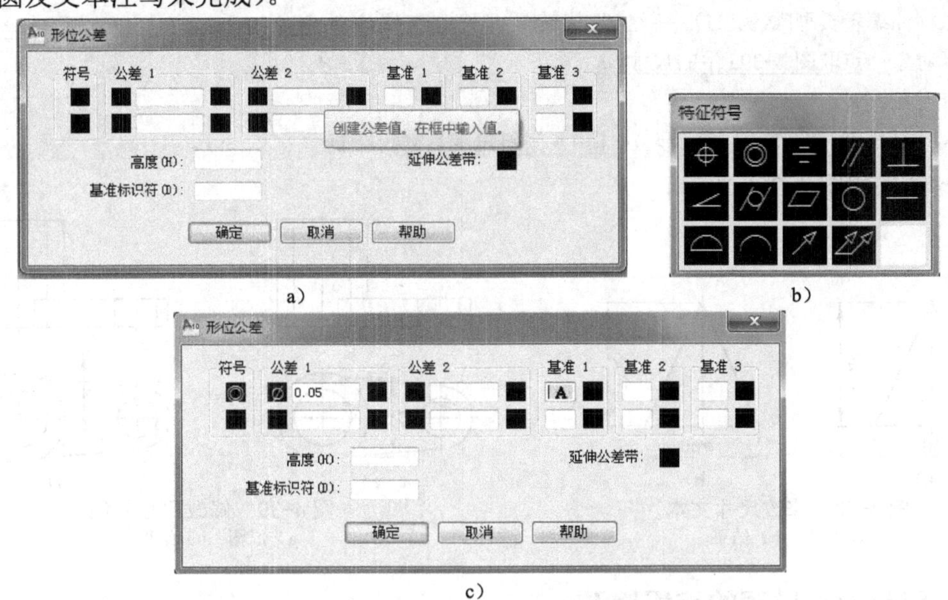

a)　　b)

c)

图 4-37 “形位公差”对话框

a）形位公差 b）特征符号 c）选择所需选项后的对话框

4.4 尺寸的编辑修改

编辑尺寸标注就是对已标注完毕的尺寸进行必要的修改。AutoCAD 提供了多种编辑方法。

4.4.1 尺寸文本的编辑修改

尺寸文本的编辑修改用于改变尺寸文本的值、尺寸文本的角度、尺寸界线与尺寸线的倾斜角度等。

1. 操作步骤

命令：单击

输入标注编辑类型[默认（H）/新建(N)/旋转(R)/倾斜(O)]<默认>:

上述提示中，[ ]内各选项的功能如下：

1）默认：用于按默认位置及其方向放置尺寸文本。

2）新建：用于修改指定的尺寸文本值。在该提示下，输入“N”并回车，系统弹出“文字格式”对话框。在该对话框中输入新的尺寸文本，如%%C60，单击 OK 按钮，系统提示：“选择对象”，选取需要修改的尺寸，如图 4-38a 中的尺寸 60，即可完成尺寸文本的修改，如图 4-38b 所示。

3）旋转：修改尺寸文本的角度。

4）倾斜：修改尺寸界线，使其与尺寸线倾斜。

2. 应用举例

将图 4-39a 的尺寸标注形式改成图 4-39b 的标注形式。

命令：单击

输入标注编辑类型[默认（H）/新建(N)/旋转(R)/倾斜(O)]<默认>：O↙

选择对象：点取图 4-39a 中的尺寸 53

选择对象：↙

输入倾斜角度（按 Enter 表示无）：150（倾斜角度）↙

修改结果如图 4-39b 所示。

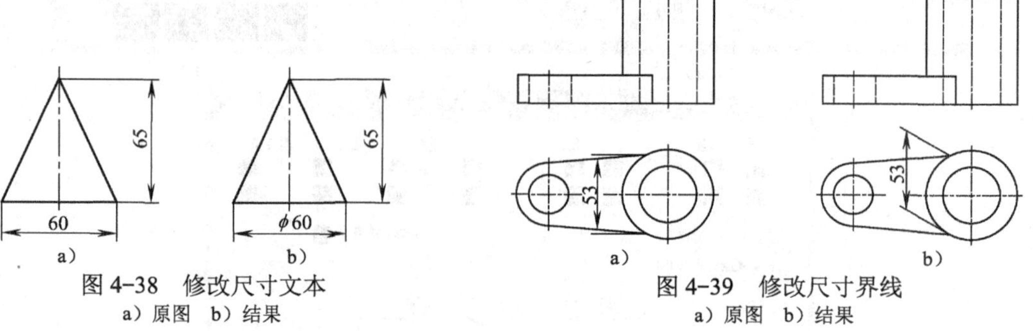

图 4-38　修改尺寸文本
a）原图　b）结果

图 4-39　修改尺寸界线
a）原图　b）结果

4.4.2 尺寸文本位置的编辑修改

尺寸文本位置的编辑修改用于修改已标注尺寸的文本位置。

1. 操作步骤

命令：单击

选择标注：点取需修改的尺寸

为标注文字指定新位置或[左对齐（L）/右对齐（R）/居中（C）/默认（H）/角度（A）]：直接设置尺寸文本的新位置或选择[ ]中的选项

在上述提示中，[ ]中各选项的功能如下：

1）左对齐：设置是否把尺寸文本（仅适合长度型、半径型、直径型尺寸文本）放置在尺寸线的左侧。

2）右对齐：设置是否把尺寸文本（仅适合长度型、半径型、直径型尺寸文本）放置在尺寸线的右侧。

3）中间：将尺寸文本放置在尺寸线的中间。

4）默认：将尺寸文本按默认位置、方向放置。

5）角度：将尺寸文本旋转一角度。

2. 应用举例

修改图 4-40a 中尺寸文本ϕ60 的位置。

命令：单击

选择标注：单击图 4-40a 中的尺寸ϕ60，并拖动光标到达合适的新位置后，按左键确认

结果如图 4-40b 所示。

修改图 4-40a 中尺寸文本 43 的位置。

命令：单击

选择标注：单击图 4-40a 中的尺寸 43

为标注文字指定新位置或[左对齐（L）/右对齐（R）/居中（C）/默认（H）/角度（A）]：L↙

结果如图 4-40c 所示，尺寸 43 移到尺寸线的左侧。

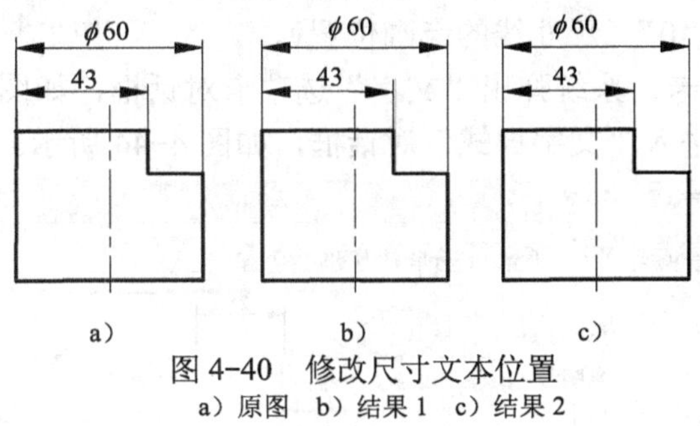

图 4-40 修改尺寸文本位置
a）原图 b）结果 1 c）结果 2

4.4.3 尺寸样式的编辑修改

修改已经标注尺寸的尺寸样式，首先用工具条中的按钮按前面介绍的操作过程，设置新的尺寸标注样式，然后选择工具条中的按钮，按提示选择要修改的尺寸即可。

4.5 综合实例

4.5.1 平面图形的尺寸标注

例 标注图 4-41 所示平面图形的尺寸（注意：尺寸放置在单独的图层上）。

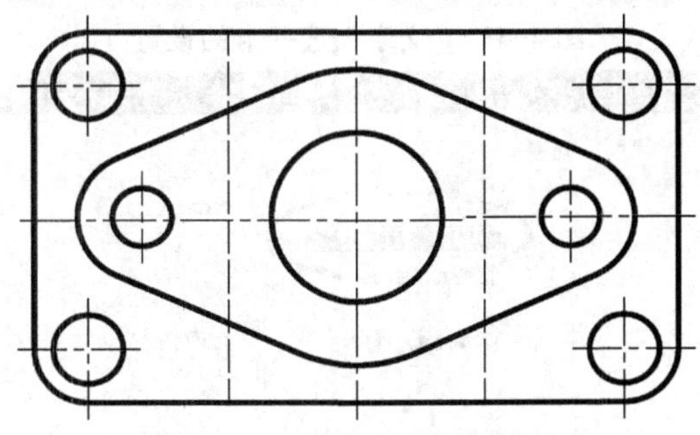

图 4-41 平面图形的尺寸标注

具体操作过程如下：

1）设置尺寸标注的图层（如果已设置，将其调为当前层）。

2）调出尺寸标注工具条。将鼠标移至屏幕区任一工具栏上，单击鼠标右键，选中“标注”，如图 4-42 所示。

3）设置基本尺寸的标注样式。单击，弹出图 4-5 所示“标注样式管理器”对话框。单

击对话框中的[新建(N)...]按钮，系统弹出“创建新标注样式”对话框，如图 4-7 所示。单击[继续]按钮，系统弹出“新建标注样式：副本 ISO-25”对话框，如图 4-8 所示。在该对话框中设置如下：

① 单击“线”选项卡，将“基线间距”微调按钮设为“7”(基线标注时，两尺寸线间的距离)；将“延伸线”组框的“超出尺寸线”设为“2”(尺寸界线超出箭头的距离)，“起点偏移量”设为“0”(尺寸线的起画位置)。

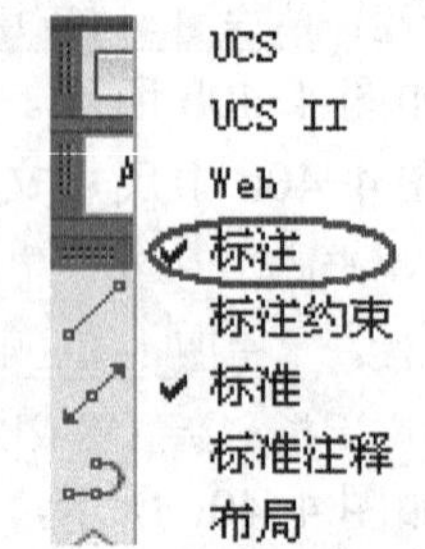

图 4-42 标注工具条的调用

② 单击“文字”选项卡，系统弹出“文字”选项卡对话框，如图 4-43 所示。单击“文字样式”后的[...]按钮，进入“文字样式”对话框，如图 4-44 所示。选择字体为 isocp.shx。

图 4-43 “文字”选择卡的设置

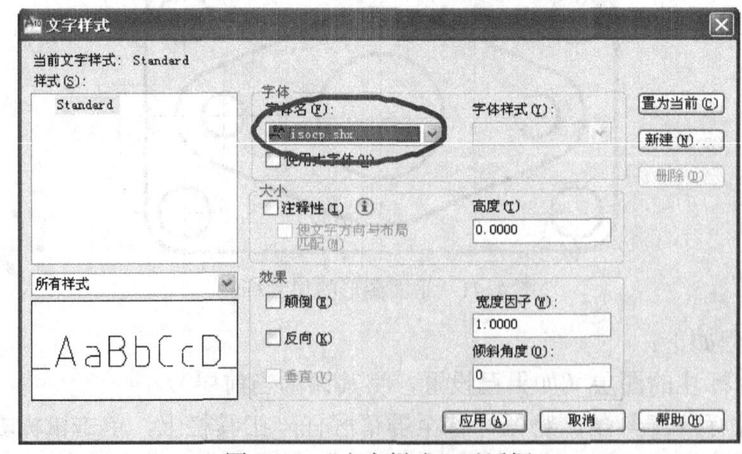

图 4-44 “文字样式”对话框

③ 单击“调整”选项卡，系统弹出“调整”选项卡对话框，如图 4-45 所示。

图 4-45 “调整”选择卡的设置

单击“标注特征比例”组框的“使用全局比例”，并设置为“1.5”（该值按图幅的大小确定）。

④ 单击“主单位”选项卡，弹出“主单位”选项卡对话框，如图 4-46 所示。“单位格式”选择“小数”，“精度”选择“0”。

⑤ 单击“确定”和“关闭”按钮。

4）标注尺寸：

① 标注内框尺寸，如图 4-47 所示。

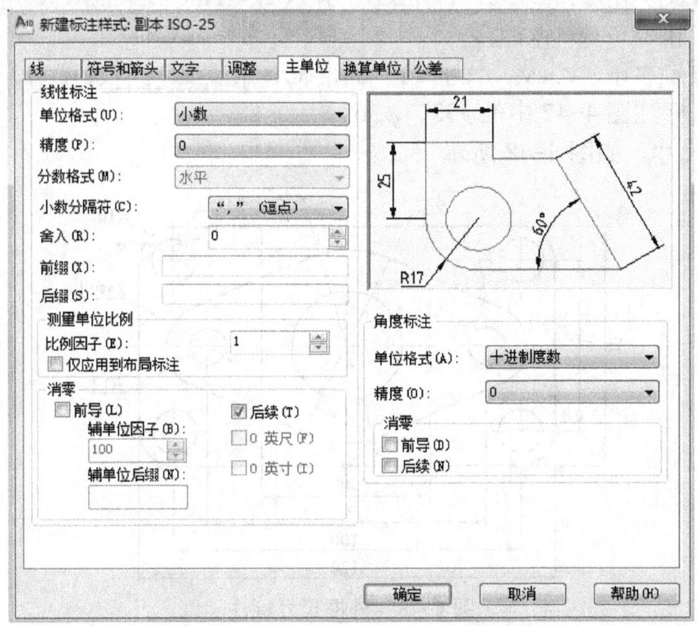

图 4-46 “主单位”选择卡的设置

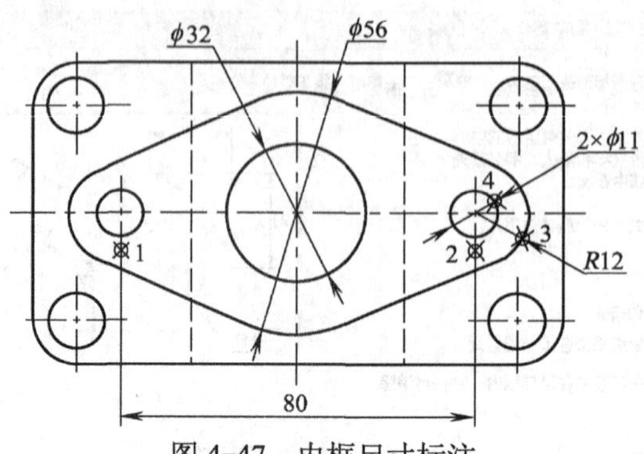

图 4-47　内框尺寸标注

a）小孔的定位尺寸（孔中心距 80）。

命令：单击[按钮]
第一条延伸线原点或<选择对象>：点取 1 点
指定第二条延伸线原点：点取 2 点
指定尺寸线位置或[多行文字(M)/文字(T)/角度(A)/水平(H)/垂直(V)/旋转（R）]:给定尺寸线的位置。

b）定型尺寸（半径尺寸 $R12$ 和小孔直径 $2\times\phi11$）。

命令：单击[按钮]
选择圆弧或圆：点取图 4-47 中 3 点
指定尺寸线位置或[多行文字（M）/文字（T）/角度（A）]：点取尺寸线的位置

完成尺寸 $R12$ 的标注。

命令：单击[按钮]
选择圆弧或圆：点取图 4-47 中的 4 点
指定尺寸线位置或[多行文字(M)/文字(T)/角度(A)/水平(H)/垂直(V)/旋转（R）]：输 T↙
输入标注文字<当前值>：2×%%C11↙
指定尺寸线位置或[多行文字（M）/文字（T）/角度（A）]：点取尺寸线的位置，完成 $2\times\phi11$ 的标注

按同样的方法标注图 4-47 中的 $\phi32$、$\phi56$。

② 标注外框尺寸，如图 4-48 所示

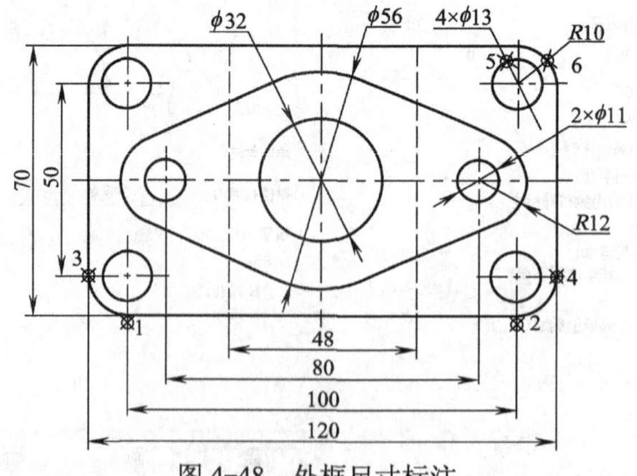

图 4-48　外框尺寸标注

a）小孔的长度定位尺寸（孔心距 100）。

命令：单击 [⊢⊣]

指定第一条延伸线原点或<选择对象>：点取图 4-48 中 1 点

指定第二条延伸线原点：点取图 4-48 中 2 点

指定尺寸线位置或[多行文字(M)/文字(T)/角度(A)/水平(H)/垂直(V)/旋转（R）]:给定尺寸线的位置，完成尺寸 100 的标注

按同样的方法完成宽定位尺寸 50。

b）定型尺寸：外框长度 120 的标注。

命令：单击 [⊢⊣]

指定第一条延伸线原点或<选择对象>：点取图 4-48 中 3 点

指定第二条延伸线原点：点取图 4-48 中 4 点

指定尺寸线位置或[多行文字(M)/文字(T)/角度(A)/水平(H)/垂直(V)/旋转（R）]:给定尺寸线的位置，完成尺寸 120 的标注

按同样的方法标注外框宽 70、底部开槽宽 48。

小孔直径尺寸 4×ϕ13 和圆弧半径 R10 的标注方法同上述内框的标注。

4.5.2 组合体的尺寸标注

例 标注图 4-49 所示组合体的尺寸，尺寸放置在单独的图层上。

具体操作步骤如下：

1）设置尺寸标注的图层（如果已设置，将其调为当前层）。

2）设置基本尺寸的标注样式，具体参照 4.5.1 节平面图形的尺寸标注。

3）标注组合体的尺寸。

① 标注底板的尺寸。

a）标注底板上小孔的定位尺寸，长定位 58、宽定位 34。

b）标注底板的定型尺寸。底板的长度 77、宽度 53、高度 11，圆角半径 R10，4 个等径的小孔 4×ϕ10，如图 4-50 所示。

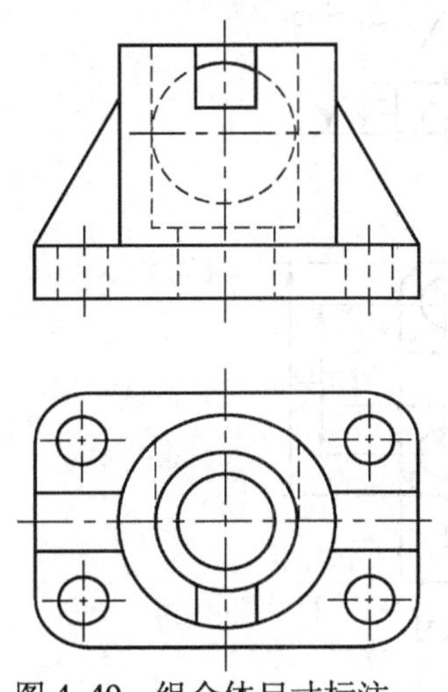

图 4-49　组合体尺寸标注

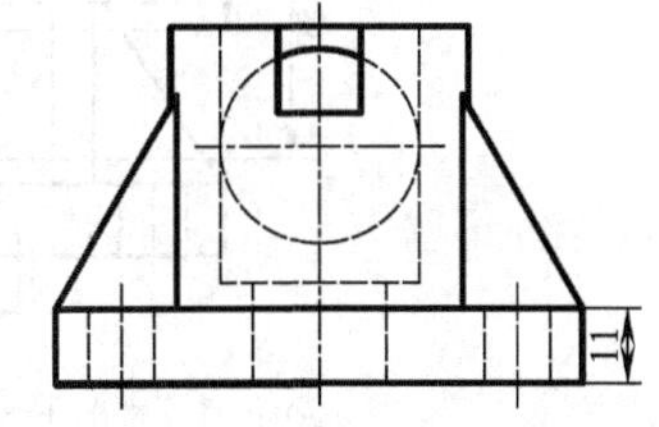

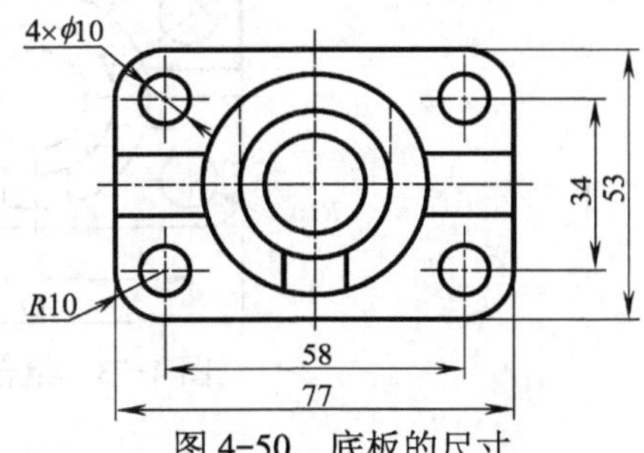

图 4-50　底板的尺寸

② 标注圆柱筒的尺寸。

a）标注内、外圆柱的尺寸，外圆柱定位尺寸 53，定型尺寸ϕ43，内圆柱大孔尺寸ϕ29，小孔尺寸ϕ19 和大孔深度 38。

b）标注圆柱后部孔的尺寸，孔的定位尺寸 18，孔的定型尺寸ϕ29。

c）标注圆柱前段开槽尺寸，开槽的宽度 12、槽深 13，如图 4-51 所示。

③ 标注肋板的宽度尺寸 12 和肋板的高度尺寸 30，如图 4-52 所示。

④ 检测，完成组合体的尺寸标注，如图 4-53 所示。

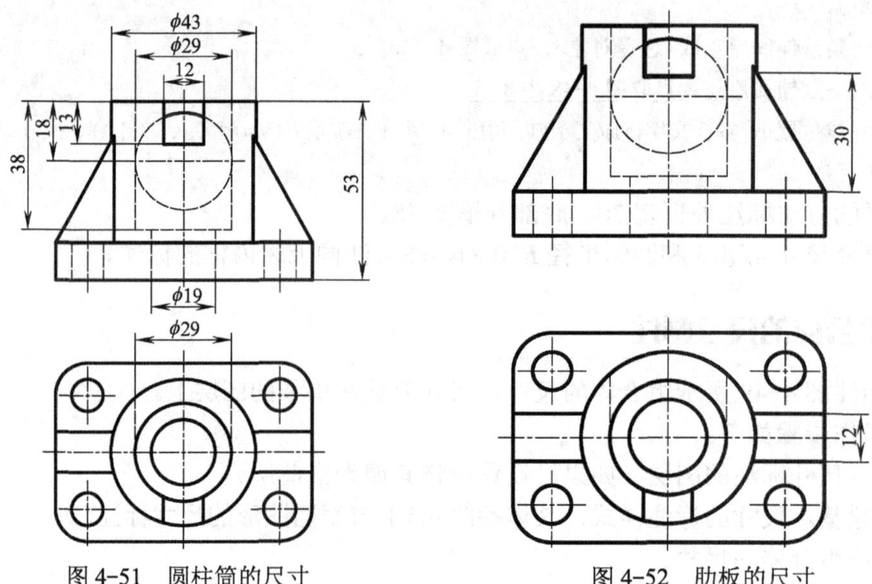

图 4-51　圆柱筒的尺寸　　图 4-52　肋板的尺寸

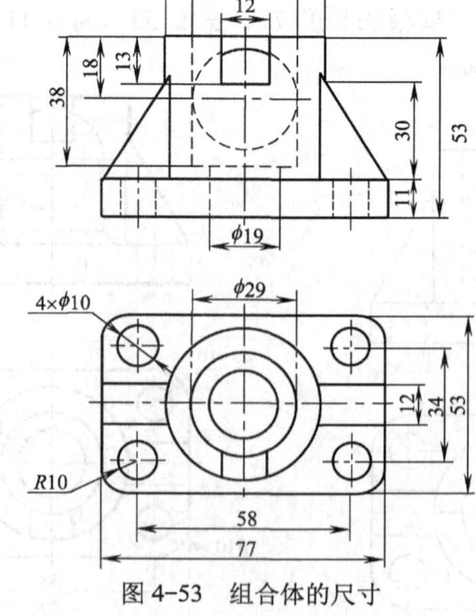

图 4-53　组合体的尺寸

第 5 章　文字和图案填充

本章主要讲解 AutoCAD 的文字创建和图案填充功能。包括文字样式的设置，多行文字、单行文字的创建方法和区别及文字修改的技巧；特殊字符的输入；图案填充方法和技巧等。

5.1　文字

图形中的文字表达了重要的信息。可以在标题栏中使用文字，还可以用文字标记图形的各个部分，提供说明或进行注释。AutoCAD 提供了多种创建文字的方法。对简短的输入项使用单行文字，对带有内部格式的较长的输入项使用多行文字。

5.1.1　文字样式

1. 功能和命令调用方法

AutoCAD 图形中的所有文字都有与之相关联的文字样式。当输入文字时，AutoCAD 使用当前的文字样式，包括字体、字号、角度、方向和其他文字属性。使用“文字样式”命令可以创建多种文字样式。通过用 AutoCAD 设计中心把创建好的文字样式复制到其他图形中，可以实现文字样式的重复使用。对已创建的文字样式，也可以进行修改和删除等编辑操作。

调用“文字样式”命令，有以下几种常用方式：

1）菜单方式：下拉菜单“格式”→“文字样式”。

2）文字工具栏（图 5-1a）：单击此工具条中的按钮。

3）样式工具栏（图 5-1b）：单击此工具条中的按钮。

4）命令：命令行输入 Style 或 ST。

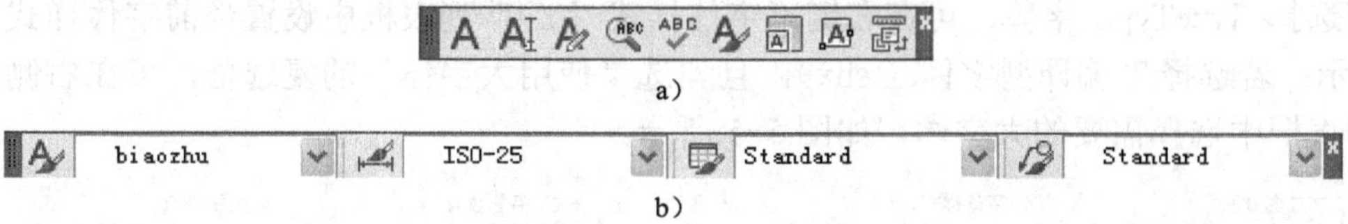

a）

b）

图 5-1　文字和样式工具条

2. 格式

采用工具条中的按钮来说明使用格式。

命令：单击

屏幕上打开图 5-2 所示的“文字样式”对话框。在该对话框中，进行文字样式的设置。下面详细介绍该对话框中各部分的功能。

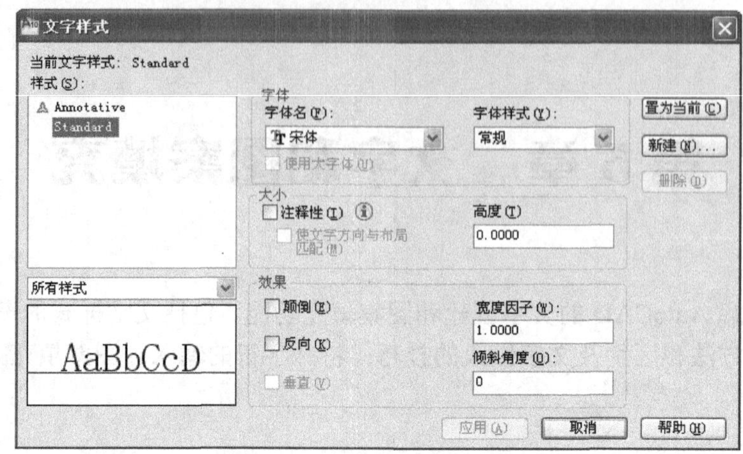

图 5-2 “文字样式”对话框

（1）样式（S） 管理文字样式，显示包含当前图形文件中所有曾定义过的文字样式，加深所显示的文字样式为当前文字样式。AutoCAD 初始自动定义 Standard 文字样式并默认为当前文字样式。

“所有样式”下拉列表框显示所有的文字样式，“当前文字样式”仅显示使用的文字样式。创建文字样式的步骤：

单击 新建(N)... 按钮，弹出“新建文字样式”对话框，如图 5-3 所示。在该对话框中输入文字样式名。如果未输入文字样式名，AutoCAD 将该样式命名为“样式 n”，此处的 n 是从 1 开始递增的数字，自动为每个新命名的样式加 1。

图 5-3 “新建文字样式”对话框

“文字样式”对话框显示所创建的样式的特性。可以随时修改其中显示的特性。如果修改了任何样式特性，请单击 应用(A) 进行保存。对文字样式进行了修改并应用以后，单击 关闭(C) 按钮即可。

另外， 删除(D) 按钮用于删除所选择的文字样式，但默认的“Standard”样式、当前文字样式及在当前文件中已经使用过的文字样式，不能被删除。

（2）字体 字体名和字体样式的设置。取消“使用大字体”的复选框，所有 AutoCAD 编译型字体（.shx）和已注册的 TrueType 字体都会显示在此列表框中，可以根据需要进行选择。

若选择 TrueType 字体，可在右侧“字体样式（Y）”列表框中设置当前字体样式，如图 5-4 所示；若选择 T 编译型字体（.shx），且勾选“使用大字体”的复选框，可在右侧“大字体”列表框中选择需要的大字体，如图 5-5 所示。

图 5-4 选择 TrueType 字体

图 5-5 选择编译型字体（.shx）

（3）大小

1）注释性：使用注释性样式，“高度”变为“图纸文字高度”，如图 5-6 所示。

2）高度：如果没有选择“注释性”，显示设置“高度”，如图 5-7 所示。若在此处设置了高度，创建文字时，命令提示行就不再提示输入字体高度了。建议一般不再此处设置字体的高度，即采用默认高度“0.0000”。另外，相同的字高，TrueType 字体要比 SHX 字体短一些。

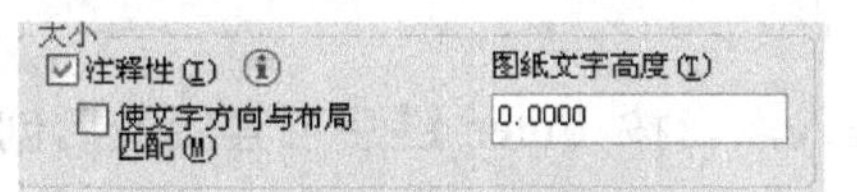

图 5-6　选择“注释性”

图 5-7　不选择“注释性

（4）效果　设置文字的显示效果。

1）颠倒（E）：字体头朝下，如图 5-8a 所示。

2）反向（K）：字体对 Y 轴作了一个镜像，如图 5-8b 所示。

3）垂直（V）：垂直标注，对于 TrueType 字体不适用，如图 5-8g 所示。

4）宽度因子（W）：设置字体宽度系数，如图 5-8c 所示。

5）倾斜角度（0）：设置字体的倾斜角度，如图 5-8d 所示。

当修改字体和效果时，可动态预览样板字体。

（5）应用　将在对话框中所作的修改应用于图中当前样式。

（6）取消　放弃修改。

字体样式设置完毕后，便可以进行文字标注了。

图 5-8 表明不同字体样式的效果。图中的问号是由于“字体名”采用的是“txt.shx”，而输入的是汉字，只要将“字体名”修改为汉字字体即可。

a)　b)

AutoCAD　AutoCAD

c)　d)

计算机辅助设计

e)

???????

f)

A u t o C A D

g)

图 5-8　表明不同字体样式的效果

通过修改文字样式的设置，可以更新使用该样式的现有文字来反映修改的效果。如果修改现有样式的字体或方向，将会重新生成使用该样式的所有文字，以反映新的字体或方向。修改文字的高度、宽度比例和倾斜角不会改变现有的文字，但会应用到以后创建的文字对象上。然而，修改对齐方式和宽度不影响多行文字对象。

我国国标规定：工程图样中的汉字用长仿宋字，且宽度与高度的比值为 2/3，约 0.7。当此比值（对话框中的宽度因子）大于 1 时，文字的宽度将放大。

5.1.2　单行文字的创建

1. 功能

对于不需要使用多种字体的简短内容，如标签，可使用“Text”命令创建单行文字。每行文字都是独立的对象，可对其进行重定位、调整格式或进行其他修改。

调用“单行文字”命令，有以下几种常用方式：

1）菜单方式：下拉菜单“绘图”→“文字”→“单行文字”。

2）“文字”工具栏（图 5-1a）：单击此工具条中的AI按钮。

3）命令：命令行输入 Text 或 Dtext 或 DT。

2. 格式与说明

采用工具条中的AI按钮来说明使用格式。

命令：单击AI

当前文字样式："Standard"文字高度：2.5000　注释性：否

指定文字的起点或[对正（J）/样式(S)]

对于三种选项，交互方式分别如下：

（1）指定文字的起点　指定第一个字符的插入点。按 Enter 键后可紧接最后创建的文字对象定位新的文字。系统接着提示：

指定高度<2.5000>:（拖动定点设备设置文字高度，光标和插入点之间的距离表明文字的高度；或者在命令行上，以图形单位输入文字高度值）

指定文字的旋转角度<0>:（拖动定点设备设置文字旋转角，光标和插入点之间的角度表明文字的旋转角度；或者在命令行上，输入 X、Y 坐标值；或在命令行上，输入角度值）

在字体光标处即可输入文字，按 Enter 键结束此行文字，开始下一行。每行文字都是独立的对象。可以重新定位、调整格式或进行其他修改。

（2）对正　决定文字的排列方式，即文字的哪一位置与插入点对齐，各种对正方式均基于图 5-9 所示的 4 条参照线而言，4 条线分别是顶线、中线、基线和底线。

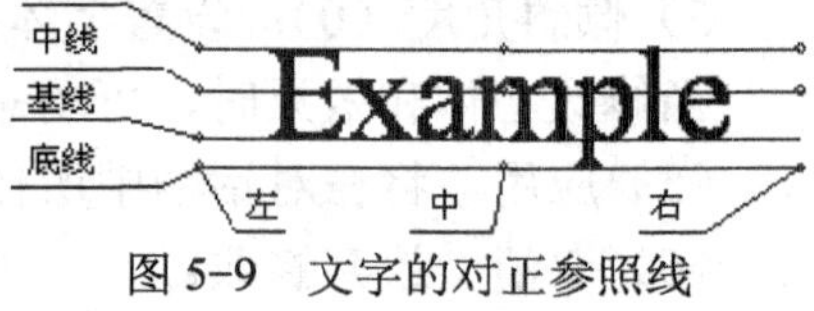

图 5-9　文字的对正参照线

选择“J”后，系统提示：

输入选项[对齐(A) /布满(F) /居中(C)/中间(M)/右对齐(R) /左上(TL)/中上(TC)/右上(TR)/左中(ML)/正中(MC)/右中(MR)/左下(BL)/中下(BC)/右下(BR)]:

各个对正选项的含义如下：

1）对齐（A）：选择该项出现以下提示：

指定文字基线的第一个端点:（确定文字基线的起点）

指定文字基线的第二个端点:（确定文字基线的终点）

在字体光标处即可输入文字，输入的文字均匀地分布于基线的起点和终点之间，其倾斜角度就是基线的倾斜角度，文字的高度和宽度由基线的起点和终点之间的距离、字符数及文字的宽度系数确定。此方式标注的文字都有两个夹点，分别是基线的起点和终点。通过拖动两个夹点，快速更新文字的高度和宽度。图 5-10 表明基线的起点和终点的位置会影响标注的结果。

图 5-10　基线的起点和终点不同时的结果

2）布满（F）：与“对正”选项类似，选择该项出现以下提示：

指定文字基线的第一个端点:（确定文字基线的起点）

指定文字基线的第二个端点:（确定文字基线的终点）

指定字高:（输入文字高度）

在字体光标处输入文字，文字的高度由输入文字高度确定，宽度由基线的起点和终点之间的距离和字符数确定。“布满”选项标注的结果如图 5-11 所示。

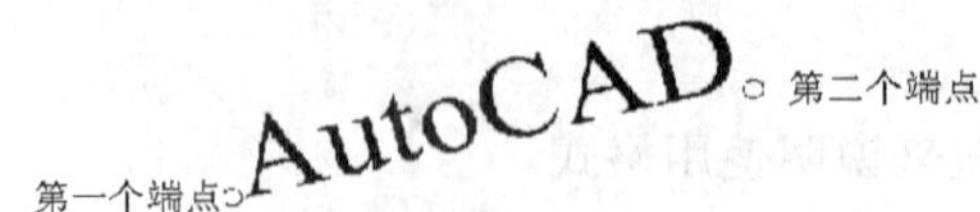

图 5-11　“布满”选项的标注

3）居中（C）：选择该选项出现以下提示：

指定文字的起点:（确定文字基线的中点）

指定高度<10.0000>:（输入文字的高度）

指定文字的旋转角度<0>:（设置文字旋转角）

在字体光标处输入文字。确定文字基线的中点后，文字均匀地分布于中点的两侧。文字的宽度由宽度系数确定，以后各选项亦如此。

4）中间（M）：选择该项出现以下提示：

指定文字的中间点:（确定文字中线的中点）

指定高度<10.0000>:（输入文字的高度）

指定文字的旋转角度<0>:（设置文字旋转角）

在字体光标处输入文字。

5）右对齐（R）：选择该项出现以下提示：

指定文字基线的右端点:（确定文字基线的终点）

指定高度<10.0000>:（输入文字的高度）

指定文字的旋转角度<0>:（设置文字旋转角）

在字体光标处输入文字。

6）左上（TL）：选择该项出现以下提示：

指定文字的左上点:（确定文字顶线的起点）

指定高度<10.0000>:（输入文字的高度）

指定文字的旋转角度<30>:（设置文字旋转角）

在字体光标处输入文字。

以下几种方式中，除了要求输入点不同以外，其余提示均相同，因此不再详细列举。

7）中上（TC）：确定文字顶线的中点。

8）右上（TR）：确定文字顶线的终点。

9）左中（ML）：确定文字中线的起点。

10）正中（MC）：确定文字中线的中点。

11）右中（MR）：确定文字中线的终点。

12）左下（BL）：确定文字底线的起点。

13）中下（BC）：确定文字底线的中点。

14）右下（BR）：确定文字底线的终点。

各个对正方式的显示结果如图 5-12 所示。

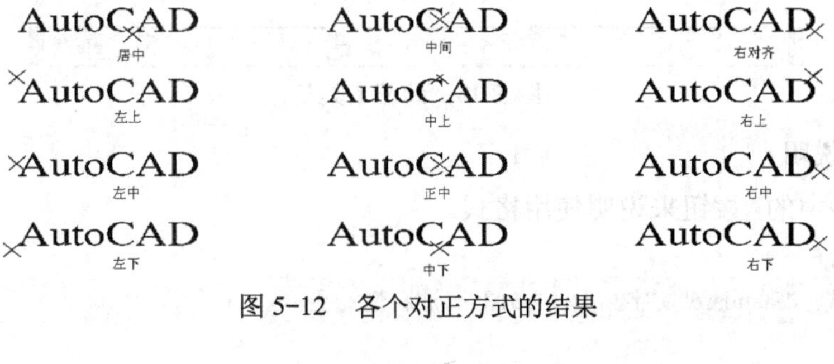

AutoCAD 居中	AutoCAD 中间	AutoCAD 右对齐
AutoCAD 左上	AutoCAD 中上	AutoCAD 右上
AutoCAD 左中	AutoCAD 正中	AutoCAD 右中
AutoCAD 左下	AutoCAD 中下	AutoCAD 右下

图 5-12　各个对正方式的结果

（3）样式 设置单行文字格式，即给单行文字指定样式。图形中的所有文字都有与之关联的样式，用以设置字体、字号、角度、方向和其他文字特性。当输入文字时，“单行文字”命令使用当前的文字样式。在“样式”提示下输入样式名可以指定其他现有样式。关于创建、修改和指定样式的详细信息，请参见 5.1.1 节。

创建单行文字时，指定样式的步骤：

命令：单击AI

当前文字样式："Standard" 文字高度：2.5000 注释性：否

指定文字的起点或[对正（J）/样式(S)]: S↙

输入样式名或[?] <Standard>: ? ↙，输入? 查看可用样式的列表，然后输入样式名；或者直接输入现有样式名

输入要列出的文字样式<*>:↙

文字样式:

样式名: "Standard" 字体: txt

高度: 0.0000 宽度因子: 1.0000 倾斜角度: 0

生成方式: 常规

当前文字样式: "Standard"

当前文字样式: "Standard" 文字高度: 2.5000

5.1.3 多行文字的创建

1．功能

对于较长、较为复杂的内容，采用多行文字来创建。多行文字可布满指定宽度，同时还可以在垂直方向上无限延伸。可以设置多行文字对象中单个字或字符的格式。多行文字是由任意数目的文字行或段落组成的，布满指定的宽度。与单行文字不同的是，在一个多行文字编辑任务中创建的所有文字行或段落都被当作同一个多行文字对象，可以移动、旋转、删除、复制、镜像、拉伸或比例缩放多行文字对象。与单行文字相比，多行文字具有更多的编辑选项。用多行文字编辑器可以将下划线、字体、颜色和高度的变化应用到段落中的单个字符、词语或词组。

调用“多行文字”命令，有以下几种常用方式：

1）菜单方式：下拉菜单“绘图”→“文字”→“多行文字”。

2）“绘图”工具栏（图 5-13）：单击此工具条中的A按钮。

3）“文字”工具栏（图 5-1a）：单击此工具条中的A按钮。

4）命令：命令行输入 Mtext 或 T。

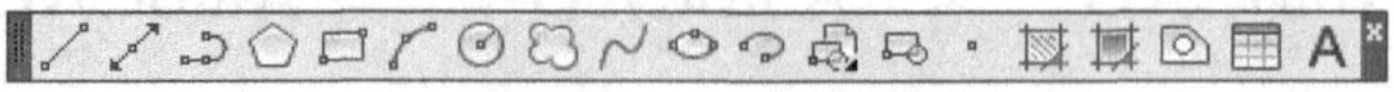

图 5-13 绘图工具条

2．格式与说明

采用工具条中的A按钮来说明使用格式。

命令：单击A

当前文字样式："Standard"文字高度：2.5000 注释性：否

指定第一角点:（用定点设备指定角点或者在命令行中输入坐标值）

指定对角点或[高度(H)/对正(J)/行距(L)/旋转(R)/样式(S)/宽度(W)/栏(C)]:（用定点设备定义文字宽度，即指定边界框的对角点；或者在命令行中输入宽度值。如果在命令行中输入选项，AutoCAD 继续在命令行中提示，直到指定边界框的对角点为止）

各选项分别介绍如下：

1）指定对角点：指定边界框的对角点。

2）高度（H）：设置文字高度。输入 H 并回车，AutoCAD 继续在命令行中提示如下：

指定高度<2.5>:

指明文字高度后，AutoCAD 继续提示：

指定对角点或[高度(H)/对正(J)/行距(L)/旋转(R)/样式(S)/宽度(W)/栏(C)]:

3）对正（J）：设置排列方式。输入 J 并回车，AutoCAD 继续在命令行中提示如下：

输入对正方式[左上(TL)/中上(TC)/右上(TR)/左中(ML)/正中(MC)/右中(MR)/左下(BL)/中下(BC)/右下(BR)]<左上(TL)>:

操作完毕后，AutoCAD 继续提示：

指定对角点或[高度(H)/对正(J)/行距(L)/旋转(R)/样式(S)/宽度(W)/栏(C)]:

4）行距（L）：设置行间距。输入 L 并回车，AutoCAD 继续在命令行中提示如下：

输入行距类型[至少（A）/精确（E）]<至少（A）>:（确定行间距类型）

输入行距比例或行距<1x>:（输入行间距比例系数或距离）

AutoCAD 继续提示：

指定对角点或[高度(H) /对正(J)/行距(L)/旋转(R)/样式(S)/宽度(W)/栏(C)]:

5）旋转（R）：设置文字倾斜角度。输入 R 并回车，AutoCAD 继续在命令行中提示如下：

指定旋转角度<0>:（指明文字倾斜角度）

AutoCAD 继续提示：

指定对角点或[高度(H)/对正(J)/行距(L)/旋转(R)/样式(S)/宽度(W)/栏(C)]:

6）样式（S）：指定文字样式。输入 S 并回车，AutoCAD 继续在命令行中提示如下：

输入样式名或[?]<Standard>:

7）宽度（W）：文字宽度。输入 W 并回车，AutoCAD 继续在命令行中提示如下：

指定宽度:（指定文字宽度）

AutoCAD 继续提示：

指定对角点或[高度(H)/对正(J)/行距(L)/旋转(R)/样式(S)/宽度(W)/栏(C)]:

8）栏（C）：分栏。输入 C 并回车，AutoCAD 继续在命令行中提示如下：

输入栏类型[动态（D）/静态（S）/不分栏（N）]<动态（D）>: S↙

指定总宽度: <200>: 10↙

指定栏数: <2>: 3↙

指定栏间距宽度: <12.5>: 10↙

指定栏高: <25>: 15↙

即可分栏输入文字（动态确定分栏）。

前面 7 项在指定了边界框的第二角点后，出现多行文字编辑器，如图 5-14 所示。

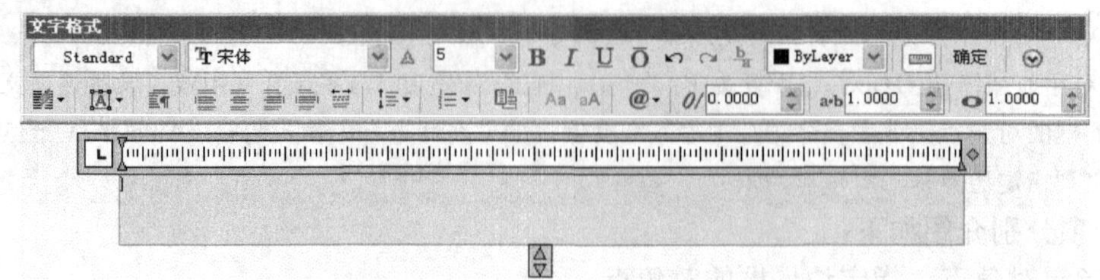

图 5-14　多行文字编辑器

在多行文字编辑器中的操作步骤如下：

1）对每个段落的首行缩进，拖动标尺上的第一行缩进滑块。要对每个段落的其他行缩进，拖动段落滑块。

2）设置制表符，单击标尺设置制表位。

3）如果需要使用文字样式而不是默认值，单击工具栏上文字格式控件旁边的箭头，然后选择一个样式。

4）在多行文字编辑器中输入文字。

5）替代当前文字样式，请按如下方式选择文字：

① 选择一个或多个字母，在字符上单击并拖动定点设备。

② 选择词语，双击该词语。

③ 选择段落，三击该段落。

6）在工具栏上，按以下所示更改格式：

① 更改选定文字的字体，从列表中选择字体。

② 更改选定文字的高度，在“高度”框中输入新值。

③ 使用粗体或斜体设置 TrueType 字体的文字格式，或者创建任意字体的下划线文字，单击工具栏上的相应按钮。SHX 字体不支持粗体或斜体的格式。

7）要保存更改并退出多行文字编辑器，单击工具栏上的“确定”按钮。

5.1.4　特殊字符的创建

实际绘图时，经常需要标注一些特殊字符，如“°”、“ϕ”、“±”等。这些字符不能直接从键盘上输入，用软件提供的“多行文字”中的字符功能，可以方便地创建这些特殊字符。下面以图 5-15 所示的一段文字为例（仿宋字，字号 10），说明创建字符的方法。

技术要求

1. 未注倒角 *C*2。
2. 齿轮宽度偏差±0.2。
3. 齿轮分度。
4. 圆ϕ100，同轴度 0.02。

图 5-15　创建“特殊字符”

具体的操作步骤如下：

1. 创建多行文字

命令：单击A

给定两个角点，确定输入多行文字的区域后，弹出“文字格式”对话框，如图 5-16 所示，修改字体为“仿宋”，字号为“10”，输入图 5-15 所示的文字。

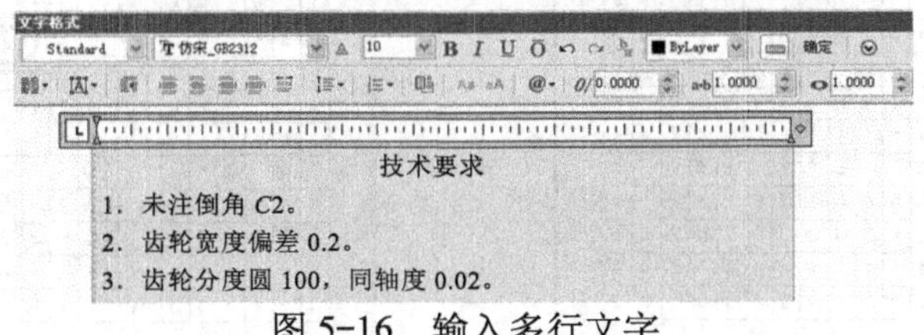

图 5-16　输入多行文字

2．创建角度符号“°”

将光标移至 2×45 后，单击“文字格式”对话框中的符号按钮 @▾，系统弹出图 5-17 所示的符号菜单，在该菜单中选择“度数”，这样度数的代码会自动转换成度数符号，如图 5-18 所示。

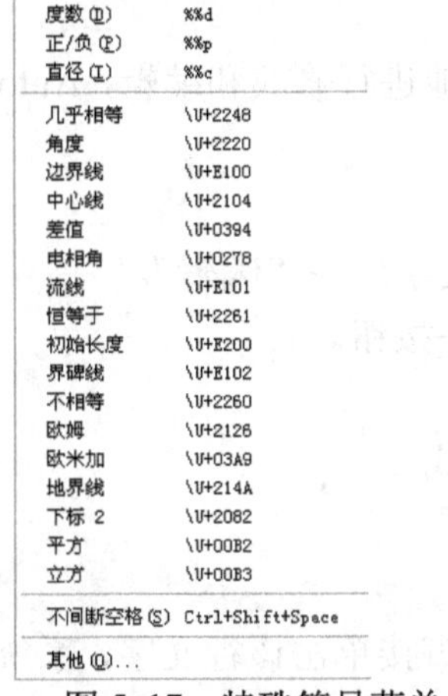

图 5-17　特殊符号菜单

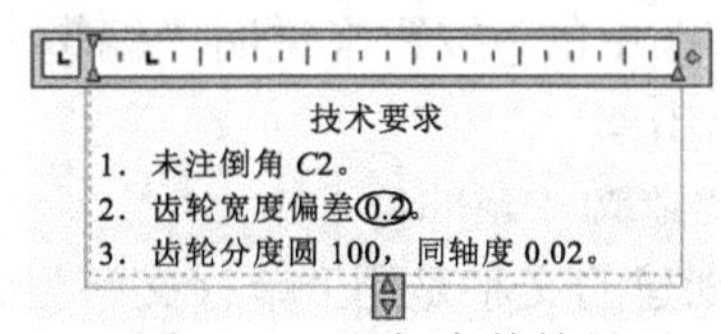

图 5-18　添加度数符号

3．创建“±”符号

将光标移至 0.2 前，单击符号按钮 @▾，在符号菜单中选择“正/负”，这样正负号的代码会自动转换成“±”符号，如图 5-19 所示。

4．创建直径符号“ϕ”

将光标移至 100 前，单击符号按钮 @▾，在符号菜单中选择“直径”，这样直径的代码会自动转换成“ϕ”符号，如图 5-20 所示。

注：如果需要输入其他特殊符号，可选择符号菜单的“其他”选项，系统弹出图 5-21 所示的“字符映射表”对话框。在该对话框中查出需求的符号，单击下端的 选择(S) 按钮，该符号被填写在复制字符后面的空白处，如图 5-22 所示。再单击 复制(C) 按钮，这样所需的特殊符号就被复制到粘贴板，到文本框中粘贴到所需位置即可。

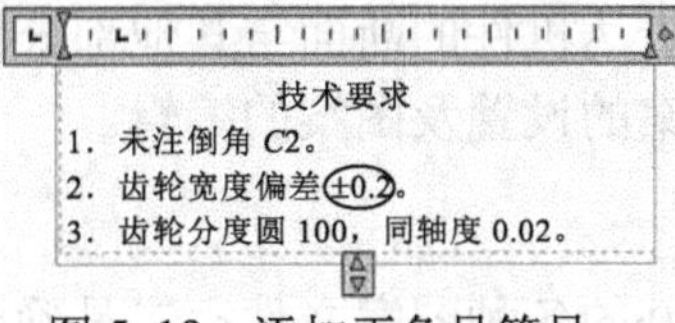

图 5-19　添加正负号符号

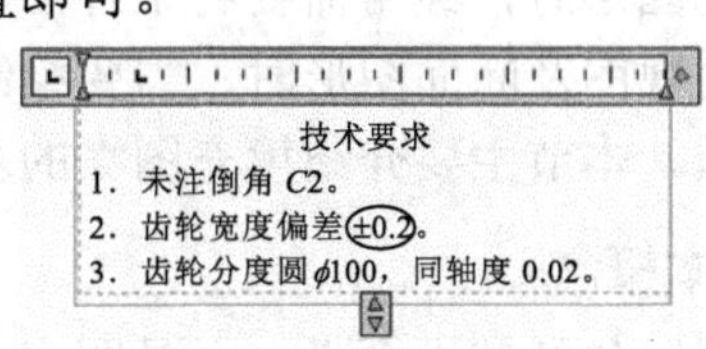

图 5-20　添加直径符号

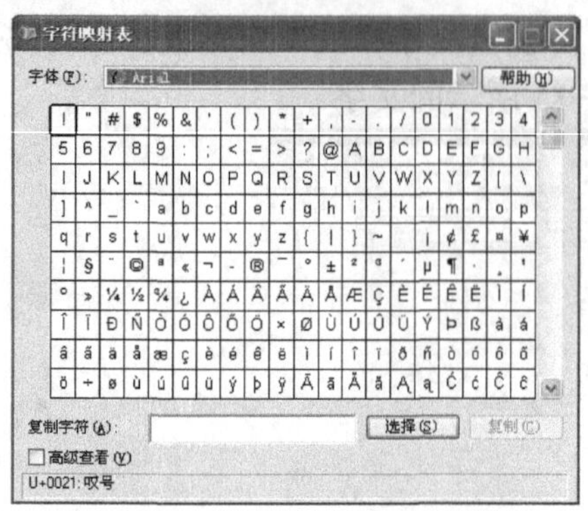

图 5-21 “字符映射表”对话框

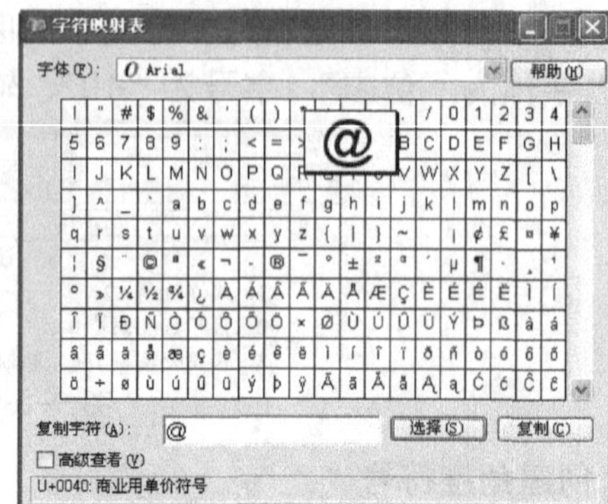

图 5-22 选择特殊字符

5.1.5 文字的编辑和修改

用单行文字或多行文字创建的文本内容，可以实时地进行修改和编辑，AutoCAD 提供了专门的“编辑文字”命令。

调用“编辑文字”命令，有以下几种常用方式：

1）菜单方式：下拉菜单“修改”→“对象”→“文字”→“编辑”。

2）“文字”工具栏（图 5-1a）：单击此工具条中的按钮。

3）命令：命令行输入 Ddedit 或 ED。

采用工具条中的按钮来说明“编辑文字”使用格式。

命令：单击A

选择注释对象或[放弃（U）]:

1）如果创建的文字是用“单行文字”命令创建的，直接单击该行文字，系统显示图 5-23 所示的编辑框，在此框中直接输入要编辑修改的文字即可。

AUTOCAD2010

图 5-23 单行文字编辑框

2）如果创建的文字是用“多行文字”命令创建的，直接单击该段文字，系统直接进入图 5-16 所示的多行文字编辑对话框，在此框中即可进行文字的编辑修改。

5.2 图案填充

5.2.1 图案填充的创建

在绘制图形时，经常需要将某种图案或颜色填充到指定区域，以表示该区域的特性。例如在绘制剖视图及断面图形时，需要绘制剖面线，以表达机件的断面与其他部分的区别以及机件的材质。本节主要介绍填充图案的基本概念、图案的设置及图案的编辑。

1. 基本概念

填充图案包括三层含义：一是图案，即事先定义好的各种图案文件；二是确定要填充图案的区域；三是把选择好的图案填充到确定的区域中。现作如下介绍：

（1）图案　就是由各种纹理、花纹或其他图形元素构成的图形。AutoCAD 提供了丰富的图案，存放在标准图案文件 ACAD.PAT 和 ACADISO.PAT 中。每种图案都有一个名字，可以根据需要选用，同时也允许读者自己定义图案文件。

（2）区域的边界条件　在填充图案时，应首先确定区域的边界。边界一般可由直线、多段线、样条曲线、构造线、射线、圆、圆弧、椭圆、面域等组成。组成的边界必须封闭可见。

（3）选择填充区域的方法　在应用“填充图案”命令填充图案时，可用以下两种方法选择填充区域：

1）单点选择对象法：在需要填充的区域内任意点取一点，AutoCAD 则自动确定包围该点的封闭边界，并使封闭边界呈虚线显示，以表明填充区域选择成功。这是最常用的一种方法。

2）应用拾取边界法：该方法必须准确地拾取边界及边界内的孤岛。所谓孤岛，即位于填充区域内部的封闭区域。

调用“图案填充”命令，有以下几种常用方式：

（1）菜单方式　下拉菜单“绘图”→“图案填充”。

（2）“绘图”工具栏　单击此工具条中的▦按钮。

（3）命令　命令行输入 Bhatch 或 H 或 BH。

2．创建填充图案

采用“绘图”工具栏中的▦按钮来说明“图案填充”的使用格式。

单击▦，系统弹出图 5-24 所示的对话框。应用该对话框来设置图案填充、渐变色、边界等。

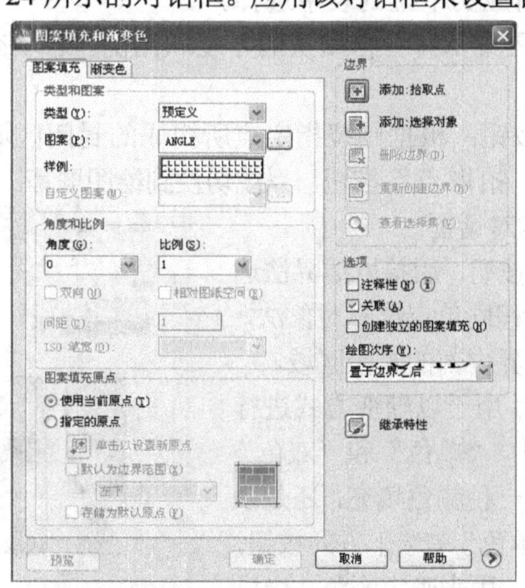

图 5-24　“图案填充和渐变色”对话框

对话框中各项选项卡的功能如下：

（1）“图案填充”选项卡　用于设置填充图案的类型、样式、填充角度和比例等，各项常用选项的含义如下：

1）“类型”下拉列表框：用于设置填充图案的类型。列表中有“预定义”、“用户定义”、“自定义”三种选择。

2）“图案”下拉列表框：用于设置图案。列表中列出了有效的预定义图案，供使用者选择。可以直接通过下拉列表选择图案，也可以单击小三角右边的…按钮，从弹出的“填充图案选项板”对话框中选择所需图案，如图 5-25 所示。

在该对话框中，单击不同的选择项可弹出相应的选项卡对话框，工程制图中最常用的为“ANSI”选项卡对话框，如图 5-26 所示。工程制图的剖视图常选用该对话框中的 ANSI31、ANSI37 为填充图案。

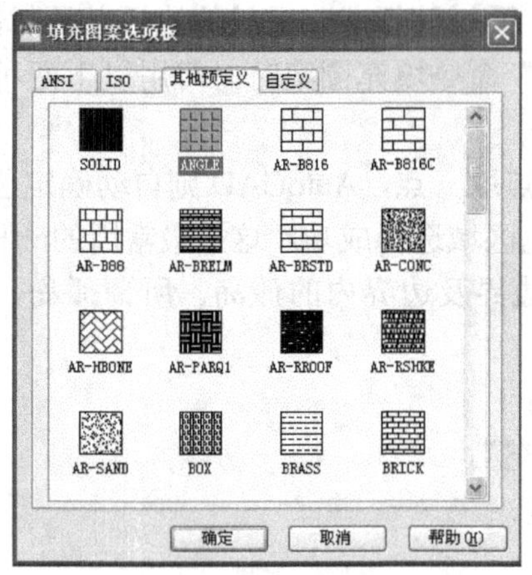

图 5-25 “填充图案选项板”对话框

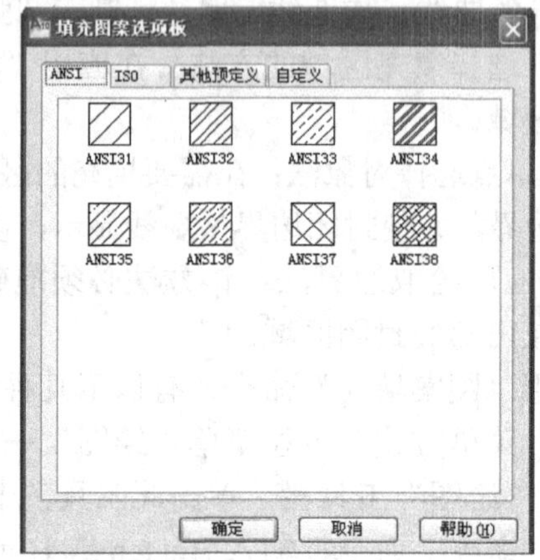

图 5-26 “ANSI”选项卡对话框

3）“样例”预览框：用于显示所选图案的填充样式，以观察该图案的填充效果。

4）“角度”和“比例”文本框：用于设置填充图案的旋转角度和填充比例。读者可以直接输入角度值，也可以从对应的下拉列表中选择。

注：AutoCAD 提供的图案都有各自默认的角度和比例，若填充的图案太密或太疏，改变图案填充比例调整。

5）“添加：拾取点”按钮：根据围绕指定点所构成的封闭区域来选定填充图案的区域。操作过程为：单击“添加：拾取点”按钮，系统切换到绘图屏幕，逐一单击填充区域后回车，系统又切换到图 5-23 所示的对话框。

6）“添加：选择对象”按钮：用拾取边界法选定填充图案的区域。操作过程同单点选择对象法，但必须准确地拾取边界及边界内部的封闭区域。

（2）“渐变色”选项卡　用于以渐变方式进行填充，如图 5-27 所示。其中，“单色”和“双色”两个单选按钮用于确定是以一种颜色填充，还是以两种颜色填充。单击位于“单色”单选下方的按钮，会弹出“选择颜色”对话框，用来确定颜色。当以一种颜色填充时，可以利用位于“双色”单选按钮下方的滑块调整所填充颜色的浓淡度；当以两种颜色填充时，位于“双色”单选按钮下方的滑块变成与其左侧相同的颜色框和按钮，用于确定另一种颜色。位于选项卡左侧中间位置的 9 个图像按钮用于确定填充方式。此外，还可以通过“居中”复选框指定是否采用对称形式的渐变配置；通过“角度”下拉列表框确定以渐变方式填充时的旋转角度。

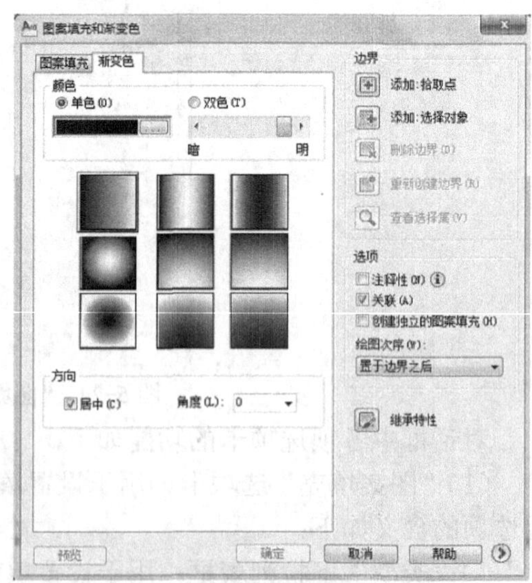

图 5-27 “渐变色”选项卡对话框

5.2.2 编辑图案填充

所谓编辑图案，就是对已给出的图案进行必要的修改。在 AutoCAD 中，常用图案填充编辑命令来编辑修改插入到填充区域中的填充图案。

1．操作步骤

单击，选择需要修改的图案之后，系统弹出“图案填充编辑”对话框，如图 5-28 所示。

在图 5-28 的对话框中，可以对选中的图案进行修改。例如修改图案的类型、填充角度、间距等。该对话框中的各选择项功能与图 5-24 对话框中的各选择项功能基本相同，在此不再介绍。

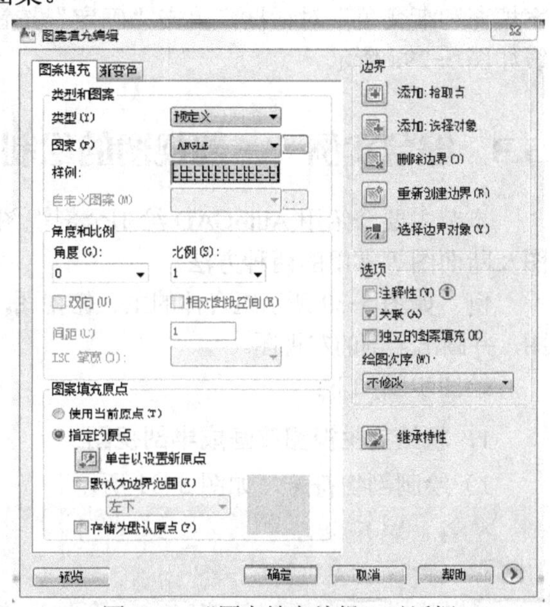

图 5-28 “图案填充编辑”对话框

2．应用举例

绘制图 5-29a 所示的填充图案（剖面线）。

（1）绘制填充图案（本例指剖面线）操作过程为：

单击，系统弹出图 5-24 所示对话框，在“类型”下拉列表框中选择“预定义”选项，单击“图案”下拉列表框小三角右侧的 按钮，系统弹出图 5-25 所示的“填充图案选项板”对话框。单击“ANSI”选项卡，系统弹出图 5-26 所示的“ANSI”选项卡对话框；单击“ANSI31”图案，单击“确定”按钮，系统切换到图 5-24 所示的“图案填充和渐变色”对话框。在“角度”文本框中确定图案的角度，在“比例”文本框中设置合适的比例，单击“添加：拾取点”按钮，系统切换到绘图屏幕，点取图 5-29b 中的 A、B 点（选定填充区域），回车，系统切换到图 5-24 所示对话框。单击“OK”按钮，完成 A、B 区域的图案绘制，如图 5-29c 所示。

用同样的方法步骤绘制 C、D 区域的图案（剖面线），如图 5-29d 所示。

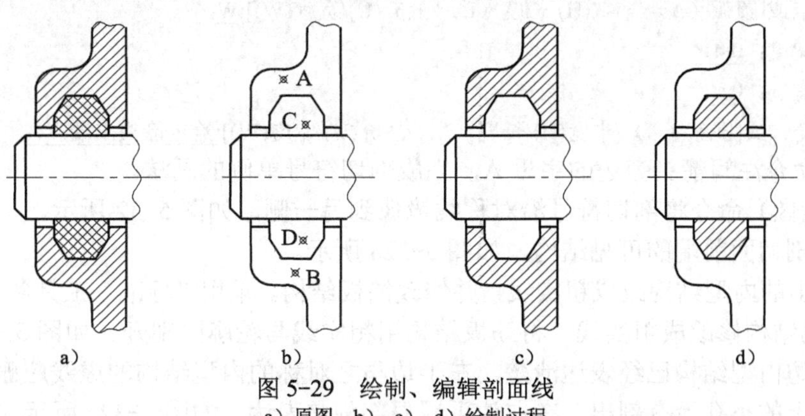

图 5-29 绘制、编辑剖面线
a）原图 b）、c）、d）绘制过程

（2）编辑填充图案 在绘图工作中填充图案时，难免会出现错误。所以认真编辑修改是必不可少的。经检查发现图 5-29d 中的剖面线不符合国家标准规定，因为 C、D 区域的机件材料为填料，而填料的剖面线符号为网纹线，所以必须编辑修改。现把编辑修改的方法步骤介绍如下：

单击，选择图案填充对象：点取图 5-29d 中的剖面线，系统弹出图 5-28 所示的“图案填充编辑”对话框。单击“图案”下拉列表框小三角右侧的按钮，系统弹出图 5-26 所示的“ANSI”对话框，单击“ANSI37”图案，单击“确定”按钮，系统切换到图 5-24 所示的“图案填充和渐变色”对话框。单击“确定”按钮，完成 C、D 区域的图案编辑。修改后的剖面线如图 5-29a 所示。

5.3 综合实例——剖视图的绘制

本节主要介绍用 AutoCAD 绘制全剖视图、半剖视图、局部剖视图及断面图等常用的两种方法。

例 如图 5-30 所示组合体的主、俯视图，将主视图改画成半剖视图，并画出全剖的左视图。

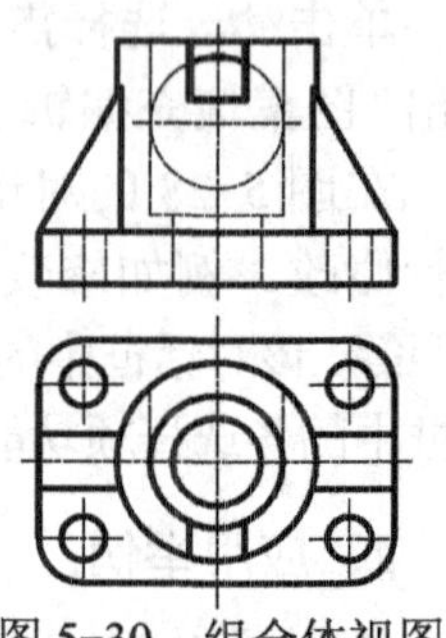

图 5-30 组合体视图

绘图步骤如下：

1. 将给定主视图改画成半剖视图

1）绘制剖切符号，如图 5-31 所示。

图 5-31 剖切符号

命令：单击

指定起点：给定起点 1

指定下一点或[圆弧（A）/半宽(H)/长度（L）/放弃(U)/宽度(W)]:W↙

指定起点宽度：0.4↙

指定端点宽度：0.4↙

指定下一个点或[圆弧（A）/半宽(H)/长度（L）/放弃(U)/宽度(W)]:给定第二点 2

指定下一点或[圆弧（A）/半宽(H)/长度（L）/放弃(U)/宽度(W)]:W↙

指定起点宽度：0↙

指定端点宽度：0↙

指定下一点或[圆弧（A）/半宽(H)/长度（L）/放弃(U)/宽度(W)]:向上给定点 3

指定下一点或[圆弧（A）/半宽(H)/长度（L）/放弃(U)/宽度(W)]:W↙

指定起点宽度：0.4↙

指定端点宽度：0↙

指定下一个点或[圆弧（A）/半宽(H)/长度（L）/放弃(U)/宽度(W)]:给定箭头末端点 4

用 Text 命令注写箭头旁边的字母 A，完成剖切符号单侧的画法。

用（镜像）命令将剖切符号沿对称线镜像到另一侧，如图 5-32 所示。

2）删去剖切面前端的可见结构，如图 5-32a 所示。

3）将剖出的内型结构改成粗实线，并修改筋板结构。采用“标准”工具条中的按钮将剖切后的可见结构修改成粗实线。将筋板结构用粗实线与轮廓区别开。如图 5-32b 所示。

4）右半边内型结构已经表达清楚，左半边与之对称的内型结构的虚线应删掉。

5）底板上的小孔没有剖出，在左边采用局部剖来表达，如图 5-32c 所示。

① 用绘图工具条的（样条曲线）命令绘制局部剖边界。操作如下：

命令：单击

指定第一个点或[对象（o）]：单击捕捉工具条的（最近点捕捉）

nea 到 在点 1 附近单击

指定下一点：在点 2 附近单击

指定下一点或[闭合（C）/拟合公差（F）]<起点切线>：在点 3 附近单击

指定下一点或[闭合（C）/拟合公差（F）]<起点切线>：单击捕捉工具条的⁄（最近点捕捉）

nea 到在点 4 附近单击

指定下一点或[闭合（C）/拟合公差（F）]<起点切线>：↙

指定起点切向：↙

指定端点切向：↙

完成局部剖的波浪线。

② 采用“标准”工具条中的按钮将小孔虚线改画成粗实线，并删去右边的虚线。

6）在剖面区域内绘制剖面线，并在剖视图上方注写视图名称。设置剖面线层（这里采用层名 hat），并调为当前层。

单击，在弹出的对话框中设置剖面线格式：使用用户定义，设置角度为 45°，间距为 3。在剖面区域内拾取内部点确定剖面填充区域，完成剖面线的填充，如图 5-32d 所示。

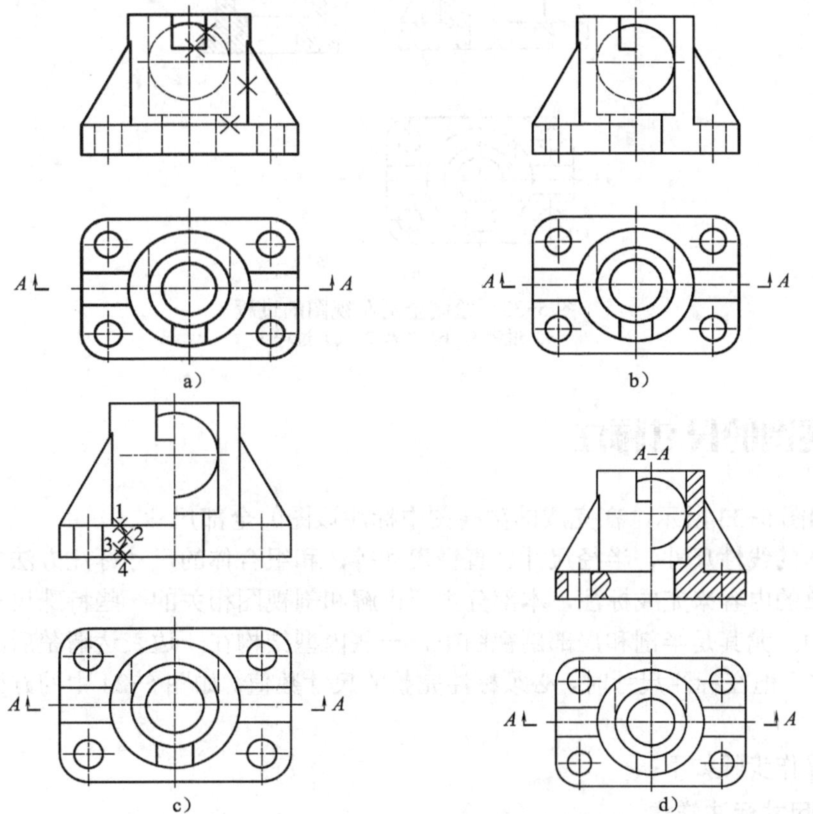

图 5-32　绘制半剖主视图的过程

a）过程 1　b）过程 2　c）过程 3　d）过程 4

2．直接绘制全剖的左视图

（1）绘制内、外轮廓　首先绘制外部可见轮廓，如图 5-33a 所示；再绘制剖切后内部可见轮廓，如图 5-33b 所示。

（2）在剖面区域内填充剖面线　按照主视图同样的设置填充左视图的剖面线，注意剖面线间隔和方向必须与主视图一致，如图 5-33c 所示。

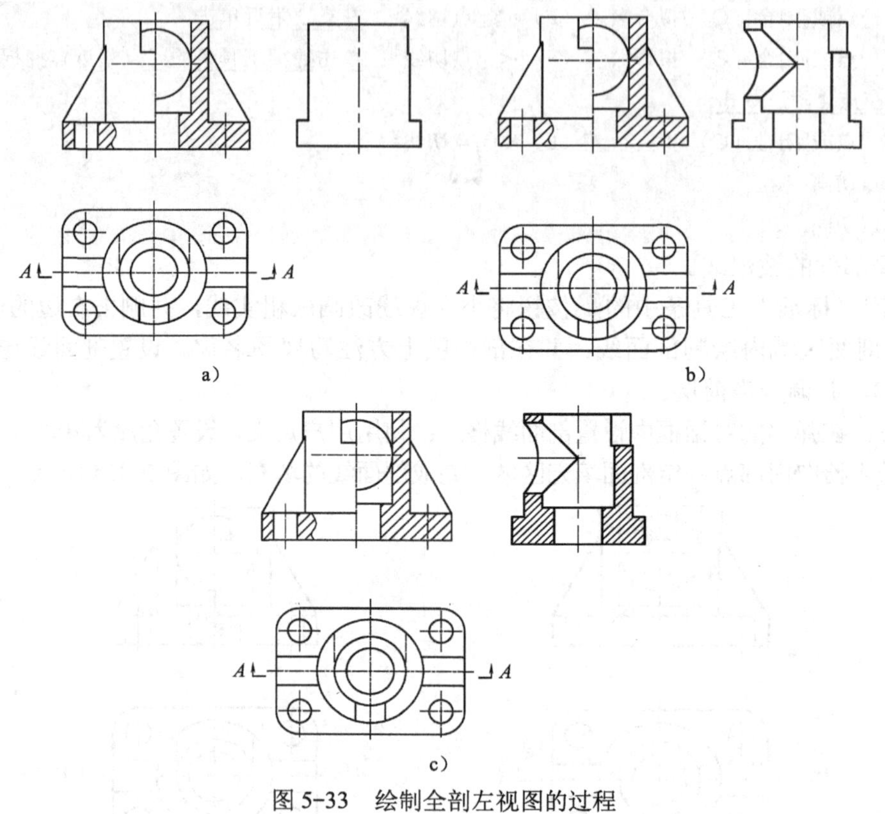

图 5-33　绘制全剖左视图的过程

a）过程 1　b）过程 2　c）过程 3

5.4　剖视图的尺寸标注

例 1　如图 5-33 所示，在完成的剖视图中标注该图的全部尺寸。

一些基本的线性尺寸、半径尺寸、直径尺寸等，和组合体的尺寸标注方法完成相同，可以参考第 4 章的内容来完成标注，本部分主要讲解和剖视图相关的一些特殊尺寸的标注。

剖视图中，尤其是半剖和局部剖视图中，一些内型结构在一边表达清楚后，另一边的内型就省略掉了，但在标注尺寸时，必须标注完整的尺寸数值。如图 5-24 中的方槽和内孔结构的标注。

具体的操作步骤如下：

1．设置尺寸标注样式

单击尺寸标注工具条的进行标注样式的设置。单击“标注样式管理器”中的“替代”，弹出“替代当前样式：ISO-25”对话框，在“尺寸线”栏的“隐藏”项后，选中“尺寸线 1”，在“延伸线”栏的“隐藏”项后，选中“延伸线 1”，如图 5-34 所示。单击“确定”。

选取“<样式替代>”，单击“置为当前”，如图 5-35 所示，单击“关闭”按钮。

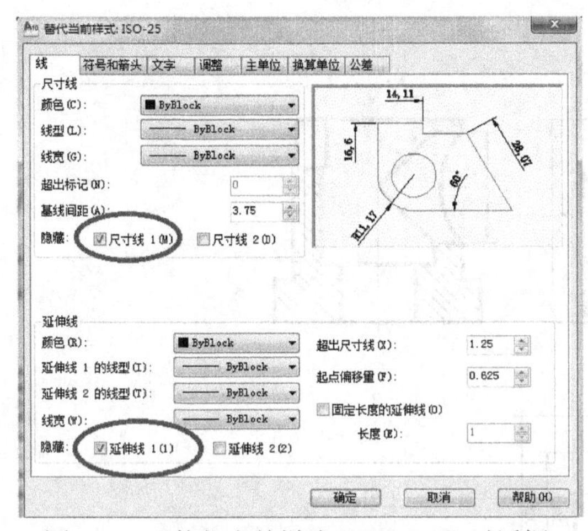
图 5-34 “替代当前样式：ISO-25”对话框

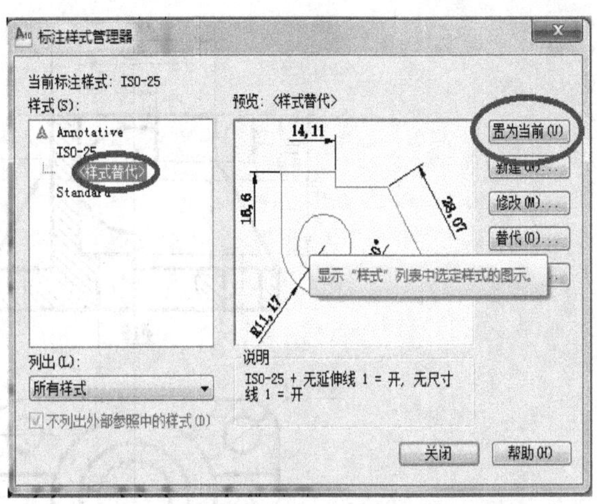
图 5-35 将[样式替代]置为当前

2．标注方槽尺寸 12

命令：单击

指定第一条延伸线原点或<选择对象>：在对称线右侧任意处单击（最好大于槽宽位置）

指定第二条延伸线原点：点取图 5-36 中的点 1

指定尺寸线位置或[多行文字（M）文字（T）角度（A）水平（H）垂直（V）旋转（R）]:t↙

输入标注文字：12↙

指定尺寸线位置或[多行文字（M）文字（T）角度（A）水平（H）垂直（V）旋转（R）]:指定尺寸线位置

用相同方法标注圆筒直径尺寸ϕ29，底孔直径尺寸ϕ19，如图 5-37 所示。

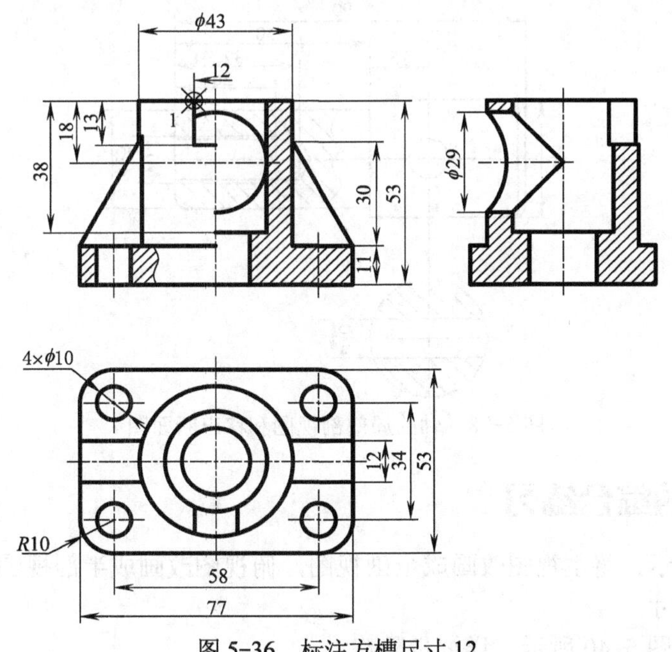

图 5-36 标注方槽尺寸 12

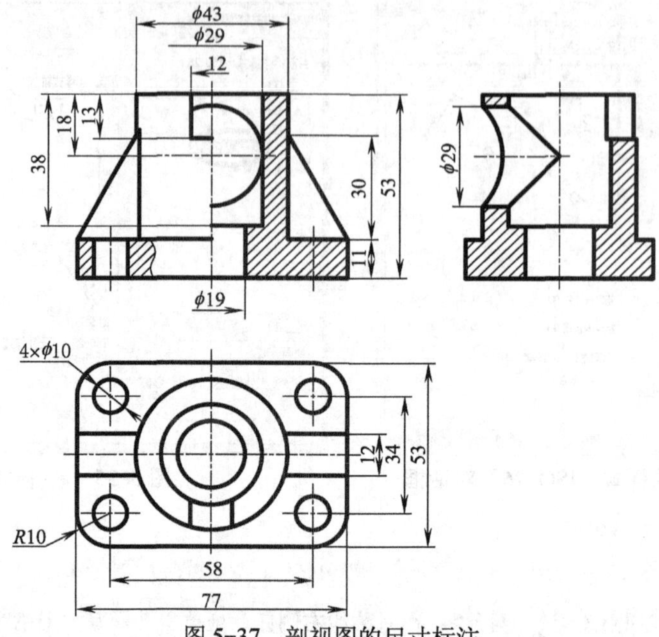

图 5-37　剖视图的尺寸标注

例 2　如图 5-38 所示，绘制轴的局部剖视图和移出断面图，并标注尺寸。

操作步骤如下：

1）应用前面介绍的绘图方法和步骤画出轴的主视图内外轮廓及移出断面的轮廓。

2）应用～样条曲线命令绘制局部剖视图的波浪线。

3）绘制剖面线。（方法同例 1）

4）标注尺寸。

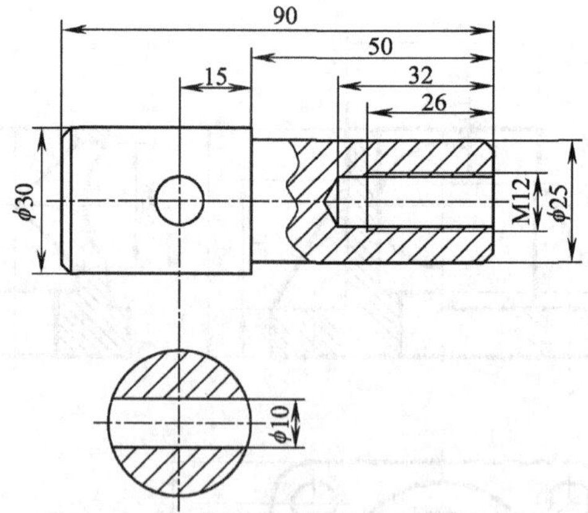

图 5-38　轴的局部剖视图和移出断面图

5.5　剖视图的综合练习

如图 5-39 所示，将主视图改画成全剖视图，俯视图改画成半剖视图，并补画半剖的左视图，重新标注尺寸。

练习题答案如图 5-40 所示，详细步骤略。

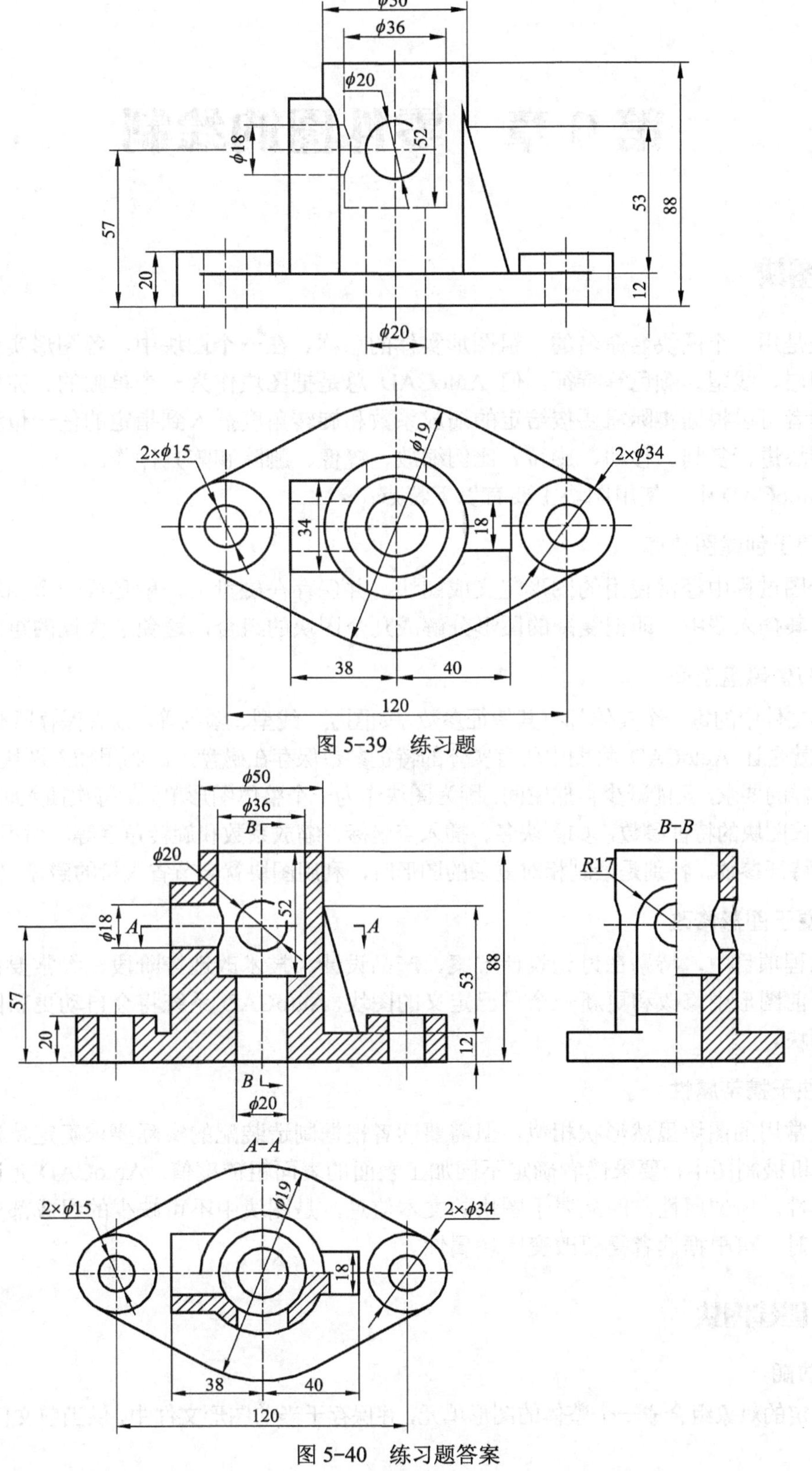

图 5-39 练习题

图 5-40 练习题答案

第 6 章　零件图的绘制

6.1　图块

图块是用一个图块名命名的一组图形实体的总称。在一个图块中，各图形实体对象均有各自的图层、线型、颜色等特征，但 AutoCAD 总是把图块作为一个单独的、完整的对象来操作。读者可以根据实际需要按给定的缩放系数和旋转角度插入到指定的任一位置，也可以对整个图块进行复制、移动、旋转、比例缩放、镜像、删除和阵列操作。

在 AutoCAD 中，使用图块主要有以下特点：

1．便于创建图块库

将绘图过程中经常使用的图形定义成图块，并保存在磁盘上，就形成一个图块库。当需要时，将其插入图中，即把复杂的图形分解成几个图块的组合，避免了大量的重复工作。

2．节省磁盘空间

图形文件中的每一个实体都有其特征参数，如图层、线型、颜色等，读者保存所绘制的图形，实质上也就是让 AutoCAD 将图中所有实体的特征参数保存在磁盘上。利用插入图块功能既能满足工程图样的要求，又能减少存储空间。因为图块作为一个整体图形单元，每次插入时，AutoCAD 只需保存该图块的特征参数，如图块名、插入点坐标、缩放系数和旋转角度等，而不需保存每一个实体的特征参数。特别是绘制相对复杂的图形时，利用图块就会节省大量的磁盘空间。

3．便于图形修改

在工程项目中，特别在讨论设计方案、产品设计、技术改造等阶段，经常要修改图形。如果在当前图形中修改和更新一个早已定义的图块，AutoCAD 系统将会自动更新图中插入的所有该图块。

4．便于携带属性

有些常用的图块虽然形状相似，但需要读者根据制造装配的实际要求确定特定的技术参数。如在机械制图中，要求读者确定不同加工表面的表面粗糙度值。AutoCAD 允许读者为图块携带属性。所谓属性，即从属于图块的文本信息，是图块中不可缺少的组成部分。在每次插入图块时，可根据读者需要改变图块属性。

6.1.1　创建图块

1．功能

将选定的对象组合成一个整体的图形单元，并保存于当前图形文件中，供当前文件重复使用。

调用“创建块”命令，有以下几种常用方式：

1）菜单方式：单击下拉菜单“绘图”→“块”→“创建”。

2）“绘图”工具栏：单击此工具条中的按钮。

3）命令：命令行输入 Block 或 Bmake 或 B。

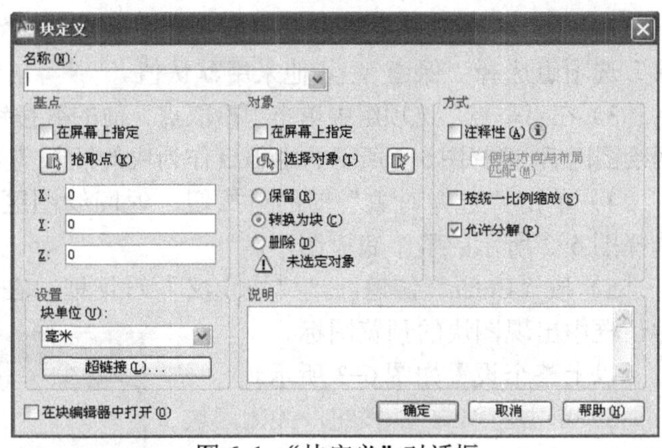

图 6-1 “块定义”对话框

2. 格式与说明

采用工具条中的按钮来说明使用格式。

命令：单击

系统弹出图 6-1 所示“块定义”对话框。对话框中各部分的功能分别介绍如下：

（1）“名称（N）”文本框　命名图块。名字可多达 255 个字符，包括字母、数字、空格，其他未被 Microsoft Windows 或 AutoCAD 使用的任何字符。

（2）“基点”选项组　确定插入点位置，默认值为（0，0，0）。可以在“X”、“Y”、“Z”文本框中指明 X、Y、Z 坐标。也可以单击“拾取点”前的按钮，此时暂时关闭当前“块定义”对话框，以便拾取插入点。

（3）“对象”选项组　选择构成图块的实体，并确定是否保留或删除选择构成图块的实体，或把它们转化为一个图块。

单击“选择对象”前的按钮，AutoCAD 暂时关闭对话框，可在绘图区内用鼠标选择构成图块的实体，选择完毕后，对话框会重新出现。

单击“选择对象”后的按钮，将打开“快速选择”对话框，通过该对话框进行快速过滤来选择满足一定条件的实体目标。

选定“保留”单选按钮，表明要保留构成图块的实体，还是一个个单独的实体。

选定“转换为块”单选按钮，表明要把构成图块的实体转化为一个图块。

选定“删除”单选按钮，表明要删除构成图块的实体。

（4）“方式”选项组　选择“按统一比例缩放”，设置统一比例；选择“允许分解”，确定能否分解图块。

（5）“设置”列表框

1）块单位（U）：设置图块插入时的单位。

2）[超链接(L)...]按钮：单击此按钮，打开“插入超链接”对话框，可用它将超链接与块定义相关联。

（6）“说明”列表框　可在其中输入与所定义图块有关的描述性说明文字，这样有助于迅速检索块。

（7）“在块编辑器中打开（O）　当单击[确定]按钮后，在块编辑器中打开当前的块定义。

例　将图 6-2 所示的图形定义为块，块名为“底板”。

具体操作步骤如下：

1）单击绘图工具条的按钮，系统打开图 6-1 所示“块定义”对话框。

2）在“名称（N）”文本框中输入“底板”；在“对象”选项组选择“保留”，其他采用默认值。

3）在“基点”选项组中单击“拾取点”前的按钮，回绘图区后，选择图 6-2 所示的中心 O 作为块的插入基点。

4）单击“选择对象”前的按钮，返回绘图区，选择图 6-2 所示的整个底板图形。

图 6-2　底板

5）按“Enter”键返回到“块定义”对话框，在该对话框中出现图块的预览图标。

以上整个设置如图 6-3 所示。

6）单击 确定 按钮，关闭“块定义”对话框，所创建的块存于当前文件内，它将会与当前文件一起进行保存。

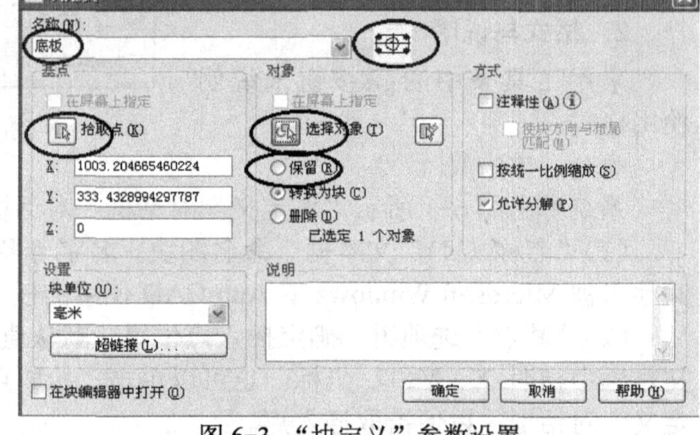

图 6-3　“块定义”参数设置

6.1.2 “写块”命令

1．功能

在“块定义”对话框中定义的块只能用于当前文件，在新建的文件或关机后，该块即消失。如果需要永久保留定义的块，且在每个文件中都能使用，需要使用“写块”命令来操作，将当前指定的图形或已定义的图块保存为独立的图形文件。

2．格式与说明

命令：Wblock

系统弹出图 6-4 所示“写块”对话框。对话框中各部分的功能分别介绍如下：

（1）“源”选项组

1）“块（B）”单选按钮：指定要保存为文件的块。可从“块”下拉列表框中选择要保存文件的图块名。

2）“整个图形（E）”单选按钮：选择当前图形作为一个块。

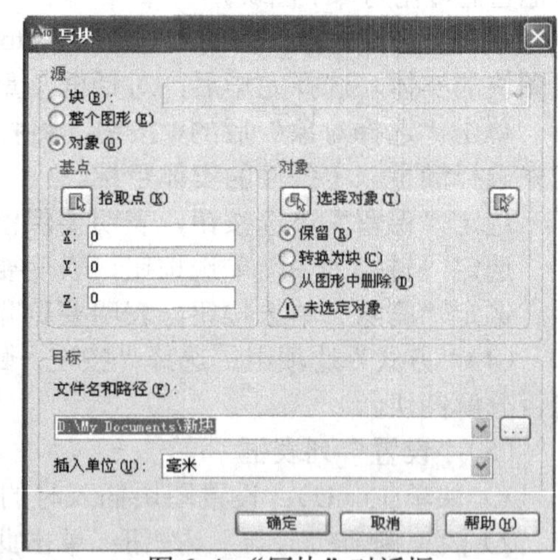

图 6-4　“写块”对话框

3）“对象（O）”单选按钮：指定要保存为文件的对象。

4）“基点”选项组和“对象”选项组：利用“基点”选项组可确定图块的插入点；通过“对象”选项组可选择构成图块的实体。其含义同前，这里不再赘述。

（2）“目标”选项组　此选项组可设置图块存盘后的文件名、路径和插入比例单位。

1）“文件名和路径（F）”文本框：输入新文件的名称。如果选定了块，则自动把该块的名称作为新文件名。读者可直接在下拉列表框中选择系统默认的安装目录，也可通过单击右边的 ... 按钮来选择所需的图块存盘路径，此时弹出“浏览图形文件”对话框，如图 6-5 所示。

2）“插入单位（U）”下拉列表框：指定从设计中心中拖动新文件，或将其作为块插入到使用不同单位的图形中时用于自动缩放的单位值。如果希望插入时不自动缩放图形，请选择“无单位”。

图 6-5 “浏览图形文件”对话框

（3）确定按钮 单击此按钮，块定义保存为图形文件。

6.1.3 插入图块

1．功能

将图块或整个图形插入到当前图形文件中。

调用“插入”图块命令，有以下几种常用方式：

1）菜单方式：单击下拉菜单“插入”→“块”。

2）“绘图”工具栏：单击此工具条中的按钮。

3）命令：命令行输入 Insert 或 I。

2．格式与说明

采用工具条中的按钮来说明使用格式。

命令：单击图标

系统弹出“插入”对话框，如图 6-6 所示。该对话框中各部分的功能分别介绍如下：

（1）“名称（N）”下拉列表框 指定要插入的图块名或是作为图块的文件名。若该图块名不存在，AutoCAD 将会弹出警告信息框。

（2）浏览(B)... 按钮 单击此按钮，打开“选择图形文件”对话框，如图 6-7 所示。指定要插入图块的文件名。

（3）“路径” 指定要插入的作为图块的文件名的路径。

（4）“插入点”选项组 指定图块插入点的位置。选择“在屏幕上指定（S）”，表示将在绘图区内确定插入点，系统关闭对话框，要求在绘图区内用定点设备确定插入点；如不选择“在

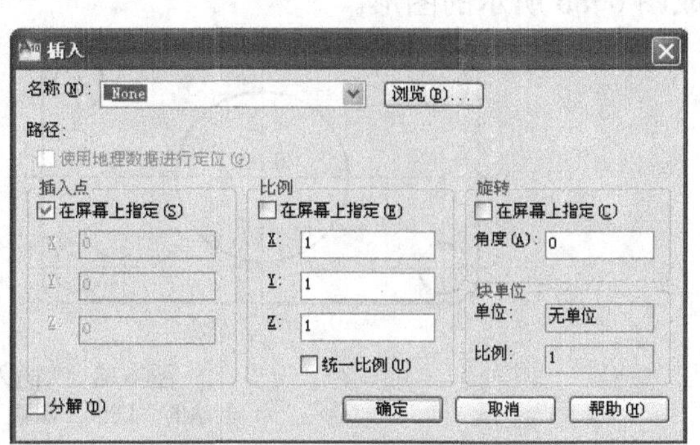

图 6-6 “插入”对话框

屏幕上指定（S）”，可在“X”、“Y”、“Z”三个文本框中输入插入点的三维坐标值。

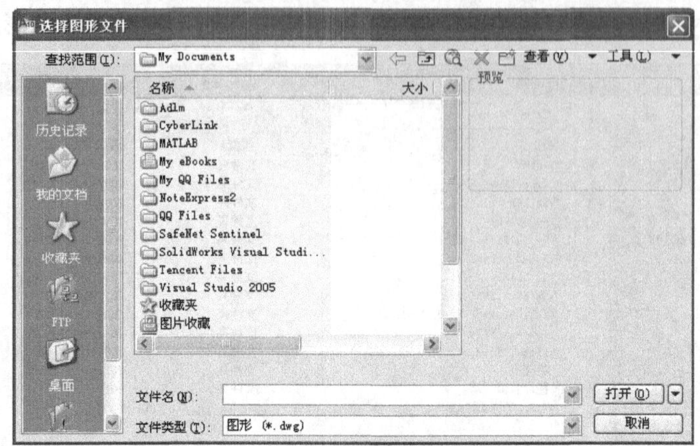

图 6-7 “选择图形文件”对话框

（5）“比例”选项组　指定图块插入比例系数，若输入负值，将插入图块的镜像图形。选择“在屏幕上指定（S）”，将在命令行中直接输入“X”、“Y”、“Z”轴三个方向的比例系数值；如不选择“在屏幕上指定（S）”，可在“X”、“Y”、“Z”三个文本框中分别输入 X、Y、Z 轴三个方向的比例系数值。

选择“统一比例”，指定一个 X 轴比例系数值，同时也是 Y、Z 轴比例系数值。

（6）“旋转”选项组　指定图块的旋转角度。选择“在屏幕上指定（S）”，表示将在命令行中直接输入图块的旋转角度；如不选择“在屏幕上指定（S）”，可在“角度（A）”文本框中输入图块的旋转角度。

（7）“块单位”选项组　可在“单位”文本框中输入图块的单位，在“比例”文本框中输入图块的比例系数。

（8）“分解”复选框　选择“分解”复选框，表示 AutoCAD 在输入图块的同时，将把图块分解，使它们成为单个的实体；否则插入后的图块作为一个实体。

读者按需求正确地选择了各个选项后，单击 确定 按钮完成对话框的基本设置，此时系统将提示：

指定插入点或 [基点（B）/比例（S）/X/Y/Z/旋转（R）]：

若在图 6-6 所示的对话框中选择“比例”和“旋转”选项组中的“在屏幕上指定（S）”，系统接着提示比例和旋转角度；否则直接给定插入基点来完成该操作。

例　如图 6-8 所示，利用前面创建的“底板”图块（图 6-8a），用“插入”图块方法完成图 6-8b 所示的图形。

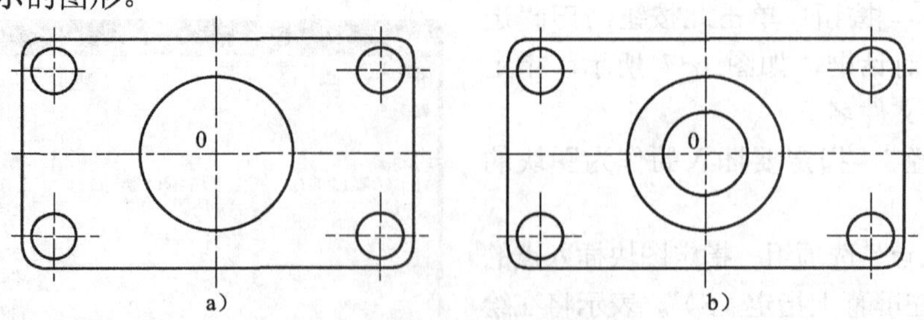

图 6-8 “插入”图块练习图

a）创建的“底板”图块　b）“插入”图块后的图形

具体操作步骤如下：

1）命令：单击绘图工具条的按钮，系统打开图 6-6 所示“插入”对话框。

2）单击“名称（N）”选择栏右边的小箭头，选择“底板”。

3）在“插入点”选项组中选择“在屏幕上指定（S）”；“比例”栏里，三个方向的比例均为“1”；“旋转”栏里“角度”为“0”；其他采用默认选项。

4）单击 确定 按钮，返回绘图区，此时待插入的图块跟随光标在绘图区拖动，同时屏幕下方提示“在指定插入点或[基点（B）/比例（S）/X/Y/Z/旋转（R）]：”，在该提示下，用鼠标选择图 6-8b 中小圆的圆心，整个图块将被插入到该位置，完成图 6-8b 所示的图形。

注意

定义和插入块时应注意以下两点：

（1）块嵌套的特点　块可以由其他的块定义组成。也就是说，当用 Block 命令或创建块时，选定的对象本身也可以是一个块，并且选定的块中还可以嵌套其他的块。嵌套块的层数没有限制。但是，不能使用嵌套块的名称作为将要定义的新块的名称，即块定义不能嵌套自己。

（2）块在插入时与当前文件图层间的关系　任何对象，包括块（嵌套块）在被定义为一个新的块时，如果这些对象绘制在 0 层，那么当插入该图块时，如果当前层仍是 0 层，那么插入对象将继承 0 层的颜色、线型和线宽等特性；如果块被插入到非 0 层以外的其他图层，那么插入对象将继承该层的特性。如果图块中包含多个图层，当插入图块时，若与当前文件同名的图层，将会继承当前文件图层的特性，图块中的图层名在当前文件中不存在，将会自动添加到当前文件中。

6.1.4 属性

属性是“块的文字信息”，是伴随着块的使用而使用的，本身不能单独存在。读者可以在定义一个块的同时，定义使用多个属性，属性是预先被定义在块中的特殊文本对象。在插入块的过程中，属性用于自动为块添加文本注释。

使用属性的一般操作过程如下：

1）绘制使用属性的图形。

2）定义属性。

3）创建包含属性的图块。

4）在当前图形文件中插入包含属性的图块。

5）按照相应提示输入属性文字。

调用“定义属性”命令，有以下两种常用方式：

1）菜单方式：单击“绘图”→“块”→“定义属性”。

2）命令：命令行输入 Attdef 或 ATT。

1．定义属性

用下拉菜单方式说明“定义属性”的使用。

命令：单击“绘图”→“块”→“定义属性”，AutoCAD 将显示图 6-9 所示的“属性定义”对话框。

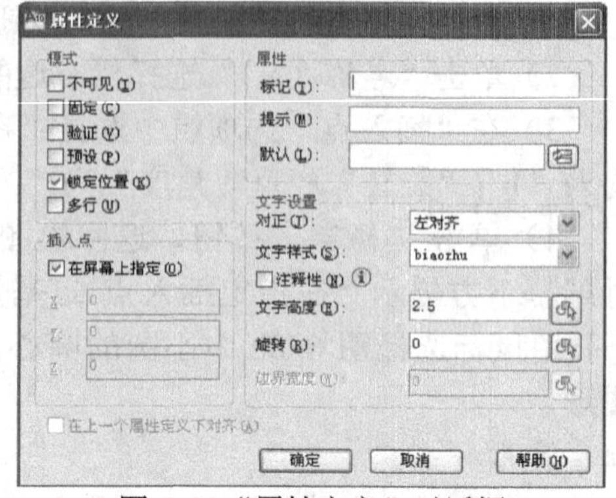

图 6-9 “属性定义”对话框

对话框中各项含义如下：

（1）“模式”选项组　控制属性的显示模式。各项的功能如下：

1）不可见（I）：设定插入带属性的图块后是否显示属性值。

2）固定（C）：设置属性是否为固定的值。

3）验证（V）：设置在插入带属性的图块时，提示读者来确认属性值是否正确。

4）预设（P）：设置将属性值定义为默认值，在插入块时，不再提示输入属性值。

5）锁定位置（K）：锁定块中属性的位置。

6）多行（U）：设置多行属性文本。

（2）“属性”选项组　设置一个属性。在文本框中输入属性标记、提示及默认值。

1）标记（T）：用于识别每一个出现在图形中的属性。属性标记可以由除空格以外的任何字符或符号组成。AutoCAD 会将小写字母转变成大写字母。

2）提示（M）：在插入一个带有属性定义的块时，系统会显示有关的提示。如果属性提示为空，AutoCAD 将使用属性标记作为提示。如果在“模式”区域选择“固定”模式，“属性”区域的“提示”选项将不可用。

3）默认（L）：指定默认属性值。

（3）插入点指定属性位置。选择“在屏幕上指定”选项，可以在屏幕上指定一个位置，也可以在文本框中输入插入点的坐标值以指定属性在图形中的位置。

（4）“文字设置”选项组　设置属性文字的文字样式、高度和旋转角度。各个选项意义同“单行文字”输入命令，不再赘述。

（5）在上一个属性定义下对齐（A）　将属性标记直接置于定义的上一个属性的下面。如果之前没有创建属性定义，则此选项不可用。

选择 确定 按钮完成属性定义操作。当关闭“属性定义”对话框后，属性标记将出现在图形中。重复以上步骤可创建另一个属性定义。

例　如图 6-10 所示，图 a 是用去除材料方法获得的表面粗糙度代号，将其定义为带属性的图块，属性为“参数值”，用“Wblock”保存为块文件，然后完成图 b 的标注内容。

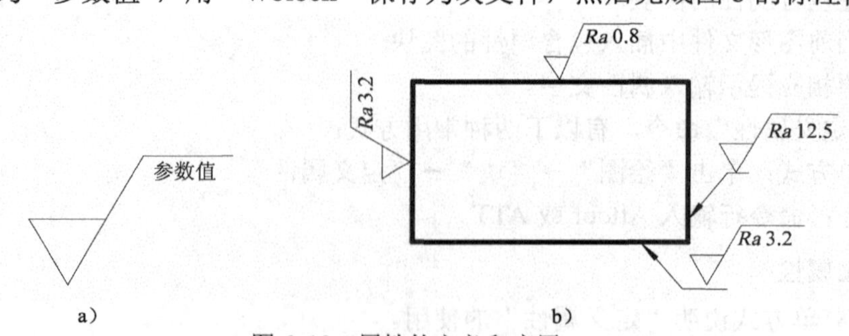

图 6-10　属性的定义和应用

a）表面粗糙度代号　b）表面粗糙度代号的标注

具体操作步骤如下：

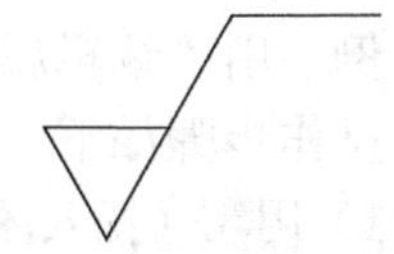

图 6-11　使用属性的图形

1）绘制使用属性的图形，如图 6-11 所示。

① 用绘图工具条中的（绘正多边形命令）按钮，绘出边长为 8 的正三角形。

② 用修改工具条中的（分解命令）按钮，将正三角形分解为三条直线。

③ 用修改菜单下的拉长命令，将正三角形右侧的边拉长 8（同正三角形边长相等的距离）。

④ 用绘图工具条的（画线命令）绘出水平直线。

2）定义属性。

① 单击“绘图”→“块”→“定义属性”，弹出图 6-9 所示对话框。

② 在“属性定义”对话框中按图 6-12 所示的内容进行设置。

注：“仿宋”字体样式为事先设置的字体样式。

③ 单击 确定 按钮后，按提示将属性放置在水平直线的下方。

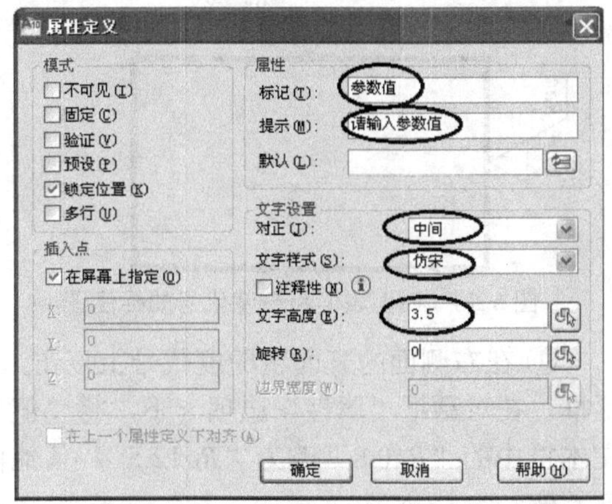

图 6-12　“属性定义”的设置

注意

如果第一次放置的位置不合适，可以用修改工具条的（移动命令）按钮，将其移到合适的位置，不用重新回到“属性定义”对话框。

3）创建包含属性的图块，并保存为块文件。操作步骤如下：

① 命令：wblock。

② 弹出图 6-4 所示的“写块”对话框。

③ 保存为块文件。

4）用 Qleader（引线标注命令）画出图 6-10b 所示的带箭头的标注线。

5）插入块文件。

2. 编辑属性

该命令用于编辑已经附着到块上并插入到图形中的属性。

用户插入了带属性的图块后，可使用“编辑属性”命令，对属性值以及属性的文字特性等内容进行修改。

调用“编辑属性”命令，有以下三种常用方式：

1）菜单方式：单击“修改”→“对象”→“属性”→“单个”命令。

2）“修改（II）”工具栏：如图 6-13 所示的工具栏，用按钮进行编辑修改。

图 6-13　“修改（II）”工具栏

3）命令：Eattedit。直接在已插入并需要编辑的图块上单击。下面用这种方式说明“编辑属性”的使用方法。

例 用“编辑属性”命令完成图 6-10b 的表面粗糙度代号的标注。

操作步骤如下：

1）用（插入图块）按钮，完成顶面和左侧面的表面粗糙度代号的标注，如图 6-14 所示。

2）用（复制）命令，将顶面的表面粗糙度代号复制到其他两个位置，如图 6-15 所示。

3）编辑底面和右侧面的属性。

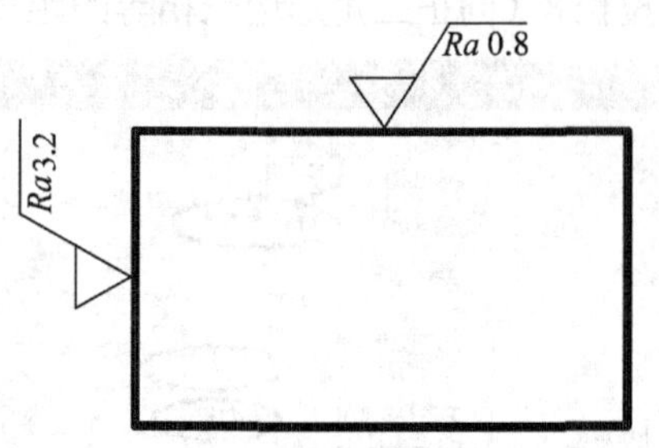

图 6-14 两面表面粗糙度代号的标注图

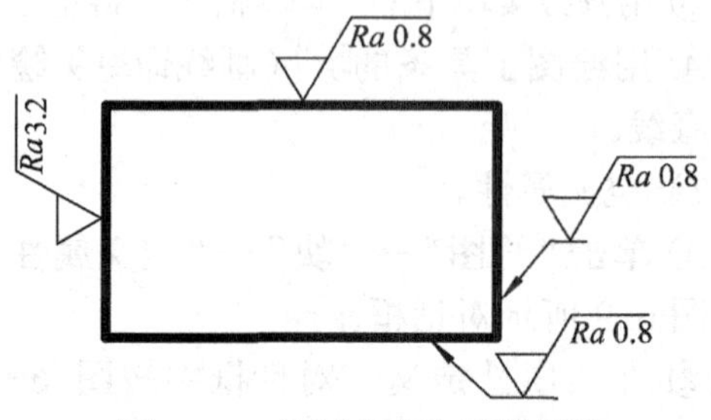

图 6-15 复制命令完成的标注

① 在右侧面的表面粗糙度代号上双击，系统弹出图 6-16 所示的“增强属性编辑器”对话框。在对话框“属性”选项卡下，将“值”文本框中的“*Ra*0.8”改为“*Ra*12.5”，其他内容不变。

② 单击 确定 按钮，即可完成右侧面的表面粗糙度代号的标注。

用上述同样的方法，修改底面的表面粗糙度代号标注。

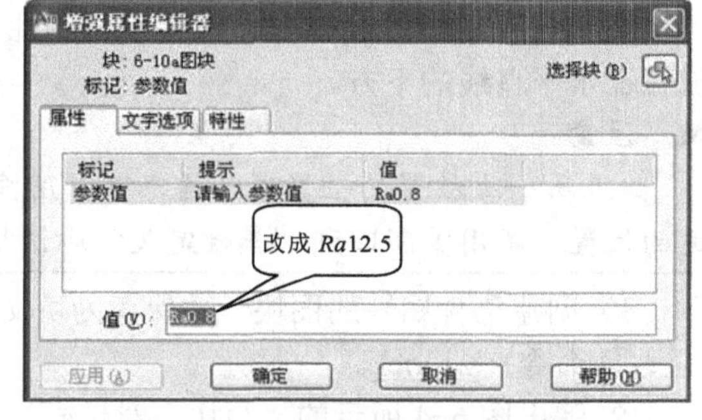

图 6-16 “增强属性编辑器”对话框

注意

如果需要修改属性的“文字样式”、“对正”、“字高”以及文字的“旋转”角度等文字特性，单击对话框中的“文字选项”选项卡进行设置，如图 6-17a 所示；如果需要修改属性的“图层”、“图线”、“颜色”等特性，单击对话框中的“特性”选项卡进行设置，如图 6-17b 所示。

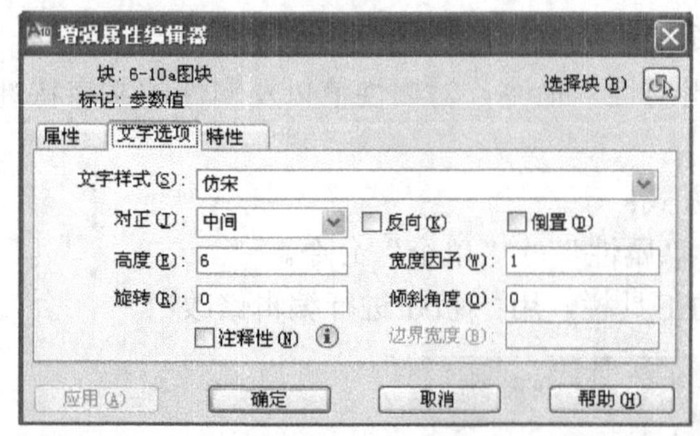

a）

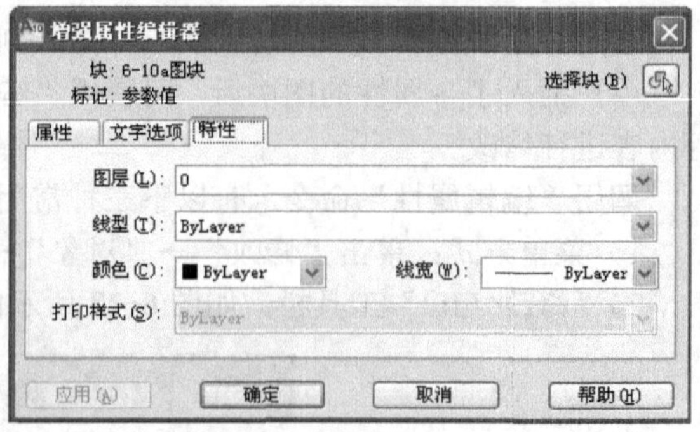

b）

图 6-17 “增强属性编辑器”对话框修改属性

a）“文字选项”选项卡 b）“特性”选项卡

6.2 表格

工程制图中常常需要绘制一些表格，如明细表、特殊零件的参数表等。AutoCAD 提供了表格的创建和填充功能。运用软件中的“表格”创建命令，不仅可以创建表格和填充表格内容，还可以将创建和填充的表格连接到 Excel 电子表格中，或将 Excel 表格粘贴到 AutoCAD 中。

6.2.1 定义表格样式

调用“表格样式”命令，有以下 2 种常用方式：

1）样式工具栏：单击工具栏中的按钮。

2）命令：tablestyle。具体的操作步骤如下：

① 单击按钮，系统弹出图 6-18 所示的“表格样式”对话框。

② 在“表格样式”对话框中，单击新建(N)...按钮，弹出图 6-19 所示的“创建新的表格样式”对话框。在对话框中输入新表格样式的名称，如“明细表”，单击继续按钮，弹出“新建表格样式：明细表”对话框，如图 6-20 所示。

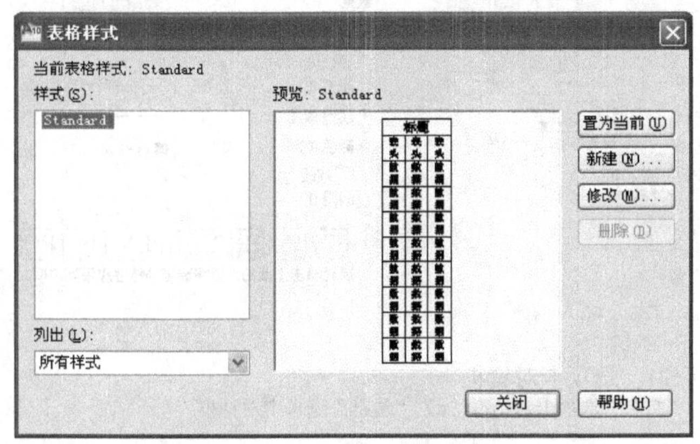

图 6-18 “表格样式”对话框

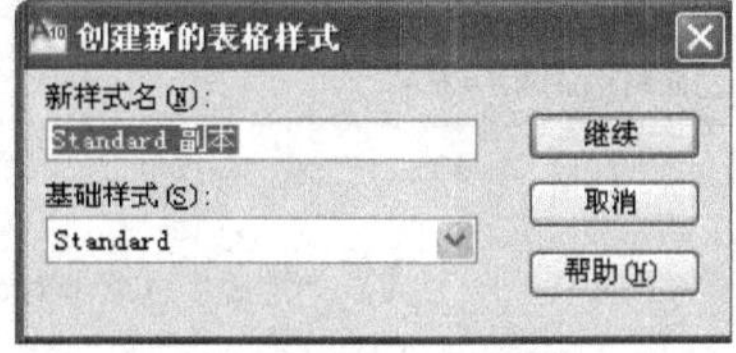

图 6-19 “创建新的表格样式”对话框

③ 在“新建表格样式：明细表”对话框中单击按钮，可以在图形中选择一个要应用的新表格样式来设置表格。

④ 在“表格方向”下拉列表中选择“向下”或“向上”来创建读取的表格方向，例如明细表是由下向上读取，因此选择“向上”。

⑤ 在“单元样式”下拉列表中，选择要应用到表格的单元样式，或通过单击该下拉列表右侧的按钮，创建一个新单元样式。

⑥ 分别在图 6-21 所示的“常规”、“文字”、“边框”选项卡中，选择或清除当前单元样式的各项内容：

a）“常规”选项卡中的“对齐”选择“中间”。

b）“文字”选项卡中，单击“文字样式”栏后的按钮，打开“文字样式”对话框并创建新的文字样式，设置“仿宋”字体。“文字高度”设置为“3.5”。

⑦ 单击图 6-20 中的确定按钮，完成表格样式的定义。

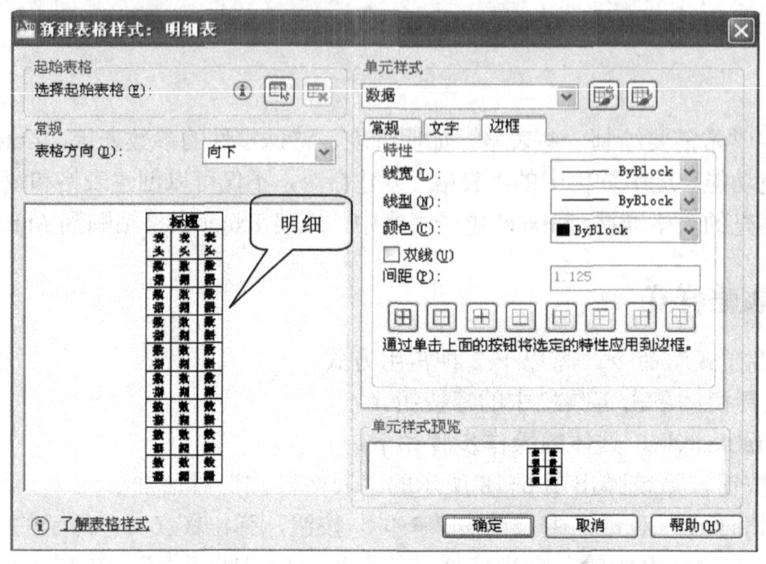

图 6-20 “新建表格样式：明细表”对话框

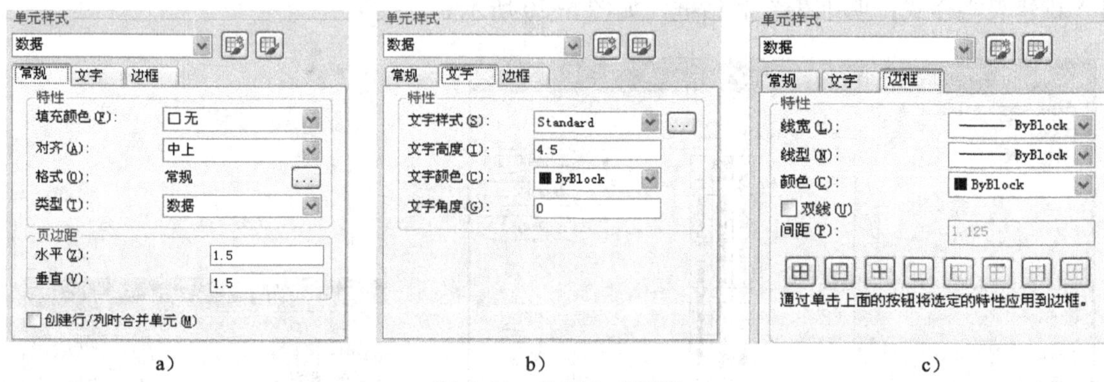

图 6-21 选项卡对话框

a）“常规”选项卡对话框 b）“文字”选项卡对话框 c）“边框”选项卡对话框

6.2.2 插入表格

调用“插入表格”命令，有以下 3 种常用方式：

1）菜单方式：单击“绘图”→“表格”。

2）绘图工具栏：单击工具栏中的▦按钮。

3）命令：Table 或 TB。

单击▦按钮，系统弹出图 6-22 所示的对话框。对话框中选项的含义如下：

1）“表格样式”选项组：单击“表格样式”下拉列表旁边的按钮，选择已定义的表格样式。若事先没有定义，可以单击右边的▣按钮创建新的表格样式。

2）“插入选项”选项组：用来指定插入表格的方式。“从空表格开始”创建可以收到填充数据的空表格；“自数据链接”是用外部电子表格中的数据创建表格。

3）“插入方式”选项组：用来指定表格的位置。“指定插入点”即指定表格左上角的位置，如果表格样式将表格的方向设置为由下而上读取，则插入点位于表格的左下角；“指定窗口”即指定表格的大小和位置，选定此选项时，行数、列数、列宽和行高取决于窗口的大小以及列和行的设置。

4）“列和行设置”选项组：设置列和行的数目和大小。指定列数，选定“指定窗口”选项并指定列宽时，“列数”中的“自动”选项将被选定，且列数由表格的宽度控制。如果已指定包含起始表格的表格样式，则可以选择要添加到此起始表格的其他列的数量。指定列宽，若选定“指定窗口”选项并指定列数时，则“列宽”中的“自动”选项将被选定，且列宽由表格的宽度控制。最小列宽为一个字符。指定数据行数，若选定“指定窗口”选项并指定行高时，则“数据行数”中的“自动”选项将被选定，且行数由表格的高度控制。带有标题行和表头的表格样式最少应有 3 行，最小行高为一个文字行。若已指定了包含起始表格的表格样式，则可以选择要添加到此起始表格的其他数据行的数量。指定行高，按照行数指定行高，文字行高基于文字高度和单元边距，这两项均在表格样式中设置。选定“指定窗口”选项并指定行数时，则“行高”中的“自动”选项将被选定，且行高由表格的高度控制。

5）“设置单元样式”选项组：若设定表格样式不包含起始表格，需要指定新表格中行的单元格式。

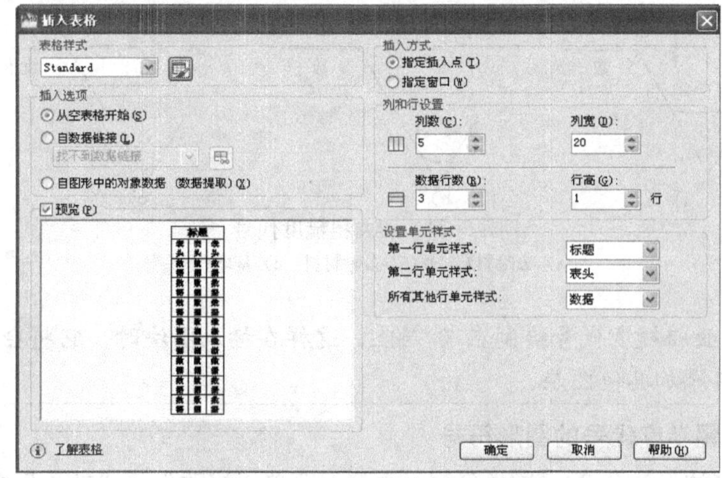

图 6-22 “插入表格”对话框

注意

AutoCAD 尽管提供了表格样式设置和创建的功能，但对表格的处理功能较弱，而在实际工作中，往往需要绘制各种各样的表格，如何在 AutoCAD 中高效制作表格，是个亟待解决的问题。下面提供几种方法供大家参考使用：

1）用基本绘图命令来绘制表格，再在表格中填写文字，虽效率低，但可以保证表格的精确尺寸要求。如果将绘制完的表格和表格内容定义成带属性的块，并将其保存为文件，就可以长期使用，大大提高了效率。

2）利用 AutoCAD 对象的链接与嵌入功能，插入 Word 或 Excel 表格，绘制和填写文字都比较方便，但该方式修改起来很不方便，每次都必须进入 Word 或 Excel 进行修改，同时一些特殊符号和一些钢筋符号等，很难在 Word 或 Excel 中输入。这种方法适合于普通且不经常修改的固定表格制作。

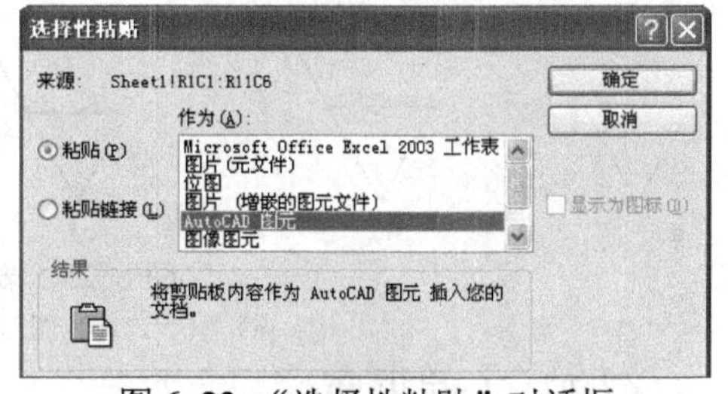

图 6-23 “选择性粘贴”对话框

3）先在 Excel 中制表，复制到剪贴板，然后再在

AutoCAD 的“编辑”菜单中单击“选择性粘贴”，弹出图 6-23 所示的“选择性粘贴”对话框，在“作为”一栏内选择“AutoCAD 图元”，单击 确定 按钮，Excel 中表格即转化成 AutoCAD 的实体，即可进行 AutoCAD 的编辑和修改，若有必要，可以用按钮将表格炸开，再进行编辑。

6.3 零件图的绘制

零件图具体内容包括图形、尺寸、技术要求、标题栏。对于图形和尺寸，前面已经详细讲解了组合体和剖视图的绘制及尺寸标注，这里不再赘述。本节重点介绍零件图中技术要求和标题栏的绘制。技术要求包括表面粗糙度代号、尺寸公差、几何公差、表面处理和材料热处理的要求等。标题栏要明确地填写出零件的名称、材料、数量、图样的编号、比例、制图人与校核人的姓名和日期等。

6.3.1 表面粗糙度代号

如图 6-24 所示，绘制零件图前首先创建表面粗糙度代号的块文件。

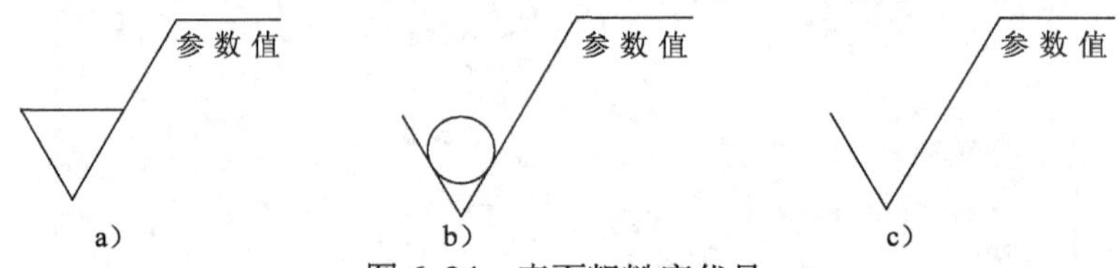

图 6-24 表面粗糙度代号

a) 去除材料 b) 不去除材料 c) 基本代号

注意

这里建议将表面粗糙度代号绘制在 0 层上，这样在插入图块时，它将会随着插入层的变化而变化，不会再添加其他图层。

1．绘制表面粗糙度代号的图形符号

用（绘正多边形）命令、（分解）命令、菜单“修改”→“拉长”命令、（画线）命令和（画圆）命令完成图 6-24 中的图形符号。下面以图 6-24b 为例来说明绘图步骤：

1）命令：单击（正多边形命令）。

输入边的数目<4>：3↙

指定正多边形的中心点或[边（E）]：E↙

指定边的第一个端点：用鼠标在绘图区适当位置单击，确定第一点

指定边的第二个端点：8↙（输入前启动“正交”）

如图 6-25a 所示。

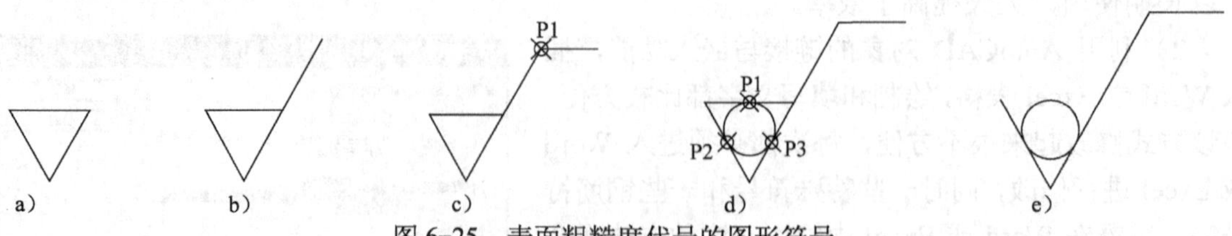

图 6-25 表面粗糙度代号的图形符号

a) 图形 1 b) 图形 2 c) 图形 3 d) 图形 4 e) 图形 5

2）命令：单击。

选择对象：选择正三角形
找到 1 个
选择对象: ↙
命令：菜单“修改”/“拉长”
选择对象或[增量(DE)/百分数(P)/全部(T)/动态(DY)]: de↙
输入长度增量或[角度(A)] <0.0000>: 8↙
选择要修改的对象或[放弃(U)]:单击三角形右侧边
选择要修改的对象或[放弃(U)]: ↙

如图 6-25b 所示。

3）命令：单击 。

指定第一点:单击 6-25 所示的 P1 点
指定下一点或[放弃(U)]: 6↙（输入前启动“正交”）
指定下一点或[放弃(U)]: ↙

如图 6-25c 所示。

4）命令：单击 。

指定圆的圆心或[三点(3P)/两点(2P)/切点、切点、半径(T)]: 3p↙
指定圆上的第一个点: 用 （切点捕捉）拾取 P1
指定圆上的第二个点: 用 （切点捕捉）拾取 P2
指定圆上的第三个点: 用 （切点捕捉）拾取 P3

如图 6-25d 所示。

命令：单击
选择对象：选择三角形最上边
选择对象：↙

如图 6-25e 所示。

2．建立表面粗糙度代号的属性

在图 6-25 所示的图形符号中添加属性。具体操作如下：

单击菜单“绘图”→“块”→“定义属性”，弹出“属性定义”对话框。按照图 6-26 所示，设置对话框中的参数。

注意

“仿宋”字体样式为事先设置的。

单击 确定 按钮后，按提示将属性放置在水平直线的下方。

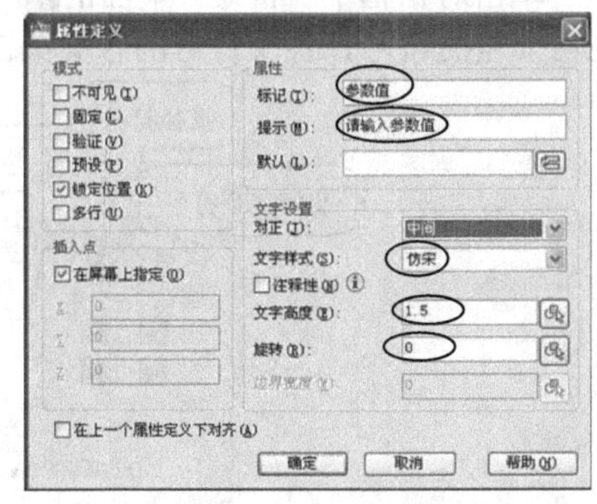

图 6-26 “属性定义”对话框的设置

注意

如果第一次放置的位置不合适，可以用修改工具条的 （移动命令）按钮，将其移到合适的位置，不用重新回到“属性定义”对话框。

完成属性定义后，如图 6-27 所示。

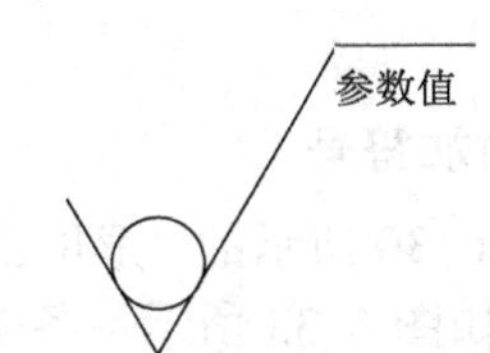

图 6-27 带属性的表面粗糙度代号

3．创建表面粗糙度代号的图块文件

命令: wblock↙

弹出图 6-28 所示的“写块”对话框，单击“基点”组框的“拾取点”按钮，返回绘图区选取图 6-29 所示的 P1 点作为插入基点后，重新回到“写块”对话框。单击“对象”组框的选择对象按钮，返回绘图区选择图 6-29 所示的整个图形，再次回到“写块”对话框。单击“目标”组框的“文件名和路径”后的…按钮，修改块文件保存的路径和文件名。

单击 确定 按钮，完成块文件的定义。

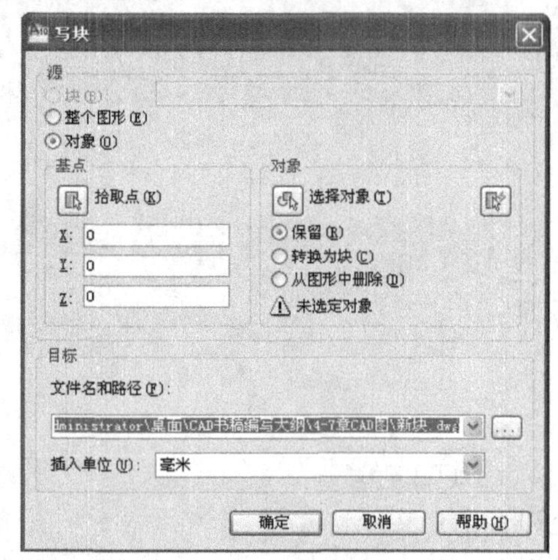

图 6-28 “写块”对话框

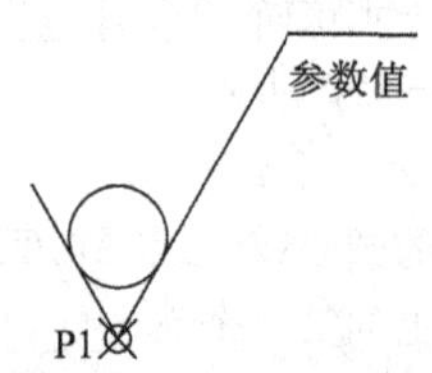

图 6-29 “写块”文件

6.3.2 几何公差

1. 几何公差符号

单击“标注”工具条中的，弹出图 6-30 所示的“形位公差”对话框。它包括了所有的公差带框和基准符号区。

单击对话框中“符号”下面的■，弹出图 6-31 所示的“特征符号”对话框，给出了所有几何公差的符号，各个符号的含义如图 6-32 所示。

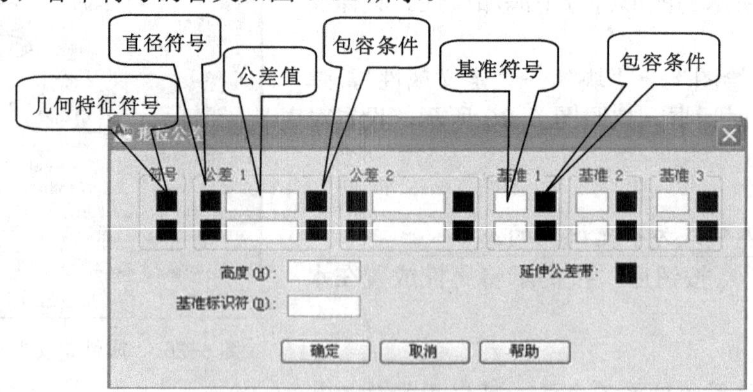

图 6-30 “形位公差”对话框

2. 附加符号

在图 6-30 所示的“形位公差”对话框中，单击公差值后面的■，激活零件的“附加符号”对话框，如图 6-33 所示。各个符号的含义：

Ⓜ：Maximum Material Condition（最大对象状态），是指某种特定的状态，如最大对象存

在时的孔。

Ⓛ：Least Material Condition（最小对象状态），也是指某种特定的状态，即最小对象存在。

Ⓢ：Regardless of Feature size（不相关的特征尺寸），表示特征公差，如平面度、直线度始终不考虑零件加工后的实际尺寸。

图 6-31 “特征符号”对话框

定位符号：

位置度　平行度

同心度　垂直度

对称度　倾斜度

形状符号：　轮廓符号：

圆柱度　面轮度

平面度　段轮度

圆度　径向圆跳动

直段度　总跳动

图 6-32 “特征符号”的意义

附加符号

图 6-33 “附加符号”对话框

3．几何公差的标注

利用 Qleader 命令来标注完整的几何公差，以图 6-34 为例来说明具体的标注步骤：

命令: qleader↙

指定第一个引线点或[设置(S)] <设置>:↙

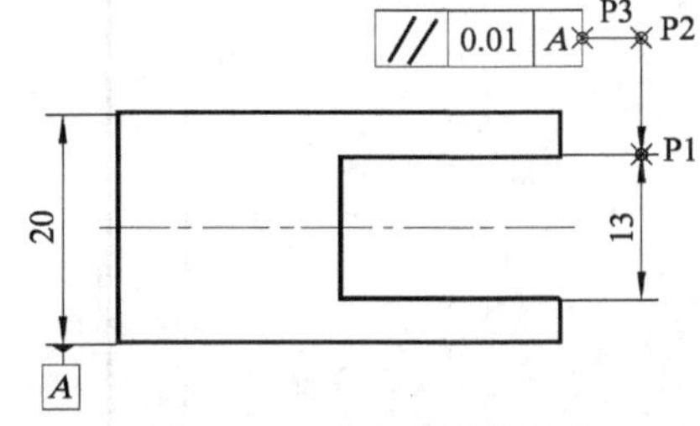

图 6-34 几何公差的标注

弹出图 6-35 所示的“引线设置”对话框，在图 a 所示的“注释”选项卡的“注释类型”组框选择“公差”，然后按图 b 所示的“引线和箭头”选项卡的各项内容进行设置，单击 确定 按钮，系统继续 Qleader 命令的提示。

指定第一个引线点或[设置(S)] <设置>：选择图 6-34 的 P1 点

指定下一点：选择 P2 点

指定下一点：选择 P3 点

接着系统打开“形位公差”对话框，单击图 6-30 所示“符号”下的■，在弹出的“符号特征”对话框中选择▨，接着返回“形位公差”对话框，在“公差 1”中输入“0.01”，在“基准 1”中输入“A”，如图 6-36 所示。单击 确定 按钮即完成图 6-34 所示的标注。

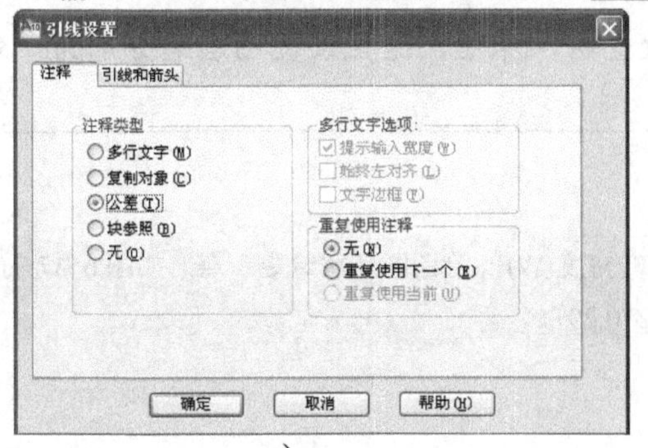

a)

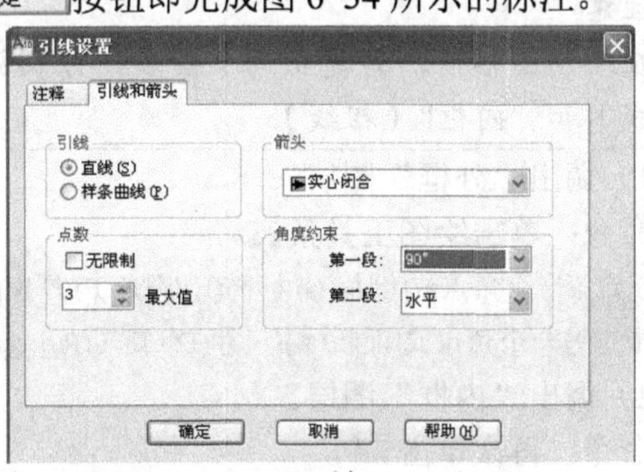

b)

图 6-35 “引线设置”对话框

a）“注释”选项卡对话框 b）“引线和箭头”选项卡对话框

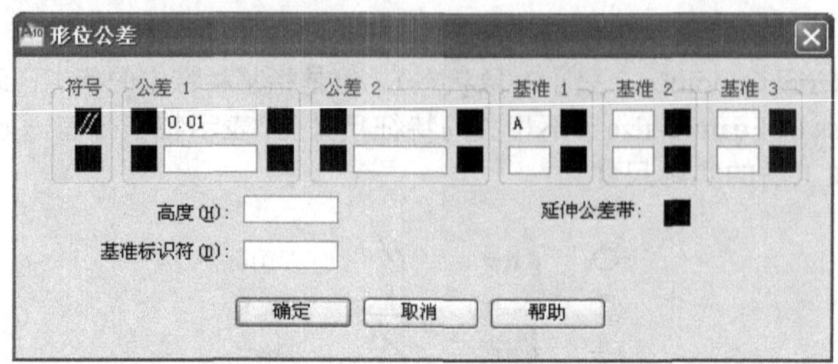

图 6-36 “形位公差”对话框的设置

6.3.3 建立图幅边框和标题栏

1．建立图幅边框

以图 6-37 所示的 A4 图幅为例来说明具体的创建步骤：

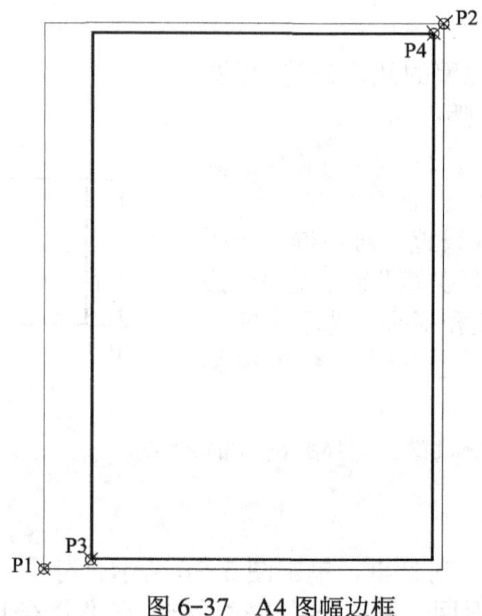

图 6-37 A4 图幅边框

注意

在绘制图框前，需建立两个图层，分别放置内、外框，这里设置图层名分别为“外框”（细线）和“内框”（粗线）。

1）调出“外框”图层。

命令：单击绘图工具条

指定第一个角点或[倒角(C)/标高(E)/圆角(F)/厚度(T)/宽度(W)]: 绘图区任意给定一点，如图 6-37 的 P1 点

指定另一个角点或[面积(A)/尺寸(D)/旋转(R)]: @210,297↙

2）调出“内框”图层。

命令：再次单击

指定第一个角点或[倒角(C)/标高(E)/圆角(F)/厚度(T)/宽度(W)]: 单击捕捉工具条

-From 基点：选择 P1 点

<偏移>：@25,5↙（确定 P3 点的位置）

指定另一个角点或[面积(A)/尺寸(D)/旋转(R)]: 单击捕捉工具条

-From 基点：选择 P2 点

<偏移>：@-5,-5↙（确定 P4 点的位置）

完成图 6-37 所示的 A4 图幅边框，以“A4”文件名保存该文件，以备其他零件图调用；建议读者用该方法创建 A0～A4 各个图幅的图框。

2. 建立标题栏

以图 6-38 所示的标题栏为例来说明具体的创建步骤：

1）采用命令、（分解）命令、（画线）命令、命令、命令绘制图 6-38 所示标题栏线框，如图 6-39 所示，过程从略。

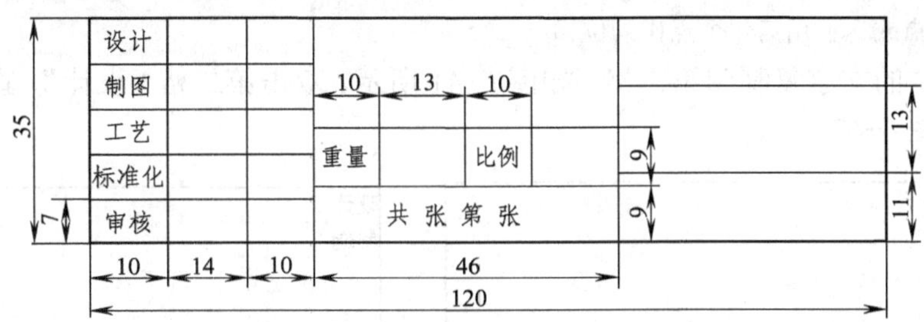

图 6-38　标题栏

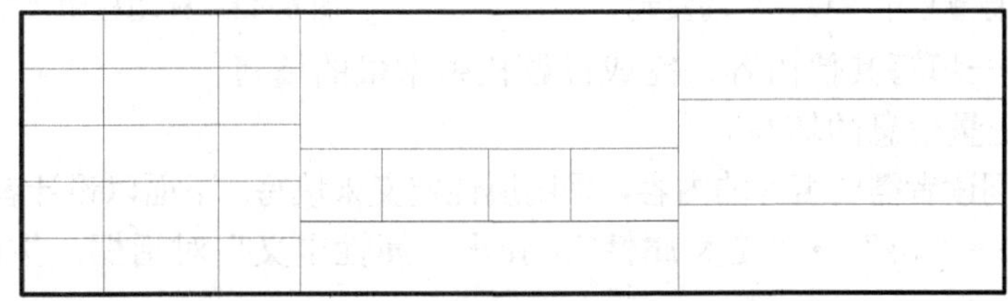

图 6-39　标题栏线框

2）标题栏中常量信息的填写

① 填写“设计”。

命令：单击样式工具条中的（单行文字）

指定文字的起点或[对正(J)/样式(S)]: j↙

输入选项

[对齐(A)/布满(F)/居中(C)/中间(M)/右对齐(R)/左上(TL)/中上(TC)/右上(TR)/左中(ML)/正中(MC)/右中(MR)/左下(BL)/中下(BC)/右下(BR)]: mc↙

指定文字的中间点: 单击捕捉工具条

-From 基点：选择图 6-40 中的 P1 点 <偏移>：@5,3.5↙（确定中间点的位置）

指定高度 <2.5000>: 3.5↙

指定文字的旋转角度 <0>: ↙

在绘图区提示框中输入“设计”后，单击 Enter 键即可完成一个表格的填写，如图 6-40 所示。

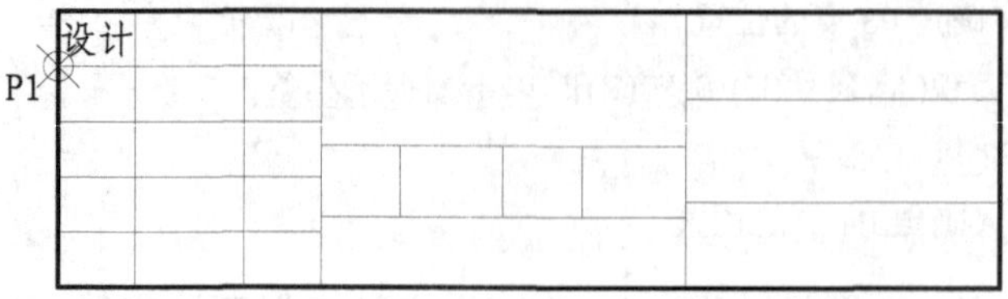

设计
P1

图 6-40 标题栏中“设计”的填写

② 填写“制造”。

命令：单击修改工具条中的

选择对象：选择 6-40 填写好的“设计”

选择对象：↙

指定基点或[位移(D)/模式(O)] <位移>: 0,-7↙

指定第二个点或 <使用第一个点作为位移>: ↙

将第一格中的文字复制到第二格，如图 6-41 所示。双击第二格“设计”，直接改写为“制造”即可，如图 6-42 所示。

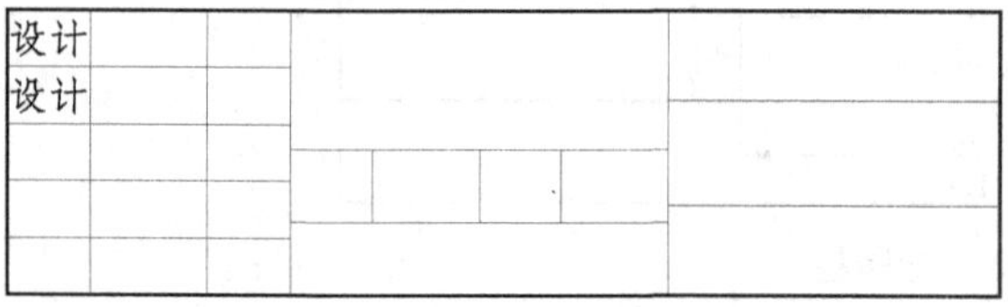

设计
设计

图 6-41 标题栏中“设计”的复制

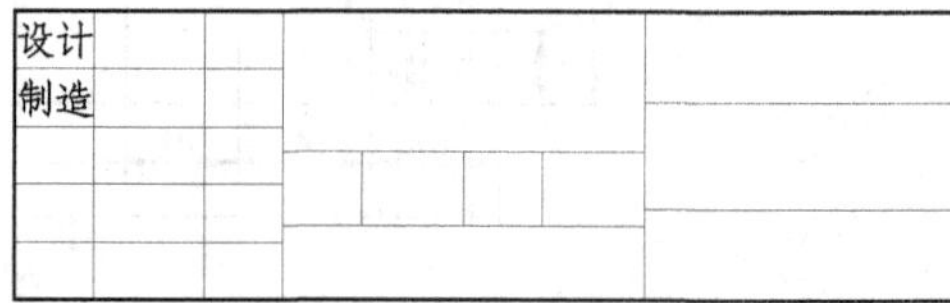

图 6-42 标题栏中“制造”的填写

按上述方法一一填写其他内容，完成标题栏中常量的填写。

3）标题栏中变量信息的填写。

变量信息是不同读者需要填写的内容，采用属性定义来填写。下面以设计者姓名为例来说明。

单击“绘图”→“块”→“定义属性”，弹出“属性定义”对话框。按照图 6-43 所示设置对话框中的内容。

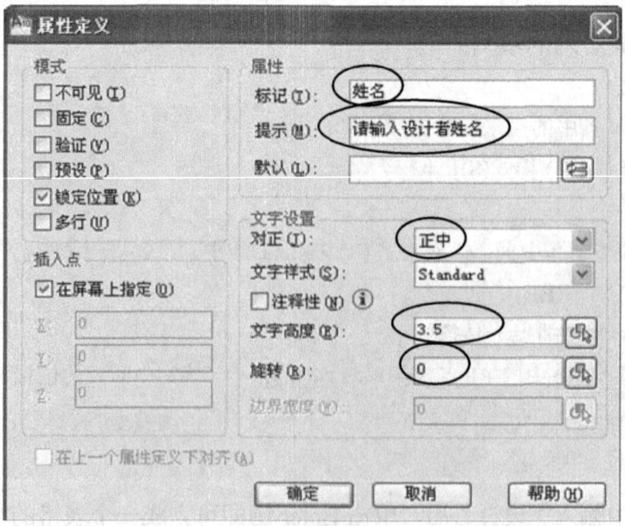

属性定义
模式
不可见(I)
固定(C)
验证(V)
预设(P)
锁定位置(K)
多行(U)
属性
标记(T): 姓名
提示(M): 请输入设计者姓名
默认(L):
插入点
在屏幕上指定(O)
X: 0
Y: 0
Z: 0
文字设置
对正(J): 正中
文字样式(S): Standard
注释性(N)
文字高度(E): 3.5
旋转(R): 0
边界宽度(W): 0
在上一个属性定义下对齐(A)
确定 取消 帮助(H)

图 6-43 “设计者姓名”属性定义对话框

指定起点: 单击捕捉工具条

-From 基点：选择图 6-44 中的 P1 点 <偏移>：@7,3.5↙（确定中间点的位置）

完成属性的定义，如图 6-44 所示。

设计	姓名				
制图	P1				
工艺			重量	比例	
标准化					
审核			共 张 第 张		

图 6-44　标题栏属性定义

重复上述过程，完成其他变量的属性定义。

注意

在插入块文件时，可以将读者保存的任一文件作为块文件进行插入，但读者所保存文件的插入基点被默认为坐标原点，因此建议读者在保存这类文件时修改基点位置。下面以标题栏文件为例来说明具体的操作方法。

命令: Base↙

输入基点 <0.0000,0.0000,0.0000>: 拾取标题栏右下点

最后，以“作业用标题栏”为文件名保存，以备其他零件图调用。

6.3.4 建立常用绘图模板

设置 AutoCAD 绘图环境的一种快速方法是创建模板图形，该图形具有图形初始化设置信息。如果需要，还可以具有可视对象和文本。当读者开始绘制一张新图时，与模板图形相关的设置就会被自动载入。

以 A4 图纸模板为例，说明创建绘制模板的过程。

1. 设置图纸大小

单击标注工具条按钮，新建一绘图文件。

单击下拉菜单“格式”→“图形界限”，重新设置模型空间界限:

指定左下角点或 [开(ON)/关(OFF)] <0.0000,0.0000>: ↙

指定右上角点 <420.0000,297.0000>: 210,297↙

命令: z↙（放缩命令）

指定窗口的角点，输入比例因子(nX 或 nXP)，或者

[全部(A)/中心(C)/动态(D)/范围(E)/上一个(P)/比例(S)/窗口(W)/对象(O)] <实时>: a↙

2. 设置图层

单击图层工具条中的按钮，在弹出的对话框中单击（新建图层）按钮，分别创建 con（粗实线）、cen（中心线）、hid（虚线）、dim（尺寸线）、hat（剖面线）图层，按图 6-45 所示的各项内容进行各层颜色、线型、线宽的设置，最后关闭图层对话框即可。

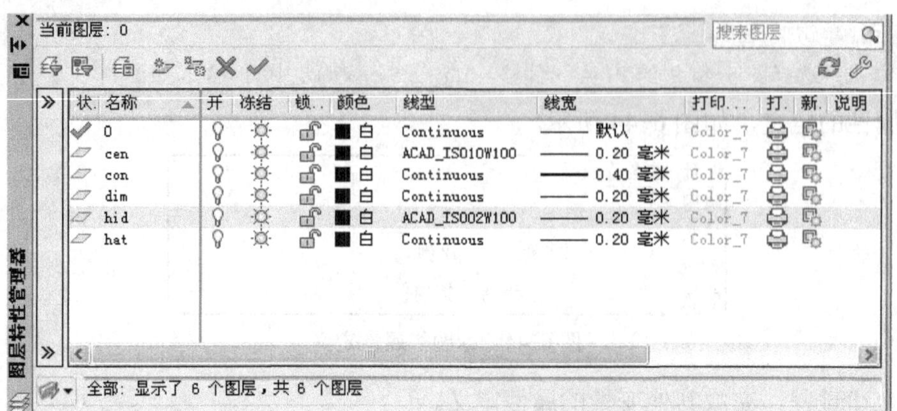

图 6-45　A4 图纸的图层设置对话框

3. 保存为模板文件

单击标准工具条的按钮，系统弹出图 6-46 所示对话框。在“文件类型”栏选择“AutoCAD 图形样板（*.dwt）”，在“文件名”栏输入“A4”，单击 保存(S) 按钮。以后绘制 A4 零件图时，就可以直接使用该模板了。

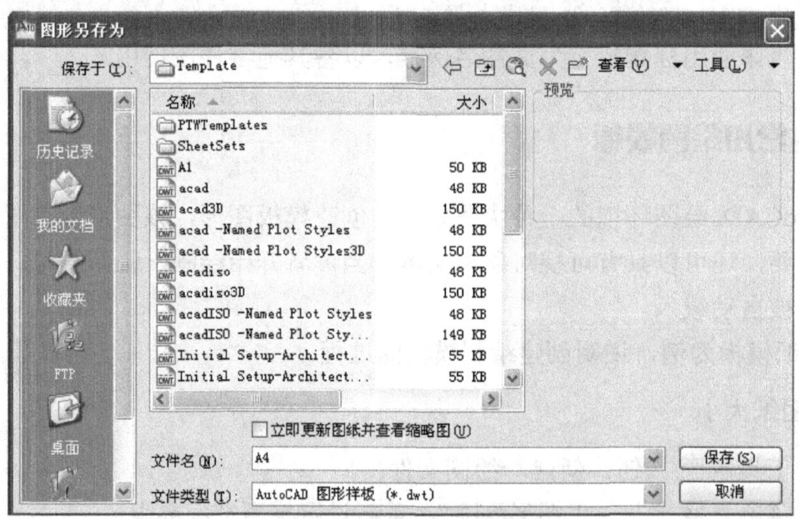

图 6-46　保存模板文件对话框

6.4　综合实例——千斤顶底座零件图的绘制

如图 6-47 所示，绘制千斤顶底座零件图。

整个零件图的绘图步骤如下：

1. 调用模板文件

单击标注工具条的按钮，系统弹出图 6-48 所示“选择样板”对话框。选择“A4”文件名，单击 打开(O) 按钮。

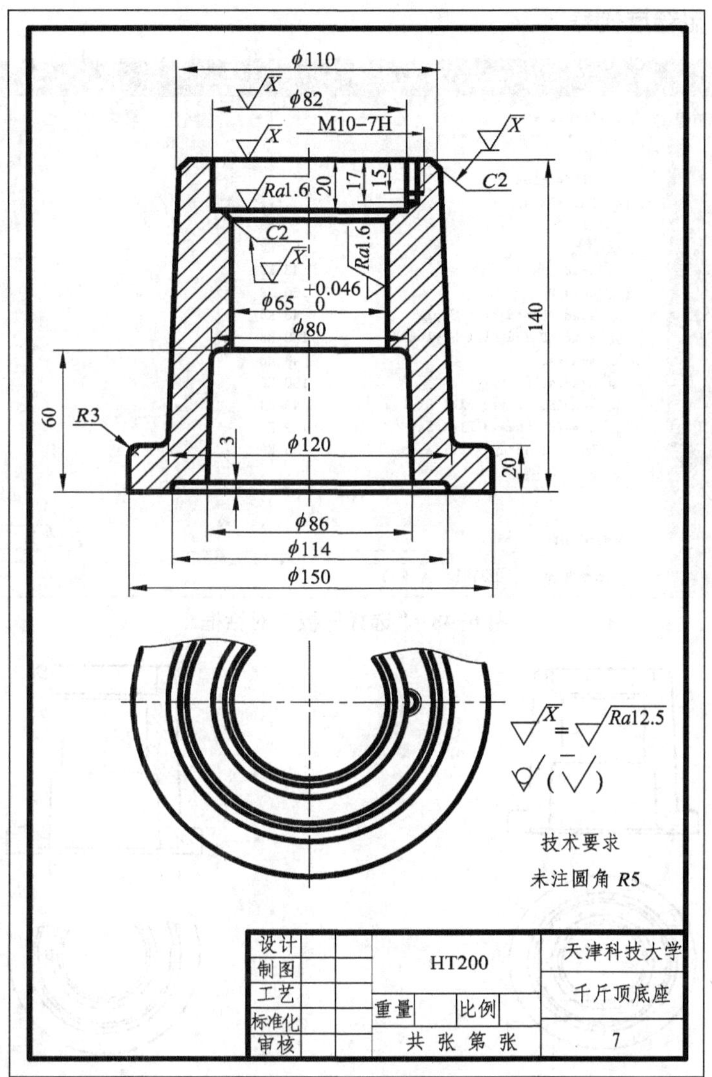

图 6-47 千斤顶底座

2．绘制主视图和俯视图的内、外轮廓

用（画线）、（画圆）、（倒角）、（倒圆）、菜单“修改”→“拉长”命令完成图 6-49 所示的轮廓，过程略。

3．绘制剖视图

1）关闭螺纹细线所在的图层，然后用命令完成主视图的剖面线填充。

2）用（样条曲线）和（修剪）命令修改俯视图，如图 6-50 所示，过程略。

4．标注基本尺寸和公差尺寸

1）用标准工具条的工具设置尺寸标注样式。

2）用标注工具条、、、标注基本尺寸。

3）用标注工具条标注公差尺寸。

5．标注表面粗糙度代号

图 6-48 “选择样板”对话框

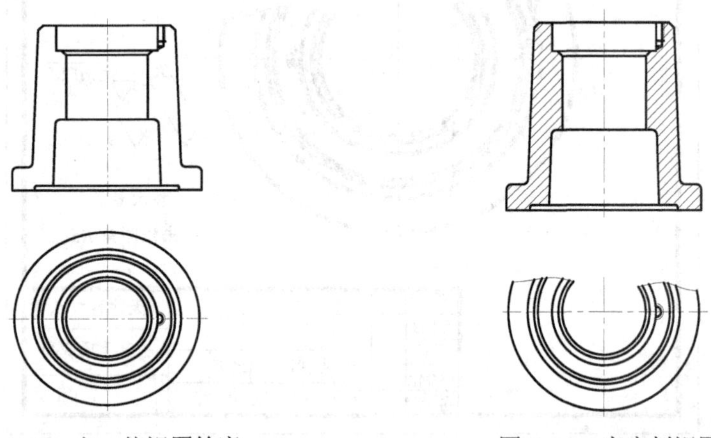

图 6-49 主、俯视图轮廓　　图 6-50 底座剖视图

用绘图工具条中的（图块插入）命令将前面定义的表面粗糙度代号插入到图中所需的位置。

6．插入 A4 边框

将 A4 图纸的边框插入到图纸适当的位置。

7．插入标题栏

插入前面定义的标题栏，按提示输入对应的属性值，完成完整标题栏的填写。

8．书写技术要求

采用A|（单行文本）或A（多行文本）命令完成右下角技术要求的内容。

第 7 章　装配图的绘制

装配图是表达机器或部件工作原理、装配关系以及连接关系的图样，也是进行装配、检验、调整、使用和维修的重要技术资料。用 AutoCAD 绘制二维装配图与传统的尺规绘图步骤基本相同。首先要根据所画机器、部件的工作原理和装配关系确定表达方案，其次确定绘图比例与图幅，然后开始绘图。

用 AutoCAD 绘制二维装配图的方法，一般可分为两种：

1）直接绘制二维装配图。

2）由三维实体模型绘制二维装配图。

而直接绘制二维装配图又可分为：直接绘制法、图块插入法、插入图形文件法，以及用设计中心插入图块法等。下面将几种绘图方法分别作一介绍。

7.1　直接绘制法

在产品设计中，一般先画出机器或部件的装配图，然后根据装配图拆画零件图。在没有零件图的情况下，只能用二维绘图功能，按装配图的画图步骤直接绘制装配图。画图时可灵活运用二维绘图、编辑、设置和辅助绘图等各种功能，来完成装配图。

例　绘制图 7-1 所示部件的装配图。

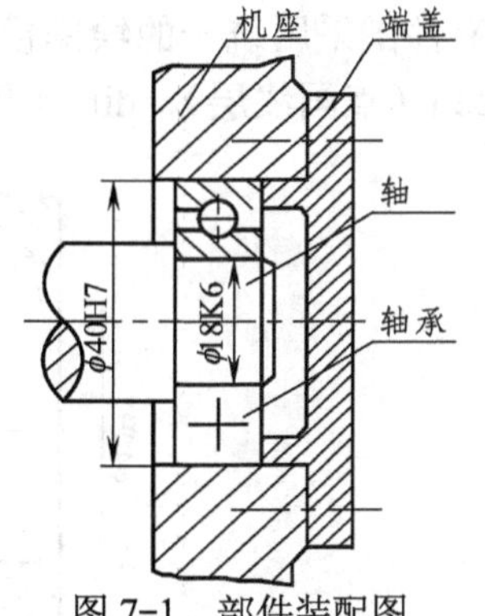

图 7-1　部件装配图

首先设置 A4 图幅；设置绘图环境（图层以及各层的线型、粗细等），然后按照从外向内的绘图顺序进行绘制，即按照机座→端盖→轴承→轴的顺序逐一画出。画图时要利用对象捕捉、追踪和正交等辅助绘图功能，保证绘图的精确性。装配图完成后，按照装配图的尺寸要求标注必要的尺寸，并将 A4 图框和标题栏的图块文件插入图中，编写零件序号，最后绘制并填写明细栏。

7.2　图块插入法

图块插入法是将组成机器或部件的各个零件图事先做成块文件，再根据机器或部件的工作原理及零件间的相对位置将图块逐个插入到对应位置，拼画成二维装配图。

由零件图拼画成装配图需注意以下几点：

1）统一各零件图的绘图比例。

2）关闭零件图中尺寸标注的图层。因为装配图中的尺寸标注要求与零件图完全不同，零件图上的定形和定位尺寸在装配图上一般不需要标注，因此在做零件图块之前，应把零件图上的尺寸标注层关闭，待装配图画完之后，再按照装配图标注尺寸的要求标注尺寸（这就是一般为什么将尺寸和剖面线单独设层的原因）。

3）删除或修改零件图中的剖面线。《机械制图》国家标准规定：在装配图中，两个相邻金属零件的剖面线倾斜方向要相反或方向相同、间隔不等。在创建块文件时，要充分考虑到这一点，零件图块上剖面线的方向在拼画成装配图之后，必须符合《机械制图》国标规定，如果有的零件剖面线方向一时难以确定，做块时可以先关闭零件图剖面线图层，待拼画完装配图后按要求补画。

如果零件图上有螺纹孔，拼画装配图时还要装入螺纹联接件，那么螺纹联接部分的画法与螺纹孔不同，螺纹大、小径的粗、细线要有变化，剖面线也需重画。在这种情况下，为了使绘图简便，零件图上的剖面线层事先必须关闭，甚至螺纹孔所在的图层也要关闭。待装配图上装入螺钉后，再按螺纹联接规定画法将其补画完全。

4）修改零件图的表达方案。由于零件图与装配图的表达侧重点不同，若零件图不满足绘制装配图所要求的图形，在建立图块之前，将零件图另存后进行修改，使其视图表达方法符合装配图表达方案的要求。

例 用图块插入法绘制图 7-1 所示的部件装配图。

首先运用二维绘图功能，绘制图 7-2 所示零件图。各零件图的绘图比例均为 1:1，每一零件图采用统一的绘图模板，尤其是同类线型的图层名必须一致。这里设置：con（粗实线层）、cen（点画线层）、dim（尺寸层）和 hat（剖面线层）。

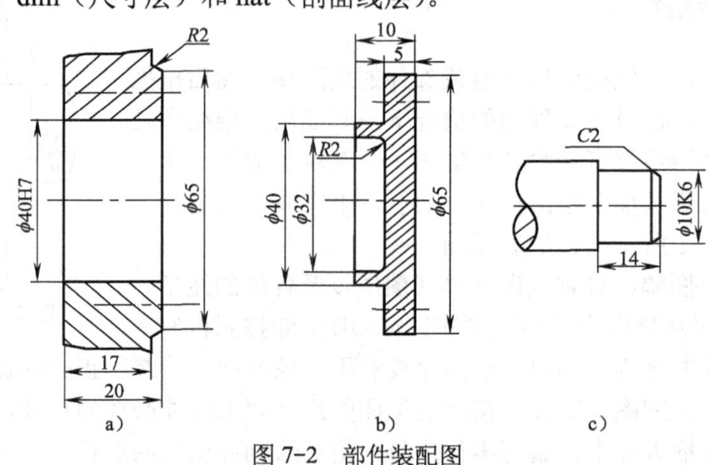

图 7-2 部件装配图
a）机座零件图 b）端盖零件图 c）轴零件图

1．建立零件图块

以机座零件为例，建立图块的步骤如下：

首先把机座零件图打开，用层控制对话框将尺寸层和剖面线层关闭，然后创建块文件，操作如下：

命令: Wblock↙

此时屏幕显示“写块”对话框，如图 7-3 所示。如果已创建块，则选择“块”，并在后面的输入格中输入或选择块名；如果未创建块，则选择“对象”，并在“基点”组框中单击“拾取点”按钮，返回绘图区选择插入基点，如图 7-4a 所示的 P1 点；再次回到“写块”对话框，单击“对象”组框的“选择对象”按钮，然后返回绘图区，选择图 7-4a 整个机座；

回到“写块”对话框，单击“目标”组框的“文件名和路径名”下的[...]（修改路径）按钮，给定块文件存放的路径和文件名，最后单击 确定 按钮，完成机座块文件的建立。

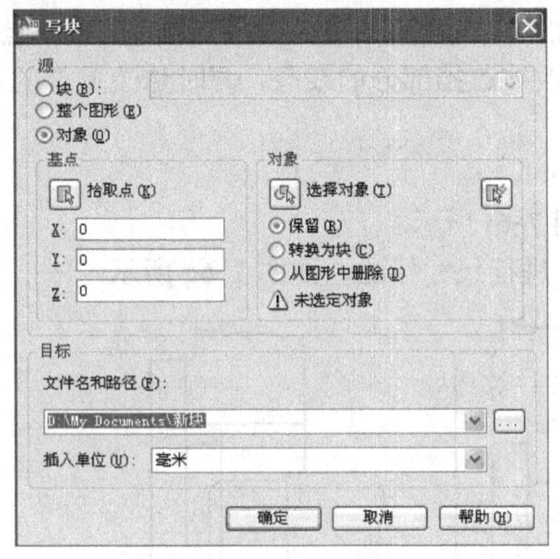

图 7-3 “写块”对话框

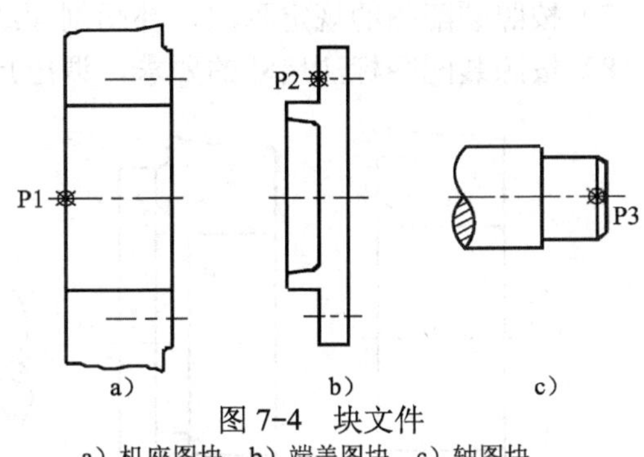

图 7-4 块文件

a）机座图块 b）端盖图块 c）轴图块

采用同样的操作方法，创建端盖和轴的图块，如图 7-4b、c 所示。

为了保证零件图块拼画成装配图后各零件之间的相对位置和装配关系，一定要选择好插入基点，端盖和轴块文件的插入基点为 P2、P3。

2．由零件图块拼画成装配图

1）根据选好的表达方案，计算图形尺寸，定绘图比例，同时考虑标注尺寸、编排序号、明细栏、标题栏、技术要求的位置和所占的面积。

2）插入“机座”块文件。操作步骤如下：

单击绘图工具条中的按钮，此时屏幕显示“插入”对话框，如图 7-5 所示。

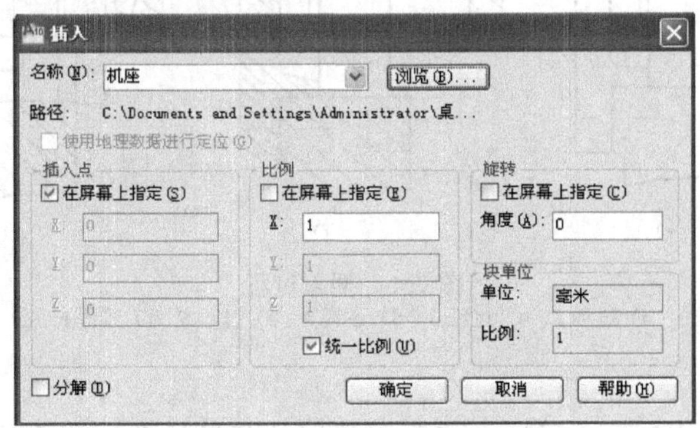

图 7-5 “插入”对话框

① 单击 浏览(B)... 按钮，选择块文件，本例块文件名为“机座”。

② 在“插入”对话框中，通过设置“插入点”、“比例”和“旋转”确定块文件在屏幕的位置、大小及摆放角度情况。本例中，“插入点”组框选择“在屏幕上指定”，“比例”组框选择为 1:1:1，“旋转”组框的“角度”设置为“0”。单击 确定 按钮，将其放置在绘图区合适的位置，如图 7-6a 所示。

3）按同样的步骤可插入“端盖”块文件，但需注意在插入端盖时，插入位置为机座上的 A 点，比例仍为 1:1:1，插入后如图 7-6b 所示。

4）用与前面类同的操作，插入“轴”的图块，如图 7-6c 所示，插入位置为端盖上的 B 点。

5）采用（分解命令）将块文件进行分解，修改被遮挡部分的线条，同时修改重叠的点画线，如图 7-6d 所示。

6）按轴承的规定画法补画轴承，如图 7-6e 所示。

7）按照装配图的规定画法，补画剖面线，如图 7-6f 所示。

8）按照装配图标注尺寸的要求，调出尺寸层，进行尺寸标注，如图 7-6g 所示。

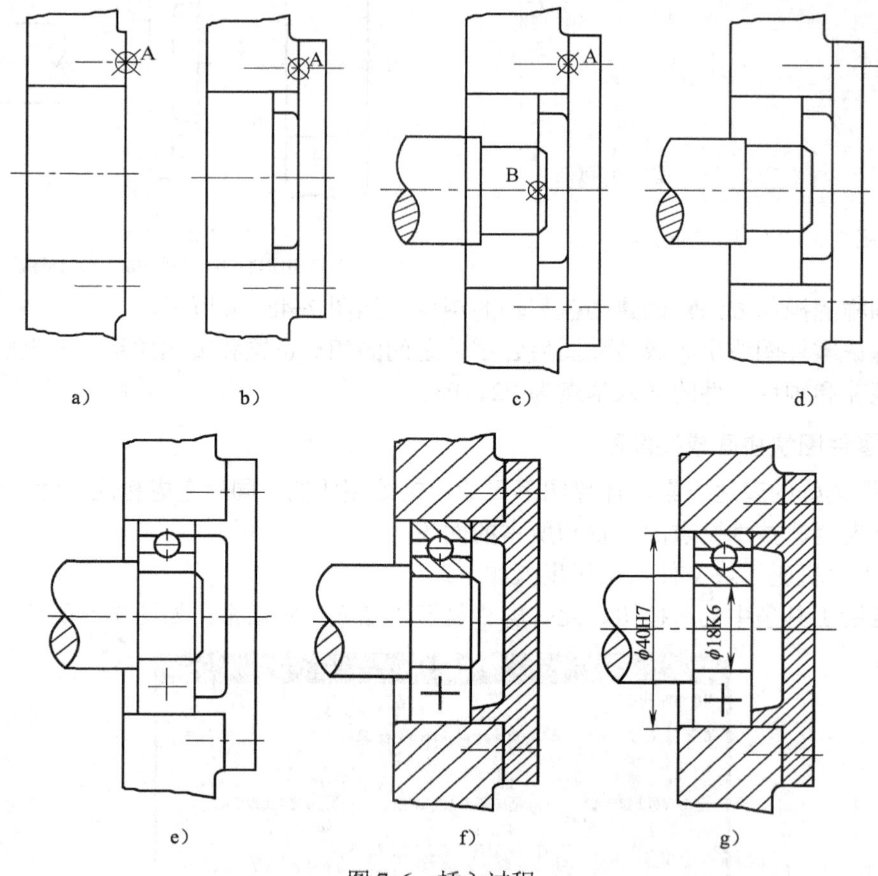

图 7-6　插入过程

a）过程 1　b）过程 2　c）过程 3　d）过程 4　e）过程 5　f）过程 6　g）过程 7

注意

1）为了保证图块插入后正确地表达各零件间的相对位置，做块时要选择好插入基点，插入块时要选择好插入点。

2）为了零件图块拼画装配图时又快又准，一个零件的一组视图可根据需要做成多个图块。

3）图块插入后是一个整体，要修改必须用（分解命令）将其打散。

4）绘制各零件图时，图层设置应遵守计算机绘图的国家标准，或者自行规定保持各零件图的同类图线的图层一致，以便拼画装配图时对图形的管理。注意不要在零层绘图。

7.3 插入图形文件法

插入图形文件法就是将一个完整的图形文件在不同的图形中直接插入，因此可以用直接插入零件的图形拼画装配图。注意图形文件的插入基点是图形的左下角（0，0），在拼画装配图时无法准确地确定零件图形在装配图中的位置。为了使图形插入后准确地放到需要的位置，在画完图形以后，首先用“Base”命令设好插入基点，然后再存盘，这样拼画装配图时能够准确地将图形放在需要的位置。

设基点操作步骤如下：

命令: Base↙

输入基点 <0.0000,0.0000,0.0000>:拾取图 7-7 中的×点，然后保存该文件

图 7-7～图 7-11 是用“Base”设好插入基点的组成球阀的各零件图，图中“×”处是设好的插入基点。

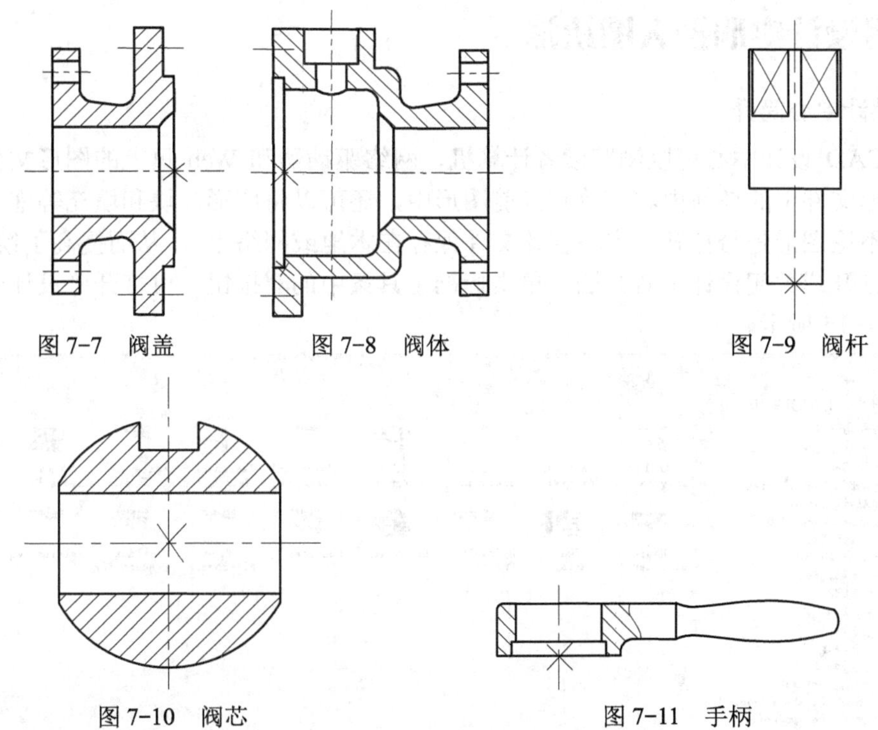

图 7-7　阀盖　　图 7-8　阀体　　图 7-9　阀杆

图 7-10　阀芯　　图 7-11　手柄

下面以球阀为例介绍插入图形文件法画二维装配图。

单击绘图工具条中的（插入图块）按钮，此时屏幕显示“插入”对话框，如图 7-5 所示。

单击 浏览(B)... 按钮，根据路径找到要插入的文件，如阀盖零件，并将其打开。单击“插入”对话框中的 确定 按钮，将零件插入到新建文件中。

用同样的操作方法逐次将阀体、阀杆、阀芯、手柄插入，然后修改完成球阀的装配图图形，如图 7-12 和图 7-13 所示。

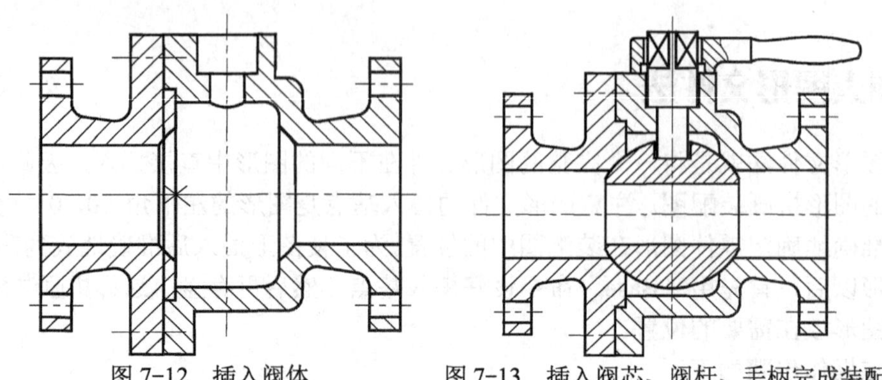

图 7-12　插入阀体　　　　图 7-13　插入阀芯、阀杆、手柄完成装配

图形文件插入后，实际上也成为一个图块，要想对其进行修改，首先需对其用命令进行分解。插入图形文件法画装配图的方法要求，图形文件的表达方案接近于装配图中所需的表达方案，否则，拼画成装配图后的修改工作量很大。

7.4　用设计中心插入图块法

1. 设计中心简介

AutoCAD 设计中心可以浏览读者计算机、网络驱动器和 Web 页上的图形文件，并且可以将原图形文件中的任何内容拖放到当前图形中，还可以将图形、块和填充等拖放到工具选项板上（不论图形是否打开，也不管该文件保存在本地或网络上），从而提高了绘图效率。

（1）打开或关闭设计中心方法　单击标准工具条中的按钮，可打开“设计中心”对话框，如图 7-14 所示。

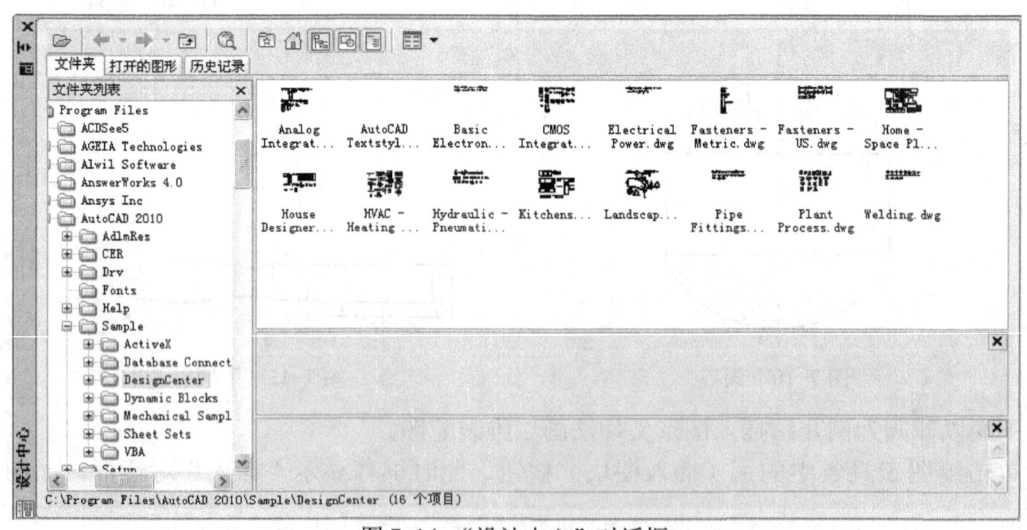

图 7-14　“设计中心”对话框

设计中心打开后，可以把它摆放到 AutoCAD 绘图区的右边；也可以根据喜好，将设计中心置于绘图区的左侧。

（2）选项卡介绍　设计中心由两部分组成。在设计中心的顶端为一些功能按钮，利用它们能快速地切换显示当前目录，查找或装载文件，以及进行预览或描述的切换等。在功能按钮下，是文件夹、打开的图形、历史记录三个选项卡。

1）文件夹。显示框的左侧部分为树形目录，用于显示文件或图形组件列表，是 AutoCAD 设计中心资源管理框；在设计中心的右侧是内容显示框，其中上面部分为文件夹细节浏览窗口；在设计中心右下侧为预览区域。使用该选项卡可以向当前文档中插入各种内容，如图 7-14 所示。

2）打开的图形。可以浏览当前打开的图形，还可以单击当前打开的文件图标，查看当前图形的图块、线型等图形元素。

3）历史记录。显示曾编辑过的图形，通过双击列出的图形文件，快速打开曾编辑过的图形。

2．利用 AutoCAD 设计中心打开图形文件

在 AutoCAD 设计中心中，不能通过双击图形文件的方法将其打开，必须将图形从设计中心拖动到绘图区。具体方法是：在内容显示框中选择图形文件，按住鼠标左键将文件拖到绘图区后松开，同时回答系统提示的选项。实际上，图形文件是作为图块插入到当前图形中的，所以系统提示的选项与图块插入相同。

3．利用 AutoCAD 设计中心插入图块

利用 AutoCAD 设计中心，可以直接插入其他图形中定义的图块，图块被插入到图形中后，如果原来的图块被修改，则插入到图形中的图块也随之改变。

AutoCAD 设计中心提供了插入块的两种方法：默认比例和旋转角与指定比例和旋转角。

4．利用设计中心插入其他图形元素

利用设计中心，除了可以方便地插入其他图形中的图块以外，还可以插入其他图形中的标注样式、图层、平铺布局、线型、文字字样及外部引用。具体方法为：用鼠标点选目标并将其拖到绘图区内，释放鼠标。如果一次想加入多个目标，按住 Shift 键或 Ctrl 键选择多个目标。这与资源管理器中移动文件操作相似。

5．利用设计中心拼画装配图图形

首先在资源管理框中找到装配图的各零件图文件，用鼠标左键将图块拖到绘图区，释放鼠标左键，该零件的图形便插入到绘图区，用相同方法逐个将其他图块插入到绘图区的适当位置，即可完成装配图图形。

以上介绍了用 AutoCAD 绘制装配图的几种方法。在实际中可以根据装配图的复杂程度灵活应用。一般较简单的装配图直接绘制比较好，较复杂并且标准件较多的装配图用图块或图形插入法比较简便，多家协作的大型项目用 AutoCAD 设计中心更为方便，有的图形可以把几种方法结合起来运用。

用 AutoCAD 绘制装配图，是对制图知识、投影理论和 AutoCAD 二维绘图功能的综合运用。只有对制图知识和投影理论掌握得好，二维绘图功能运用得活，才能又快又好地绘制出装配图。绘制者应多实践，总结出行之有效的简便快速的绘图方法。

7.5 综合实例——千斤顶装配图的绘制

按照图 6-46 所示的千斤顶底座和图 7-15 所示的组成千斤顶的其他零件图，采用图块插入法，完成图 7-20 所示的装配图的绘制。

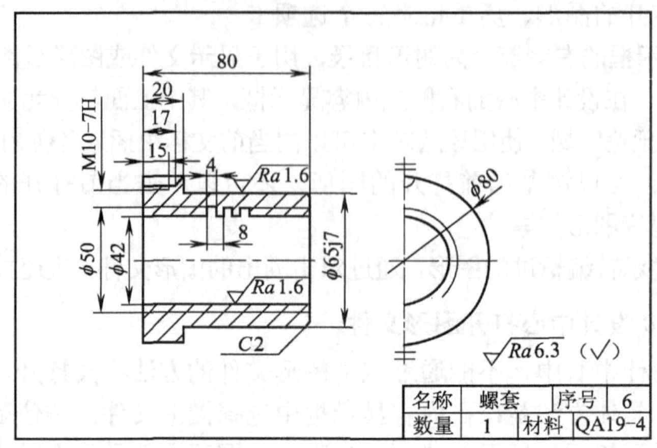

a)

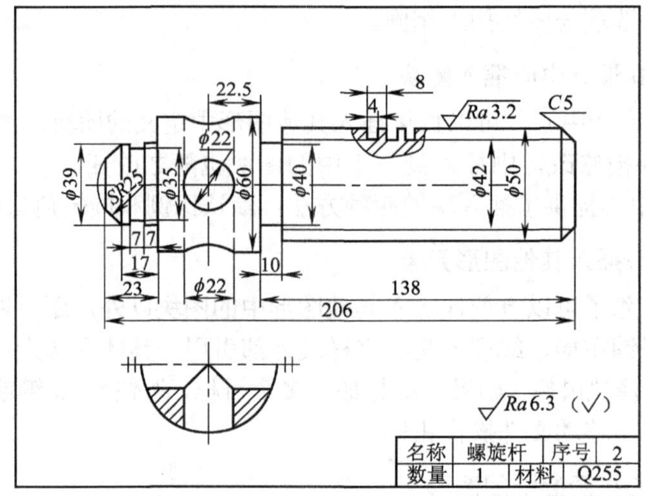

b)

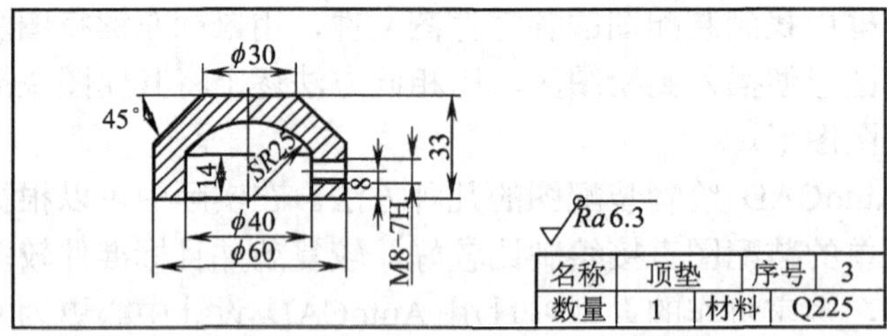

c)

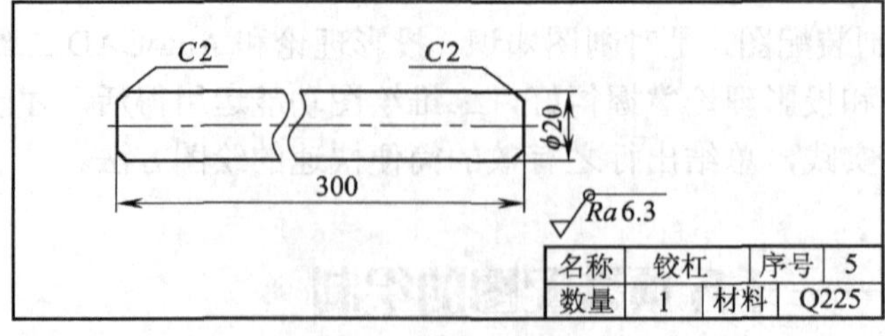

d)

图 7−15 千斤顶各零件图

a）螺套 b）螺杆 c）顶垫 d）铰杠

整个装配图的绘制过程如下：

1．创建零件图块

打开每个零件，关闭该零件图中边框、标题栏、尺寸层（dim）、剖面线层（hat）、螺纹细线部分所在的图层，设置点为插入基点，创建块文件。如图 7-16 所示，底座的插入基点为 A，螺套的插入基点为 A1，螺杆的插入基点为 A2，顶垫的插入基点为 B1，铰杠的插入基点为 C1。

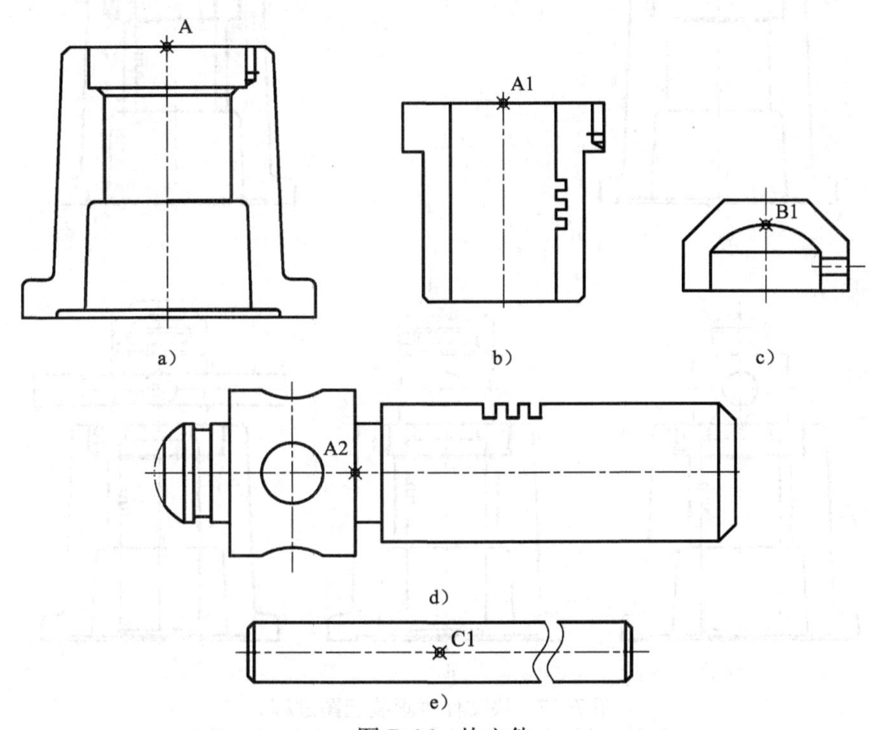

图 7-16　块文件
a）底座-块　b）螺套-块　c）顶垫-块　d）螺杆-块　e）铰杠-块

2．由零件图块拼画成装配图

（1）定图幅　根据选好的表达方案，计算图形尺寸，定绘图比例，同时考虑标注尺寸、编排序号，画明细栏、标题栏，填写技术要求的位置和所占的面积。

（2）插入“底座”块文件　操作如下：

1）单击绘图工具条中的按钮，此时屏幕显示“插入”对话框，如图 7-5 所示。

2）单击浏览(B)...按钮，选择块文件，本例块文件名为“底座-块”。

3）在“插入”对话框中，通过设置“插入点”、“比例”和“旋转”确定块文件在屏幕的位置、大小及摆放角度情况。本例中，“插入点”组框选择“在屏幕上指定”，“比例”组框选择 1:1:1，“旋转”组框的“角度”设置为“0”。单击确定按钮，将其放置在绘图区合适的位置，如图 7-17a 所示。

4）按同样的步骤可插入“螺套-块”块文件，但需注意在插入螺套时，插入位置为底座上的 A 点，比例仍为 1:1:1，插入后如图 7-17b 所示。

5）用与前面类同的操作，插入“螺杆-块”块文件，如图 7-17c 所示，插入位置为端盖上的 A 点。

6）用与前面类同的操作，插入“顶垫—块”块文件，如图 7-17d 所示，插入位置为螺杆上的 B 点（B 点为螺杆上的弧线延长后的象限点）。

7）用与前面类同的操作，插入“铰杠-块”块文件，如图 7-17e 所示，插入位置为螺杆上的 C 点。

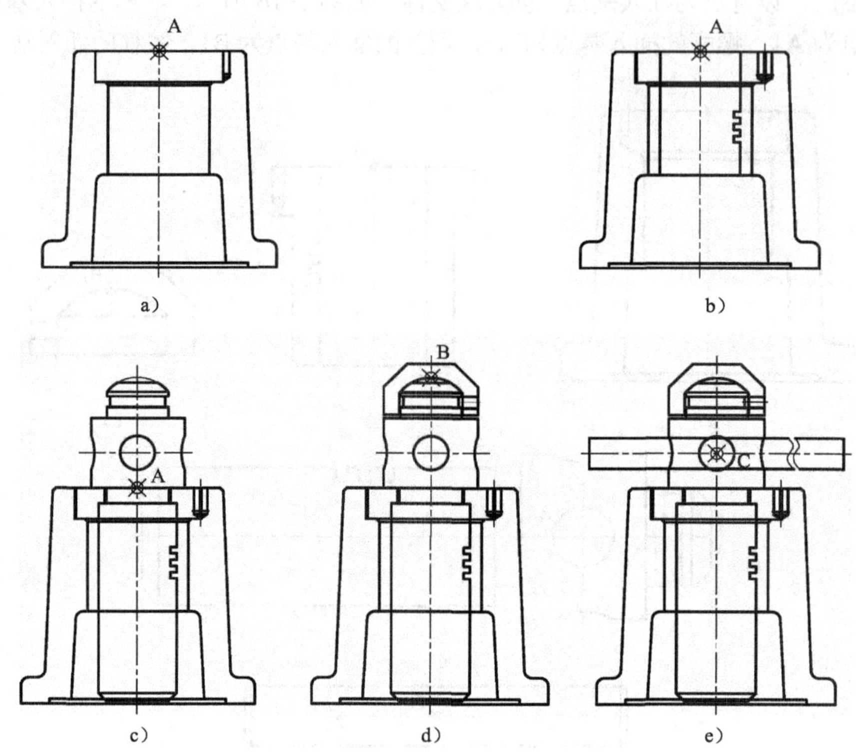

图 7-17　块文件拼画装配图过程

a）过程 1　b）过程 2　c）过程 3　d）过程 4　e）过程 5

8）采用（分解命令）将块文件进行分解，修改被遮挡部分的线条、重叠的点画线，补画螺钉 M8×12，M10×12，如图 7-18 所示。

9）添加剖面线，注意相邻零件剖面线方向相反，如图 7-19 所示。

10）标注尺寸，插入标题栏，写技术要求，如图 7-20 所示。

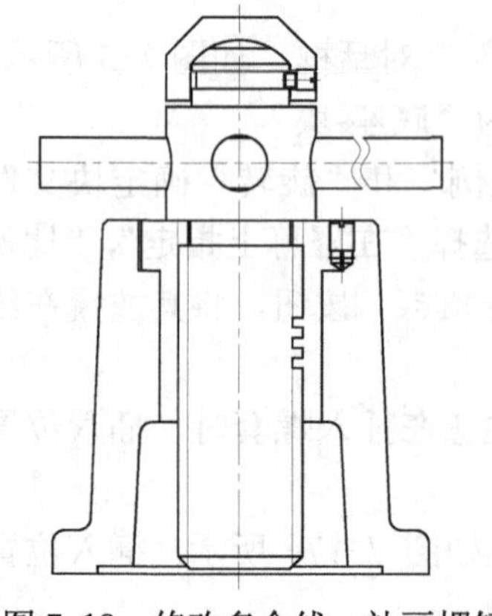

图 7-18　修改多余线，补画螺钉

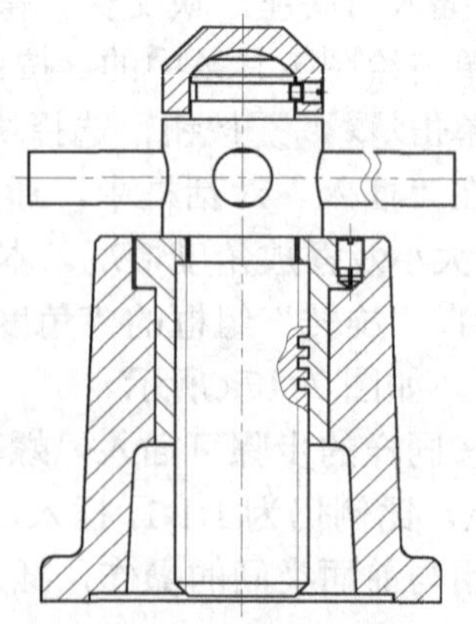

图 7-19　绘制剖面线

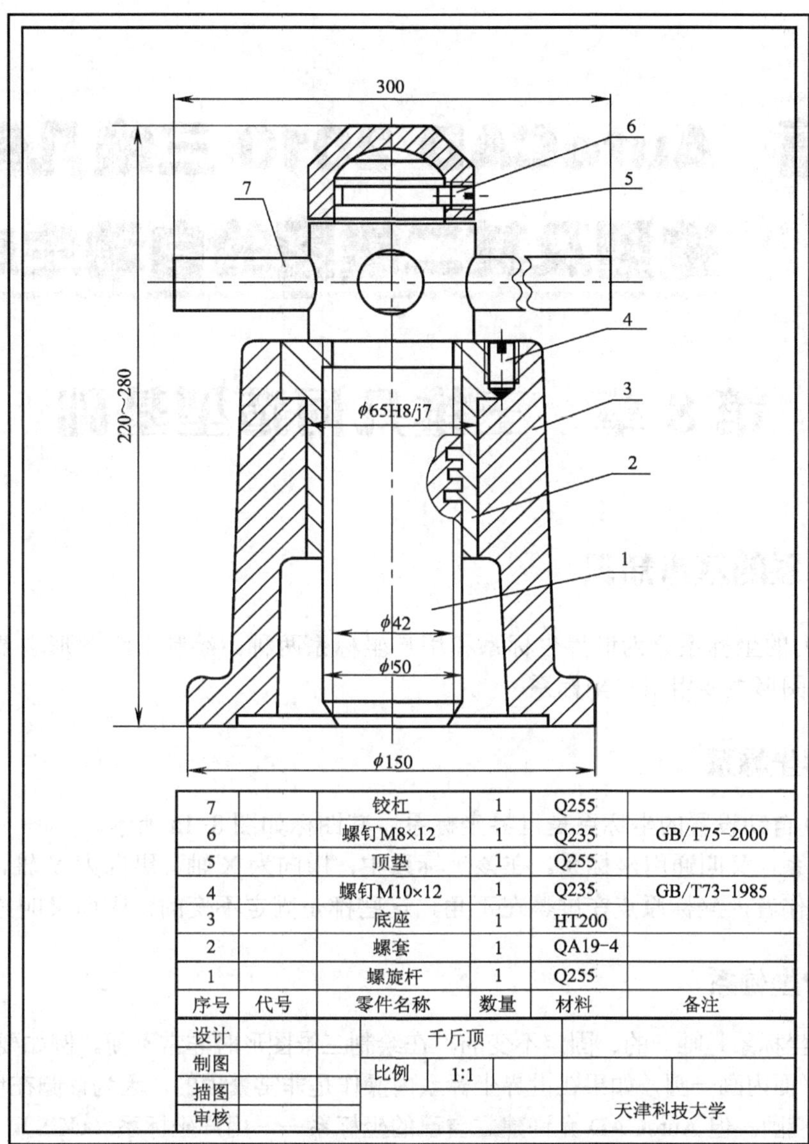

7		铰杠	1	Q255	
6		螺钉M8×12	1	Q235	GB/T75-2000
5		顶垫	1	Q255	
4		螺钉M10×12	1	Q235	GB/T73-1985
3		底座	1	HT200	
2		螺套	1	QA19-4	
1		螺旋杆	1	Q255	
序号	代号	零件名称	数量	材料	备注

设计		千斤顶		
制图		比例	1:1	
描图				天津科技大学
审核				

图 7-20　千斤顶装配图

第2篇　AutoCAD 2010 三维几何造型及其二维图的自动生成

第8章　三维几何造型基础

8.1　坐标系的基本知识

AutoCAD 的坐标系分为世界坐标系和用户坐标系两种。绘制二维图形主要用世界坐标系，绘制三维图形主要用用户坐标系。

8.1.1　世界坐标系

AutoCAD 自动设置的坐标系是世界坐标系，其图标如图 8-1a 所示。

世界坐标系，又叫通用坐标系。在该坐标系中，横向为 X 轴，纵向为 Y 轴，Z 轴的方向由屏幕指向操作者，坐标原点在屏幕左下角，这些都是固定不变的，因而又叫绝对坐标系。

8.1.2　用户坐标系

由于世界坐标系是唯一的、固定不变的，在绘制三维图形时非常不便。例如要在图 8-2 所示的 ABCD 平面内画一圆，如果在世界坐标系内操作是非常繁琐的，因为该圆在世界坐标系中的形状是一个椭圆。但 AutoCAD 允许建立自己的坐标系——用户坐标系（UCS），可将 UCS 的坐标原点放在任何位置，坐标轴可以倾斜任意角度。例如要在图 8-2 所示的 ABCD 平面内画一个圆，只要建立图 8-1b 所示的用户坐标系，就可以直接调用画圆命令，画出该圆。

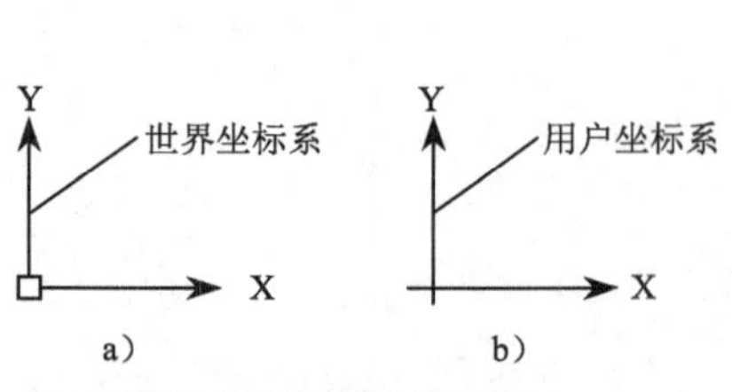

图 8-1　坐标系的图标
a）世界坐标系　b）用户坐标系

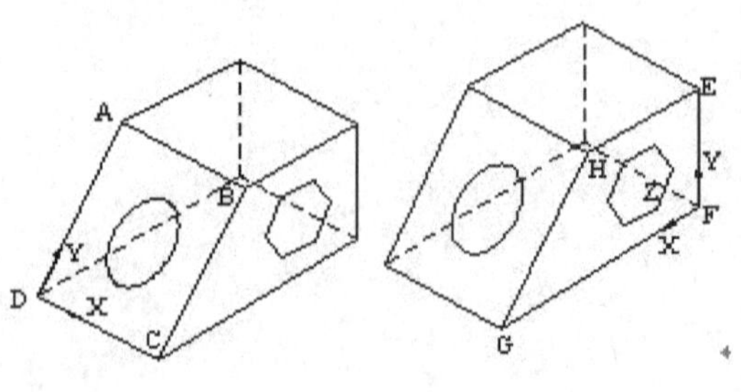

图 8-2　建立用户坐标系实例

在 AutoCAD 中单击菜单浏览器按钮，在弹出的菜单中选择“工具”→“新建 UCS”命令的子命令。如单击 UCS 选项面板上的图标，AutoCAD 会有如下提示：

当前 UCS 名称：*世界*（当前坐标系是世界坐标系）

指定 UCS 的原点或[面（F）/命名（NA）/对象（OB）/上一个（P）/视图（V）/世界（W）/X/Y/Z/Z 轴（ZA）]<世界>：_3

三点：三点建立新的用户坐标系。这三点分别是坐标原点、X 轴正半轴上的一点、XY 平面内 Y 轴正半轴上的任意点。

上面各选项说明如下：

1）指定 UCS 的原点：默认选项，将坐标原点移到读者指定的点上，坐标轴的方向保持不变。可单击 UCS 选项面板上的图标。

2）面：使新建用户坐标系的 XY 面平行于选择的平面。可单击 UCS 选项面板上的图标。

3）命名：管理已定义的用户坐标系。可单击 UCS 选项面板上的图标。

4）对象：指定一个实体建立新的用户坐标系。新坐标系的 Z 轴与所选定实体的 Z 轴相同，坐标原点与 X 轴的正向见表 8-1。Y 轴方向由右手定则确定。也可分别单击 UCS 选项面板上的图标。

表 8-1　坐标原点及 X 轴的正向

选择实体的类型	新建坐标系原点	新建坐标系 X 轴的正向
点（Point）	点的位置	任意
直线（Line）	离拾取点最近的端点	沿直线指向离拾取点最远的点
圆（Circle）	圆心	从圆心指向选择圆时的拾取点
圆弧（Arc）	圆心	从圆心指向选择圆时距拾取点较近的圆弧端点
二维多义线（Polyline）	多义线的起点	从起点指向下一个顶点
三维面（3Dface）	三维面的第一个点	X 轴：从第一点指向第二点，Y 轴：一点指向四点
尺寸标注（Dimension）	尺寸文本的中点	X 轴平行于标注该尺寸文字时 UCS 的 X 轴方向
实心体（Solid）	该实心体的第一点	从第一点指向第二点
形/文本/属性	插入点	沿着原 UCS 的 X 轴方向

5）上一个：返回上一用户坐标系。可单击 UCS 选项面板上的图标。

6）视图：使新建用户坐标系的 XY 面垂直于图形观察方向。可单击 UCS 选项面板上的图标。

7）世界：命名、存储当前用户坐标系。可单击 UCS 选项面板上的图标。

8）X/Y/Z：这 3 个选项的功能是将当前用户坐标系绕 X、Y 或 Z 轴旋转一定的角度。可分别单击 UCS 选项面板上的图标、、。

9）Z 轴：通过指定坐标原点和 Z 轴正半轴上的一点，建立新的 Z 轴方向。可单击 UCS 选项面板上的图标。选择该选项后提示：

当前 UCS 名称：*世界*

指定 UCS 的原点或[面（F）/命名（NA）/对象（OB）/上一个（P）/视图（V）/世界（W）/X/Y/Z/Z 轴（ZA）]<世界>：_zaxis

指定新原点或[对象（O）]<0，0，0>：：（输入新 UCS 的原点位置）

在正 Z 轴范围上指定点<0.000 0，0.000 0，1.000 0>：（输入新 UCS 的 Z 轴正方向上的一点）

8.2 三维视图设置

在绘制三维图形的过程中，常需要从不同的方向观察图形。AutoCAD 默认的观察方向与 Z 轴重合，因而看不见物体的高度，所见的视图是模型在 XY 平面内的视图，即 AutoCAD 的默认视图是 XY 平面视图（简称平面视图）。用三维立体图表达物体各个方向的立体形状时，绘图者和看图者就需要经常改变图形的观察方向，以便从不同的方向绘制或观察物体。AutoCAD 预设置了 10 个特殊的图形观察方向，如图 8-3 所示。

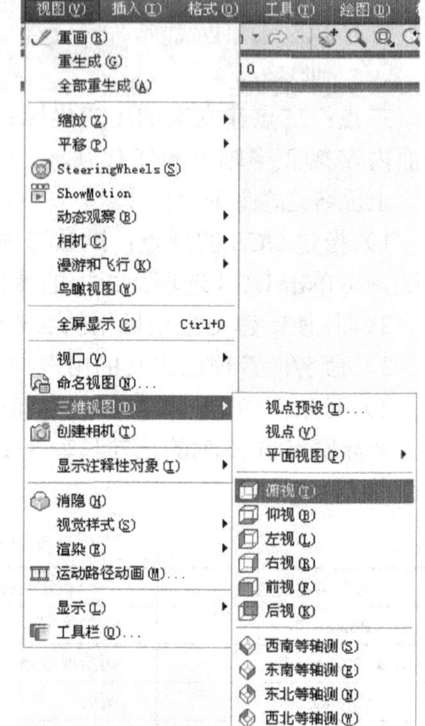

图 8-3 三维视图观察方向

在绘制三维图形时，首先要了解几个基本概念，它们分别是视点、目标点、视线。

1）视点：指在三维空间中观察三维模型的那个位置，也就是眼睛所在的位置。

2）目标点：当观察三维对象时，眼睛聚焦到一个清晰点上，此点就是目标点。

3）视线：这是一条假想的直线，它将视点与目标点连接起来。

利用视点命令，能直接输入视点的 X、Y、Z 坐标或指定视线的角度来确定观看的方向，如图 8-4 所示。另外，还能采用罗盘方式定义视点，如图 8-5 所示。

菜单：VPOINT↙

指定视点或[旋转（R）]<显示指南针和三轴架>：

各选项使用说明如下：

1）指定视点：直接输入视点的 X、Y、Z 坐标值，视点与目标点的连线就是视线，如图 8-4 所示。

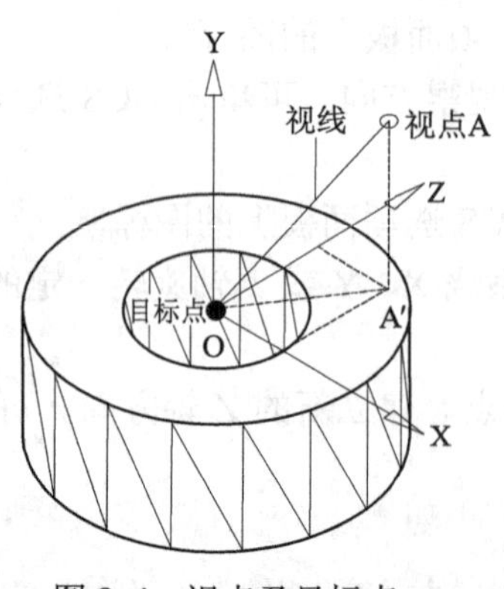

图 8-4 视点及目标点

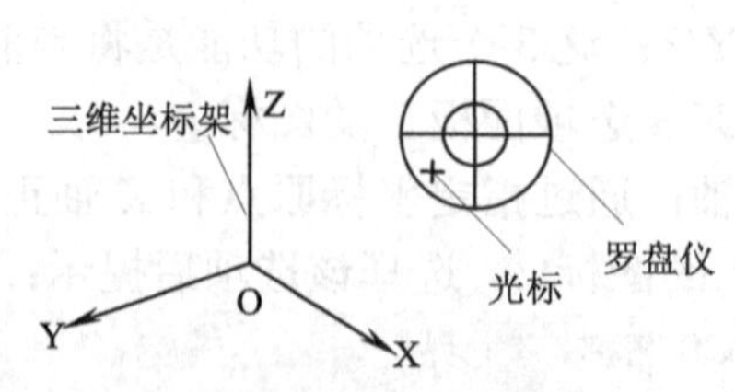

图 8-5 罗盘及三维坐标架

2）旋转：选择 R 选项后提示如下：

输入 XY 平面中与 X 轴的夹角<270>：（输入视线在 XY 平面内的投影与 X 轴的夹角）

输入与 XY 平面的夹角<90>：（输入视线与 XY 平面的夹角）

3）显示指南针和三轴架：直接回车后，显示图 8-5 所示的罗盘及三维坐标架。在罗盘内移动十字光标，三维坐标轴将转动，表示正沿着不同的视线方向进行观察。光标处于罗盘的不同位置，相应视点的方位也就不同。

1．利用罗盘改变视点

罗盘是三维空间的二维表示，它定义了视线与 XY 平面的夹角及视线在 XY 平面的投影与 X 轴的夹角。三维坐标架的原点相当于地球球心，罗盘中心相当于北极，内圆相当于赤道，外圆相当于南极。罗盘的中心表示 Z 轴投影后的集聚点，若选择罗盘的中心点，则视点位于 Z 轴的正方向，观察方向正好垂直于 XY 平面。罗盘内环表示视线与 XY 平面的夹角在 0°～90°，即视点在 Z 轴正方向一边。罗盘外环表示视线与 XY 平面的夹角在-90°～0°，即视点在 Z 轴负方向一边。若选择罗盘内圆上的点，则视线与 XY 平面的夹角等于 0°；若选择罗盘外圆上的点，则视点位于 Z 轴的负方向，视线垂直于 XY 平面。在罗盘中将光标移到合适位置后，按 Enter 键，AutoCAD 就按设定的视点显示 3D 视图。虽然通过罗盘并不能获得极为精确的视点，但非常直观。因为在视点调整的过程中，可以看到三维坐标架的状态，而它的状态就表示了 3D 视图中 WCS 或 UCS 坐标系的状态，如图 8-6 所示。

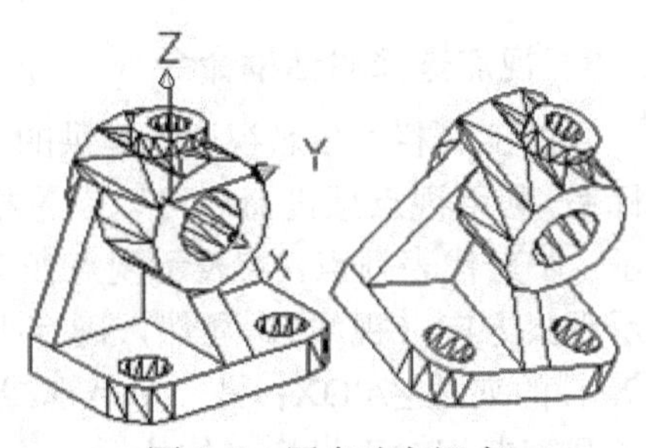

图 8-6　罗盘改变视点

2．快速选择特殊视点

设置三维视图，可以查看正交视图和等轴测视图，也可以根据名称或说明选择预定义的标准正交视图和等轴测视图，正交视图有俯视图、左视图、仰视图、主视图、右视图、后视图，等轴测视图包括西南等轴测、东南等轴测、东北等轴测和西北等轴测。具体方法有：

1）单击“菜单浏览器”，在弹出的菜单中选择“视图”，三维视图中的各选项可快速选择特殊视点。这些选项所对应的特殊视点见表 8-2。

表 8-2　菜单选项所对应的特殊视点

菜 单 选 项	特 殊 视 点	菜 单 选 项	特 殊 视 点
俯视图	0，0，1	后视图	0，1，0
仰视图	0，0，-1	西南等轴测	-1，-1，1
左视图	-1，0，0	东南等轴测	1，-1，1
右视图	1，0，0	东北等轴测	1，1，1
主视图	0，-1，0	西北等轴测	-1，1，1

2）命令：VPOINT↙

指定视点或[旋转（R）]<显示指南针和三轴架>：键入表 8-2 中的视点值↙

3）单击视图工具栏图标，如图 8-7 所示。

查看三维模型的西南等轴测视图，选择“视图”→“三维视图”→“西南等轴测”菜单命令或单击“西南等轴测”按钮，如图 8-8 所示。

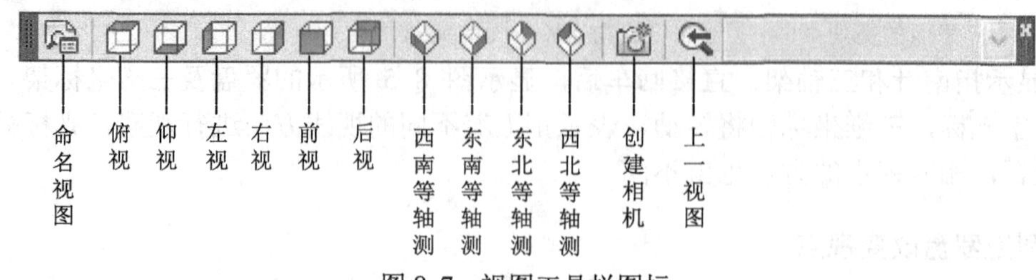

图 8-7　视图工具栏图标

3．视点选择对话框命令

视图工具栏“命名视图”提供的 10 种标准视点仅与 WCS 坐标系有关，而不适用于 UCS 坐标系。利用视点预设命令可以设置相对于 WCS 坐标系和 UCS 坐标系所需的视点，如图 8-9 所示。A 点代表视点，A'表示视点在 XY 平面上的投影，O 点表示被观察的目标点，AO 直线表示观察方向（视线）。显然，确定视点 A 需要两个角度：一个是 A 点在 XY 平面上的投影与 X 轴的夹角∠A'OX；另一个是视线 AO 与平面 XY 的夹角∠AOA'，这两个角度的组合就决定了观察者相对于目标点的位置。

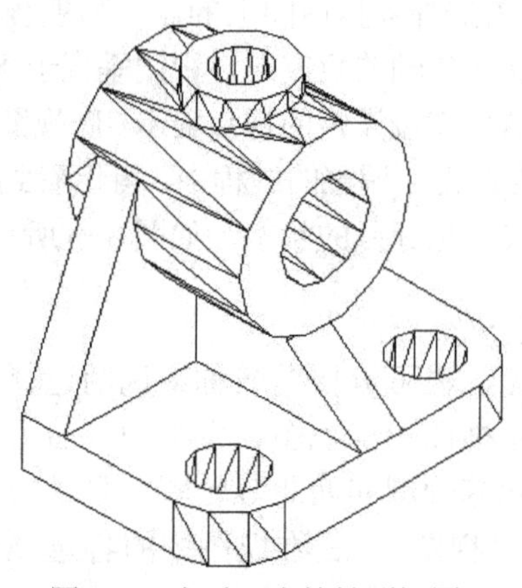

图 8-8　查看西南等轴测视图

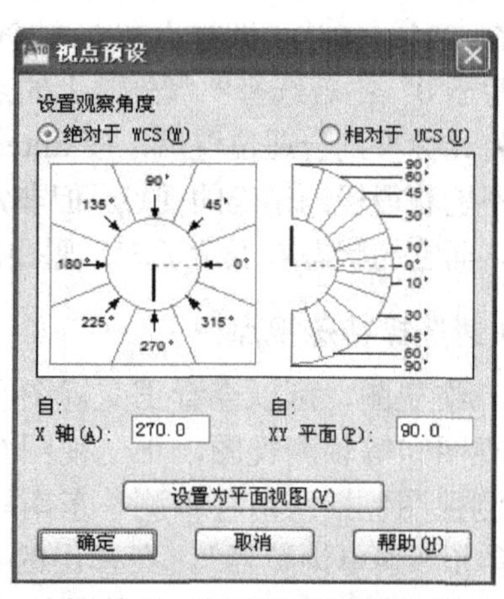

图 8-9　“视点预设”对话框

命令：DDVPOINT（或别名 vp）↙

键入 DDVPOINT 命令后，系统弹出图 8-9 所示的“视点预设”对话框。以下说明如何通过这个对话框设定图 8-4 中的∠A'OX 和∠AOA'。

（1）设置∠A'OX　在图 8-9 对话框中，左边的正方形图像表示了视点在 XY 平面的投影与 X 轴正向的夹角，圆心代表目标点。可以在“X 轴”中输入角度值设定∠A'OX。当在圆内单击一点时，则∠A'OX 由此点在圆内的位置决定；若在圆外单击一点，则∠A'OX 由圆外区域中指定的角度值决定。

（2）设置∠AOA'　在图 8-9 对话框中，右边的半圆图像表示了视线与 XY 平面的夹角。调整方法与上述过程类似，这里不再重复。在默认情况下，“绝对于 WCS”选项是选中的，表明设定的∠A'OX 和∠AOA'是相对于 WCS 坐标系，要想相对于 UCS 坐标系设定角度，就必须单击“相对于 UCS”按钮。

（3）生成平面视图　单击该对话框中的按钮［设置为平面视图(V)］，就获得了 XY 平面内的平面视图，即视线方向垂直于 XY 平面（∠A'OX 和∠AOA'重新分别设为 270°、90°）。

8.3 设置多个视口

视口是 AutoCAD 在屏幕上用于显示图形的一个区域，默认状态下把整个绘图区域作为一个视口，可通过视口观察和绘制图形；也可以根据需要把一个绘图区域分成几个视口，在各个视口中设置不同的视点，从而可以更加全面地观察物体。图 8-10 所示的屏幕就被分割成 3 个视口。

8.3.1 在模型空间设置多视口

在模型空间设置多视口，其根本目的是为了在三维图形的绘制中全面地观察物体，而无需反复更改视点的位置，如图 8-10 所示。在模型空间中，任何一个视口都是不能被移动和复制的，这是它与图纸空间多视口的根本区别。

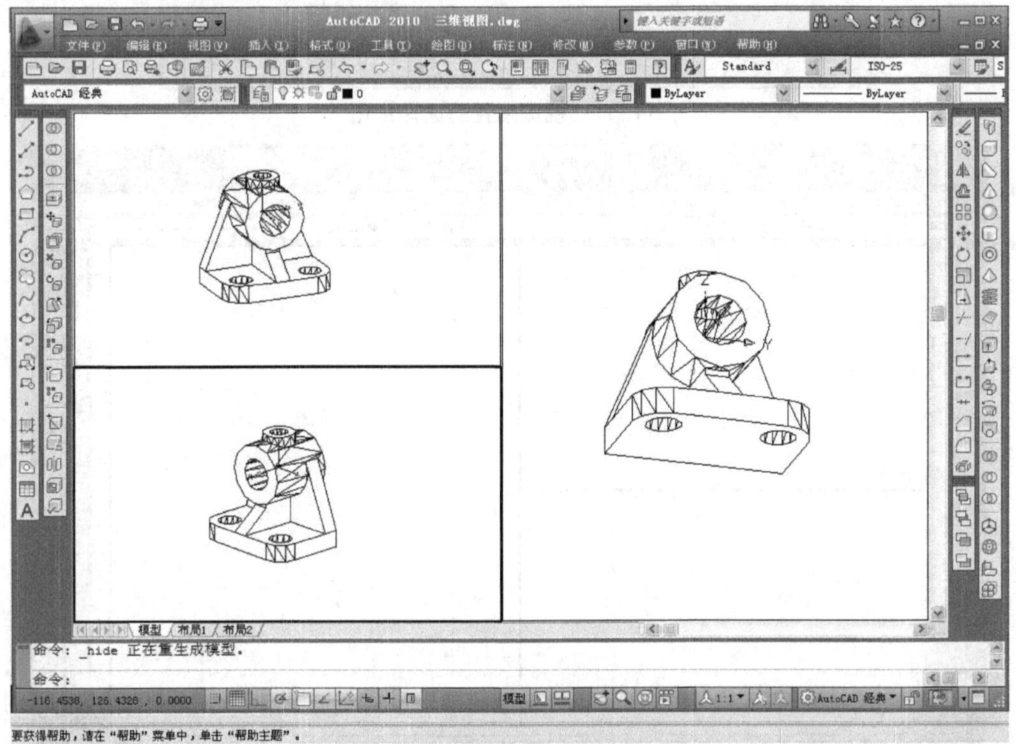

图 8-10 在绘图区域设置 3 个视口

模型空间中设置多视口的方法：一种是对话框方式，另一种是命令行方式。下面分别介绍。

1）单击菜单浏览器按钮，在弹出的菜单中选择“菜单”→“视口”→“新建视口”，在弹出的对话框中进行多视口设置选择；或单击“视口”选项卡，在弹出的视口选项面板中单击图标，在对话框中进行多视口设置选择。

2）命令：Vports↙（在命令行键入多视窗命令），打开“视口”对话框，如图 8-11 所示。在该对话框中进行多视口设置极为方便。

单击“新建视口”选项卡，在弹出的视口选项面板中选择“标准视口”。图 8-12 为用多视口命令设置的 3 个视口。

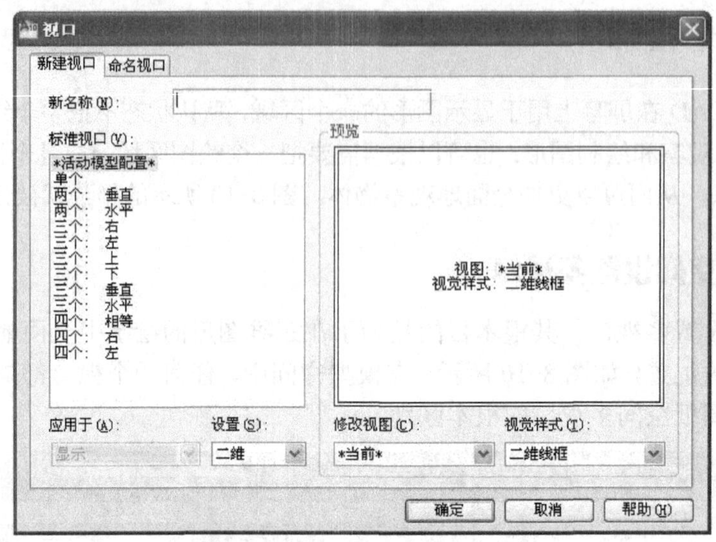

图 8-11　视口配置的选择预览

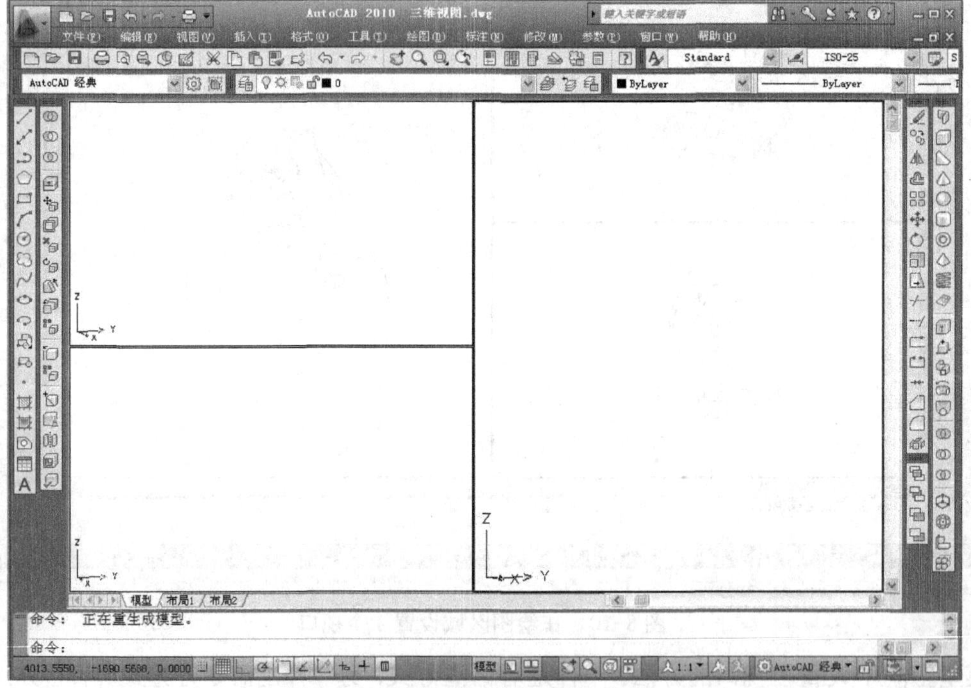

图 8-12　用多视口命令设置 3 个视口

注意

将绘图区域设置为多视口后，在不同的视口中可以设置不同的视点，但不能自动生成不同的剖视图，如图 8-10 所示。

8.3.2　在图纸空间设置多视口

在布局模式下，可以通过如下两种方法在图纸空间设置多视口。

1）单击菜单浏览器按钮，在弹出的菜单中选择“菜单”→“视口”；或在三维建模环境下，单击“视口”选项卡，在弹出的视口选项面板中单击图标，进行多视口设置选择。

2）用键盘输入并回车。

用上述两种方法中任一种输入命令后，将得到如下提示：

指定视口的角点或[开（ON）/关（OFF）/布满（F）/着色打印（S）/锁定（L）/对象（O）/多边形（P）/恢复（R）/图层（LA）/2/3/4]<布满>：

上面括号中选项的说明：

1）开（ON）/关（OFF）：打开或关闭视口。关闭的视口虽不参加重新生成视图的重新生成布局命令，但可以提高绘图速度。在一个关闭的视口中，不能直接回到模型空间。只有利用 ON 打开关闭的视口，才能返回到模型空间。

2）布满（F）：建立一个布满屏幕的视口。

3）着色打印（S）：打印渲染的模型。

4）锁定（L）：锁定选取的视窗。

5）对象（O）：选取一个封闭多义线、矩形、椭圆、圆等封闭的，而且至少有三个顶点的实体来构成视口。

6）多边形（P）：指定多个点来创建一个不规则的多边形。选择该选项后提示如下：

指定起点：

指定下一个点或[圆弧（A）/长度（L）/放弃（U）]：

指定下一个点或[圆弧（A）/闭合（C）/长度（L）/放弃（U）]：

下面介绍提示行中各选项的含义：

① 圆弧（A）：在多边形中加入一段弧，具体操作与画弧一样。

② 闭合（C）：至少输入 3 点之后直接按 Enter 键，即执行闭合命令，AutoCAD 会自动生成封闭的多边形。

③ 长度（L）：指定长度绘制直线。绘制的角度与先前的一段相同。

④ 放弃（U）：取消上一次操作。该选项可以重复使用。

7）恢复（R）：在图纸空间把由视点命令创建并存储的视窗配置转化成一个视窗对象。选择该选项后提示如下：

输入视口配置名或[?]<*Active>：

此时可输入视口配置名，也可输入？显示所保存的视口配置。直接按 Enter 键后，AutoCAD 将会有如下提示：

指定第一个角点或[布满（F）]<布满>：

在该提示下，可以通过选择布满（F）选项把存储的视口按比例填满整个区域，也可以直接输入一点。如果直接输入一点，AutoCAD 将会继续提示：

指定第一个角点：（指定另一个角点，即用确定两点的方法在图纸空间内确定视口）

8）图层（LA）：是否将视口图层特性替代重置为全局特性。

9）2/3/4：这 3 个选项分别把当前视口分割成 2、3、4 个视区。图 8-13 为将当前视口分成 4 等份。

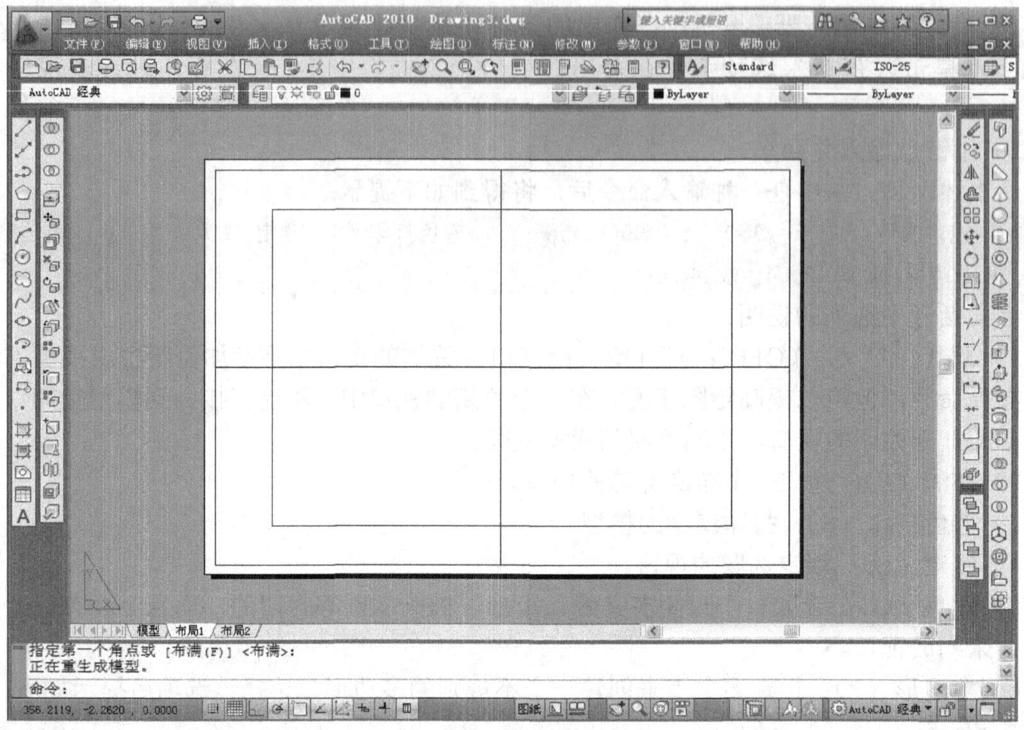

图 8-13　将当前视口分成 4 等份

8.4　模型空间与图纸空间

在 AutoCAD 中，可以在“模型空间”和“图纸空间”中完成绘图和设计工作，大部分设计和绘图工作都是在模型空间完成的，而图纸空间是模拟手工绘图的空间，它是为绘制平面图而准备的一张虚拟图纸，是一个二维空间的工作环境。图纸空间就是为布局图面、打印出图而设计的，还可以在其中添加诸如边框、注释、标题和尺寸标注等内容。

8.4.1　模型空间和图纸空间的概念

（1）模型空间　模型空间可以让一个空间物体从不同的角度去观察和构造，且观察是全方位的。这种全方位的观察可能是操作者围绕着物体转（设置不同的观察点），也可能是物体在操作者的眼前转动（设置 UCS 观察平面）。

（2）图纸空间　如果将在模型空间中从不同方向观察到的物体视图，放置在同一个平面上，如同一张工程图样那样划分为主视图、俯视图和左视图等，这个平面就是图纸空间。

8.4.2　模型空间和图纸空间的关系

模型空间和图纸空间可以互相切换。切换时，只需单击状态栏上的“模型”或“布局”切换按钮即可，如图 8-14 所示。

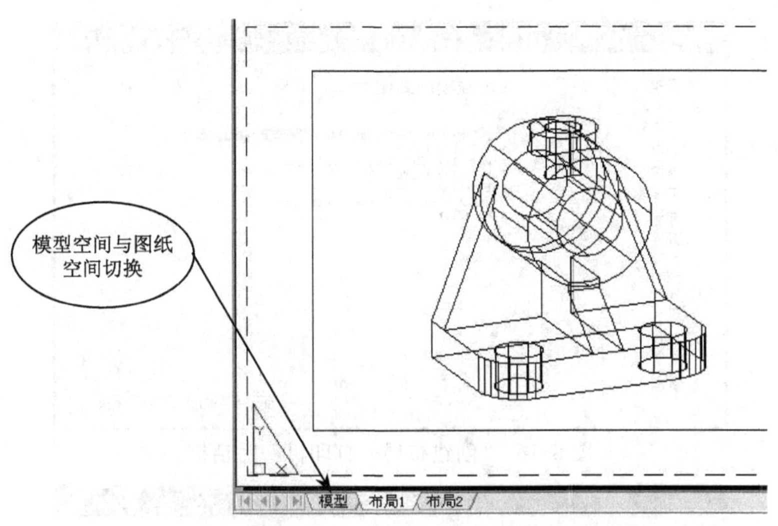

图 8-14 “模型”选项卡和多个“布局”选项卡

8.4.3 图纸空间布局

在图纸空间可以进行一些环境布局的设置，如制定图纸的大小、添加标题栏、图形标注和注释。

例 创建一个布局。

1）在菜单中单击“插入”→“布局”→“创建布局向导”，弹出“创建布局—开始”对话框。

2）输入新布局的名称，如图 8-15 所示。

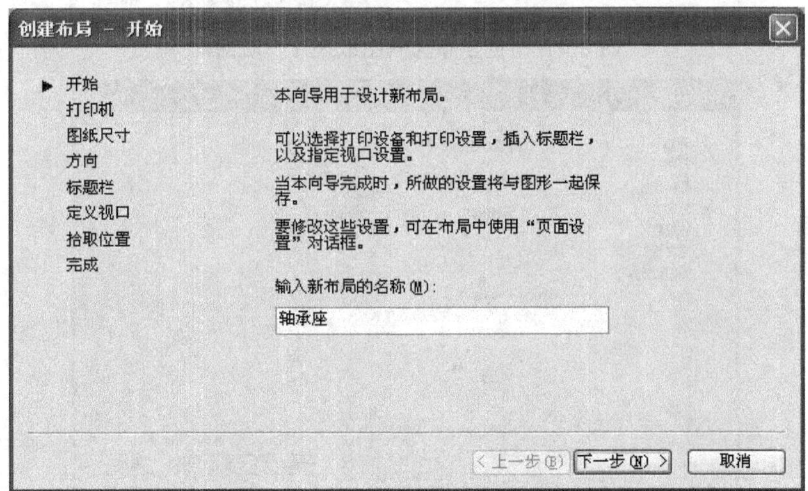

图 8-15 “创建布局—开始”对话框

3）单击“下一步”，弹出“创建布局—打印机”对话框，选择打印机，如图 8-16 所示。

4）单击“下一步”，弹出“创建布局—图纸尺寸”对话框，选择打印图纸的大小和所用的单位，如图 8-17 所示。

5）单击“下一步”，弹出“创建布局—方向”对话框，设置图形在图纸上的方向，如图 8-18 所示。

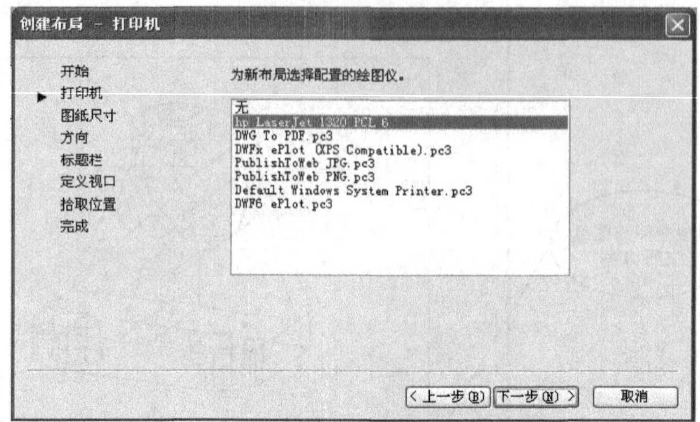

图 8-16 “创建布局—打印机”对话框

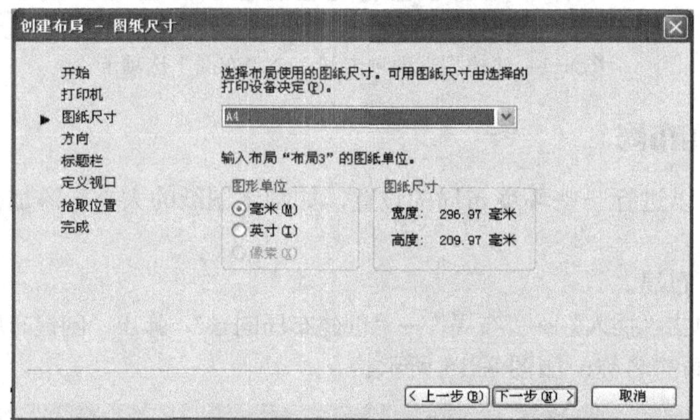

图 8-17 “创建布局—图纸尺寸”对话框

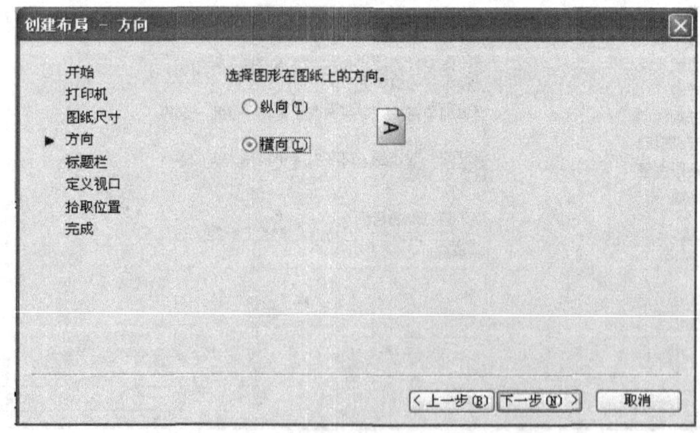

图 8-18 “创建布局—方向”对话框

6）单击“下一步”，弹出“创建布局—标题栏”对话框，可以选择当前可用的图纸边框和标题样式，在“类型”中可以指定所选择的标题栏图形文件是作为“块”，还是作为“外部参照”插入图中，如图 8-19 所示。

7）单击“下一步”，弹出“创建布局—定义视口”对话框，“视口设置”用来设置当前布局的视口数，“视口比例”用来设置视口的比例，如图 8-20 所示。

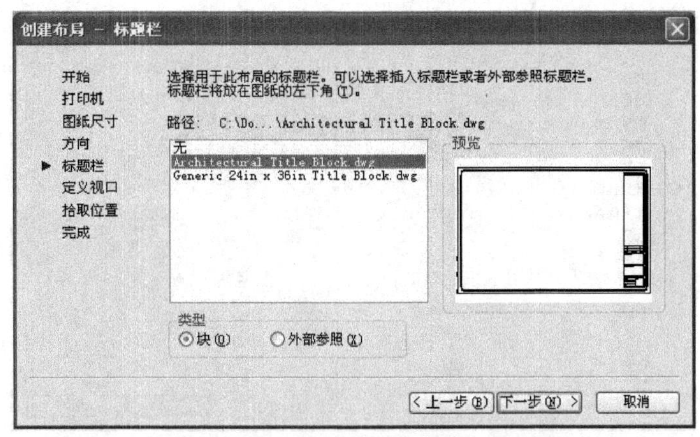

图 8-19 “创建布局—标题栏”对话框

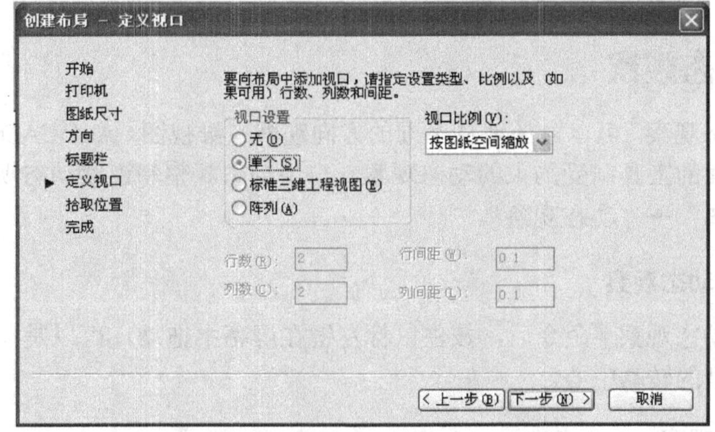

图 8-20 “创建布局—定义视口”对话框

8）单击“下一步”，弹出“创建布局—拾取位置”对话框，如图 8-21 所示。单击 选择位置(L) < ，系统返回图形窗口，从图形中指定视口配置的大小和位置。

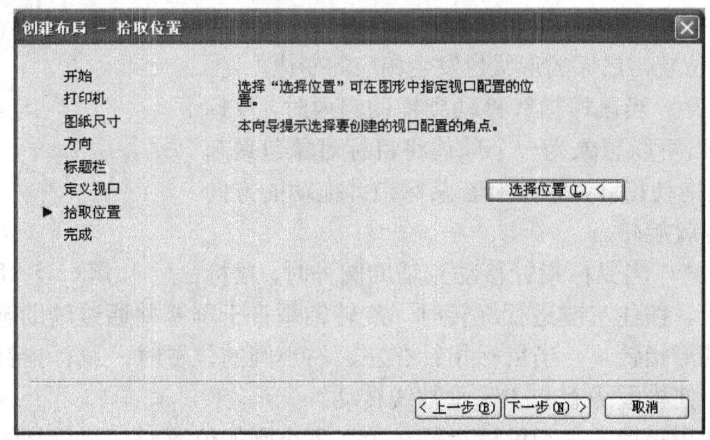

图 8-21 “创建布局—拾取位置”对话框

9）单击“下一步”，弹出“创建布局—完成”对话框，如图 8-22 所示。

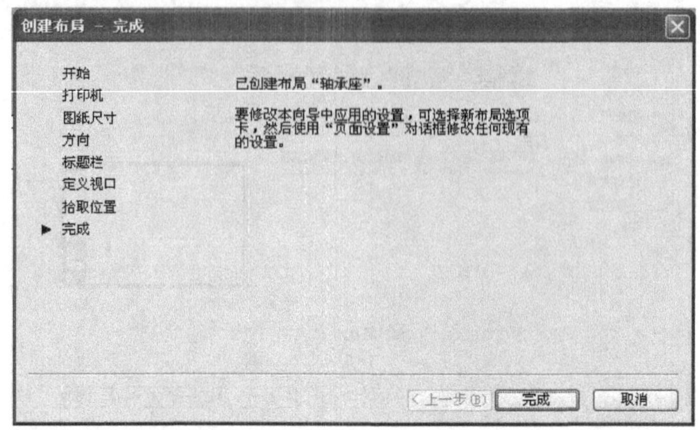

图 8-22 “创建布局—完成”对话框

8.5 三维动态观察

通过三维动态观察，可以方便地从不同的方向观察三维视图。AutoCAD 动态观察工具栏中提供了三种观察的工具：受约束的动态观察、自由动态观察和连续动态观察。操作为单击“菜单”→“视图”→“动态观察”。

1. 受约束的动态观察

选择受约束动态观察命令后，按住鼠标左键在屏幕中拖动，可以是模型转动，左键所按住的点就是模型的转动中心。

2. 自由动态观察

选择自由动态观察命令后，屏幕中围绕观察对象形成一个辅助圆，如图 8-23 所示。在辅助圆上平均分布着 4 个小圆，按住左键在屏幕中拖动时，坐标系和观察对象将沿着一定的方向旋转。在不同的位置，鼠标的形状也发生相应的变化。

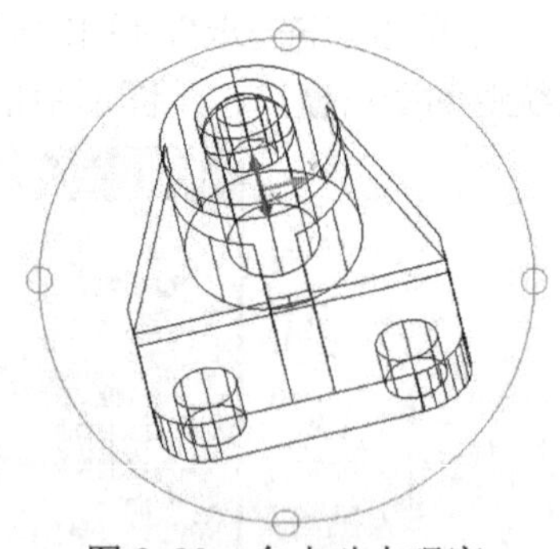

图 8-23 自由动态观察

（1）球形指针 当鼠标指针移动到辅助圆内时，鼠标指针变成这种形状。可以想象为一个球体将目标对象包裹起来。按住鼠标左键拖动指针，球体沿着鼠标指针拖动的方向旋转，从而模型也就旋转。

（2）圆形指针 当鼠标指针移动到辅助圆外时，鼠标指针变成这种形状。按住左键进行旋转时，旋转轴垂直于屏幕并通过辅助圆心。

（3）水平椭圆形指针 当鼠标指针在左、右小圆的位置时，鼠标指针变成这种形状。按住并拖动鼠标，使模型绕着一个铅垂轴线转动。

（4）竖直椭圆形指针 当鼠标指针在上、下小圆的位置时，鼠标指针变成这种形状。按住并拖动鼠标，使模型绕着一个水平轴线转动。

3. 连续动态观察

选择连续动态观察命令，按住鼠标左键向某个方向轻轻拖动一下，模型便朝着这个方向一直转动。

8.6 视觉样式

1. 功能

视觉样式用于改变模型的显示外观，是对模型显示方式的设置，可以使三维图形在线框模式与实体模式之间进行转换。使用 AutoCAD 提供的视觉样式可以查看三维模型，也可以新建视觉样式来创建需要的视觉样式。

2. 操作

下拉菜单：视图→视觉样式。

下拉菜单中视觉样式选项说明：

1）二维线框：以线框显示模型，光栅图像、线型及线宽均可见，如图 8-24 所示。

2）三维线框：以线框显示模型，同时显示一个着色的三维坐标，光栅图像、线型及线宽均可见，如图 8-25 所示。

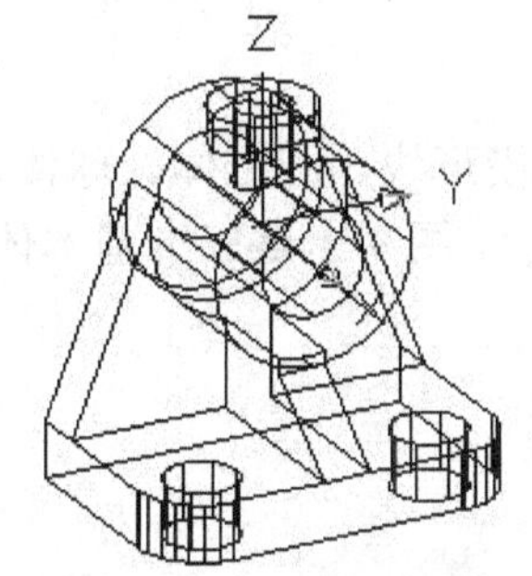

图 8-24　二维线框显示效果

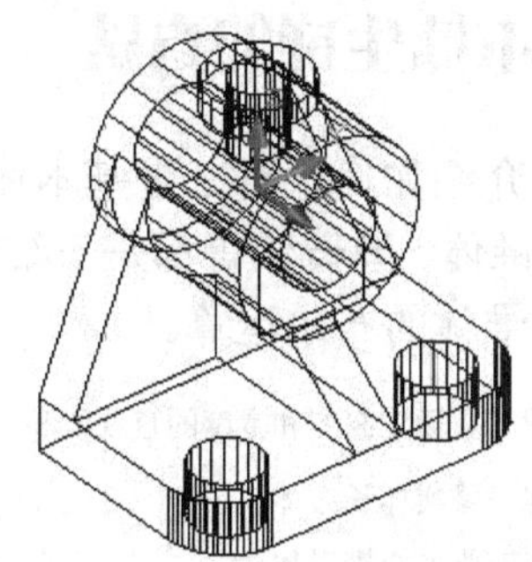

图 8-25　三维线框显示效果

3）三维隐藏：以线框显示模型，但隐藏的线不可见，光栅图像、线宽均可见，线型不可见，如图 8-26 所示。

4）真实：对模型进行着色，显示对象的材质，光栅图像、线型及线宽均可见，如图 8-27 所示。

5）概念：对模型进行着色，采用从冷色到暖色的过度，缺乏真实感，但细节表现清晰，如图 8-28 所示。

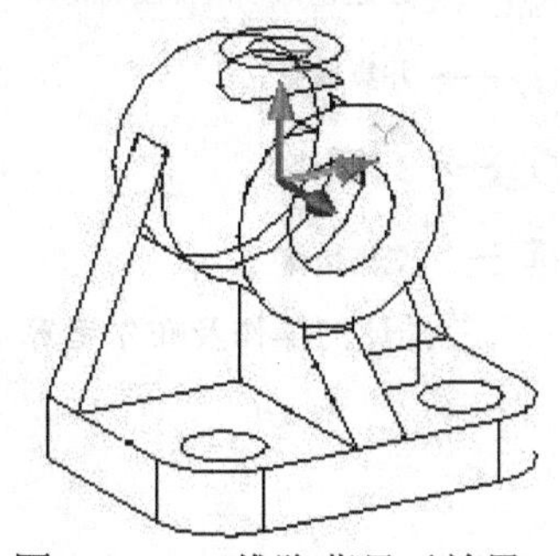

图 8-26　三维隐藏显示效果

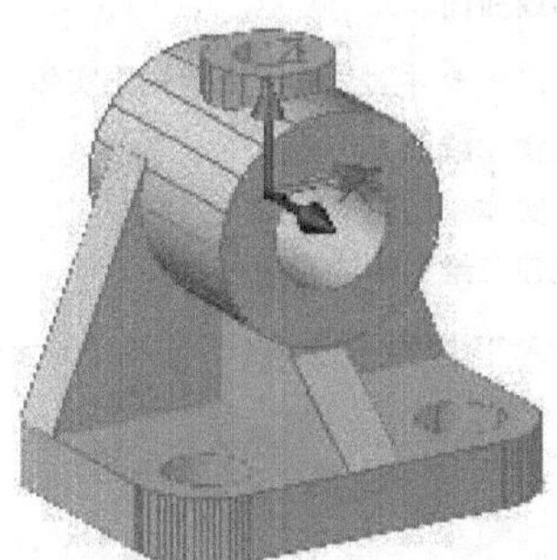

图 8-27　真实显示效果

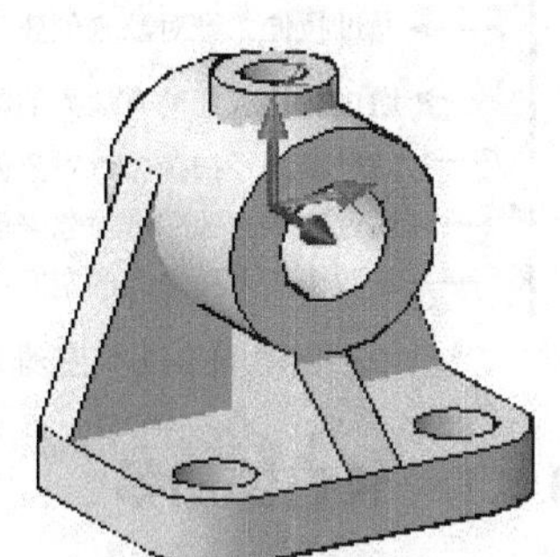

图 8-28　概念显示效果

第 9 章　创建和编辑三维实体

计算机硬件及三维 CAD 软件的发展，已经为现代设计表达方法提供了良好的设计环境。传统的二维图样不再是产品设计、制造中唯一依赖的技术文件，设计将进入到产品的三维设计时代。产品的三维设计就是根据对产品的构思在计算机上建立相关的基本体，并通过“并”、“交”、“差”三种布尔运算建立其三维模型，因而基本体是复杂产品三维设计的基础和关键。

绘制三维基本体，归纳起来可通过两种途径：一种是直接输入基本立体的控制尺寸，由 AutoCAD 的相关函数自动生成；另一种是由二维图形以旋转或拉伸等方式生成。

9.1　基本体生成的方法

本节将介绍如何绘制三维基本体素，墙体、长方体、楔形块、圆锥体、球体、圆柱体、圆环体、棱锥体、弹簧体等都是三维实体造型中的基本体素。图 9-1 是三维基本体素工具栏。图 9-2 是三维体的布尔运算。

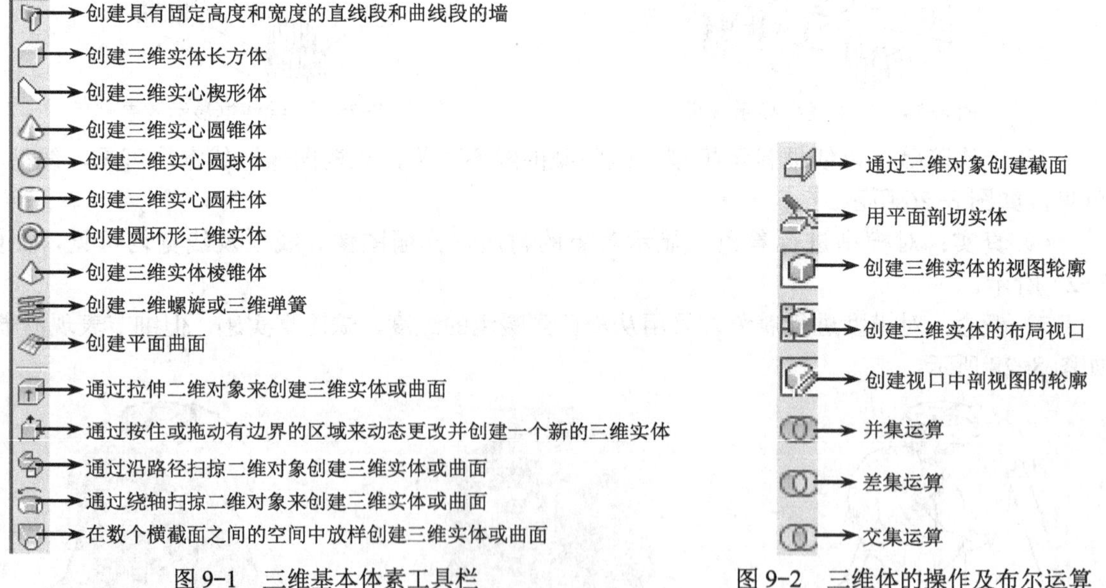

图 9-1　三维基本体素工具栏　　　　图 9-2　三维体的操作及布尔运算

9.1.1　长方体命令

1．功能

“长方体”命令一般用于创建三维机械零件的基体。AutoCAD 中有三种方法创建长方体：指定长方体底面两个对角点和高度；指定长方体的长度、宽度和高度；指定长方体的中心点、底面角点和高度。

2．操作

单击长方体命令图标，系统提示：

指定第一个角点或 [中心(C)]:

生成图 9-3 所示长方体的方法如下：

1）输入长方体底面点 A 的三维坐标，再输入长方体对角线上的顶点 C 的三维坐标。

2）输入长方体底面的角点 A 的三维坐标，再输入长方体底面对角线上的角点 B 的三维坐标，再输入长方体的高 H。

3）选择选项中心，输入长方体中心点的三维坐标，再输入长方体底面对角线上的角点 A 的三维坐标，再输入长方体的高 H。

3．应用举例

1）在菜单栏中单击“绘图”→“建模”→“长方体”命令，在绘图窗口指定长方体的第一角点坐标为（0，0），指定对角点坐标为（60，30），如图 9-4 所示。

2）指定长方体的高度为“20”，创建的长方体如图 9-5 所示。

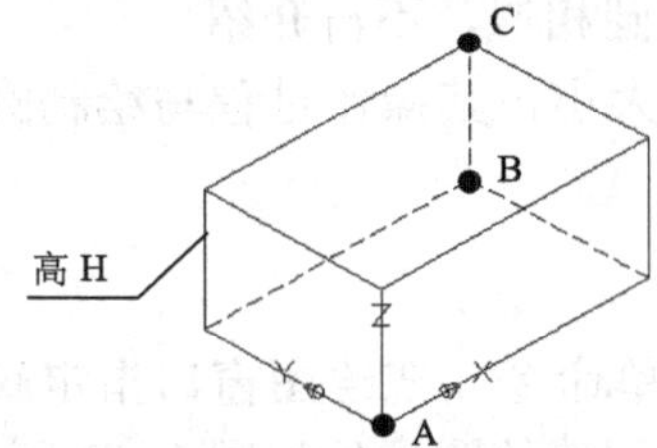

图 9-3　画长方体方法

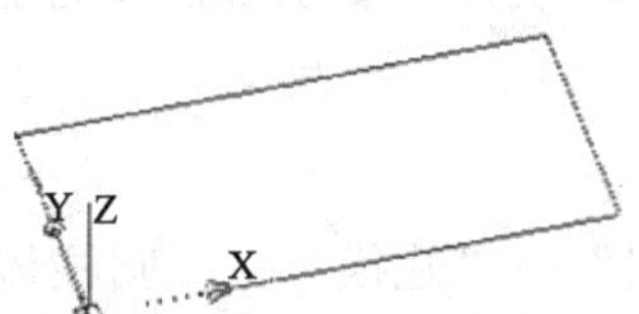

图 9-4　指定长方体对角点

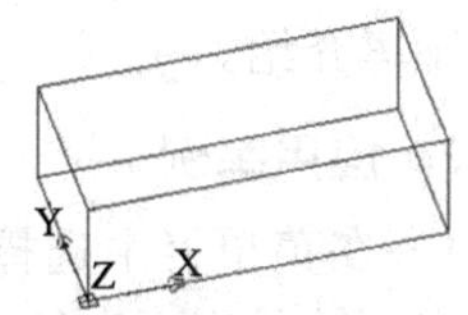

图 9-5　指定高度

3）选择“长方体”命令，指定长方体的第一角点，在命令窗口中设置为“长度（L）”，打开正交模式，设置长度为“10”，如图 9-6 所示。

4）设置长方体的宽度为“20”，如图 9-7 所示。

5）指定长方体的高度为“5”，然后选择“视图”→“视觉样式”→“真实”菜单命令，以真实效果显示实体，如图 9-8 所示。

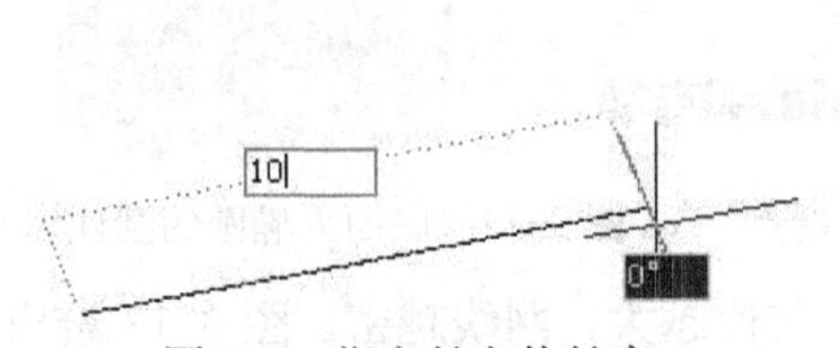

图 9-6　指定长方体长度

图 9-7　指定长方体宽度

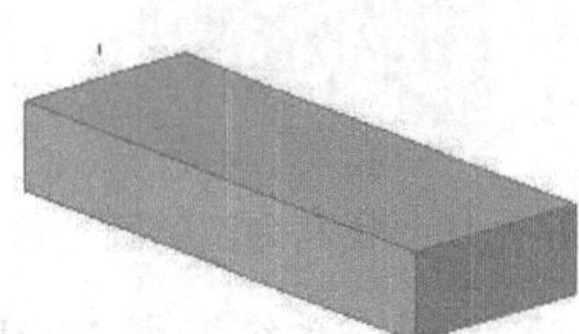
图 9-8　创建的长方体

9.1.2　圆柱体命令

1．功能

创建圆柱体或椭圆柱体。

2．操作

单击圆柱体命令图标，系统提示：

```
指定底面的中心点或 [三点(3P)/两点(2P)/切点、切点、半径(T)/椭圆(E)]:
```

上面各选项说明如下：

（1）指定底面的中心点　此提示要求确定圆柱体基面的中心点位置。读者响应后，AutoCAD 提示：

```
指定底面半径或 [直径(D)]:（输入圆柱体基面半径或直径）
指定高度或 [两点(2P)/轴端点(A)]< >:
```

三选项使用说明如下：

1）指定高度：此提示要求指定圆柱体的高度，即根据高度创建圆柱体。读者响应后，即可绘出圆柱体，如图 9-9 所示。

2）两点（2P）：此提示要求指定两点以确定圆柱的高度。

3）轴端点（A）：此提示要求确定圆柱另一端的中心位置，读者响应（先选择“A”，然后给出圆柱体另一端中心坐标）后，即可画出轴线为三维空间中任意位置的圆柱。

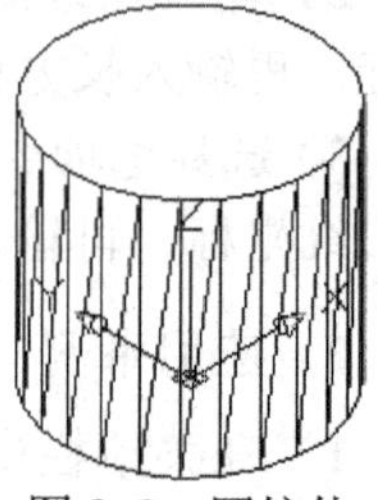

图 9-9　圆柱体

（2）椭圆（E）　创建椭圆柱体。执行该选项后，AutoCAD 提示：

```
指定第一个轴的端点或 [中心(C)]:
```

该项提示要求确定基面上椭圆形状，其操作过程与绘制椭圆相似，不再介绍。

（3）三点（3P）/两点（2P）/切点　要求确定基面上圆的大小，其操作过程与绘制圆相似，不再介绍。

3．应用举例

1）在菜单栏中选择“绘图”→“建模”→“圆柱体”菜单命令，在绘图窗口指定底面中心点，输入底面半径“30”，然后指定圆柱体的高度“50”，创建的圆柱体如图 9-10 所示。

2）继续选择“圆柱体”命令，在命令窗口中输入“e”（椭圆），指定椭圆第一条轴的起点和端点，如图 9-11 所示。

3）指定第二条轴的端点，指定圆柱体的高度，创建的圆柱体如图 9-12 所示。

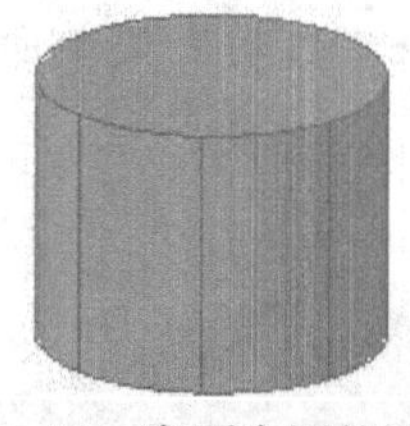

图 9-10　底面为圆的圆柱体

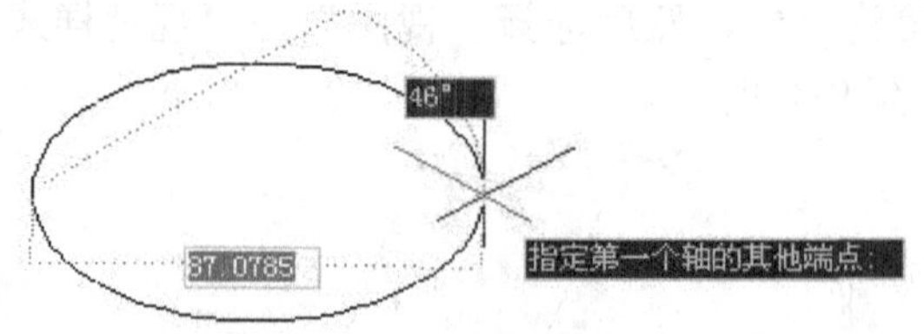

图 9-11　指定椭圆的起点和端点

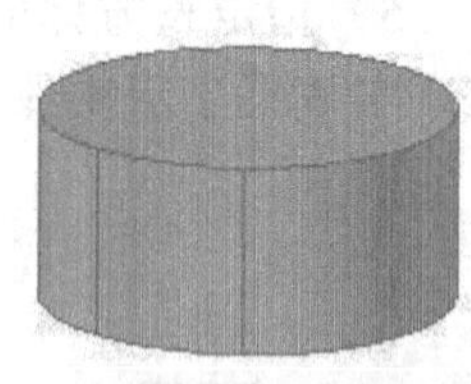

图 9-12　底面为椭圆的圆柱体

说明：系统变量 ISOLINES 影响圆柱体的显示效果，其值越大，网线越密。图 9-13 给出了系统变量为 3、6、9 圆柱体的显示结果。

例　设置圆锥的线框密度为 20。

操作步骤如下：

```
命令: ISOLINES↙
输入 ISOLINES 的新值 <4>: 20↙
```

结果如图 9-13 所示。

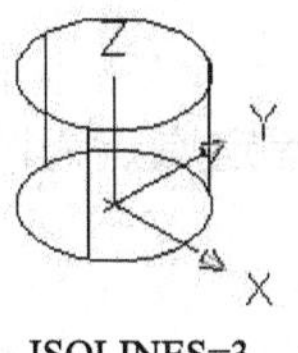

ISOLINES=3

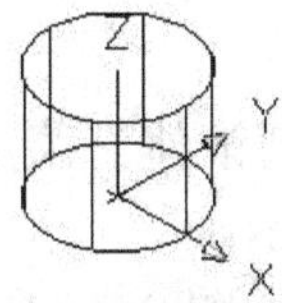

ISOLINES=6

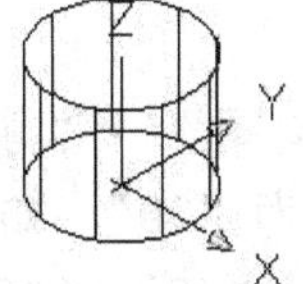

ISOLINES=9

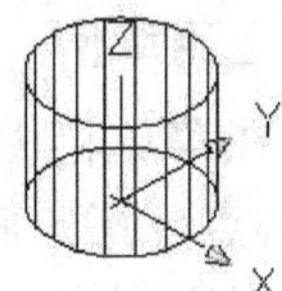

ISOLINES=20

图 9-13　系统变量 ISOLINES 为不同值时的圆柱体实体

9.1.3　圆锥体命令

1．功能

创建图 9-14 所示的圆锥体或椭圆锥体实体。要创建圆锥体，首先应创建圆锥体的底面圆或椭圆，然后指定轴端点，指定圆锥体顶点位置，再设置顶面半径创建圆台。

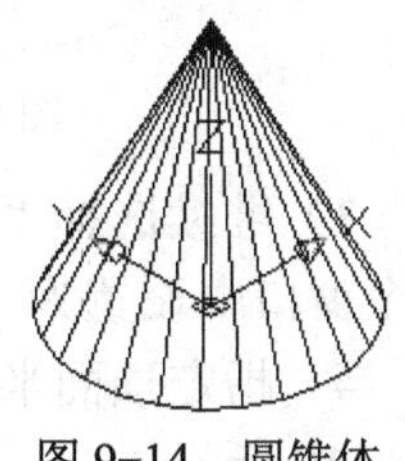

图 9-14　圆锥体

2．操作

单击圆锥体命令图标，系统提示：

指定底面的中心点或 [三点(3P)/两点(2P)/切点、切点、半径(T)/椭圆(E)]:

上面选项说明如下：

（1）指定底面的中心点　此提示要求确定圆锥体基面的中心点位置，回车为取默认值。读者响应后，AutoCAD 提示：

指定底面半径或 [直径(D)] <100.0000>:（输入圆锥体基面半径或直径）

指定高度或 [两点(2P)/轴端点(A)/顶面半径(T)] <90.2116>:

四选项使用说明如下：

1）指定高度：此提示要求指定圆锥体的高度，即根据高度创建圆锥体。读者响应后，即可绘出圆锥体，且圆锥体的轴线与当前 UCS 的 Z 轴平行。

2）两点（2P）：此提示要求指定两点以确定圆锥的高度。

3）轴端点（A）：此项提示要求确定圆锥体的锥顶点的位置，读者响应后（先选择“A”，然后给出圆锥体锥顶的三维坐标），即可画出轴线（圆锥底圆中心与锥顶的连线）为三维空间中任意位置的圆锥体实体。

4）顶面半径（T）：此项提示可以绘制圆台，具体操作如下：

指定高度或 [两点(2P)/轴端点(A)/顶面半径(T)]: T↙

指定顶面半径 <0.00>: 输入圆台顶圆半径↙

指定高度或 [两点(2P)/轴端点(A)]: 输入圆台高度↙

（2）椭圆（E）　创建椭圆锥体。执行该选项后，AutoCAD 提示：

指定第一个轴的端点或 [中心(C)]:

该项提示要求确定基面上椭圆形状，其操作过程与绘制椭圆相似，不再介绍。确定椭圆形状后，AutoCAD 继续提示：

指定高度或 [两点(2P)/轴端点(A)/顶面半径(T)] <185.5790>:（在此提示下确定圆锥体的高度或锥顶位置即可）

（3）三点（3P）/两点（2P）/切点　要求确定基面上圆的大小，其操作过程与绘制圆相似，不再介绍。

3. 应用举例

1）在菜单栏中选择“绘图”→“建模”→“圆锥体”菜单命令，指定原点为圆锥体的底面中心点，指定底面半径为“20”，如图 9-15 所示。

2）指定圆锥体的高度为“40”，创建的圆锥体如图 9-16 所示。

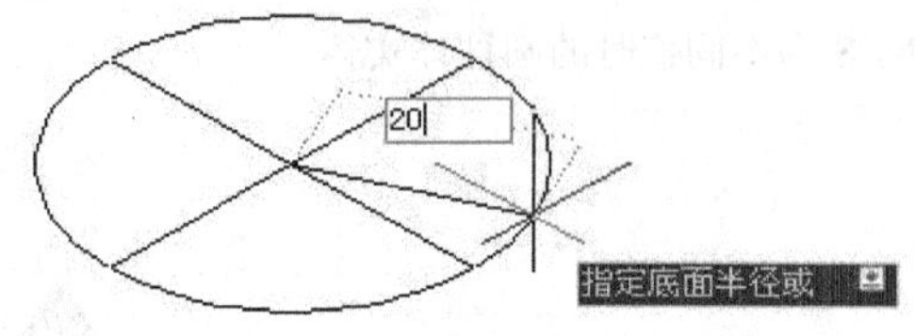

图 9-15　指定底面半径

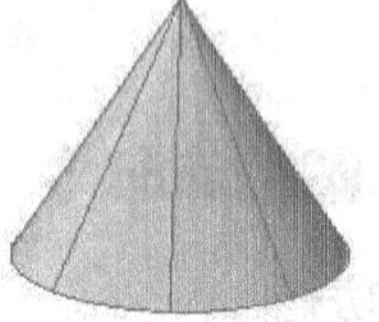

图 9-16　圆锥体

3）继续选择“圆锥体”命令，指定圆锥体底面中心点，设置底面半径为“30”，然后在命令窗口中设置为“顶面半径（T）”，设置顶面半径为“20”，如图 9-17 所示。

4）指定顶面半径之后，需要指定圆台的高度。设置圆台的高度为“50”，创建的圆台如图 9-18 所示。

5）选择“圆锥体”命令，指定圆锥体底面中心点，设置底面半径为“30”，设置顶面半径为“15”，如图 9-19 所示。

6）在命令窗口设置轴端点（A），指定轴端点的坐标为（50，−50，50），创建的圆台如图 9-20 所示。

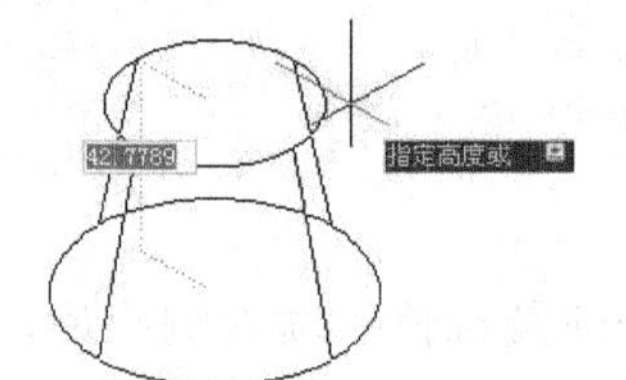

图 9-17　指定圆锥体顶面半径

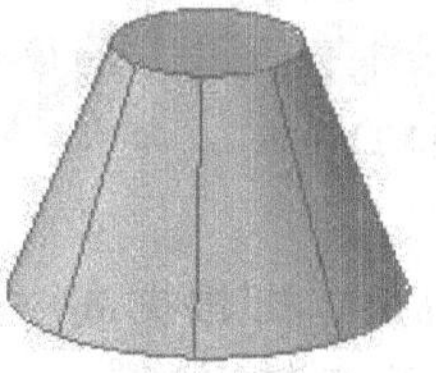

图 9-18　创建的圆台

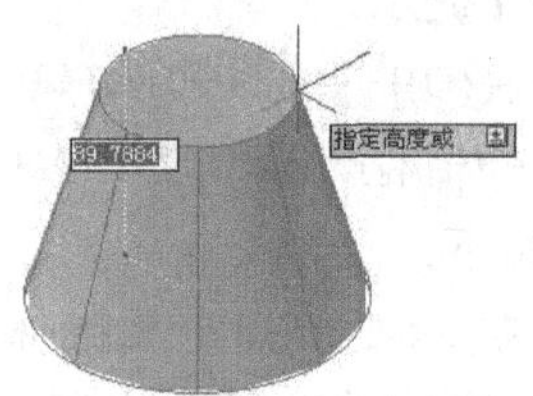

图 9-19　设置底面、顶面半径

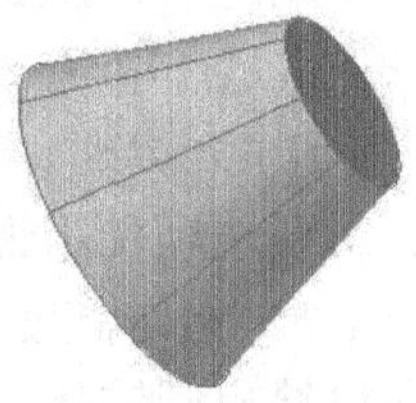

图 9-20　指定轴端点

9.1.4　球体命令

1. 功能

创建球体实体（图 9-21）。可以使用多种方法创建球体：指定三点在三维空间中的任意位置定义球体的大小；指定两个点定义球体的直径；指定与球体相切的两个切点和半径。

2. 操作

单击球体命令图标，系统提示：

指定中心点或 [三点(3P)/两点(2P)/切点、切点、半径(T)]:（确定球心位置）↙

指定半径或 [直径(D)] <100.0000>:（输入球体的半径或直径）↙

3. 应用举例

1）在命令窗口中，设置系统变量 ISOLINES 为“10”，在菜单中选择“绘图”→“建模”→“球体”命令，指定球体的中心点，设置球半径为“100”，创建的球体如图 9-22 所示。

2）在菜单栏中选择“视图”→“视觉样式”→“真实”菜单命令，在窗口中观察模型真实三维效果，如图 9-23 所示。

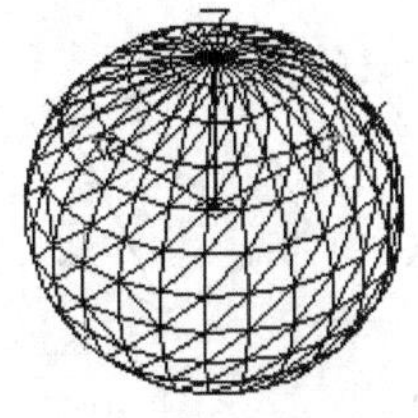
图 9-21 球体

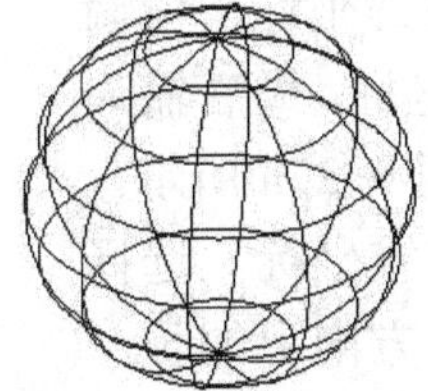
图 9-22 真实效果

图 9-23 创建球体

9.1.5 圆环体命令

1．功能

创建圆环体实体（图 9-24）。圆环体具有两个参数，一个是圆管半径，另一个是圆环体中心到圆管心的距离。在默认情况下，圆环体将与 UCS 中的 XY 平面平行，且被该平面平分。

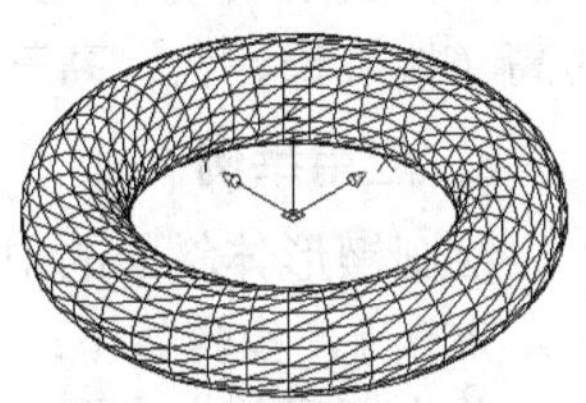
图 9-24 圆环体实体

2．操作

单击圆环体命令图标，系统提示：

指定中心点或 [三点(3P)/两点(2P)/切点、切点、半径(T)]:（确定圆环中心位置）↙
指定半径或 [直径(D)] <100.0000>:（输入圆环体的半径或直径）↙
指定圆管半径或 [两点(2P)/直径(D)]:（输入圆管的半径或选择两点（2P）或选择直径（D））↙

3．应用举例

1）在主菜单栏中选择“绘图”→“建模”→“圆环体”命令，在绘图窗口指定底面中心点，指定半径为“30”，如图 9-25 所示。

2）指定圆管半径为“5”，创建的圆环体如图 9-26 所示。

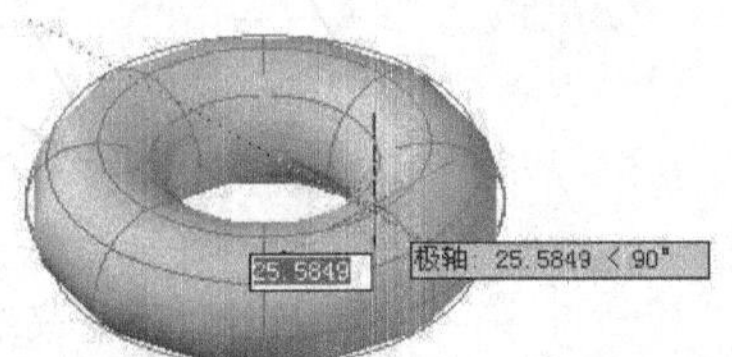

图 9-25 指定圆环体半径

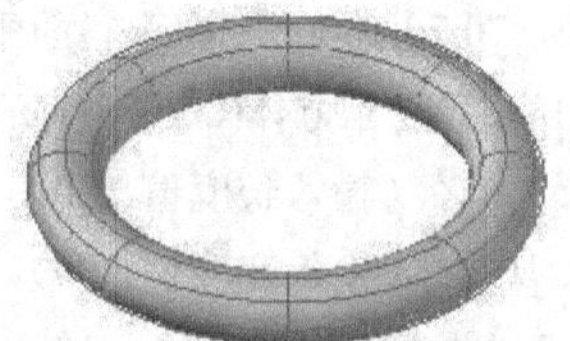
图 9-26 指定圆管的半径

9.1.6 楔形体实体命令

1．功能

创建楔形体实体。楔体是指面为矩形或正方形，其横截面为直角三角形的实体。在 AutoCAD 中，楔形体的创建方法和长方体相同。

2．操作

单击楔形体实体命令图标，系统提示：

指定第一个角点或 [中心(C)]:
指定其他角点或 [立方体(C)/长度(L)]:
指定高度或 [两点(2P)] <33.14>:

生成楔形体的方法如下：

1）输入楔形体底面角点 A 的三维坐标，再输入楔形体底面对角线角点 B 的三维坐标，最后输入楔形体的高，绘制楔形体实体，如图 9-27a 所示。

2）输入楔形体底面角点 A 的三维坐标，选择“L”选项，接着输入楔形体底面 X 方向上的长，再输入楔形体 Y 方向上的宽，最后输入楔形体 Z 方向上的高，绘制楔形体实体，如图 9-27b 所示。

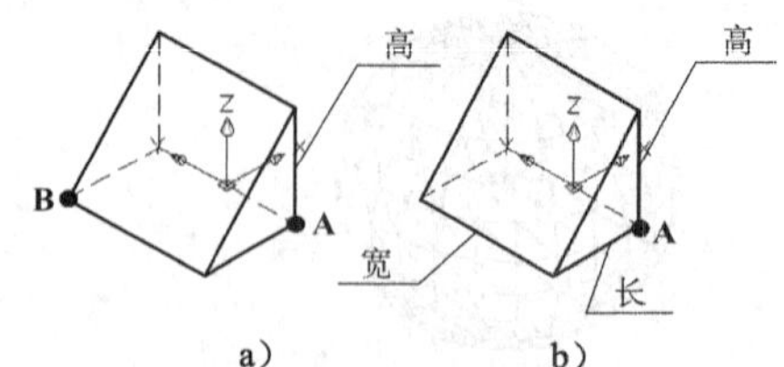

图 9-27　楔形体的绘制
a）方法 1 绘制的楔形体　b）方法 2 绘制的楔形体

3）选择选项“中心（C）”，输入楔形体斜面中心点的三维坐标；选择“L”选项，再输入楔形体底面 X 方向上的长，再输入楔形体底面 Y 方向上的宽，最后输入楔形体 Z 方向上的高（如果长、宽、高三向尺寸相同，可选择“立方体（C）”选项），绘制楔形体实体。

3. 应用举例

绘制楔形体斜面的中心坐标为（70，70，100），长、宽、高均为 100mm 的楔形体实体。

方法 1，步骤如下：

单击楔形体命令图标，系统提示：

指定第一个角点或 [中心(C)]: c↙（选择斜面中心 C）
指定中心: 70，70，100↙（输入斜面中心坐标）
指定其他角点或 [立方体(C)/长度(L)]: c↙（选择立方体 C）
指定长度: 100↙（输入立方体边长 100）

单击东北等轴测图标，执行结果如图 9-28 所示。

方法 2，步骤如下：

单击楔形体命令图标，系统提示：

指定第一个角点或 [中心(C)]: c↙（选择斜面中心 C）
指定中心: 70,70,100↙（输入斜面中心坐标）
指定其他角点或 [立方体(C)/长度(L)]: L↙
指定长度: 100↙（输入长度值 100）
指定宽度: 100↙（输入宽度值 100）
指定高度或 [两点(2P)]: 100↙（输入高度值 100）

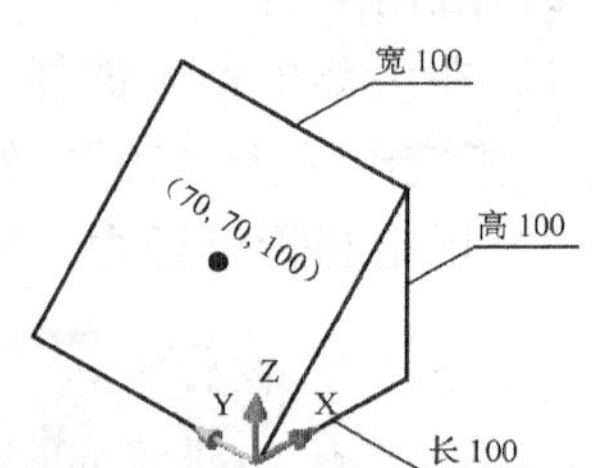

图 9-28　由楔形体斜面中心点坐标及长、宽、高绘制楔形体

单击东北等轴测图标，执行结果如图 9-28 所示。

方法 3，步骤如下：

1）在菜单栏中选择“绘图”→“建模”→“楔体”命令，指定楔体的第一角点，在命令窗口设置为“长度（L）”，指定楔体的长度为“50”，宽度为“40”，如图 9-29 所示。

2）指定楔体高度为“20”，然后选择“视图”→“视觉样式”→“真实”菜单命令，在窗口中观察模型真实三维效果，如图 9-30 所示。

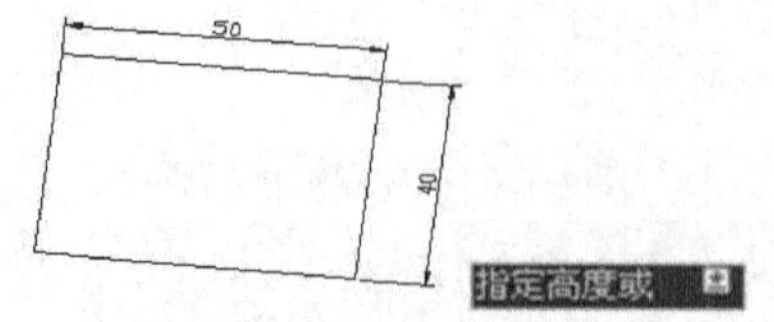

图 9-29　指定楔体底面的参数

图 9-30　创建的楔体

9.1.7 棱锥体命令

1．功能

棱锥体是指底面数和侧面数相同，成尖角的实体。该命令可以通过指定棱锥体的底面中心点、底面半径、高度创建棱锥体；还可以通过指定棱锥体一条边的两个端点、高度创建棱锥体。若设置棱锥体半径，可以创建棱台。

2．操作

单击建模工具条上的棱锥体命令图标，系统提示：

4 个侧面　外切
指定底面的中心点或 [边(E)/侧面(S)]: （选择底面中心）
指定底面半径或 [内接(I)] <30.0000>: （输入底面多边形外接圆半径）
指定高度或 [两点(2P)/轴端点(A)/顶面半径(T)] <20.0000>: （指定棱锥体的高度）

各选项说明：

（1）边（E）　指定棱锥体底面的一条边，输入 E 后，会出现以下提示：

指定底面的中心点或 [边(E)/侧面(S)]: e↙
指定边的第一个端点: （指定边的第一点）
指定边的第二个端点: （指定边的第二点）
指定高度或 [两点(2P)/轴端点(A)/顶面半径(T)] <100.0000>: （指定高度）

（2）侧面（S）　确定棱锥体的面数，输入 S 后，出现以下提示：

指定底面的中心点或 [边(E)/侧面(S)]: s↙
输入侧面数 <4>: 6（棱锥体面的个数）↙。

（3）轴端点（A）　通过坐标来确定棱锥体的高度，并且确定模型的显示位置。

（4）顶面半径（T）　创建棱台，指定棱台顶面的半径。

3．应用举例

1）在菜单中选择“绘图”→“建模”→“棱锥体”命令，在命令窗口设置侧面数为“6”，在绘图窗口指定底面中心点，设置底面半径为“30”，如图 9-31 所示。

2）指定棱锥体高度为“50”，创建的棱锥体如图 9-32 所示。

3）选择“棱锥体”命令，在命令窗口指定侧面数为“4”，在绘制窗口指定底面的中心点，设置底面半径为“30”，然后在命令窗口中设置为 T（顶面半径），如图 9-33 所示。

4）指定顶面半径为“15”，棱锥体的高度为“40”，创建的棱台如图 9-34 所示。

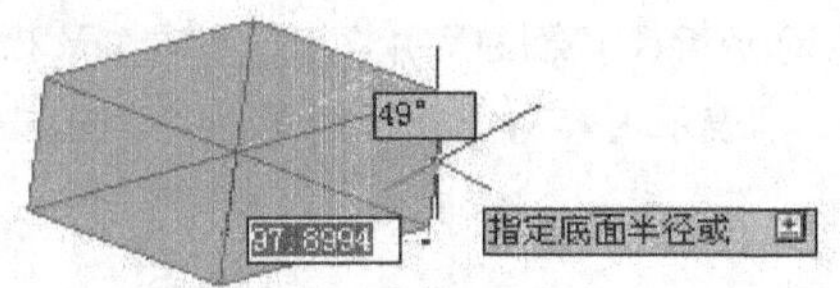

图 9-31　指定底面半径

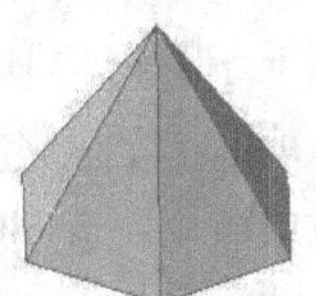

图 9-32　指定高度

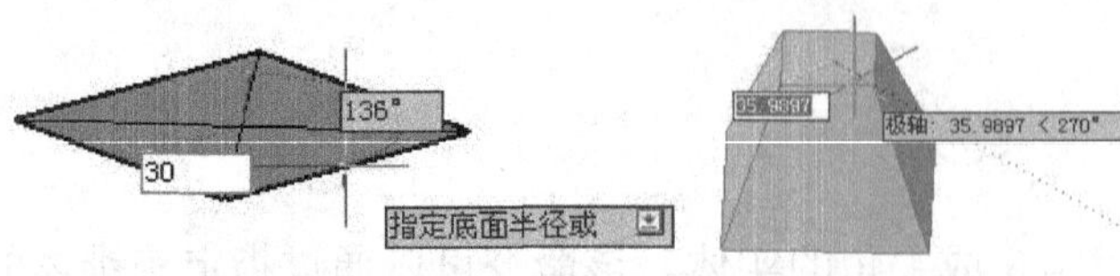

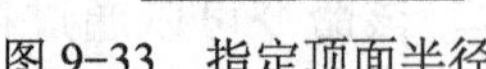

图 9-33　指定顶面半径

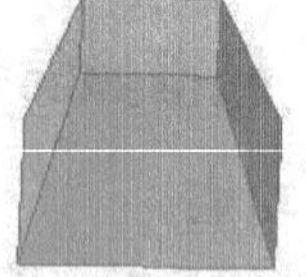

图 9-34　输入高度后的棱锥体

9.1.8　将二维对象拉伸成实体或曲面

1．功能

通过将二维对象按指定的高度或路径拉伸的方法创建三维实体。

AutoCAD 能拉伸的对象有圆、椭圆、正多边形、用画矩形命令画的矩形、封闭的样条曲线、封闭的多义线、面域等。用画直线命令等绘制的一般平面图形，必须先用多段线编辑命令“pedit”将其编辑生成同一图元的面域才能拉伸。

2．操作

单击建模工具条上的拉伸命令图标，系统提示：

当前线框密度：ISOLINES=4

选择要拉伸的对象：(选择要拉伸的目标)

选择要拉伸的对象：↙（不选了回车，也可继续选择要拉伸的目标）

指定拉伸的高度或 [方向(D)/路径(P)/倾斜角(T)]:

各选项说明如下：

（1）指定拉伸的高度　确定 Z 轴方向拉伸高度。

（2）方向（D）　指定两点，两点的两线表示拉伸的方向和距离。

（3）路径（P）　沿路径拉伸图形，拉伸路径不能与拉伸对象在同一平面。

（4）倾斜角（T）　当 AutoCAD 提示“指定拉伸的倾斜角度”时，输入正值表示从基准对象逐渐变细的拉伸，输入负值则相反。

3．应用举例

例 1　按图 9-35 所示的尺寸，用拉伸的方法创建 V 形块实体。

操作步骤如下：

1）将用户坐标系设置为图 9-35 所示位置（略）。

2）用多段线命令绘制 V 形端面：单击多义线命令图标，系统提示：

指定起点：0,0↙（输入起点坐标）

当前线宽为 0.0000（显示当前线宽为零）

指定下一个点或 [圆弧(A)/半宽(H)/长度(L)/放弃(U)/宽度(W)]: 200↙（输入 X 极轴方向长度 200）

指定下一点或 [圆弧(A)/闭合(C)/半宽(H)/长度(L)/放弃(U)/宽度(W)]: 200↙（输入 Y 极轴方向长度 200）

指定下一点或[……]: 40↙（极轴方向 40）（[……]表示内容与上一行相同）

指定下一点或[……]: @−40,−100↙

指定下一点或[……]: 40↙

指定下一点或[……]: @−40,100↙

指定下一点或[……]:40↙

指定下一点或[……]: C↙（Close 封口）

如图 9-35 所示。

3）将 V 形沿 Z 的负向拉伸（-300mm）：单击拉伸命令图标或选择菜单栏“绘图”→“建模”→“拉伸”，系统提示：

当前线框密度： ISOLINES=20（提示当前的线框密度为 20，默认为 4）

选择要拉伸的对象： L↙（选择刚画完的目标（Last））

找到 1 个（提示发现一个目标）

选择要拉伸的对象： ↙（不选目标了）

指定拉伸的高度或 [方向(D)/路径(P)/倾斜角(T)]: 300↙（输入拉伸极轴方向 300）

结果如图 9-36 所示。

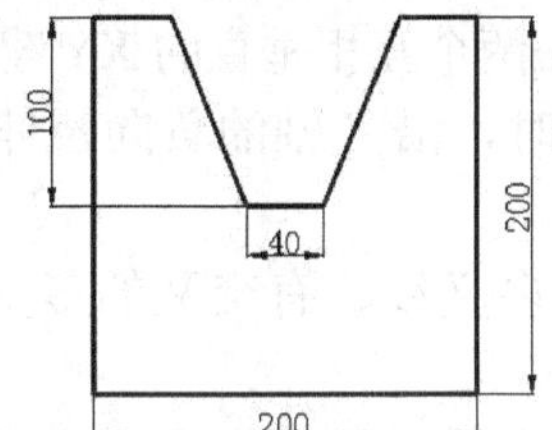

图 9-35 创建和选择拉伸对象

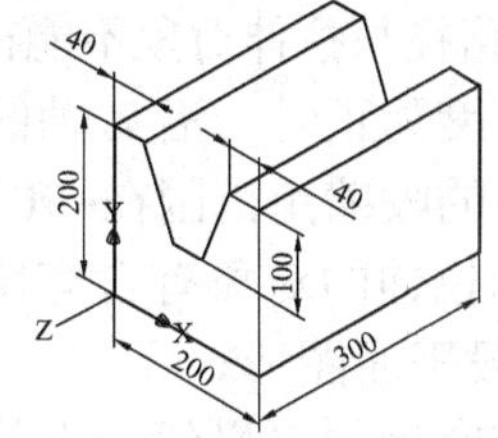

图 9-36 按 Z 轴负方向拉伸生成的实体

例 2 用沿路径拉伸的方法，绘制图 9-37 所示的图形。

操作步骤如下：

1）将用户坐标系及线型设置为图 9-37 所示（略）。

2）用矩形命令绘制带圆角的矩形路径：单击矩形命令图标，系统提示：

指定第一个角点或 [倒角(C)/标高(E)/圆角(F)/厚度(T)/宽度(W)]: f↙（调用圆角选项，画带圆角的矩形）

指定矩形的圆角半径<0.000>:30↙

指定第一个角点或 [倒角(C)/标高(E)/圆角(F)/厚度(T)/宽度(W)]: 0,0↙（输入矩形的第一角点坐标）

指定另一个角点或 [面积(A)/尺寸(D)/旋转(R)]: 200,150↙

结果如图 9-38 所示。

3）画图 9-38 所示的圆形截面：单击 UCS 工具条图标（将用户坐标系绕 X 轴旋转 90°），系统提示：

指定绕 X 轴的旋转角度 <90.00>: ↙（回车，接受默认值，旋转 90°）

单击画圆命令图标

命令: _circle 指定圆的圆心或 [三点(3P)/两点(2P)/切点、切点、半径(T)]: 捕捉图 9-38 矩形左边的前端点（坐标原点移到图 9-38 中ϕ30 的圆心，也可仍在矩形的角点）

指定圆的半径或 [直径(D)]: 15↙（输入圆半径 15）

结果如图 9-38 所示。

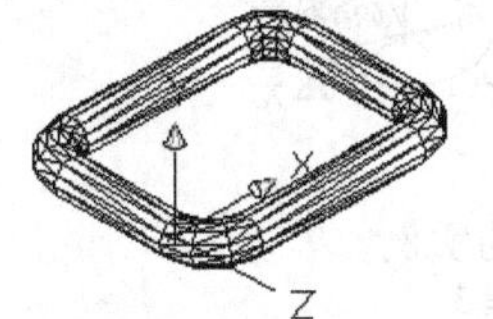

图 9-37 沿封闭路径拉伸实例

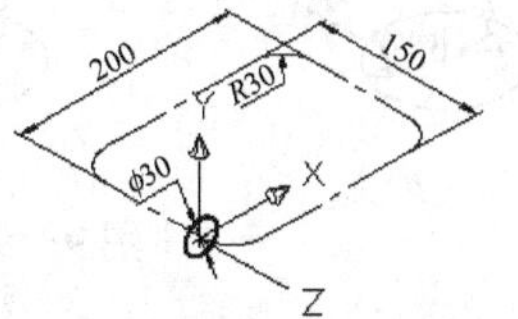

图 9-38 拉伸路径上的截面

4）单击拉伸命令图标，系统提示：

当前线框密度：ISOLINES=4

选择要拉伸的对象：L↙（Last 选择刚画完的圆）

找到 1 个

选择要拉伸的对象：↙（回车或单击鼠标右键，结束选择）

指定拉伸的高度或 [方向(D)/路径(P)/倾斜角(T)]：P↙（调用 Path 选项，沿路径拉伸图形）

选择拉伸路径或 [倾斜角(T)]：选择矩形作为拉伸路径

5）单击消隐命令图标，结果如图 9-37 所示。

4．对拉伸命令的说明

1）可以做路径的对象有直线、圆、椭圆、圆弧、椭圆弧、多义线、样条曲线等。

2）拉伸路径与拉伸对象不能在同一平面内，二者分别在两个互相垂直的 XY 坐标面内绘制。

3）当厚度为正时，沿 Z 轴的正向拉伸；当厚度为负时，沿 Z 轴的负向拉伸。

4）拉伸的收缩角范围在−90°～+90°。

5）不能拉伸的对象有含有图块的对象、有剖面线的多义线、有交叉的多义线，没有生成面域的一般平面图形。

6）含有宽度的多义线，在拉伸时忽略宽度，沿线宽中心拉伸。含有厚度的对象，拉伸时厚度被忽略。

7）路径选项可以不闭合，也可以是非平面曲线，但有限制。一个限制是路径圆弧部分的半径必须大于等于轮廓对象的宽度。也就是说，如果轮廓对象的半径是 40mm，则路径上所有圆弧部分的半径必须大于等于 40mm，如图 9-39 a 所示。另一方面，路径上允许有角（即具有不同方向的两段直线相交处），可以将直线间的这个角看作是半径为零的圆弧，如图 9-39 b 所示。

8）当路径为样条曲线（实体类型，而不是样条拟合的多段线），在路径的起点和终点，拉伸对象总是垂直于路径。如果拉伸对象在起点处不垂直于路径，AutoCAD 会自动地旋转拉伸对象，使之与路径垂直，如图 9-39c 所示。

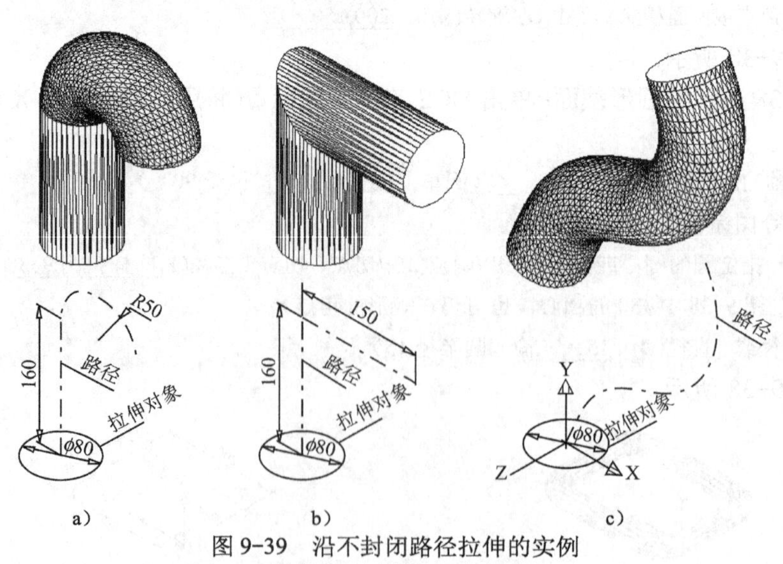

图 9-39　沿不封闭路径拉伸的实例

a）过程 1　b）过程 2　c）过程 3

9.1.9 旋转二维对象形成实体或曲面

1．功能

绕轴旋转二维对象来创建三维实体，该三维实体即为回转体。回转体又是一种非常重要的基本体（仅次于柱体）。回转体可以看成是由母线绕轴线旋转一定的角度形成的。圆柱、圆锥、球体是最基本的回转体。用 AutoCAD 的旋转命令可以绘制更复杂的回转体。

2．操作

单击旋转命令图标，系统提示：

当前线框密度： ISOLINES=4（提示当前的线框密度为 4，默认为 4）
选择要旋转的对象：选择二维旋转对象
选择要旋转的对象： ↙（选择结束）
指定轴起点或根据以下选项之一定义轴 [对象(O)/X/Y/Z] <对象>:

各选项说明如下：

（1）指定轴起点　输入旋转轴的始端。通过确定旋转轴的两端点位置确定旋转轴，为默认项。读者给出一个端点后，AutoCAD 继续提示：

指定轴端点： 输入旋转轴的另一端点↙
指定旋转角度或 [起点角度(ST)] <360>: 输入旋转的角度↙（默认值为 360°）

（2）对象（O）　绕指定的对象旋转。此时只能选择用直线命令绘制的直线或用多段线命令绘制的多段线。选择多段线时，如果拾取的多段线是线段，对象将绕该线段旋转；如果选择的是圆弧段，AutoCAD 以该圆弧段两端点的连线作为旋转轴旋转。执行"对象（O）"选项后，AutoCAD 提示：

选择对象：（选择作为旋转轴的对象）
指定旋转角度或 [起点角度(ST)] <360>: 输入旋转的角度↙（默认值为 360°）

（3）X/Y/Z　选择 X、Y、Z，分别绕 X、Y、Z 轴旋转成实体，执行某一选项后提示：

指定旋转角度或 [起点角度(ST)] <360>: 输入旋转的角度↙（默认值为 360° ）

3．应用举例

根据零件的二维视图（图 9-40），画出该零件的三维实体。

操作步骤如下：

1）根据图 9-40 所示的尺寸，用多段线命令画出二维旋转对象及用直线命令画出点画线旋转轴，如图 9-41 所示（作图步骤从略）。

2）用旋转命令绕点画线旋转轴旋转二维对象来创建三维实体。作图步骤如下：

单击旋转命令图标，系统提示：

当前线框密度： ISOLINES=20（屏幕提示）
选择要旋转的对象：（用选择框选择了图 9-41 中的二维旋转对象 14 个）
选择要旋转的对象：↙（选择结束）
指定轴起点或根据以下选项之一定义轴 [对象(O)/X/Y/Z] <对象>:X↙（绕 X 轴旋转）
指定旋转角度或 [起点角度(ST)] <360> :-270°↙（输入转角-270°）

单击消隐命令图标，执行消隐命令，结果如图 9-42 所示。

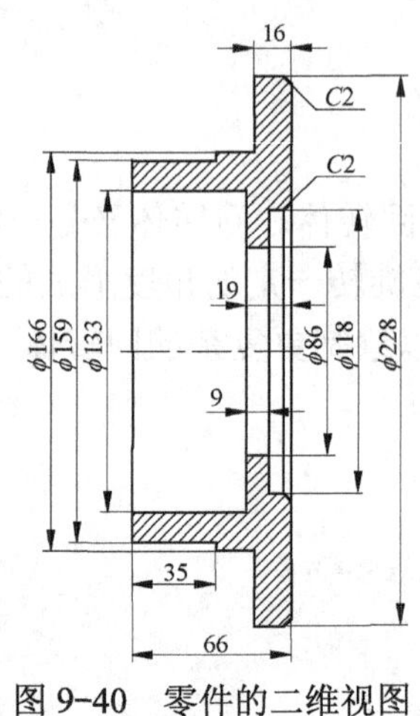

图 9-40　零件的二维视图

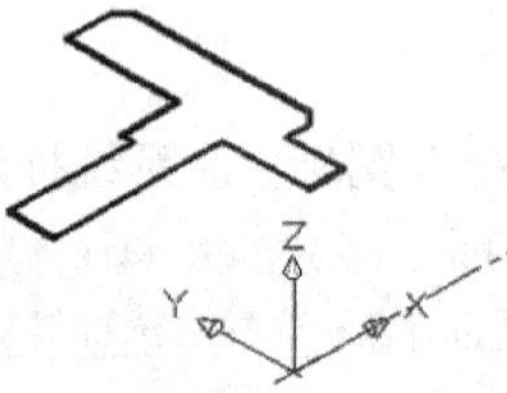

图 9-41　二维旋转对象及旋转轴 X

4．对旋转命令的说明

1）可以旋转的二维对象有圆、椭圆、正多边形、用矩形命令画的矩形、封闭的样条曲线、封闭的多义线、面域等。

2）二维对象旋转生成的三维实体，其表面也是由网格表示，网格密度由系统变量 ISOLINES 控制（图 9-42、图 9-43 的系统变量 ISOLINES 设置为 20）。

3）图块中的二维实体不能进行旋转，但可以将图块打散，然后用多义线编辑命令将要旋转的二维对象编辑成一个图元，即可对其进行旋转。

4）每进行一次旋转命令，只能旋转生成一个三维实体。

5）用直线命令画出的直线不能直接作为旋转对象，必须对其进行多义线编辑，使之成为完整封闭的复合线，然后才能旋转生成三维实体，如图 9-43 所示。

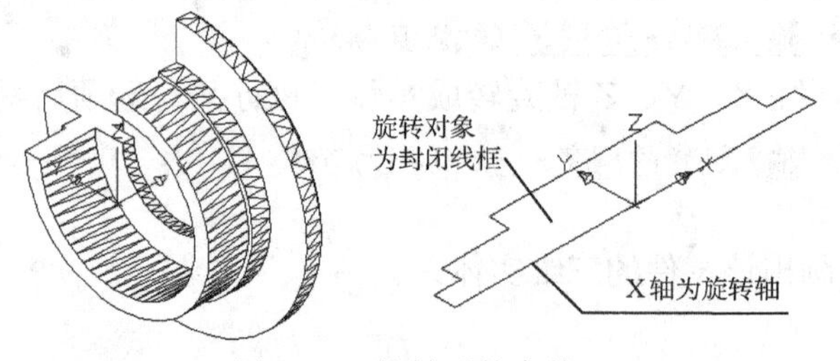

图 9-42　旋转后的实体

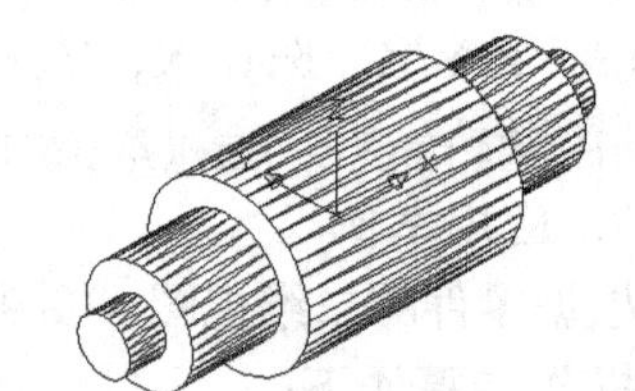

图 9-43　旋转生成的轴类零件实体

9.1.10　三维实体的布尔运算

在三维绘图中，复杂的实体往往不能一次生成。一般都是由相对简单的实体通过布尔运算组合而成的。布尔运算就是对多个三维实体进行求并、求差和求交的运算，使它们进行组合，最终形成需要的组合体。

1．并集运算命令

（1）功能　对所选择的实体进行求并运算，可将两个或两个以上的实体进行合并，使之成为一个整体。

（2）操作　单击并集运算命令图标，系统提示：

选择对象: 选取欲合并的实体（如图 9-44 中的 S1）
选择对象: 继续选取合并实体（如图 9-44 中的 C）
选择对象: ↙（选择结束）

AutoCAD 开始进行合并运算，如图 9-44 中的 S1 与圆柱 C 合并成为一个整体 S2。

（3）应用举例

1）选择“修改”→“实体编辑”→“并集”命令，在绘图窗口选择两个圆柱体，如图 9-45 所示。

2）选择实体后，按 Enter 键确定，将创建合并的实体，如图 9-46 所示。

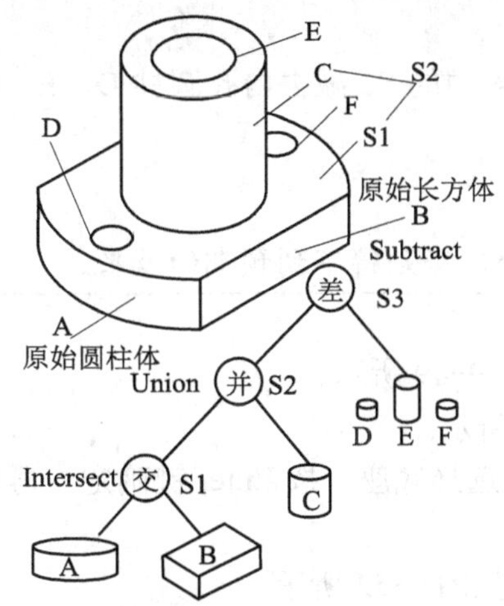

图 9-44 布尔运算 CSG 树（组合体形体分析）

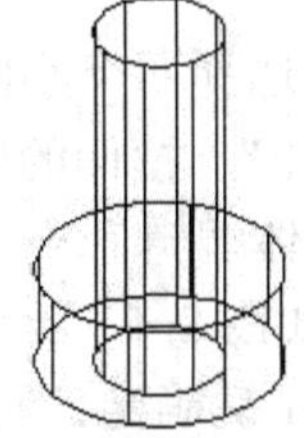

图 9-45 选择要合并的实体

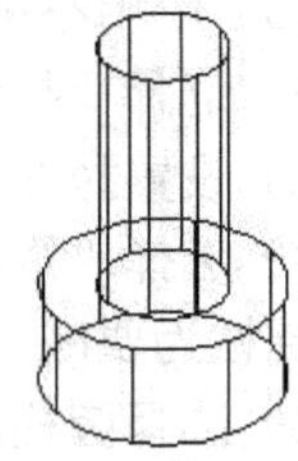

图 9-46 合并后的实体

2. 交集运算命令

（1）功能 对所选择的实体进行求交运算，通过各实体的公共部分创建新实体。

（2）操作 单击交集运算命令图标，系统提示：

选择对象: 选取欲求交的实体（如图 9-44 中的圆柱体 A）
选择对象: 继续选取求交实体（如图 9-44 中的长方体 B）
选择对象: ↙（回车表示选择结束，也可继续选取）

选择结束，AutoCAD 开始进行求交运算，如图 9-44 所示的底板，由圆柱体 A 与长方体 B 的公共部分创建一个新整体 S1。

注意

在求交运算中，选择的实体必须有公共部分，否则命令无效。

（3）应用举例

1）选择“修改”→“实体编辑”→“交集”命令，选择两个实体，如图 9-47 所示。

2）选择完毕，按 Enter 键确定，将创建两个实体相交部分的三维实体，如图 9-48 所示。

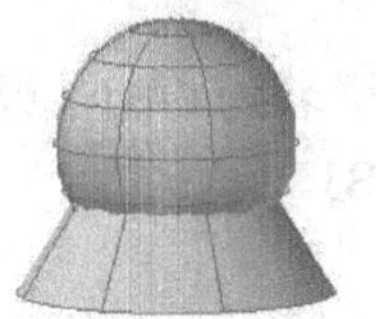

图 9-47 选择两个实体

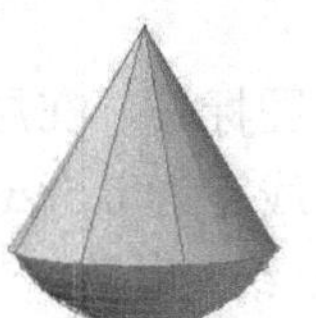

图 9-48 两实体求交结果

3．差集运算命令

（1）功能　从一些实体中减去一些实体，从而得到一个新的实体。

（2）操作　单击差集运算命令图标，系统提示：

subtract 选择要从中减去的实体、曲面和面域...

选择对象: 选取被减实体（如图 9-44 中的 S2）

选择对象: ↙（选择结束）

选择要减去的实体、曲面和面域...

选择对象: 选取要减去的实体（如内孔 D、E、F）

选择对象: ↙（或继续选取要减去的实体）

选择结束，AutoCAD 开始进行差集运算，如图 9-44 中的 S2 减去内孔圆柱 D、E、F 合并成为一个整体 S3。

注意

差集运算中被减实体与减去实体之间必须有公共部分，否则得不到预期的效果。

（3）应用举例

1）选择“拉伸”命令，选择四个小圆为对象，如图 9-49 所示。

2）设置拉伸距离为“-10”，拉伸的圆柱如图 9-50 所示。

3）选择“修改”→“实体编辑”→“差集”命令，选择底座，按 Enter 键确定，再选择四个圆柱为要减去的实体，如图 9-51 所示。

4）选择圆柱后，按 Enter 键确定，将创建四个孔，如图 9-52 所示。

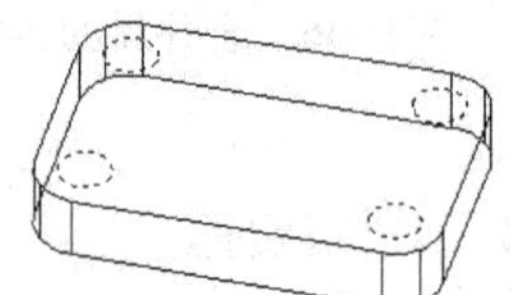

图 9-49　选择拉伸对象

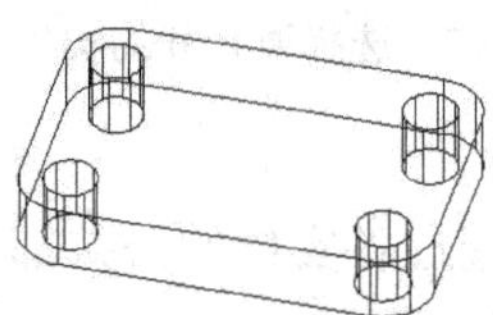

图 9-50　拉伸的圆柱

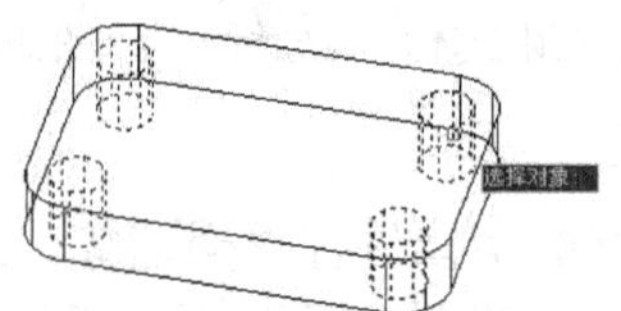

图 9-51　选择要减去的实体

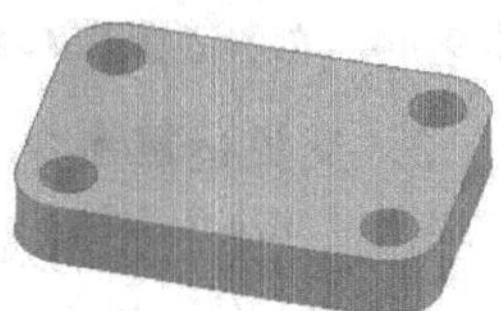

图 9-52　创建的孔

4．用布尔运算构造组合体实例

按图 9-53 所示的尺寸，完成支架零件的三维实体造型。

具体操作步骤如下：

（1）对支架零件进行形体分析　如图 9-53 所示，支架零件是由 A、B、C、D、E、F 六种基本形体构成，其中 A 为原始圆柱体，B 为原始长方体，A 与 B 作交集运算，生成底板 S1；S1 又与圆柱体 C 作并集运算（即堆积叠加），生成整体 S2；最后由 S2 减去圆柱 D、E、F，生成支架零件的三维实体。

（2）绘图环境准备

1）用设置模型空间界限命令（Limits）设置图幅：420×297（若默认为该图幅，就不必进行此步）。

2）单击设层命令图标，在层的对话框中设置：层名为 OBJ（或其他层名）、颜色为红色（也可为其他色）、线宽为 0.5mm，并设当前层为 OBJ。

（3）绘制支架的三维实体图

1）建立用户坐标系，原点设为底板底面的中心。单击西南等轴测命令图标，单击原点命令图标后提示：

当前 UCS 名称: *没有名称*

指定 UCS 的原点或 [面(F)/命名(NA)/对象(OB)/上一个(P)/视图(V)/世界(W)/X/Y/Z/Z 轴(ZA)] <世界>: _o（屏幕提示）

指定新原点 <0,0,0>: 用鼠标在屏幕合适的位置点取一个新的坐标原点

结果如图 9-54 所示。

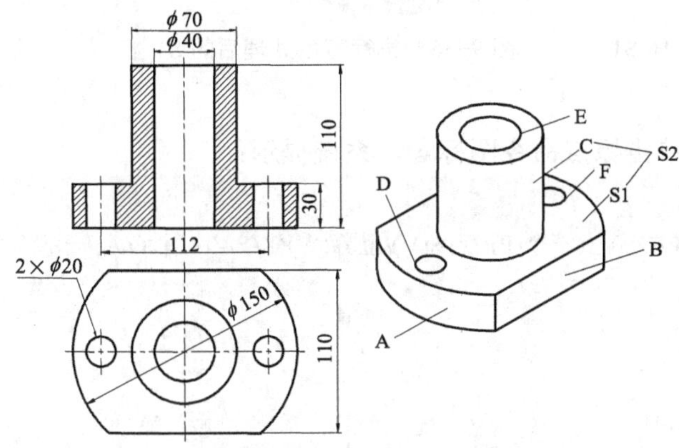

图 9-53 由支架投影图进行三维实体造型

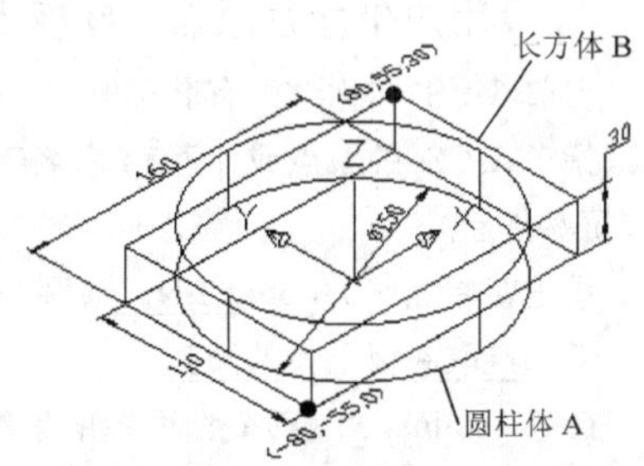

图 9-54 ϕ150 的圆柱及长方体的生成

2）绘制底板

① 生成ϕ150 的圆柱体。单击圆柱命令图标，系统提示：

指定底面的中心点或 [三点(3P)/两点(2P)/切点、切点、半径(T)/椭圆(E)]: 0,0,0↙（输入圆柱底面中心坐标为原点）

指定底面半径或 [直径(D)]: 75↙

（输入圆柱半径 75）

指定高度或 [两点(2P)/轴端点(A)] <253.3849>:

30↙（输入圆柱体高度 30）

结果如图 9-54 所示的圆柱体 A。

② 生成长方体。单击长方体命令图标，系统提示：

指定第一个角点或 [中心(C)]: −80，−55↙（输入长方体左下角点坐标）

指定其他角点或 [立方体(C)/长度(L)]: @160,110,30↙（输入长方体右上角点相对坐标）

结果如图 9-54 所示的长方体 B。

③ 将 A、B 两基本体进行“交集”运算，生成一新的实体 S1。

单击交集运算命令图标，系统提示：

选择对象: 选取图 9-54 中的圆柱体 A

选择对象: 继续点取图 9-54 中的长方体 B

选择对象: ↙

选择结束，AutoCAD 就开始进行求交运算，结果生成如图 9-55 所示的底板 S1。

④ 进行三维实体的着色处理。执行下列三种方法之一即可。

单击下拉菜单“视图”→“视觉样式”→“真实”（真实感着色处理）。

单击表面着色命令图标，改变各表面颜色。

单击渲染命令图标。

结果如图 9-56 所示的底板 S1。

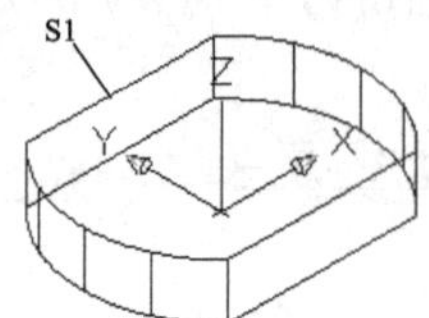

图 9-55 圆柱体与长方体的“交集”体 S1

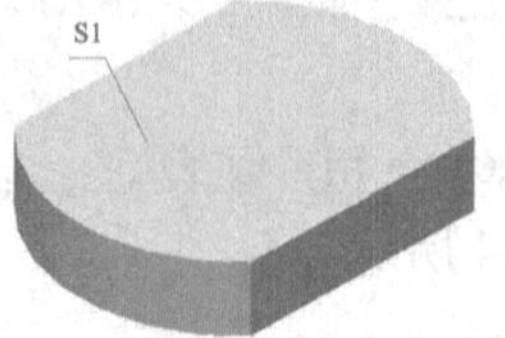

图 9-56 执行着色处理后的 S1

3）绘制ϕ70 圆柱体 C。

① 设用户坐标系原点于底板上方。单击原点命令图标，系统提示：

当前 UCS 名称: *没有名称*

指定 UCS 的原点或 [面(F)/命名(NA)/对象(OB)/上一个(P)/视图(V)/世界(W)/X/Y/Z/Z 轴(ZA)] <世界>: _o（屏幕提示）

指定新原点 <0,0,0>: CEN↙（圆心捕捉）

于 点取底板上方的圆弧

命令: isolines↙（改变曲面轮廓素线的变量）

输入 ISOLINES 的新值 <4>: 20↙

命令: facetres↙（改变曲面小平面数的变量）

输入 FACETRES 的新值 <0.5000>: 8↙

重新显示的结果如图 9-57 所示。

② 绘制ϕ70 的圆柱 C。单击圆柱命令图标，系统提示：

指定底面的中心点或 [三点(3P)/两点(2P)/切点、切点、半径(T)/椭圆(E)]: 0,0,0↙（输入圆柱底圆中心坐标）

指定底面半径或 [直径(D)]<75.0000>: 35↙

（圆柱 C 半径 35）

指定高度或 [两点(2P)/轴端点(A)] <30.0000>: 80↙（圆柱 C 高度 80）

结果如图 9-58 所示。

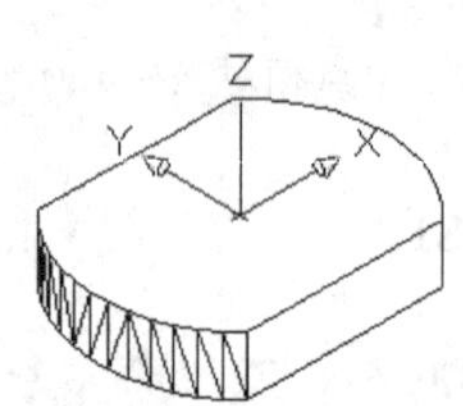

图 9-57 在底板上方设新原点

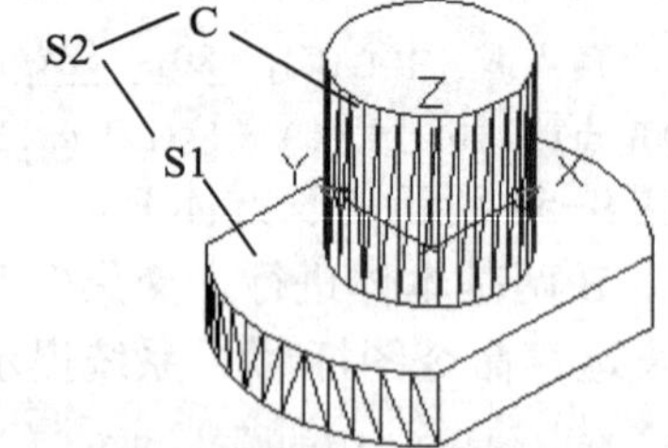

图 9-58 绘制圆柱体 C，并与底板 S1 作“并”运算

③ 将 S1 与圆柱 C 作“并集运算”，生成新的实体 S2。

单击并集命令的图标，系统提示：

选择对象: 点取图 9-58 中的 S1

选择对象: 继续点取图 9-58 中的 C

选择对象: ↙

选择结束，AutoCAD 开始进行并集运算，生成新的实体 S2。

④ 消隐处理：单击消隐命令图标，完成消隐，结果如图 9-58 所示。

4）绘制圆柱孔 D、E、F（图 9-59）。

① 绘制底板左圆柱孔 D。单击圆柱命令图标，系统提示：

指定底面的中心点或 [三点(3P)/两点(2P)/切点、切点、半径(T)/椭圆(E)]: -56，0↙（左孔 D 圆心）

指定底面半径或 [直径(D)] <10.0000>: 10↙（左孔 D 的半径 10）

指定高度或 [两点(2P)/轴端点(A)] <30.0000>: -30↙（左孔 D 的高度-30）

② 用上述类同的方法，绘制内孔圆柱 E、F，结果如图 9-59 所示。

5）作减集运算。用 S2 减去内孔 D、E、F。

单击差集命令图标，系统提示：

subtract 选择要从中减去的实体、曲面和面域...

选择对象：点取被减实体 S2

选择对象：↙（被减实体选择结束）

选择要减去的实体、曲面和面域...

选择对象：分别点取要减的实体（图 9-59 中的圆柱内孔 D、E、F）

选择对象：↙

要减实体选择结束，AutoCAD 开始进行差集运算，如图 9-58 中的 S2 减去图 9-59 中的内孔圆柱 D、E、F，成为最终的新实体 S3，如图 9-60 所示。

6）消隐处理。单击消隐命令图标，完成消隐，结果如图 9-60 所示。

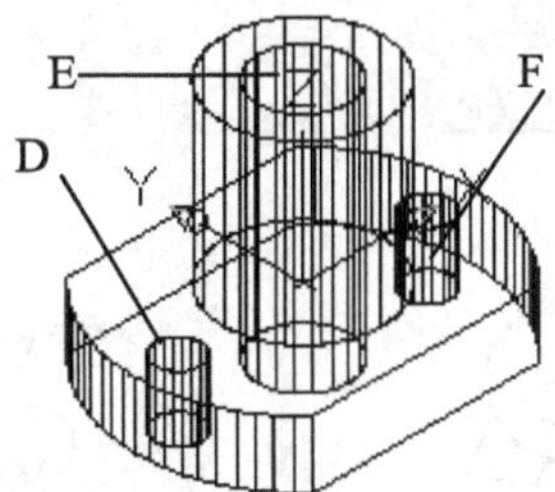

图 9-59　绘制圆柱孔 D、E、F

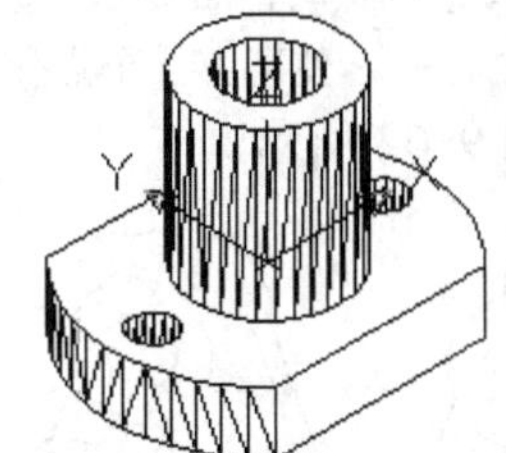

图 9-60　支架三维实体消隐图

注意

存盘时，只存未经消隐的立体图，下次调出后可重新消隐（节省存储空间）。

9.2　编辑三维实体

与编辑二维对象一样，也可以对三维对象进行编辑。二维绘图的编辑命令大部分适用于编辑三维对象。除此之外，AutoCAD 还提供了三维阵列、三维镜像、三维旋转、三维对齐以及三维倒角及圆角等用于三维编辑的命令。

9.2.1　三维移动命令

可以使用 move 命令在三维空间中移动对象，操作方式与二维空间时一样，只不过当通过输入距离来移动对象时，必须输入沿 X 轴、Y 轴和 Z 轴的距离值。AutoCAD 提供了三维空间的移动命令 3Dmove，该命令可以移动实体的面、边及顶点等子对象，需按住 Ctrl 键选择子对象。下面分别说明：

方法 1：

下拉菜单：修改→移动

命令：move

单击移动命令图标

系统提示：

选择对象：选择图 9-61 中左图的目标
选择对象：↙（回车表示目标不选了）
指定基点或 [位移(D)] <位移>：选择三维图形上的一点↙
指定第二个点或 <使用第一个点作为位移>:选定移动到的位置↙

结果如图 9-61 右图所示。

方法 2：

下拉菜单：修改→三维操作→三维移动

命令：3Dmove

单击三维移动命令图标

系统提示：

选择对象：选择图 9-62 中的目标
选择对象：↙（回车表示目标不选了）
指定基点或 [位移(D)] <位移>：选择三维图形上的一点↙
指定第二个点或 <使用第一个点作为位移>:选定移动到的位置↙

结果如图 9-62 所示。

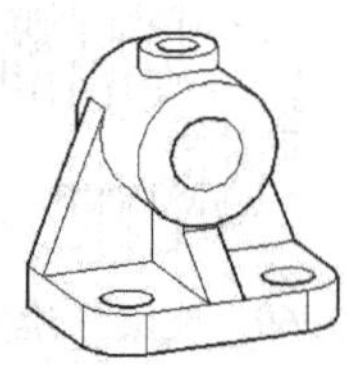
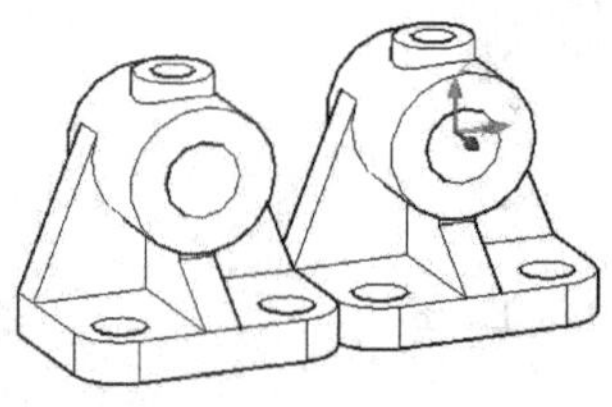

图 9-61　move 命令的三维移动

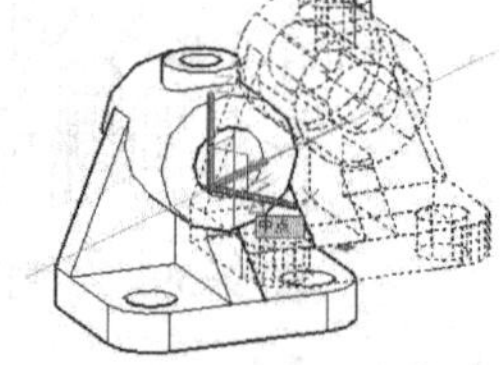

图 9-62　3Dmove 命令的三维移动

9.2.2　三维旋转命令

使用 rotate 命令仅能使对象在 XY 平面内旋转，即旋转轴只能是 Z 轴，而 3Drotate 命令能使对象在 3D 空间中绕任意的坐标轴旋转。

方法 1：

下拉菜单：修改→旋转

命令：rotate

单击旋转命令图标

系统提示：

UCS 当前的正角方向：ANGDIR=逆时针　ANGBASE=0.00
选择对象：选择图 9-63 中左图的目标

选择对象: ↙（回车表示目标不选了）

指定基点: 选择旋转的基点↙

指定旋转角度，或 [复制(C)/参照(R)] <120.00>:↙

结果如图 9-63 右图所示。

方法 2：

下拉菜单：修改→三维操作→三维旋转

命令：3Drotate

单击三维旋转命令图标

系统提示：

UCS 当前的正角方向:　ANGDIR=逆时针　ANGBASE=0.00

选择对象: 选择图 9-64 中的目标

选择对象: ↙（回车表示目标不选了）

指定基点: 选择旋转的基点↙

拾取旋转轴: 选择 X 轴

指定角的起点或键入角度: 120↙

结果如图 9-64 所示。

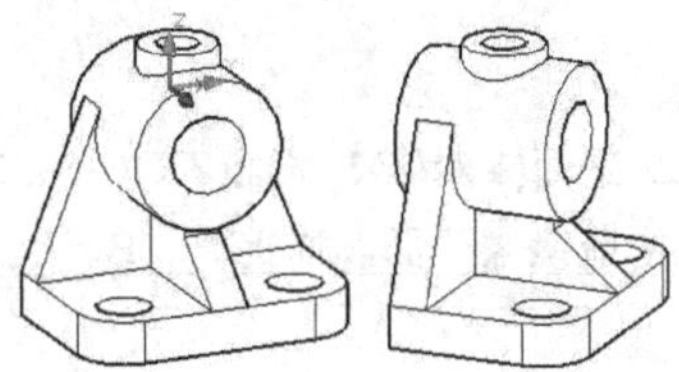

图 9-63　rotate 命令的三维旋转

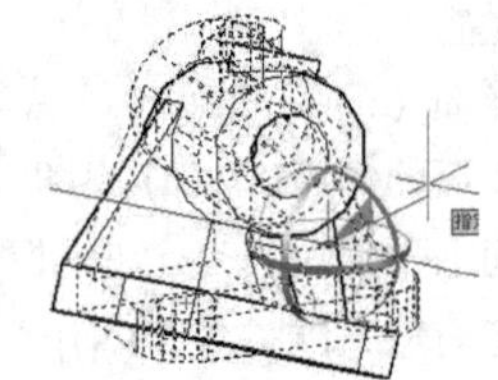

图 9-64　3Drotate 命令的三维旋转

9.2.3　三维对齐命令

3Dalign 命令可以指定源对象与目标对象的对齐点，从而使源对象的位置与目标对象的位置对齐。

下拉菜单：修改→三维操作→三维对齐

命令：3Dalign

单击三维对齐命令图标

系统提示：

选择对象: 选择图 9-65 中左图的目标

选择对象: ↙（回车表示目标不选了）

指定源平面和方向 ...

指定基点或 [复制(C)]:选择需要对齐的源对象的第一点

指定第二个点或 [继续(C)] <C>:选择需要对齐的源对象的第二点

指定第三个点或 [继续(C)] <C>:↙（源对象基点选择完毕）

指定目标平面和方向 ...

指定第一个目标点: 选择相对应的目标对象上的基点

指定第二个目标点或 [退出(X)] <X>:选择相对应的目标对象上的基点

指定第三个目标点或 [退出(X)] <X>:↙（对齐完成）

结果如图 9-65 右图所示。

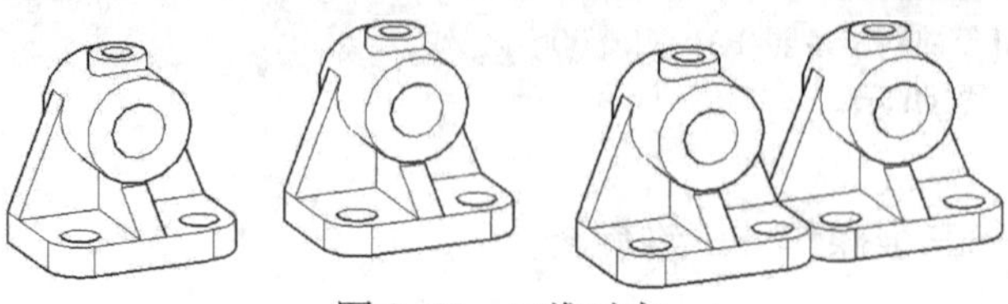

图 9-65　三维对齐

9.2.4　三维镜像命令

如果镜像线是坐标系 XY 平面的直线，二维镜像命令 mirror 便可以对 3D 对象进行镜像；但若想任意平面作为镜像平面来创建 3D 对象的镜像复制，需要使用 mirror3D 命令。

下拉菜单：修改→三维操作→三维镜像

命令：mirror3D

单击三维镜像命令图标

系统提示：

选择对象: 选择需要镜像的对象

选择对象: ↙

指定镜像平面 (三点) 的第一个点或

[对象(O)/最近的(L)/Z 轴(Z)/视图(V)/XY 平面(XY)/YZ 平面(YZ)/ZX 平面(ZX)/三点(3)] <三点>:

在镜像平面上指定第二点: 在镜像平面上指定第三点:构造镜像平面，捕捉 A、B、C 三点

是否删除源对象？[是(Y)/否(N)] <否>:↙

结果如图 9-66 右图所示。

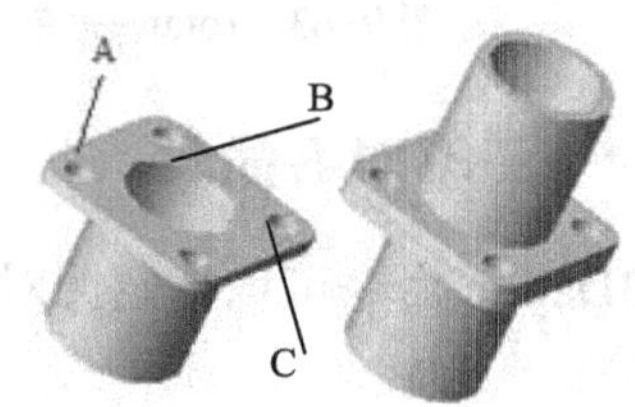

图 9-66　mirror3D 命令的三维镜像

9.2.5　三维阵列命令

三维阵列命令可以在三维空间中创建对象的矩形或环形阵列。

下拉菜单：修改→三维操作→三维阵列

命令：3darray

单击三维阵列命令图标

例 1　绘制图 9-67 中目标 A 的矩形阵列。

单击三维阵列命令图标，系统提示：

选择对象: 选择图 9-67 中的阵列目标 A

选择对象: ↙（回车表示目标选择结束）

输入阵列类型 [矩形(R)/环形(P)] <矩形> : ↙（回车表示取默认的矩形阵列）

输入行数 (---) <1> : 2↙（Y 方向为 2 行）

输入列数 (|||) <1>: 2↙（X 方向为 2 列）

输入层数 (...) <1>: 2↙（Z 方向为 2 层）

指定行间距 (---): 30↙（Y 方向的行距为 30）

指定列间距 (|||): 40↙（X 方向的列距为 40）

指定层间距 (...): -8↙（Z 方向的层间距为 8）

执行结果按指定的要求实现矩形阵列，如图 9-67 所示。

例 2　绘制图 9-68 中目标 B 的环形阵列。

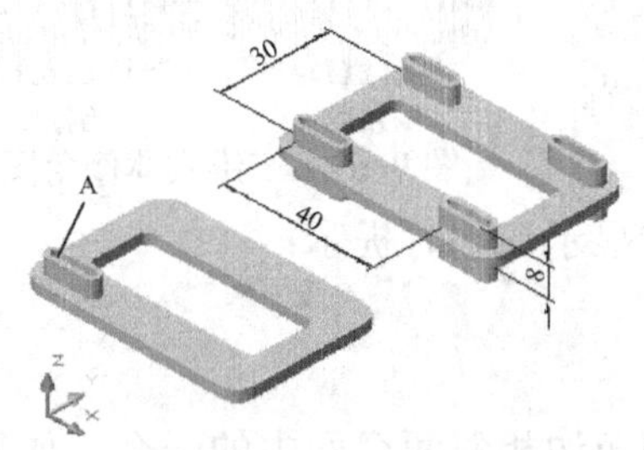

图 9-67　利用三维矩形阵列功能绘图

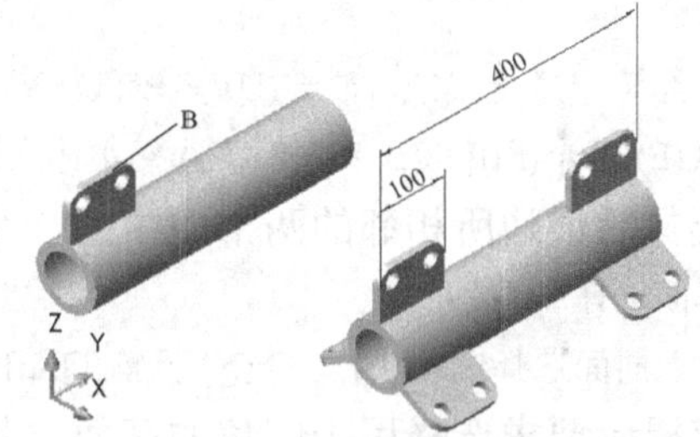

图 9-68　利用三维环形及矩形阵列功能绘图

单击三维阵列命令图标，系统提示：

选择对象: 选择图 9-68 中的阵列目标 B

选择对象: ↙（回车表示目标选择结束）

输入阵列类型 [矩形(R)/环形(P)] <矩形>: P↙（选择环形阵列 P）

输入阵列中的项目数目: 3↙（输入阵列的项目个数为 3）

指定要填充的角度 (+=逆时针，−=顺时针) <360>: ↙（环形阵列的填充角度为 360°）

旋转阵列对象？ [是(Y)/否(N)] <Y>: ↙（用 Y 响应，阵列的同时，对象自身还要旋转。若用 N 响应，对象只阵列，自身不旋转）

指定阵列的中心点: cen↙（圆心捕捉方式：确定旋转轴上的第一点）

于 点取图 9-68 中的左端圆弧中心

指定旋转轴上的第二点: cen↙（圆心捕捉方式：确定旋转轴上第二点）

于 点取图 9-68 中的右端圆弧中心

结果如图 9-68 所示的左端。

例 3　绘制图 9-68 中的右端（矩形阵列）。

单击三维阵列命令图标，系统提示：

选择对象: 选择图 9-68 中环形阵列后的三个目标

选择对象: ↙（表示目标选择结束）

输入阵列类型 [矩形(R)/环形(P)] <矩形>: ↙（取默认选项矩形阵列 R）

输入行数 (---) <1>　: 2↙

输入列数 (|||) <1> : ↙

输入层数 (...) <1> : ↙（Z 方向为 1 层）

指定行间距 (---): 300↙（Y 方向的行距为 300=400−100）

结果如图 9-68 所示。

9.2.6　三维实体的倒角命令

1．功能

切去实体的外角（凸边）或填充实体的内角（凹边），如图 9-69 所示。

2．操作

单击倒角命令图标，系统提示：

（“修剪”模式）当前倒角距离 1 = 0.00，距离 2 = 0.00（屏幕提示）

选择第一条直线或 [放弃(U)/多段线(P)/距离(D)/角度(A)/修剪(T)/方式(E)/多个(M)]:（在此提示下选择实体上要倒角的边）

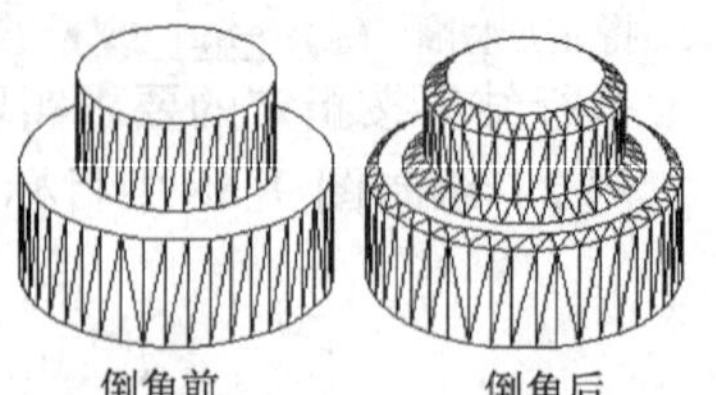

图 9-69　三维实体倒角图例

选择后该边所相邻的两个面中的一个面以虚线形式显示，同时提示：

基面选择...（提示）

输入曲面选择选项 [下一个(N)/当前(OK)] <当前(OK)>:

该提示要求选择用于倒角的基面。基面是指所选倒角边相邻两个面中的一个。如果选当前以虚线形式显示的面为基面，回车即可（即执行“当前（OK）”选项）；若执行“下一个（N）”选项（即输入 N），则所选倒角边的另一个面以虚线形式显示，并以此面为倒角的基面。确定基面后，AutoCAD 继续提示：

指定基面的倒角距离: 输入基面一侧的倒角距离↙

指定其他曲面的倒角距离 <3.00>: 输入与基面相邻的另一面上的倒角距离↙

选择边或 [环(L)]:

选项含义如下：

1）选择边：对基面上的指定边倒角，为默认值。指定各边后，即可实现对指定边的倒角。

2）环（L）：对基面上的各边均倒角。选择该选项（即选择边或 [环(L)]: L↙）后，AutoCAD 继续提示：

选择边或 [边(E)]:

选择基面上要倒角的一条边，即可实现基面上多个目标的倒角。也可以通过选项 E（即“边”选项）切换到对基面上的一个或多个指定边倒角。

9.2.7　三维实体的倒圆角命令

1．功能

对三维实体的凸边或凹边倒出圆角，如图 9-70 所示。

2．操作

单击倒圆角命令图标，系统提示：

当前设置: 模式 = 修剪，半径 = 16.00（屏幕提示）

选择第一个对象或 [放弃(U)/多段线(P)/半径(R)/修剪(T)/多个(M)]: 选择实体上要倒圆角的目标

输入圆角半径 <16.00>: 输入新的圆角半径↙

选择边或 [链(C)/半径(R)]:

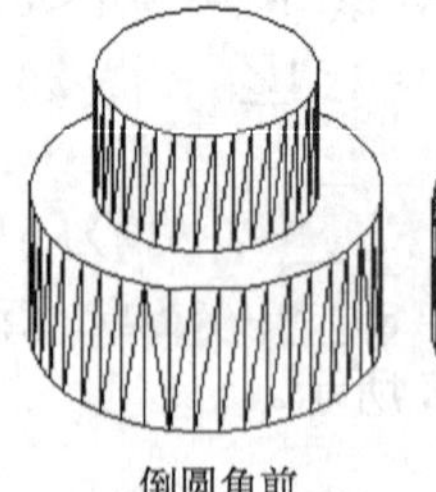

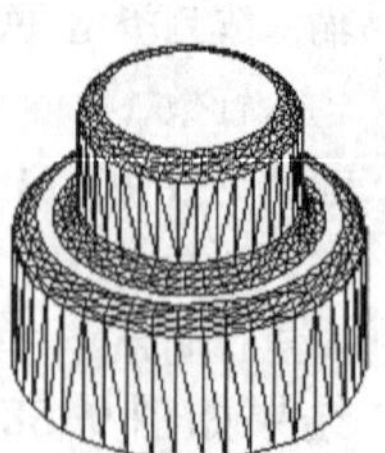

图 9-70　三维实体倒圆角图例

各选项含义如下：

1）选择边：选择要倒圆角的目标，在此提示下可选择多个目标后回车，AutoCAD 对它们均倒出圆角。

2）链（C）：选择多个目标进行倒圆角。执行该项，即输入 C 回车后，AutoCAD 又提示：

选择边链或 [边（E）/半径（R）]:

如果要倒圆角的多个目标彼此首尾相切，此时选中其中一个目标，其余目标均被选中。确定目标后，AutoCAD 对它们进行倒圆角操作。此外，也可以在该提示下依次选择各个目标进行倒圆角。

3）半径（R）：重新设圆角半径。执行该项，即选择 R，即输入 R 回车后，AutoCAD 又提示：

输入圆角半径 <16.00>: 输入新的圆角半径值↙

选择边链或 [边（E）/半径（R）]: :（确定倒圆角的目标或重新输入圆角半径）

9.2.8 实体编辑命令

AutoCAD 提供的三维实体高级编辑命令（Solidedit）可以对已创建的三维实体进行复杂的编辑。可以说，实体编辑命令是 AutoCAD 最为强大的三维工具之一，它使在 AutoCAD 中三维实体造型变得比以往任何时候都更加简捷，是 AutoCAD 在三维方面最有价值的新功能。

下拉菜单：修改→实体编辑→单击相应命令工具条→单击相应的按钮，如图 9-71 所示。

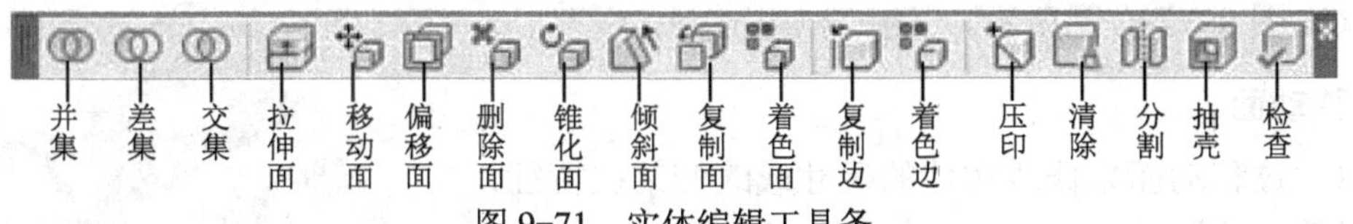

图 9-71　实体编辑工具条

1．拉伸面

AutoCAD 根据指定的距离拉伸面或将面沿某条路径进行拉伸。拉伸时，也可以输入锥角，这样将使拉伸所形成的实体锥化。

例　如图 9-72 所示，拉伸实体表面 A：拉伸高度为 20，收缩角为 15°；拉伸实体表面 B：按路径 C，生成图 9-72 右图。

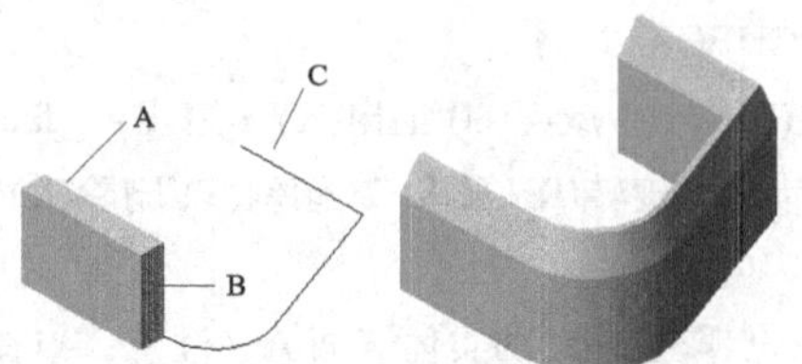

图 9-72　拉伸实体表面 B（按路径 C）、A（拉伸高度为 20、收缩角为 15°）

1）单击拉伸表面图标。

命令: _solidedit

实体编辑自动检查:　SOLIDCHECK=1

输入实体编辑选项 [面(F)/边(E)/体(B)/放弃(U)/退出(X)] <退出>: _face

输入面编辑选项

[拉伸(E)/移动(M)/旋转(R)/偏移(O)/倾斜(T)/删除(D)/复制(C)/颜色(L)/材质(A)/放弃(U)/退出(X)] <退出>: _extrude

选择面或 [放弃(U)/删除(R)]:（注意：点在 B 面的内部）。

选择面或 [放弃(U)/删除(R)/全部(ALL)]: ↙

指定拉伸高度或 [路径(P)]: p↙

选择拉伸路径: 点取路径 C↙

输入面编辑选项

[拉伸(E)/移动(M)/旋转(R)/偏移(O)/倾斜(T)/删除(D)/复制(C)/颜色(L)/材质(A)/放弃(U)/退出(X)] <退出>:↙

2）命令: _solidedit。

实体编辑自动检查: SOLIDCHECK=1

输入实体编辑选项 [面(F)/边(E)/体(B)/放弃(U)/退出(X)] <退出>: _face

输入面编辑选项

[拉伸(E)/移动(M)/旋转(R)/偏移(O)/倾斜(T)/删除(D)/复制(C)/颜色(L)/材质(A)/放弃(U)/退出(X)] <退出>: _extrude

选择面或 [放弃(U)/删除(R)]: 点取拉伸表面 A（注意：点在 A 面的内部）

选择面或 [放弃(U)/删除(R)/全部(ALL)]: ↙（回车结束选择）

指定拉伸高度或 [路径(P)]: 20↙（拉伸高度 20）

指定拉伸的倾斜角度 <0.00>:15↙（收缩角 15°）

输入面编辑选项

[拉伸(E)/移动(M)/旋转(R)/偏移(O)/倾斜(T)/删除(D)/复制(C)/颜色(L)/材质(A)/放弃(U)/退出(X)] <退出>:↙

结果如图 9-72 右图所示。

2．移动面

可以通过移动面来修改实体的尺寸或改变某些特征，如孔、槽等的位置。

例 按图 9-73 中的端面 A 沿坐标轴移动（−10，0，0），轴肩 B 的前端面、轴肩 B 的柱面、轴肩 B 的后端面沿坐标轴移动（15，0，0），键槽底面、侧面沿坐标轴移动（30，0，0）。

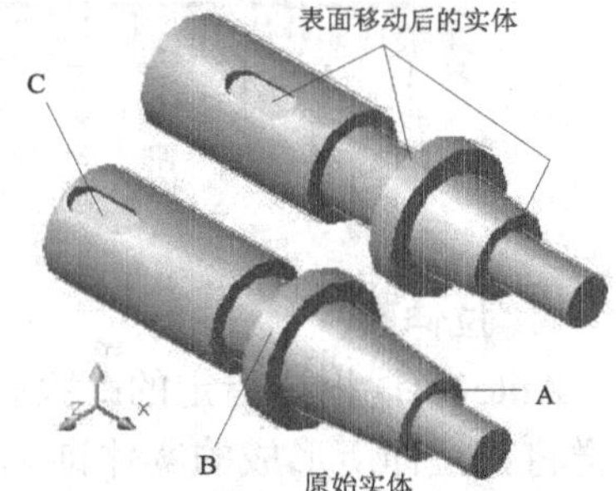

图 9-73　移动实体表面 A、B、C

1）单击移动表面图标。

命令: _solidedit

实体编辑自动检查: SOLIDCHECK=1

输入实体编辑选项 [面(F)/边(E)/体(B)/放弃(U)/退出(X)] <退出>: _face

输入面编辑选项[拉伸(E)/移动(M)/旋转(R)/偏移(O)/倾斜(T)/删除(D)/复制(C)/颜色(L)/材质(A)/放弃(U)/退出(X)] <退出>: _move

选择面或 [放弃(U)/删除(R)]: 点取要移动的实体表面 A（注意：点在移动端面 A 的内部）

选择面或 [放弃(U)/删除(R)/全部(ALL)]: ↙（回车结束选择）

指定基点或位移: −10，0，0↙

指定位移的第二点: ↙（按端面 A 的法线方向，即 X 方向移动−10）

输入面编辑选项

[拉伸(E)/移动(M)/旋转(R)/偏移(O)/倾斜(T)/删除(D)/复制(C)/颜色(L)/材质(A)/放弃(U)/退出(X)] <退出>:↙

2）命令: _solidedit。

实体编辑自动检查: SOLIDCHECK=1

输入实体编辑选项 [面(F)/边(E)/体(B)/放弃(U)/退出(X)] <退出>: _face

输入面编辑选项

[拉伸(E)/移动(M)/旋转(R)/偏移(O)/倾斜(T)/删除(D)/复制(C)/颜色(L)/材质(A)/放弃(U)/退出(X)] <退出>: _move

选择面或 [放弃(U)/删除(R)]: 点取轴肩 B 的前端面

选择面或 [放弃(U)/删除(R)/全部(ALL)]: 点取轴肩 B 的柱面

选择面或 [放弃(U)/删除(R)/全部(ALL)]: 点取轴肩 B 的后面
选择面或 [放弃(U)/删除(R)/全部(ALL)]: ↙（选择结束）
指定基点或位移: 15，0，0↙（输入 X 轴向移动距离 15）
指定位移的第二点: ↙
输入面编辑选项
[拉伸(E)/移动(M)/旋转(R)/偏移(O)/倾斜(T)/删除(D)/复制(C)/颜色(L)/材质(A)/放弃(U)/退出(X)] <退出>:↙

3）命令: _solidedit。

实体编辑自动检查: SOLIDCHECK=1
输入实体编辑选项 [面(F)/边(E)/体(B)/放弃(U)/退出(X)] <退出>: _face
输入面编辑选项
[拉伸(E)/移动(M)/旋转(R)/偏移(O)/倾斜(T)/删除(D)/复制(C)/颜色(L)/材质(A)/放弃(U)/退出(X)] <退出>: _move
选择面或 [放弃(U)/删除(R)]: 选择键槽 C 的底面（注意：点在键槽底面的内部）
选择面或 [放弃(U)/删除(R)/全部(ALL)]: 选择键槽 C 的侧面
选择面或 [放弃(U)/删除(R)/全部(ALL)]: ↙（选择结束）
指定基点或位移: 30，0，0↙（键槽 C 在 X 轴向移动距离 30）
指定位移的第二点: ↙
输入面编辑选项
[拉伸(E)/移动(M)/旋转(R)/偏移(O)/倾斜(T)/删除(D)/复制(C)/颜色(L)/材质(A)/放弃(U)/退出(X)] <退出>:↙

3. 偏移面

对于三维实体，通过偏移面来改变实体及孔、槽等特征的大小。把图 9-74a 中间槽的内表面及底板上 4 个小孔修改成图 9-74b。

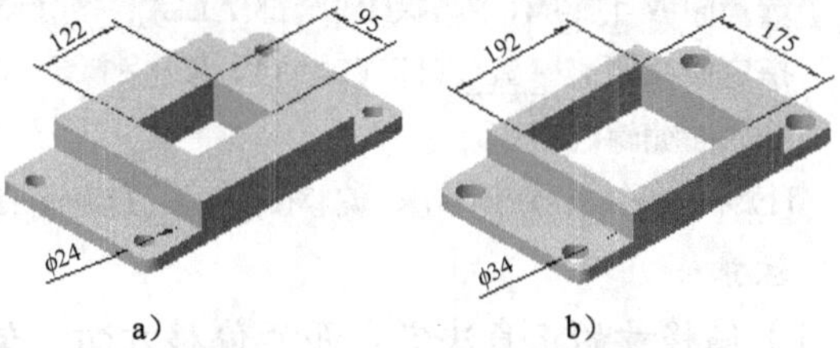

a）　b）

图 9-74　用偏移选项（Offset）改变孔、槽大小
a）面偏移前实体模型　b）面偏移后实体模型

1）单击偏移面。

命令: _solidedit
实体编辑自动检查: SOLIDCHECK=1
输入实体编辑选项 [面(F)/边(E)/体(B)/放弃(U)/退出(X)] <退出>: _face
输入面编辑选项
[拉伸(E)/移动(M)/旋转(R)/偏移(O)/倾斜(T)/删除(D)/复制(C)/颜色(L)/材质(A)/放弃(U)/退出(X)] <退出>: _offset
选择面或 [放弃(U)/删除(R)]: 点取要偏移的图 9-74a 中尺寸 122 槽的一个内表面
选择面或 [放弃(U)/删除(R)/全部(ALL)]: 点取要偏移的图 9-74a 中尺寸 122 槽的另一个内表面
选择面或 [放弃(U)/删除(R)/全部(ALL)]: ↙（结束选择）
指定偏移距离: −35↙（偏移量为负，表示向体积减小的方向偏移，即（122−192）/2 = −35）
输入面编辑选项
[拉伸(E)/移动(M)/旋转(R)/偏移(O)/倾斜(T)/删除(D)/复制(C)/颜色(L)/材质(A)/放弃(U)/退出(X)] <退出>:↙

2）命令: _solidedit。

实体编辑自动检查: SOLIDCHECK=1
输入实体编辑选项 [面(F)/边(E)/体(B)/放弃(U)/退出(X)] <退出>: _face
输入面编辑选项

[拉伸(E)/移动(M)/旋转(R)/偏移(O)/倾斜(T)/删除(D)/复制(C)/颜色(L)/材质(A)/放弃(U)/退出(X)] <退出>: _offset
选择面或 [放弃(U)/删除(R)]: 点取要偏移的图 9-74a 中尺寸 95 槽的一个内表面
选择面或 [放弃(U)/删除(R)/全部(ALL)]: 点取要偏移的图 9-74a 中尺寸 95 槽的另一个内表面
选择面或 [放弃(U)/删除(R)/全部(ALL)]: ↙（结束选择）
指定偏移距离: -40↙（偏移量为负，表示向体积减小的方向偏移，即：（95-175）/2=－40）
输入面编辑选项
[拉伸(E)/移动(M)/旋转(R)/偏移(O)/倾斜(T)/删除(D)/复制(C)/颜色(L)/材质(A)/放弃(U)/退出(X)] <退出>:↙

3）命令: _solidedit。

实体编辑自动检查: SOLIDCHECK=1
输入实体编辑选项 [面(F)/边(E)/体(B)/放弃(U)/退出(X)] <退出>: _face
输入面编辑选项
[拉伸(E)/移动(M)/旋转(R)/偏移(O)/倾斜(T)/删除(D)/复制(C)/颜色(L)/材质(A)/放弃(U)/退出(X)] <退出>: _offset
选择面或 [放弃(U)/删除(R)]: 点取要偏移的图 9-74a 中尺寸ϕ24 孔的第一个内表面
选择面或 [放弃(U)/删除(R)/全部(ALL)]: 点取要偏移的图 9-74a 中尺寸ϕ24 孔的第二个内表面
选择面或 [放弃(U)/删除(R)/全部(ALL)]: 点取要偏移的图 9-74a 中尺寸ϕ24 孔的第三个内表面
选择面或 [放弃(U)/删除(R)/全部(ALL)]: 点取要偏移的图 9-74a 中尺寸ϕ24 孔的第四个内表面
选择面或 [放弃(U)/删除(R)/全部(ALL)]: ↙（结束选择）
指定偏移距离: -5↙（即（24-34）/2＝-5）
输入面编辑选项
[拉伸(E)/移动(M)/旋转(R)/偏移(O)/倾斜(T)/删除(D)/复制(C)/颜色(L)/材质(A)/放弃(U)/退出(X)] <退出>:↙

注意

1）偏移量的正负决定表面的偏移方向。偏移为正时，表面将向实体增大的方向偏移；偏移为负时，表面将向实体缩小的方向偏移。

2）实体相邻的表面必须同时被偏移。

4．旋转面

例 把图 9-75a 的端面 A 沿旋转轴 12 转动-10°；表面 3、4、5、6、7 绕坐标原点转至图 9-75b 中 8 的位置。

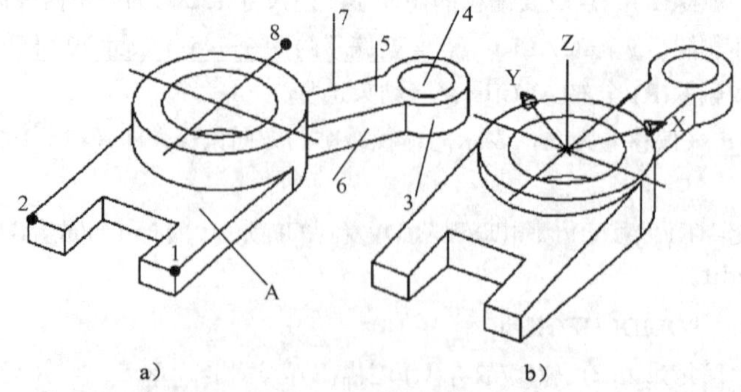

图 9-75　表面 A 沿轴 12 转动-10°、表面 3、4、5、6、7 绕坐标原点转至 8
a）面旋转前实体模型　b）面旋转后实体模型

1）单击旋转表面图标。

```
命令: _solidedit
实体编辑自动检查:  SOLIDCHECK=1
输入实体编辑选项 [面(F)/边(E)/体(B)/放弃(U)/退出(X)] <退出>: _face
输入面编辑选项
[拉伸(E)/移动(M)/旋转(R)/偏移(O)/倾斜(T)/删除(D)/复制(C)/颜色(L)/材质(A)/放弃(U)/退出(X)] <退出>:
_rotate
选择面或 [放弃(U)/删除(R)]: 点取要转动的实体表面 A（注意：点在转动端面 A 的内部）
选择面或 [放弃(U)/删除(R)/全部(ALL)]: ↙（结束选择）
指定轴点或 [经过对象的轴(A)/视图(V)/X 轴(X)/Y 轴(Y)/Z 轴(Z)] <两点>: end↙
于捕捉端点 1
在旋转轴上指定第二个点: end↙（端点捕捉方式）
于捕捉端点 2
指定旋转角度或 [参照(R)]: -10↙（绕 12 轴旋转-10°）
输入面编辑选项
[拉伸(E)/移动(M)/旋转(R)/偏移(O)/倾斜(T)/删除(D)/复制(C)/颜色(L)/材质(A)/放弃(U)/退出(X)] <退出>:↙
```

2）命令: _solidedit。

```
实体编辑自动检查:  SOLIDCHECK=1
输入实体编辑选项 [面(F)/边(E)/体(B)/放弃(U)/退出(X)] <退出>: _face
输入面编辑选项
[拉伸(E)/移动(M)/旋转(R)/偏移(O)/倾斜(T)/删除(D)/复制(C)/颜色(L)/材质(A)/放弃(U)/退出(X)] <退出>:
_rotate
选择面或 [放弃(U)/删除(R)]: 点取要转动的实体表面 3（注意：点在移动端面 3 的内部）
选择面或 [放弃(U)/删除(R)/全部(ALL)]: 点取要转动的实体表面 4↙
选择面或 [放弃(U)/删除(R)/全部(ALL)]: 点取要转动的实体表面 5↙
选择面或 [放弃(U)/删除(R)/全部(ALL)]: 点取要转动的实体表面 6↙
选择面或 [放弃(U)/删除(R)/全部(ALL)]: 点取要转动的实体表面 7↙
选择面或 [放弃(U)/删除(R)/全部(ALL)]: ↙（结束选择）
指定轴点或 [经过对象的轴(A)/视图(V)/X 轴(X)/Y 轴(Y)/Z 轴(Z)] <两点>:0,0,0↙
在旋转轴上指定第二个点: @0,0,10↙
指定旋转角度或 [参照(R)]: r↙
指定参照 (起点) 角度 <0.00>:↙
指定端点角度: end↙
于 点取端点 8
输入面编辑选项
[拉伸(E)/移动(M)/旋转(R)/偏移(O)/倾斜(T)/删除(D)/复制(C)/颜色(L)/材质(A)/放弃(U)/退出(X)] <退出>:↙
```

结果如图 9-75b 所示。

5. 锥化面

例 把图 9-76a 中凸台的外表面 A 修改为锥度为 1:8 的凸台，如图 9-76b 所示。

单击锥化实体表面图标。

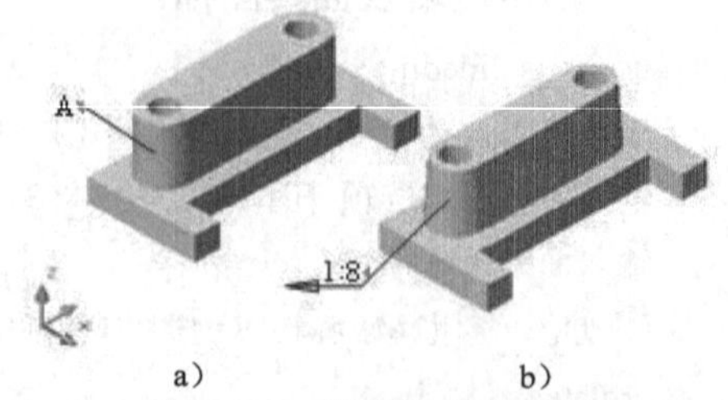

图 9-76　锥化选项的应用
a）锥面化前实体模型　b）锥面化后实体模型

命令: _solidedit
实体编辑自动检查:　SOLIDCHECK=1
输入实体编辑选项 [面(F)/边(E)/体(B)/放弃(U)/退出(X)] <退出>: _face
输入面编辑选项
[拉伸(E)/移动(M)/旋转(R)/偏移(O)/倾斜(T)/删除(D)/复制(C)/颜色(L)/材质(A)/放弃(U)/退出(X)] <退出>: _taper
选择面或 [放弃(U)/删除(R)]: 点取要锥化的实体表面 A（图 9-76a）
选择面或 [放弃(U)/删除(R)/全部(ALL)]: ↙
指定基点: cen↙（圆心捕捉方式）
于 捕捉凸台底圆的圆心
指定沿倾斜轴的另一个点: cen↙（圆心捕捉方式）
于 捕捉凸台顶圆的圆心
指定倾斜角度: 7.15↙（锥度 1:8 的锥顶角为 7.15°）
输入面编辑选项
[拉伸(E)/移动(M)/旋转(R)/偏移(O)/倾斜(T)/删除(D)/复制(C)/颜色(L)/材质(A)/放弃(U)/退出(X)] <退出>: ↙

6. 删除面

能被删除的实体表面有实体的内表面（即实体内的孔洞表面）、倒圆角和倒直角。

注意：删除实体内的孔洞表面，实质上就是将孔洞填实。

7. 复制面

复制所选择的面到目标位置。

8. 着色面

用来修改指定表面的颜色。当实体表面被修改为某种颜色时，该表面的线框也将改变为重新赋予的颜色。

9. 复制边

单击复制边图标，AutoCAD 有如下提示：

命令: _solidedit
实体编辑自动检查:　SOLIDCHECK=1
输入实体编辑选项 [面(F)/边(E)/体(B)/放弃(U)/退出(X)] <退出>: _edge
输入边编辑选项 [复制(C)/着色(L)/放弃(U)/退出(X)] <退出>: _copy
选择边或 [放弃(U)/删除(R)]:
指定基点或位移:
指定位移的第二点:
输入边编辑选项 [复制(C)/着色(L)/放弃(U)/退出(X)] <退出>:

10. 着色边

单击着色边图标，AutoCAD 有如下提示：

```
命令: _solidedit
实体编辑自动检查:  SOLIDCHECK=1
输入实体编辑选项 [面(F)/边(E)/体(B)/放弃(U)/退出(X)] <退出>: _edge
输入边编辑选项 [复制(C)/着色(L)/放弃(U)/退出(X)] <退出>: _color
选择边或 [放弃(U)/删除(R)]:
输入边编辑选项 [复制(C)/着色(L)/放弃(U)/退出(X)] <退出>:
```

11. 压印

压印可以把圆、直线、多段线、样条曲线、面域及实心体等对象压印到三维实体上，使其成为实体的一部分。必须使被压印的几何对象在实体表面内或与实体表面相交，压印操作才能成功。

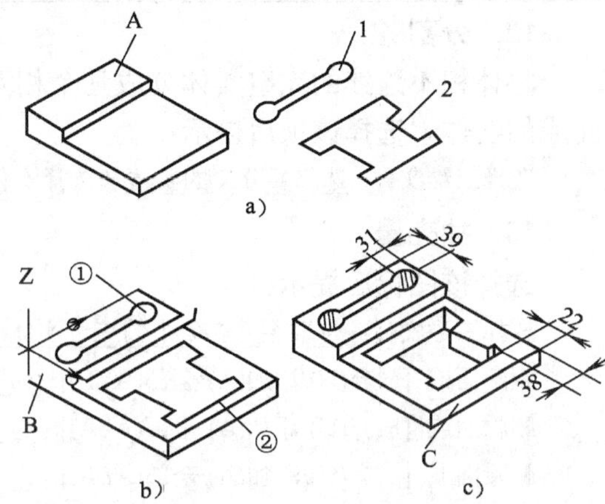

图 9-77 在 A 的上顶面压印几何对象 1、2

例 在图 9-77 中将几何图形 1、2 压印在实体 A 上（结果如图 9-77b 图中的①、②所示），然后拉伸图形①、②以形成新的特征，如图 9-77c 所示。

操作步骤如下：

1）分别用多段线编辑命令 Pedit 将图形 1 和图形 2 编辑成两个整体。

2）分别用移动命令 Move 将图形 1 和图形 2 按图 9-77c 所示的尺寸，移动至 A 上，结果如图 9-77b 所示。

3）为实体 B 制作印记，操作如下：

单击压印图标，系统提示：

```
选择三维实体或曲面: 选取三维实体B
选择要压印的对象: 选①
是否删除源对象 [是(Y)/否(N)] <N>: ↙（回车表示不删除作为印记的原目标图形）
选择要压印的对象: 选②
是否删除源对象 [是(Y)/否(N)] <N>: ↙
选择要压印的对象: ↙（回车表示操作完毕）
```

4）拉伸实体 B 表面的压印①、②，操作如下：

单击拉伸表面图标，系统提示：

```
命令: _solidedit
实体编辑自动检查:  SOLIDCHECK=1
输入实体编辑选项 [面(F)/边(E)/体(B)/放弃(U)/退出(X)] <退出>: _face
输入面编辑选项
[拉伸(E)/移动(M)/旋转(R)/偏移(O)/倾斜(T)/删除(D)/复制(C)/颜色(L)/材质(A)/放弃(U)/退出(X)] <退出>:
_extrude
选择面或 [放弃(U)/删除(R)]: 点取拉伸表面①
选择面或 [放弃(U)/删除(R)/全部(ALL)]: 点取拉伸表面②
选择面或 [放弃(U)/删除(R)/全部(ALL)]: ↙（结束选择）
```

指定拉伸高度或 [路径(P)]: –50↙（向 Z 的负向拉伸，大小超过板的厚度）

指定拉伸的倾斜角度 <0.00>: ↙（回车表示收缩角取默认值 0°）

两次回车后操作结束，结果如图 9-77c 中的 C 所示。

注意

1）作为印记的目标图形必须与三维实体的某一表面共面。

2）目标图形一旦被刻于三维实体上，二者就成为一个整体。

12．分割

将体积不连续的完整实体分成几个相互独立的三维实体。不能分割使用并运算后“并集”而成的实体。选择该项后提示：

选择三维实体: 选择要分离的实体（选择实体后，AutoCAD 可自动将其分离）

13．抽壳

选择该图标后提示：

选择三维实体：选取图 9-78a 中的三维实体 A

删除面或 [放弃(U)/添加(A)/全部(ALL)]: 选取抽壳表面 1

删除面或 [放弃(U)/添加(A)/全部(ALL)]: 选取抽壳表面 2

删除面或 [放弃(U)/添加(A)/全部(ALL)]: ↙（结束选取）

输入抽壳偏移距离: 20↙（壳体厚度 20）

两次回车后结果如图 9-78b 所示。

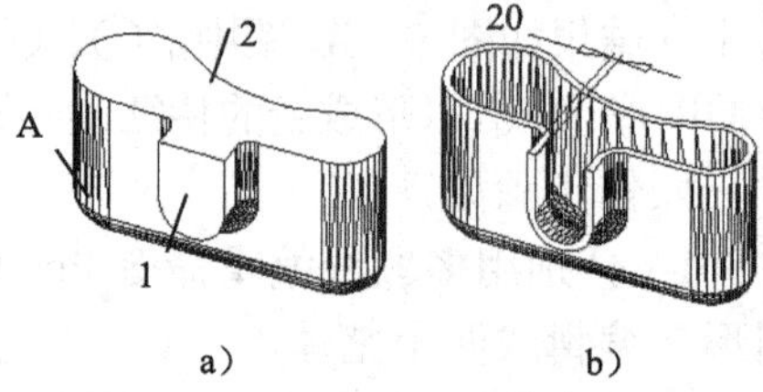

图 9-78 用抽壳选项对 1、2 面抽壳
a）抽壳前实体模型 b）抽壳后实体模型

注意

厚度为正时，表面向内偏移形成壳体；厚度为负时，表面向外偏移形成壳体。

14．清除

将实体中多余的棱边、顶点等对象去掉。例如用该选项清除实体上压印的几何对象。

9.3 综合实例——三维实体造型

按图 9-79 所示的尺寸，完成轴承座的三维实体造型。

1．对轴承座进行形体分析

由图 9-79 所示，轴承座是由 A、B、C、D、E 五种基本形体组合而成。其中，底板 A 为原始长方体，前面进行 $R16$ 的圆角化，并减去 2 个 $\phi18$ 的圆柱孔；B、C 为原始平面图形拉伸形成体，拉伸必须沿 Z 轴方向，因而必须随时改变 Z 轴方向；D、E 均为空心圆柱体，但必须注意圆柱的高度方向必须沿 Z 轴方向，因而也必须随时改变 Z 轴方向。本组合体形成以叠加、挖孔为主，所以各基本体之间主要进行“并集”、“差集”运算。

2．绘图环境准备

1）用 Limits 命令设置图幅:420×297（系统默认图幅，一般不必进行此步）。

2）单击设层命令图标，在层的对话框中设置：层名为 OBJ 或其他层名，颜色为红色或其他色，并设当前层为 OBJ（在新设层上实体造型，对生成工程图有益）。

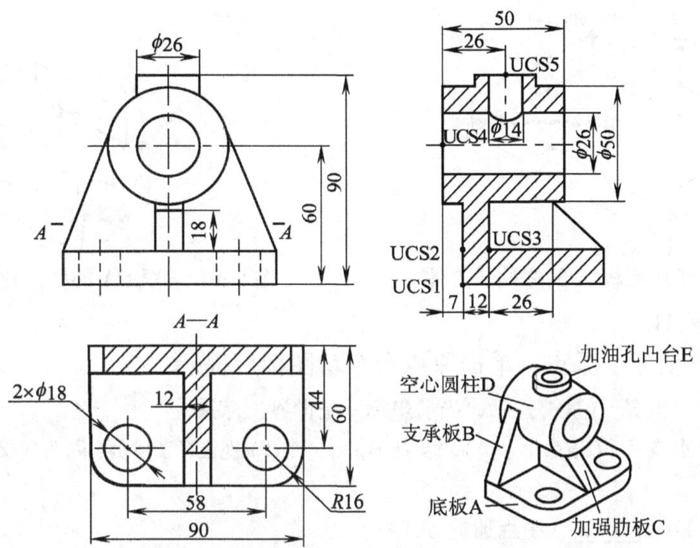

图 9-79　按轴承座的投影图、轴测图进行三维实体造型

3．绘制轴承座的三维实体图

1）建立用户坐标系，原点设在底板后面底线中点，如图 9-80 所示。单击西南等轴测命令图标，单击原点命令图标后提示：

指定 UCS 的原点或 [面(F)/命名(NA)/对象(OB)/上一个(P)/视图(V)/世界(W)/X/Y/Z/Z 轴(ZA)] <世界>:
指定 X 轴上的点或 <接受>: 用鼠标在屏幕合适的位置点取一个新的坐标原点

结果如图 9-80 所示。

2）绘制底板 A。

① 绘制长 90、宽 60、高 14 的长方体。单击长方体命令图标后提示：

指定第一个角点或 [中心(C)]: −45,−60,0↙（长方体左下角坐标）
指定其他角点或 [立方体(C)/长度(L)]: @90,60,14↙（输入长方体右上角点相对坐标）

结果如图 9-80 所示。

② 对长方体圆角化。单击圆角化命令图标后提示：

当前设置：模式 = 修剪，半径 = 0.00（提示默认半径为 0）
选择第一个对象或 [放弃(U)/多段线(P)/半径(R)/修剪(T)/多个(M)]: 点取欲圆角化的棱线 1
输入圆角半径: 16↙
选择边或 [链(C)/半径(R)]: 点取欲圆角化的棱线 2
选择边或 [链(C)/半径(R)]: ↙（选择结束）
已选定 2 个边用于圆角（提示两条边被圆角化）

结果如图 9-81 所示。

③ 绘制两个小圆柱孔（即底板上的 2×φ18 小孔）。单击圆柱体命令图标后提示：

指定底面的中心点或 [三点(3P)/两点(2P)/切点、切点、半径(T)/椭圆(E)]:CEN↙（圆心捕捉）于：点取底板前上面圆角的圆心
指定底面半径或 [直径(D)] <9.00>: 9↙（底板孔的半径 9）
指定高度或 [两点(2P)/轴端点(A)] <-14.00>: -14↙（孔的深度 Z 的拖动方向一致为 14，相反为−14）

用上述类同的方法绘制底板右圆柱孔，结果如图 9-81 所示。

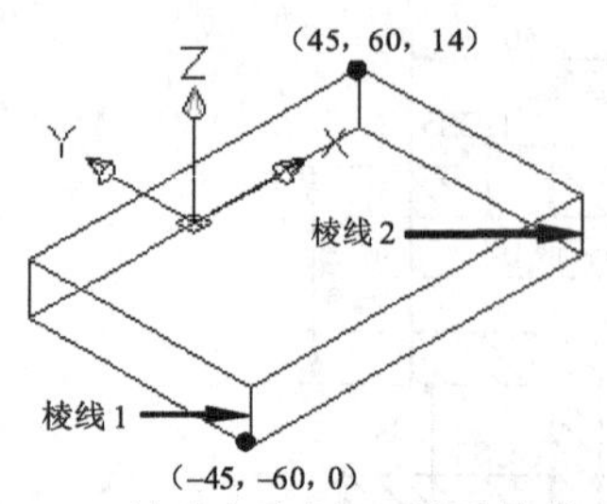

图 9-80　轴承座底板 A 的原始长方体

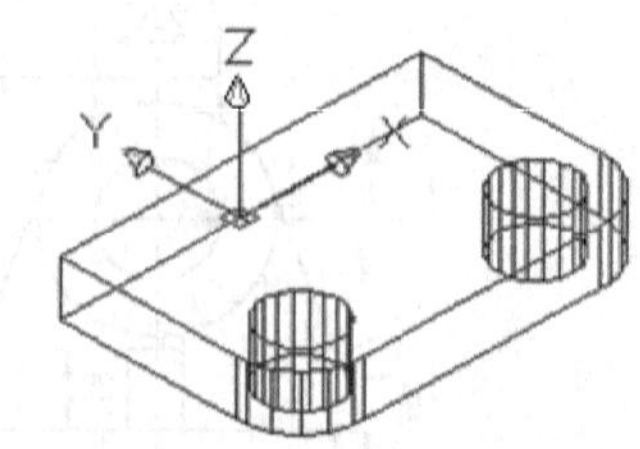

图 9-81　底板 A 的圆角化及绘制两小孔

3）绘制支承板 B。

① 设新的用户坐标系原点。单击原点命令图标后提示：

当前 UCS 名称: *世界*（屏幕提示：当前坐标系是世界坐标系）

指定 UCS 的原点或 [面(F)/命名(NA)/对象(OB)/上一个(P)/视图(V)/世界(W)/X/Y/Z/Z 轴(ZA)] <世界>: _o（屏幕提示）

指定新原点 <0,0,0>: MID↙（中点捕捉方式）

于 点取底板后上方的边线

结果此线中点即为新的原点，如图 9-82 所示。

② 设新的 Z 轴方向为支承板的拉伸方向。单击设新的 Z 轴方向命令图标后提示：

当前 UCS 名称: *没有名称*

指定 UCS 的原点或 [面(F)/命名(NA)/对象(OB)/上一个(P)/视图(V)/世界(W)/X/Y/Z/Z 轴(ZA)] <世界>:_zaxis（屏幕提示）

指定新原点或 [对象(O)] <0,0,0>: ↙（确认新 Z 轴上的第一点为当前坐标系原点）

在正 Z 轴范围上指定点 <0.00,0.00,1.00>:0,-1,0↙

原-Y 为新的 Z 轴正方向，也可以打开“极轴”按钮，并点取所需的新 Z 轴方向，结果如图 9-83 所示。

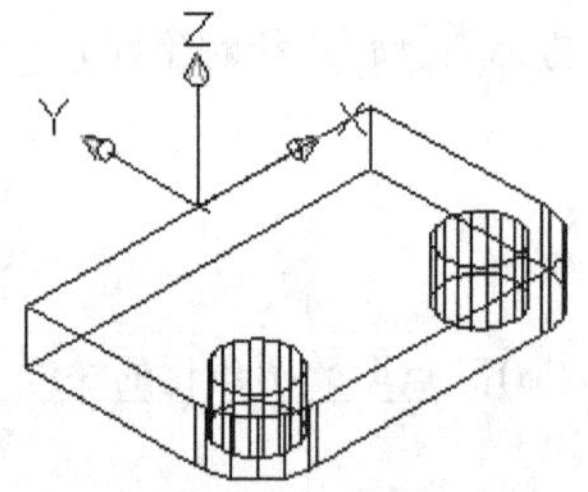

图 9-82　用户坐标系原点移至底板 A 上方

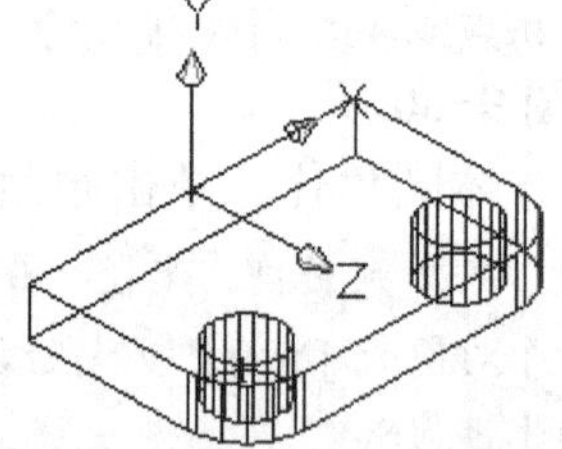

图 9-83　新的 Z 轴为支承板的拉伸方向

③ 绘制支承板的二维拉伸图。单击画圆命令图标，绘制支承板二维封闭图形的辅助圆。系统提示：

命令: _circle 指定圆的圆心或 [三点(3P)/两点(2P)/切点、切点、半径(T)]: 0,46,0↙（ϕ50 的圆心坐标）

指定圆的半径或 [直径(D)]: 25↙（空心圆柱 D 的半径）

单击多义线命令图标，系统提示：

PLINE（提示）

指定起点: end↙（端点捕捉方式）

于 点取图 9-84 中的 1 处

当前线宽为 0.00

指定下一个点或 [圆弧(A)/半宽(H)/长度(L)/放弃(U)/宽度(W)]:tan↙（切点捕捉方式）

到点取图 9-84 中的 4 处

指定下一个点或 [圆弧(A)/半宽(H)/长度(L)/放弃(U)/宽度(W)]:↙（画线结束）

单击多义线命令图标，系统提示：

PLINE（提示）

指定起点: end↙（端点捕捉方式）

于 点取图 9-84 中的 1 处（接前一条线起端，因拉伸只能是二维封闭图形）

当前线宽为 0.00

指定下一个点或 [圆弧(A)/半宽(H)/长度(L)/放弃(U)/宽度(W)] : end↙（端点捕捉）

于 点取图 9-84 中的 2 处

指定下一个点或 [圆弧(A)/半宽(H)/长度(L)/放弃(U)/宽度(W)] : tan↙（切点捕捉）

到点取图 9-84 中的 3 处

指定下一个点或 [圆弧(A)/半宽(H)/长度(L)/放弃(U)/宽度(W)] : end↙（端点捕捉）

于 点取图 9-84 中的 1 与 4 线段的端点 4 处

指定下一个点或 [圆弧(A)/半宽(H)/长度(L)/放弃(U)/宽度(W)] : ↙（画线结束）

擦除辅助圆：

单击擦除命令图标后提示：

选择对象: 点取要擦除的辅助圆

选择对象: ↙（目标选择结束，结果如图 9-85 所示）

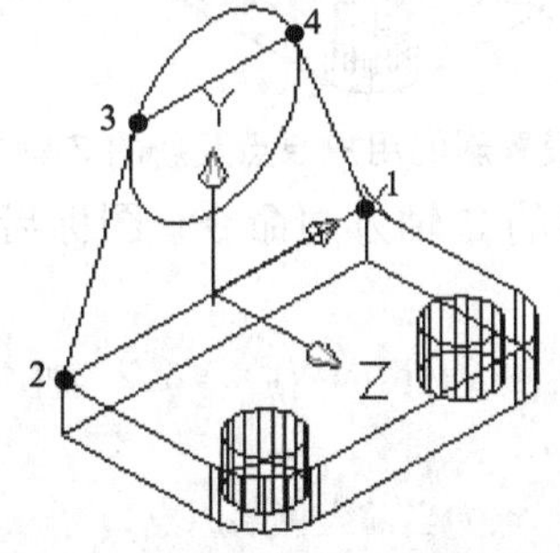

图 9-84 画支承板的二维平面图形

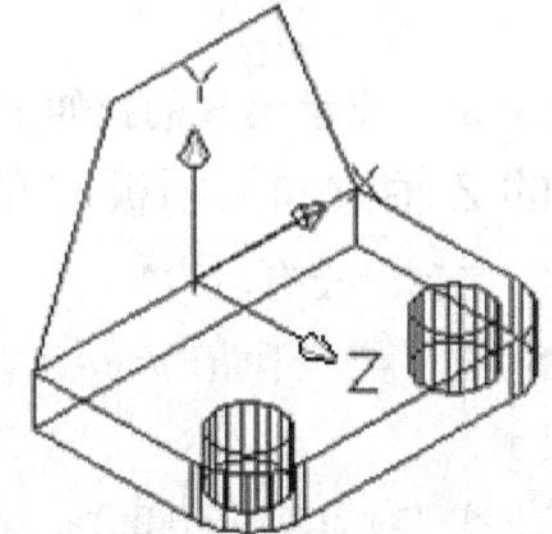

图 9-85 消去ϕ50 的辅助圆，用 Pedit 将 1234 编辑成封闭图形

单击编辑多义线命令图标，将上面所画的两个图元编辑成一体。系统提示：

选择多段线或 [多条(M)]: 点取刚画的多义线

输入选项 [闭合(C)/合并(J)/宽度(W)/编辑顶点(E)/拟合(F)/样条曲线(S)/非曲线化(D)/线型生成(L)/反转(R)/放弃(U)]: J↙

选择对象: 点取刚画的第一条多义线 14

选择对象: 点取刚画的第二条多义线 1234

选择对象: ↙（目标选择结束）

多段线已增加 3 条线段（提示）

输入选项 [闭合(C)/合并(J)/宽度(W)/编辑顶点(E)/拟合(F)/样条曲线(S)/非曲线化(D)/线型生成(L)/反转(R)/放弃(U)]: ↙

结果如图 9-85 所示。

④ 拉伸二维平面图形，生成支承板 B 的三维实体图。单击拉伸命令图标后提示：

当前线框密度： ISOLINES=8（提示）

选择要拉伸的对象:L↙（Last 选择刚用 Pedit 编辑完的图形）

选择要拉伸的对象: ↙（回车，目标选择结束）

指定拉伸的高度或 [方向(D)/路径(P)/倾斜角(T)]<0.0000> 12↙（拉伸的 Z 向尺寸 20，即支承板 B 的厚度）

结果如图 9-86 所示。

4）绘制加强肋板 C。

① 设新的用户坐标系原点。单击原点命令图标后提示：

当前 UCS 名称: *没有名称*（提示：无名）

指定 UCS 的原点或 [面(F)/命名(NA)/对象(OB)/上一个(P)/视图(V)/世界(W)/X/Y/Z/Z 轴(ZA)] <世界>: _o（屏幕提示）

指定新原点 <0,0,0>: MID↙（中点捕捉方式）

于 点取支承板前方的边线

此线中点即为新的原点，结果如图 9-87 所示。

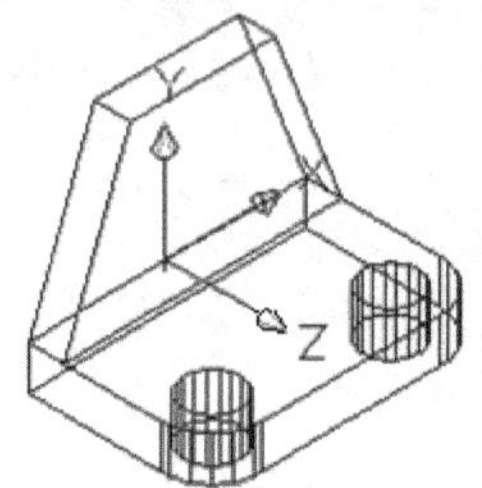

图 9-86 支承板 B 的拉伸三维实体

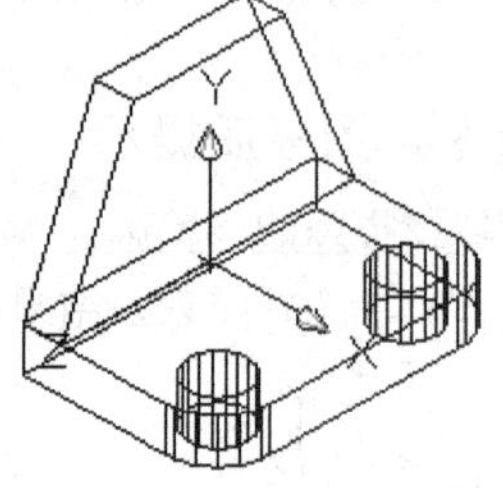

图 9-87 设置新的用户原点及新的 Z 轴方向

② 设新的 Z 轴方向为肋板 C 的拉伸方向。单击设新的 Z 轴方向命令图标后提示：

当前 UCS 名称: *没有名称*（提示：无名）

指定 UCS 的原点或 [面(F)/命名(NA)/对象(OB)/上一个(P)/视图(V)/世界(W)/X/Y/Z/Z 轴(ZA)] <世界>: _zaxis（屏幕提示）

指定新原点或 [对象(O)] <0,0,0>: ↙（确认新的 Z 轴上的第一点为当前坐标系原点）

在正 Z 轴范围上指定点 <0.00,0.00,1.00>: 打开“极轴”按钮，并点取图 9-87 中的 X 负向为新 Z 轴正向，结果如图 9-87 所示

③ 绘制肋板 C 拉伸所用的二维平面图形。单击多义线命令图标后提示：

PLINE（提示）

指定起点: 0,0,6↙（端点捕捉方式）

当前线宽为 0.00

指定下一个点或 [圆弧(A)/半宽(H)/长度(L)/放弃(U)/宽度(W)]:per↙（垂足捕捉方式）

到 点取图 9-88 中前面边线的垂足

指定下一个点或 [圆弧(A)/半宽(H)/长度(L)/放弃(U)/宽度(W)]: @0,24↙

指定下一个点或 [圆弧(A)/半宽(H)/长度(L)/放弃(U)/宽度(W)]: @26,0↙

指定下一个点或 [圆弧(A)/半宽(H)/长度(L)/放弃(U)/宽度(W)]: @0, −6↙

指定下一个点或 [圆弧(A)/半宽(H)/长度(L)/放弃(U)/宽度(W)]: @38,−18↙

指定下一个点或 [圆弧(A)/半宽(H)/长度(L)/放弃(U)/宽度(W)]: c↙（画线封口）

结果如图 9-88 所示，该二维平面图形已是一整体，所以可用此二维图形直接拉伸。

④ 拉伸二维平面图形，生成加强肋板的三维实体图。单击拉伸命令图标后提示：

当前线框密度： ISOLINES=4（提示）

选择要拉伸的对象:L↙（Last 选择刚画完的图形）

选择要拉伸的对象:↙（目标选择结束）

指定拉伸的高度或 [方向(D)/路径(P)/倾斜角(T)] <12.00>: 12↙（拉伸沿 Z 的负向 12mm，即肋板 C 的厚度为 12）

结果如图 9-89 所示。

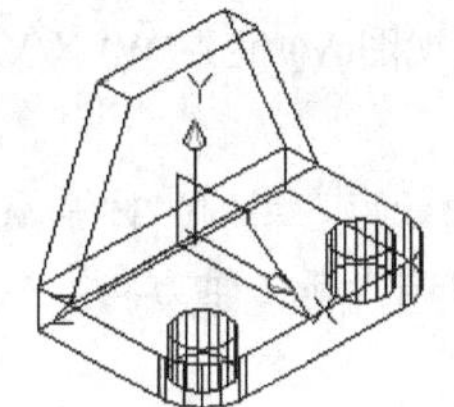

图 9-88 肋板的二维平面图形

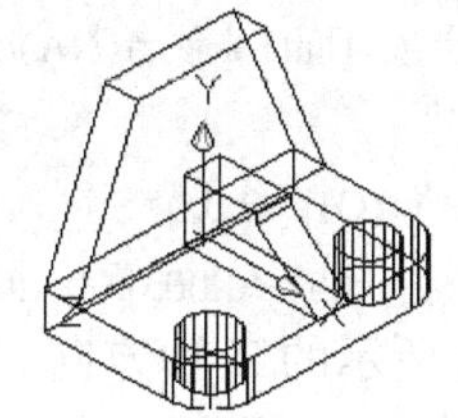

图 9-89 拉伸后的加强肋板

5）绘制 $\phi 50$ 的空心圆柱体 D。

① 设新的用户坐标系原点。单击原点命令图标后提示：

当前 UCS 名称: *没有名称*

指定 UCS 的原点或 [面(F)/命名(NA)/对象(OB)/上一个(P)/视图(V)/世界(W)/X/Y/Z/Z 轴(ZA)] <世界>: _o（屏幕提示）

指定新原点 <0,0,0>: −19,46,0↙（设空心圆柱体后端面中心为新原点）

结果如图 9-90 所示。

② 设新的 Z 轴方向为空心圆柱体的轴线方向。单击设新的 Z 轴方向命令图标后提示：

当前 UCS 名称: *没有名称*

指定 UCS 的原点或 [面(F)/命名(NA)/对象(OB)/上一个(P)/视图(V)/世界(W)/X/Y/Z/Z 轴(ZA)] <世界>: _zaxis（屏幕提示）

指定新原点或 [对象(O)] <0,0,0>: ↙（确认新的 Z 轴上的第一点为当前坐标系原点）

在正 Z 轴范围上指定点 <0.00,0.00,1.00>: 1,0,0↙（原 X 方向为新 Z 轴方向）

结果如图 9-91 所示。

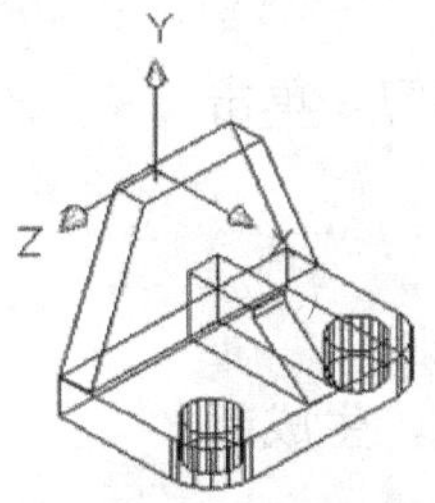

图 9-90 设置 $\phi 50$ 圆柱的新原点

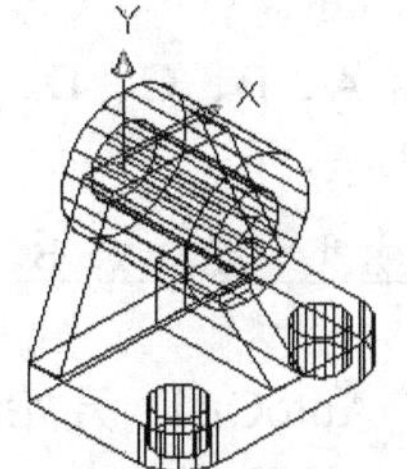

图 9-91 绘制 $\phi 50$、$\phi 26$ 空心圆柱体

③ 绘制空心圆柱体。单击圆柱体（Cylinder）命令图标后提示：

指定底面的中心点或 [三点(3P)/两点(2P)/切点、切点、半径(T)/椭圆(E)]: 0,0,0↙（圆柱的圆心坐标为原点）

指定底面半径或 [直径(D)] <9.00>: 25↙（圆柱外圆半径 25）

指定高度或 [两点(2P)/轴端点(A)] <-12.00>: 50↙（圆柱体轴向长度 50）

命令: ↙（重复圆柱体命令）

指定底面的中心点或 [三点(3P)/两点(2P)/切点、切点、半径(T)/椭圆(E)]: 0,0,0↙（圆柱的圆心坐标为原点）

指定底面半径或 [直径(D)] <25.00>: 13↙（内孔半径）

指定高度或 [两点(2P)/轴端点(A)] <50.0000>: ↙（圆柱体轴向长度默认为 50）

结果如图 9-91 所示。

6）绘制加油孔凸台 E。

① 设新的Z轴方向为加油孔圆柱体的轴线方向。单击设新的Z轴方向命令图标后提示：

当前 UCS 名称: *没有名称*

指定 UCS 的原点或 [面(F)/命名(NA)/对象(OB)/上一个(P)/视图(V)/世界(W)/X/Y/Z/Z 轴(ZA)] <世界>: _zaxis 屏幕提示）

指定新原点或 [对象(O)] <0,0,0>: ↙（确认新的 Z 轴上的第一点为当前坐标系原点）

在正 Z 轴范围上指定点 <0.00,0.00,1.00>: 0,1,0↙（原 Y 方向为新 Z 轴方向）

结果如图 9-92 所示的 Z 轴方向。

② 设新的用户坐标系原点。单击 Origin（原点命令）图标后提示：

当前 UCS 名称: *没有名称*

指定 UCS 的原点或 [面(F)/命名(NA)/对象(OB)/上一个(P)/视图(V)/世界(W)/X/Y/Z/Z 轴(ZA)] <世界>: _o

指定新原点 <0,0,0>: 26,0,0↙（设置加油孔凸台顶端中心为新原点）

结果如图 9-92 所示的坐标系。

③ 绘制加油孔凸台 E。单击圆柱体命令图标后提示：

指定底面的中心点或 [三点(3P)/两点(2P)/切点、切点、半径(T)/椭圆(E)]: 0,0,0↙（圆柱的圆心为原点）

指定底面半径或 [直径(D)] <13.00>: ↙（加油孔外圆半径为默认值 13）

指定高度或 [两点(2P)/轴端点(A)] <50.0000>: 30↙（向下拖动，输入凸台高度 30，此处尺寸稍大一点，作“并”可将其去掉）

命令: ↙（重复圆柱体命令）

指定底面的中心点或 [三点(3P)/两点(2P)/切点、切点、半径(T)/椭圆(E)]:0,0,0 ↙

指定底面半径或 [直径(D)] <13.00>: 7↙（加油孔内孔半径 7）

指定高度或 [两点(2P)/轴端点(A)] <30.00>: -30↙（向下拖动，输入凸台高度 30，此处尺寸稍大一点，统一作“减”时可将多余的去掉）

结果如图 9-92 所示。

7）按图 9-93 将 A、B、C、D、E 进行“并集”运算。单击并集命令图标后提示：

选择对象: 点取“并集”实体 A、B、C、D、E

选择对象: ↙

目标选择结束，AutoCAD 开始进行“并集”运算，生成新的并合体，如图 9-93 所示。

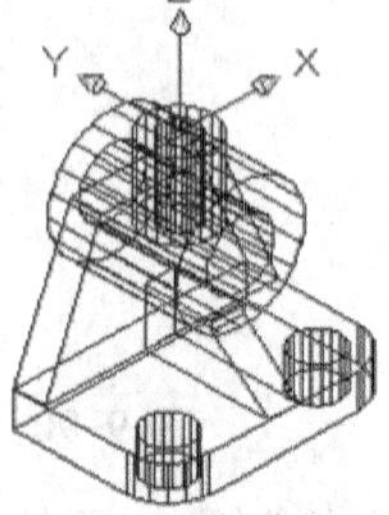

图 9-92　顶端加油孔的绘制

8）进行“差集”运算（将上述“并合体”减去内孔圆柱 1、2、3、4，如图 9-93 所示），单击差集（Subtract）命令图标后提示：

命令：subtract 选择要从中减去的实体、曲面和面域...（提示）

选择对象: 选取被减实体（图 9-93 中的并合体）
选择对象: ↙（被减实体选择结束）
选择要减去的实体、曲面和面域....（提示）
选择对象: 点取要减的内孔圆柱 1
选择对象: 点取要减的内孔圆柱 2
选择对象: 点取要减的内孔圆柱 3
选择对象: 点取要减的内孔圆柱 4
选择对象: ↙

要减的实体选择结束，AutoCAD 开始进行“差集”运算，结果为一个新实体，如图 9-93 所示。

9）消去隐藏线。单击消隐命令图标，完成消隐，结果如图 9-94 所示。

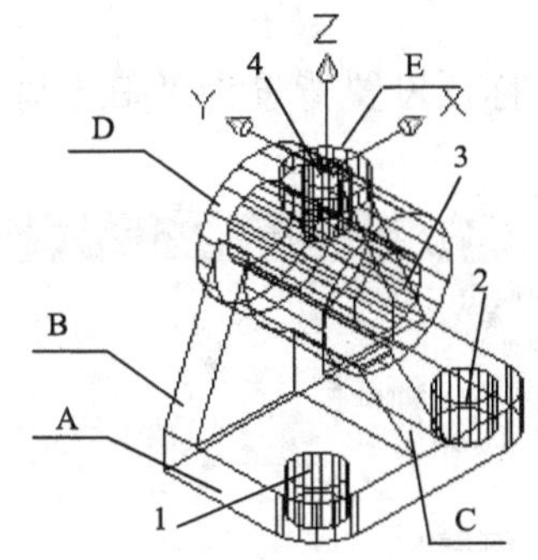

图 9-93 “并”、“差”运算后的实体

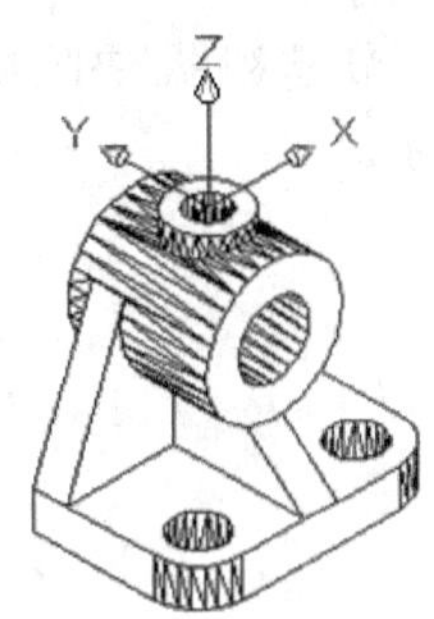

图 9-94 “消隐”后的轴承座三维实体

注意

1）组成组合体的基本体全部创建完毕后，最后统一做“并”、“交”、“差”为好。但在创建基本体过程中的“并”、“交”、“差”可以先做，比如底板为圆柱体与长方体“交”出来的。

2）组合体造型过程中，按需要设置新的用户坐标系和新的 Z 轴方向是非常必要的，这样可有利于所需基本体的生成，因为圆柱、圆锥的轴线以及二维图形用拉伸或旋转生成基本体时均是沿 Z 轴方向。

4．轴承座的渲染

1）在菜单栏中选择“视图”→“渲染”→“材质”菜单命令，在“材质”面板上单击“创建新材质”按钮，弹出“创建新材质”对话框。在对话框中输入名称并单击“确定”按钮，如图 9-95 所示。

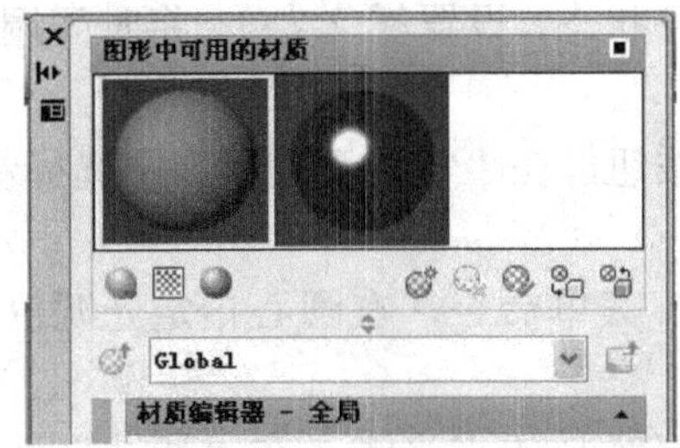

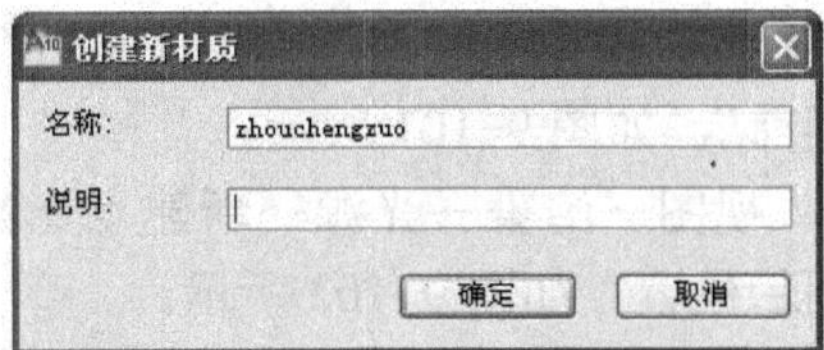

图 9-95 创建新材质

2）在“材质编辑器—轴承座”对话框中，选择材质“类型”为“真实金属”，“样板”为“金属—光滑”，并单击将材质应用到对象按钮，选定轴承座模型，如图 9-96 所示。

3）在功能区的“渲染”选项卡的“边缘效果”面板上，选择“无边”选项，如图 9-97 所示。

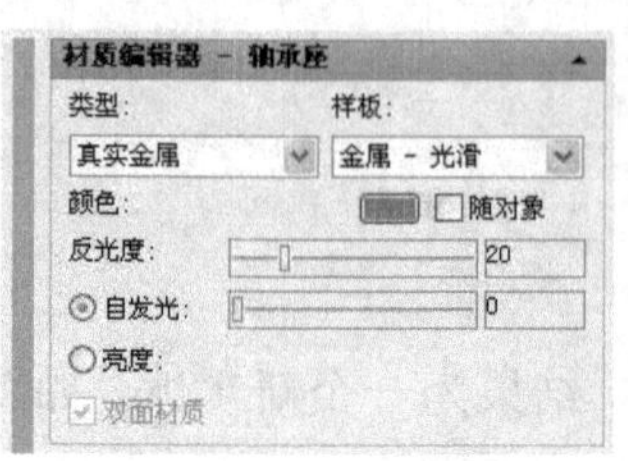

图 9-96　型材设置及模型

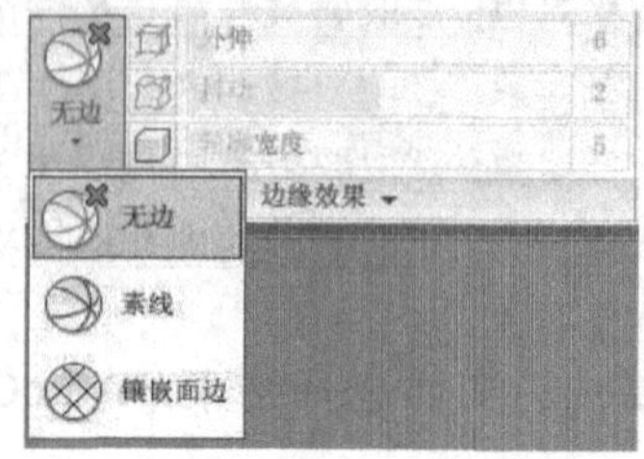

图 9-97　去除素线

4）选择“视图”→“命名视图”菜单命令，在“视图管理器”对话框中单击“新建...”，如图 9-98 所示。

5）在“新建视图/快照特性”对话框中，输入视图名称，设置背景为“阳光与天光”，如图 9-99 所示。

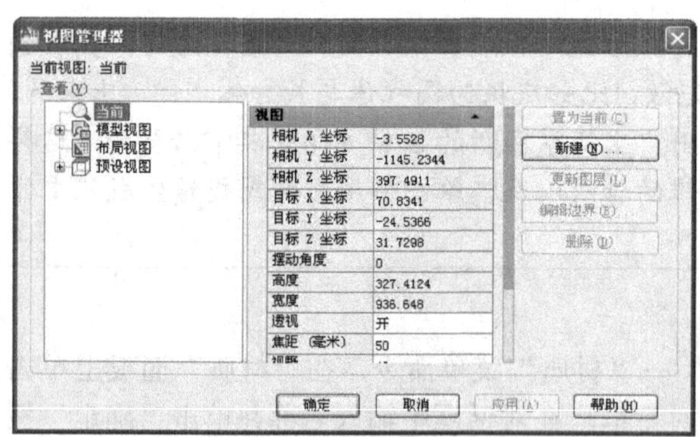

图 9-98　新建命名视图

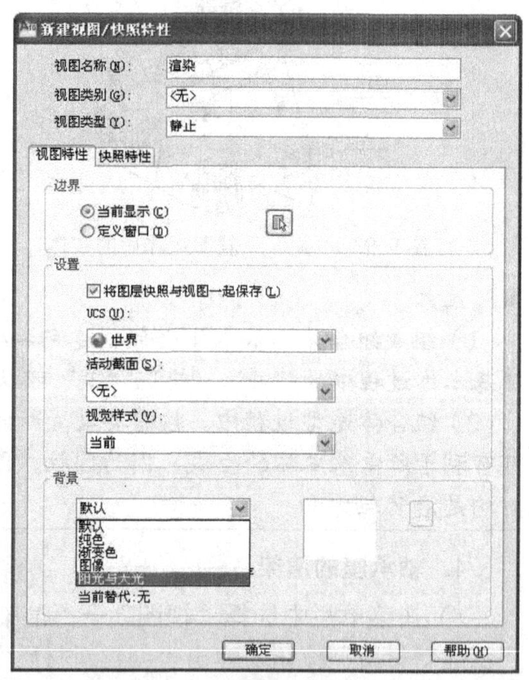

图 9-99　设置视图背景

6）在“调整阳光与天光背景”对话框中，打开状态，设置雾化为 1，将时间调整为 15:00，然后单击“确定”按钮，如图 9-100 所示。

7）在“新建视图/快照特性”单击“确定”按钮，在“视图管理器”中选择新建的视图，单击“置为当前”，如图 9-101 所示。

8）选择“视图→渲染→光源→新建点光源”菜单命令，在圆心指定光源位置，然后将光源移动到图示位置，如图 9-102 所示。

9）选择“修改”→“特性”菜单命令，选择添加的点光源，在“特性”面板中，修改

“过滤颜色”为“颜色 9”，修改“灯的颜色”为“水银灯”，如图 9-103 所示。

10）选择“视图”→“渲染”→“高级渲染设置”菜单命令，在“高级渲染设置”面板上，选择“演示”渲染预设，如图 9-104 所示。

11）选择“视图”→“渲染”→“渲染”命令，渲染的模型效果如图 9-105 所示。

常规	
状态	开
强度因子	1
颜色	167, 154, 119
阴影	开
天光特性	
状态	天光背景和照明
强度因子	1
雾化	0.5

太阳角度计算器	
日期	2011-9-21
时间	15:00
夏令时	否
方位角	239
仰角	35
源矢量	-0.7009, -0.4285, 0.5701

图 9-100 调整阳光和天光

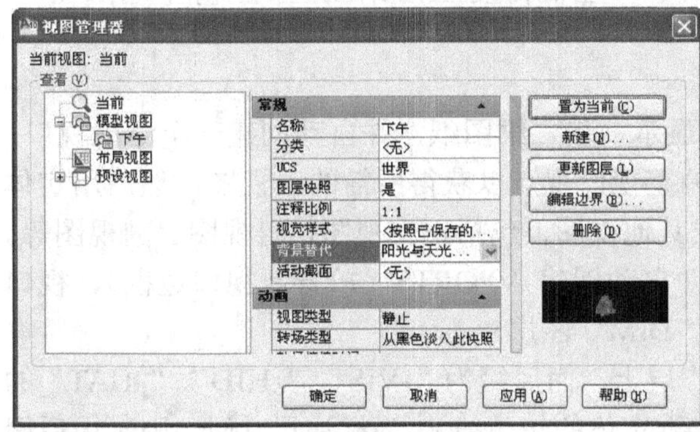

图 9-101 将视图置为当前

图 9-102 新建点光源

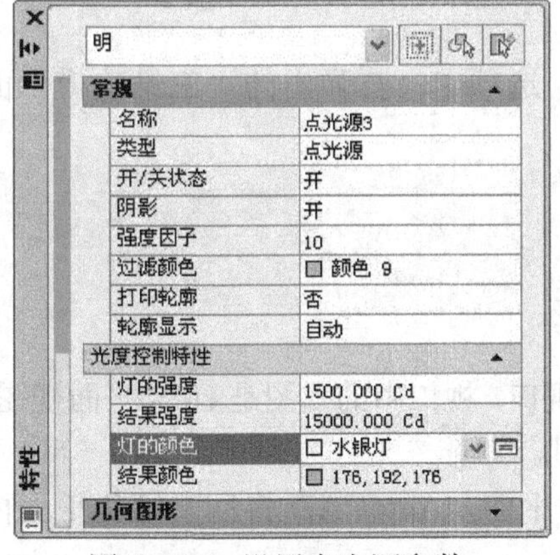

图 9-103 设置点光源参数

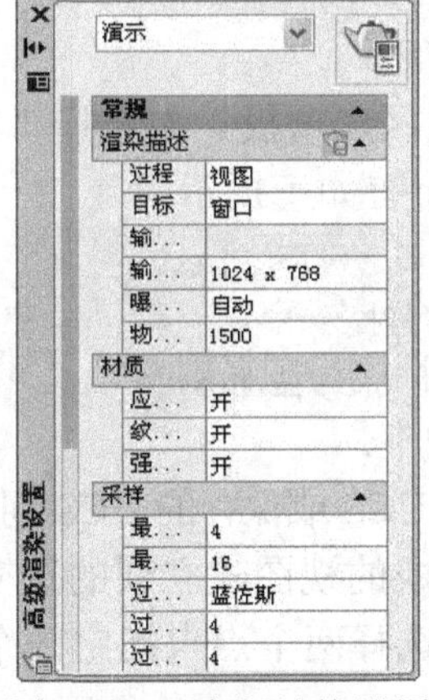

图 9-104 高级渲染设置

图 9-105 渲染后的图像

9.4 由三维实体生成二维视图或剖视图

AutoCAD 的图纸布局功能是很强的，当进入图纸空间后，就可根据三维模型轻易地创建多种形式的布局。可以认为图纸空间是一张虚拟的“图纸”，在图纸上创建视口以形成视图，然后调整视图的位置及缩放比例，再在浮动模型空间或图纸空间标注尺寸，这样就完成了一张完整的二维图。下面以图 9-106 轴承座为例，介绍三维实体生成图 9-107 二维视图和剖视图的过程。

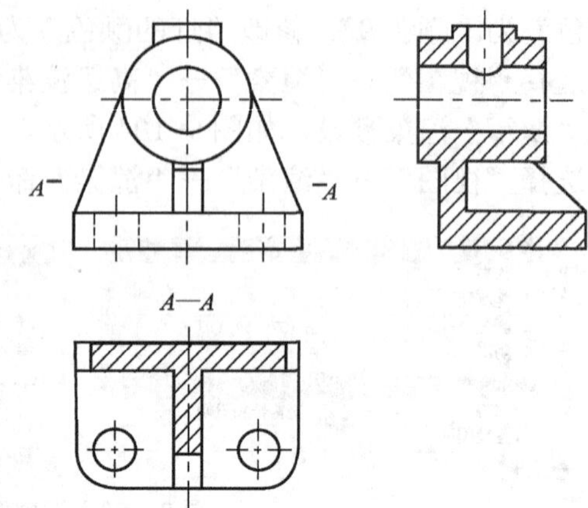

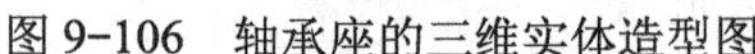

图 9-106　轴承座的三维实体造型图　　图 9-107　由轴承座的三维实体图生成三视图（剖视图）

9.4.1　建立多种视图

切换到图纸空间后，AutoCAD 在屏幕上显示一张二维图纸，并自动创建一个浮动视口，在这个视口中显示出所绘的三维模型，可以调整视口视点以获得所需的主视图，然后用实体视图(Solview)和生成视口（Mview）命令生成其他视图，包括正交视图、斜视图、剖视图等。

实体视图命令可以自动建立浮动视口，并自动创建 VPORTS（放置新视口边框）、视口名称-VIS、视口名称-HID、视口名称-HAT、“-DIM”图层。

AutoCAD 将新视口边框放在“VPORTS”层上，而后缀为“-VIS”、“-HID”、“-HAT”的图层要被 Soldraw 命令使用（该命令能生成三维实体的轮廓线）。当标注尺寸时，则选用后缀为“-DIM”的图层。

1．执行生成视图命令的方法

在三维建模空间的“功能区选项板”中选择“常用”选项卡，在弹出的“三维建模”面板中单击图标，AutoCAD 将有如下提示：

```
命令: _solview  正在重生成布局。（屏幕提示）
重生成模型 - 缓存视口。（屏幕提示）
输入选项 [UCS(U)/正交(O)/辅助(A)/截面(S)]:
```

上面括号中各选项说明如下：

1）UCS（U）：基于当前的 UCS 或保存的 UCS 创建新视口，视口中的视图是 UCS 平面视图。

2）正交（O）：根据已生成的视图建立新的正交视图。

3）辅助（A）：在视图中选择两个点来指定一个倾斜平面，AutoCAD 将创建倾斜平面内的视图。

4）截面（S）：在视图中指定两个点来定义剖切平面的位置，AutoCAD 根据剖切平面创建剖视图。

2．建立多种视图的具体操作

（1）调出上面完成的轴承座三维实体造型图　如图 9-108 所示。

（2）生成轴承座的三视图

1）加强肋板与整体作“并集”运算（因肋板左视图按不剖画，故造型时未作“并集”运算）。单击“实体编辑”选项面板中的并集图标，AutoCAD 会有如下提示：

选择对象: ALL↙（选取肋板及已做过布尔运算的其余部分）

选择对象: ↙（回车表示选择结束）

2）单击状态行上的图标，进入图纸空间。AutoCAD 在图纸空间自动创建一个视口，如图 9-109 所示。

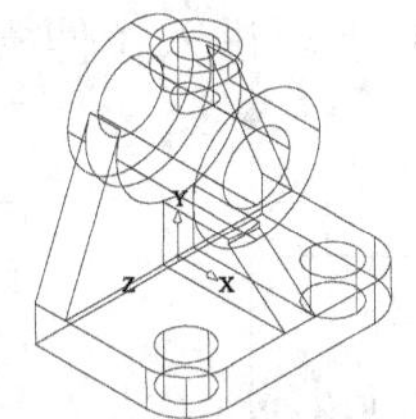

图 9-108　轴承座三维实体造型

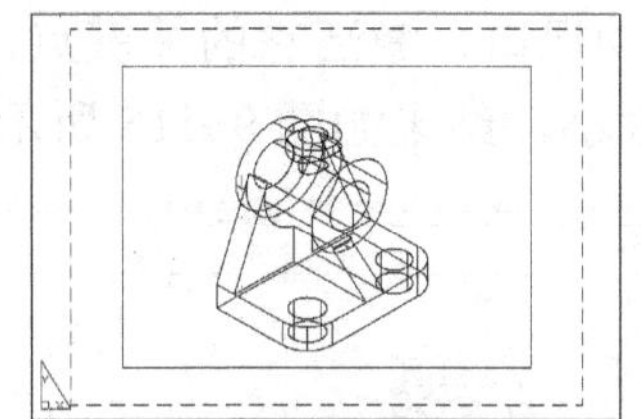

图 9-109　进入图纸空间

3）单击“功能区选项板”的“常用”选项卡，在弹出的“修改”选项面板中单击图标，将虚线框里的图形全部擦除，如图 9-110 所示。然后单击“功能区选项板”中的“视图”选项，在弹出的“视口”选项面板中，单击新建图标，将弹出“视口”对话框。选择“四个：相等”，AutoCAD 弹出下面提示：

指定第一个角点或 [布满(F)] <布满>: ↙（回车表示选择默认，结果如图 9-111 所示）

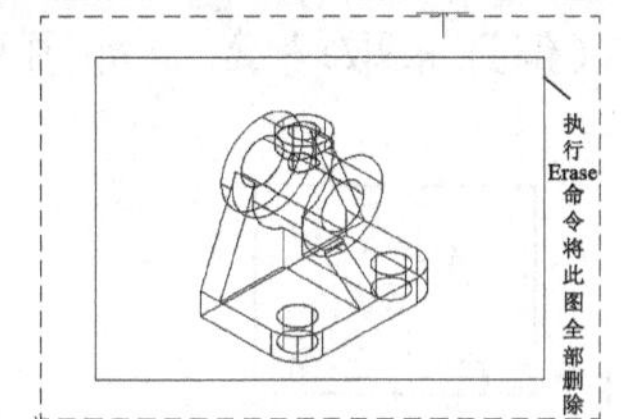

图 9-110　擦除虚线框里的全部图形

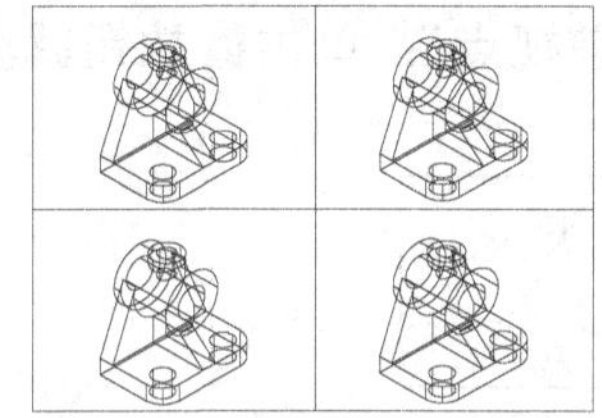

图 9-111　图纸空间轴承座的 4 个视窗

4）激活浮动视口，设置“前视点”。单击“功能区选项板”的“常用”选项卡，在弹出的“视图”选项板中选择图标，获得主视图，并用状态行中的改变注释比例。

5）同理，分别激活要改变视图状态的浮动视口，再分别选择、图标，就可获得俯视图和左视图，结果如图 9-112 所示。

6）用实体轮廓（Solprof）命令，或在“三维建模”面板中单击图标，分别对图 9-112 中的 4 个图生成二维轮廓线，将原三维实体消去。最后再调整各视口中各层的线性及可见性，结果如图 9-113 所示。

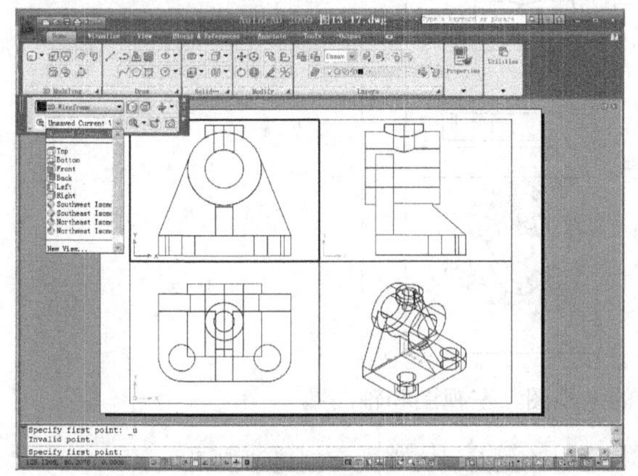

图 9-112　执行适当视口后的三视图

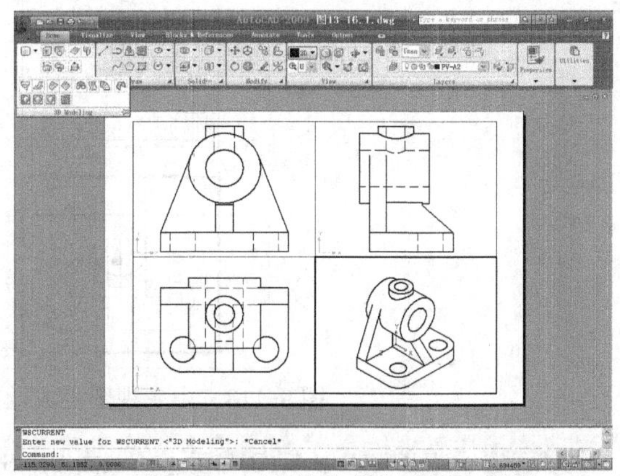

图 9-113　由轴承座生成的三视图

（3）生成全剖的俯视图、左视图及轴测图　首先应生成主视图，然后由主视图创建全剖的俯视图、左视图及轴测图。

1）生成轴承座主视图：

① 重复生成轴承座三视图（2）的操作步骤 1）、2），得到图 9-114。

② 选择浮动视口，激活它的关键点，如图 9-114 中的 A 点，进入拉伸模式。然后拉动角点调整视口大小，结果如图 9-115 所示。

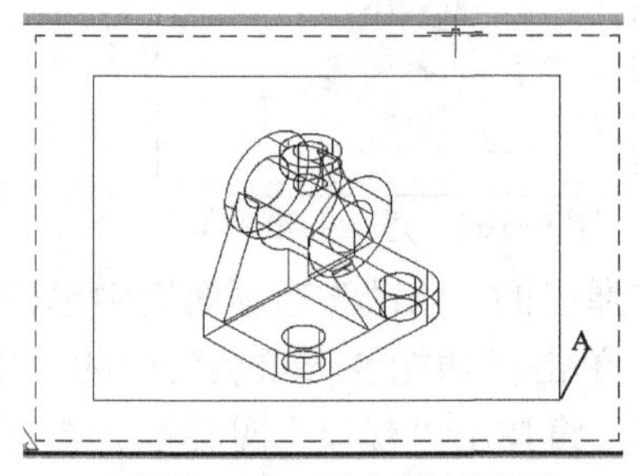

图 9-114　进入图纸空间

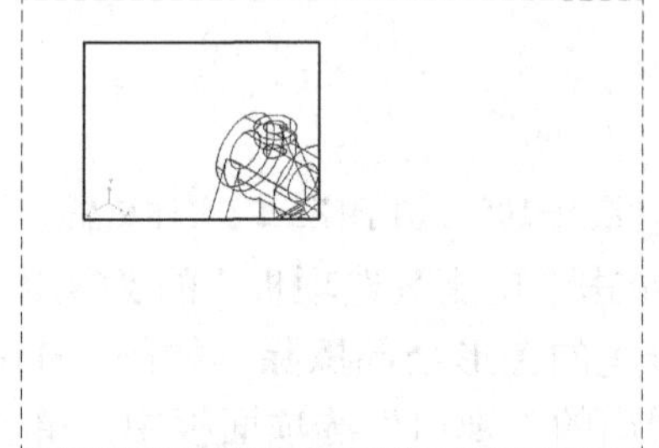

图 9-115　调整浮动视口大小

③ 单击“视图”选项板（全部缩放）图标，使模型全部显示在视口中，如图 9-116 所示。

④ 设置“前视点”：单击按钮就获得了主视图（但还未取轮廓），如图 9-117 所示。

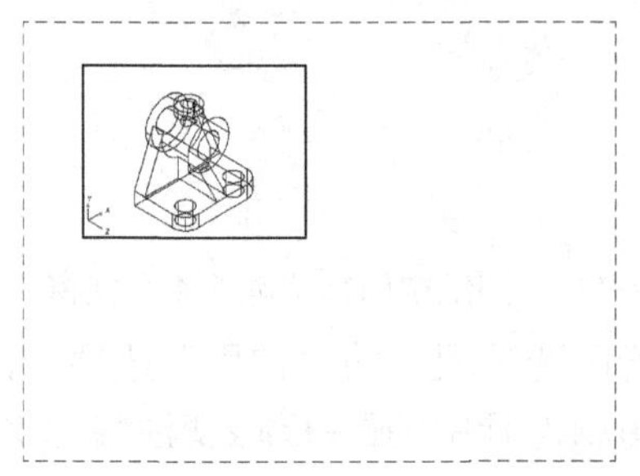

图 9-116　激活全部缩放浮动视口

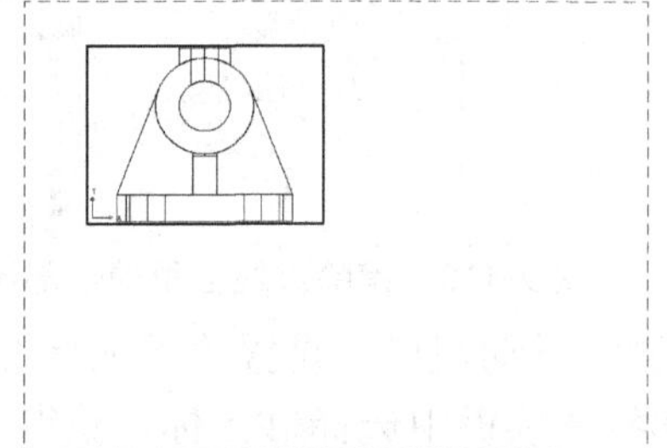

图 9-117　轴承座主视图

2）由主视图创建全剖的俯视图、左视图（图 9-118）：单击“三维建模”选项面板中（实体视图）图标后提示：

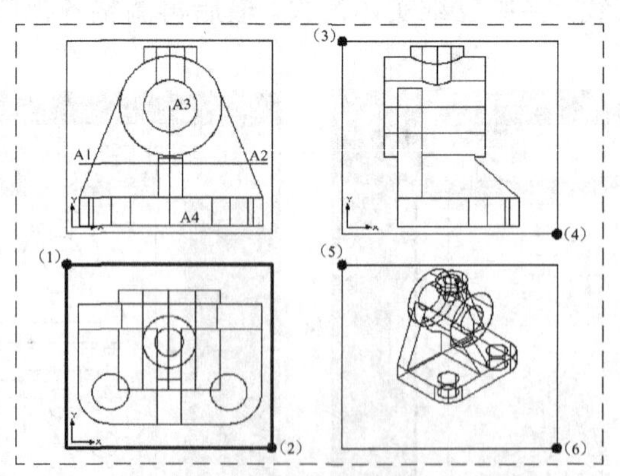

图 9-118　由主视图生成全剖的俯视图、左视图和轴测图

输入选项 [UCS(U)/正交(O)/辅助(A)/截面(S)]: S↙（使用“截面（S）”选项创建剖视图）

指定剪切平面的第一个点: 点图 9-118 中的 A1 点
指定剪切平面的第二个点: 点图 9-118 中的 A2 点（A1 与 A2 的连线为俯视图剖切位置）
指定要从哪侧查看: 在连线 A1A2 的上方单击一点（此点为视点）
输入视图比例<0.887610>: ↙（回车：取默认值）
指定视图中心: 在屏幕的适当位置单击一点以放置全剖的俯视图
指定视图中心 <指定视口>: ↙
指定视口的第一个角点: 在视口的左上角（1）处单击一点
指定视口的对角点: 在视口的右下角（2）处单击一点
输入视图名: 全剖俯视图↙（输入视图名称“全剖俯视图”。此时剖视图生成，但还未取轮廓）
输入选项 [UCS(U)/正交(O)/辅助(A)/截面(S)]: S↙（使用“Section”选项创建剖视图）
指定剪切平面的第一个点: CEN↙（圆心捕捉）
于 点取圆心 A3 所在的圆心
指定剪切平面的第二个点: 点图 9-118 中的 A4（A3 与 A4 的连线为左视图剖切位置）
指定要从哪侧查看: 在连线 A3A4 的左方单击一点
输入视图比例<0.887610>: ↙（回车，取默认值）
指定视图中心: 在屏幕的适当位置单击一点以放置全剖的左视图
指定视图中心 <指定视口>: ↙
指定视口的第一个角点: 在视口的左上角（3）处单击一点
指定视口的对角点: 在视口的右下角（4）处单击一点
输入视图名: 全剖左视图↙（输入视图名称“全剖左视图”。此时剖视图生成，但还未取轮廓）
输入选项 [UCS(U)/正交(O)/辅助(A)/截面(S)]: ↙（回车结束）

3）由主视图创建轴测图（图 9-118）

命令 : mview↙（创建浮动视口命令）
指定视口的角点或 [开(ON)/关(OFF)/布满(F)/着色打印(S)/锁定(L)/对象(O)/多边形(P)/恢复(R)/图层(LA)/2/3/4] <布满>: 在视口左上角（5）处单击一点
指定对角点: 在视口右下角（6）处单击一点
正在重生成模型（提示转为模型空间，并使（5）与（6）的细线框变为粗线框）
命令: vpoint↙（视点命令，或单击轴测图图标按钮）
指定视点或 [旋转(R)] <显示指南针和三轴架>: −1, −1,1↙（若取图标按钮，就无此步）
命令 : ↙（回车结束）

9.4.2 生成三维模型的二维轮廓线

前面已经用实体视图（Solview）和生成视口（Mview）命令创建了一系列视口，各视口的观察点不同，因而显示出三维模型的不同视图，如图 9-118 所示。但应注意，这些图形并不是二维的，而仍然是三维图。下面使用实体轮廓（Solprof）及实体图形（Soldraw）命令生成三维实体的二维轮廓线。

9.4.3 用实体轮廓命令生成二维轮廓线

使用实体轮廓（Solprof）命令可创建三维实体的 2D 轮廓线，轮廓线是一个图块。生成轮廓线的同时，实体轮廓（Solprof）命令还自动创建前缀为“PH-”及“PV-”的图层，这些图层分别用于放置不可见轮廓线（放在“PH-”图层上）和可见轮廓线（放在“PV-”图层上）。

（1）用实体轮廓（Solprof）命令创建轴承座主视图轮廓线（图 9-119）

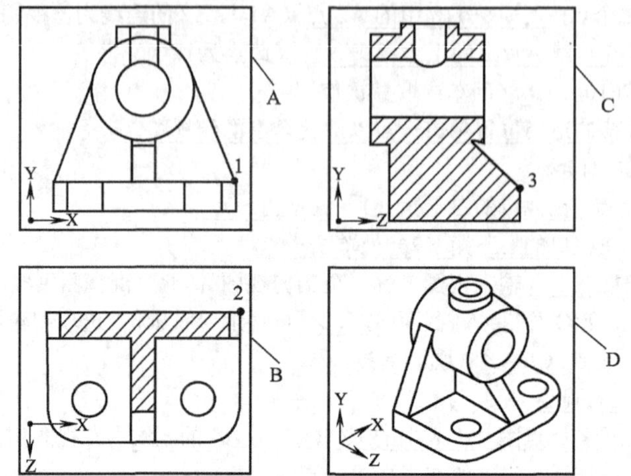

图 9-119 用 Solprof、Soldraw 命令生成轴承座二维轮廓线

1）激活主视图所在的视口。

2）输入实体轮廓（Solprof）命令，或在“三维建模”面板中单击图标，操作方法如下：

选择对象:（在被激活的主视图视口 A 中选取轴承座）

选择对象: ↙（回车表示目标不选了）

是否在单独的图层中显示隐藏的轮廓线？[是(Y)/否(N)] <是>: ↙（回车表示将不可见轮廓线放在一个单独的图层上）

是否将轮廓线投影到平面？[是(Y)/否(N)] <是>: ↙（回车表示将轮廓线投影到平面上）

是否删除相切的边? [是(Y)/否(N)] <是>: ↙（回车表示要删除相切的重叠边）

（2）用实体轮廓（Solprof）命令创建轴承座轴测图轮廓线　执行过程与主视图轮廓线生成类同，在此从略，结果如图 9-119 中的视口 A 和 D 所示。

9.4.4 用实体图形命令生成轴承座轮廓线

实体图形（Soldraw）命令仅适用于视图命令创建的视口。该命令将三维模型投影到垂直于观察方向的平面上，还自动把可见轮廓线及不可见轮廓线分别放置在层名为“视口名称-VIS”、“视口名称-HID”上。当用实体视图（Solview）命令处理剖视图（由 Solview 命令中的“截面”选项建立的视图）时，AutoCAD 会添加剖面图案，并将剖面图案放在图层“视口名称-HAT”上。

以下用实体图形（Soldraw）命令生成模型轮廓线及剖面图案（图 9-119）。

（1）设置默认的剖面图案及图案比例　操作方法如下：

命令 : hpname↙（剖面图案名命令）

输入 HPNAME 的新值 <"ANGLE">: ansi31↙（输入剖面图案名称）

命令 : hpscale↙（剖面图案比例命令）

输入 HPSCALE 的新值 <1.0000>: 3↙（输入剖面图案比例因子。注意：与图幅大小有关）

（2）输入实体图形（Soldraw）命令（或单击图标按钮）操作方法如下：

命令: 单击图标按钮

选择对象: 点取视口框 B

选择对象: 点取视口框 C

选择对象: ↙（回车表示结束）

结果如图 9-119 中的视口 B 和 C 所示。

在视口 C 中，肋板不应该画剖面线，因此，在遇到肋板不画剖面线时应按如下方法处理：

方法 1：激活视口 C，将剖面线擦去，沿图 9-119 左视图中的剖面线边界分别画一圈封闭的边界线，重新绘制剖面线，结果如图 9-120 的左视图所示。

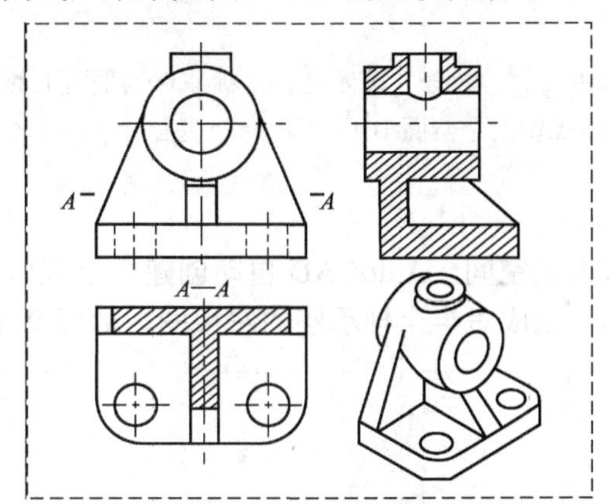

图 9-120　设置视口的缩放比例及修改左视图的剖面线

方法 2：在用实体视图命令生成剖视图时，左视图不画，然后重新调出轴承座的三维实体图，再用截面命令及剖切命令相结合，单独创建全剖的左视图，并做成块，最后在图纸空间内插入此块。具体操作如下：

1）调出轴承座的三维实体图，如图 9-121 所示。

2）用切割命令（Section）生成剖面。

命令 : Section↙（切割命令）

选择对象: 点取图 9-121 中的 1

选择对象: 点取图 9-121 中的 2（肋板 2 与整体此时不能“并”）

指定 截面 上的第一个点，依照 [对象(O)/Z 轴(Z)/视图(V)/XY(XY)/YZ(YZ)/ZX(ZX)/三点(3)] <三点>: XY↙（XY 为切割面较好）

指定 XY 平面上的点 <0,0,0>:↙（回车，表示选择坐标原点为平面上的点，剖面生成，如图 9-122 所示）

命令 : 单击图标↙（“并集”运算命令）

选择对象: 点取图 9-121 中的 1

选择对象: 点取图 9-121 中的 2（肋板 2 与整体作“并”运算）

选择对象: ↙

结果如图 9-122 所示。

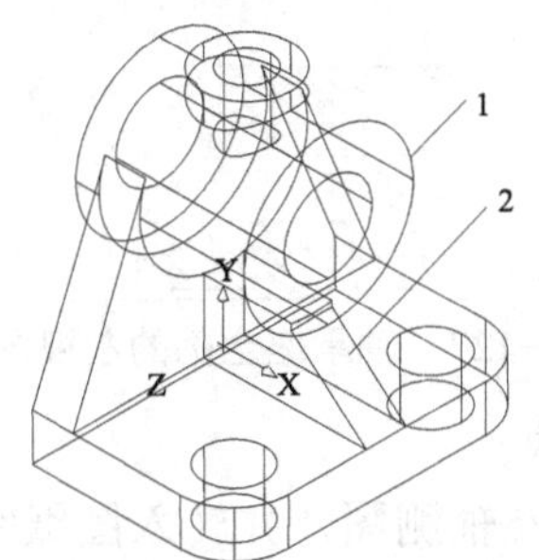

图 9-121　轴承座的三维实体图及剖切坐标系的设置

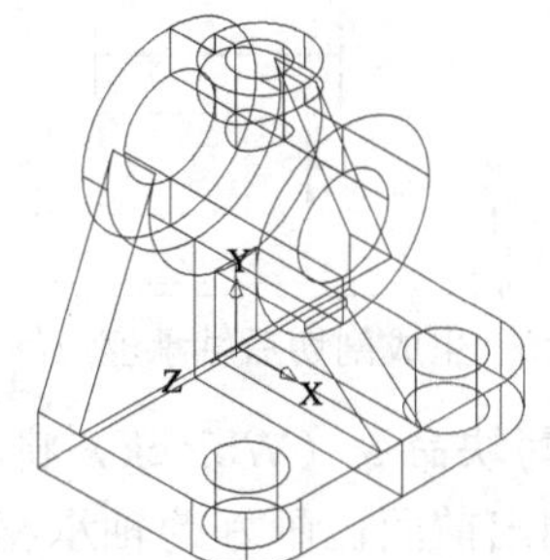

图 9-122　用切割命令在 XY 坐标面处生成剖面

3）用剖切命令（）剖开轴承座。

命令：单击图标

选择对象：点取轴承座实体

选择对象：↙（回车表示目标不选了）

指定切面的起点或 [平面对象(O)/曲面(S)/Z 轴(Z)/视图(V)/XY(XY)/YZ(YZ)/ZX(ZX)/三点(3)] <三点>: XY↙（XY 为切开面较好）

指定 XY 平面上的点 <0,0,0>: ↙（回车，表示选择坐标原点为平面上的点）

在所需的侧面上指定点或 [保留两个侧面(B)] <保留两个侧面>: 0,0,−1↙（选择 Z 轴负向一点为希望留下的一侧）

结果如图 9-123 所示。

4）单击按钮，进入图纸空间，AutoCAD 自动创建一个视口，如图 9-124 所示。

5）单击左视图图标，生成右半个轴承座的左视图，如图 9-125 所示。

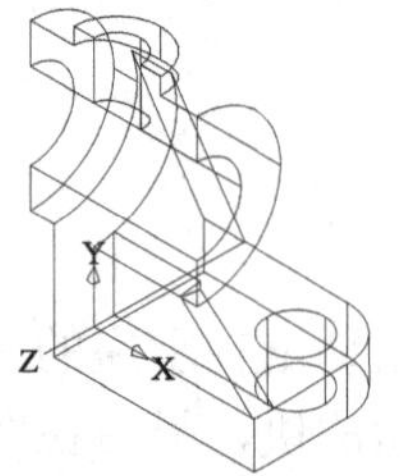

图 9-123　剖切后的轴承座

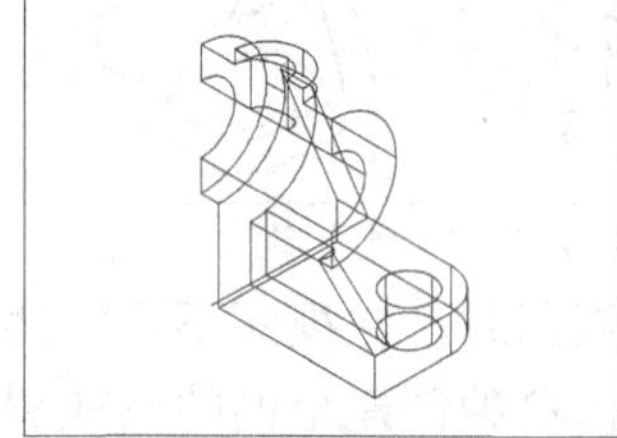

图 9-124　自动创建一个视口

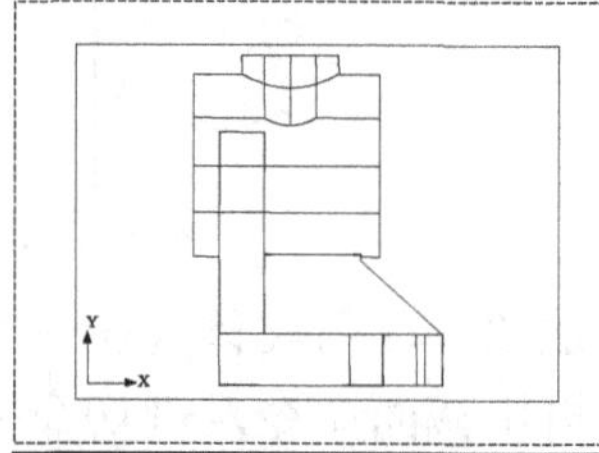

图 9-125　轴承座左视图

6）生成剖切后轴承座三维体的轮廓线：单击轮廓线命令图标，系统提示：

选择对象：选取轴承座（光点视口框，再点轴承座）

选择对象：↙（回车表示不选目标了）

是否在单独的图层中显示隐藏的轮廓线？[是(Y)/否(N)] <是>: ↙（回车，表示将不可见轮廓线投影到一个单独的图层上）

是否将轮廓线投影到平面？[是(Y)/否(N)] <是>: ↙（回车，表示将可见轮廓线投影到一个平面上）

是否删除相切的边? [是(Y)/否(N)] <是>: ↙（回车，表示要删除相切的重叠边）

7）删除轴承座的三维实体，结果如图 9-126 所示。

8）单击“绘图”选项板图案填充图标，绘制剖面线，结果如图 9-127 所示。

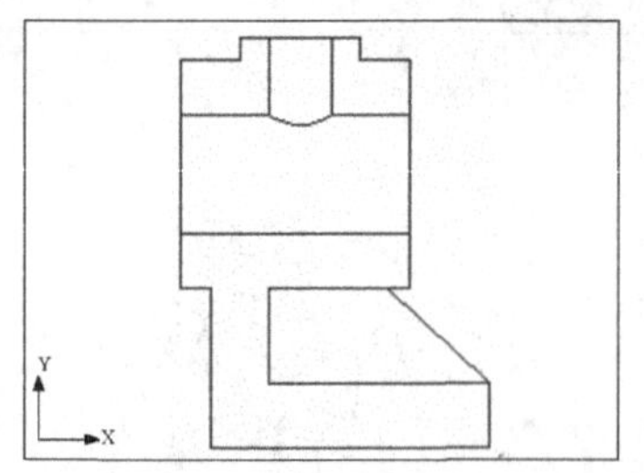

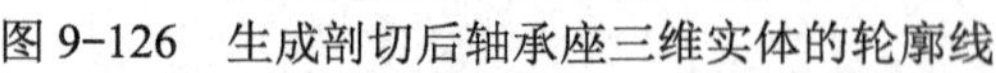

图 9-126　生成剖切后轴承座三维实体的轮廓线

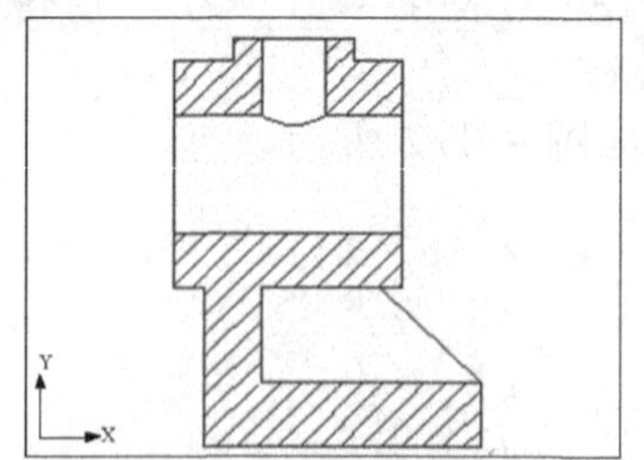

图 9-127　轴承座全剖的左视图

9）用写块命令（Wblock）将轴承座全剖左视图作成块。

10）调出前面已画好的轴承座的主视图、全剖俯视图及轴测图，并转入图纸空间，用插入命令插入全剖左视图的图块，结果如图 9-128 所示。

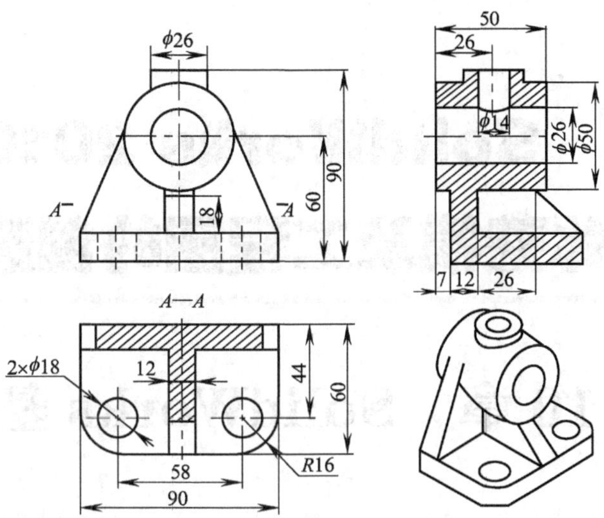

图 9-128 轴承座三维实体生成视图或全剖俯视图及轴测图后的尺寸标注

9.4.5 设置视口的缩放比例

在手工绘图时，首先考虑按一定的比例来绘制二维图形，当在图纸空间的虚拟“图纸”上建立视图时，也要考虑类似的问题。读者必须设定视口的缩放比例，这个比例值就相当于手工绘图时的绘制比例。

设置比例的方法：激活视图后，在弹出的快捷菜单设置比例，或在状态行单击1:1注释比例图标设置比例。然后通过关键点编辑方式调整视口大小，再用 Move 命令移动视口的位置。

9.4.6 用视图对齐命令对齐视图

对于工程图，基本视图之间的投影关系要满足“长对正”、“高平齐”、“宽相等”的原则。如果主视图、俯视图及左视图没有对齐，可以用视图对齐（Mvsetup）命令调整俯视图及左视图的位置，使它们与主视图之间的投影关系符合要求。

（1）使俯视图与主视图沿竖直方向对齐

命令 : mvsetup ↙（对齐命令）
输入选项 [对齐(A)/创建(C)/缩放视口(S)/选项(O)/标题栏(T)/放弃(U)]: A↙（调整选项对齐）
输入选项 [角度(A)/水平(H)/垂直对齐(V)/旋转视图(R)/放弃(U)]: V↙（竖直方向对齐选项）
指定基点: end↙（端点捕捉方式，激活图 9-118 中的主视图，捕捉端点（1））
指定视口中平移的目标点: end↙（端点捕捉方式，激活俯视图，捕捉端点（2））
输入选项 [角度(A)/水平(H)/垂直对齐(V)/旋转视图(R)/放弃(U)]:↙（回车表示结束）

（2）使左视图与主视图沿水平方向对齐

命令 : mvsetup↙（对齐命令）
输入选项 [对齐(A)/创建(C)/缩放视口(S)/选项(O)/标题栏(T)/放弃(U)]: A↙（调整选项对齐）
输入选项 [角度(A)/水平(H)/垂直对齐(V)/旋转视图(R)/放弃(U)]: H↙（水平方向对齐选项）
指定基点: end↙（端点捕捉方式，激活图 9-118 中的主视图，捕捉端点（1））
指定视口中平移的目标点: end↙（端点捕捉方式，激活左视图，捕捉端点（3））
输入选项 [角度(A)/水平(H)/垂直对齐(V)/旋转视图(R)/放弃(U)]: ↙（回车表示结束）

注意

利用对齐命令的“创建(C)”选项可以建立浮动视口，通过“缩放视口(S)”选项可以设定视口的缩放比例。

第3篇 SolidWorks 2010三维实体建模及工程图的创建与编辑

第10章 SolidWorks基础

10.1 SolidWorks 环境简介

SolidWorks是美国SolidWorks公司开发的三维CAD产品，是实行数字化设计的造型软件，在国际上得到广泛的应用。同时具有开放的系统，添加各种插件后，可实现产品的三维建模、装配校验、运动仿真、有限元分析、加工仿真、数控加工及加工工艺的制订，以保证产品从设计、工程分析、工艺分析、加工模拟、产品制造过程中的数据的一致性，从而真正实现产品的数字化设计和制造，并大幅度提高产品的设计效率和质量。

通过本节的学习，读者应熟悉SolidWorks的界面，以及常用工具条的使用。

10.1.1 工作环境和模块简介

1. 启动SolidWorks和界面简介

安装SolidWorks后，在Windows的操作环境下，选择"开始"→"程序"→"SolidWorks 2010"→"SolidWorks 2010"命令，或者在桌面双击SolidWorks 2010的快捷方式图标，就可以启动SolidWorks 2010，也可以直接双击打开已经做好的SolidWorks文件，启动SolidWorks 2010。

图10-1是SolidWorks 2010启动后的界面。这个界面只是显示新建文件和打开已有文件。单击标准工具栏中按钮，出现"新建SolidWorks文件"对话框，如图10-2所示。

这里提供了零件、装配体和工程图三种文件类型，这三者之间是相互关联的。其中，零件文件类型是完成装配体和工程图文件的基础。在SolidWorks中，通常在零件环境下进行零件建模；将完成的实体模型在装配体环境里进行配合以生成装配体；最后将零件和装配体导入到工程图文件中，制作二维工程图。读者可以根据需要选择一种类型进行操作。这里首先选择零件，单击"确定"按钮，则出现图10-3所示的新建SolidWorks零件界面。

整个界面分成两个区域，即控制区和绘图区。在控制区有标准工具栏、常用工具栏、前导工具栏、特征设计树和管理器，可以进行编辑。在绘图区显示造型，进行选择对象和绘制图形。常用工具栏的命令按钮，可以根据实际使用的情况确定，后面将介绍工具按钮的设置。

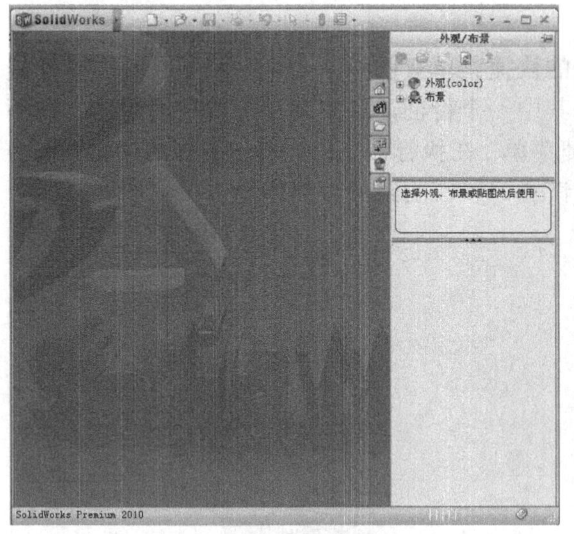

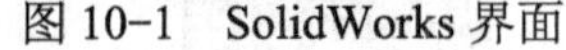
图 10-1 SolidWorks 界面

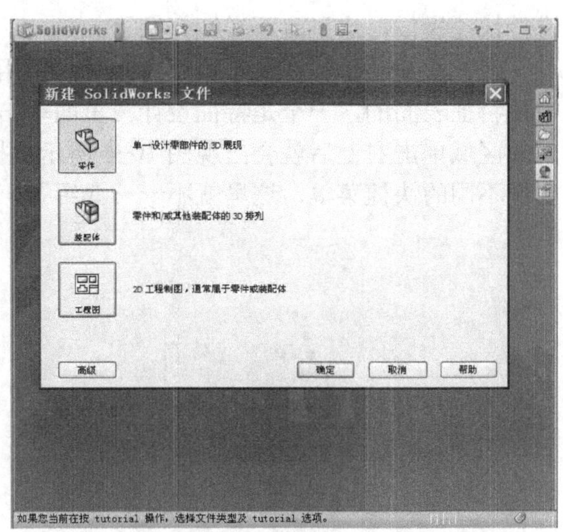

图 10-2 “新建 SolidWorks 文件”对话框

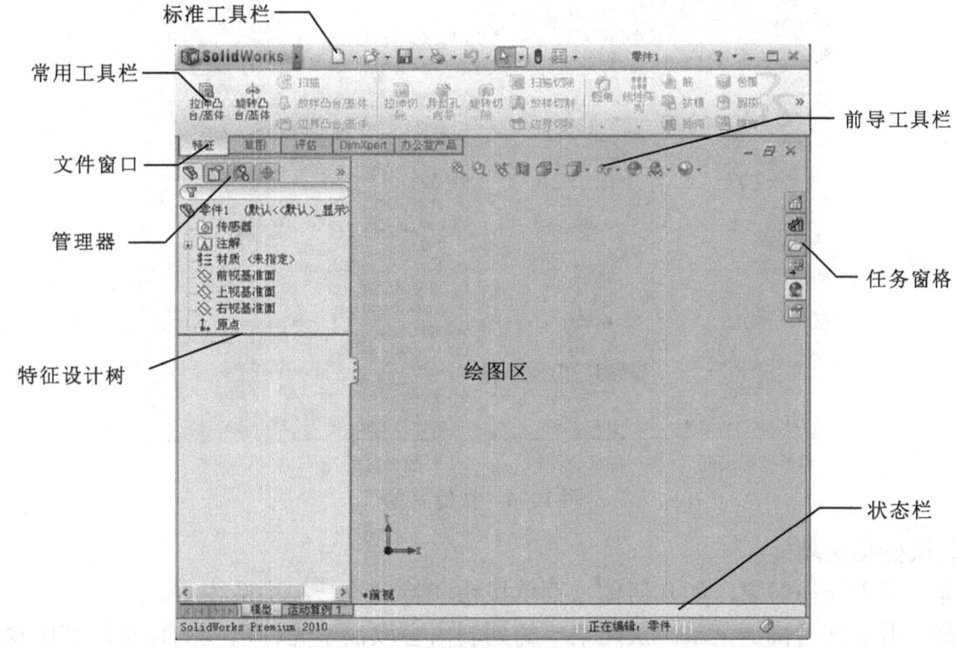

图 10-3 新建 SolidWorks 零件界面

若单击标准工具栏中按钮，出现“打开”文件对话框，其中的具体操作与 Windows 界面的操作相同。若单击标准工具栏中按钮，出现“另存为”对话框，这时，选择需要保存的文件的类型进行保存即可。

2. 快捷键和快捷菜单

使用快捷键和快捷菜单及鼠标功能是提高作图速度和准确性的重要方式，在 Windows 操作时经常使用它们，这里主要介绍 SolidWorks 快捷命令的使用和鼠标的特殊用法：

（1）快捷键　快捷键的使用和 Windows 的快捷格式基本上一样，用 Ctrl+字母，就可以进行快捷操作，这里就不详细介绍了。

（2）快捷菜单　在没有执行命令时，常用的快捷菜单有四种：一个是图形区的，一个是零件特征表面的，一个是特征设计树里面单击其中一个特征，还有就是工具栏里面的。在不同的区域单击右键后就会出现图 10-4 所示快捷菜单。在执行命令时，单击不同的位置，也会出现不同的快捷菜单，这里就不一一介绍了，读者可以在实践中慢慢体会。

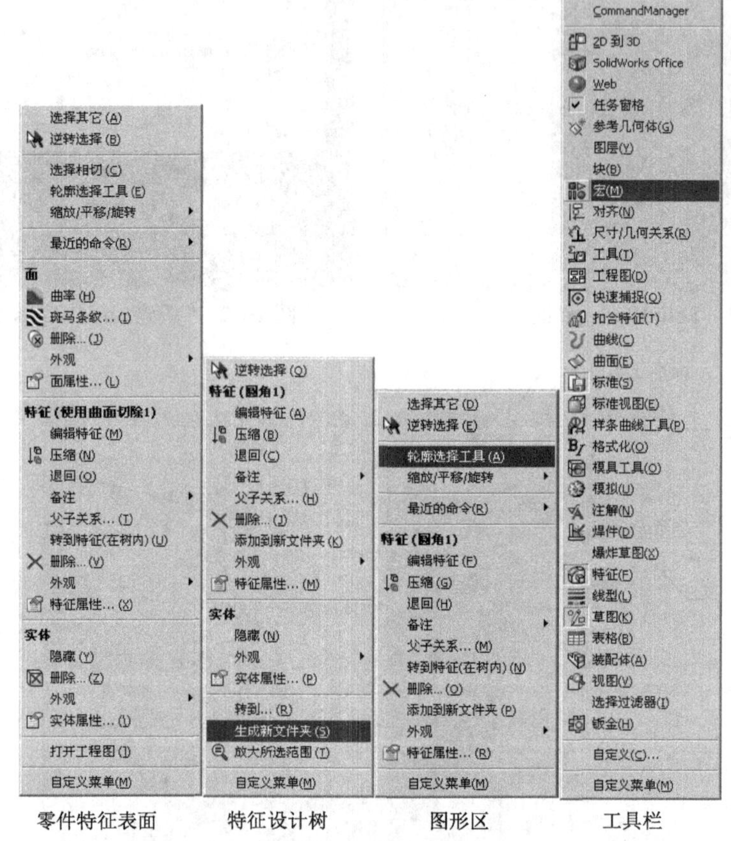

零件特征表面　　特征设计树　　图形区　　工具栏

图 10-4　快捷菜单

（3）鼠标按键功能

左键：用于选择对象，如几何体、菜单按钮和特征设计树中的内容。

右键：用于激活快捷菜单。快捷菜单的列表内容取决于光标所处的位置，其中也包含常用的命令菜单。

中键：图形的旋转、缩放，平移零件、装配体和工程图。

在零件图和装配体的环境下，按住鼠标中键不放，移动鼠标就可以实现旋转；在零件图和装配体的环境下，先按住 Ctrl 键，然后按住鼠标中键不放，移动鼠标就可以实现平移；在工程图的环境下，按住鼠标中键，就可以实现平移；先按住 Shift 键，然后按住鼠标中键移动鼠标就可以实现缩放，如果是带滚轮的鼠标，直接转动滚轮就可以实现缩放。

3．模块简介

SolidWorks 软件是一套基于特征的、参数化的三维设计软件，符合工程设计思维，并可以与 CAM Works 及 Design Work 等模块构成一套设计与制造结合的 CAD/CAM/CAE 系统，使用它可以提高设计精度和设计效率；可以以插件的形式加进其他专业模块（如工业设计、模具设计、管路设计等）。

特征是指可以用参数驱动的实体模型，是一个实体或者零件的具体构成之一，对应一形状，具有工程上的意义；因此这里的基于特征就是零件模型是由各种特征生成的，零件的设计其实就是各种特征的叠加。参数化是指对零件上各种特征分别进行各种约束，各个特征的形状和尺寸大小用变量参数来表示，其变量可以是常数，也可以是代数式；若一个特征的变量参数发生变化，则这个零件的这一个特征的几何形状或者尺寸大小将发生变化，与这个参数有关的内容都自动改变，不需要读者修改。

SolidWorks 软件里具有零件建模、装配体、工程图等基本模块，其特点是：

（1）零件建模　SolidWorks 提供了基于特征的、参数化的实体建模功能，可以通过特征工具进行拉伸、旋转、抽壳、阵列、拉伸切除、扫描、扫描切除、放样等操作完成零件的建模。建模后的零件，可以生成零件的工程图，还可以插入装配体中形成装配关系，并且生成数控代码，直接进行零件加工。

（2）装配体　在 SolidWorks 中自上而下生成新零件时，要参考其他零件并保持这种参数关系。在装配环境里，可以方便地设计和修改零部件。在自下而上的设计中，可利用已有的三维零件模型，将两个或者多个零件按照一定的约束关系进行组装，形成产品的虚拟装配，还可以进行运动分析、干涉检查等，因此可以形成产品的真实效果图。

（3）工程图　利用零件及其装配实体模型，可以自动生成零件及装配体的工程图。指定模型的投影方向或者剖切位置等，就可以得到需要的图形，且与工程图是全相关的，当修改图样的尺寸时，零件模型，各个视图、装配体都自动更新。

10.1.2　常用工具栏简介

1．定义工具栏

SolidWorks 中有丰富的工具栏，读者可以根据需要和习惯，定制属于自己的 SolidWorks 操作环境，可以设置工具栏中显示的标签和按钮，以及系统的操作环境等。在这里，只是根据不同的类别，简要介绍一下常用工具栏里面的常用命令的功能。

左键单击选项按钮右侧的小三角，选择“自定义”命令，弹出“自定义”对话框，如图 10-5 所示。把读者需要的工具栏前面打上勾，就可以显示在界面上，在界面上也可以将其拖动到适当的位置，也可以靠边放置。另外还可以在右键单击工具栏出现的快捷菜单中完成设置。

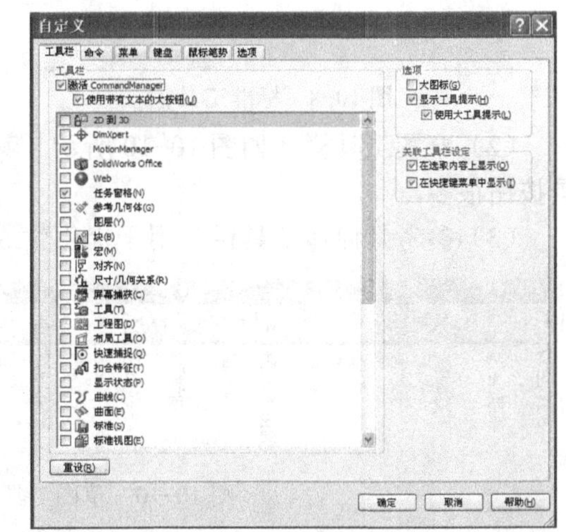

图 10-5 “自定义”对话框的“工具栏”选项卡

读者在操作的过程中，可能感觉工具栏的部分按钮很多不常用，在 SolidWorks 里面，可以自行设置命令工具按钮，下面介绍命令的增加和减少的方法。

在“自定义”对话框中单击“命令”选项卡，弹出“自定义”的“命令”选项卡对话框，如图 10-6 所示。可将经常使用的命令按钮用鼠标选中拖动放置于工具栏中。例如图 10-7 所示，原草图工具栏中没有分割实体按钮，可添加该按钮到草图工具栏中。

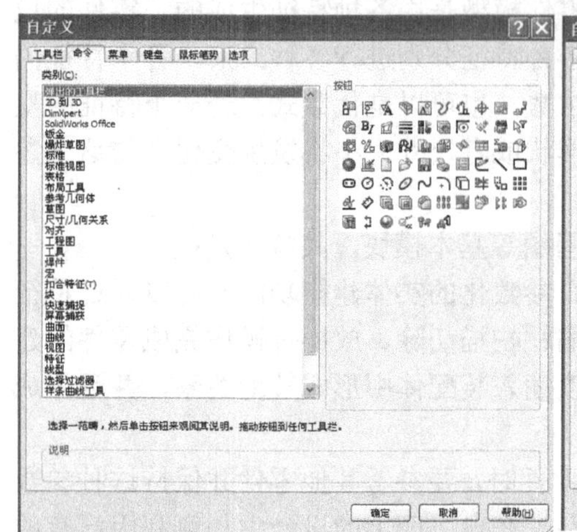

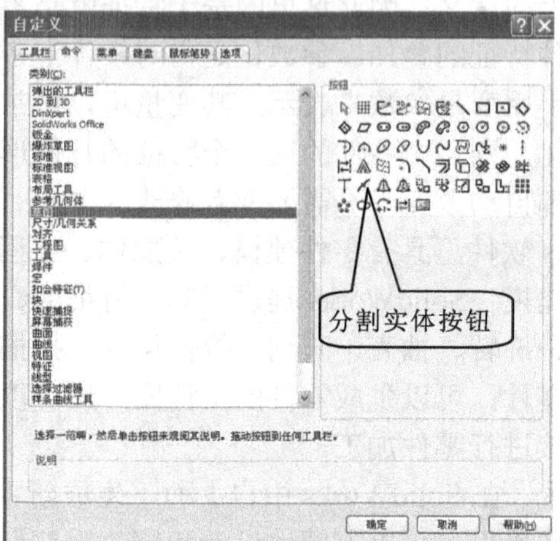

新增按钮

图 10-6 “自定义”对话框的“命令”选项卡　　图 10-7 添加常用命令按钮到草图工具栏中

2. 工具栏简介

（1）标准工具栏　SolidWorks 用户界面采用 Windows 界面风格，如图 10-8 所示标准工具栏，与其他 Windows 应用程序的操作方法一样，它包含了使用软件过程中常用到的一些命令；前导工具栏包含许多常用的视图操作命令，如图 10-9 所示。许多图标包含着其他选项的弹出工具按钮，弹出工具按钮通过一个小的向下箭头来访问其他命令。把鼠标放在工具按钮上面，就会出现它的使用说明，和 Windows 的使用方法是一样的。这里就不再说明，读者可以在操作的过程中熟悉。

图 10-8 标准工具栏

图 10-9 前导工具栏

（2）草图工具栏　如图 10-10 所示，其包含了与草图绘制有关的大部分功能，里面的工具按钮很多。

（3）参考几何体工具栏　用于提供生成与使用参考几何体的工具，如图 10-11 所示。

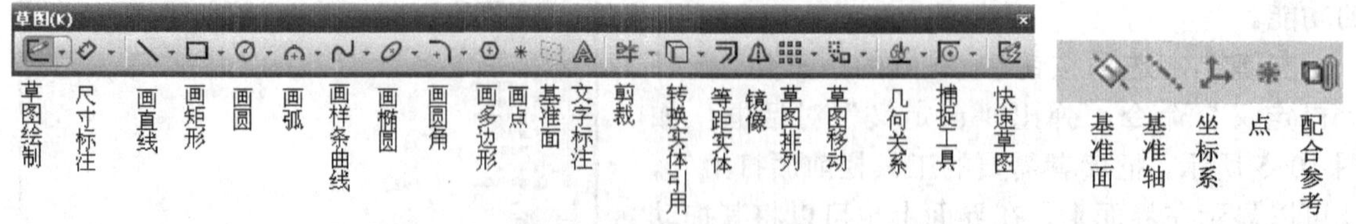

图 10-10 草图工具栏　　图 10-11 参考几何体工具栏

（4）特征工具栏　提供生成模型特征的工具，其中命令功能很多，如图 10-12 所示。特征包括多实体零件功能，可在同一零件文件中包括单独的拉伸、旋转、放样或扫描特征。

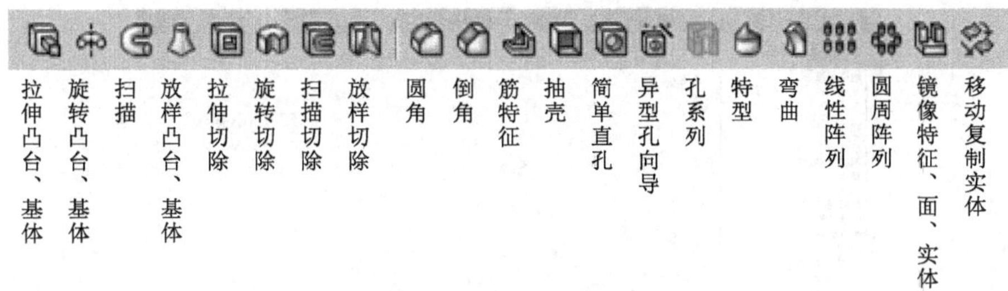

图 10-12　特征工具栏

10.1.3　设置系统属性

可以根据使用习惯或国家标准进行必要的设置。例如可以在“文档属性”中设置尺寸标准为 GB，当设置生效后，在随后的设计工作中就会全部按照中华人民共和国国家标准来标注尺寸。

1．设置系统选项

单击选项按钮右侧的小三角，选择“选项”命令，弹出“系统选项（S）—普通”对话框，如图 10-13 所示。“系统选项”选项卡中有很多项目，它们以树型格式显示在选项卡的左侧，对应的选项出现在右侧。

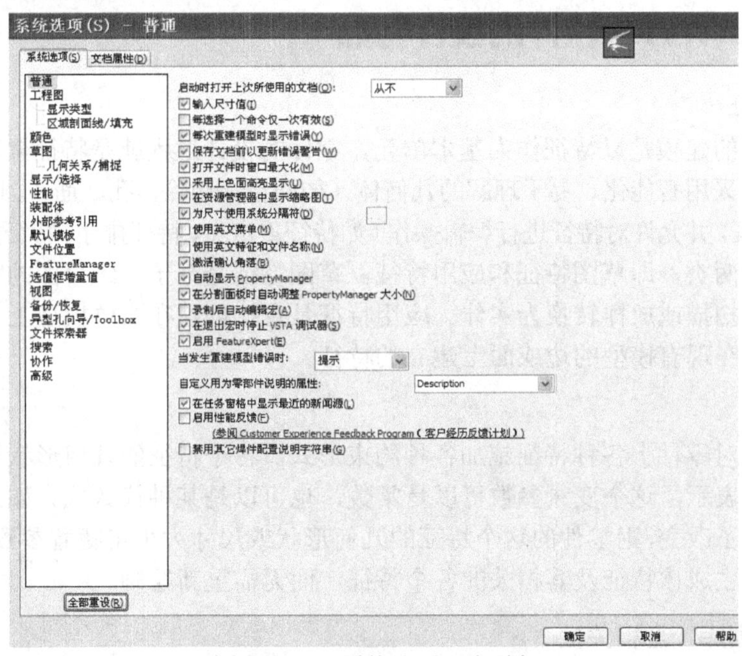

图 10-13　“系统选项”选项卡

2．设置文档属性

“文档属性”选项卡中设置的内容仅应用于当前的文件，该选项卡在文件打开时可用。对于新建文件，如果没有特别指定该文件属性，将使用建立该文件的模板中的文件设置。

选择“选项”命令，打开“文档属性（D）—绘图标准”对话框，单击“文档属性”选项卡，根据绘图要求在“文档属性”选项卡中设置文件属性。如图 10-14 所示，设置中国国标 GB。

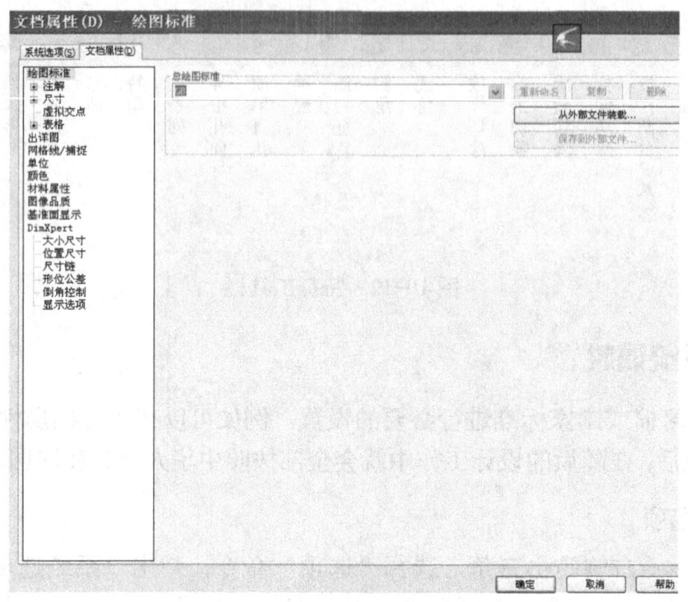

图 10-14 “文档属性”选项卡

10.2 SolidWorks 软件的设计特点

1．基于特征

SolidWorks 的建模是以特征作为基本单元，零件的设计过程就是特征累积的过程。

SolidWorks 采用智能化、易于理解的几何体（如凸台、切除、孔、筋、圆角、倒角和拔模斜度等）建立特征，并允许对特征进行编辑操作（如特征重定义、特征排序、特征插入与删除等）。

特征可分为两类，即草图特征和应用特征。草图特征是基于二维草图的特征。该草图通过拉伸、旋转、扫描或放样转换为实体。应用特征是直接创建在实体模型上的特征，如圆角和倒角，是直接在现有模型的边或面上建立的特征

2．参数化

参数化是指对零件上各种特征施加各种约束形式。各个特征的几何形状与尺寸大小用变量参数的方式来表示，这个变量参数可以是常数，也可以是某种代数式。如果定义某个特征的变量参数发生了改变，则零件的这个特征的几何形状或尺寸大小将随着参数的改变而改变，软件会随之重新生成该特征及其相关的各个特征，而无需重新绘制。

3．单一数据库，全相关性

多个设计模块建立在单一数据库上。单一数据库是指工程中的全部资料都来自一个数据库。在整个设计过程中，任何一处发生改动都可以反映在整个设计过程的相关过程上，此种功能叫全相关性。如果对三维模型进行了修改，与其相关的工程图及装配模型均会自动修改。

10.3 应用 SolidWorks 软件的设计建模过程

以图 10-15 压盖三维模型为例介绍创建零件模型的一般步骤：

1）进入零件的创建界面。

2）分析零件，确定零件的创建顺序。如压盖可分解成几个基本几何体，抓住基本体的特点，确定作图顺序。

3）画出零件草图，创建和修改零件的基本特征。

4）创建和修改零件的其他辅助特征。

5）完成零件所有特征的创建和修改，保存零件的造型。

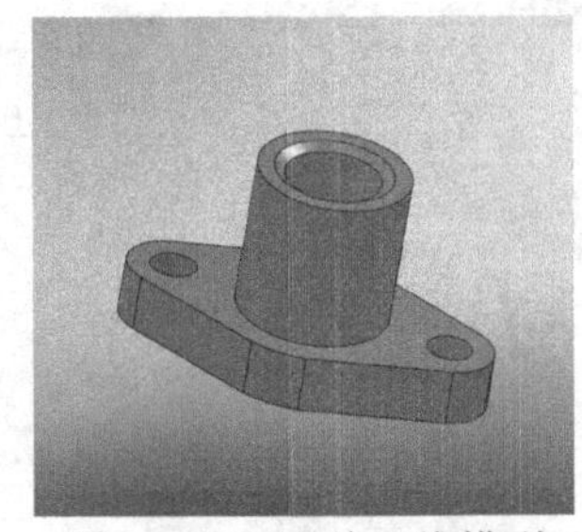

图 10-15 压盖三维模型

10.4 二维草图绘制

草图是由直线、圆弧等基本几何元素构成的平面图形，它构成了特征的截面轮廓或路径，并由此生成特征，并在模型上添加更多的特征。因此能够熟练地使用草图绘制工具绘制草图是一件非常重要的事。

草图绘制有两种：二维草图和三维（3D）草图。两者之间的主要区别在于，二维草图必须选择一个草图绘制平面，才能进入草图绘制状态；三维草图则无需选择草图绘制平面就可以直接进入绘图状态，绘出空间的草图轮廓。这里主要介绍二维草图的绘制。

在 SolidWorks 中绘制草图时，几何元素的精度没有必要达到 100%，可以先绘制直线、圆弧、圆等元素的大致形状和位置，然后再加入各种几何约束和定义尺寸。草图绘制的一般过程如下：

1）指定草图绘制平面。

2）使用草图命令绘出草图的基本几何形状。

3）标注草图尺寸和添加几何关系。

10.4.1 草图的创建

1．指定草图绘制平面

在绘制草图之前，必须先指定绘图基准面，草图绘图基准面有三种形式：

（1）指定任一默认基准面作为草图绘图平面　SolidWorks 提供了一个默认的坐标系，由前视基准面、上视基准面、右视基准面组成了一个正交平面坐标系。默认基准面中的前视基准面相当于画法几何中正视图的方位，上视基准面相当于俯视图的方位，右视基准面则相当于右视图的方位。

在特征设计树或绘图区中，单击任一默认基准面，在弹出的关联工具栏中选择草图绘制按钮，即可进入草图绘制状态，如图 10-16 所示。

（2）指定已有模型上的任一平面作为草图绘制平面　单击该平面，在弹出的关联工具栏中单击草图绘制按钮，即可进入草图绘制状态，如图 10-17 所示。

（3）创建一个新的基准面　如果要绘制的草图既不在默认基准面上又不在模型表面上，就需要利用参考几何体命令来创建一个新的基准面。

单击特征工具栏上的参考几何体/基准面按钮，系统弹出基准面属性管理器。在“基准面”属性管理中，可以选取三个参考引用和约束。三个参考可以是平面、边线或一点，可以设定约束、尺寸、角度，如图 10-18 所示。

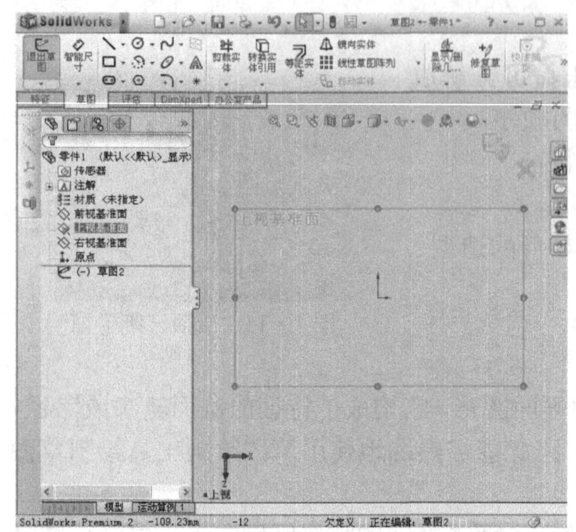

图 10-16 使用某一基准面绘制草图

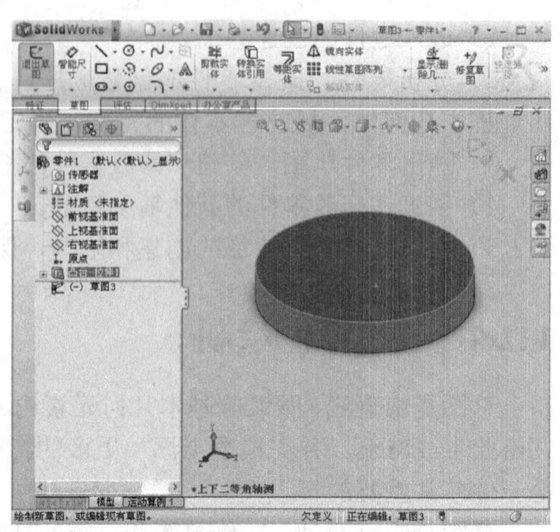

图 10-17 使用模型上的任一平面绘制草图

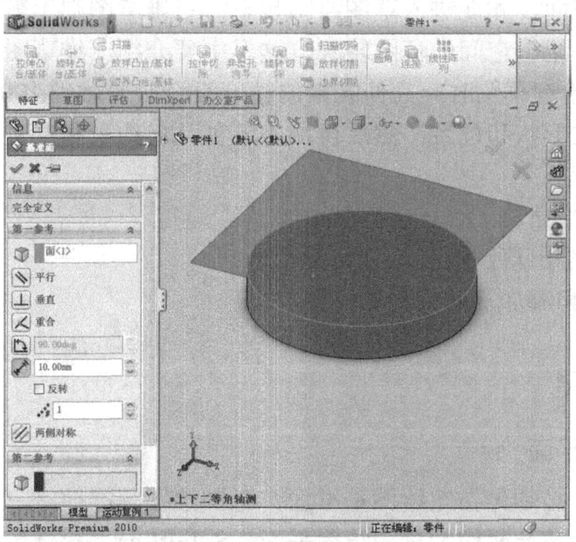

图 10-18 利用“参考几何体”创建一个新基准面

2. 退出草图界面

如果要退出草图绘制模式，可以采取以下四种方式。

1）再次单击左上角退出草图按钮。

2）单击标准工具栏中的重建模型按钮。

3）单击鼠标右键，从快捷菜单中选择退出草图命令。

4）单击绘图区右上角的确认退出按钮或取消退出按钮。

3. 设置草图绘制环境

选择“选项”命令，单击“系统选项（S）”选项卡，单击该选项卡中的“草图”按钮，此选项中集中了草图绘制的各种环境设定，可根据需要自己设定绘图条件，也可按照系统默认情况设置，如图 10-19 所示。

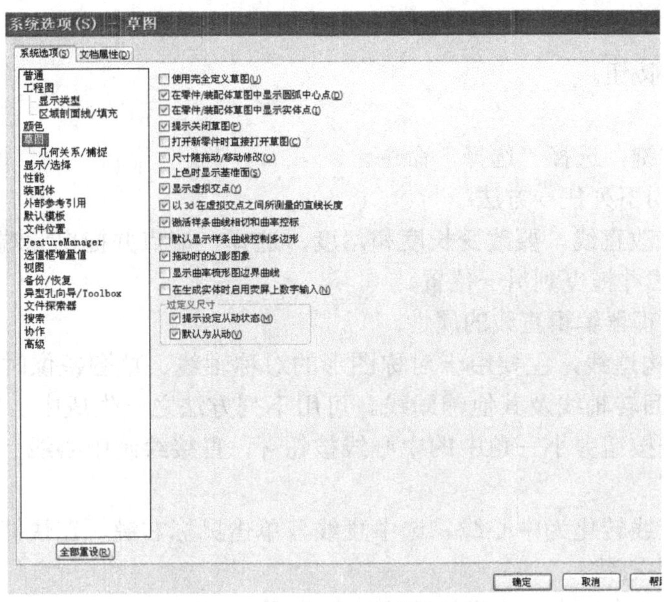

图 10-19　设置草图绘制环境

10.4.2　草图的绘制

1．直线的绘制

在所有的图形实体中，直线是最基本的图形实体。如果要绘制一条直线，可单击草图工具栏╲按钮，命令启动后，鼠标光标变为形状✎，并出现“插入线条”对话框，如图 10-20a 所示。在图形区域单击鼠标左键，确定直线的起点后，出现“线条属性”对话框，选项如图 10-20b 所示。

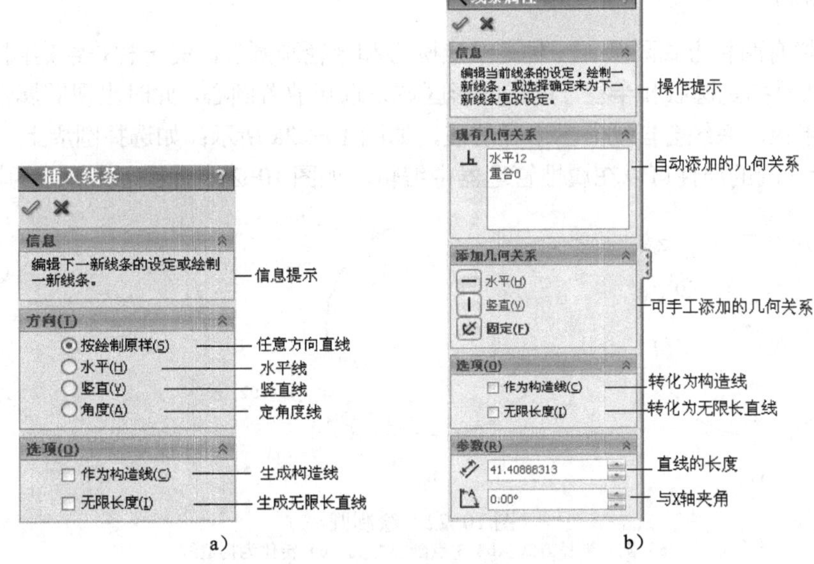

图 10-20　直线属性管理器

a）“插入线条”对话框　b）“线条属性”对话框

如图 10-21 所示，当鼠标光标变成⁄或✎时，表明自动加入了几何关系。退出直线绘制可采用下列任一方法：

1）再次单击按钮。

2）按 Esc 键。

3）单击鼠标右键，选择“选择”命令。

修改直线可采用下列任一方法：

1）通过拖曳修改直线。要改变长度和角度，选择一端点并拖曳此端点到另一位置。要移动直线，选择直线并拖曳到另一位置。

2）通过属性管理器编辑直线的属性。

中心线又称为构造线，主要用于对称图形的对称轴线、草图镜像时的镜像线、生成旋转特征所用的草图回转轴线及其他辅助线。可用下列方法之一生成中心线：

1）单击画直线按钮旁小三角中的中心线按钮，直接绘制中心线。绘制与修改方法与直线相同。

2）将现有的直线转化为中心线。选中直线，单击鼠标右键，在快捷菜单中选择选项，该直线立即转化为中心线。

3）在属性管理器中选中“作为构造线”复选项。

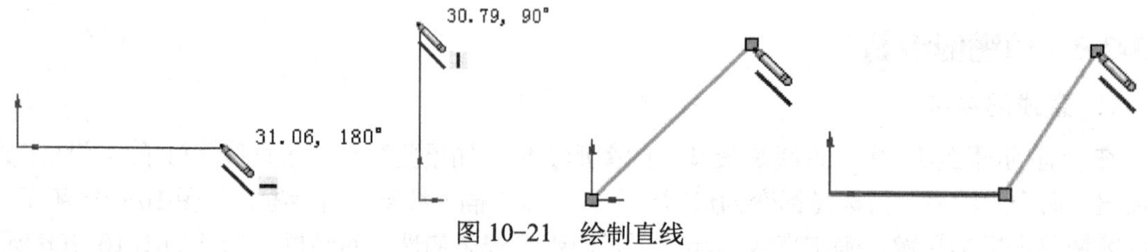

图 10-21　绘制直线

2. 圆的绘制

草图工具栏有两种方式画圆，一种是给定圆心和半径画圆，另一种是给定圆周上 3 点画圆。默认方式是指定圆心和半径。单击图形区域来选择放置圆心，此时出现圆属性管理器。拖动鼠标来设定半径，系统会自动显示半径的值，如图 10-22a 所示；如选择圆周上 3 点画圆，如图 10-22b 所示。圆的属性可以在属性管理器中编辑，如图 10-22c 所示，将圆改为构造线。

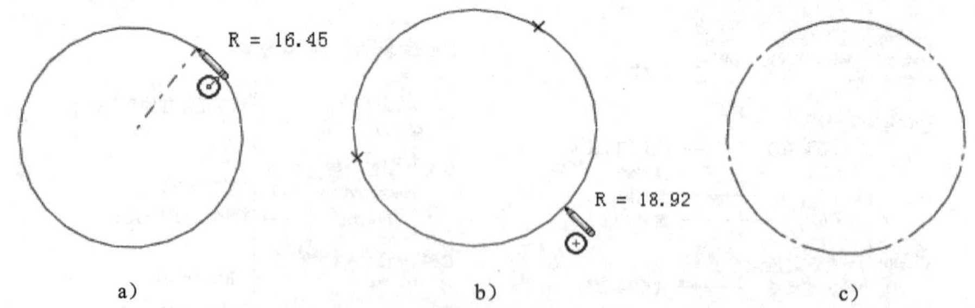

图 10-22　绘制圆

a）圆心半径方式　b）3 点画圆方式　c）转化为构造线

3. 圆弧的绘制

绘制圆弧的方法有三种。从圆弧命令按钮下查找到三个命令：圆心/起/终点画弧、切线弧和三点圆弧，分别单击都可以画出圆弧，如图 10-23～图 10-25 所示。

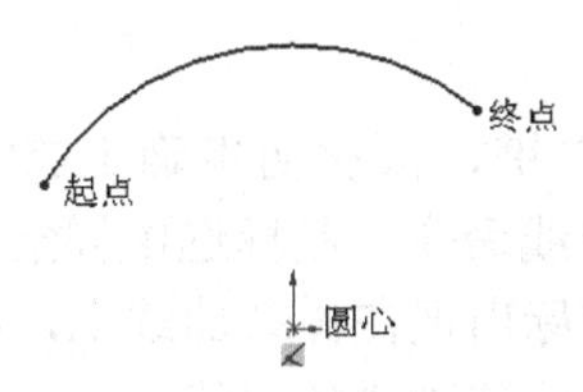

图 10-23 圆心、起点、终点绘圆弧

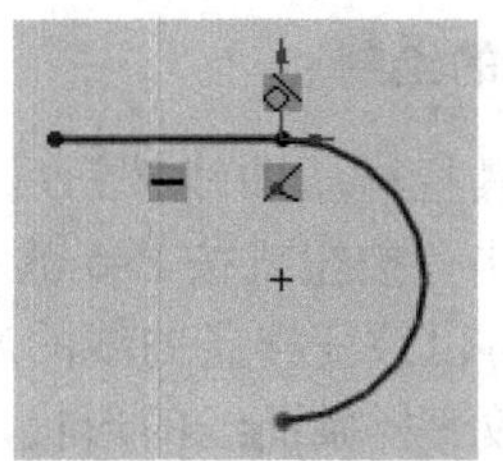

图 10-24 绘切线弧

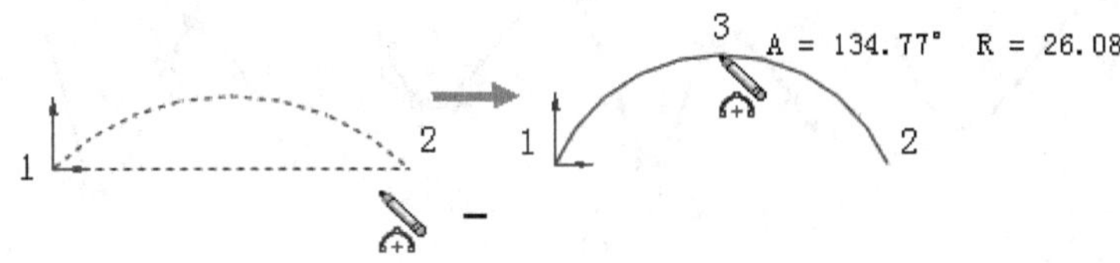

图 10-25 三点绘圆弧

1）单击圆心/起/终点画弧图标，出现“圆弧”属性管理器，如图 10-26 所示。单击放置圆弧圆心的位置，按住鼠标并拖动到圆弧开始点及终止点的位置，然后在“圆弧”属性管理器中编辑其属性。

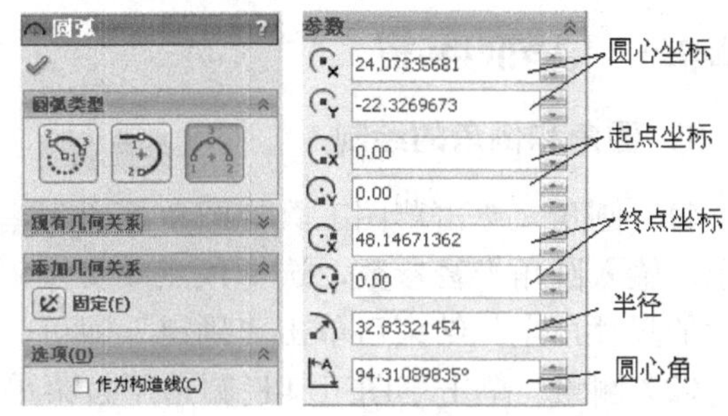

图 10-26 “圆弧”属性管理器

2）单击切线弧图标，出现“圆弧”属性管理器，在直线、圆弧、样条曲线的端点处单击，此时拖动圆弧以绘制所需的形状，然后在“圆弧”属性管理器中编辑其属性。

3）单击三点圆弧图标，出现“圆弧”属性管理器，单击圆弧起点位置，然后拖动鼠标到圆弧结束的位置，释放鼠标，然后在“圆弧”属性管理器中编辑其属性。

4. 矩形的绘制

单击草图工具栏矩形按钮，矩形下拉菜单中有 5 个选项，如图 10-27 所示。图上的点即是绘图时需要输入的点。单击矩形的第一个点要出现的位置，拖动鼠标，按照第二或第三点位置调整好矩形的大小和形状后再释放鼠标。

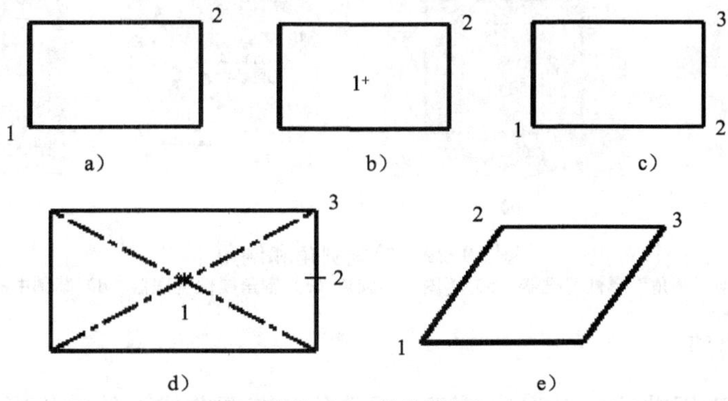

图 10-27 绘制矩形

a）边角矩形 b）中心矩形 c）3 点矩形 d）3 点中心矩形 e）平行四边形

5. 样条曲线的绘制

单击草图工具栏样条曲线按钮，单击鼠标左键，依次初步确定控制点的位置，如图10-28b 所示，单击按钮或按 Esc 键，结束样条曲线命令。鼠标选中样条曲线，出现“样条曲线”管理器，可以改变样条曲线的属性，同时控标出现在样条曲线上，如图 10-28c 所示。可以拖动控标来改变样条曲线的形状，也可以添加或移除样条曲线。

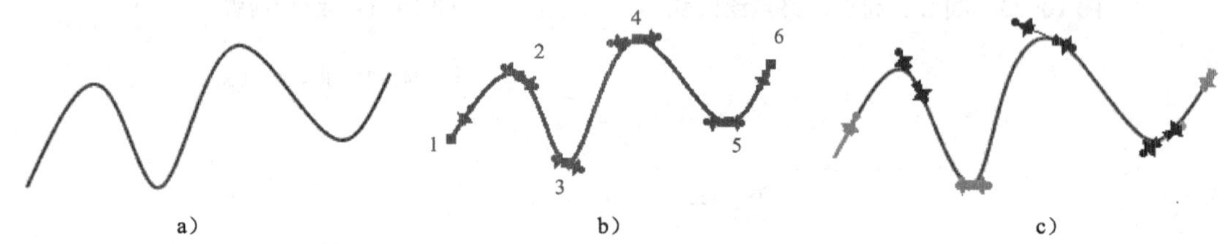

图 10-28 绘制样条曲线
a）样条曲线 b）控制点 c）修改控制点

10.4.3 草图的编辑

1. 圆角和倒角的绘制

（1）圆角 单击草图工具栏圆角按钮，出现“绘制圆角”属性管理器，如图 10-29a 所示，输入圆角半径参数，选择顶点或实体，选择是否保持拐角处约束条件和是否标注每个圆角的尺寸，全部结束后单击“确定”即可，绘制成的草图圆角如图 10-29b 所示。

（2）倒角 单击草图工具栏圆角下拉菜单中倒角按钮，出现“绘制倒角”属性管理器，如图 10-29c 所示。倒角的形状和位置可由属性管理器中“角度距离”或“距离-距离”指定，输入角度和距离参数，绘制成的草图倒角如图 10-29d 所示。

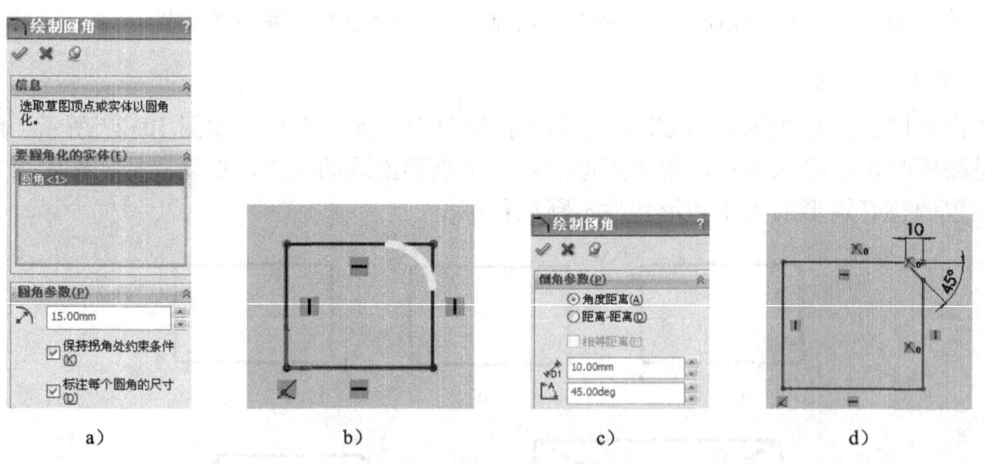

图 10-29 绘制圆角和倒角
a）“绘制圆角”属性管理器 b）草图中的圆角 c）倒角属性管理器 d）草图中的倒角

2. 转换实体引用

通过转换实体引用功能可以将边、环、面等外部草图曲线或轮廓投影到草图基准面中，在草图上生成一个或多个实体。首先在草图处于激活状态时单击模型边线、环、面、曲线等，然后单击草图工具栏上的转换实体引用按钮，出现“转换实体引用”属性管理器，可以继续选择边线或链，完毕后单击按钮，如图 10-30 所示。

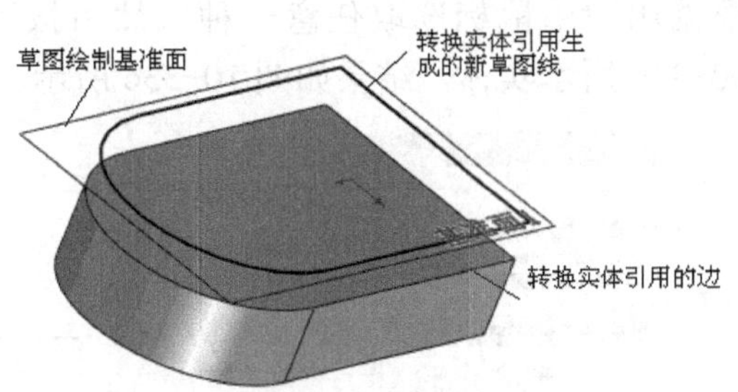

图 10-30　转换实体引用

3. 等距实体

等距实体是指在距草图实体相等距离（可以是双向）的位置上生成一个与草图实体相同形状的草图，可以生成模型边线、环、面等的等距实体。首先在草图中选择一个或多个草图实体、一个模型面、一条模型边线或外部草图曲线，然后单击等距实体按钮，出现“等距实体”属性管理器，如图 10-31a 所示，输入距离参数，设置等距属性，可以选择“选择链”、“反向”、“双向”、“制作基体结构”、“顶端加盖”等内容，完毕后单击按钮，如图 10-31 所示。

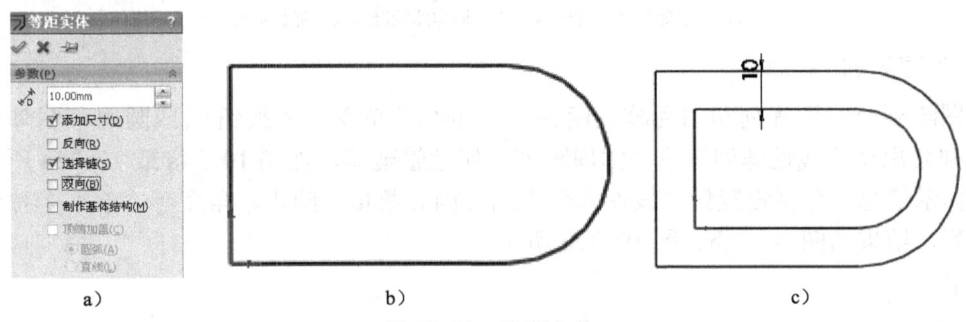

图 10-31　等距实体

a）“等距实体”属性管理器　b）原实体轮廓　c）产生的等距实体

4. 草图镜像

草图镜像是指可以延中心线镜像草图实体。当生成镜像实体时，会在每一对相应的草图点之间应用一个对称关系。首先绘制被镜像实体和一条中心线，然后单击镜像按钮，出现“镜向”属性管理器，如图 10-32a 所示。用鼠标单击要镜像的实体直线和镜像点中心线，单击按钮即出现镜像后自动添加对称关系的草图，如图 10-32b 所示。

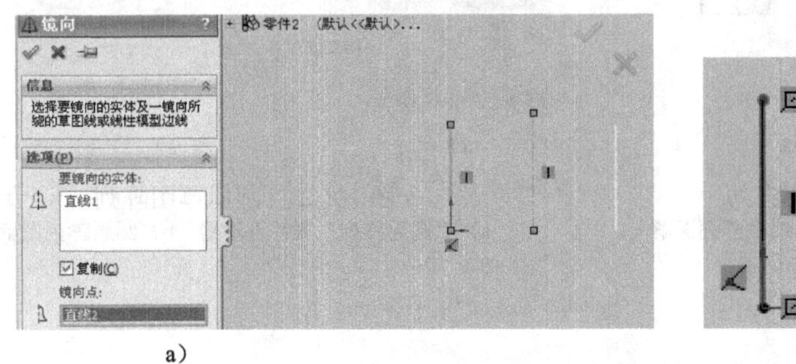

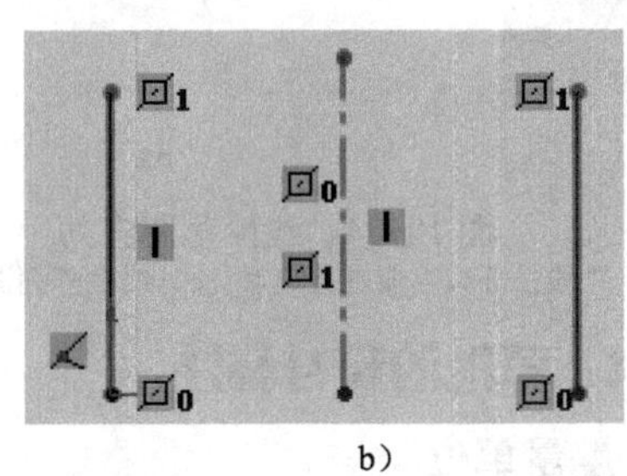

图 10-32　草图镜像

a）“镜向”属性管理器　b）镜像后的草图实体

注：界面中“镜向”应为“镜像”

5. 裁剪实体

单击裁剪实体按钮，出现“裁剪”属性管理器，如图 10-33a 所示，有五种裁剪方式，根据用途用鼠标选取任意一种，然后按照提示信息在草图上移动鼠标指针即可，裁剪图 10-33b 所示实体，结果如图 10-33c 所示。

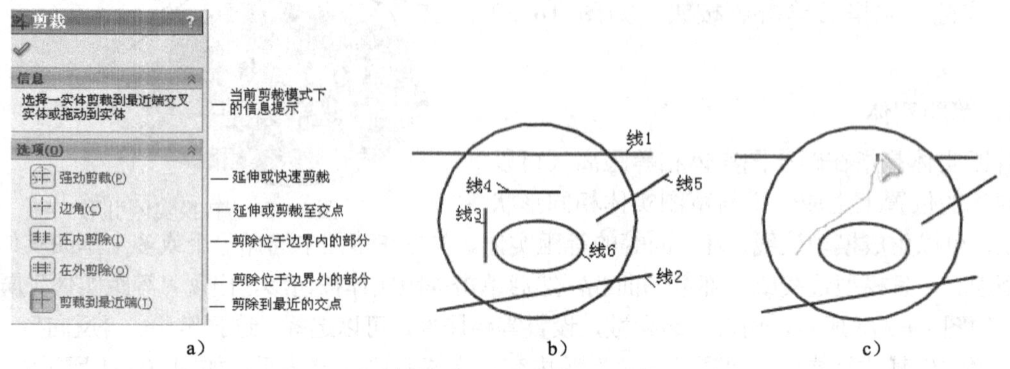

图 10-33 裁剪实体
a）“裁剪”属性管理器 b）原实体轮廓 c）强劲裁剪

6．草图阵列

草图阵列分线性阵列和圆周阵列两种，单击线性草图阵列按钮 或圆周草图阵列按钮 ，分别会出现“线性阵列”或“圆周阵列”属性管理器，如图 10-34a 或 10-35a 所示。然后按照提示信息，分别设置如“线性阵列”的方向、数量、间距、角度等，单击 按钮完成草图阵列，结果如图 10-34b、图 10-35b 所示。

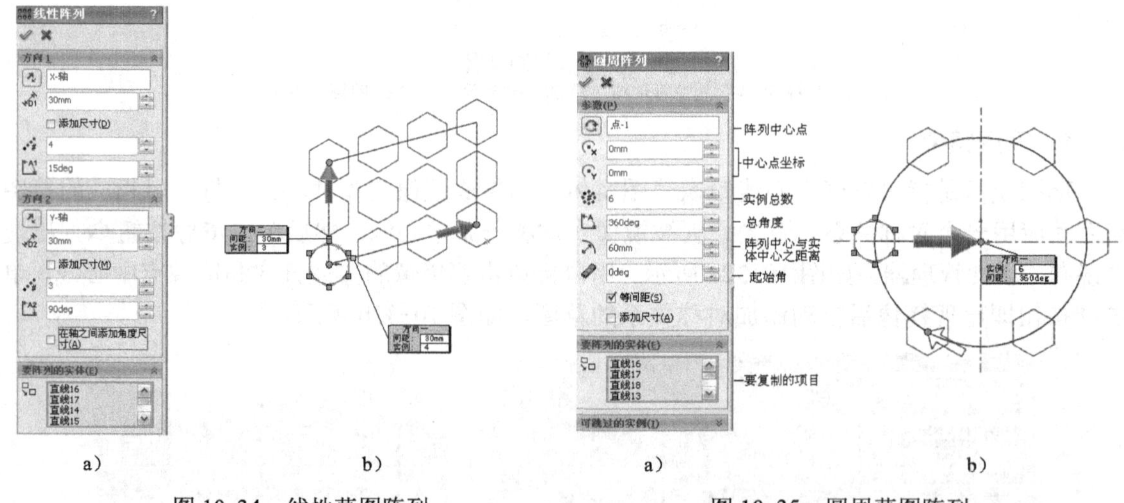

图 10-34 线性草图阵列
a）“线性阵列”属性管理器 b）线性阵列图解

图 10-35 圆周草图阵列
a）“圆周阵列”属性管理器 b）圆周阵列图解

10.4.4 草图的尺寸标注

1．度量单位

在 Solidworks 2010 中可以使用多种度量单位，如毫米、微米、厘米、英寸、英尺等。设置文件的度量单位，可作如下操作：首先选择“选项”命令，打开“文档属性（D）—单位”对话框，单击“文档属性”选项卡，选择“单位”项，如图 10-36 所示。然后在“单位系统”栏中选择一个单位系统，单击“确定”按钮完成设置。

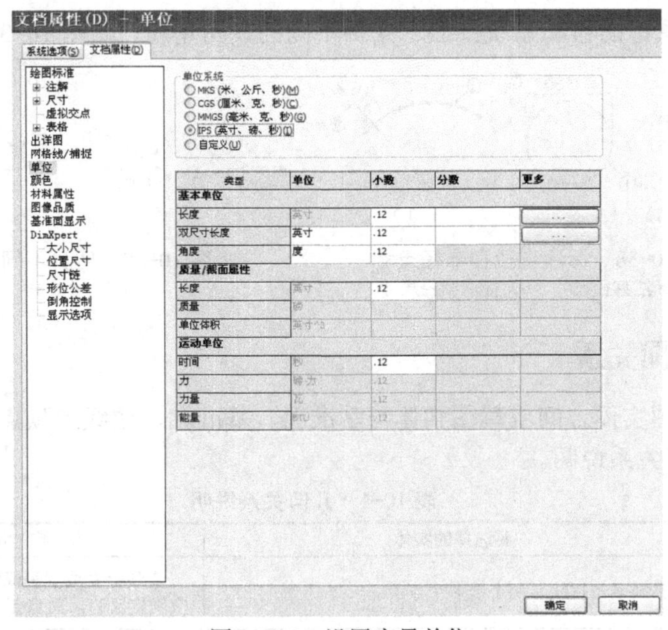

图 10-36 设置度量单位

2. 各种类型的尺寸标注

（1）线性尺寸的标注 线性尺寸用于标注直线段的长度或两个几何元素间的距离。要标注直线长度尺寸可作如下操作：单击草图工具栏中的智能尺寸按钮，将鼠标放到要标注的直线上，单击鼠标，则标注尺寸线出现并随着鼠标移动，将尺寸线移动到适当的位置后单击鼠标则尺寸线被固定下来，同时会弹出“修改”对话框，在对话框中输入直线的长度，单击按钮即完成标注。如果要标注两个几何元素间的距离，注意用鼠标拾取第一个几何元素，然后接着用鼠标拾取第二个几何元素，其他同上，如图 10-37 所示。

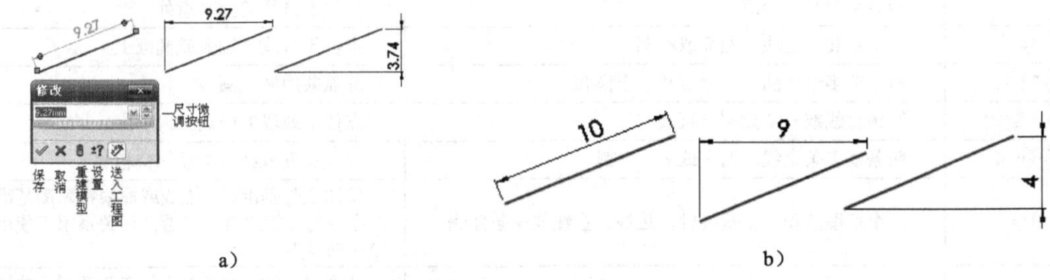

图 10-37 标注线性尺寸
a）标注并修改尺寸 b）标注结果

（2）直径和半径尺寸的标注 默认情况下，对圆标注直径尺寸，对圆弧标注半径尺寸。操作如下：首先单击草图工具栏中的智能尺寸按钮，将鼠标放到要标注的圆或圆弧上，单击鼠标，然后在“修改”对话框中输入圆的直径或圆弧半径，单击按钮即完成标注。操作过程如图 10-38 所示。

（3）角度尺寸的标注 角度尺寸用于标注两条直线的夹角或圆弧的圆心角。要标注两条直线间夹角，可作如下操作：单击草图工具栏中的智能尺寸按钮，用鼠标拾取第一条直线，此时标注尺寸线出现，不管它，接着用鼠标拾取第二条直线，此时标注尺寸线显示为两条直线间的角度，随着鼠标的移动系统会显示 4 种不同的夹角角度，如图 10-39 所示。其他同上。

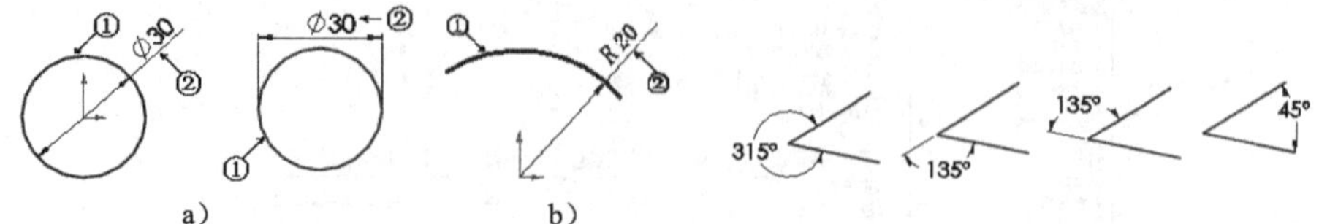

图 10-38　标注直径和半径尺寸
a）标注直径尺寸　b）标注半径尺寸

图 10-39　四种不同的角度标注方法

10.4.5　添加几何关系

几何关系为草图实体之间或草图实体与基准面、基准轴、边线或顶点之间的几何约束。表 10-1 为各种几何关系说明。

表 10-1　几何关系说明

几 何 关 系	要选择的实体	所产生的几何关系
水平(H) 或 竖直(V)	一条或多条直线、两个或多个点	直线会变成水平或竖直直线（由当前草图的空间定义），而点会水平或竖直对齐
固定(F)	任何实体	实体的大小和位置被固定
相切(A)	一圆弧、椭圆或样条曲线以及一直线或圆弧	两个项目保持相切
共线(L)	两条或多条直线	位于同一条无限长的直线上
垂直(U)	两条直线	两条直线相互垂直
平行(E)	两条或多条直线 3D 草图中一条直线和一基准面（或平面）	相互平行 直线平行于所选基准面
全等(R)	两个或多个圆弧	共用相同的圆心和半径
合并(G)	两个草图点或端点	两个点合并成一个点
对称(S)	一条中心线和两个点、直线、圆弧或椭圆	保持与中心线相等距离，并位于一条与中心线垂直的直线上
交叉	两条直线和一个点	点位于直线的交叉点处
重合(D)	一个点和一直线、圆弧或椭圆	点位于直线、圆弧或椭圆上
同心(N)	两个或多个圆弧，一个点和一个圆弧	圆弧共用同一圆心
中点(M)	两条直线或一个点和一直线	点位于线段的中点
相等(Q)	两条或多条直线，两个或多个圆弧	直线长度或圆弧半径保持相等
穿透(P)	一个草图点和一个基准轴、边线、直线或样条曲线	草图点与基准轴、边线或曲线在草图基准面上穿透的位置重合，穿透几何关系用于使用引导线扫描中
相等曲率	两条样条曲线	曲率半径和向量（方向）在两条样条曲线之间相符

1. 添加几何关系

草图实体添加几何关系，可作如下操作：单击尺寸/几何关系工具栏上的添加几何关系按钮，出现“添加几何关系”属性管理器，用鼠标选择要添加几何关系的实体，此时所选实体会在管理器中的“所选实体”栏中显示。如图 10-40a 所示，要添加圆与直线的相切关系，用鼠标选择“添加几何关系”属性管理器中的相切按钮即可，操作后结果如图 10-40b 所示。

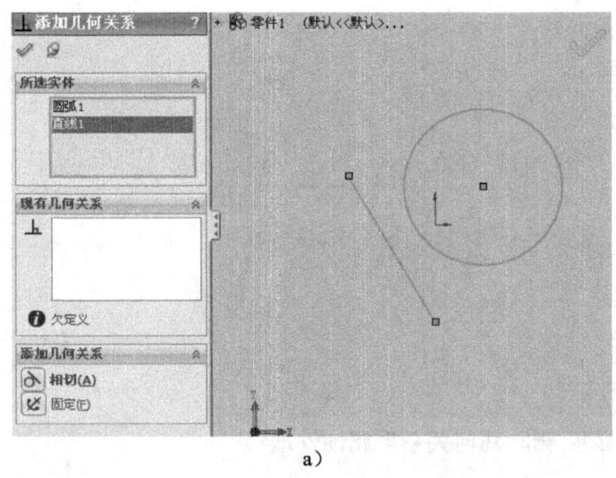

a)

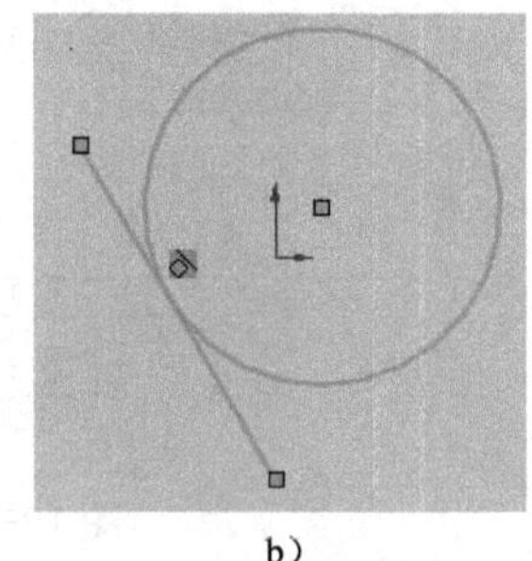

b)

图 10-40　添加相切关系前后的显示

a）添加相切几何关系　b）添加后图形显示

2. 自动添加几何关系

使用自动添加几何关系后，在绘制草图时鼠标指针会改变形状，以显示可以生成哪些几何关系。自动添加几何关系为系统的默认设置，表 10-2 显示了鼠标指针形状和对应的几何关系。

表 10-2　鼠标指针形状和对应的几何关系

种　类	图　例	说　明
自动添加水平	33.56，180°	笔形画线光标右侧有“—”符号
自动添加竖直	32.78，90°	笔形画线光标右侧有“|”符号
自动添加垂直	31.41，90°	笔形画线光标右侧有“⊥”符号
自动添加相切	30.49°	笔形画线光标右侧有“ㆁ”符号

3. 显示/删除几何关系

利用显示/删除几何关系工具来显示手动和自动应用到草图实体的几何关系，查看有疑问的特定草图实体的几何关系，并可用来删除不再需要的几何关系。操作如下：单击尺寸/几何关系工具栏上的显示/删除几何关系按钮，出现“显示/删除几何关系”属性管理器（图 10-41），在“几何关系”下拉列表框中选择显示几何关系的准则，在几何关系栏中选择要显示的几何关系，单击“删除”或“删除所有”按钮来删除当前的或所选择全部的几何关系。

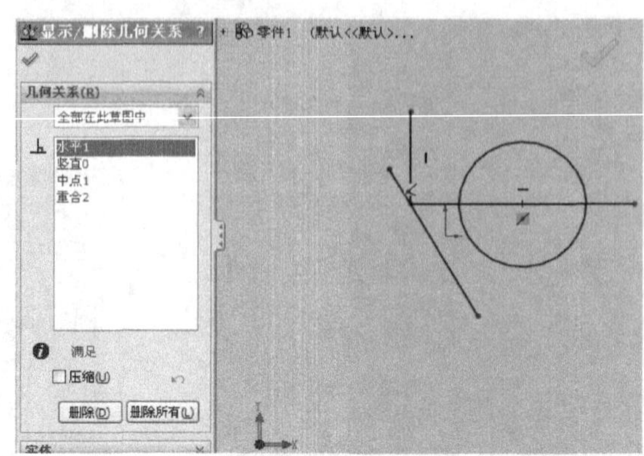

图 10-41 “显示/删除几何关系”属性管理器

10.5 综合实例

下面以图 10-42 所示的平面图形为例来说明草图绘制的方法和步骤。

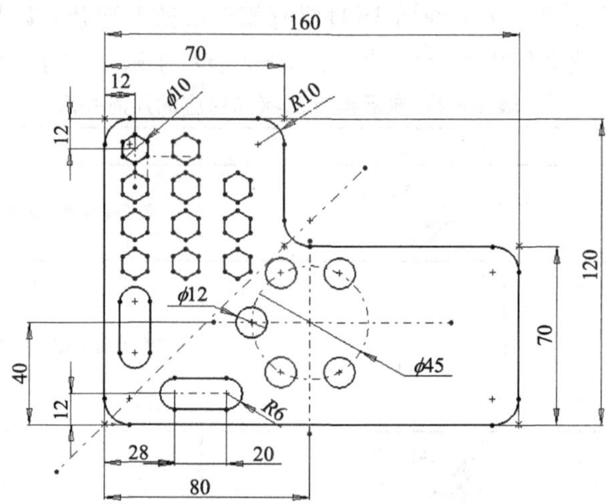

图 10-42 综合练习草图效果

1）单击新建按钮，新建一个零件文件。

2）选取前视基准面，单击草图绘制按钮，进入草图绘制。

3）单击直线按钮，画出零件的大致形状。单击智能尺寸按钮，标注尺寸，如图 10-43 所示。

4）单击中心线按钮，绘制中心线 A、B 和 C，单击圆按钮，绘制 ϕ45 圆 B，单击构造几何线按钮，选取圆 D，标注尺寸，如图 10-44 所示。

5）单击圆按钮，绘制 ϕ12 小圆，圆心选取在圆 D、C 中心线的交点，单击确定按钮，标注尺寸，如图 10-45 所示。

6）单击圆周草图阵列按钮，出现“圆周阵列”对话框，在“”文本框内输入“80mm”，在“”文本框内输入“40mm”，在“”文本框内输入“6”，在“”文本框中输入“22.5mm”，在“”文本框内输入“0deg”，“要阵列的实体”选择 ϕ12 小圆。在“可跳过的实例”列表框中选中“（4）”，单击圆弧 4 的圆心即可，单击“确定”按钮，如图 10-46 所示。

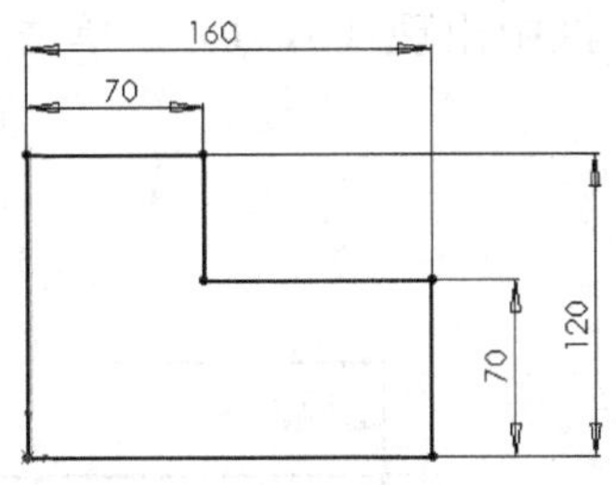

图 10-43　绘制零件形状

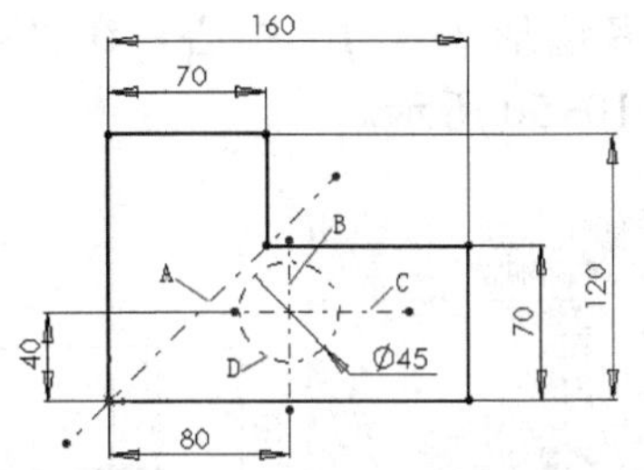

图 10-44　添加中心线

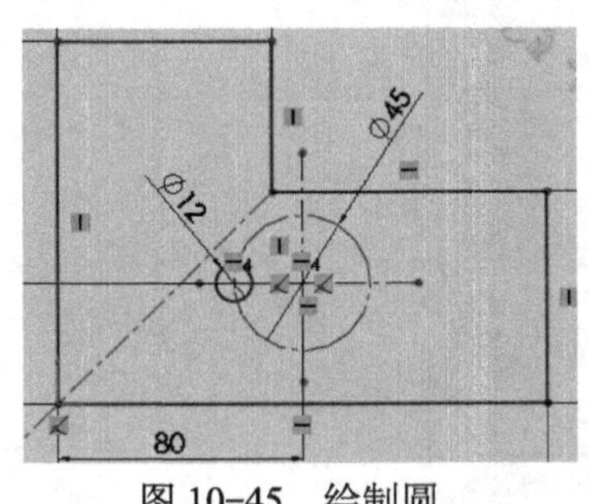

图 10-45　绘制圆

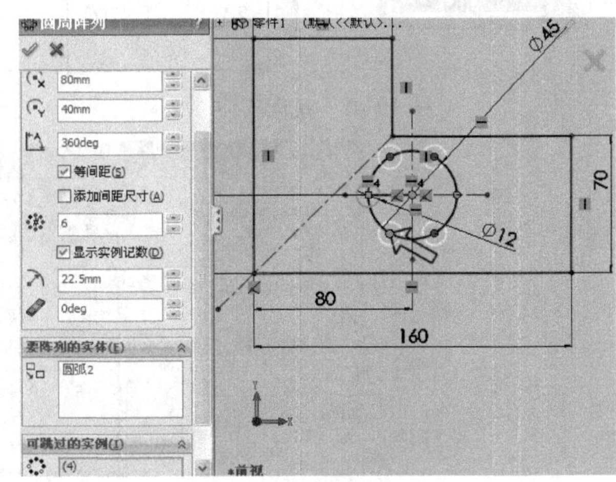

图 10-46　圆周草图排列

7）单击中心线按钮，绘制中心线 F，如图 10-47a 所示。单击等距实体按钮，出现“等距实体”属性管理器，选取中心线 F，在“”文本框内输入“6.00 mm”，注意选中“双向”、“顶端加盖”复选框，选中“圆弧”单选按钮，单击确定按钮，标注尺寸，如图 10-47b 所示。

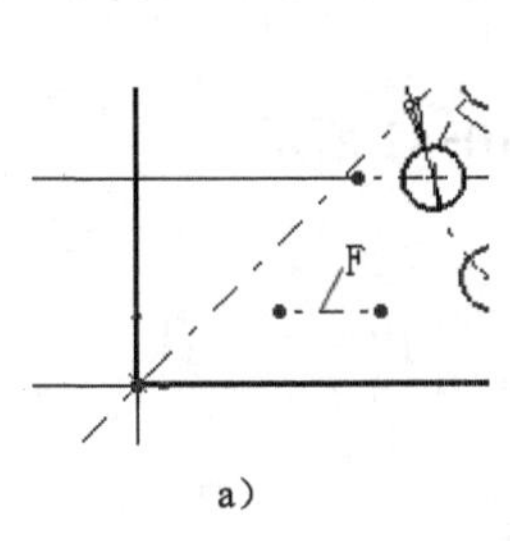

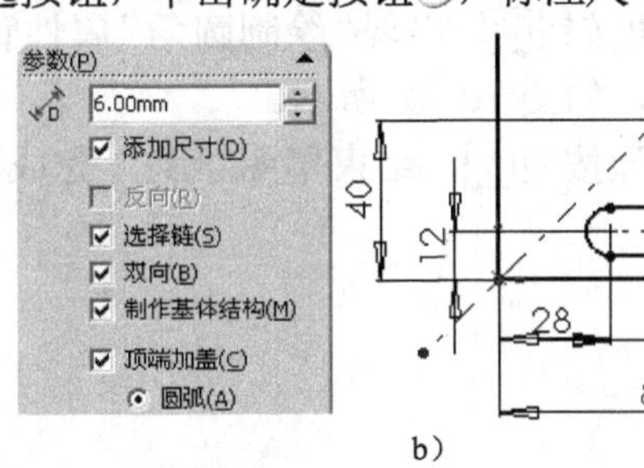

a）　　b）

图 10-47　等距实体

a）绘制中心线 F　b）建立“顶端加盖”等距实体

8）单击“镜向实体”按钮，“要镜向的实体”选取步骤 7）绘制的腰形孔，“镜向点”选取中心线 A，选中“复制”复选框，单击确定按钮，如图 10-48 所示。

9）单击多边形按钮，在“边数”文本框内输入“6”，绘制多边形，标注尺寸，如图 10-49 所示。

10）单击线性阵列按钮，出现“线性阵列”属性管理器。在“方向 1”的“”文本框内输入“3”，“”文本框内输入“20 mm”，“”文本框内输入“0deg”；在“方向 2”的“”文本框内输入“4”，“”文本框内输入“15mm”，“”文本框内输入“270deg”，“要阵列的实体”列表框中选择“多边形 G”。鼠标在【可跳过的实例】列表框中单击，然后选中多边形（3，1）中心，在“可跳过的实例”框中出现（3，1），单击“确定”按钮。如图 10-50 所示。

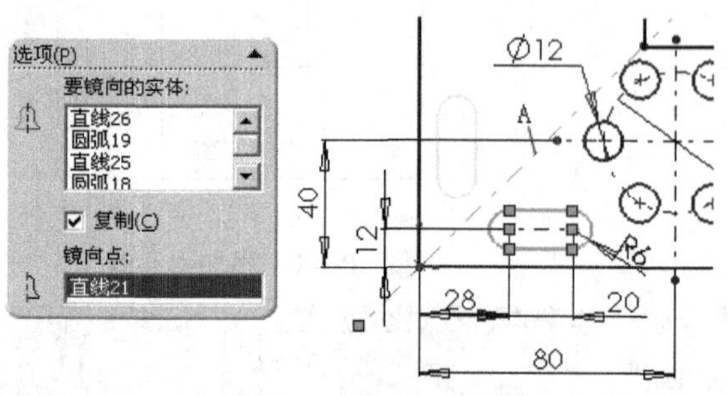

图 10-48　镜向实体

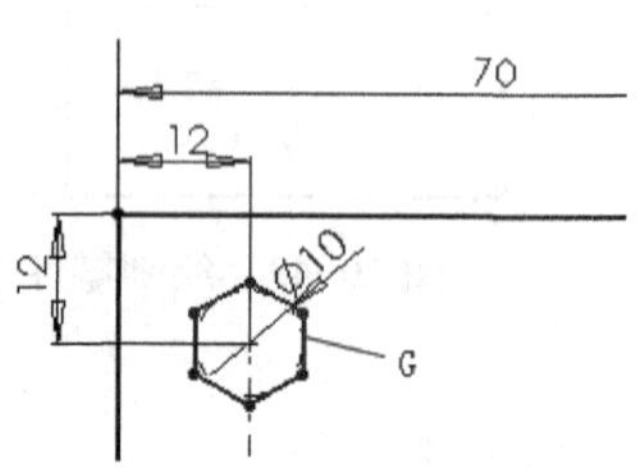

图 10-49　绘制多边形

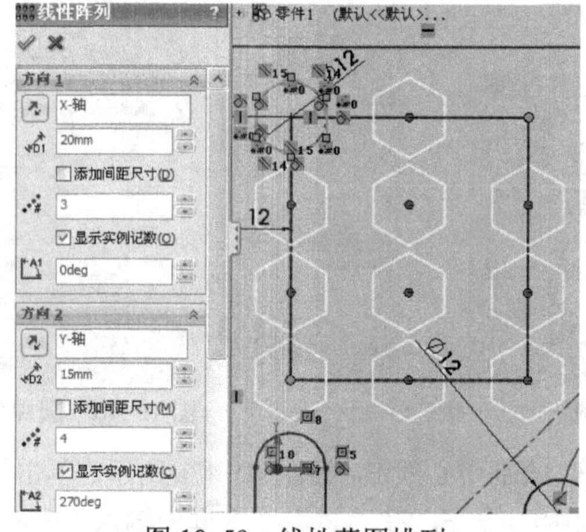

图 10-50　线性草图排列

11）单击绘制圆角按钮，出现“绘制圆角”属性管理器，在“”文本框内输入“10mm”，选取六个角创建圆角，如图 10-42 所示。

12）单击重建模型按钮，结束草图绘制，完成图如图 10-42 所示。

第 11 章　零件建模和编辑

利用 SolidWorks 软件进行零件建模的基本特征造型命令包括拉伸凸台/基体、拉伸切除、旋转凸台/基体、旋转切除、扫描、扫描切除、放样凸台/基体等。

11.1　拉伸特征

11.1.1　拉伸凸台/基体

拉伸凸台/基体是将草图沿着某一方向延伸一定距离生成的特征。

操作步骤如下：

1）如果有已绘制好的草图，则保持该草图处于激活状态，单击特征工具栏上的【拉伸凸台/基体】按钮，出现"凸台-拉伸"属性管理器，如图 11-1a 所示。

2）如果没有已绘制好的草图，单击特征工具栏上的【拉伸凸台/基体】按钮，选择一个基准面来绘制特征横断面草图，绘制好草图后，单击完成按钮，返回拉伸凸台/基体特征环境，如图 11-1a 所示。

3）在"方向 1"栏中反向符号旁边的终止条件下拉列表框中选择拉伸的终止条件，共六种，如图 11-1b 所示分别是给定深度、成形到一顶点、成形到一面、到离指定面指定的距离、成形到实体、两侧对称，在右侧的图形区域中检查预览；如果方向不对，单击反向按钮，向另一个方向拉伸；在深度微调框中输入拉伸深度；如果要给特征添加一个拔模，单击拔模按钮，输入拔模角度，如果拔模方向不对，选择"向外拔模"复选框；如有需要，选择"方向 2"复选框，将拉伸应用到第二个方向；如果是一个薄壁零件，选择"薄壁特征"复选框，设定壁厚；单击确定按钮，完成基体/凸台的生成。

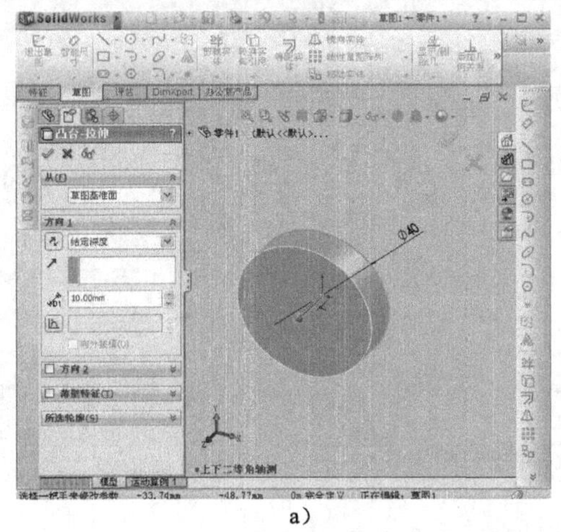

a）

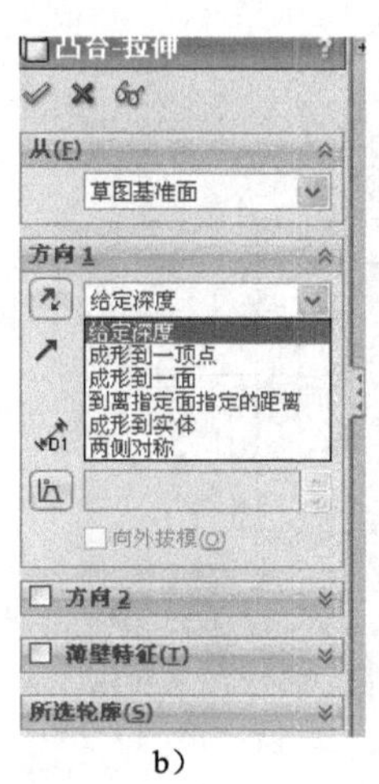

b）

图 11-1　拉伸凸台/基体

a）"凸台-拉伸"属性管理器及图形预览　b）拉伸终止条件对话框

11.1.2 拉伸切除

拉伸切除是采用拉伸的方法除去已有实体的部分材料的特征造型方法，特征工具栏上按钮为▣。拉伸切除的操作方法与拉伸凸台/基体基本相同，具体操作方法叙述省略。造型中经常结合拉伸凸台/基体和拉伸切除方法生成零件的基体特征。

11.2 旋转特征

11.2.1 旋转凸台/基体

旋转凸台/基体是由特征草图截面绕中心线旋转而生成凸台、基体的一种特征造型方法，适用于回转体类零件的造型。

操作步骤如下：

1）单击特征工具栏上的旋转凸台/基体按钮，首先选择一个基准面，绘制一条中心线和旋转轮廓草图，如图 11-2a 所示。绘制好草图后，单击完成按钮。

2）此时，出现“旋转”属性管理器，同时在右面的图形区域中显示生成的旋转特征，如图 11-2b 所示。如果绘制草图时，没有绘制中心线，则需在旋转参数指定中心线对话框中指定草图中某条边线为中心线。

3）在“旋转类型”下拉列表框中选择旋转类型，共三种，分别是单向、两侧对称、双向；如果想要向相反的方向旋转特征，单击反向按钮；在“”角度微调框中输入旋转角度；如果角度指定为 180.00deg，旋转类型分别为单向、两侧对称、双向的预览效果如图 11-3 所示。单击确定按钮，完成基体/凸台的生成。

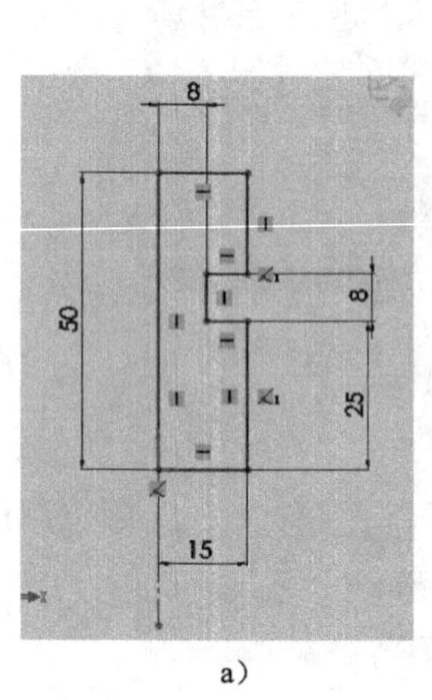

a）

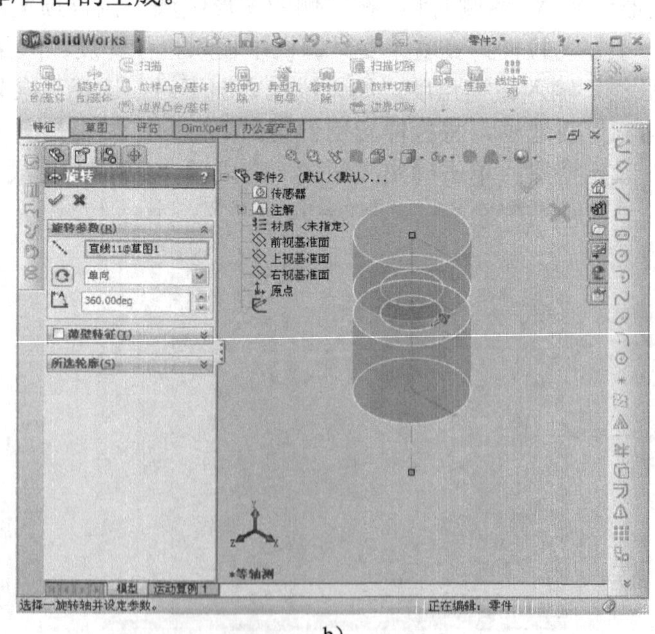

b）

图 11-2 旋转凸台/基体

a）旋转特征截面草图 b）“旋转”属性管理器及图形预览

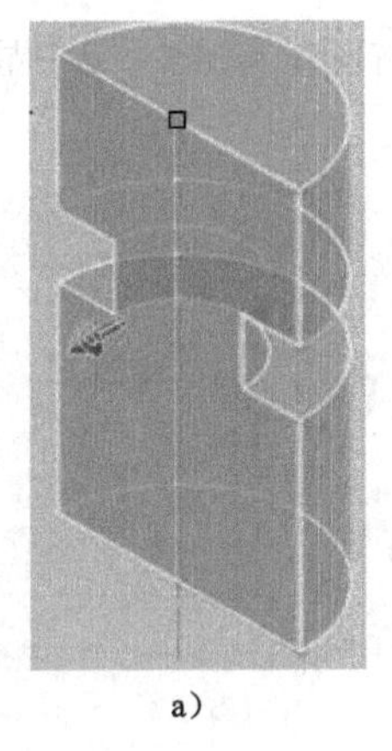
a）

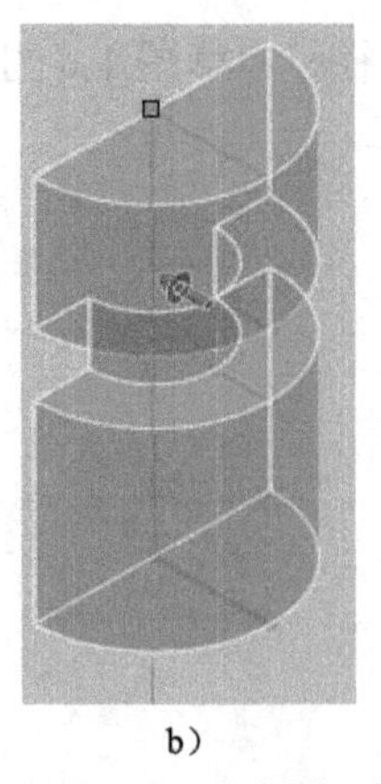
b）

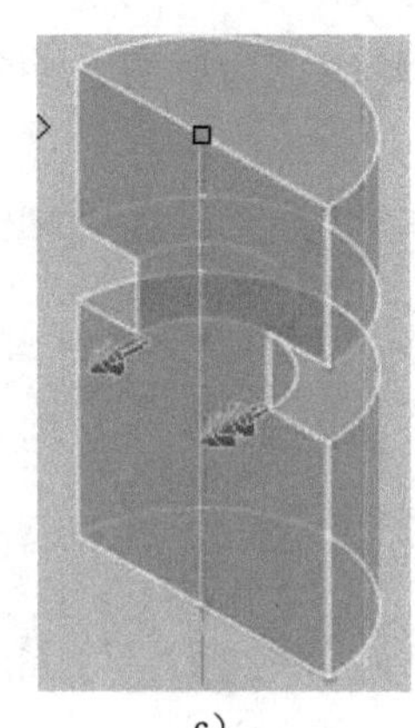
c）

图 11-3 旋转类型
a）单向 b）两侧对称 c）双向

11.2.2 旋转切除

旋转切除是采用旋转的方法去除已有实体的部分材料的特征造型方法，特征工具栏上按钮为 。旋转切除的操作方法与旋转凸台/基体基本相同，也是绕某一中心线旋转草图而成，所不同的是先要有一个实体，在此实体上进行旋转切除材料，具体操作方法叙述省略。

11.3 扫描特征

11.3.1 扫描

扫描是由一草图截面轮廓沿着一条路径移动而生成特征的造型方法。扫描包括简单扫描和引导线扫描。简单扫描用来生成等截面的特征，仅由截面轮廓和路径来控制；引导线扫描可随着引导线的变化生成变截面的实体特征。

使用扫描特征应遵循的规则如下：

1）扫描路径可以是开环或闭环，路径可以是一张草图中包含的一条或一组草图曲线、一组模型曲线；路径的起点必须位于轮廓的基准面上。

2）截面轮廓必须是闭环的，只有用于曲面扫描特征时可以是开环的。

3）应用引导线扫描时，应该先生成扫描路径和引导线，然后再生成截面轮廓；引导线必须和轮廓相交于一点，最好在截面草图上添加引导线上的点和截面相交处之间的穿透关系。

操作步骤如下：

1）绘制路径草图：选择在一个基准面上，绘制一个开环或闭环的路径草图，如图 11-4a 所示，在上视基准面上，绘制一个ϕ100 的圆。

2）绘制截面轮廓草图：选择与路径起点垂直的基准面上，绘制截面轮廓草图，如图 11-4b 所示，在前视基准面上，绘制一个ϕ10 的小圆，并添加ϕ10 的小圆圆心与路径ϕ100 的圆建立穿透关系。

3）单击特征工具栏上的扫描按钮 ，此时，出现“扫描”属性管理器，如图 11-4c 所示，指定截面轮廓为草图 2，指定路径为草图 1，同时在右面的图形区域中显示生成的扫描特征。

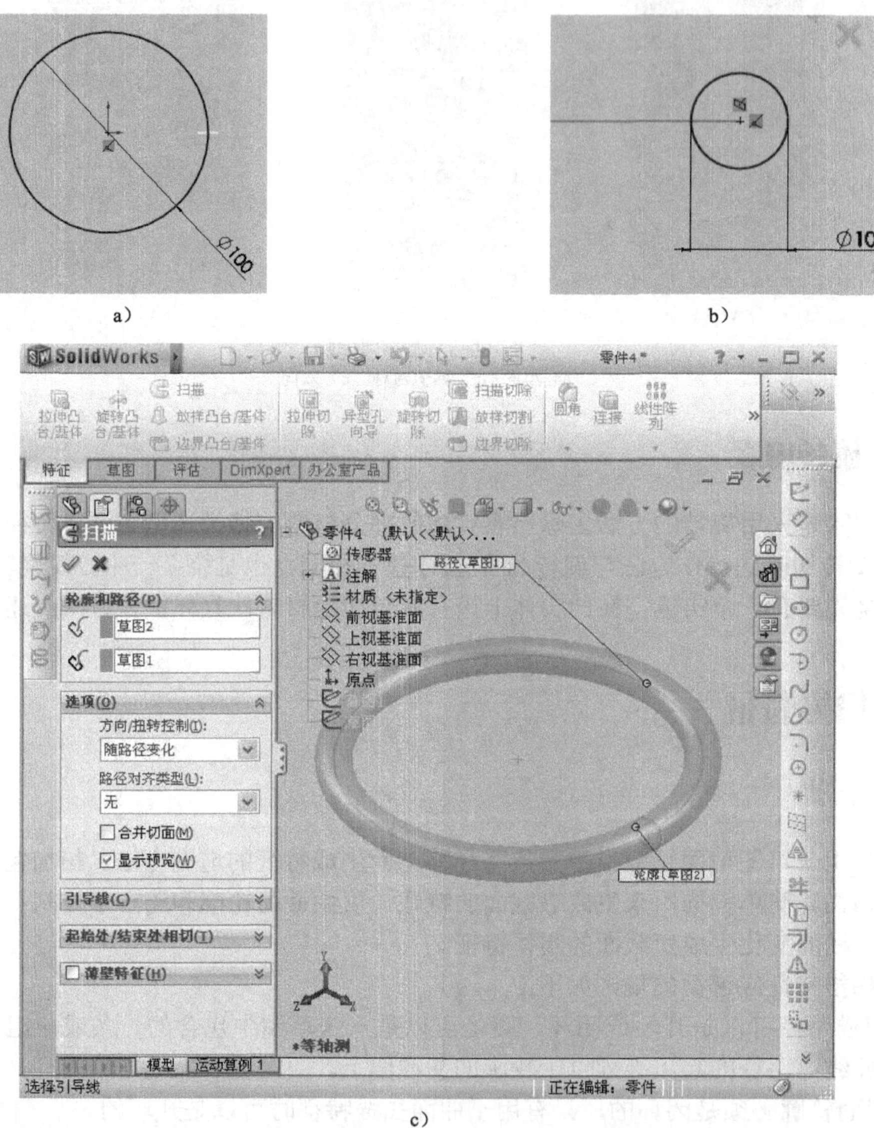

图 11-4　扫描特征

a）草图 1　b）草图 2　c）“扫描”属性管理器及图形预览

4）选用引导线进行变截面扫描，需在绘制截面轮廓草图之前先绘制一条或多条引导线草图。如图 11-5a 所示，在前视基准面上，绘制引导线 1；如图 11-5b 所示，在右视基准面上，绘制引导线 2；在前视基准面上，绘制路径草图，如图 11-5c 所示；然后选择上视基准面绘制截面轮廓，在轮廓截面草图上添加引导线上的点和截面相交处之间的穿透几何关系，如图 11-5d 所示；全部草图绘制完成后，单击扫描按钮，指定扫描轮廓、路径、引导线等参数，如图 11-5e 所示。

5）单击确定按钮，完成扫描。

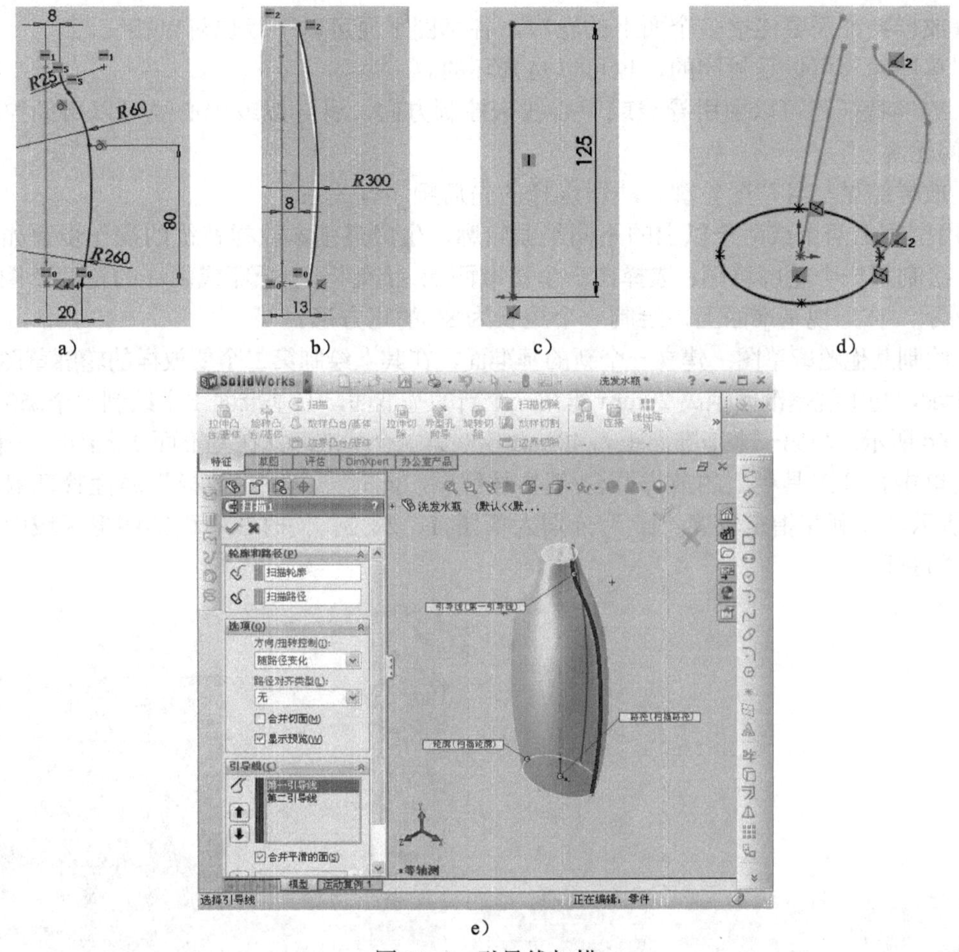

图 11-5　引导线扫描

a）第一条引导线草图　b）第二条引导线草图　c）路径草图　d）轮廓草图　e）引导线“扫描 1”属性管理器及图形预览

11.3.2　扫描切除

扫描切除是采用扫描的方法去除已有实体的部分材料的特征造型方法，属于切割特征，特征工具栏上按钮为![]。扫描切除的操作方法与扫描基本相同，所不同的是先要有一个实体，在此实体上进行扫描切除材料，具体操作方法叙述省略。

11.4　放样特征

“放样”是通过在两个或多个轮廓之间进行过渡生成的特征，可以是基体、凸台、切除或曲面。放样和扫描是有区别的。扫描是使用单一的轮廓截面，生成的实体在每个位置上的截面都是相同或者是相似的；而放样所用的轮廓截面可以有完全不同的形状。

11.4.1　放样凸台/基体

使用放样凸台/基体命令要注意以下几点：

1）放样特征需要连接多个面上的轮廓，各草图平面可以平行也可以相交。

2）草图轮廓可以是封闭的，也可以是开环的。

3）放样特征还可以由引导线或中心线来控制方向，引导线或中心线可以帮助控制所生成的中间轮廓。

4）放样结果与各草图轮廓、线段选择的先后顺序有关系。

使用空间上两个或两个以上的不同平面轮廓，生成最基本放样特征的操作步骤如下：

1）绘制第一个轮廓草图：选择在一个基准面上，绘制一个开环或闭环的轮廓草图，如图11-6a所示，在上视基准面上，绘制一个边长为80的正方形。

2）绘制其他轮廓草图：建立一个新的基准面，在其上绘制第二个要放样的轮廓草图，如图11-6b所示，与上视基准面距离20mm建立一个新的基准面，在基准面1上绘制一个ϕ50的圆；如图11-6c所示，与第一个基准面距离40mm建立第二个基准面，在基准面2上绘制一个椭圆。

3）单击特征工具栏上的放样凸台/基体按钮，此时，出现“放样”属性管理器，如图11-6d所示，按顺序指定轮廓“”分别为草图1、2、3，同时在右面的图形区域中显示生成的放样特征。

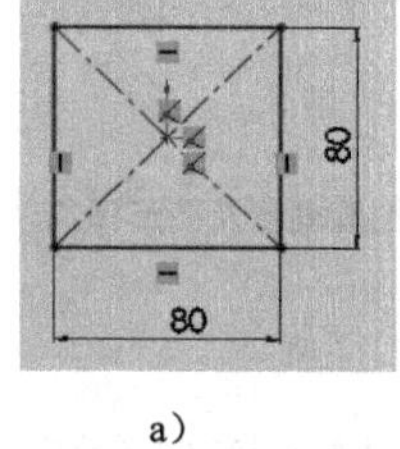

a）

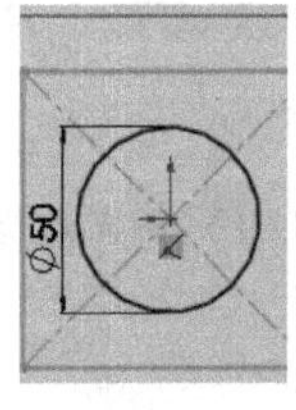

b）

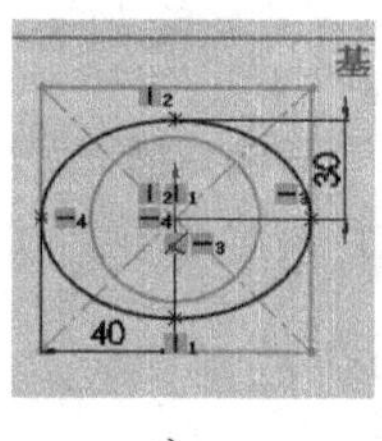

c）

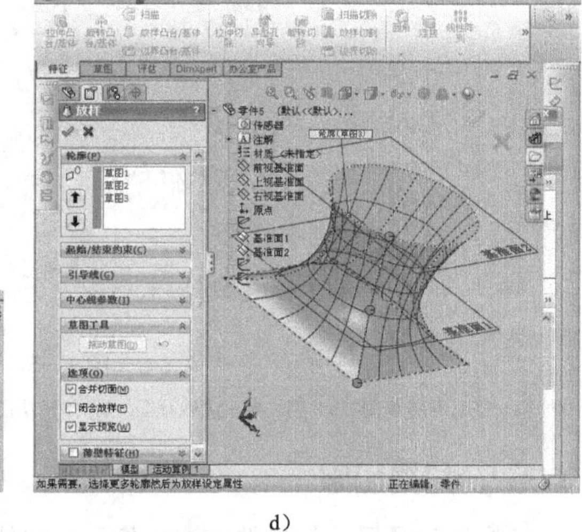

d）

图11-6　放样凸台/基体

a）草图1　b）草图2　c）草图3　d）“放样”属性管理器及图形预览

4）单击确定按钮，完成放样。

放样特征除了上述最基本的通过两个或两个以上不同平面轮廓而形成特征外，还有通过引导线或中心线控制的放样特征。

中心线放样中所有中间截面的草图基准面都与此中心线垂直，而且中心线必须通过每个闭环轮廓的内部区域，而不是像引导线那样可以与轮廓的边缘相交。

图11-7展示了三种不同情况的放样效果。使用一条或多条引导线来连接轮廓，生成引导线放样。其中，引导线可以比生成的放样特征长，引导线必须与轮廓相交，在轮廓草图中必须为引导线和轮廓顶点添加穿透几何关系或重合几何关系。

如图11-8所示，在不同的基准面上绘制引导线和草图轮廓。在轮廓草图中单击添加几何关系按钮，用鼠标分别选取轮廓草图圆的圆心和引导线，如图11-8a所示，然后用鼠标选择“添加几何关系”属性管理器中的“[icon]”，则在现有几何关系对话框中显示穿透点 1，如图 11-8b 所示，单击确定按钮[icon]，完成几何关系添加。

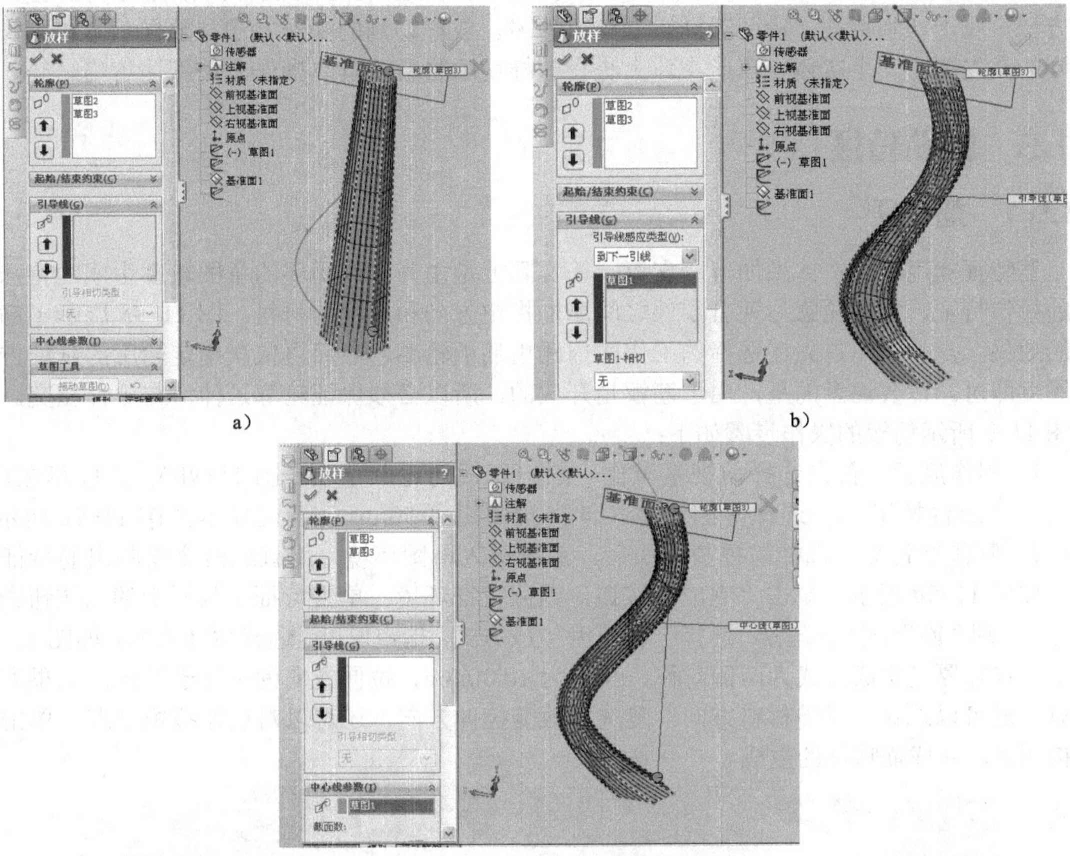

a）　　b）

c）

图 11-7　三种不同的放样特征

a）只通过两个不同平面轮廓的放样特征　b）引导线放样特征　c）中心线放样特征

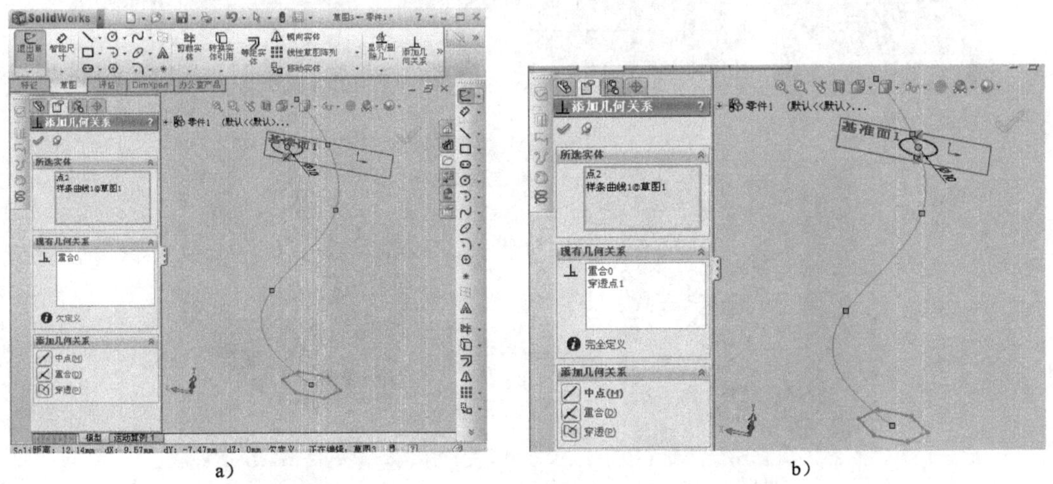

a）　　b）

图 11-8　引导线和某轮廓中的点添加穿透几何关系

a）轮廓草图圆中心与引导线草图 1 添加穿透几何关系前　b）添加穿透几何关系后

11.4.2 放样切割

放样切割是在两个或多个轮廓之间通过放样的方法去除已有实体的部分材料的特征造型方法，属于切割特征，特征工具栏上按钮为。放样切割的操作方法与放样基本相同，所不同的是先要有一个实体，在此实体上进行放样切除材料，具体操作方法叙述省略。

11.5 辅助特征

11.5.1 筋特征

筋特征用于给实体添加薄壁支撑。筋实际上是由开环或闭环的草图轮廓生成的特殊类型的拉伸特征，它在轮廓与现有零件之间添加指定方向和厚度的材料。图 11-9a 展示了筋特征的效果。操作时，首先在选择的工作面内画出筋板轮廓，然后再依次指定轮廓的延伸方向和厚度即可。需要注意的是，由于筋板是开放的，所以必须保证轮廓延伸后与零件相交。创建图 11-9 所示筋板的操作步骤如下：

1）制作底板：首先选择前视基准面，画出底板的轮廓草图（图 11-9b），完成草图后，单击拉伸凸台按钮，选择两侧对称拉伸，拉伸距离 50mm，设定显示如图 11-9c 所示。

2）制作筋特征：选择前视基准面后，系统进入草图环境，用直线命令绘制出筋特征草图，如图 11-9d 所示，单击“完成”按钮，返回特征环境；单击特征工具栏上的筋按钮，此时，出现“筋”属性管理器；选择一种厚度生成方式，指定厚度，选择拉伸方向，如图 11-9e 所示，选择厚度生成方式为两侧对称、厚度为 10.00mm、拉伸方向为平行于草图。如果方向不对，还可以选择“反转材料方向”复选框改变拉伸方向，还可以对筋作拔模处理。单击确定按钮，完成筋特征的生成。

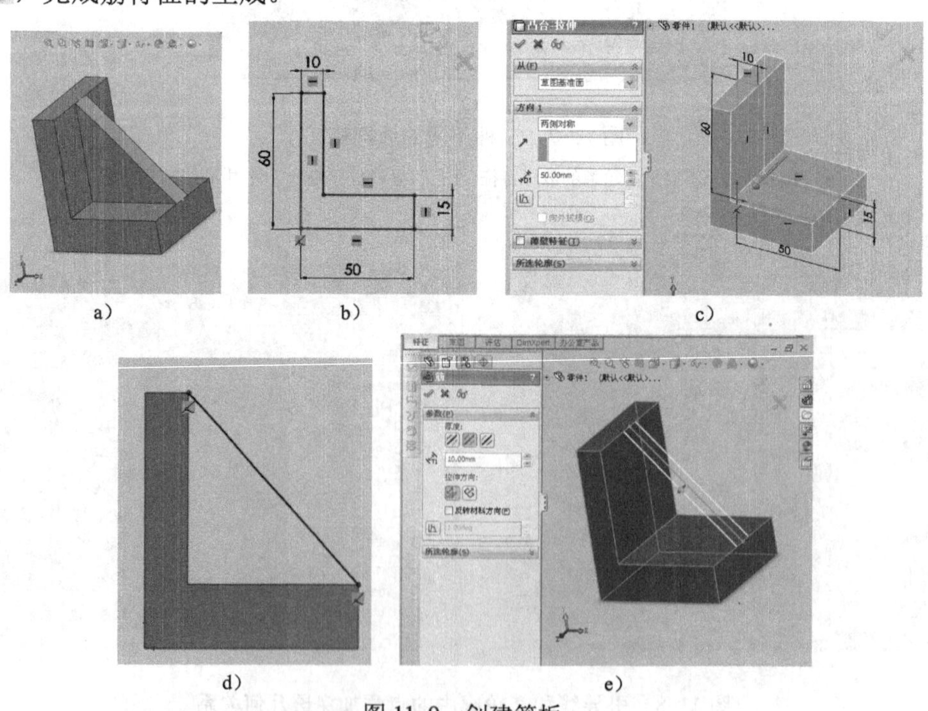

图 11-9 创建筋板
a）筋特征效果 b）底板草图 c）拉伸底板 d）筋特征的草图 e）“筋”属性管理器

11.5.2 孔特征

孔是机械设计中的常见特征。使用孔特征可以直接生成符合设计要求的孔，避免了草图的绘制过程，提高了建模的效率。一般最好在设计阶段将近结束时生成，这样可以避免因疏忽而将材料添加到现有的孔内。孔特征分为简单直孔和异型孔两种类型。

在进行零件建模时，普通直孔可以通过拉伸切除形成，也可以通过选择简单直孔特征形成；而像螺纹孔、锥孔、沉头孔等可以选择异型孔向导形成。孔特征的构建有三个步骤：选择放置孔的平面、设置孔参数步骤、设置孔位置步骤。

1. 简单直孔

基本的操作步骤为：

1）选择要生成简单直孔特征的平面，如图 11-10a 所示。

2）单击特征工具栏上的简单直孔命令按钮，出现图 11-10b 所示的“孔”属性管理器，在第一个下拉列表中选择终止类型（图 11-10c），指定深度，输入孔的直径，如需拔模添加拔模角度，单击确定按钮，完成孔特征的生成。

3）对孔特征进行定位。首先在特征管理设计树中右击孔特征，在弹出的快捷菜单中选择“编辑草图”命令；然后单击智能尺寸按钮，像标注草图尺寸一样对孔进行尺寸定位，还可以修改孔的直径尺寸，如图 11-10d 所示；设置完成后退出草图编辑状态，会看到图 11-10e 所示的被定位后的孔特征。

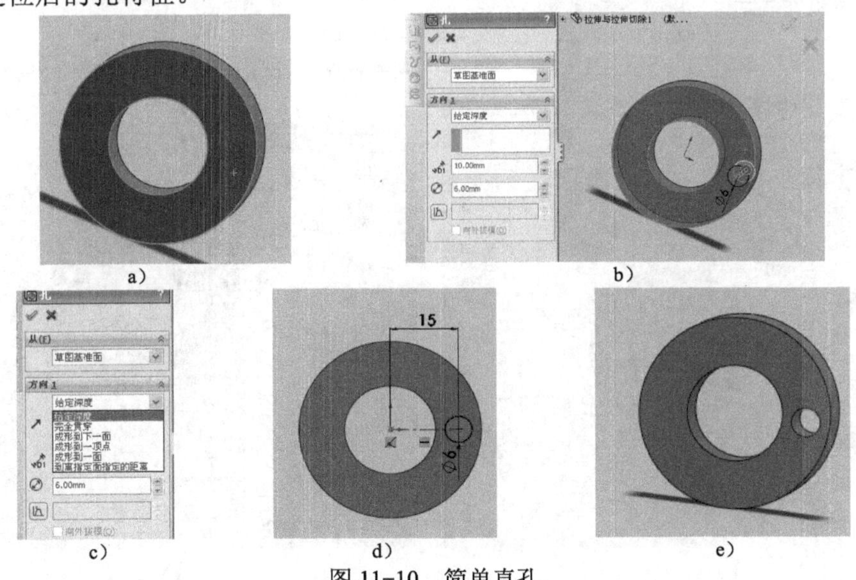

图 11-10 简单直孔

a）选择放置平面 b）“孔”属性管理器 c）终止类型 d）对孔进行尺寸定位 e）生成的孔

2. 异型孔向导

基本的操作步骤为：

1）选择要生成异型孔特征的平面。

2）单击特征工具栏上的异型孔向导命令按钮，出现图 11-11a 所示的“孔规格”属性管理器。在属性管理器上部有“类型”和“位置”两个选项卡，如图 11-11b 中的最上部所示。首先设定孔的类型，在 6 种孔类型中选择需要的一种，然后分别选定标准、类型，设定孔的大小等，如图 11-11b、c 所示，选择柱形沉头孔、“GB”、“大小”为“M2.5”、“配合”为“正常”、“显示自定义大小”、“终止条件”为“完全贯穿”等项内容，其中孔的大小可以在管理器中修改，完成孔的类型设置。

3）在“孔规格”属性管理器中设置好孔的参数后，用鼠标选择“孔规格”属性管理器上部的“位置”按钮，出现对应的“孔位置”对话框，单击智能尺寸按钮，像标注草图尺寸一样对孔进行尺寸定位，如图 11-11d 所示；设置完成后单击确定按钮✔，完成孔的生成和定位。如果要在模型上插入螺纹孔特征，那么在“孔类型”中选择螺纹孔选项，会看到图 11-11e 所示的对话框及模型预览，其他参数依次设定，在此不再赘述。

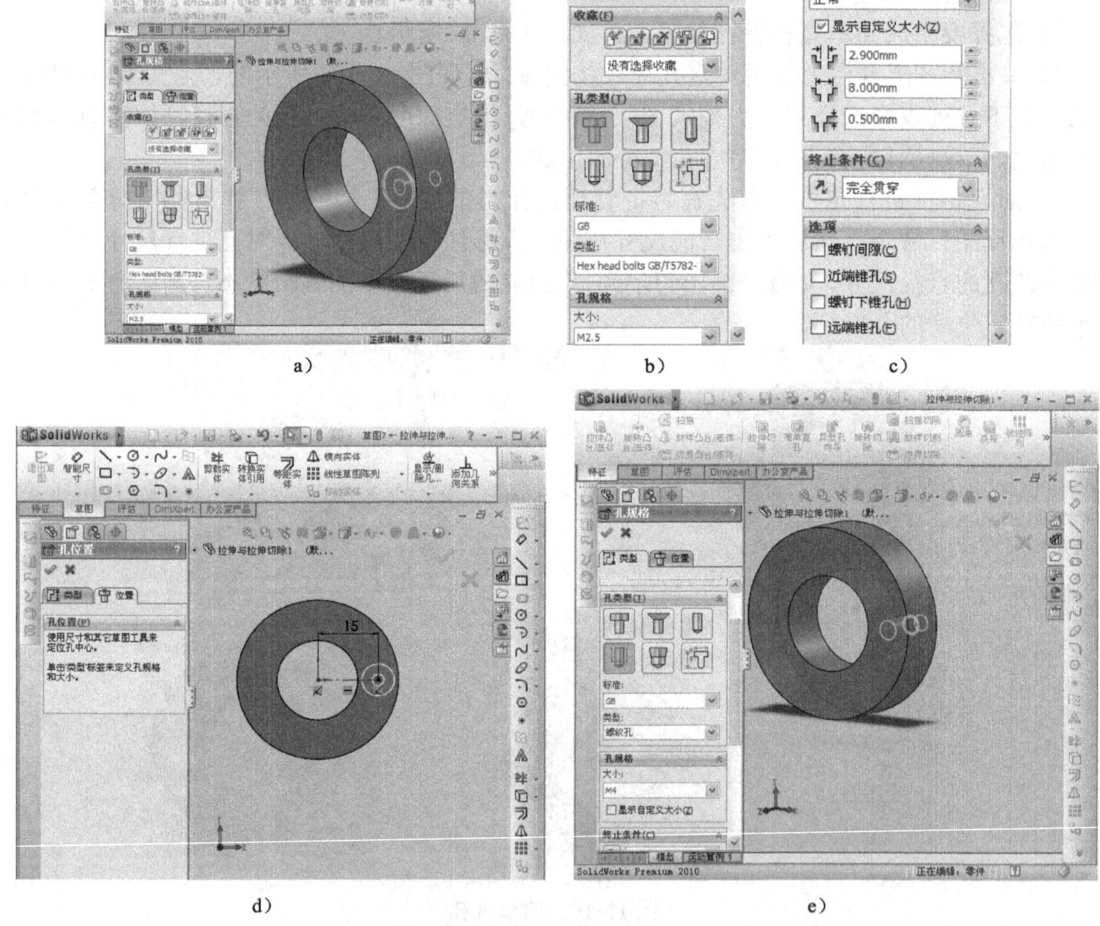

a） b） c）

d） e）

图 11-11 异型孔

a）“孔规格”属性管理器及图形预览 b）“孔类型”对话框 1 c）“孔类型”对话框 2
d）“孔位置”对话框及尺寸定位 e）选择“螺纹孔”后的对话框及图形预览

11.5.3 圆角特征

圆角可以在零件边界上生成内圆角或外圆角特征，它在零件设计中起着重要作用。也可以为一个面的边线、所选的多组面、所选的边线或者边线环添加圆角。一般安排在大多数其他特征之后。

圆角有等半径圆角、变半径圆角、面圆角和完整圆角等几种类型。

下面以等半径圆角为例叙述操作过程：

1）单击特征工具栏上的圆角按钮，此时，出现“圆角”属性管理器，如图 11-12a 所示；选择“圆角类型”为“等半径”，输入圆角半径为“1.0mm”，选择要进行圆角处理的模型边线为筋板的两条边线，选择“完整预览”，则在右面的图形区域中显示生成的圆角特征，如图 11-12b 所示。

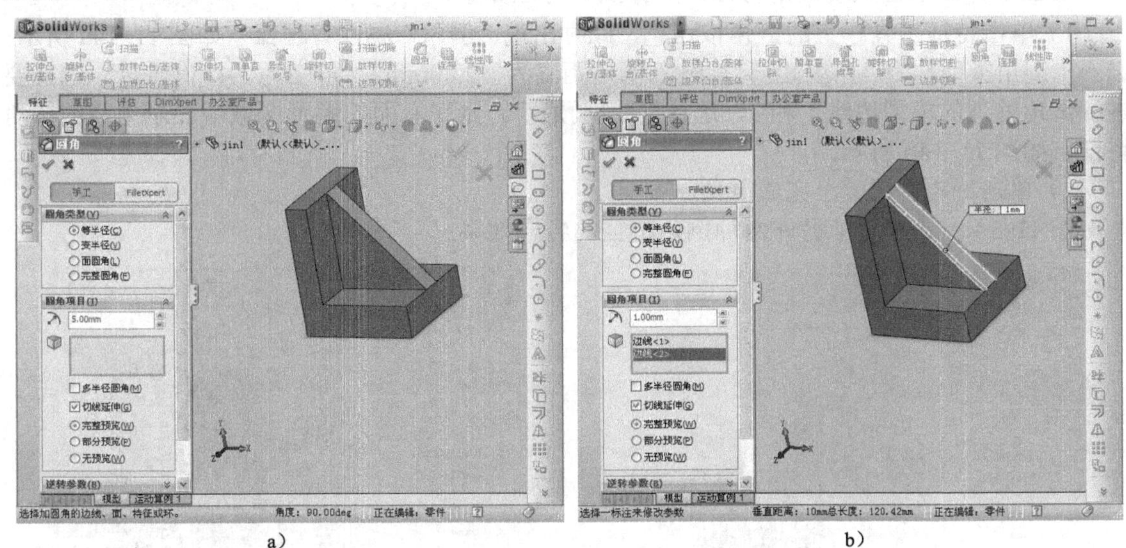

a）　　b）

图 11-12　圆角特征

a）“圆角”属性管理器　b）设置圆角参数及图形预览

2）单击确定按钮，完成圆角。

图 11-13 展示了几种圆角特征的效果。

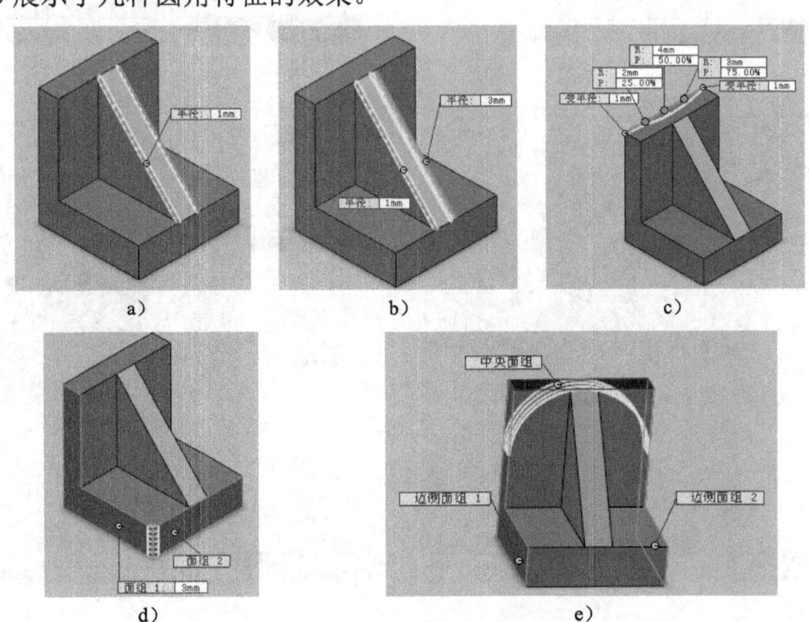

a）　b）　c）　d）　e）

图 11-13　几种圆角特征效果

a）等半径圆角　b）多半径圆角　c）变半径圆角　d）面圆角　e）完整圆角

11.5.4 倒角特征

倒角可以对锐利的零件边角进行倒角处理，以防止伤人和便于搬运、装配等。与圆角特征类似，一般安排在大多数其他特征之后。

生成倒角特征有角度距离、距离-距离、顶点三种类型。

要在零件模型上生成倒角特征，具体操作方法如下：

1）单击特征工具栏上的倒角按钮，此时出现“倒角”属性管理器，如图 11-14a 所示；选择“倒角类型”为“角度距离”，输入倒角距离为“2.00mm”，角度为“45.00deg”，选择要进行倒角处理的模型边线 1 和 2，选择“完整预览”，则在右面的图形区域中显示生成的倒角特征，如图 11-14b 所示。

2）单击确定按钮，完成倒角。

图 11-14c、d 展示了另外两种倒角特征的各自效果。

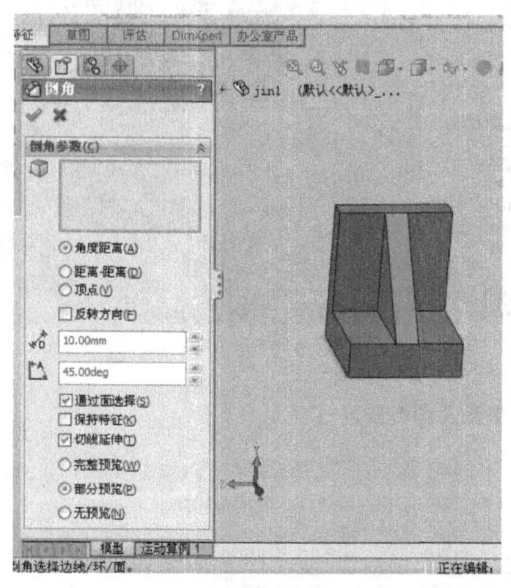

a）

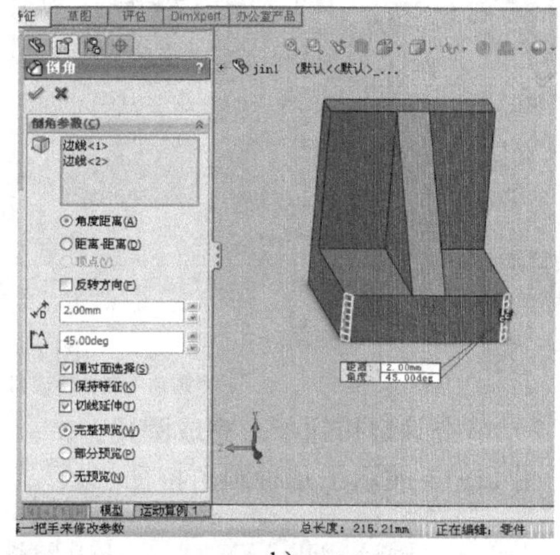

b）

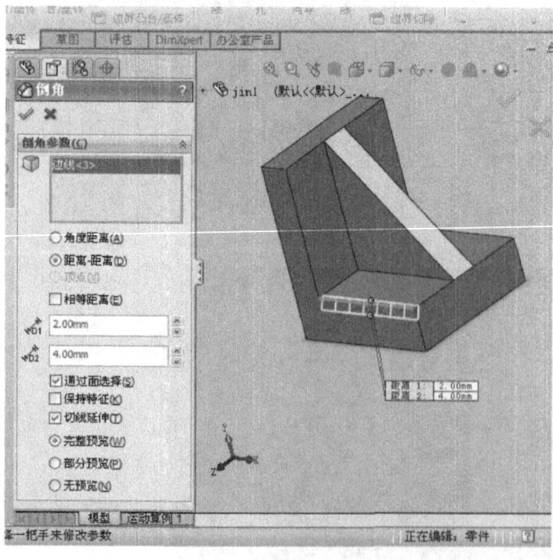

c）

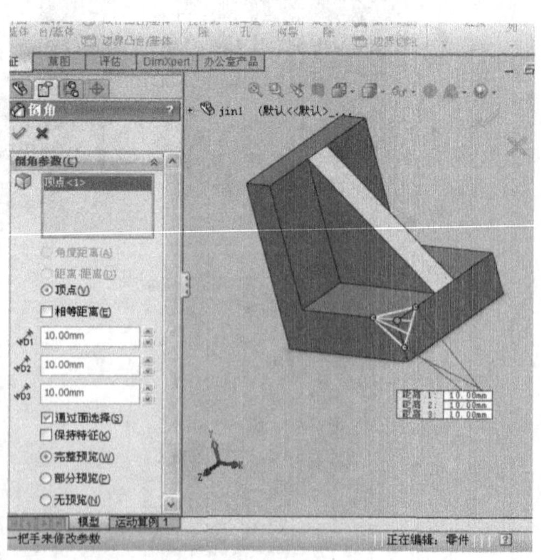

d）

图 11-14 几种倒角特征效果

a）“倒角”属性管理器 b）角度距离 c）距离-距离 d）顶点

11.5.5 抽壳特征

抽壳用于在选定面的方向上挖空零件，使所选择的面敞开，在剩余的面上生成薄壁特征。如果执行抽壳命令时没有选择模型上的任何面，可以生成一闭合、掏空的实体模型。通常抽壳时，指定各个表面的厚度相等，也可使用多个厚度来抽壳模型。

要生成一个等厚度的抽壳特征，可作如下操作：

1）单击特征工具栏上的抽壳按钮，此时出现“抽壳”属性管理器；首先指定抽壳的厚度为“3.00mm”，然后从右面的图形区域中选择一个或多个开口面作为要移除的面（上表面）。此时，在显示框中出现所选的开口面，如图 11-15a 所示；如果选择了“壳厚朝外”，则会增加零件外部尺寸；选择了“显示预览”，则在右面的图形区域中显示生成的抽壳特征。

2）单击确定按钮，生成等厚度抽壳特征，如图 11-15b 所示。

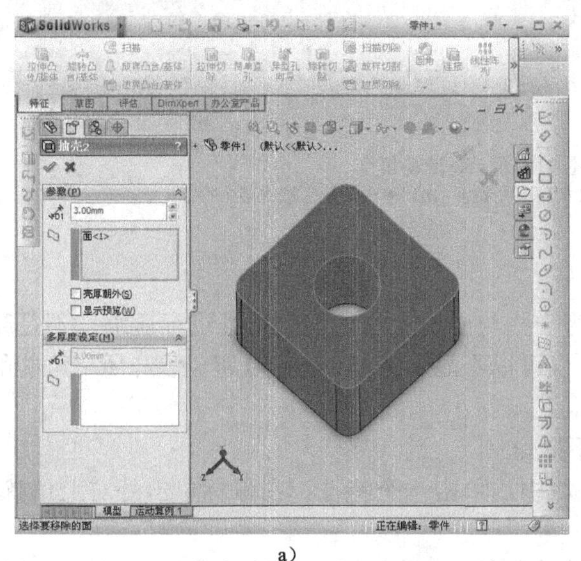

a）

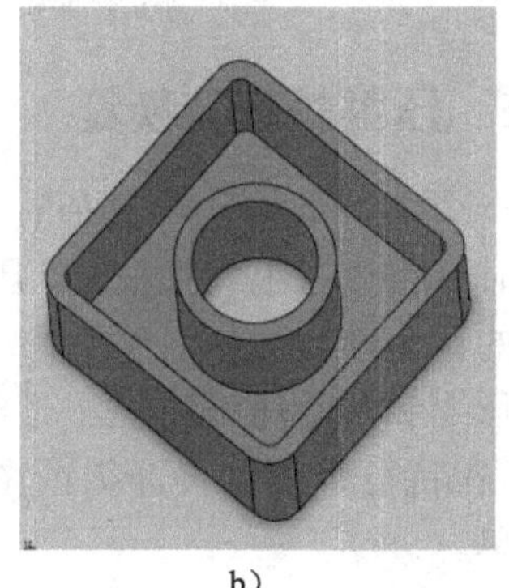

b）

图 11-15 抽壳特征
a）“抽壳 2”属性管理器 b）生成的抽壳特征

11.6 特征变换

11.6.1 编辑特征

编辑特征是频繁使用的一项功能。一个特征生成之后，如果发现特征的某些地方不符合要求，可以重新编辑特征，修改特征参数，如拉伸特征的深度、方向、圆角的大小等。

要重新编辑特征，可作如下操作：

1）在特征管理器设计树或图形区域中，单击一个特征，在鼠标单击处右上角就会弹出快捷菜单，如图 11-16 所示。

2）在弹出的快捷菜单中选择编辑特征命令，根据特征的类型，系统会出现相应的属性管理器。

3）在属性管理器中输入新的选项或参数值，更改原来的特征。

4）单击确定按钮，完成编辑特征。

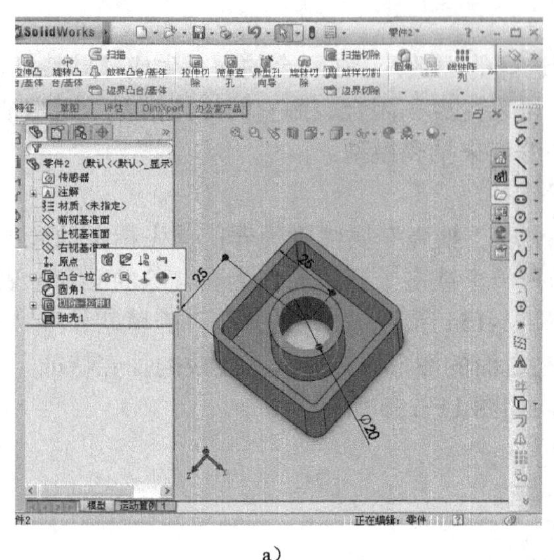
a）

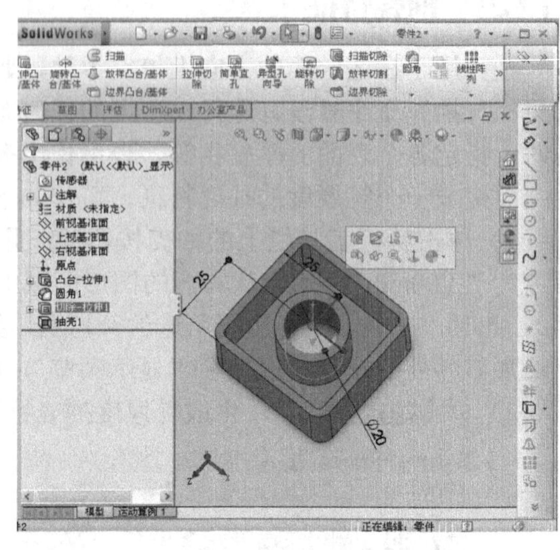
b）

图 11-16　编辑特征
a）单击特征管理器设计树下某个特征　b）单击图形区域中某个特征

11.6.2　压缩特征与恢复

当一个零件结构比较复杂时，可将一些与当前工作无关的特征进行压缩（不是删除）。当需要时可将该压缩特征恢复。压缩不仅可以不显示特征，还可以避免参与所有可能的计算，使模型的重建速度加快。

要压缩和解除压缩特征，可作如下操作：

1）在特征管理器设计树或图形区域中，单击一个特征，在鼠标单击处右上角就会弹出快捷菜单。

2）在弹出的快捷菜单中单击压缩命令按钮，此特征在图形区域中就会消失，同时在特征管理器设计树中该特征显示为灰色，如图 11-17a 所示，压缩完成。

3）在特征管理器设计树中单击被压缩的特征，在弹出的快捷菜单中单击解除压缩命令按钮，如图 11-17b 所示，所选特征就会被解压缩，回到模型中。

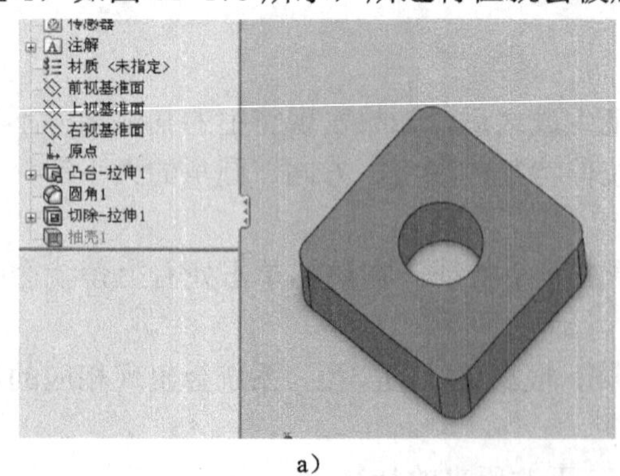

a）

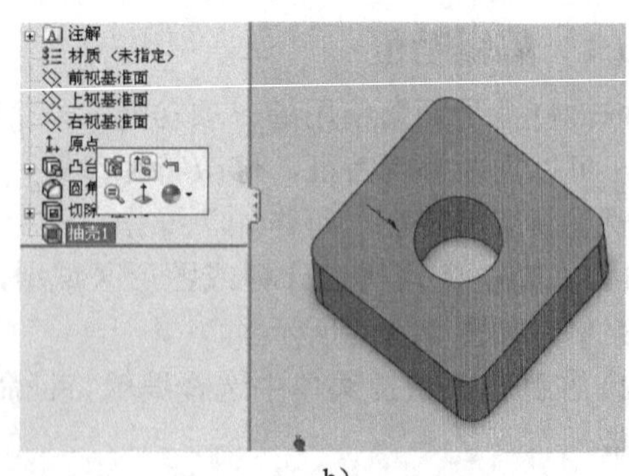

b）

图 11-17　压缩与恢复特征
a）抽壳特征压缩后　b）解除压缩抽壳特征

11.6.3 特征阵列

阵列是指按照一定的方式复制源特征，可产生多个相同的子样本特征。如果修改了源特征，则阵列中的所有子样本特征也随之更新。阵列方式可以分为线性阵列、圆周阵列、曲线驱动阵列和草图驱动的阵列等。

1. 线性阵列

线性阵列是指沿着一条或两条直线路径生成多个子样本特征。

操作如下：

1）在特征管理器设计树或图形区域中，选择原始样本特征。

2）单击特征工具栏上的线性阵列命令按钮，此时在属性管理器中的“要阵列的特征”栏中显示步骤 1 中所选择的特征。如果要选择多个原始样本，在选择时，按住 Ctrl 键。在“方向 1”栏中，单击第一个显示框，然后在图形区域中选择模型的一条边线为阵列的第一个方向。如果方向不对，单击反向按钮可以反转方向。指定阵列特征之间的间距及阵列个数。“方向 2”的设定与“方向 1”相同。全部设置如图 11-18a 所示。

3）在阵列中如果要跳过某个阵列子样本特征，则激活属性管理器下侧的“可跳过的实例”栏，并在图形区域中选择要跳过的每个阵列特征的中心点，这些特征随即显示在该显示框中。图 11-18b 显示了可跳过的实例的设定与效果。

4）单击确定按钮，生成线性阵列。

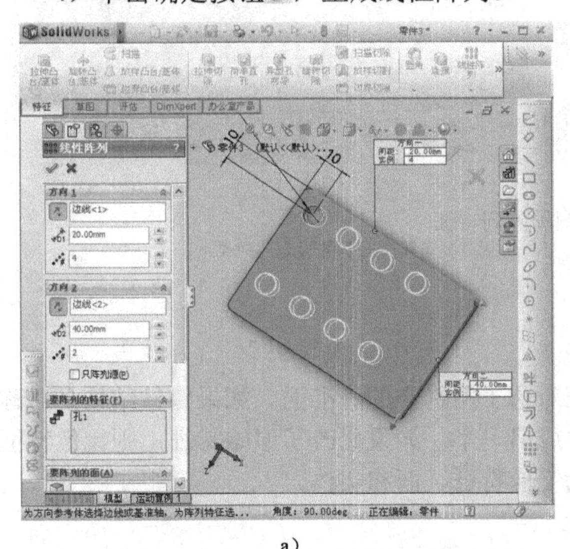

a）

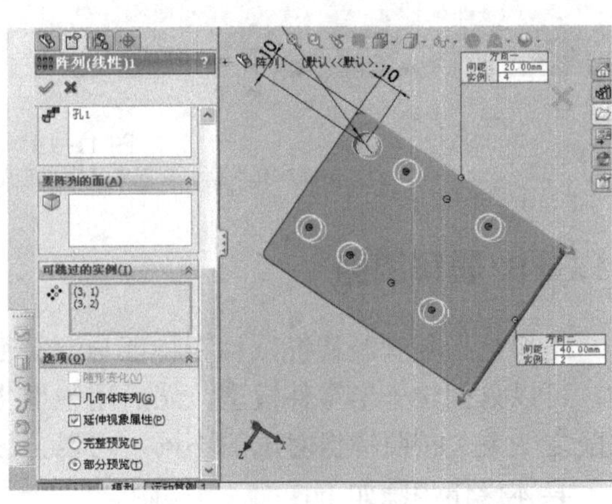

b）

图 11-18　线性阵列特征

a）“线性阵列”属性管理器及图形预览　b）线性阵列可跳过实例的设定与效果

2. 圆周阵列

圆周阵列是指绕一个轴心以圆周路径生成多个子样本特征。

操作步骤与线性阵列类似，具体如下：

1）在特征管理器设计树或图形区域中，选择原始样本特征。

2）单击特征工具栏上的圆周阵列命令按钮，此时在属性管理器中的“要阵列的特征”

栏中显示步骤 1 中所选择的特征。如果要选择多个原始样本，在选择时，按住 Ctrl 键。在“参数”栏中，单击第一个显示框——指定阵列轴，然后在图形区域中选择模型上的与阵列轴同心的任一个圆的边线。如果方向不对，单击反向按钮可以反转方向。指定阵列特征之间的角度间距及阵列个数。如果选择“等间距”复选框，则角度间距为所有阵列特征的范围，全部设置如图 11-19a 所示。

3）在阵列中，如果要跳过某个阵列子样本特征，则激活属性管理器下侧的“可跳过的实例”栏，并在图形区域中选择要跳过的每个阵列特征的中心点，这些特征随即显示在该显示框中。图 11-19b 显示了可跳过的实例的设定与效果。

4）单击确定按钮，生成圆周阵列。

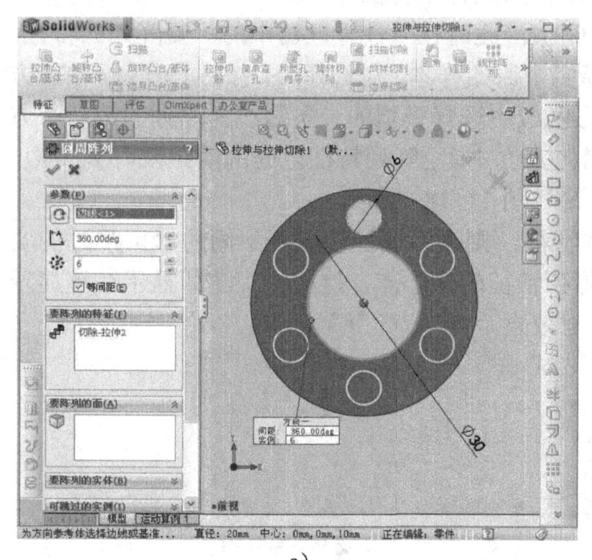

a）

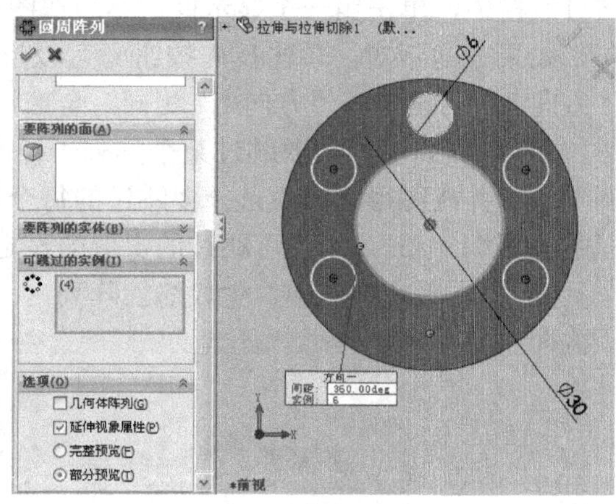

b）

图 11-19　圆周阵列特征

a）“圆周阵列”属性管理器及图形预览　b）圆周阵列可跳过实例的设定与效果

11.6.4　特征镜像

镜像是指复制新特征，且新特征与源特征对称于所选定的基准面。如果零件结构是对称的，可以只创建一半零件模型，然后用镜像生成另一半。如果修改了原始特征，则镜像特征也随之变更。按照镜像对象的不同，可以分为镜像特征、面和实体。

具体操作步骤如下：

1）单击特征工具栏上的镜像命令按钮，在“镜向[㊀]”属性管理器中单击第一项“镜向面/基准面”显示框，然后在图形区域或特征管理器设计树中选择一个模型面或基准面作为镜像面。单击“要镜向的特征”显示框，然后在图形区域或特征管理器设计树中选择要镜像的特征。参数设定及预览效果如图 11-20a 所示，镜像后的零件模型如图 11-20b 所示。

2）如果要镜像特征的面，则单击“要镜向的面”显示框，然后在图形区域中选择要镜像的面。参数设定及预览效果如图 11-20c 所示。

㊀ 应为“镜像”。——编辑注

3）如果要镜像实体，则单击“要镜向的实体”显示框，然后在图形区域中选择实体。参数设定及预览效果如图 11-20d 所示。

4）单击确定按钮✔，完成镜像。

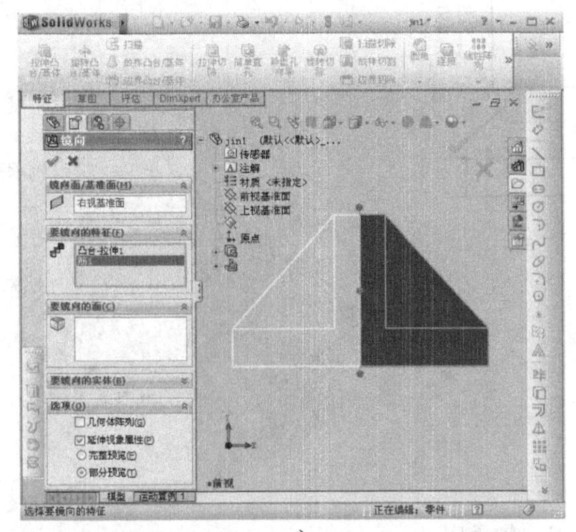

a）

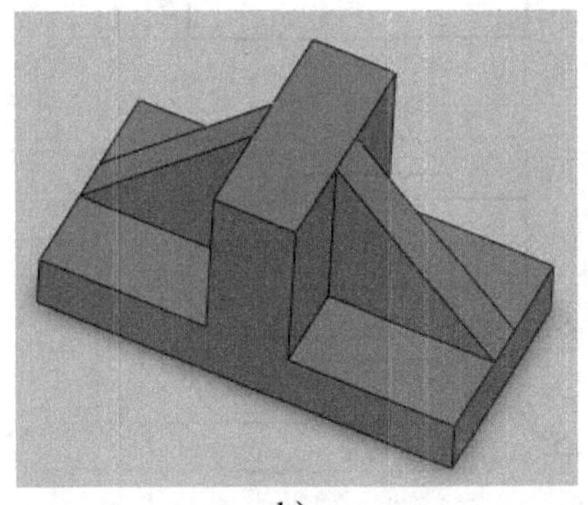

b）

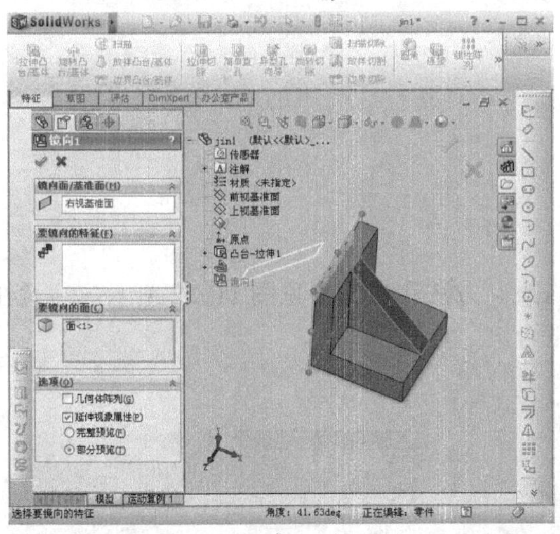

c）

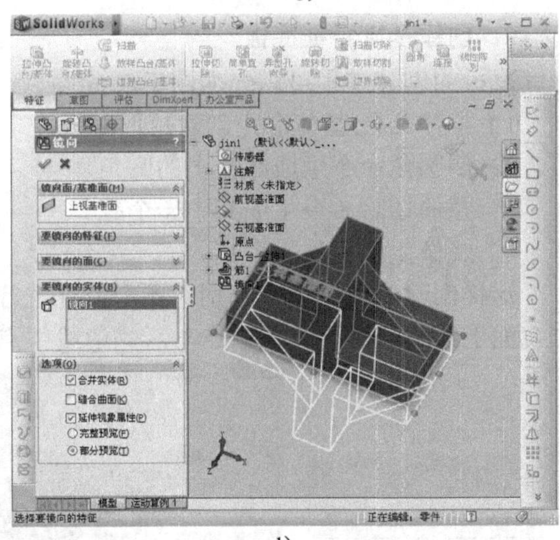

d）

图 11-20　镜像特征

a）镜像特征参数设定及图形预览　b）镜像特征后效果　c）镜像面参数设定及图形预览　d）镜像实体参数设定及图形预览

11.7　综合实例

11.7.1　综合实例 1——支座类零件的设计过程

下面将利用前面所讲的知识来完成图 11-21 所示典型零件轴承座的造型。

1．形体分析

对图 11-21 所示的零件进行形体分析，该零件可以分解为底板、轴承孔、支撑板、筋板和凸台五个部分。其中，底板和轴承孔为主要形体，因此，选定底板为基础特征。

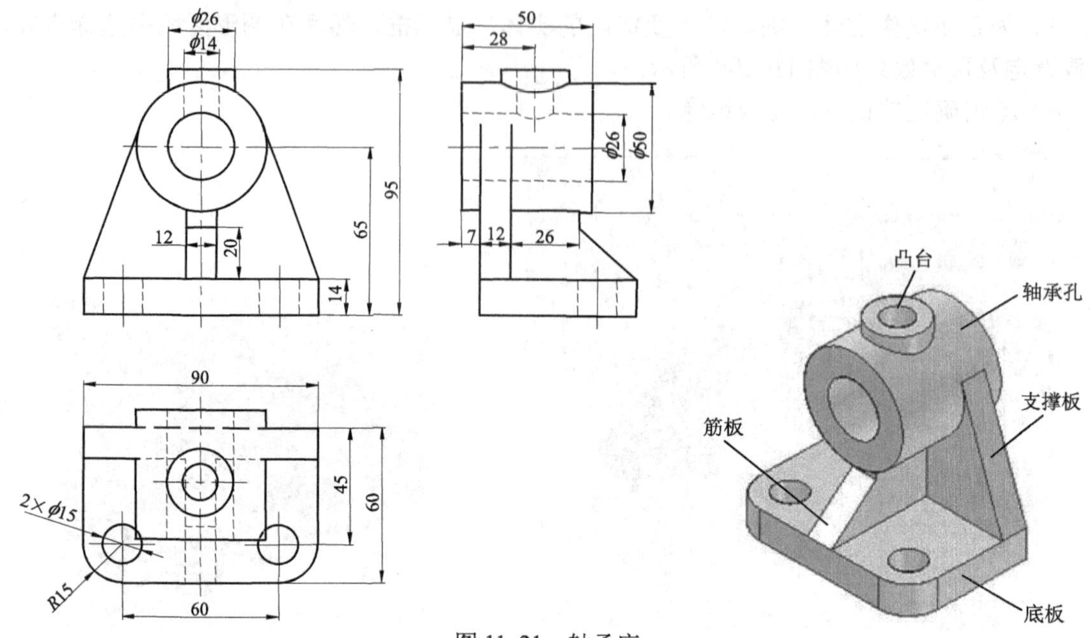

图 11-21 轴承座

2．创建基础特征底板

底板的创建过程可以分为四步。

1）拉伸凸台/基体命令创建矩形底板。

2）倒圆角命令生成底板上的圆角。

3）拉伸切除命令生成其中一个孔。

4）镜像生成另外一个孔。

这样创建的底板便于分别对各个特征进行修改。方法和步骤参见图 11-22 所示。注意在上视面上绘制草图，且使原点与后侧边线中点重合。

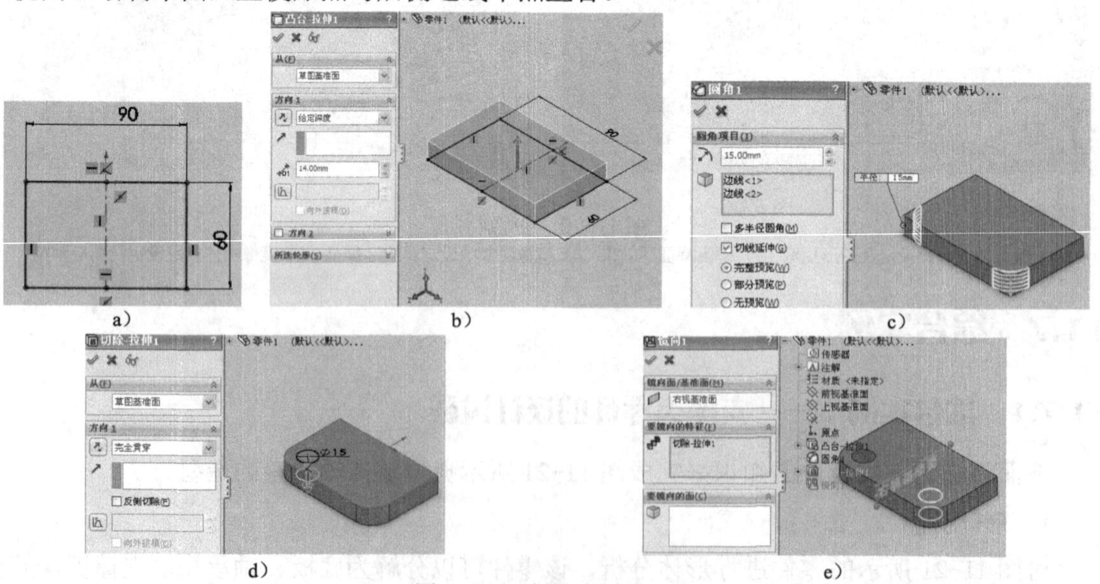

图 11-22 创建底板特征

a）绘制底板草图 b）拉伸底板特征 c）倒底板上圆角 d）拉伸切除底板上小孔 e）镜像小孔

3. 创建轴承孔

轴承孔的创建使用旋转凸台/基体命令。单击旋转凸台/基体命令创建轴承孔；选取右视面绘制草图轮廓，如图 11-23a 所示；完成草图，进入旋转凸台/基体界面，指定旋转轴、角度等参数，如图 11-23b 所示。注意：在右视面上绘制草图时，要绘制中心线。

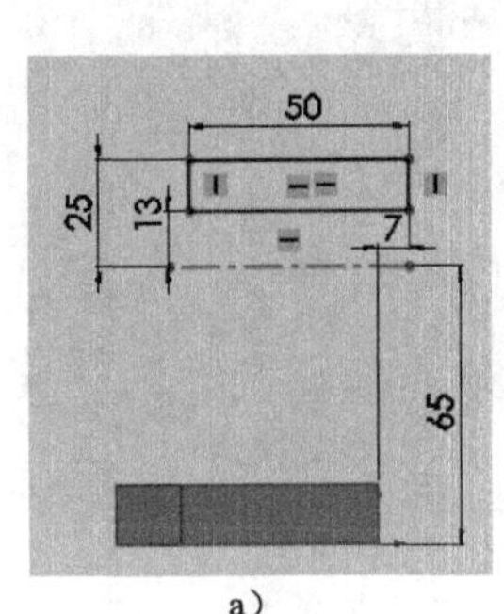

a）

b）

图 11-23 创建轴承孔特征
a）轴承孔草图 b）设定旋转参数及图形预览

4. 创建支撑板

1）单击拉伸凸台/基体命令，选取前视基准面，进入草图环境。

2）单击转换实体引用命令，在出现的对话框中选取直径为 50 的圆；单击绘制直线命令，绘制出图 11-24a 所示的底边及两条斜线，并添加斜线与圆相切的几何关系；选取裁剪实体按钮，使用强劲裁剪修剪掉上部多余的圆轮廓；单击“完成”按钮，返回到特征环境。

3）如图 11-24b 所示，输入拉伸的距离为“12.00mm”，指定拉伸方向为向前，单击“完成”按钮。

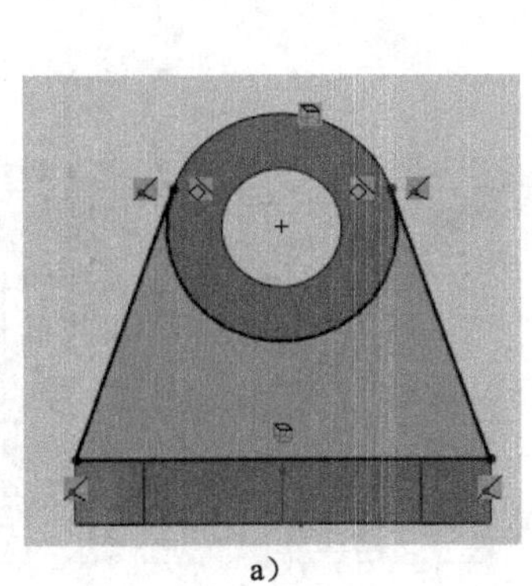

a）

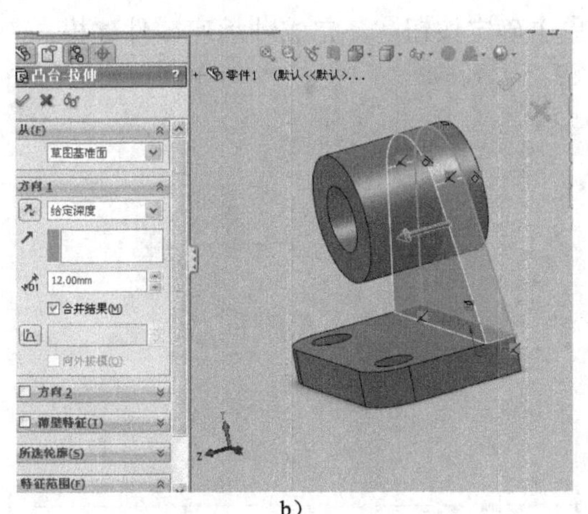

b）

图 11-24 创建支撑板
a）支撑板草图 b）拉伸支撑板

5. 创建筋板

1）单击筋特征命令，选取右视基准面，进入草图环境。

2）单击绘制直线命令，绘制出图 11-25a 所示的两条直线，并标注出所示尺寸，单击“完成”按钮，返回到筋特征环境。

3）如图 11-25b 所示，两侧对称拉伸，输入筋板的厚度值为 12，指定拉伸方向为沿着草图方向向下，单击“完成”按钮。

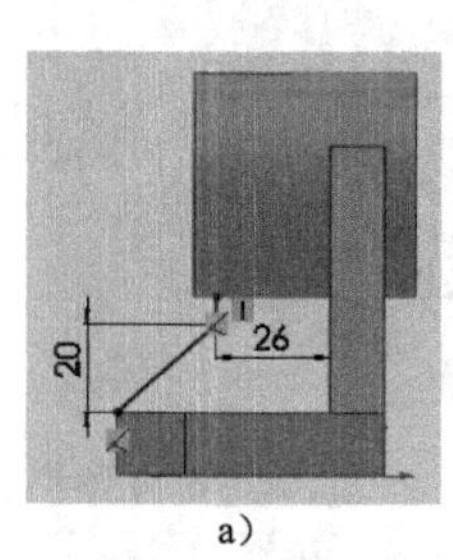

a）

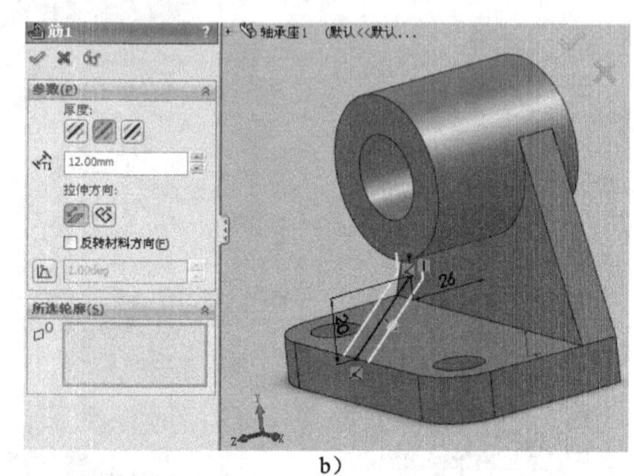

b）

图 11-25 创建筋板
a）筋板草图 b）筋特征设定

6. 创建凸台

1）单击添加基准面命令，添加参考基准面 1，选择第一参考面为上视基准面，输入距离为“95.00mm”，如图 11-26a 所示，并使此基准面 1 正视你，进入到草图环境。

2）用⊙命令绘制一个圆，并标注图 11-26b 所示尺寸，单击“完成”按钮，返回到特征环境。

3）单击拉伸凸台/基体按钮，进入到拉伸凸台环境，指定终止条件为“成形到下一面”，鼠标指定向下为延伸方向，如图 11-26c 所示；单击“完成”按钮，用拉伸切除命令创建出图 11-26d 所示凸台的小孔，具体操作过程省略。

最后单击确定按钮✓，完成轴承座零件建模。

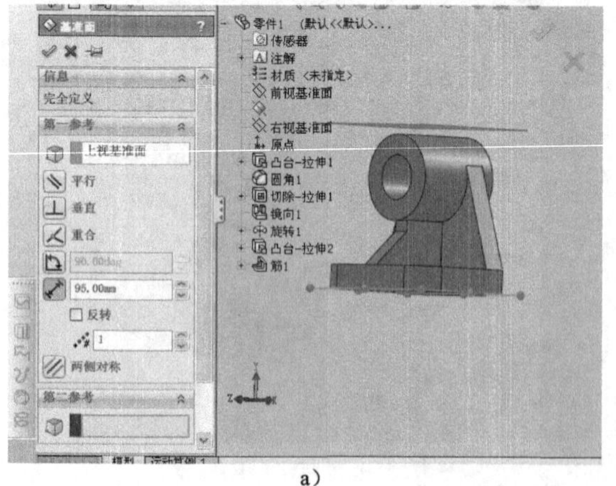

a）

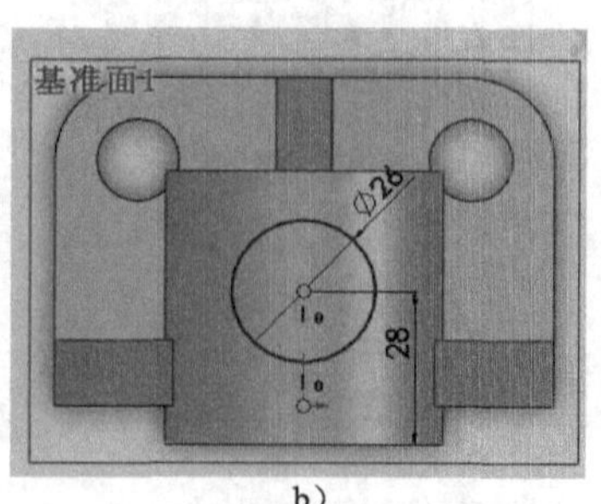

b）

图 11-26 创建凸台
a）创建基准面 1 b）绘制凸台草图

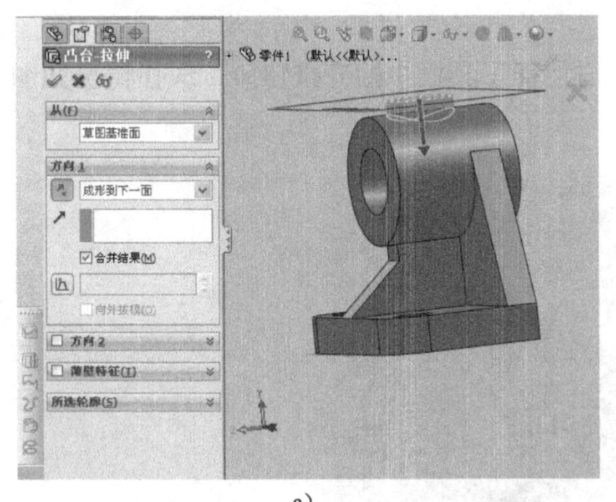

c）

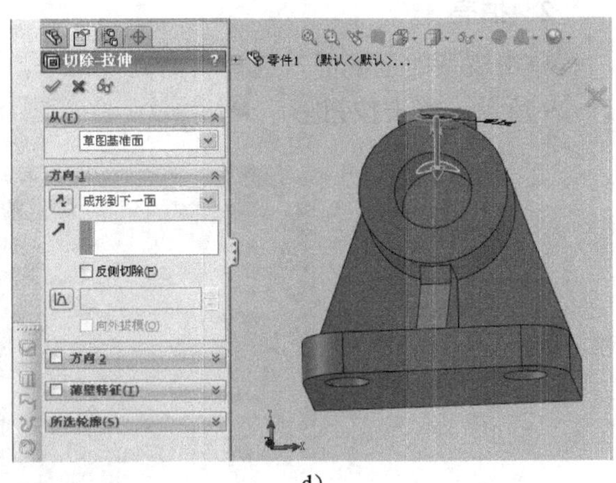

d）

图 11-26 创建凸台（续）
c）拉伸凸台 d）拉伸切除凸台上小孔

11.7.2 综合实例 2——烟灰缸的建模过程

底板的创建过程可以分为七步。应用拉伸凸台/基体命令创建基本体；应用抽壳命令变成薄壁零件；倒圆角；拉伸切除半圆槽；创建基准轴；圆周阵列半圆槽；编辑颜色、材质等进行渲染。这样创建的底板便于分别对各个特征进行修改。

操作方法和步骤如下：

1．创建基本体

1）启动 SolidWorks，选择“新建”→“零件”命令，确定进入绘图环境，单击🖫将零件存盘为“烟灰缸.SLDPRT”。

2）在屏幕左边设计树中选择上视基准面，单击出现在右上方的快捷菜单栏中的⊥。单击草图绘制按钮，进入草图绘制方式，在草图工具条中单击□图标，绘制草图，主要起点在原点；然后选择“中心线”命令，从草图工具条中单击图标，画出中心对称线，同时选择“点”命令，从草图工具条中单击*图标，在中心线的交点处绘制一个点（为后面的基准轴做准备）。选择“智能尺寸”命令，从草图工具条中单击图标，标注尺寸如图 11-27 所示。

3）选择“拉伸凸台/基体”命令，单击特征工具栏中拉伸凸台/基体按钮，参数设置如图 11-28 所示，单击按钮✓。

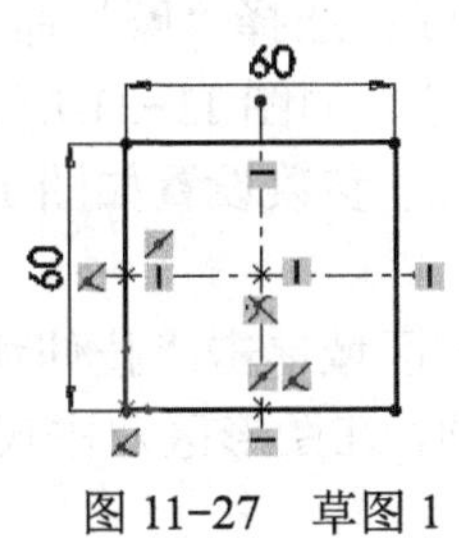

图 11-27 草图 1

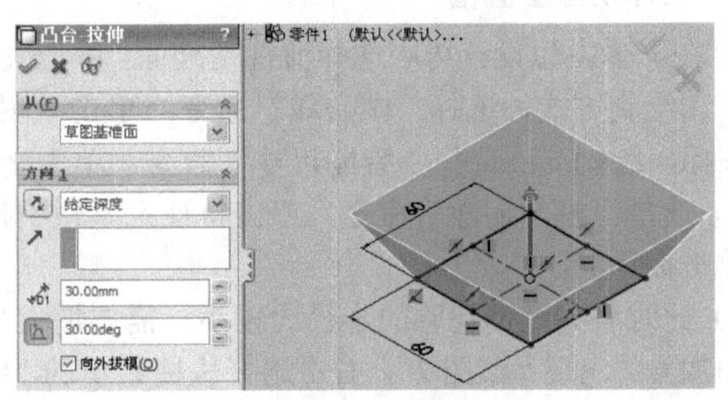

图 11-28 拉伸特征

2．抽壳

单击模型的上表面，选择“抽壳”命令，单击特征工具栏中抽壳按钮，选择情况如图 11-29 所示，单击按钮。

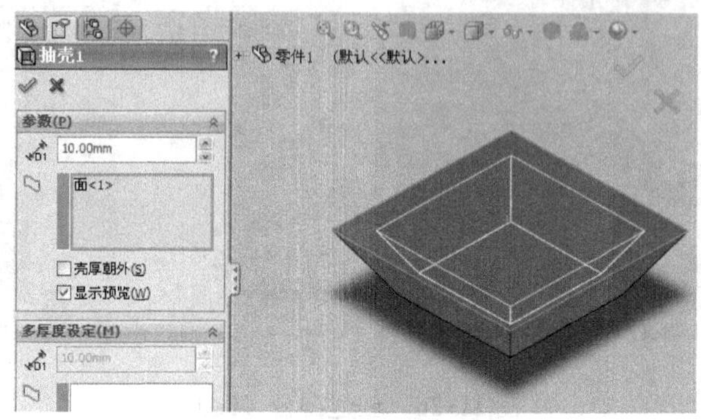

图 11-29　抽壳特征

3．倒圆角

选择“圆角”命令，单击特征工具栏中圆角按钮，选择模型所有的边线，如图 11-30 所示，选择“等半径”选项，“圆角项目”中半径输入“5.00mm”，单击按钮。

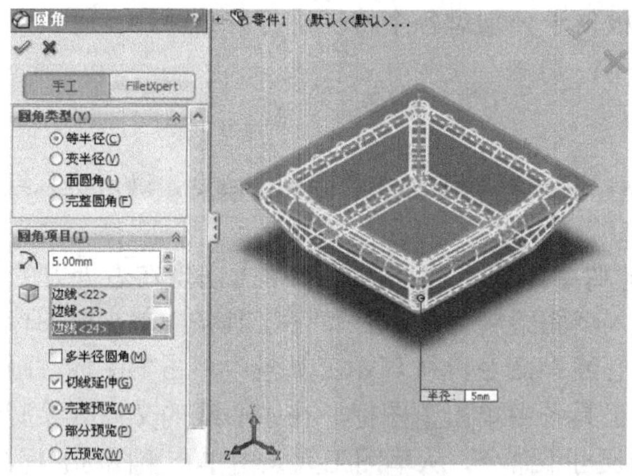

图 11-30　圆角特征

4．拉伸切除半圆槽

1）在屏幕左边设计树中选择前视基准面，单击快捷菜单栏中的；单击草图绘制按钮，进入草图绘制方式，选择“中心线”命令，单击图标，绘制中心线；选择“圆”命令，单击图标，绘制圆；选择“智能尺寸”命令，单击图标，标注尺寸，如图 11-31 所示。

2）选择“拉伸切除”命令，单击特征工具栏中拉伸切除按钮，参数设置如图 1-32 所示，单击按钮。

3）此时看到拉伸切除的半径比较小，需要增大半径，在设计树区域单击“拉伸切除 1”前面的加号，出现“草图 2”，右击选择快捷菜单的“编辑草图”选项，在图形区双击尺寸$\phi 6$，将$\phi 6$改为$\phi 8$，然后单击工具按钮，图形自动改变。

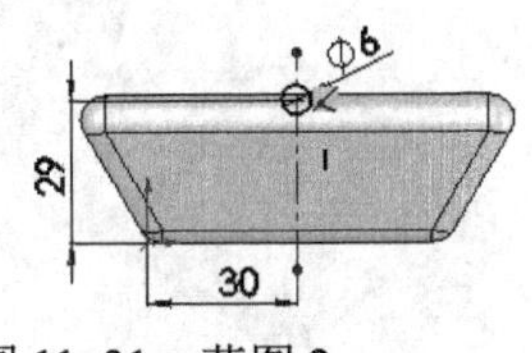

图 11-31　草图 2

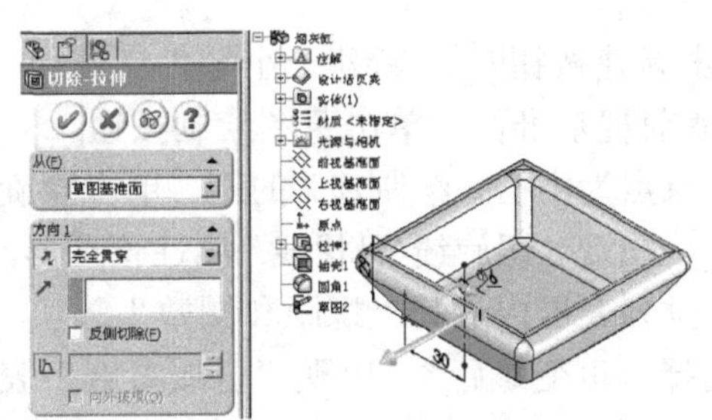

图 11-32　拉伸切除特征

5．创建基准轴

在设计树区域单击“拉伸 1”前面的加号，出现“草图 1”，右击选择快捷菜单的“显示”。选择“参考几何体”→“基准轴”命令，单击参考几何体工具栏中基准轴按钮，在属性管理器里面选择“点和面/基准面”，在上面的参考实体里面选择草图 1 的中心点和上视基准面，如图 11-33 所示，单击按钮。

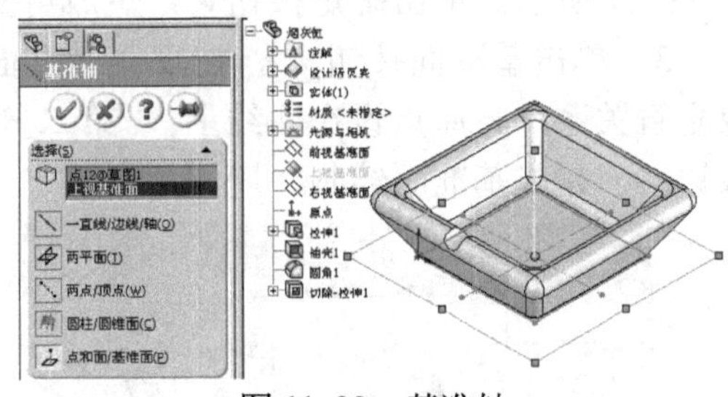

图 11-33　基准轴

6．圆周阵列半圆槽

选择“圆周阵列”命令，单击特征工具栏中圆周阵列按钮，在属性管理器中阵列轴选择“基准轴 1”，角度输入“360.00deg”，实例数输入“4”，勾选“等间距”，“要阵列的特征”选择“切除-拉伸 1”，如图 11-34 所示，单击按钮。

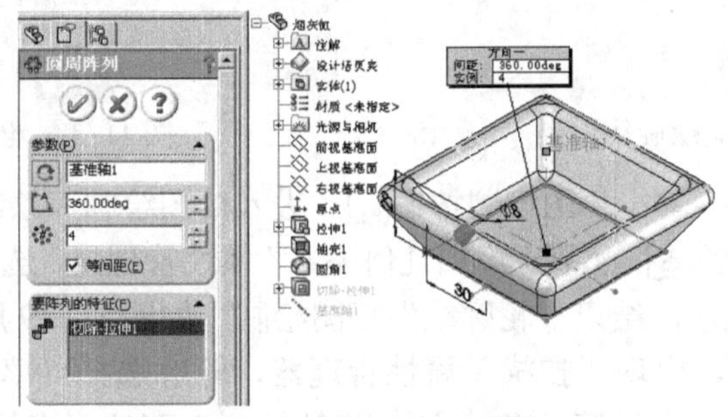

图 11-34　圆周阵列

7．渲染

右键分别单击设计树中的“草图 1”、图形区的“基准轴 1”和“原点”，在弹出的快捷菜单中选择“隐藏”选项，然后单击前导视图工具栏中的编辑外观按钮，则出现图 11-35 所示图形。可以对整个零件或各个表面进行设置，可以选择一个或者多个表面进行设置，可以得到各种不同的图案。

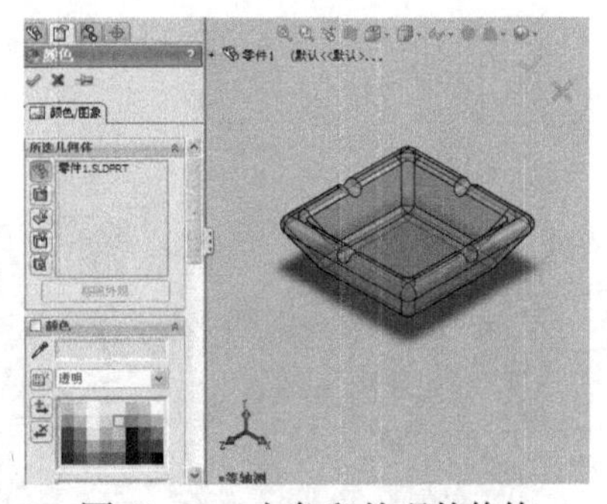

图 11-35　上色和外观的修饰

11.7.3　综合实例 3——可变螺距压缩弹簧设计

完成图 11-36 所示模型。

具体操作过程如下：

1）单击新建按钮，新建一个零件文件。

2）选取前视基准面，单击草图绘制按钮，进入草图绘制，以原点为中心，绘制ϕ22 的圆。单击螺旋线和涡状线按钮，出现“螺旋线/涡状线”属性管理器，在“定义方式”下拉列表框内选择“螺距和圈数”选项，在“参数”栏内选择“可变螺距”，出现“区域参数”表格对话框，分别输入圈数、直径、螺距等参数，在“起始角度”文本框内输入“0.00deg”，选中“顺时针”单选按钮，如图 11-37 所示。单击确定按钮，生成可变螺距螺旋线。

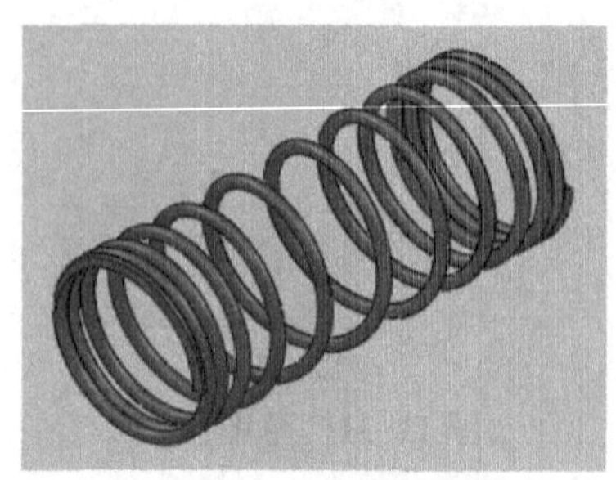
图 11-36 变螺距压缩弹簧

3）单击基准面按钮，出现“基准面”属性管理器，选择“第一参考”为螺旋线，选取垂直关系，将原点设在曲线上；“第二参考”选取“点<1>”，如图 11-38 所示。单击确定按钮，完成基准面绘制。

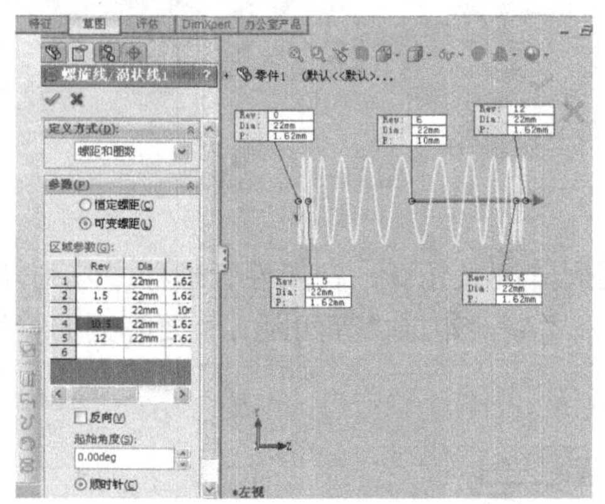
图 11-37 定义螺旋线

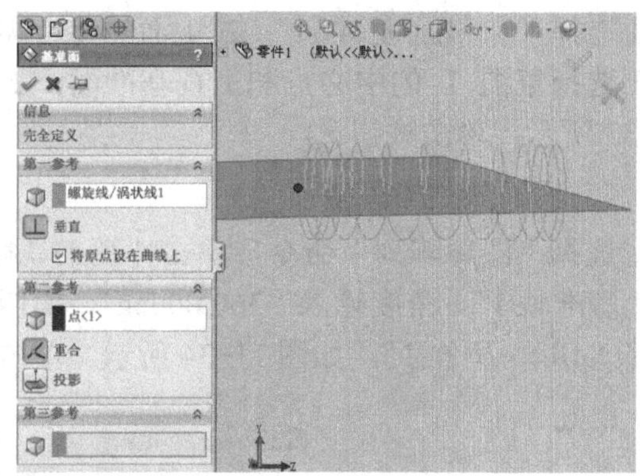
图 11-38 创建基准面

4）选择“基准面 1”，单击草图绘制按钮，进入草图绘制，绘制“簧丝轮廓”草图ϕ1.6 圆。单击添加几何关系按钮，出现“添加几何关系”属性管理器，选取圆心和曲线，单击“穿透”按钮，单击确定按钮，结束“轮廓线”草图绘制，如图 11-39 所示。

5）单击扫描按钮，出现“扫描”属性管理器，轮廓选择“草图 2”，路径选择“螺旋线/涡状线 1”，展开“选项”标签，在“方向/扭转控制”下拉列表框内选择“随路径变化”选项，单击确定按钮，如图 11-40 所示。

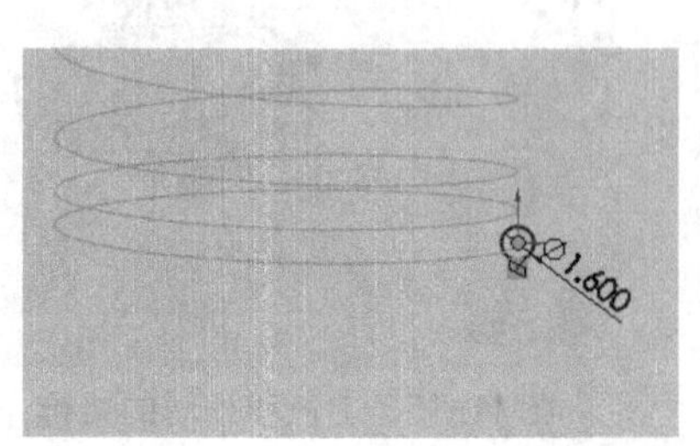

图 11-39 绘制簧丝轮廓草图

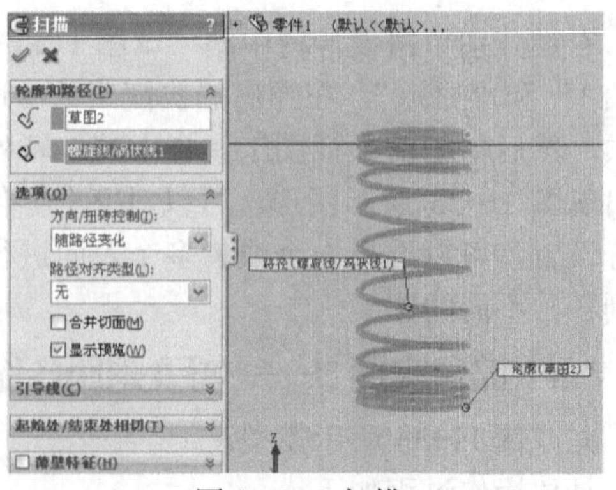

图 11-40 扫描

6）选择“上视基准面”，单击草图绘制按钮，进入草图绘制，绘制草图 3，如图 11-41 所示。

7）单击拉伸切除按钮，出现“切除—拉伸”属性管理器，在“方向 1”的终止条件下拉列表框内选择“完全贯穿”选项，如图 11-42 所示，单击确定按钮，完成一端切除。

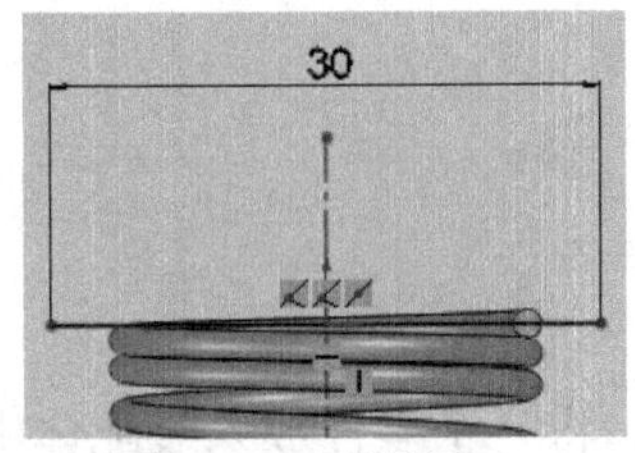

图 11-41　草图 3

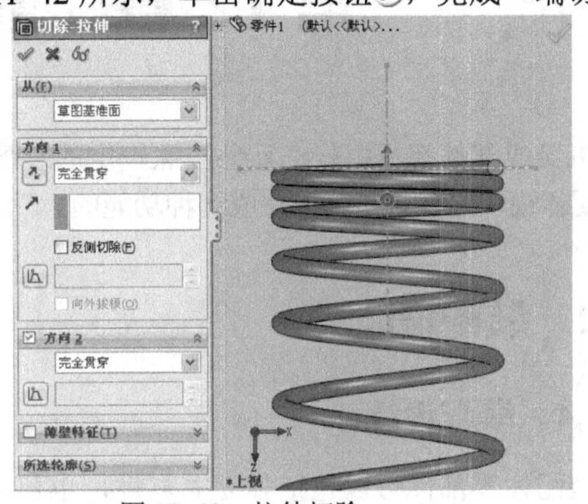

图 11-42　拉伸切除

8）对另外一端切除，创建“基准面 2”，单击按钮，出现“基准面”属性管理器，选择“第一参考”为前视面，距离为“28.575mm”；单击镜像按钮，选择镜像面为“基准面 2”，“要镜向的特征”为“切除—拉伸 1”，如图 11-43 所示。单击确定按钮，至此完成可变螺距压缩弹簧设计，如图 11-44 所示。

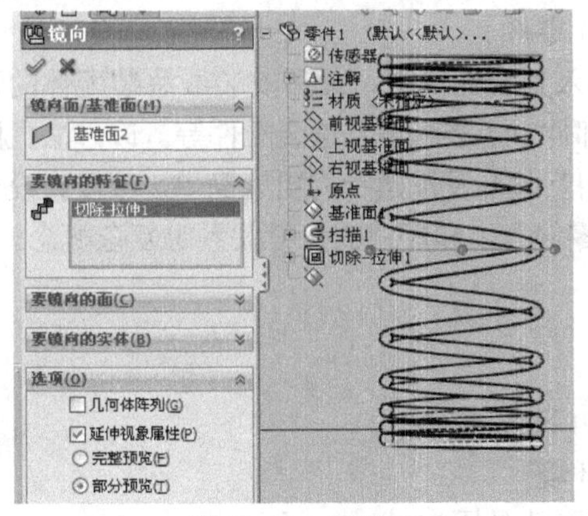

图 11-43　镜像

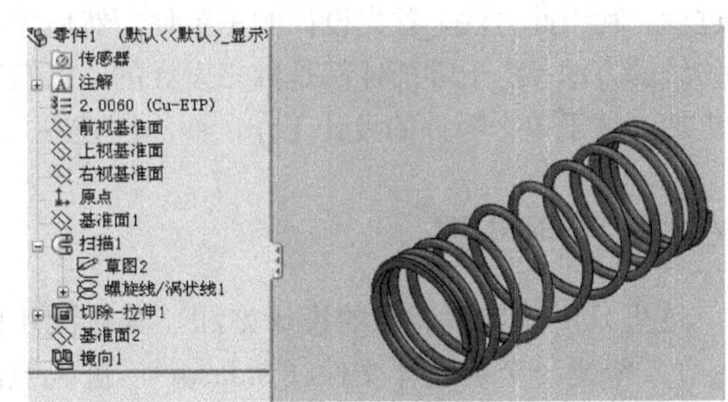

图 11-44　完成后效果图与设计过程显示

第 12 章 装配零件

机器或部件都是由若干零件按照一定的装配关系和技术要求装配起来的，SolidWorks2010 的装配体模块主要就是用来完成这种功能的。

12.1 装配概述

12.1.1 装配设计

装配体零部件可以包括独立的零件，也可以是子装配体。将一个零件放入装配体中时，这个零件会与装配体文件产生链接关系，所以装配体文件不能单独存在，要和零部件一起存放，同时更改任一个零部件都会自动更新装配体。

装配设计分为自上而下设计和自下而上设计两类。

自上而下的设计方法是从装配体开始设计工作，可以使用一个零件的几何体来帮助定义另一个零件，或生成组装零件后才添加加工特征；可以将草图布局作为设计的开端，定义固定的零件位置、基准面等，然后参考这些定义来设计零件。

自下而上的设计方法是将已有零件一个一个地插入到装配体中，最后安装成总装配体的设计过程。利用此方法，首先设计的是零件，然后才是部件、子装配体、总装配件等。该方法是比较传统的方法，由于零部件都是独立设计的，它们的相互关系及重建行为更为简单。可以让设计者更加专注于单个零件的设计工作，而不用建立控制零件大小和尺寸的参考关系等复杂概念。

12.1.2 装配步骤

这里只讲述自下而上的设计方法，其装配步骤如下：

1）新建一个装配体文件（.sldasm），进入装配环境。

2）插入零部件，默认情况下，装配体中第一个零件是固定的。

3）分析并添加零部件间的配合关系。

4）检查零部件之间的干涉关系。

5）全部零件装配结束后，保存装配体模型。

12.1.3 常用装配工具简介

装配体工具栏用于控制零部件的管理、移动及其配合，插入智能扣件，如图 12-1 所示。

插入零部件：添加一现有零件或子装配体到装配体。

新零件：生成一个新零件并插入到装配体中。

- 新装配体：生成新装配体并插入到当前的装配体中。
- 线性零部件阵列：以一个或两个线性方向阵列零部件。
- 大型装配体：为此文件切换大型装配体模式。
- 隐藏/显示零部件：隐藏或显示零部件。
- 更改透明度：在 0%～75%之间切换零部件的透明度。
- 改变压缩状态：压缩或还原零部件。压缩的零部件不在内存中装入或不可见。
- 编辑零部件：在编辑零部件或子装配体和主装配体之间的状态。
- 无外部参考：外部参考在生成或编辑关联特征时不会生成。
- 智能扣件：使用 SolidWorks Toolbox 标准件库将扣件添加到装配体。
- 制作智能零部件：随相关联的零部件/特征定义智能零部件。
- 配合：定位两个零部件，使之相互配合。
- 移动零部件：在由其配合所定义的自由度内移动零部件。
- 旋转零部件：在由其配合所定义的自由度内旋转零部件。
- 替换零部件：以零件或子装配体替换零部件。
- 替换配合实体：替换所选零部件或整个配合组的配合实体。
- 爆炸视图：将零部件分离成爆炸视图。
- 爆炸直线草图：添加或编辑显示爆炸的零部件之间几何关系的 3D 草图。
- 干涉检查：检查零部件之间的任何干涉。
- 装配体透明度：设定除在关联装配体中正被编辑的零部件以外的零部件透明度。
- 新建运动算例：插入新运动算例。
- 孔对齐：检查装配体孔对齐。

图 12-1　装配体工具按钮

12.2　建立装配体

12.2.1　添加零件

要插入零件到装配体中，首先要新建一个或打开原有的装配体文件。如果要新建一个装配体文件，可如下操作：

1）单击标准工具栏上的新建按钮，在弹出的“新建 SolidWorks 文件”对话框中，选择“装配体”，单击“确定”按钮，即可进入新建装配体文件的编辑状态，如图 12-2 所示。

2）单击“开始装配体”对话框中的“浏览”按钮，在“打开”对话框（图 12-3）中浏览到包含所需插入装配体的零件的文件夹，然后选择其中的一个文件。

3）单击“打开”按钮，在装配体窗口的图形区域中，单击要放置零部件的位置；或者直接单击 Enter 键，系统将默认零部件的原点与装配体的原点重合而且零部件被固定，如图 12-4 所示。

4）将零部件添加到现有装配体中有如下两种方法。

方法一：保持装配体处于打开状态，直接单击装配体工具栏中的“插入零部件”按钮，在弹出的“插入零部件”对话框中，单击“浏览”按钮，选择需要的文件，如图 12-5 所示。

方法二：在任务窗口中单击文件搜索器，找到需要的零件直接拖到绘图区域，如图 12-6 所示。

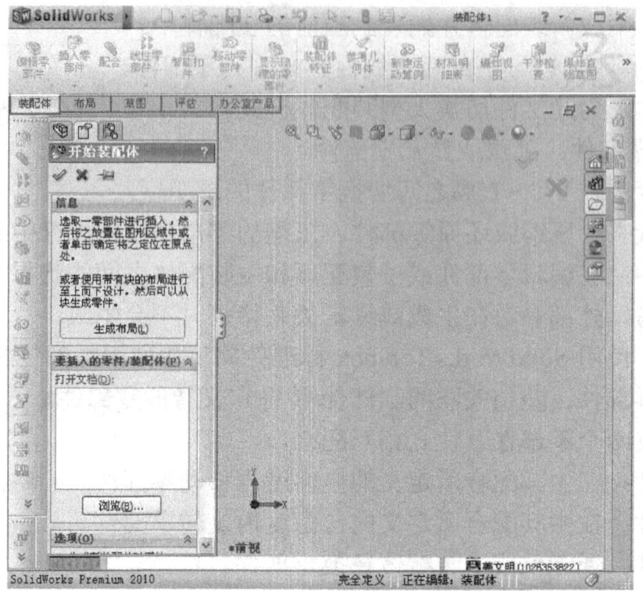

图 12-2　新建装配体对话框

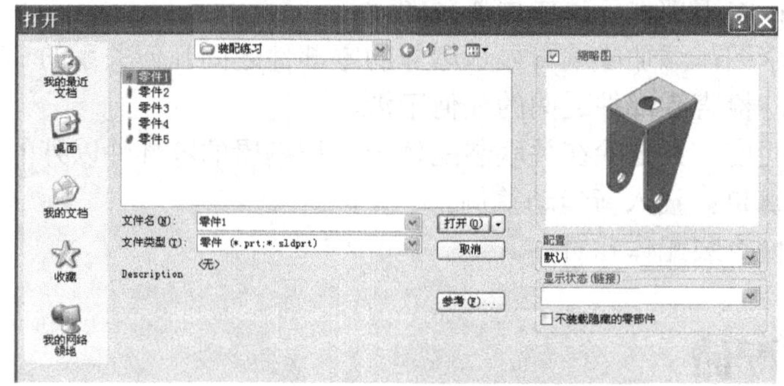

图 12-3　“打开”对话框

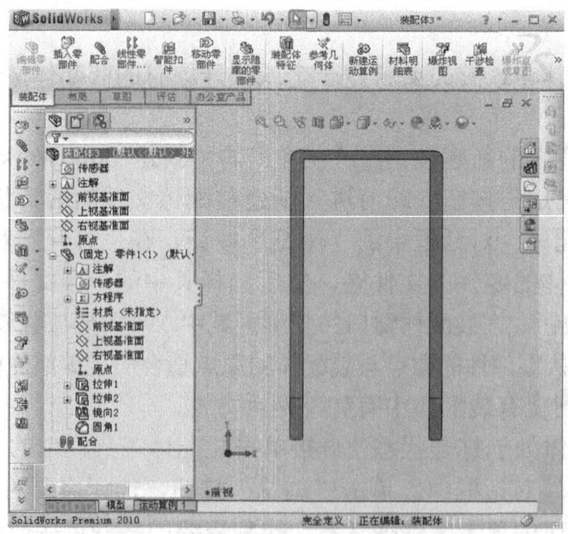

图 12-4　添加第一个零件后的显示

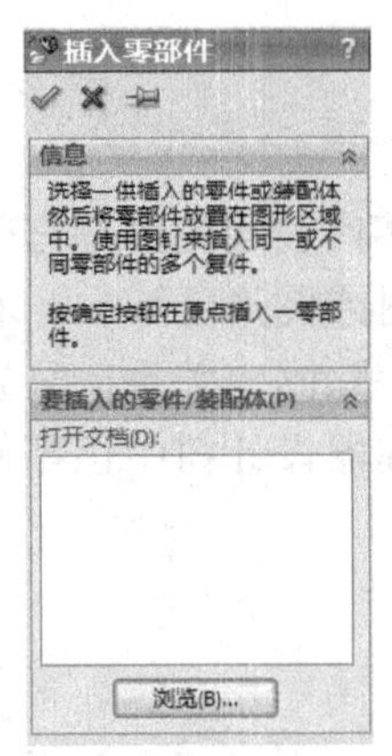

图 12-5 “插入零部件”对话框

图 12-6 “文件探索器”对话框

12.2.2 删除零件

如果要从装配体中删除零部件，可进行如下操作：

在图形区域或特征管理器设计树中单击零部件，按 Delete 键；或单击右键，从弹出的快捷菜单中选择“删除”，此时系统会弹出“确认删除”对话框，如图 12-7 所示，单击“是”按钮，将会从装配体中删除该零件及其所有相关项目。

12.2.3 替换零件

装配体及其零部件在设计周期中可以进行多次修改，即根据需要替换零部件。这种方法基于原零部件与替换零部件之间的差别，配合和关联特征可以完全不受影响。

替换零部件的操作过程如下：

单击装配体工具栏中的替换零部件按钮，弹出“替换”属性管理器，在“替换这些零部件”栏中选择原有要被替换的零件，在“使用此项替换”栏中单击“浏览”按钮，选择需要的零件，如图 12-8 所示。单击“确定”按钮，接受变更。

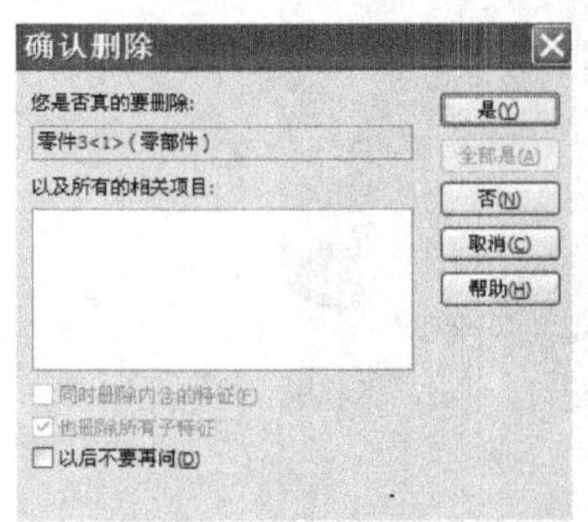

图 12-7 “确认删除”对话框

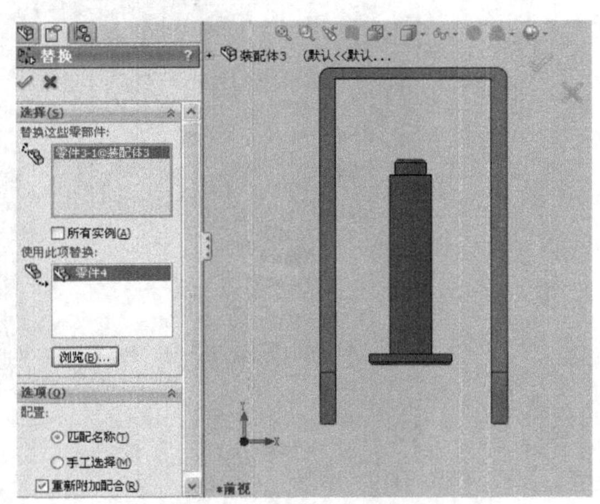

图 12-8 “替换”属性管理器

12.3 零件的定位

12.3.1 固定零件

默认情况下，装配体中的第一个零件是固定的。当零件被固定后，它就不能相对于装配体原点移动了。要固定零部件，只要在特征管理器设计树或图形区域中，右击要固定的零部件，在弹出的快捷菜单中选择“固定”即可。同样，要解除固定关系，只要在快捷菜单中选择“浮动”即可。当一个零部件被固定之后，在特征管理器设计树中该零件名称前出现“固定”字样，表明该零件已被固定。

12.3.2 移动和旋转零件

移动和旋转零部件只适用于没有固定关系且没有被完全定义配合关系的零部件。

1）要在装配体中移动零部件，可以用鼠标左键拾取图形区域中要移动的零件，任意拖动即可。或者做如下操作：

① 单击装配体工具栏上的移动零部件按钮，此时出现“移动零部件”属性管理器，在图形区域中选择一个或按住 Ctrl 键选取多个零部件。

② 在“移动零部件”属性管理器的“移动”栏下拉列表框中选择移动方式，如图 12-9 所示。最常用的是“自由拖动”，指选择零部件并可沿着任意方向拖动。单击“确定”按钮，完成该零部件移动。

2）要旋转零部件，可进行如下操作：

在“移动零部件”属性管理器中，打开“旋转”栏，在其下拉列表框中选择旋转方式，如图 12-10 所示；或者单击装配体工具栏上的旋转零部件按钮，此时同样出现“旋转零部件”属性管理器（图 12-10），在图形区域中选择一个或按住 Ctrl 键选取多个零部件。最常用的旋转方式是“自由拖动”，指选择零部件并可沿着任意方向拖动旋转。单击“确定”按钮，完成该零部件的旋转操作。

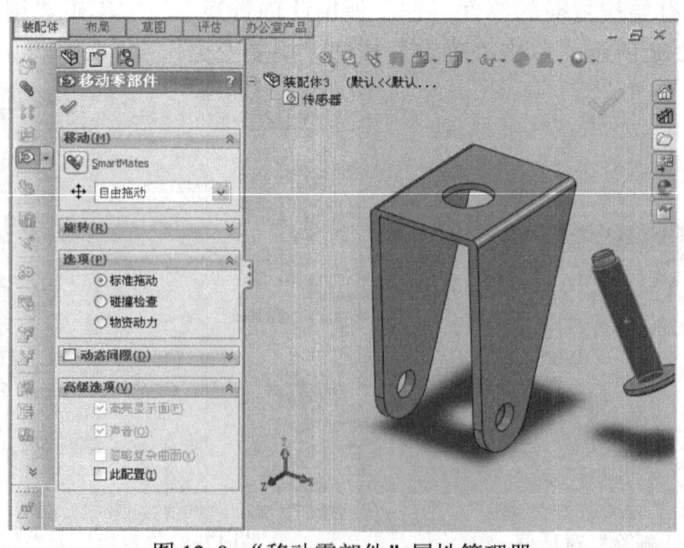

图 12-9 “移动零部件”属性管理器

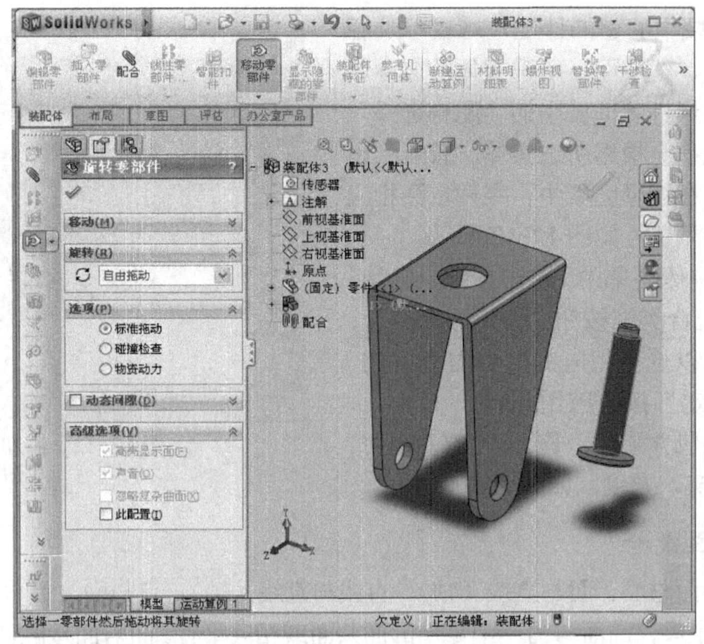

图 12-10 “旋转零部件”属性管理器

12.3.3 添加配合关系

使用配合关系可精确地定位零部件，还可以定义零部件如何相对于其他零部件移动和旋转。只有添加了零件间完整的配合关系，才完成了整个装配体模型。

要为零部件添加配合关系，可进行如下操作：

1）单击装配体工具栏上的配合按钮，此时出现“配合”属性管理器。如图 12-11 所示，整个“配合”属性管理器包括三个部分，即标准配合、高级配合、机械配合。其中，标准配合是最常用的，这里主要叙述标准配合的使用方法。

a）

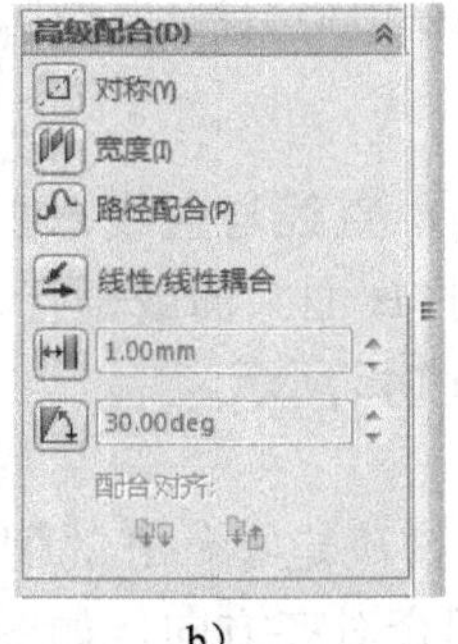

b）

c）

图 12-11 “配合”属性管理器
a）标准配合 b）高级配合 c）机械配合

2）在图形区域中的零部件上，用鼠标选择要配合实体上的点、线或面，所选实体的名称就会出现在“配合”属性管理器中的“配合选择”显示框中。同时系统会根据所选实体，智能列出有效的配合类型；在图形区域中，零件也会相应移动出现配合图形预览，如图 12-12 所示。

3）在弹出的快捷菜单中，单击按钮✓确认。或者单击对应的配合类型按钮，选择配合类型；如果方向不对，可以选择相应的配合对齐方向。

4）单击“确定”按钮应用配合。

标准配合关系包含重合、平行、垂直、相切、同轴心、锁定、距离、角度，如图 12-11a 所示。

图 12-12　添加配合

1．重合与距离

重合关系确保面与面、面与直线（轴）、直线与直线（轴）、点与面、点与直线之间重合。如图 12-13 所示，一个零件的面与另一个零件的面共面或相向平行。面与面接触，如图 12-13b 所示；还可以通过添加距离配合关系使贴合的零件面互相不接触（距离值非零），如图 12-13c 所示。

操作步骤：

1）选择待装配零件 I 的配合面 A，确定零件 II 的配合面 B，如图 12-13a 所示。

2）选择重合关系命令，注意调整配合对齐方向，如图 12-13b 所示。

3）选择距离关系命令，输入偏移数值，如图 12-13c 所示。

4）单击快捷菜单上的“确定”按钮即可。

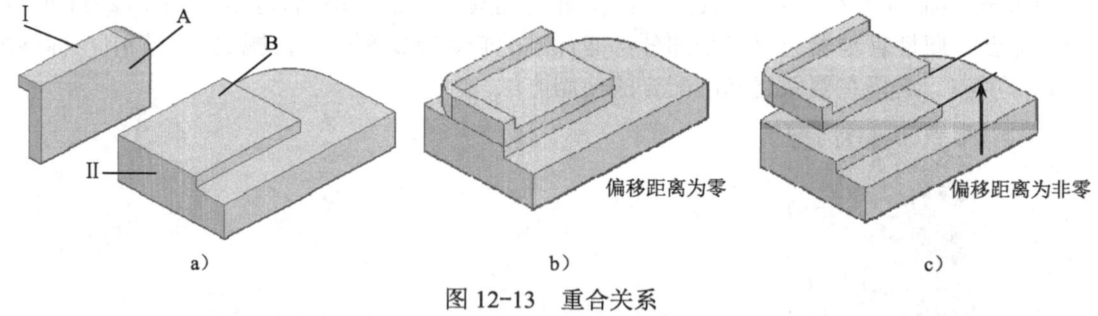

图 12-13　重合关系
a）过程 1　b）过程 2　c）过程 3

2．平行

此关系确保面与面、面与直线（轴）、直线与直线（轴）、曲线与曲线之间平行。如图 12-14 所示，一个零件的 A 面与另一个零件的 B 面共面或平行，还可以通过添加距离配合关系使平行的零件面保证一定的距离，如图 12-14c 所示。

操作步骤：

1）选择待装配零件 I 的配合面 A，确定零件 II 的配合面 B，如图 12-14a 所示。

2）选择平行命令，注意调整配合对齐方向，如图 12-14b 所示。。

3）选择距离关系命令，输入偏移数值，如图 12-14c 所示。

4）单击快捷菜单上的“确定”按钮即可。

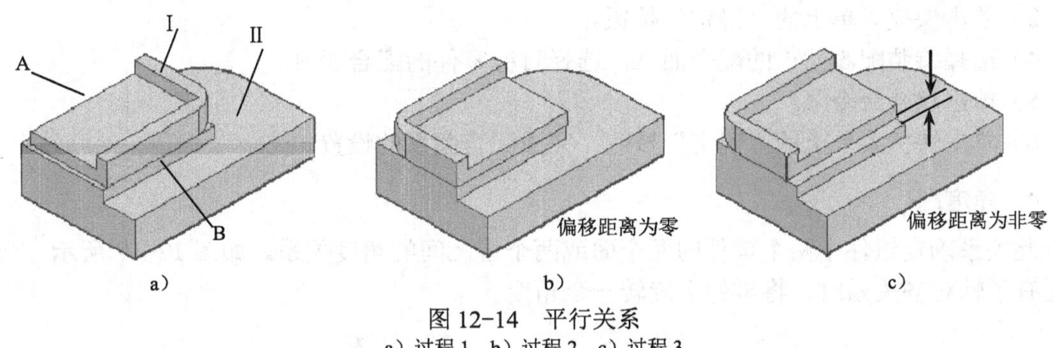

图 12-14　平行关系
a）过程 1　b）过程 2　c）过程 3

3. 同轴心

此关系用来使圆柱与圆柱、圆柱与圆锥、圆形圆弧边线之间同轴，如图 12-15 所示。

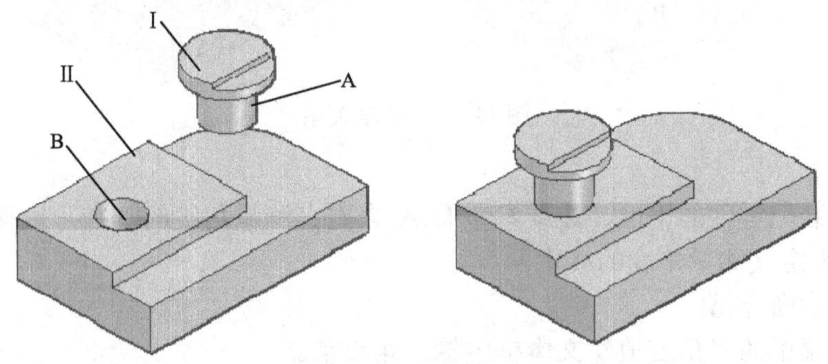

图 12-15　同轴心关系

操作步骤：

1）选择待装配零件 I 的配合圆柱面 A，选择零件 II 的配合柱面 B。

2）单击同轴心命令按钮。

3）单击快捷菜单上的“确定”按钮即可。

如果将轴对称零件（如螺栓或螺母）放到孔中或拉伸体上，需要组合使用重合关系和同轴心关系，如图 12-16 所示。

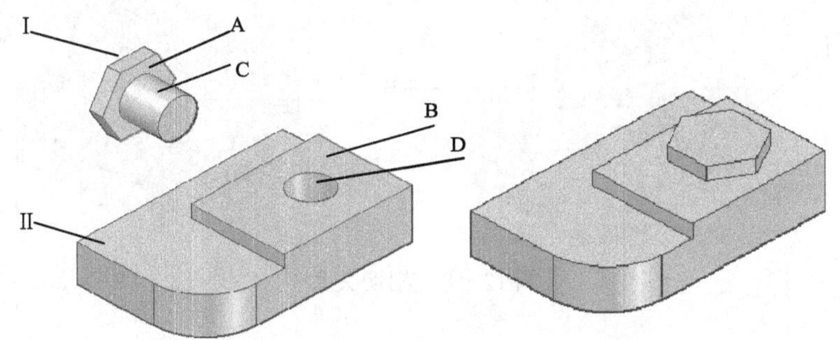

图 12-16　同轴心与重合关系

操作步骤：

1）选择待装配零件 I 的配合面 C，选择目标零件 II 的配合面 D。

2）选择同轴心命令。

3）单击快捷菜单上的“确定”按钮。

4）选择待装配零件Ⅰ的配合面A，选择目标零件的配合面B。

5）单击重合命令。

6）单击快捷菜单上的“确定”按钮，完成配合关系的设置。

4．角度

此关系确定组件中两个零件的两个面或两个边之间的角度关系。如图12-17所示，当轴与孔有了轴对齐关系时，将零件Ⅰ旋转一个角度。

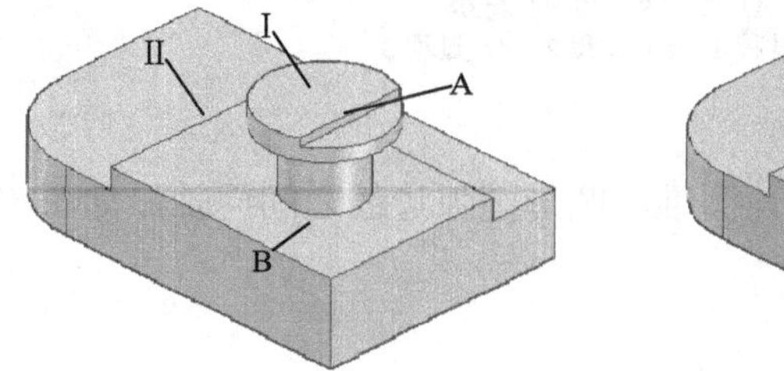

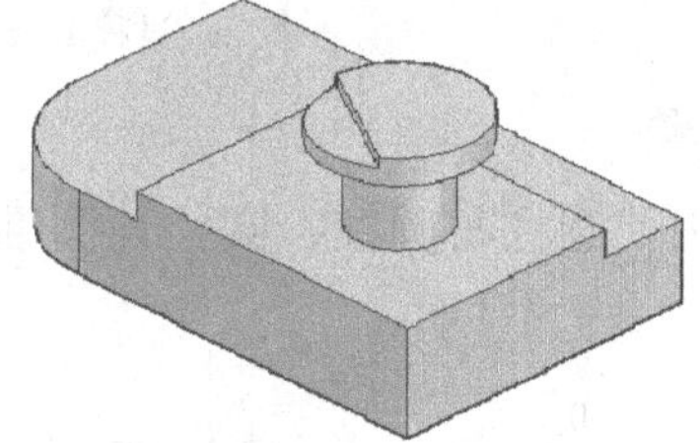

图12-17　角度关系

操作步骤：

1）选择待装配零件的平面、边或参考面A来定义测量角度的基准，选择零件Ⅱ的一个面或参考面B来定义测量角度的终止。

2）选择角度命令。

3）在条形菜单的“角度值”文本框中输入角度值。

4）单击快捷菜单上的“确定”按钮，完成角度关系的设置。

5．相切

此关系确保组件中的一个零件的圆柱面与另一个零件的圆柱面或平面相切，如图12-18所示。相切零件面可以互相接触，也可以相互有偏移距离。

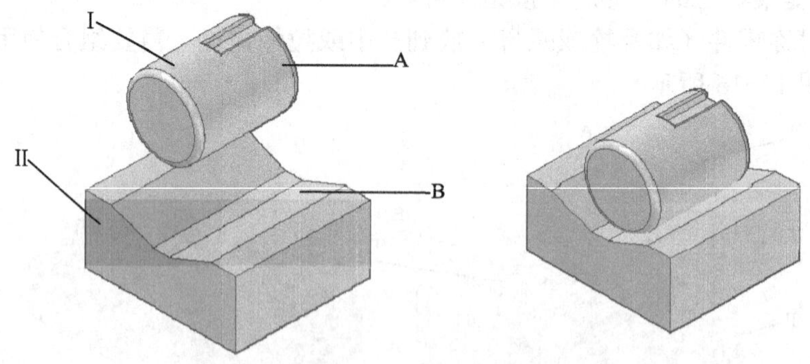

图12-18　相切关系

操作步骤：

1）选择待装配零件Ⅰ的相切面A，选择零件Ⅱ的相切面B。

2）选择相切命令。

3）单击快捷菜单上的“确定”按钮，完成相切关系的设置。

12.3.4 修改和删除配合关系

如果装配体中某个配合关系有错误，可以对其进行修改或将它从装配体中删除掉。

要修改或删除配合关系，可进行如下操作：

1）在打开的特征管理器设计树中，右击想要修改或删除的配合关系。

2）如果在弹出的快捷菜单中选择“删除”命令，或按 Delete 键，在弹出的“确认删除”对话框中单击“是”按钮，则此配合关系就被删除了。

3）如果在弹出的快捷菜单中选择“编辑特征”命令，在弹出的“配合”属性管理器中改变所需选项，则此配合关系将被重新定义。

12.4 零件的隐藏和透明度更改

12.4.1 隐藏零件

隐藏一个零部件就是临时删除零部件在装配体中的显示图形，但零部件在装配体中还处于激活状态，隐藏的零部件仍然滞留于内存中，并保持与其他零部件的配合关系。使用“隐藏”命令可以关闭一个零部件的显示，以便更清楚地观察装配体中其他的零部件，如图 12-19 所示。被隐藏的零部件在设计树中的图标变为白色。

要隐藏一个零件，有以下几种方法：

1）在打开的特征管理器设计树中，单击想要隐藏的零部件，在弹出的快捷菜单中选择“隐藏零部件”命令，或者在装配体工具栏中单击隐藏/显示零部件命令按钮。

2）左键或右键单击图形区域中的零部件，在弹出的快捷菜单中选择“隐藏”命令。

3）如果要显示已隐藏的零部件，在弹出的快捷菜单中选择“显示零部件”命令，则零部件回到显示状态。

12.4.2 更改零件透明度

改变零部件的透明度可以方便选择位于该零部件之后的实体。使用“更改透明度”命令可以使零部件的透明度为 75%，也可以使零部件的透明度恢复为 0%。在特征管理器设计树中，透明的零部件的图标没有变化，如图 12-20 所示。

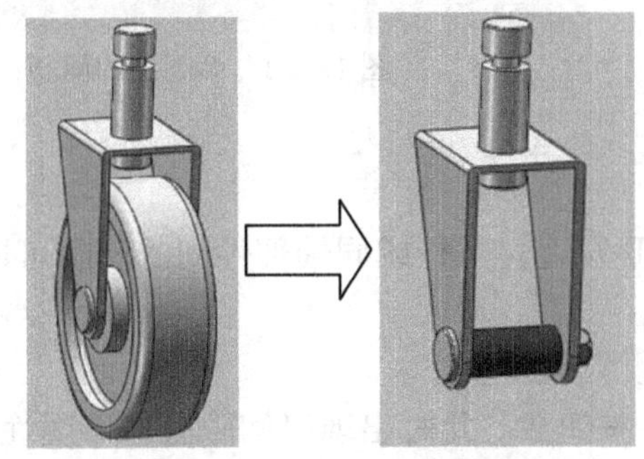

图 12-19 正常显示和隐藏零件

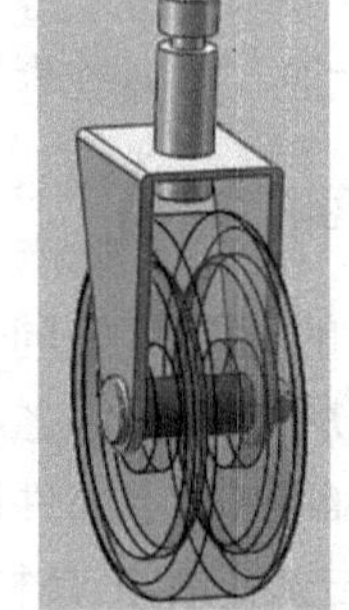

图 12-20 更改零件透明度

要更改一个零件的透明度，操作如下：

在打开的特征管理器设计树中或者在图形区域中，单击想要更改的零部件，在弹出的快捷菜单中选择“更改透明度”命令，或者在装配体工具栏中单击更改透明度命令按钮。

12.5 干涉检查和间隙验证

12.5.1 干涉检查

在一个复杂的装配体中，如果想用肉眼来检查零部件之间是否干涉，是件困难的事。SolidWorks 可以在零部件间进行检查，并且能查看所检查到的干涉，可以检查与整个装配体或所选的零部件组织间的碰撞与冲突。

要在装配体的零部件间进行干涉检查，操作如下：

1）单击装配体工具栏上的干涉检查按钮，此时出现“干涉检查”属性管理器。

2）在“干涉检查”属性管理器中单击“所选零部件”栏，在图形区域或特征管理器设计树中用鼠标选择两个或多个零部件，所选零件的名称就会出现在显示框中，如图 12-21 所示。

3）单击“计算”。

4）在“选项”栏内，系统默认自动选择“使干涉零件透明”，那么在图形区域中对应的干涉会被显示出来，在属性管理器“结果”栏内还会列出干涉清单，如图 12-22 所示。

5）单击“确定”按钮完成。

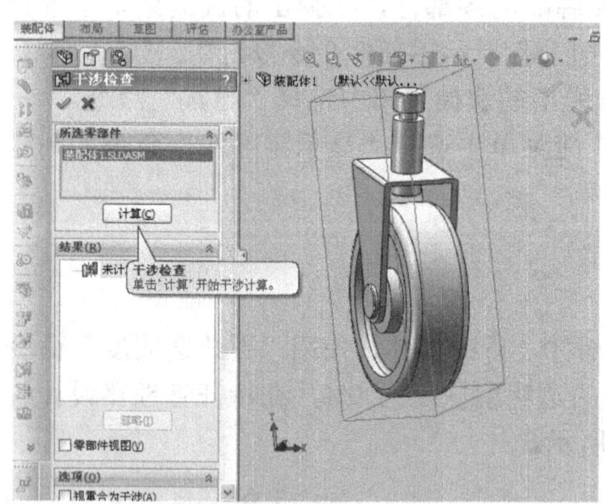

图 12-21 “干涉检查”属性管理器

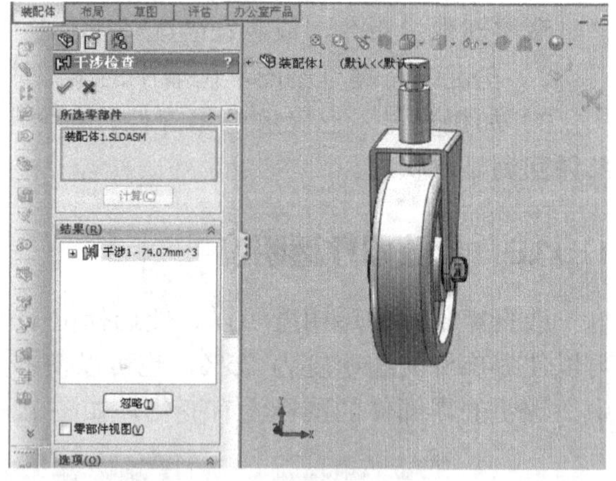

图 12-22 诊断出的问题

12.5.2 间隙验证

模型中的间隙，如同干涉一样很难用肉眼发现。平行或同轴部件间的间隙可以被检测出来，指示出所选零部件之间的最小距离。

要在装配体的零部件间验证静态间隙情况，操作如下：

1）单击装配体工具栏上的“间隙验证”按钮，此时出现“间隙验证”属性管理器。

2）在“间隙验证”属性管理器中单击“所选零部件”栏，在图形区域用鼠标选择两个零部件或两个面，所选零件的名称就出现在显示框中。设置可接受的最小间隙为“10.00mm”，如图 12-23 所示。

3）单击“计算”。

4）在“选项”栏内，系统默认自动选择“使算例零件透明”，那么在图形区域中对应的间隙会被显示出来，在属性管理器“结果”栏内会给出间隙具体数值，如图 12-24 所示。

5）单击“确定”按钮完成。

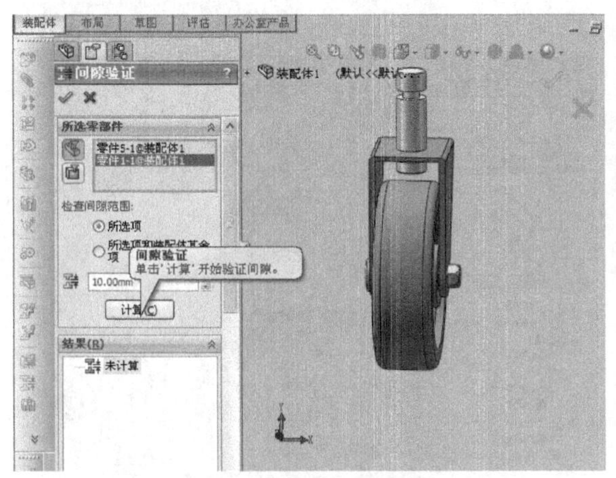

图 12-23 “间隙验证”属性管理器

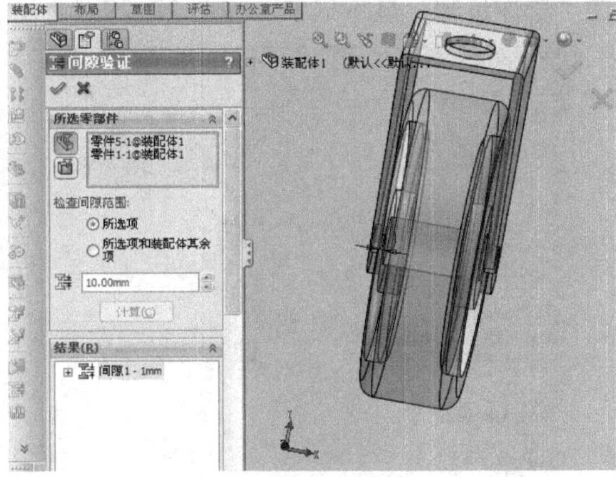

图 12-24 验证结果

12.6 爆炸视图

装配体爆炸视图是工程实践中体现产品结构关系的有效手段，通过爆炸视图可以直观地查看整个装配体的零件组成和结构形态，对于装配体的维修起着不可忽视的作用。每个爆炸视图都保存在装配体的配置中（通过 ConfigurationManager 来查看）。

要生成一个爆炸视图，操作如下：

1）单击装配体工具栏上的爆炸视图按钮，此时出现“爆炸”属性管理器，如图 12-25 所示。

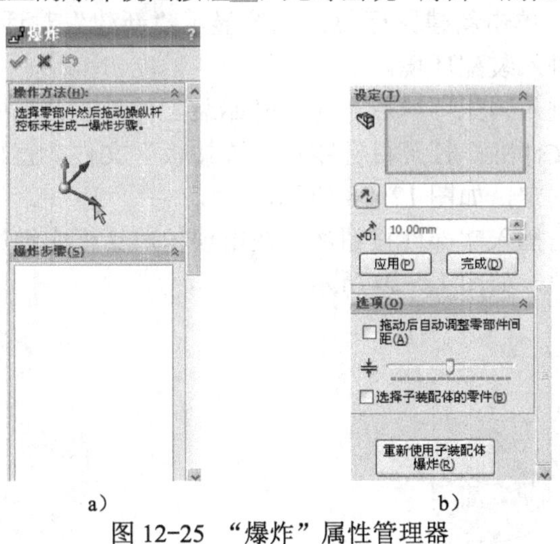

图 12-25 “爆炸”属性管理器
a）上部显示 b）下部显示

2）在“爆炸”属性管理器中单击“设定”栏，在图形区域用鼠标选择要爆炸的零部件，所选零件的名称就会出现在要爆炸的零部件显示框中。然后拖动操纵杆控标来指定方向生成一爆炸步骤，设置爆炸距离；如果预览的箭头方向与爆炸方向相反，则选择反向按钮，如图 12-26 所示。

3）设置好后，单击“应用”按钮，零部件将从装配体中爆炸开来。

4）重复同样操作，将装配体中的其他零部件爆炸出来。每个零件的爆炸设定都会显示在“爆炸步骤”显示框中，如图 12-27 所示。

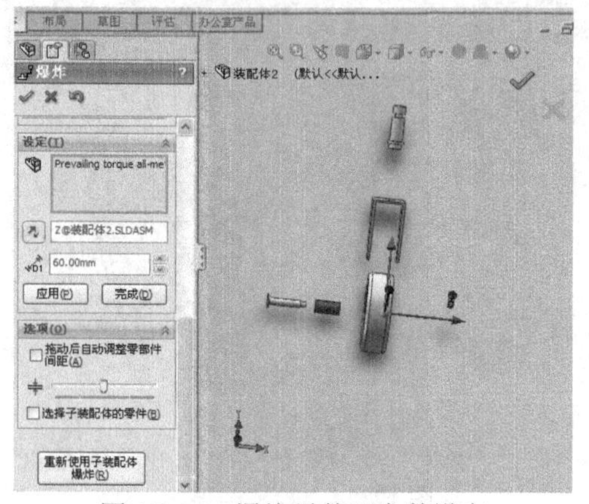

图 12-26　爆炸零件及参数设定

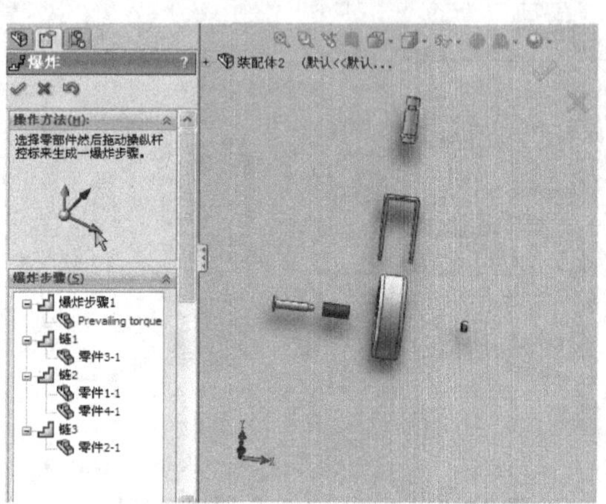

图 12-27　爆炸步骤及爆炸效果预览

5）单击确定按钮，应用爆炸视图。

12.7　装配实例

本节通过例题，综合运用前面所学的装配知识，来学习零件装配内容。

12.7.1　简单装配件手柄的制作

（1）进入装配环境　单击新建图标，系统显示“新建”对话框，选择“装配体”，单击“确定”按钮，即可进入装配环境。

（2）放置连接板　进入装配环境后，在“开始装配体”对话框中单击“浏览”按钮，浏览到预装配零件所在的文件夹，打开目标零件“连接板”文件，直接回车确定，使该零件与装配体的原点重合且被固定，如图 12-28 所示。

（3）放置轴承　单击插入零部件按钮，在出现的对话框中继续浏览打开轴承零件，将轴承零件插入到装配体中，如图 12-29 所示。

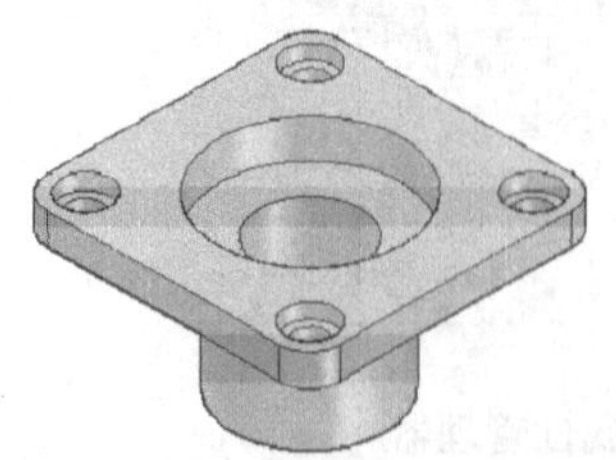

图 12-28　放置连接板零件

图 12-29　放置轴承零件

（4）装配轴承　单击装配体工具栏上的配合按钮，按住鼠标中键拖动鼠标，旋转零部件，以便于观察。利用重合和同轴心配合关系将轴承插入到连接板中。

1）选择重合按钮，然后选择零件轴承的底平面，如图 12-30a 所示。确定目标零件连接板，并选择连接板的配合面，如图 12-30b 所示。

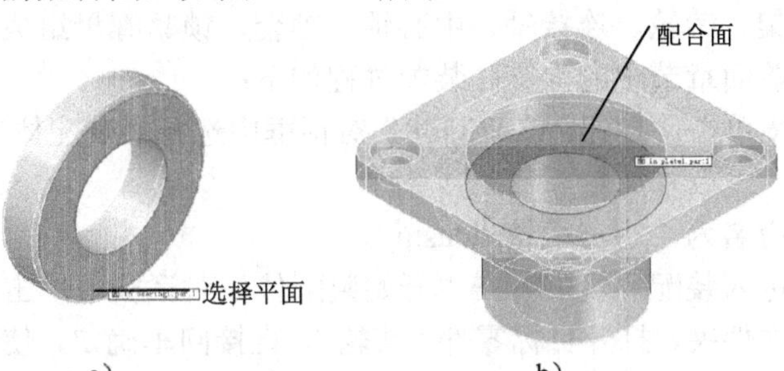

图 12-30　为重合命令选择配合面

a）过程 1　b）过程 2

2）选择同轴心按钮，分别选择轴承和连接板的内孔作为配合面，如图 12-31 和图 12-32 所示。单击“确定”按钮，其结果如图 12-33 所示。

（5）装配轴　同样插入零部件，将轴插入到装配体中，结果如图 12-34 所示。“配合”命令组合了重合和同轴心关系。过程不再叙述。

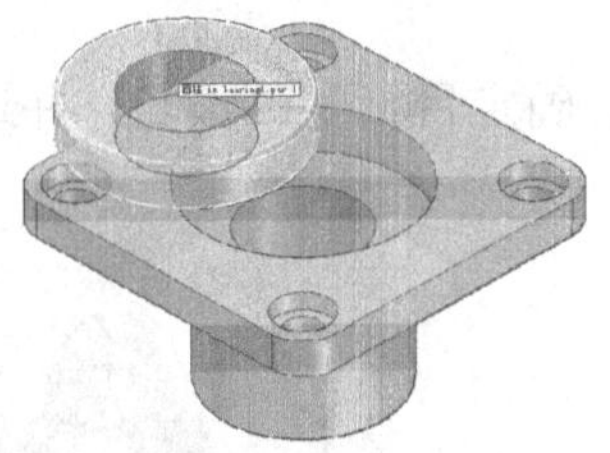

图 12-31　选择轴承的内孔

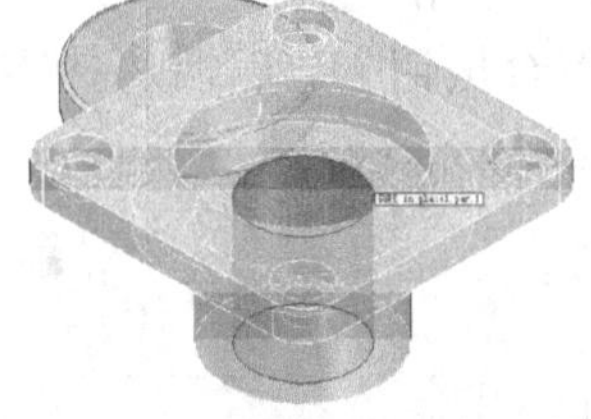

图 12-32　选择连接板的内孔

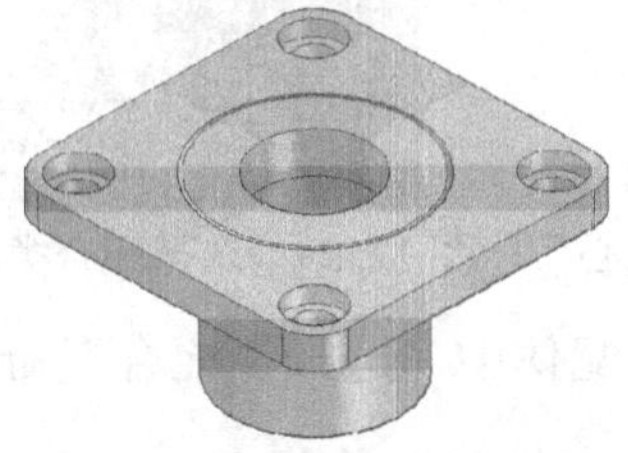

图 12-33　轴承和连接板的装配结果

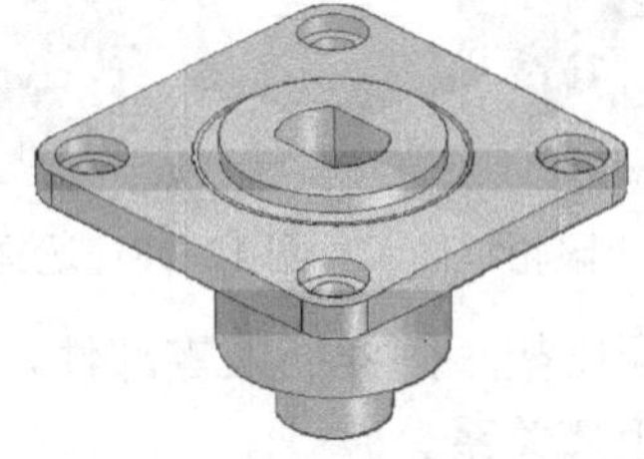

图 12-34　装配轴零件

（6）装配垫圈　继续插入零部件，将垫圈插入到装配体中，结果如图 12-35 所示。

（7）装配手柄　同样利用重合关系将手柄零件插入到装配体中，结果如图 12-36 所示。

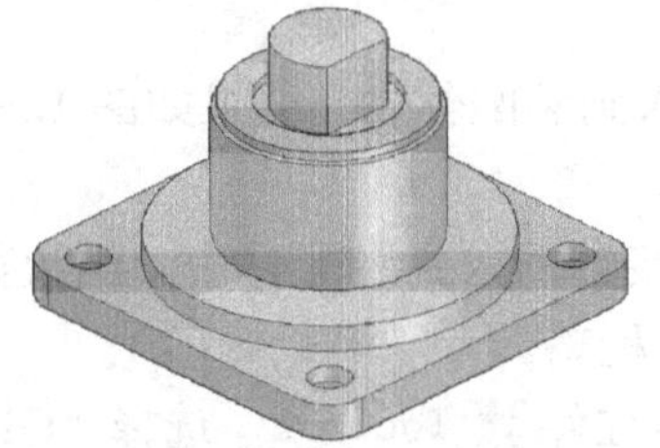

图 12-35　装配垫圈

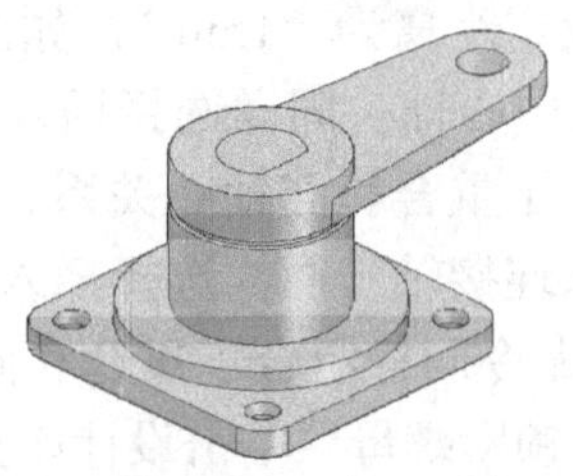

图 12-36　装配手柄

12.7.2 小车滚轮的制作

小车滚轮是由支架、滚轮、连接轴、中心轴、轴套、锁紧螺母组成，通过本例生成装配体模型的过程来复习前面章节中的内容。装配过程如下：

（1）进入装配环境单击按钮，在“新建”对话框中选择“装配体”，并单击“确定”按钮，进入装配环境。

（2）保存文件　命名为“小车滚轮.sldasm”。

（3）放置滚轮　进入装配环境后，在“开始装配体”对话框中单击“浏览”按钮，浏览到预装配零件所在的文件夹，打开目标零件“滚轮”，直接回车确定，使该零件与装配体的原点重合且被固定，如图 12-37 所示。

（4）插入轴套　单击插入零部件按钮，在出现的对话框中，继续浏览打开轴套零件，将轴套零件插入到装配体中。

（5）装配轴套　单击装配体工具栏上的配合按钮，按住鼠标中键拖动鼠标，或单击工具栏上旋转零部件按钮，旋转零部件，以便于观察。利用重合和同轴心配合关系将轴套插入到滚轮中。

1）选择同轴心按钮，分别选择轴套的外圆柱面和滚轮的内孔作为配合面，如图 12-38 所示。单击确定按钮。

2）选择重合按钮，然后选择零件轴套的右端面，确定目标零件滚轮，并选择滚轮的右端面，如图 12-39 所示。

图 12-37　滚轮零件

图 12-38　选择配合类型为“同轴心”

图 12-39　选择配合类型为“重合”

（6）装配支架　同样插入零部件，将支架插入到装配体中，选择“配合”命令组合了同轴心和给定距离关系。

1）选择同轴心按钮，分别选择轴套的内孔圆柱面和支架的小孔作为配合面，如图 12-40 所示。单击确定按钮。

2）选择距离按钮，然后选择零件支架的内壁侧面，确定目标零件滚轮，并选择滚轮的左端面，设定距离为“1mm”，如图 12-41 所示。

（7）插入中心轴　同样选择插入零部件将轴插入到装配体中，结果如图 12-42 所示。“配合”命令组合了重合和同轴心关系。过程不再叙述。

（8）插入连接轴　同样选择插入零部件，将连接轴插入到装配体中，结果如图 12-43 所示。“配合”命令同样组合了重合和同轴心关系。过程略。

（9）插入锁紧螺母　单击设计库按钮，选择标准件 Toolbox，选择“GB”，找到想要的标准件锁紧螺母，用鼠标拖动到图形区域内，更改标准件尺寸大小。将锁紧螺母插入到装配体中，“配合”命令同样组合了重合和同轴心关系，过程略。结果如图 12-44 所示。

图 12-40 “同轴心”配合

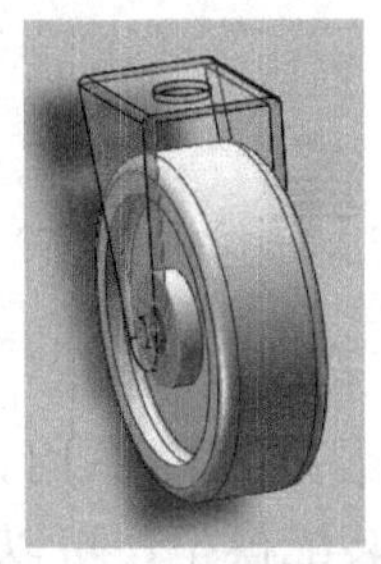
图 12-41 “给定距离”配合

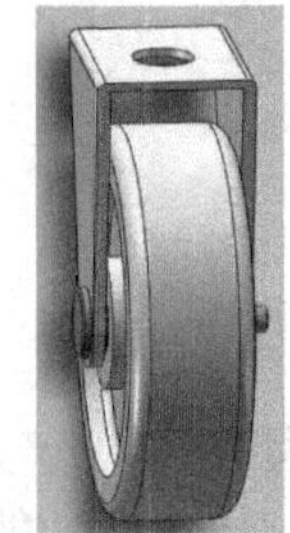
图 12-42 插入中心轴

图 12-43 装配连接轴

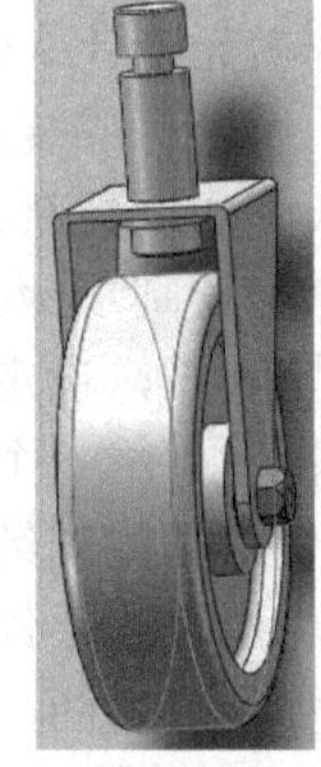
图 12-44 装配锁紧螺母

（10）干涉检查与间隙验证　此装配体的干涉检查与间隙验证的方法和步骤参见 12.5 节。

（11）爆炸视图　此装配体爆炸视图的生成方法和步骤参见 12.6 节。

第 13 章　工　程　图

工程图对于产品设计起着非常重要的作用，它是传递产品工程信息的规范。利用 SolidWorks 建模功能创建的零件和装配模型，可以引用到工程图模块中，快速地生成二维工程图。默认情况下，SolidWorks 系统在工程图和零件或装配体三维模型之间建立完全关联的功能，此关联性意味着无论什么时候修改模型，所有相关的工程图将自动更新；反之，当在一个工程图中修改一个零件或装配体尺寸时，系统也自动将相关的其他工程视图及三维零件或装配体中的相应尺寸加以更新。

创建工程图的一般绘制步骤：

1）新建一张新工程图，设定图纸幅面。

2）选用模型视图，生成一个主视图。

3）调整视图比例或调整图纸大小。

4）分析零件，考虑表达零件外形和尺寸的方案。

5）添加视图，如投影视图、辅助视图、剖视图。

6）添加中心线、插入模型尺寸、补充尺寸标注。

7）添加公差、技术要求等注解。

8）检查有无疏漏、多余的尺寸、符号等。

9）完成一张工程图，存盘。

13.1　创建工程图

13.1.1　创建新图纸

工程图包含一个或多个由零件或装配体生成的视图。在生成工程图之前，必须先保存与它有关的零件或装配体的三维模型。

要生成新的工程图，可作如下操作：

1）单击标准工具栏上的新建按钮 ，在“新建 SolidWorks 文件”对话框中的“模板”选项卡中选择“工程图”图标，如图 13-1 所示，单击“确定”按钮。

2）在弹出的“图纸格式/大小”对话框（图 13-2）中选择图纸格式：

“标准图纸大小”下拉列表框：选择一个标准图纸大小的图纸格式。

“自定义图纸大小”：在“宽度”和“高度”输入框中设置图纸的大小。

如果要选择已有的图纸格式，则单击“浏览”按钮导航到所需的图纸格式文件。

3）单击“确定”按钮，进入工程图编辑状态。

工程图窗口中也包括特征管理器设计树，它与零件和装配体的特征管理器设计树相似，包括项目层次关系的清单。每张图纸有一个图标，每张图纸下有图纸格式和每个视图的图标。项目图标旁边的符号“+”表示它包含相关的项目，单击它将展开所有项目并显示其内容。

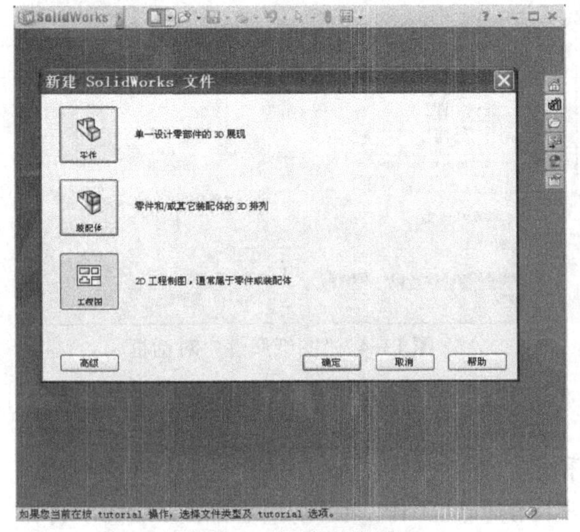

图 13-1　新建工程图

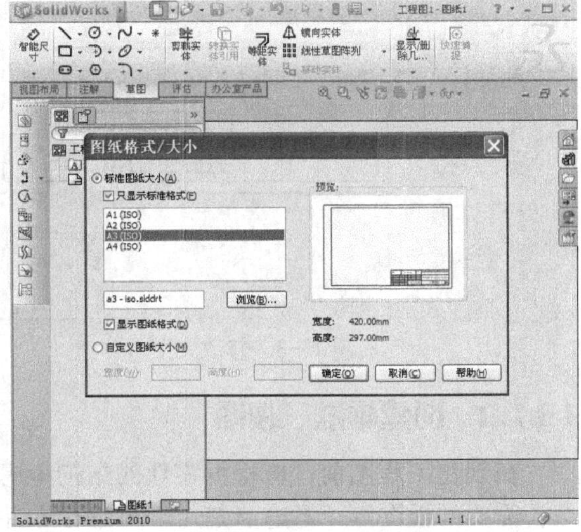

图 13-2　选择图纸格式

标准视图包含图中显示的零件和装配体的特征清单。派生的视图（例如局部或剖面视图）包含不同特定视图的项目，如局部视图图标、剖线等。

工程图文件的扩展名为.slddrw。新工程图使用所插入的第一个模型的名称。保存工程图时，模型名称作为默认文件名出现在“另存为”对话框中，并带有扩展名.slddrw。

13.1.2　定义图纸格式

创建一个新的工程图文件时，默认情况下，将出现“模型视图”对话框，用以创建第一个视图。这里取消“模型视图”对话框，进行定义工程图纸格式。具体操作步骤如下：

1）右击工程图纸上的空白区域，或者右击特征管理器设计树中的图纸格式图标，在弹出的快捷菜单中选择“编辑图纸格式”命令。

2）双击标题栏中的文字即可修改文字。同时在“注释”属性管理器的“文字格式”栏（图 13-3）中可以修改对齐方式、文字旋转角度和字体属性。

3）如果要移动线条或文字，单击该项目后将其拖动到新的位置。

4）如果要添加线条，则单击草图绘制工具栏上的直线按钮，然后绘制线条。

5）在特征管理器设计树中右击图纸图标，在弹出的快捷菜单中选择“属性”命令。在弹出的“图纸属性”对话框（图 13-4）中进行如下设定：

在“名称”文本框中输入图纸标题。在“比例”文本框中指定图纸上所有视图的默认比例。在“投影类型”栏中选择“第一视角”或“第三视角”。在“下一视图标号”和“下一基准标号”文本框中指定英文字母代号。在“标准图纸大小”下拉列表框中选择一种标准图纸（如 A3GB）。如果选择“自定义图纸大小”，则在下面的“宽度”和“高度”文本框中指定纸张的大小。单击“浏览”按钮可以使用其他图纸格式。

6）单击“确定”按钮，结束编辑图纸格式。

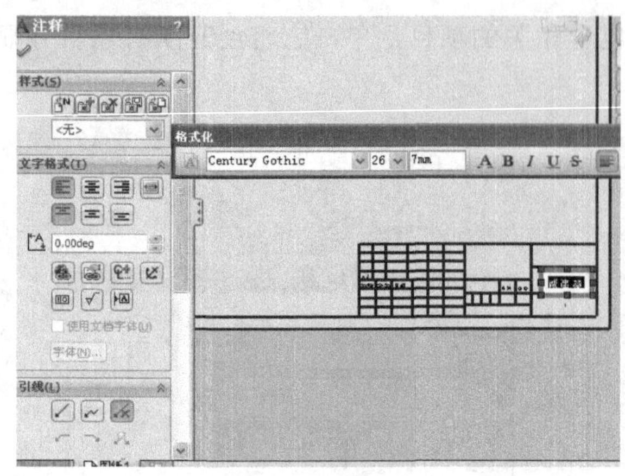

图 13-3 修改文字

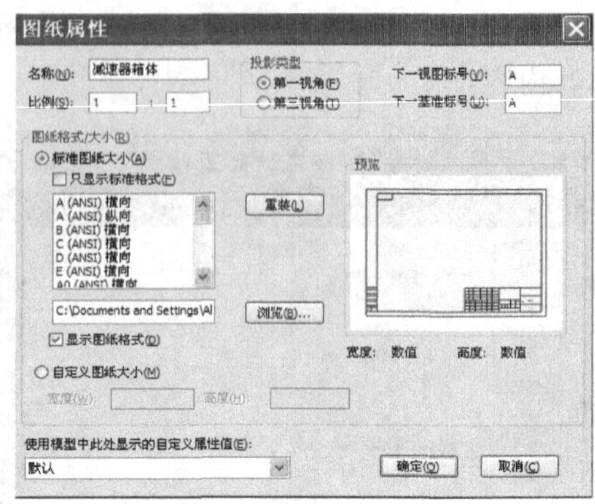

图 13-4 “图纸属性”对话框

13.1.3 创建标准三视图

在创建工程图前，应根据零件的结构考虑和规划零件视图，如工程图由几个视图组成，是否需要剖视图等。考虑清楚后，再进行零件视图的创建工作，否则如同用手工绘图一样，可能创建的视图不能很好地表达零件的空间关系，造成识图、看图困难。

标准三视图是指从三维模型的前视、右视、上视 3 个正交角度投影生成的 3 个视图。在标准三视图中，主视图与俯视图及侧视图有固定的对齐关系。俯视图可以竖直移动，侧视图可以水平移动。

生成标准三视图的操作如下：

1）新建一张工程图或打开已有的工程图模板。

2）单击工程图工具栏上的标准三视图按钮，在“标准三视图”属性管理器中单击“浏览”按钮，选择要创建三视图的模型文件“轴承座”，系统会自动回到工程图文件中，并将三视图放置在工程图中，如图 13-5 所示。

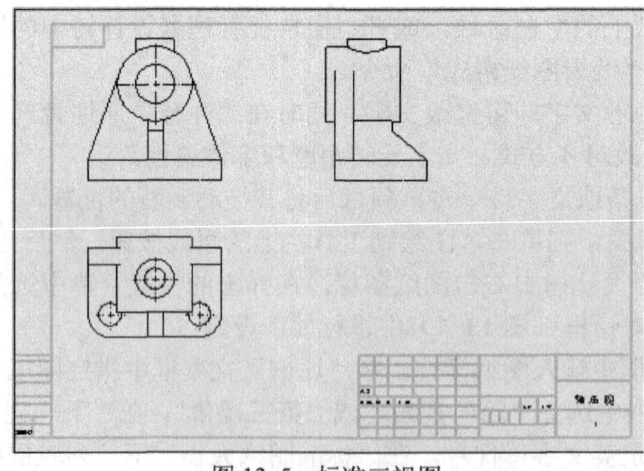

图 13-5 标准三视图

13.1.4 创建模型视图

标准三视图是最基本也是最常用的工程图，但是它所提供的视角十分固定，有时不能很好地描述模型的实际情况。SolidWorks 提供的模型视图解决了这个问题。通过在标准三视图中插入模型视图，可以从不同的角度生成工程图。

要插入模型视图，可作如下操作：

1）单击工程图工具栏上的模型视图按钮，和生成标准三视图中选择模型的方法一样，在零件或装配体文件中选择一个模型。

2）当回到工程图文件时，用鼠标拖动一个视图方框表示模型视图的大小。

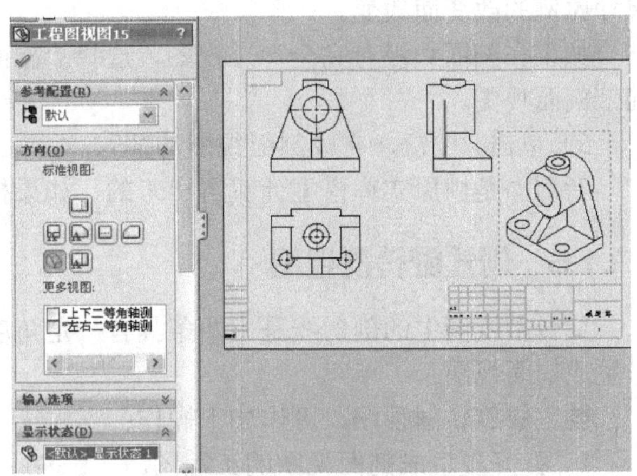

图 13-6　放置模型视图

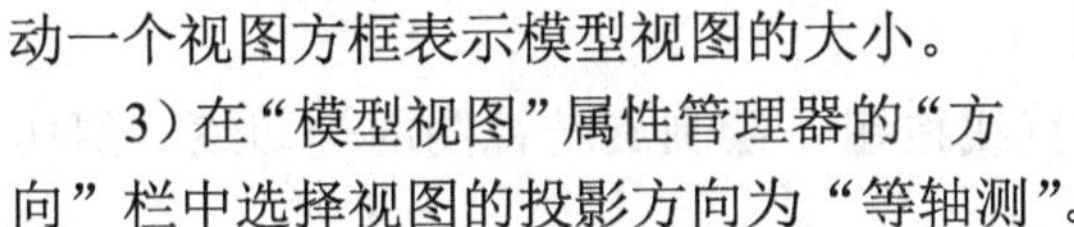

3）在“模型视图”属性管理器的“方向”栏中选择视图的投影方向为“等轴测”。

4）在适当位置单击鼠标，从而在工程图中放置模型视图，如图 13-6 所示。

这里可以根据需要更改模型视图的投影方向、显示样式及比例。如果要更改模型视图的显示比例，则选择“自定义比例”复选框，然后输入显示比例。

5）单击✔按钮，完成模型视图的插入。

13.1.5　创建剖面视图

剖面视图是指用一条剖切线分割工程图中的一个视图，然后从垂直于生成的剖面方向投影得到的视图。

要生成一个剖面视图，可作如下操作：

1）打开要生成剖面视图的工程图。

2）单击工程图工具栏上的剖面视图按钮，此时会出现“剖面视图”属性管理器，提示“绘制一线条以生成剖视图”，同时草图绘制工具的直线按钮也被激活。

3）在工程视图上绘制剖切线。绘制完剖切线之后，系统会在垂直于剖切线的方向出现一个方框表示剖切线视图的大小。拖动这个方框到适当的位置，释放鼠标，则剖切视图被放置在工程图中。

4）在“剖面视图”属性管理器中（图 13-7）设置选项。

如果选择“反转方向”复选框，则会反转切除的方向。在名称微调框中指定剖面视图相关的名称字母。

如果选择位于剖面视图对话框下例“比例”选项的“使用父关系比例”复选框，则剖面视图上的剖面线将会随着模型

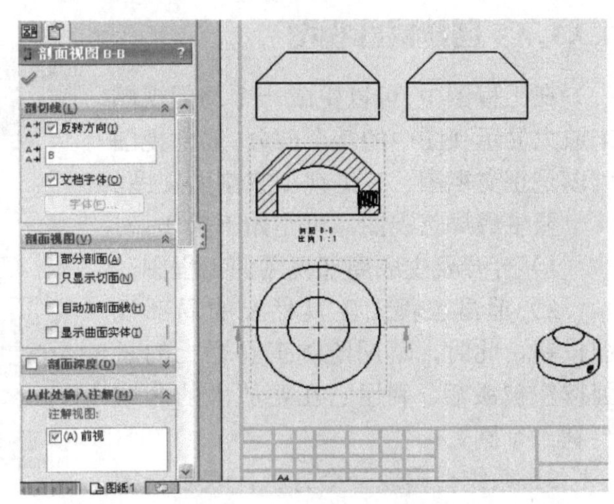

图 13-7　设置剖面视图

尺寸比例的改变而改变。

如果在剖面线没有完全穿过视图，选择“剖面视图”设置中“部分剖面”复选框会生成局部剖面视图。

5）单击✔按钮，完成剖面视图的插入。

新剖面是由原实体模型计算得出来的，如果模型更改，此视图将随之更新。

13.1.6 创建旋转剖视图

旋转剖视图中的剖切线是由两条具有一定角度的线段组成。系统从垂直于剖切线方向投影生成剖面视图。

要生成旋转剖视图，可作如下操作：

1）打开要生成剖面视图的工程图。

2）单击草图绘制工具栏上的中心线按钮或直线按钮，绘制旋转视图的剖切线，剖切线至少应由两条具有一定角度的连续线段组成。

3）按住 Ctrl 键选择剖切线段，单击工程图工具栏上“剖面视图”下拉菜单中的旋转剖视图按钮。

4）系统会在沿第一条剖切线段的方向出现一个方框，表示剖切视图的大小。拖动这个方框到适当的位置，释放鼠标，则旋转剖切视图被放置在工程图中。

5）在“剖面视图 A—A”属性管理器中（图 13-8）设置选项。与剖面视图设置相同，这里不再赘述。

6）单击✔按钮，完成旋转剖视图的插入。

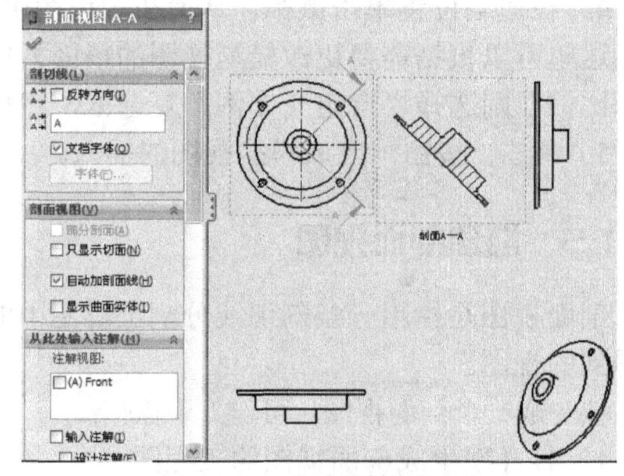

图 13-8 设置旋转剖视图

13.1.7 创建局部视图

在工程图中，可以生成一个局部视图来放大显示视图中的某个部分。局部视图可以是正交视图、三维视图或剖面视图。

要生成局部视图，可作如下操作：

1）打开要生成局部视图的工程图。

2）单击工程图工具栏上的局部视图按钮，此时，草图绘制工具栏上的画圆按钮被激活。利用它在要放大的区域绘制一个圆。

3）系统会出现一个方框，表示局部视图的大小，拖动这个方框到适当的位

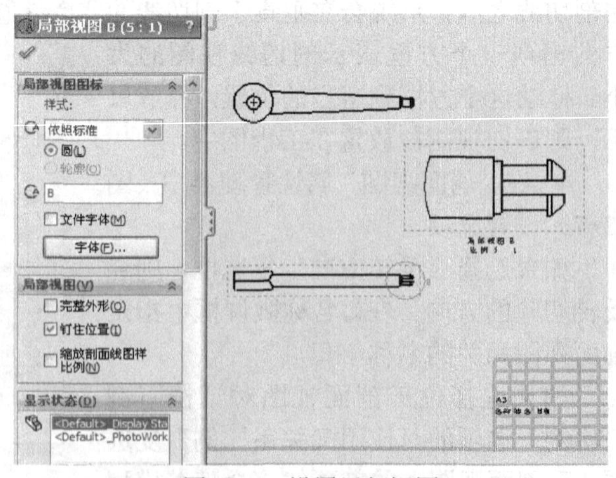

图 13-9 设置局部视图

置，释放鼠标，则局部视图被放置在工程图中。

4）在“局部视图”属性管理器中（图 13-9）设置选项。在“样式”的选择局部视图图标的下拉列表框中有“依照标准”、“中断圆形”、“带引线”、“无引线”和“相连”5 种样式。在名称文本框中输入与局部视图相关的字母。

5）单击按钮，生成局部视图。

13.1.8 创建断裂视图

工程图中有一些截面相同的长杆件（如长轴、螺纹杆等），可以利用断裂视图将零件用较大比例显示在工程图上，如图 13-10 所示。

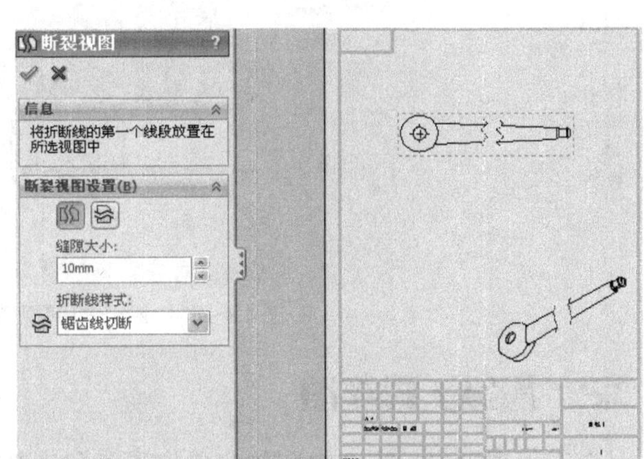

图 13-10 设置断裂视图

要生成断裂视图，可作如下操作：

1）选择要生成断裂视图的工程图。

2）单击工程图工具栏上的断裂视图按钮，在“断裂视图”属性管理器中选择“添加竖直折断线”或“水平折断线”命令，选择“折断线”样式。此时折断线出现在视图中。

3）将折断线拖动到希望生成断裂视图的位置。

4）单击按钮，生成断裂视图。

此时，折断线之间的工程图都被删除，折断线之间的尺寸变为悬空状态。

13.1.9 创建局部剖视图

局部剖视允许通过移除部件的某个区域来查看部件内部，该区域由局部剖曲线的闭环来定义，可将局部剖应用于任一工程视图。

操作步骤如下：

1）选择一个要生成局部剖视图的工程视图。

2）单击工程图工具栏上的断开的剖视图按钮，根据弹出的提示信息绘制一条闭合的样条曲线；或者先在视图中创建一个闭环轮廓，然后选择此闭环轮廓，如图 13-11 所示。

3）绘制好闭合曲线后（图 13-12），在弹出的“断开的剖视图”属性管理器中，选择已有边线作为剖切深度参考；或者给出剖切深度尺寸并选择“预览”复选框，如图 13-13 所示。

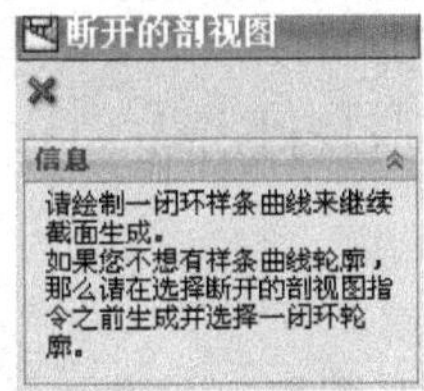

图 13-11 提示信息

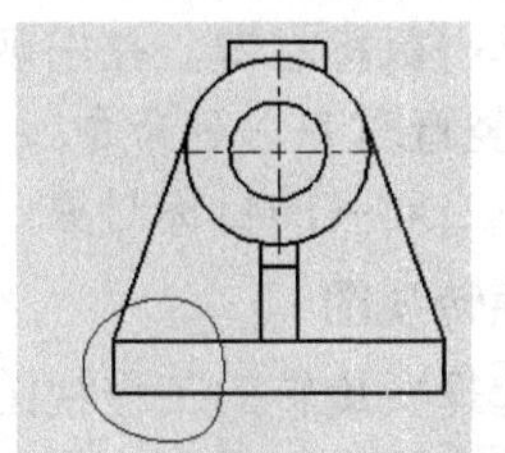
图 13-12 绘制闭合样条曲线

4）单击✔按钮，生成局部剖视图。

此命令也可以用于创建半剖视图，创建半剖视图时需提前在视图中应用画矩形草图工具绘制一个矩形，然后点击断开的剖视图按钮，给出剖切深度，步骤同上。

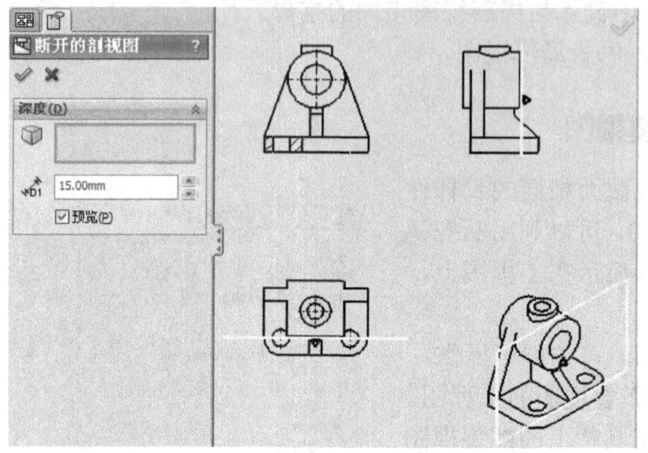

图 13-13 “断开的剖视图”属性管理器

13.2 操纵工程视图

在工程视图中，许多视图的生成位置和角度都受到其他条件的限制（如辅助视图的位置与参考边线相垂直）。读者需要自己任意调节视图的位置和角度以及显示和隐藏，SolidWorks 就提供了这项功能。此外，SolidWorks 还可以更改工程视图中的线型、线条颜色等。

13.2.1 移动、对齐和旋转视图

1．移动视图

鼠标指针移动到视图边界上时，鼠标指针变为可上下左右移动形状，表示可以拖动该视图。如果移动的视图与其他视图没有对齐或约束关系，可以拖动它到任意位置。

如果视图与其他视图之间有对齐或约束关系，若要移动视图应作如下操作：

1）单击要移动的视图。

2）单击鼠标右键，在出现的快捷菜单中选择“视图对齐”→“解除对齐关系”命令，如图 13-14 所示。

3）单击该视图，即可以拖动它到任意的位置。

2．对齐视图

1）选择要移动的工程视图。

2）单击鼠标右键，在出现的快捷菜单中单击“视图对齐”，根据需要选择“原点水平对齐”或“竖直对齐”等命令。

3）单击对齐的目标对象，此时视图会根据前面的选择移动到目标位置。

3．旋转视图

1）选择要旋转的工程视图。

2）单击视图工具栏上的旋转按钮，系统弹出“旋转工程视图”对话框，如图 13-15

所示。此时，使用鼠标可以直接旋转视图，或者在“旋转工程视图”对话框中的“工程视图角度”文本框中输入旋转的角度。

如果在“旋转工程视图”对话框中选择了“相关视图反映新的方向”复选框，则与该视图相关的视图将随着该视图的旋转做相应的旋转。

如果选择了“随视图旋转中心符号线”复选框，则中心符号线将随视图一起旋转。

13.2.2 显示和隐藏视图

在编辑工程视图时，可以使用“隐藏视图”命令来隐藏一个视图。隐藏视图后，可以使用“显示视图”命令再次显示此视图。当隐藏了具有从属视图（如局部、剖面或辅助视图等）的父视图时，可以选择是否一并隐藏这些从属视图。再次显示父视图或其中一个从属视图时，同样可选择是否显示相关的其他视图。

要隐藏或显示视图，可作如下操作：

1）在特征管理器设计树或图形区域中右击要隐藏的视图。

2）在弹出的快捷菜单中选择“隐藏”命令，如果该视图有从属视图（局部、剖面视图等），则会弹出询问对话框，如图 13-16 所示。

3）单击“是”按钮，将会隐藏其从属视图；单击“否”按钮，将只隐藏该视图。此时，视图将被隐藏起来。将鼠标移动到特征管理器设计树该视图的位置时，将只显示该视图的边界。

4）如果要再次显示被隐藏的视图，则右击被隐藏的视图，在弹出的快捷菜单中选择命令“显示”。

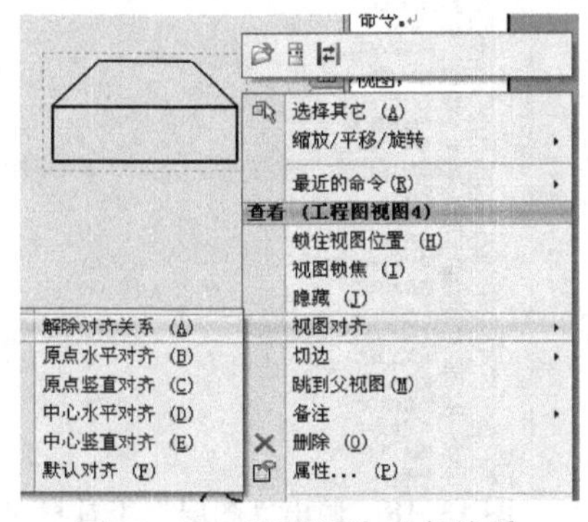

图 13-14 设置解除对齐关系

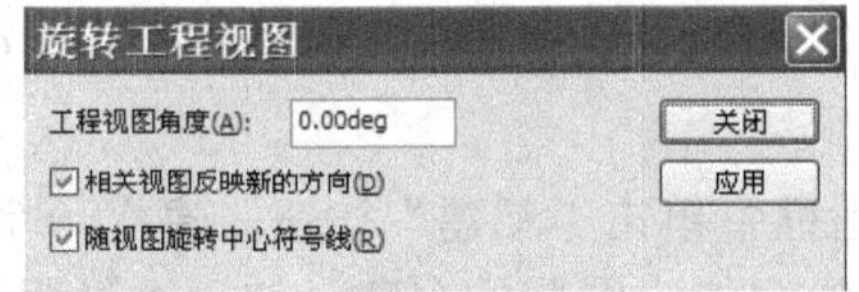

图 13-15 “旋转工程视图”对话框

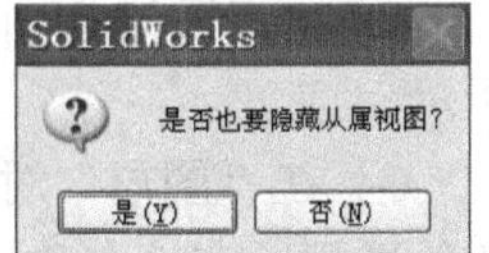

图 13-16 隐藏提示信息

13.2.3 更改零部件线型

在装配体中为了区别不同的零件，可以改变每一个零件边线的线型。

要改变零件边线的线型，可作如下操作：

1）在工程图中右击要改变线型的零件中的任一视图。

2）在弹出的快捷菜单中选择“零部件线型”命令，系统会出现“零部件线型”对话框。在对话框中首先消除选择“使用文档默认值”复选框，然后分别设置各个边线的样式，如图 13-17 所示。

3）在对应的“线条样式”和“线粗”下拉列表中设置线条样式和线条粗细，直到为所有边线类型设置线型。

4）如果单击下方的“所有视图”按钮，则将此边线类型设定应用到该零件的所有视图；如果单击“从选择”按钮，则会将此边线类型设定应用到该零件视图和它的从属视图中；如果零件在图层中，可以从“图层”下拉列表框中改变零件边线的图层。

图 13-17 “零部件线型”对话框

5）单击“确定”按钮关闭对话框，应用边线类型设定。

13.2.4 设定图层

图层是一种管理素材的方法，可以将图层看做是重叠在一起的透明塑料纸，可以在每个图层上生成新的实体，然后指定实体的颜色、线型、线条粗细。还可以将尺寸标注、注解等项目放置在单一图层上，避免它们与工程图实体之间产生干涉。

要建立图层，可作如下操作：

1）单击标准工具栏“选项”下拉列表框中的“自定义”，打开“图层”工具栏，如图 13-18 所示。

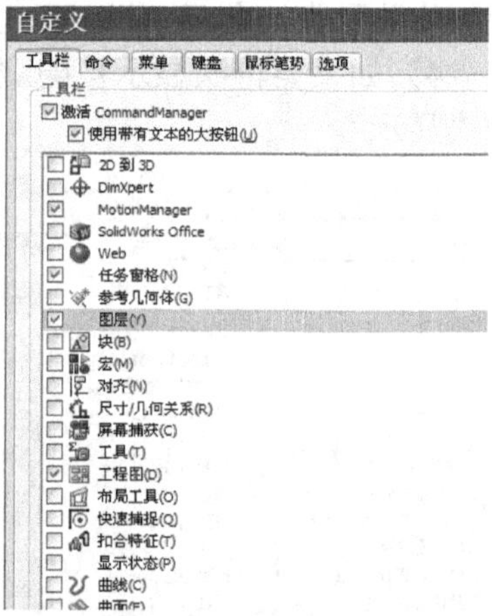

2）单击图层按钮，打开“图层”对话框，如图 13-19 所示。

3）在“图层”对话框中单击“新建”按钮，建立一个新的图层。在“名称”栏中指定图层的名称；双击“说明”栏，输入该图层的说明文字；在“开关”栏中有一个灯泡图标，要隐藏该图层，双击该图标，灯泡变为灰色，图层上的所有实体都被隐藏起来，要重新打开图层，再次双击该灯泡图标；同样，单击“颜色”、“样式”或“厚度”栏，在弹出的对话框中分别选择想要的颜色、样式或厚度。设定后结果如图 13-20 所示。

图 13-18 调出“图层”工具栏

图 13-19 “图层”对话框图

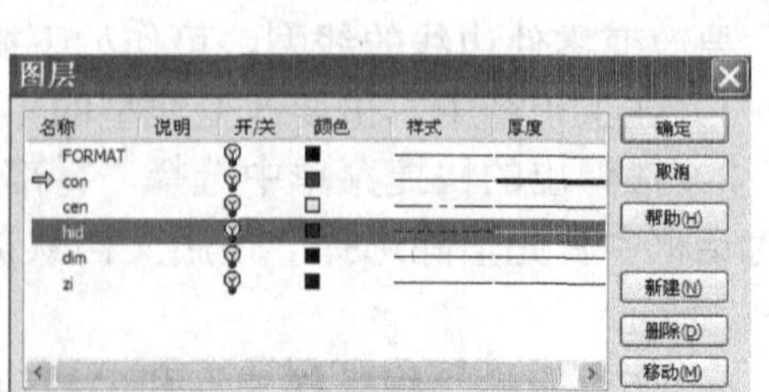

图 13-20 新建多个图层

4）单击“确定”按钮关闭对话框。

建立了多个图层后，只要在图层工具栏中的“图层”下拉列表框中选择任一图层，就可以导航到任意的图层。

13.3 添加中心线

中心线用于表达实体的对称中心面、回转体的轴线位置等。在 SolidWorks 中，可以由系统在生成工程图时自动插入。

操作步骤如下：

1）单击标准工具栏中“选项”。

2）单击选择右侧的“文档属性”。

3）单击选择“出详图”。

4）在弹出的对话框右侧“视图生成时自动插入”栏下选中“中心符号孔”、“中心符号-槽口”和“中心线”复选框，如图 13-21 所示。

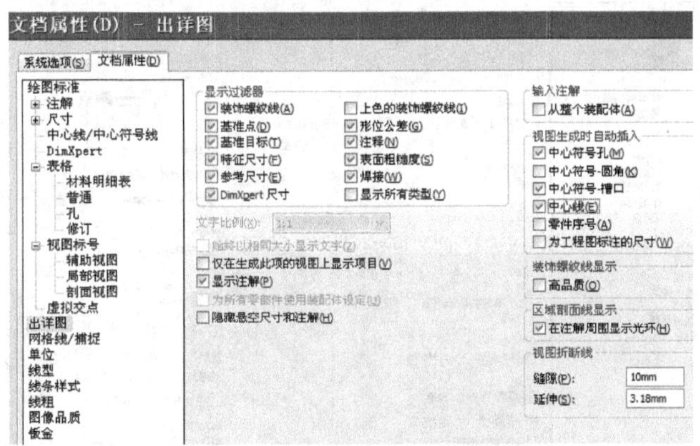

13-21 设置自动添加中心线

另外，也可以通过单击“注解”工具栏上的中心线按钮或中心符号线按钮，手动插入中心线，如图 13-22 所示弹出“中心线”提示信息。

为插入中心线，选择两个边线或草图线段或单一圆柱圆锥来生成中心线。如图 13-23 所示，分别选择圆柱的上下两条轮廓线和上侧圆台的左右两条轮廓线，就会生成两条中心线。

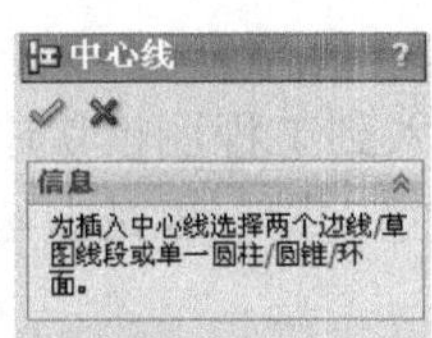

图 13-22 手动插入“中心线”提示信息

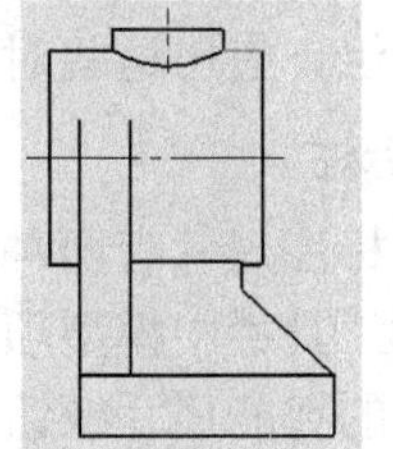
图 13-23 插入的中心线

13.4 工程图标注

工程图的标注是反映零件尺寸和公差信息的最重要的方式，在本小节中将介绍如何在工程图中添加尺寸、表面粗糙度、几何公差、制图符号和文本注释等内容。

13.4.1 尺寸标注

尺寸标注用于标识对象的尺寸大小。由于工程图模块和三维实体造型模块是完全关联的，在工程图中进行尺寸标注就是直接引用三维模型真实尺寸，具有实际含义，如果三维模型被修改，工程图中的相应尺寸会自动更新，从而保证了工程图与模型的一致性。

1. 尺寸标注选项设置

在系统选项中，需要先定义 SolidWorks 工程图的各个标注，以符合当前设计系统的 CAD 标准。步骤如下：

1）单击标准工具栏中“选项”，选择“文档属性”，分别选择“注解”、“尺寸”等项内容，系统弹出相应的对话框，如图 13-24 所示。

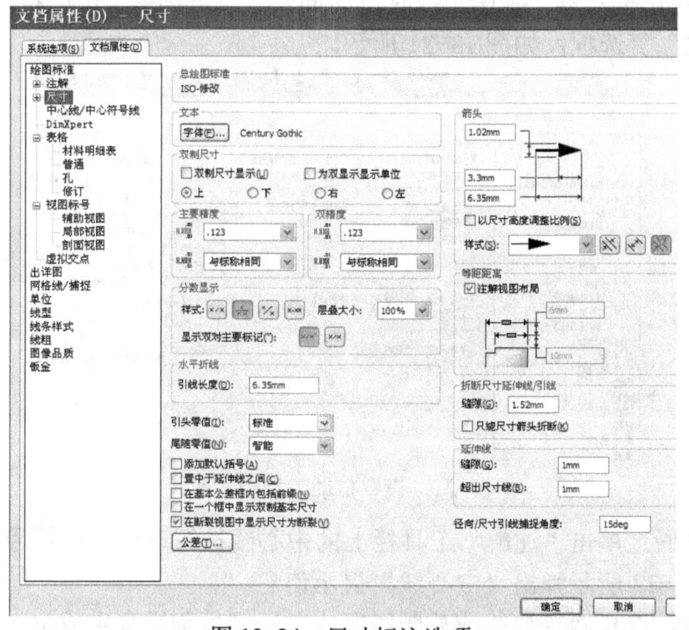

图 13-24　尺寸标注选项

2）在该对话框中分别设置字体、尺寸精度、点/线位置、引线位置、箭头大小、公差和尺寸线等选项组。应用这些对话框可以创建和编辑各种类型的尺寸。

2. 尺寸标注

工程图中标注尺寸有两种方法：一种是从零件环境中导入到工程图模块中，这类尺寸通过工程图注解工具栏中模型项目命令得到，称之为模型尺寸；另一种是参考尺寸，即用工程图工具栏上的智能尺寸按钮标注的尺寸。

自动添加模型尺寸，方法如下：

1）选择注解工具栏中模型项目命令，弹出图 13-25 所示的“模型项目”属性管理器，在“来源”中，选择“整个模型”选项，并选中“将项目输入到所有视图”复选框，在“尺寸”选项下，选择（为工程图标注）选项，单击“确定”按钮后，可以看到系统自动为 3 个视图进行标注，但是存在多个尺寸需要修正，如图 13-26 所示。

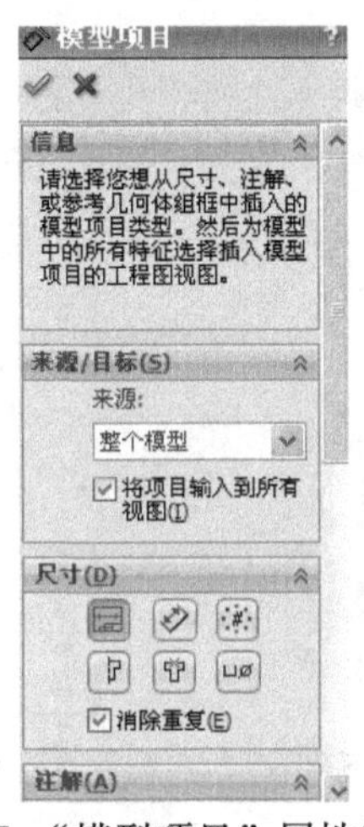

图 13-25 “模型项目”属性管理器

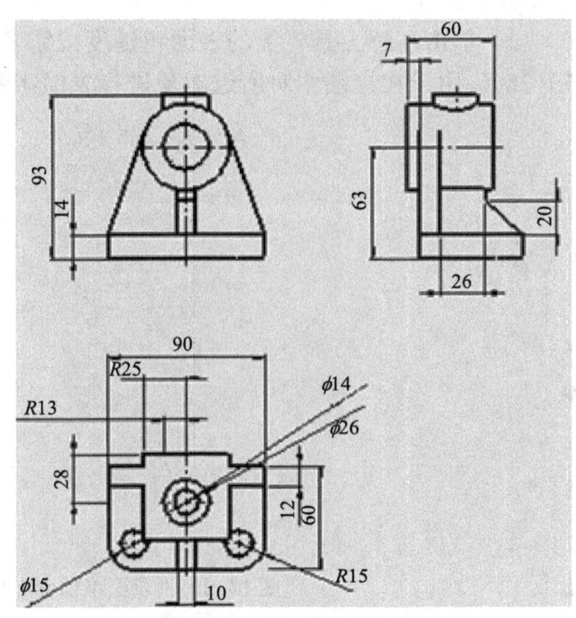

图 13-26 自动尺寸标注

2）自动插入的尺寸标注方式在位置上不一定合理，需要通过手动进行调节。选择不必要的尺寸，按 Delete 键可以直接将不需要显示的尺寸删除；如要在视图中移动尺寸，只需将该尺寸拖到新的位置即可。如要将尺寸从一个视图移到另一个视图中，按住 Shift 键拖动尺寸即可；如要修改某个尺寸，单击此尺寸，在弹出的对话框中进行修改；如要隐藏某个尺寸，右击该尺寸，在弹出的快捷菜单中选择“隐藏”命令。

通过手动标注方法得到的尺寸为参考尺寸，是从动尺寸，不能通过编辑参考尺寸来更改模型。但是当更改模型时，参考尺寸会相应更新。参考尺寸的颜色呈灰暗色显示，而驱动尺寸为黑色。标注方法与前面草图标注类同，不再赘述。

13.4.2 文本注释标注

为了更好地说明工程图，有时需要在工程图中添加文字摘要、符号等注释。要生成注释，操作方法如下：

1）单击注解工具栏上的注释按钮**A**，系统将弹出“注释”属性管理器（图 13-27）与简单文本注释编辑器，在文本编辑窗口可直接输入文字，实现在工程图中插入文字的功能。

2）在“注释”属性管理器的“文字格式”栏中设置注释文字的格式及引线的方式等。

3）拖动鼠标指针到要注释的位置，释放鼠标。

4）单击✔按钮，关闭对话框完成注释。

图 13-27 “注释”属性管理器

13.4.3 表面粗糙度符号标注

表面粗糙度符号用来表示加工表面上的微观几何形状特性。要插入表面粗糙度，操作方法如下：

1）单击注解工具栏上的表面粗糙度按钮，系统将弹出“表面粗糙度”属性管理器（图 13-28），用于在视图中对所选对象进行表面粗糙度的标注。

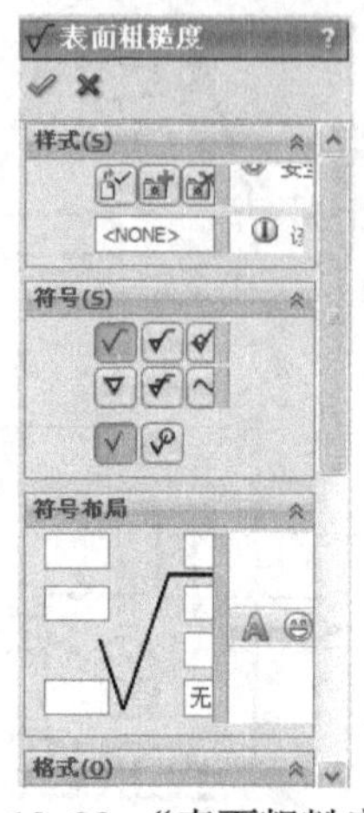

图 13-28 “表面粗糙度”属性管理器的上部和下部

2）在“表面粗糙度”属性管理器中设置表面粗糙度的样式、符号、布局、格式、角度等各项属性。

3）在图形区域中单击，以放置表面粗糙度符号。可以不关闭对话框，同时设置多个表面粗糙度符号到图形中。

4）单击按钮，关闭对话框完成表面粗糙度的注写。

13.4.4 几何公差标注

几何公差是机械加工行业中一项非常重要的基础，尤其在精密机器和仪表的加工中，几何公差是评定产品质量的重要技术指标。要进行几何公差的标注，具体操作方法如下：

1）单击注解工具栏上的几何公差按钮，系统弹出“形位公差”属性管理器及属性对话框（图 13-29），用于在视图中对所选对象进行几何公差的标注。

2）在“形位公差”属性管理器中设置样式、引线、文字等各项属性。

3）单击属性对话框中的“符号”下拉列表框，如图 13-29 所示，在其中选择几何符号；在“公差”栏中输入几何公差值；输入基准面符号。

4）在图形区域中单击，以放置几何公差。可以不关闭对话框，同时设置多个几何公差到图形中。

5）单击“确定”按钮，关闭对话框完成几何公差的标注。

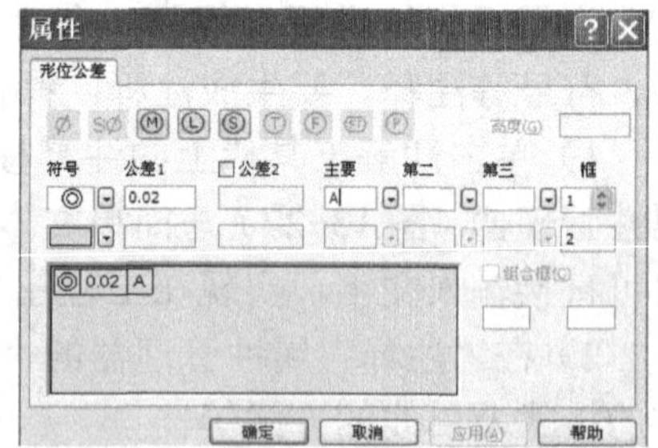

图 13-29 “形位公差”属性管理器

13.4.5 基准特征符号标注

基准特征符号用来表示模型平面或参考基准面。要插入基准特征符号，操作方法如下：

1）单击注解工具栏上的基准特征按钮，系统将弹出“基准特征”属性管理器（图 13-30）。

2）在“基准特征”属性管理器中设置样式、符号、引线等各项属性。

3）在图形区域中单击，以放置基准符号。可以不关闭对话框，同时设置多个几何公差到图形中。

4）单击按钮，关闭对话框完成基准特征符号的标注。

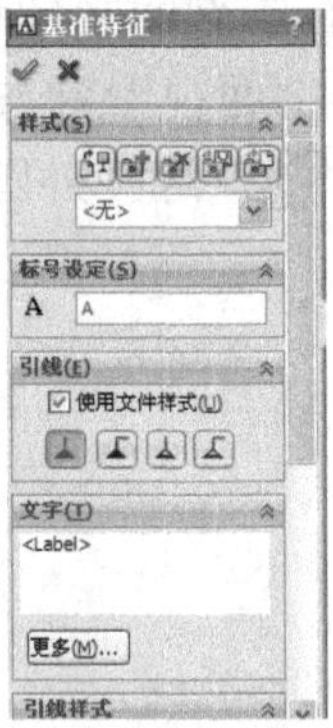

图 13-30 “基准特征”属性管理器

13.5 综合实例

绘制图 13-31 所示轴的工程图。

1）单击新建按钮，出现“新建 SolidWorks 文件”对话框，选择“工程图”按钮，单击“确定”按钮，新建一个工程图文件。

2）在弹出的“图纸格式/大小”对话框中，取消“只显示标准格式”选项，选择“A3 横向”，单击“确定”按钮；在弹出的“模型视图”属性管理器中，单击“浏览”按钮，出现“打开”对话框，选择“轴”，单击“打开”按钮，建立主视图，单击确定按钮，如图 13-32 所示。

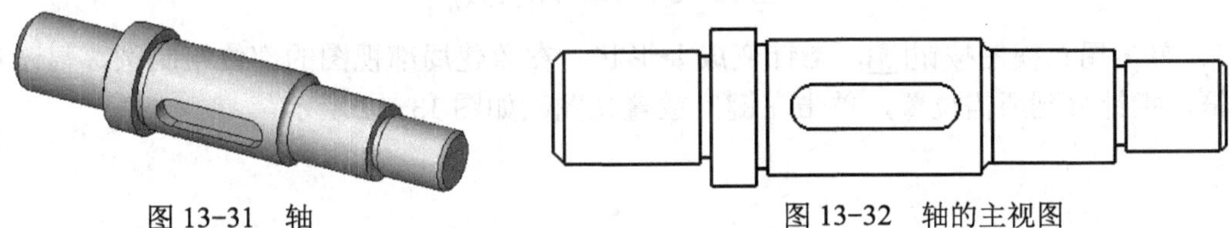

图 13-31 轴　　图 13-32 轴的主视图

3）单击中心线按钮，出现“中心线”属性管理器，选择需添加中心线的一对边线，单击确定按钮，如图 13-33 所示。

4）单击断裂视图按钮，弹出“断裂视图”属性管理器，选择前视图，单击对话框中“竖直折断线”，出现两条竖直折断线，用指针拖动断裂线到所需位置，单击确定按钮，生成断裂视图，如图 13-34 所示。

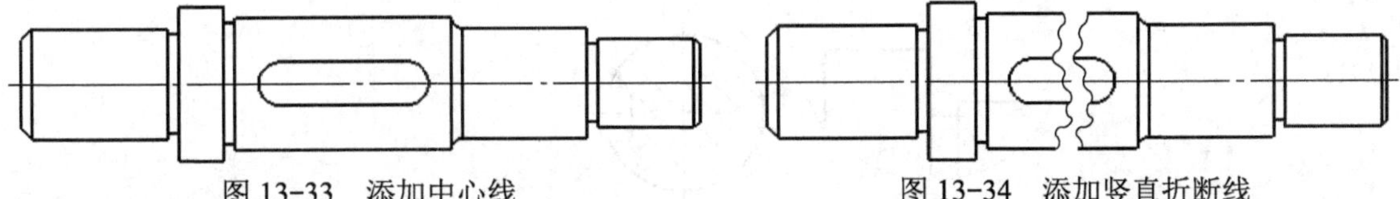

图 13-33 添加中心线　　图 13-34 添加竖直折断线

5）单击剖面视图按钮，指针变成形状，出现绘图提示，在欲建剖面视图的部位绘制直线，弹出“剖面视图”属性管理器，显示视图预览，选中“自动加剖面线”和“反转方向”复选框，指针移到所需位置，单击，放置视图，出现剖面视图，单击确定按钮，调节箭头、注解位置，如图 13-35 所示。

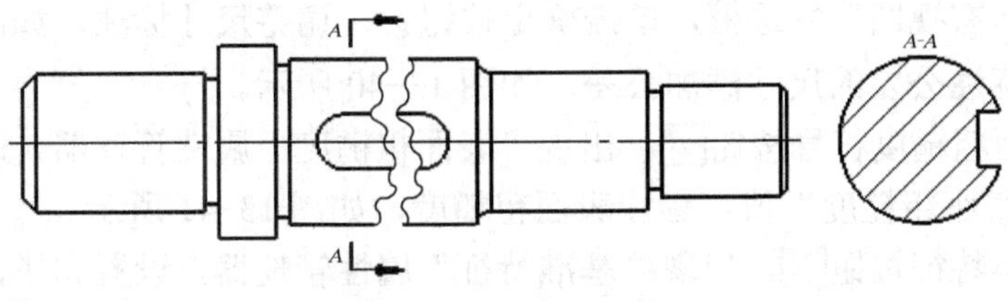

图 13-35 剖面视图

6）右击剖面视图边界空白区，从快捷菜单中选择“视图对齐”→“解除对齐关系”命令，这样剖面视图就与主视图解除了对齐关系，将剖面视图移动到主视图下方。单击中心符号线按钮，选择外圆，标注圆中心线，如图 13-36 所示。

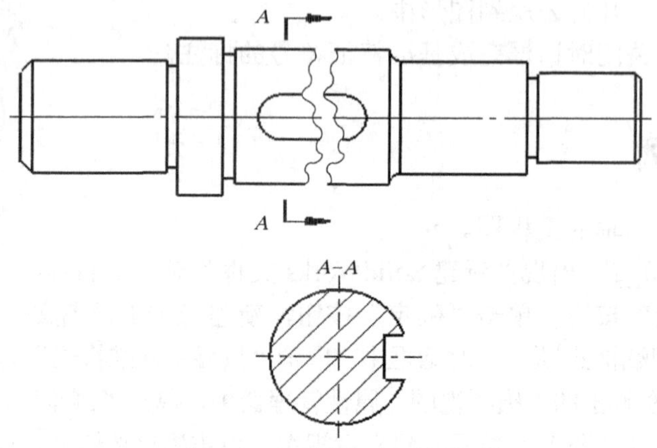

图 13-36　解除对齐关系

7）单击局部视图按钮，指针变成形状，在欲建局部视图的部位绘制圆，显示视图预览框，指针移到所需位置，单击左键，放置视图，如图 13-37 所示。

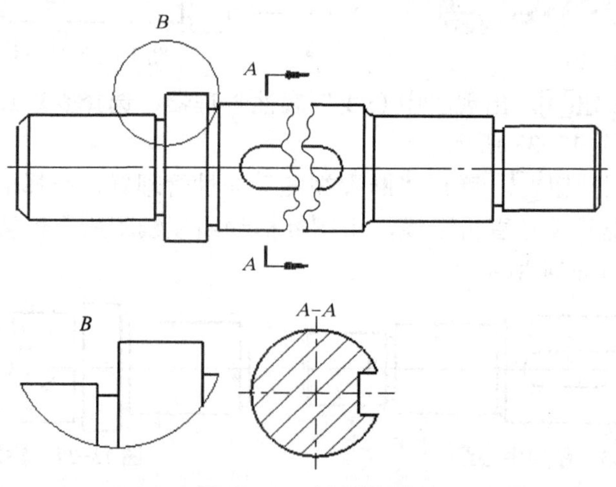

图 13-37　局部视图

8）单击草图工具栏画直线按钮＼，添加装饰螺纹线如图 13-38 所示。

9）复选 3 个视图，单击模型项目按钮，出现“模型项目”属性管理器，选择“整个模型”，在尺寸区域选中“选择所有”和“消除重合”复选框，在输入到工程图视图区域选中“将项目输入到所有视图”复选框，单击确定按钮，调整尺寸标注，如图 13-39 所示。

10）选择需标注公差的尺寸添加公差，如图 13-40 所示。

11）单击表面粗糙度符号按钮，出现“表面粗糙度”属性管理器，选择要求切削加工按钮，输入“最小粗糙度”值，标注表面粗糙度，如图 13-41 所示。

12）单击基准特征按钮，出现“基准特征”属性管理器，设置完毕，选择要标注的基准，单击确认，拖动预览，单击确认，单击确定按钮，完成基准特征，如图 13-42 所示。

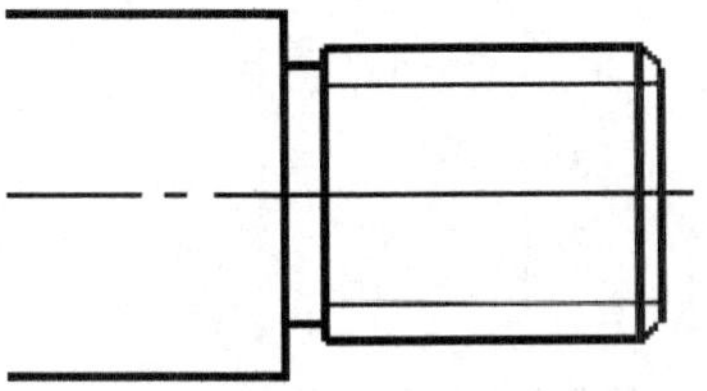

图 13-38　添加装饰螺纹线

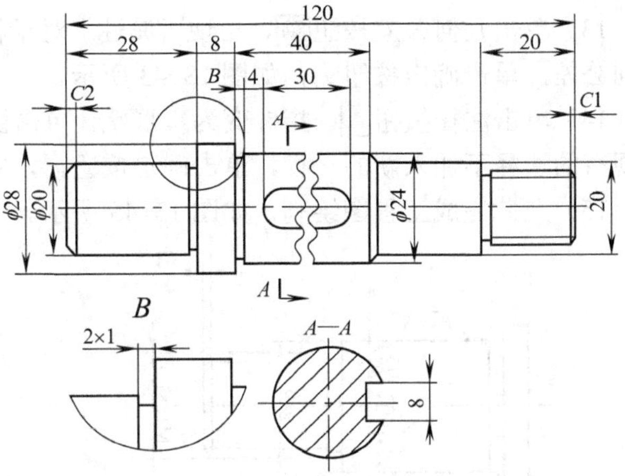

图 13-39　尺寸标注

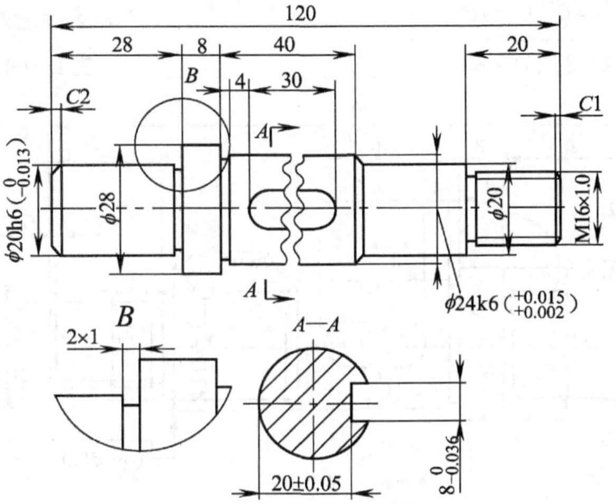

图 13-40　标注公差的尺寸

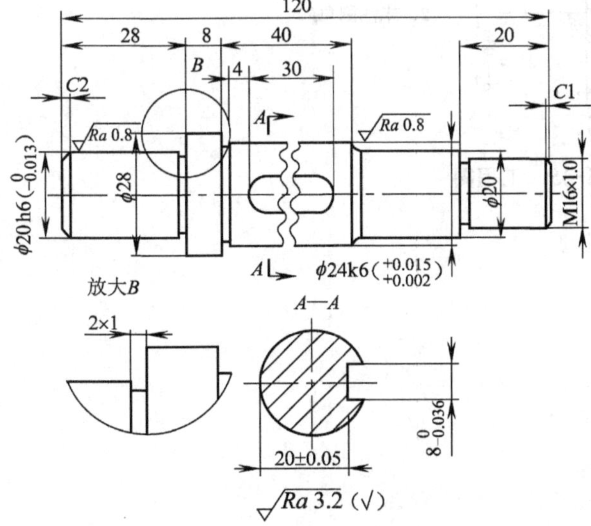

图 13-41　标注表面粗糙度

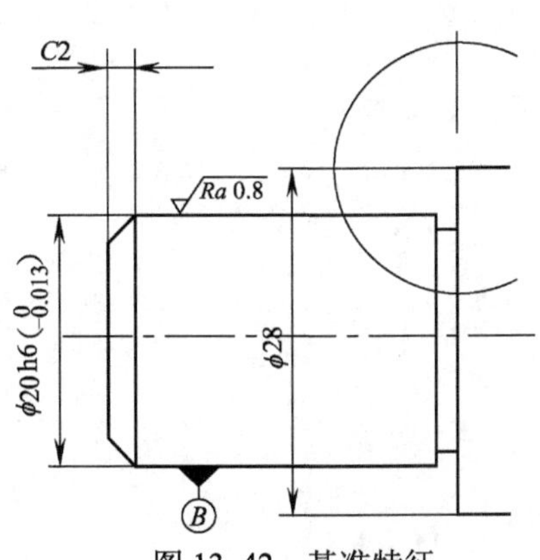

图 13-42　基准特征

13）单击几何公差按钮，出现“属性”对话框，设置几何公差内容，在图纸区域单击几何公差，单击确定按钮，如图 13-43 所示。

14）单击注释按钮，指针变为形状，单击图纸区域，输入注释内文字，按 Enter 键，在现有的注释下加入新的一行，单击确定按钮，完成技术要求，如图 13-44 所示。

15）至此完成工程图绘制，如图 13-45 所示。

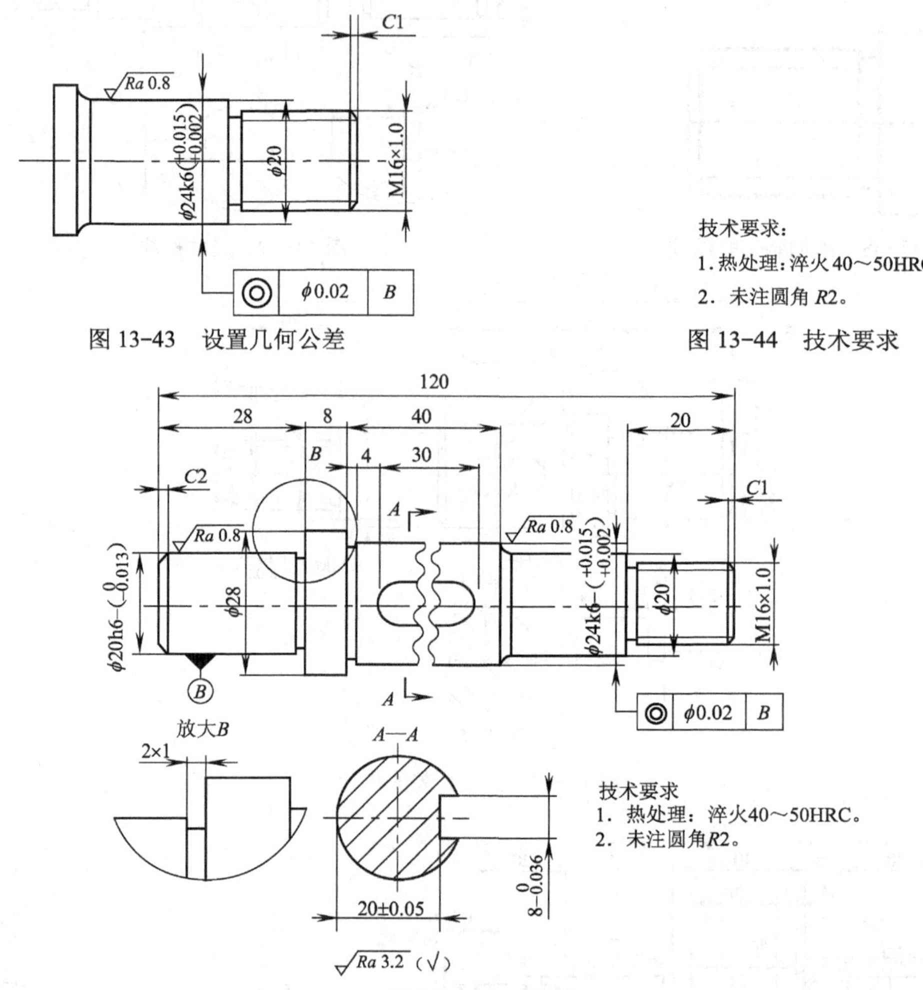

图 13-43　设置几何公差

图 13-44　技术要求

图 13-45　工程图

第 4 篇　UG NX 7.0 造型设计

Unigraphics（简称 UG）是美国 Siemens 公司推出的一套集 CAD/CAE/CAM 为一体的三维机械设计平台，也是当今世界广泛应用的计算机辅助设计、分析和制造的软件之一，广泛应用于汽车、航空航天、机械、消费产品、医疗器械和造船等行业，它为制造行业产品开发的全过程提供可靠的解决方案，功能涉及概念设计、工程设计、性能分析以及制造加工等。

UG 软件为工程设计人员提供了非常强大的应用工具，而这些工具能帮助技术人员高效地完成产品的设计、工程分析、绘制工程图以及数控编程加工等操作。随着版本的不断更新和功能的不断扩充，UG 更是扩展了软件的应用范围，面向专业化和智能化发展。本书作为 UG NX 7.0 版本的基础篇，将选择性地向读者介绍 UG 软件的基础功能。读者应从传统的以二维绘图为主的设计工作方式转变为以三维数字模型为主的设计方式，迅速掌握 UG 的基本功能，进行三维零件的设计。

第 14 章　UG NX 7.0 基本操作

14.1　UG NX 7.0 安装方法

UG NX 7.0 的安装方法比较简单，可以按照以下步骤安装。

1．安装许可证文件

1）将 UG NX 7.0 安装光盘放进光驱，在光盘中找到许可证文件 ugnx7.lic，然后将其复制到硬盘中。

2）用“写字板”打开 ugnx7.lic 文件，接着将文件开头第一行“SERVER《name》ANY 28000”中的《name》改为主机名称，然后保存退出。在桌面的“我的电脑”图标上单击鼠标右键，在弹出的快捷菜单中选择“属性”命令，再在打开的“系统属性”对话框中选择“计算机名”选项，则完整的计算机名称后面的字母就是主机名称。

3）光盘放进光驱后会自动运行，然后出现图 14-1 所示的安装界面，按顺序进行 UG NX 7.0 软件的安装。

4）首先安装 NX 服务程序，即选择 Install License Server，出现图 14-2 所示的“选择安装程序的语言”对话框。

在图 14-2 中选择的是安装过程及安装后界面语言提示，统一选择“中文（简体）”。

5）选择“中文（简体）”安装语言，单击[确定]按钮，系统开始检测计算机配置，如图 14-3 所示。

6）若检测无错误则进入服务程序正常安装界面，如图 14-4 所示。

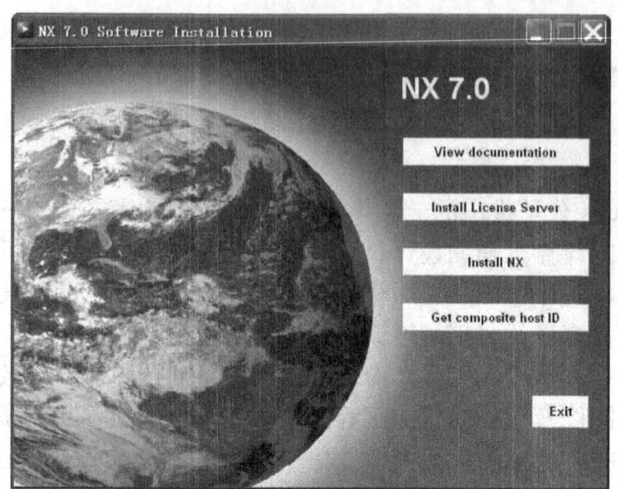

图 14-1 安装程序选择界面

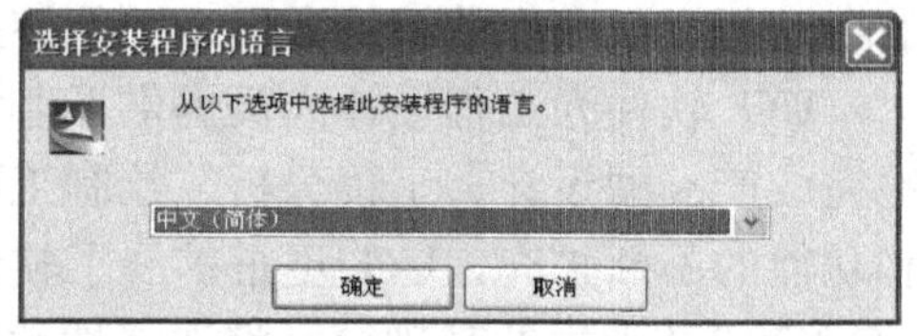

图 14-2 “选择安装程序的语言”对话框

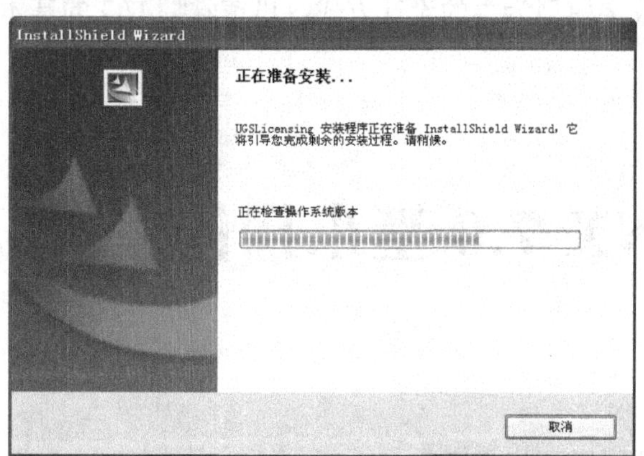

图 14-3 计算机配置检测界面

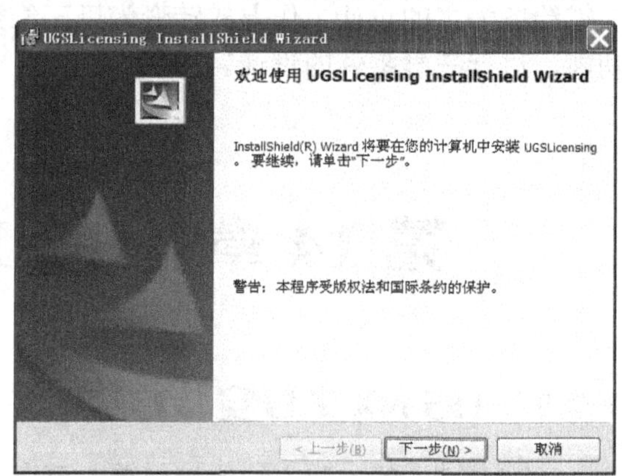

图 14-4 服务程序正常安装界面

7）单击 下一步(N) > 按钮，出现安装许可证文件路径选择界面，如图 14-5 所示。

8）单击 下一步(N) > 按钮，进入许可证文件界面，如图 14-6 所示。

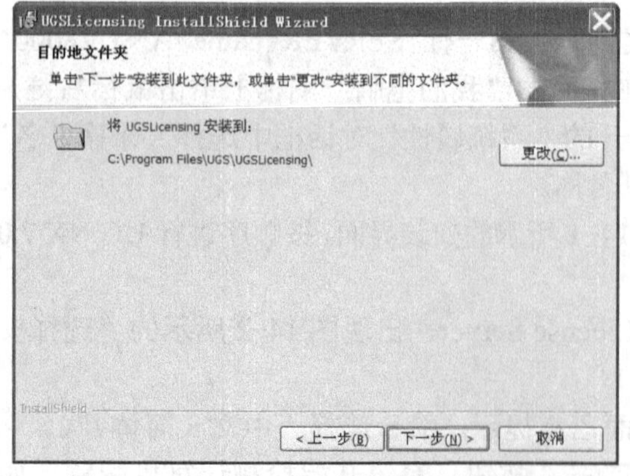

图 14-5 安装许可证文件路径选择界面

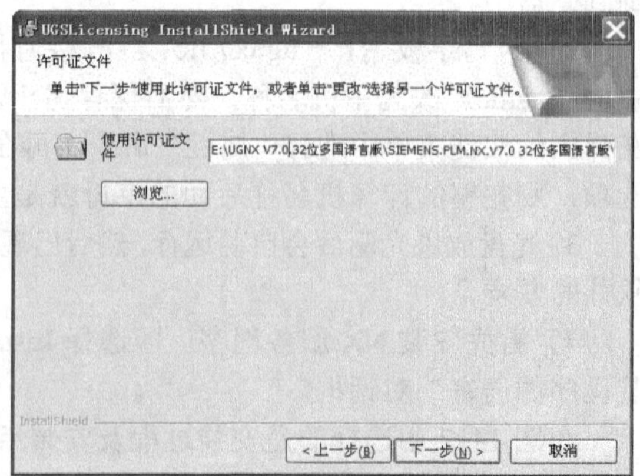

图 14-6 许可证文件界面

9）单击[浏览...]按钮，选择刚才复制到硬盘的许可证文件 ugnx7.lic 所在位置。

许可证文件一旦被选中，以后就不能更改许可证文件的位置，否则 UG 将不能使用。

10）完成许可证文件路径选择后，单击[下一步(N) >]按钮，出现已做好安装准备界面，如图 14-7 所示。

11）单击[安装(I)]按钮，开始 NX 7.0 UGSLicensing 程序的安装，如图 14-8 所示。

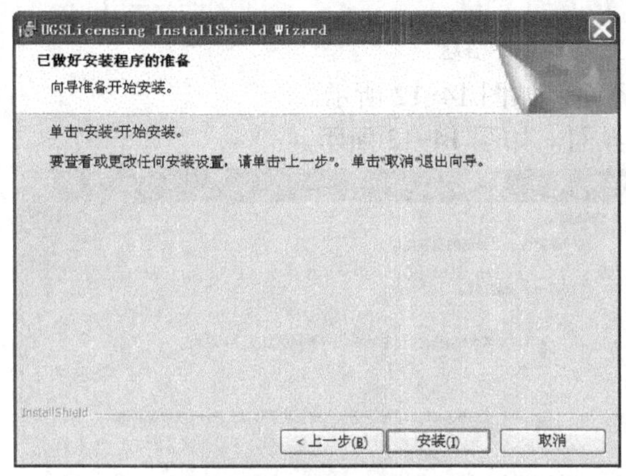

图 14-7　安装准备界面

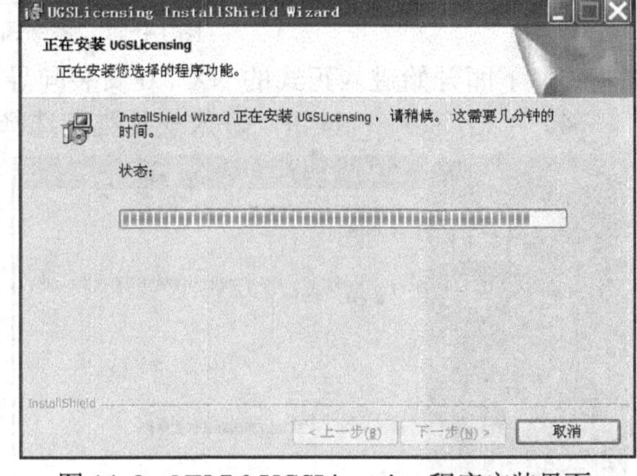

图 14-8　NX 7.0 UGSLicensing 程序安装界面

12）安装过程完成后，出现 NX 7.0 UGSLicensing 程序安装完成提示界面，如图 14-9 所示，表示 UG 服务程序安装完成。

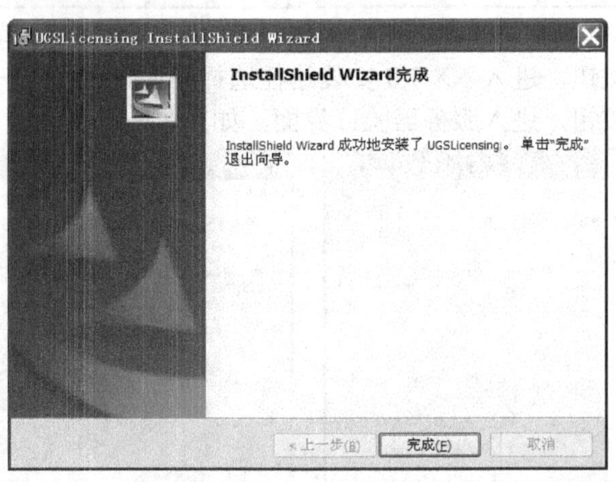

图 14-9　NX 7.0 UGSLicensing 程序安装完成提示界面

2．安装运行程序

1）完成服务程序的安装后，开始安装 UG NX 7.0 运行程序。在安装程序选择界面中选择“Install NX”选项，弹出“选择安装程序的语言”对话框，如图 14-10 所示。

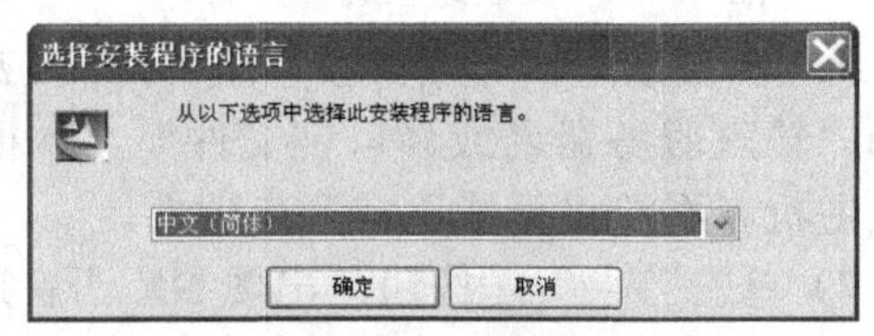

图 14-10　选择安装程序的语言

2）选择“中文(简体)”安装语言，单击[确定]按钮，系统开始配置安装文件信息，如图 14-11 所示。

图 14-11　系统配置安装文件信息

3）下面开始进入正式的 NX 7.0 安装向导界面，如图 14-12 所示。

4）单击 下一步(N) > 按钮，进入安装类型选择界面，如图 14-13 所示。

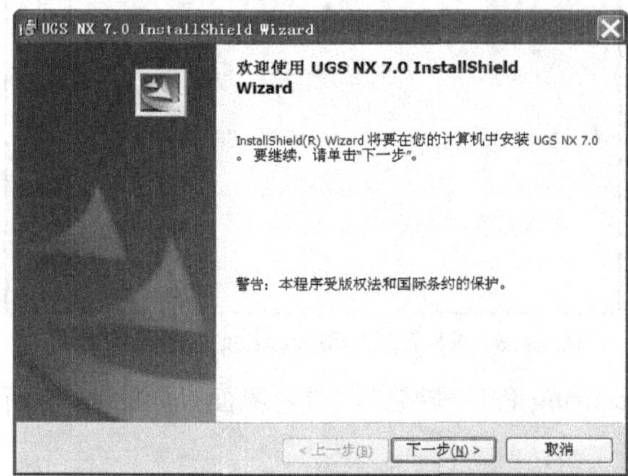

图 14-12　NX 7.0 安装向导界面

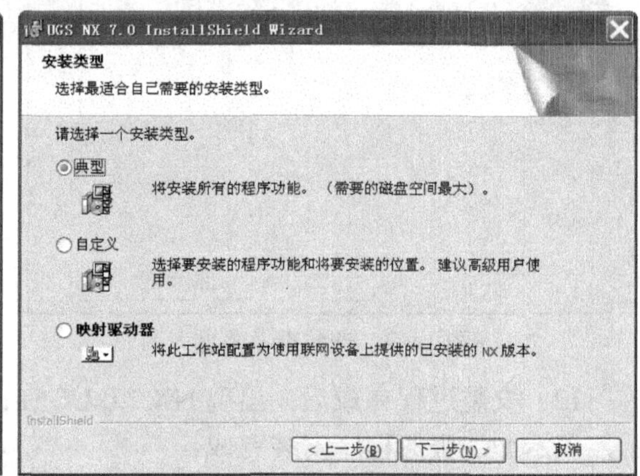

图 14-13　安装类型选择界面

5）单击 下一步(N) > 按钮，进入 NX 7.0 安装路径选择界面，如图 14-14 所示。

6）单击 下一步(N) > 按钮，进入服务器验证界面，如图 14-15 所示。

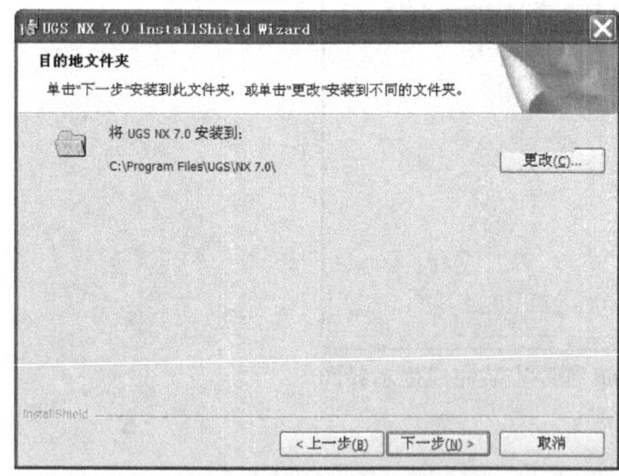

图 14-14　安装路径选择界面

图 14-15　服务器验证界面

为了方便管理，一般将服务程序和 NX 7.0 运行程序放在同一根目录下。注意，图 14-15 所示的"输入服务器名或许可证文件"文本框中的"PC-201010160857"为主机名，如果与计算机主机名不符将无法正常开启软件。

7）单击 下一步(N) > 按钮，出现 NX 语言选择界面，如图 14-16 所示。

8）选中"简体中文"单选按钮，然后单击 下一步(N) > 按钮，出现已做好安装程序准备界面，如图 14-17 所示。

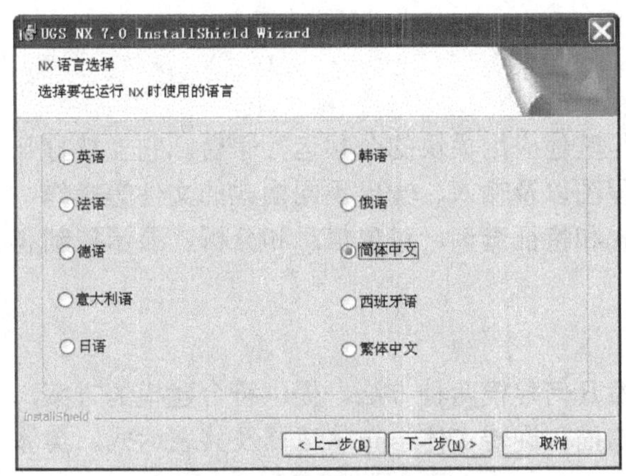

图 14-16　NX 语言选择界面

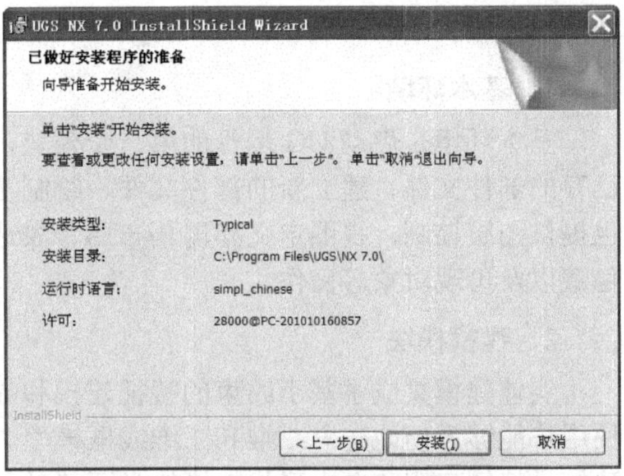

图 14-17　已做好安装程序准备界面

9）单击[安装(I)]按钮，系统将自动安装 UG NX 7.0 运行程序，如图 14-18 所示。

10）完成 UG NX 7.0 运行程序安装后，出现完成安装提示界面，如图 14-19 所示。

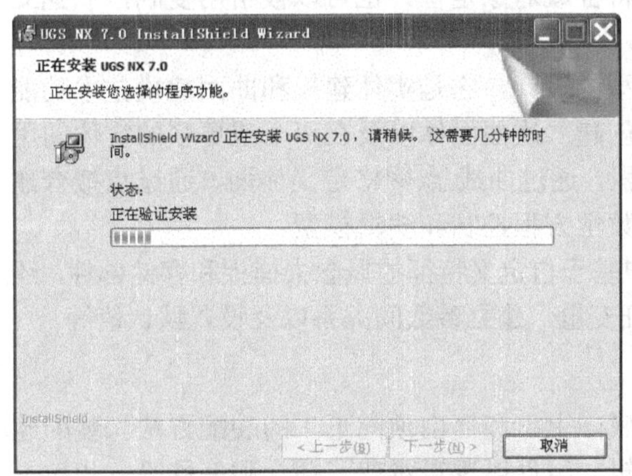

图 14-18　UG NX 7.0 安装过程

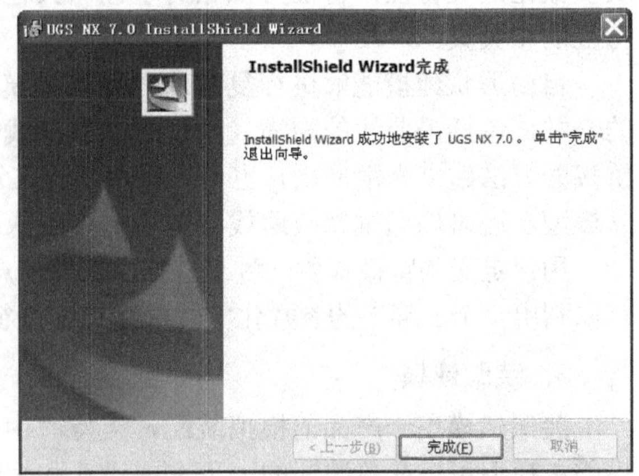

图 14-19　完成 UG NX 7.0 运行程序安装界面

14.2　UG NX7.0 软件的特点及模块介绍

UG 提供了强大的实体建模技术和高效的曲面建构能力，能够完成最复杂的造型设计，与装配功能、2D 出图功能、模具加工功能及 PDM 之间的紧密结合，使用户能够方便地绘制出任何复杂的实体以及造型特征。UG 的各项功能都是通过各自的应用模块来实现的，这些功能模块都可以在"开始"菜单中找到，如图 14-20 所示。下面对 UG NX 7.0 软件的几个主要应用模块以及功能

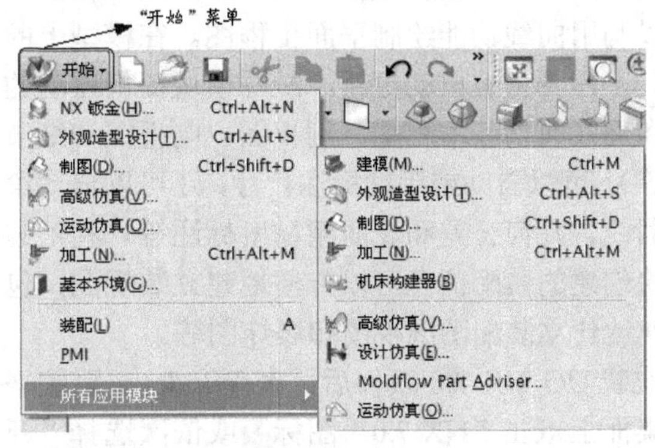

图 14-20　"开始"菜单

作简单介绍。

1．基本环境

基本环境是启动 UG 运行的第一个模块，是其他应用模块的公共运行平台。它支持打开已存的部件文件、建立新的部件文件、绘制工程图以及输入、输出不同格式的文件等操作，也提供图层控制、视图定义和屏幕布局、表达式和特征查询、对象信息和分析、显示控制和隐藏以及再现对象等操作。

2．建模模块

实体建模集成了基于约束的特征建模和显性几何建模两种方法，提供符合建模的方案，使用户能够方便地建立二维和三维线框模型、扫描和旋转实体、布尔运算及其表达式。实体建模是特征建模和自由形状建模的必要基础。

特征建模提供对建立和编辑标准设计特征的支持，常用的体素建模方法包括圆柱、圆锥、球、圆台、凸垫及孔、键槽、腔体、倒圆和倒角等。为了基于尺寸和位置的尺寸驱动编辑以及参数化定义特征，特征可以相对于任何其他特征或对象定位，也可以被引用复制，以建立特征的相关集。

自由形状建模能够进行复杂曲面和实体模型的设计，它是实体建模和曲面建模技术功能的合并，包括沿曲线的扫描、用一般二次曲线创建二次曲面体以及在两个或更多的实体间用桥接的方法建立光滑曲面，也可以采用逆向工程，通过曲线/点网格定义曲面，通过点拟合建立模型，还可以通过修改曲线参数或通过引入数学方程控制和编辑模型。

用户定义的特征提供一种交互方法，使用户基于自定义特征的概念去捕捉和存储部件，还可以利用一个已存在的参数化实体模型定义特征变量、建立参数间关系以及设置默认值等。

3．装配建模

装配建模用于产品的模拟装配，支持“由底向上”和“由顶向下”的装配方法。装配建模的主模型可以在总装配的上下文中设计和编辑，组件以逻辑对齐、贴合和偏移等方式被灵活地配对或定位，改进了性能并减少了存储的需求。参数化的装配建模可以描述组件间的配对关系，以及部件之间共享的建模参数，是产品开发的并行工作。

4．制图模块

制图模块是用实体模型自动生成平面工程图，也可以利用曲线功能绘制平面工程图。在模型上的改变，工程图将被自动更新。制图模块提供自动的视图布局（包括基本视图、剖视图、向视图和细节视图等），可以自动或手动标注尺寸，还可以自动绘制剖面线、几何公差和表面粗糙度标注等。利用装配模块创建的装配信息可以方便地建立装配图，包括快速地建立装配图剖视图和爆炸图等。

图 14-21　UG NX 7.0 欢迎界面

安装 UG NX 7.0 软件后，在 Windows 系统平台的桌面上双击“NX 7.0”图标或依次选择“开始”→“所有程序”→“UGS NX 7.0”→“NX 7.0”

命令，进入 UG NX 7.0 欢迎界面，如图 14-21 所示。

系统弹出 UG NX 7.0 欢迎界面后，需要等待软件初始化，然后进入 UG NX 7.0 的初始界面，如图 14-22 所示。

在标准工具条中单击新建按钮，弹出“新建”对话框，如图 14-23 所示。在“名称”文本框中输入的新文件名不能为中文名称，“文件夹”文本框中也不能有中文，否则文件将无法创建。

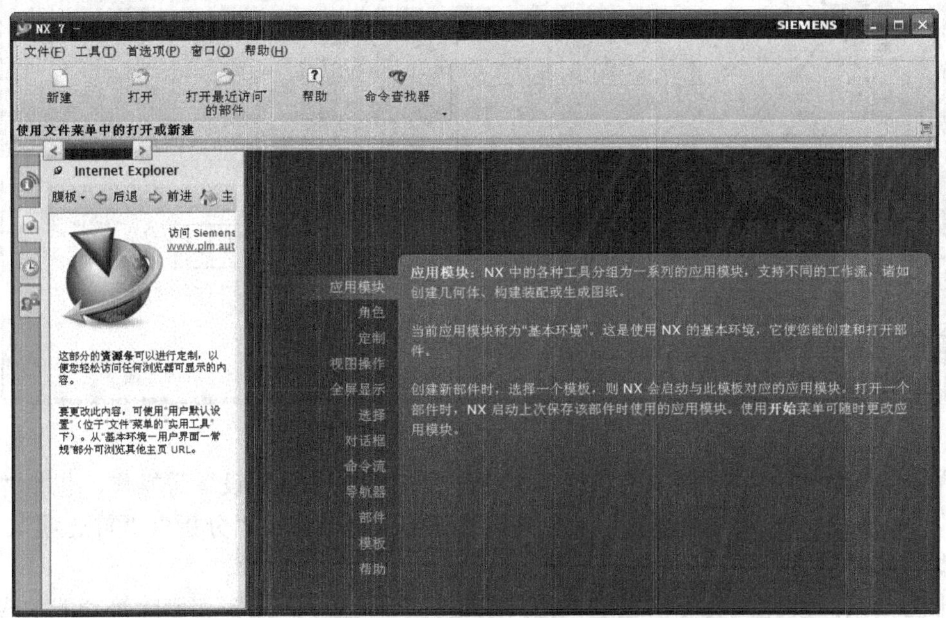

图 14-22　UG NX 7.0 初始界面

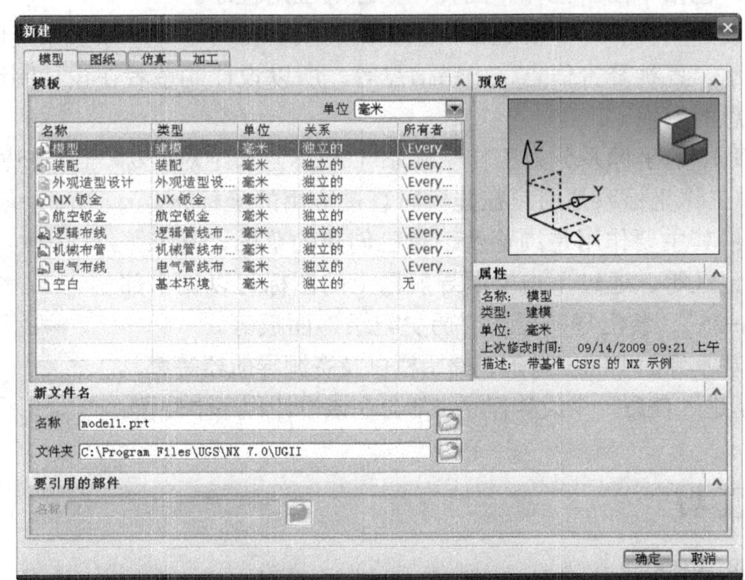

图 14-23　“新建”对话框

在“名称”文本框中输入新文件名，然后单击确定按钮进入 UG NX 7.0 基本界面，如

图 13-24 所示。

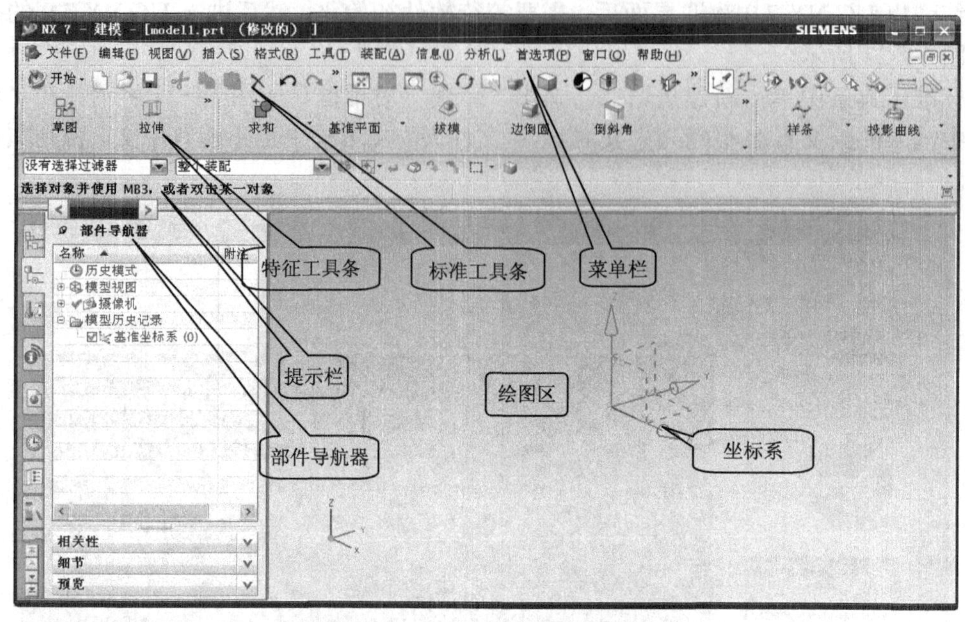

图 14-24　UG NX 7.0 基本界面

菜单栏：可以通过菜单栏中的相应功能进行文件编辑、软件设置等操作，包括“文件”、“编辑”、“视图”、“插入”、“格式”、“工具”、“装配”、“信息”、“分析”、“首选项”、“窗口”和“帮助”12 个菜单项。

标准工具条：设计人员可以通过该工具条进行文件操作、撤销和删除等功能的应用。

特征工具条：包括草图、拉伸、回转、扫掠等应用程序。

提示栏：是设计人员和计算机进行信息交流的主要窗口之一，很多系统信息都在这里显示，包括操作提示、各种警告信息、出错信息等，所以设计制造者在设计制造过程中要养成随时浏览系统信息的习惯。

坐标系：UG 中的坐标系分为工作坐标系（WCS）和绝对坐标系（ACS），其中工作坐标系是用户在建模时直接应用的坐标系。

资源导航器：其主要作用是浏览及编辑已创建的草图、基准平面、特征和历史记录等。通过单击资源导航器上的图标可以调出部件导航器（图 14-25）、装配导航器和“历史记录”面板等。

UG NX 7.0 基本界面中的工具条、提示栏以及资源导航器等都具有跟踪性，也就是进入任意一个设计程序，都会在该设计程序中驻留。

图 14-25　部件导航器

14.3　常用工具

14.3.1　工具栏的概述

工具栏是一行图标，每个图标代表一个功能，是为快速访问常用的操作而设计的，这样可以避免在菜单栏中查找命令的繁琐，方便操作。在模块应用中，为了有较大的图形窗口，在默认状态下只显示一些常用的工具栏及其常用的图标，而不是显示所有的工具栏及其所有的图标。

1．显示和消隐工具栏

（1）利用“工具栏”菜单　将光标移动到工具栏中，单击鼠标右键，弹出“工具栏”菜单，菜单中列出所有当前装载的一系列工具栏的名称。其中包含系统工具栏和用户定制的工具栏，标记“☑”说明该工具栏当前被显示，如图 14-26 所示。如想显示某个工具栏，则选中显示工具栏前面的复选框；如想消隐工具栏，则取消选中要消隐的工具栏前面的复选框。

（2）利用“定制”对话框　为定制工具栏的可见性和内容，还可选择“工具”→“定制”命令，在弹出的“定制”对话框中进行相关设置。

2．使用工具提示

工具提示是一个文本框，这个文本框告诉用户该工具的作用。无论该工具栏在当前模块下是否可用，UG 都会显示工具提示。

为了看到工具提示，可以将鼠标光标放在工具图标上，在光标下就会出现一个文本框，如图 14-27 所示。

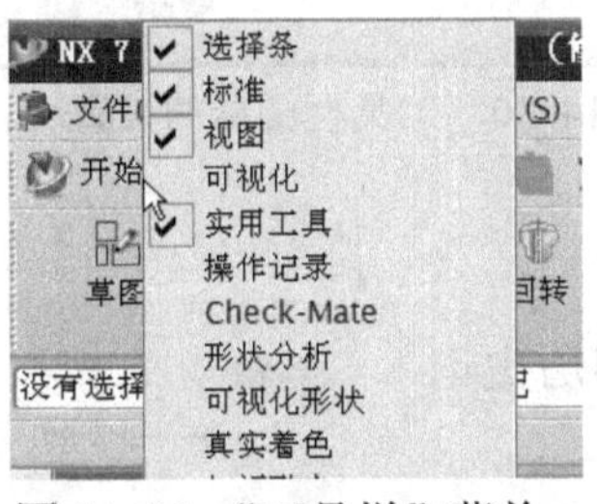

图 14-26 “工具栏”菜单

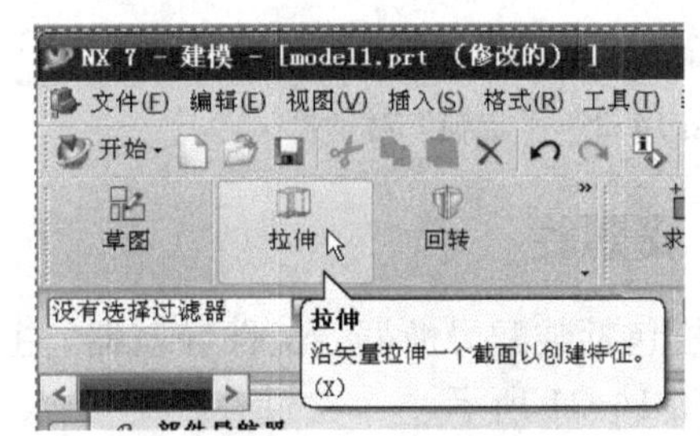

图 14-27　工具提示

3．工具栏上图标的可见性

工具栏按功能分为许多种，例如，菜单栏、成型特征工具栏和标准工具栏，工具栏中有很多小的图标，每个小图标代表一种功能。但是系统默认状态下，不是每个工具栏上所有图标都显示出来，只显示其中的几个。想要选择需要的图标，单击工具栏右侧的“工具栏选项”按钮（指向下方的三角箭头），选择“添加或移除按钮”命令，将光标放在工具栏名称上即可看到该工具栏上可用的工具清单，选中工具清单上图标前的复选框，即可把该图标显示在工具栏上；取消选中图标前的复选框，则工具栏上该图标消隐，如图 14-28 所示。

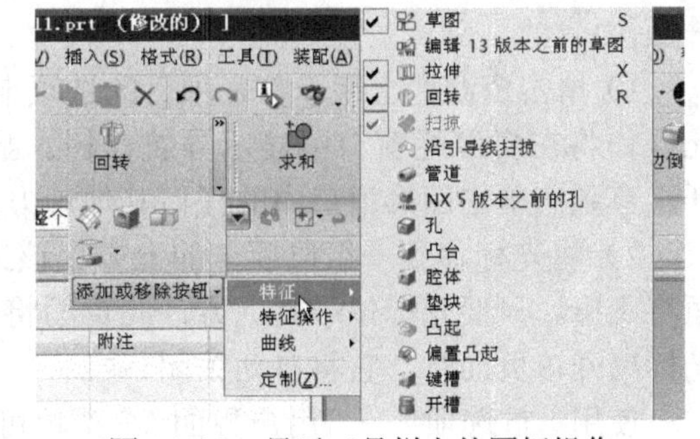

图 14-28　显示工具栏上的图标操作

14.3.2　自定义工具栏

用户可根据自己的需要定制工具栏，使操作更简便。工具栏的具体定制方法有以下几种：

1）选择“工具”→“定制”命令。

2）在对话框区或已显示的工具栏上单击鼠标右键，在弹出的快捷菜单中选择“定制”命令。

3）单击工具栏右侧的“工具栏选项”按钮（三角箭头指向下方的箭头），选择 添加或移除按钮 命令，接着会出现菜单，然后选择“定制”命令，如图 14-29 所示。

4）在“工具条”选项卡中选中“车身设计”复选框，然后选中“文本在图标下面”复选框，则在“车身设计”工具栏的每个图标下面都显示相应的文本。如果取消选中“文本在图标下面”复选框，则不在“车身设计”工具栏的每个图标下面显示相应的文本，如图 14-30 所示。

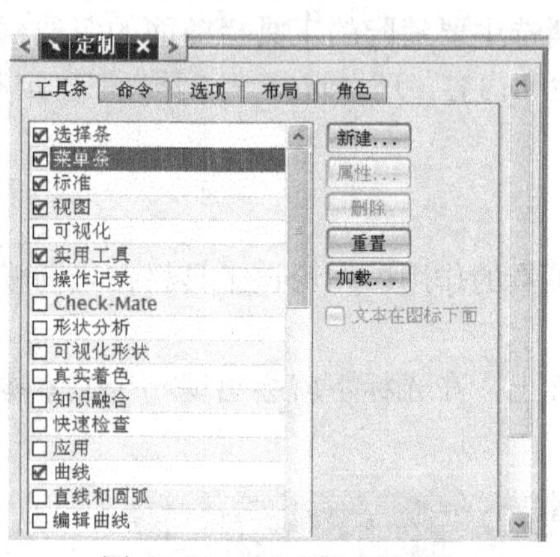

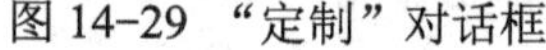
图 14-29 “定制”对话框

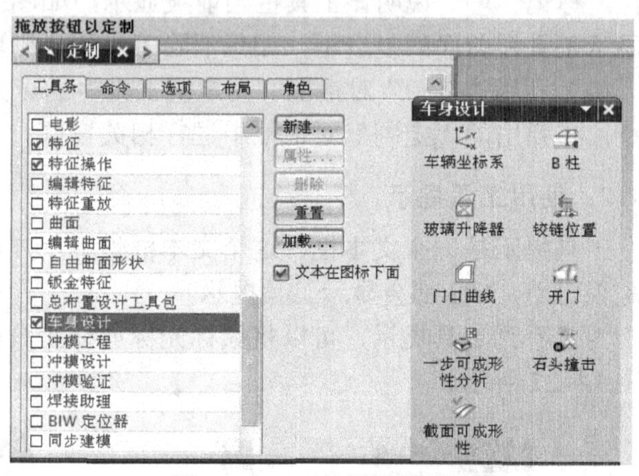

图 14-30 工具栏图标的设置

14.3.3 资源栏

资源栏包括装配导航器、部件导航器、主页浏览器和历史记录等，如图 14-31 所示。

在默认设置时，资源栏处于显示状态。可通过下拉菜单“视图”→“显示资源条”来显示或隐藏资源栏。单击按钮可以使页面处于固定状态，单击按钮可以使页面处于滑移状态。

要在资源栏上打开导航器、资源板或浏览器，请执行以下某一操作：

1）单击资源栏上用于打开项目的选项卡。对于导航器而言，此操作将在资源栏窗口中显示导航器树。显示的页面将保持打开，直到您单击图形窗口中的任何其他地方。

2）将光标移到一组选项卡的上方。该组中最近被访问的页面将飞出。只要光标位于其上方，此页面将一直保持打开状态。光标离开该页面时，它将自动关闭。

使用“首选项”→“用户界面...”菜单可定制资源栏的操作。

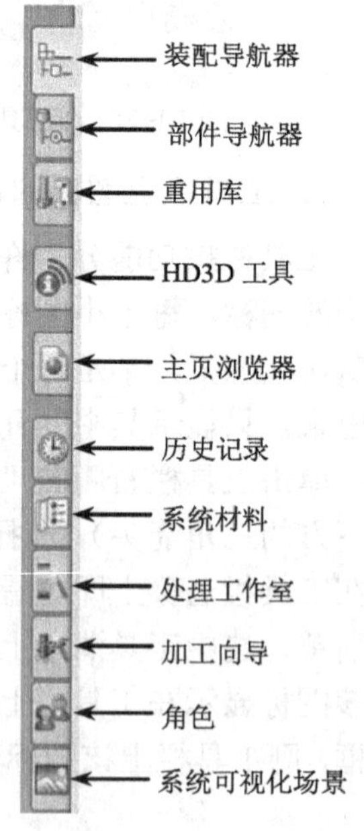

图 14-31 资源栏

14.3.4 点选择

用 UG 绘图的过程中，常会遇到需要指定一个点的情况，此时，系统弹出“点”对话框，如图 14-32 所示。“点”对话框还可以独立使用，可以利用该对话框构造点。选择“插入”→“基准/点”→“点”命令，弹出“点”对话框。构造点的方法有两种：

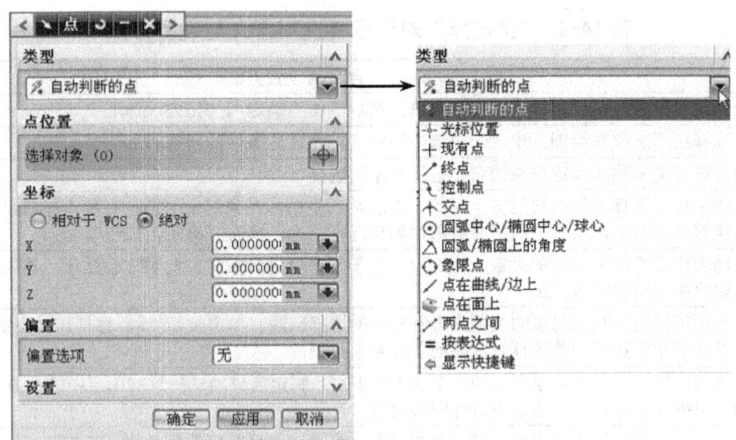

图 14-32 “点”对话框

1）在“点”对话框中输入点坐标来构造点。

2）通过在“点”对话框中捕捉点方式来构造点。

14.3.5 类选择

在 UG 各模块的使用中需要选择对象。当使用某些命令，诸如“对象”（信息菜单）和“删除”（编辑菜单）时，“类选择”对话框自动显示。通过限制选择对象的类型、图层、颜色和其他选项类选择器可以快速地选择对象，方便操作。当需要选择对象时，系统弹出如图 14-33 所示的对话框。

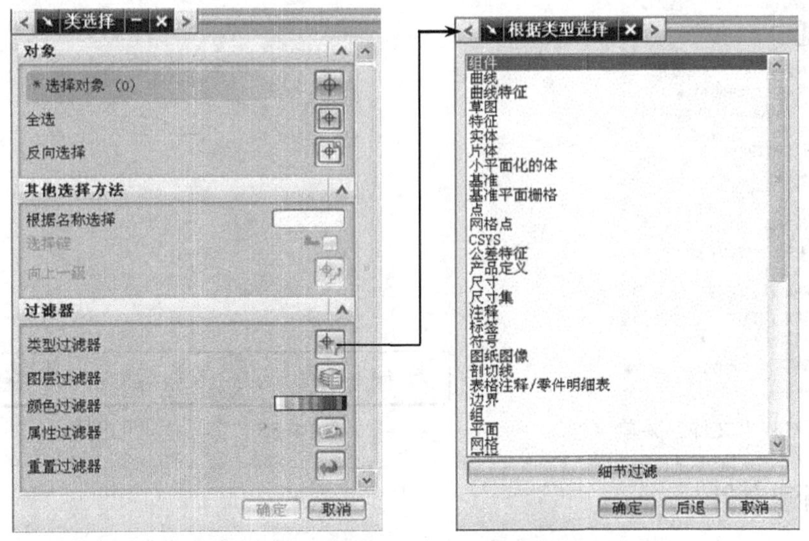

图 14-33 “类选择”对话框及其操作

在该对话框中，可以根据需要选择对象类型设置区中的 5 种过滤器来限制选择对象的范围，然后通过合适的选择方式来选择对象，所选对象会在绘图工作区中以高亮的方式显示。该对话框中各选项的含义及设置方法可参照表 14-1。

表 14-1 “类选择”对话框各选项含义与设置方法

选　项	含义与设置方法
选择对象	选择该对象时，可以选择图中任意对象，然后单击“确定”按钮完成选取
反向选择	该选择用于选取在绘图区中，未被选中的并且符合过滤条件的所有对象
根据名称选择	通过在该文本输入预选对象的名称进行对象的选择
选择链	该选项用于选择首尾相接的多个对象。方法是：先单击对象链中的第一对象，然后单击最后一个对象，此时系统将高亮显示对象链中的所有对象，如果选择正确，单击“确定”按钮即可
向上一级	该选项用于选取上一级的对象。当选取了位于某个组的对象时，此项才会激活，然后单击该按钮，系统将会选取组中包括的所有对象
类过滤器	该选项可以通过制定对象的类型来限制对象的选择范围。单击按钮，将打开“根据类型选择”对话框，在该对话框中设置在对象选择时需要的各种对象类型
图层过滤器	该选项可以指定所选对象所在的一个或多个图层，制定后只能选择这些图层中的对象。单击按钮，在打开的“根据图层选择”对话框中进行图层设置
颜色过滤器	通过指定对象的颜色来限制选择对象的范围。单击该选择右侧的颜色块，将打开“颜色”对话框，在该对话框中设置对象的颜色
属性过滤器	通过指定对象的共同属性来限制对象的范围，单击按钮，打开“按属性选择”对话框，在弹出的对话框中指定属性选择对象
重置过滤器	取消之前的类选择，单击按钮，可重新进行类选择设置

14.4 文件操作

文件的操作包括新建文件、打开/关闭文件、保存文件和导入/导出文件操作等，这些操作可通过选择图 14-34 所示的“文件”菜单中的各种命令来完成，也可以通过单击图 14-35 所示的工具栏上的图标来完成。

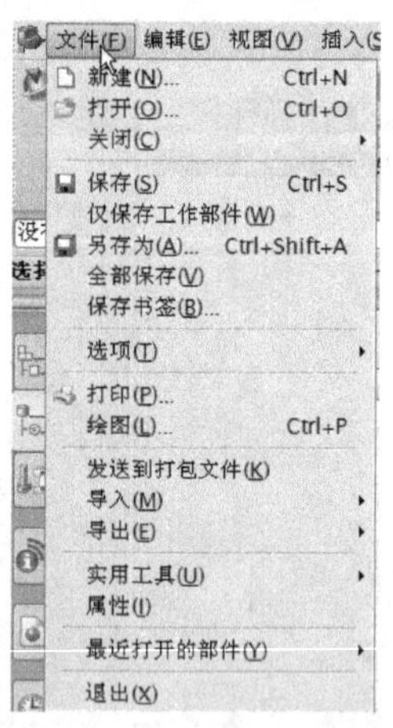

图 14-34 “文件”菜单

图 14-35 工具栏上的图标

14.4.1 新建文件

选择“文件”→“新建”命令，或在工具栏上单击新建按钮或按 Ctrl+N 快捷键，即可打开“新建”对话框，如图 14-23 所示。

在“新建”对话框中确定新建文件的存储路径，然后在“名称”文本框中输入文件名，文件类型可自由选择（默认后缀名 prt），在“单位”下拉列表框中选择将要创建零件的尺寸单位，UG 提供了 3 种度量单位：英寸、毫米和全部，设置完成后单击“确定”按钮即可。

14.4.2 打开和关闭文件

1．打开文件

选择“文件”→“打开”命令，或单击工具栏中的打开按钮，或按 Ctrl+O 快捷键，都可弹出“打开”对话框，如图 14-36 所示。

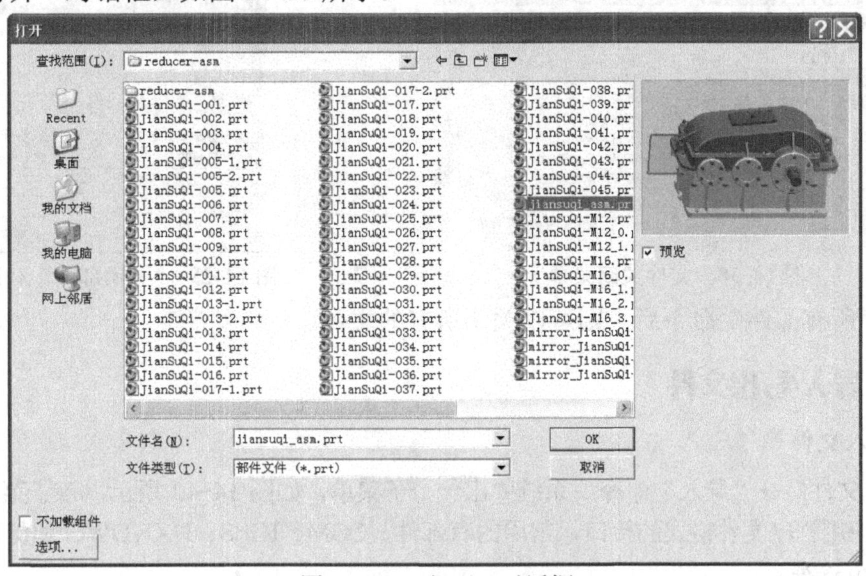

图 14-36 “打开”对话框

可以看到对话框中的文件列表框中列出了当前工作目录下的所有文件，可以直接选择要打开的文件，或在查找范围中指定文件所在的路径，然后单击OK按钮。

还可以选择“文件”→“最近打开的部件”命令来选择需要的文件，如图 14-37 所示。

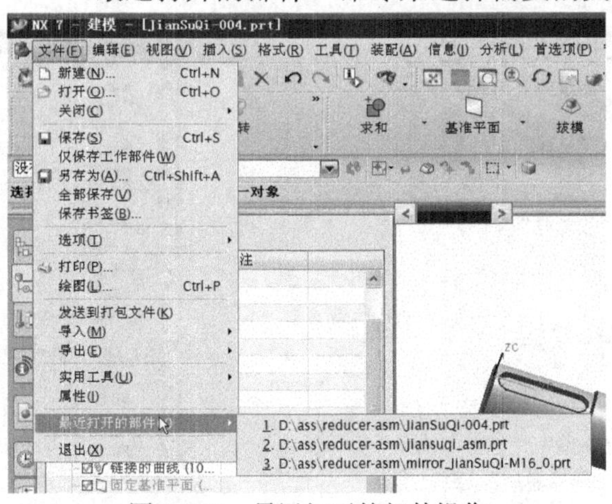

图 14-37 最近打开的部件操作

在“打开”对话框中没有“毫米”和“英寸”的单位选项按钮，因为文件中部件的单位是在建立时就决定的，之后是不可以改变的。

2．关闭文件

单击“文件”→“关闭”下的子菜单命令来完成文件关闭。如图 14-38 所示。

选择“选定的部件 ...”命令，弹出图 14-39 所示的对话框，可选取想要关闭的文件，然后单击“确定”按钮即可。

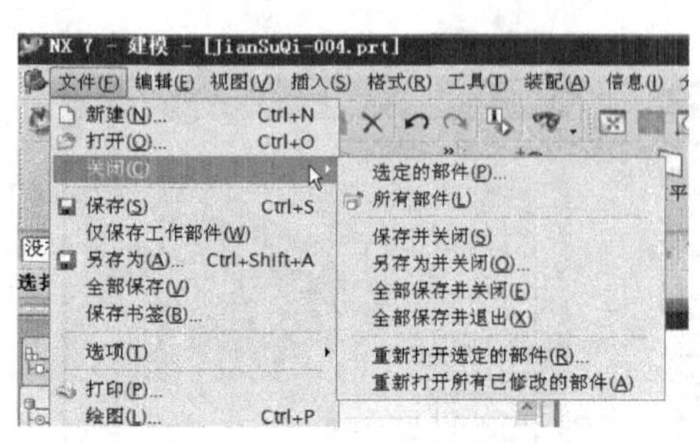
图 14-38 文件关闭菜单

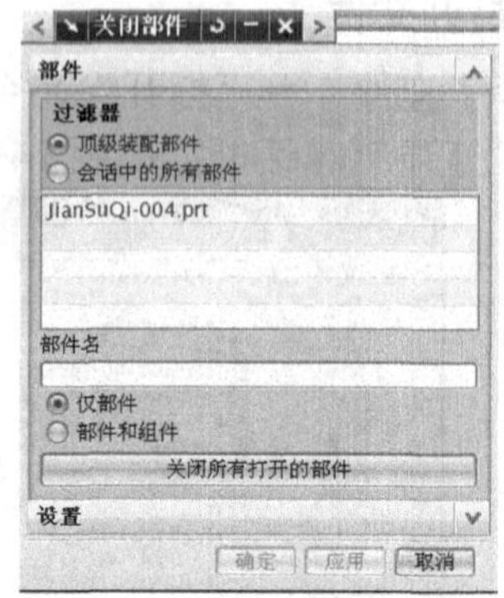
图 14-39 “关闭部件”对话框

选择“所有部件”命令后，则可以关闭所有的文件。

14.4.3 导入/导出文件

1. 导入文件

选择“文件”→“导入”命令后系统弹出一个子菜单，如图 14-40 所示，该子菜单中提供了 UG 与其他应用程序文件格式的接口，常用的有部件、CGM、IGES、DXF/DWG 和仿真等格式。

2. 导出文件

选择“文件”→“导出”命令后系统会弹出子菜单，如图 14-41 所示。可以将 UG 文件导出为除自身外的多种文件格式，包括图片、数据文件和其他各种应用程序文件格式。选择各命令后，系统会显示相应的对话框供用户操作。

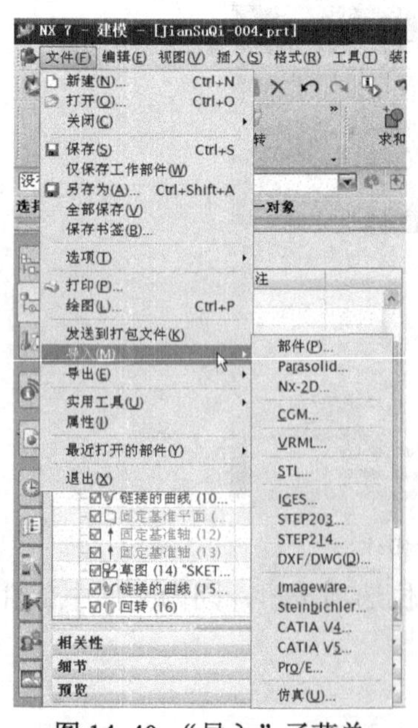
图 14-40 “导入”子菜单

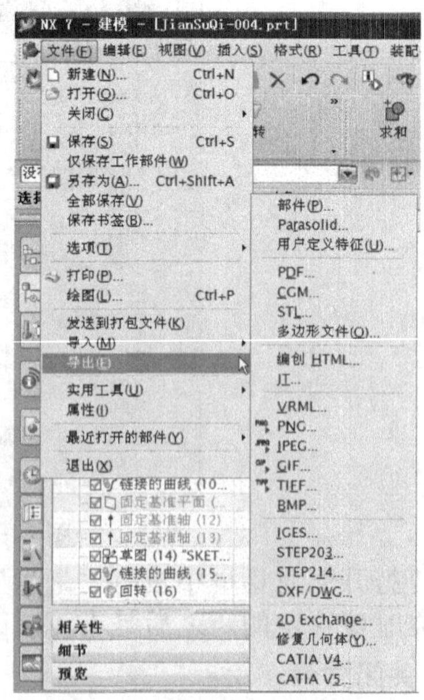
图 14-41 “导出”子菜单

14.4.4 文件操作参数的设置

1．装配加载选项

选择“文件”→“选项”→“装配加载选项”命令，弹出图 14-42 所示的对话框。

2．保存选项

选择“文件”→“选项”→“保存选项”命令，弹出图 14-43 所示的对话框，在该对话框中可进行相关参数的设置。

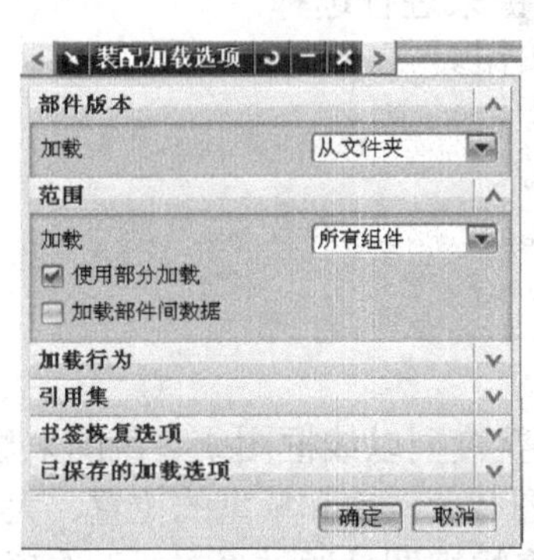

图 14-42 “装配加载选项”对话框

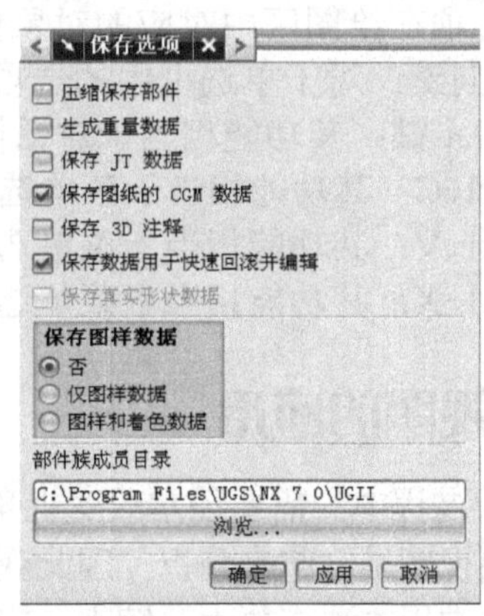

图 14-43 “保存选项”对话框

14.5 鼠标与快捷键的应用

对于 UG 系统来说，用户使用的工具是鼠标和键盘。在系统中，它们各有特殊的用法，下面对鼠标和键盘的功能作一下介绍。

14.5.1 鼠标的应用

一般而言，对于设计者来说，大多数使用的鼠标是三键式。而对于使用两键式鼠标的设计者来说，他们可以使用键盘中的 Enter 键来实现三键式鼠标的中键功能。同时，结合键盘中的 Ctrl、Shift 和 Alt 键来实现某些特殊功能，从而提高设计的效率和质量。

对此，作以下说明，来介绍鼠标在设计中的特殊功能。其中，用字母“SB？”来代替鼠标，用后面的问号“？”代替号码（1、2 或 3）；用“+”号代替同时按键这一动作。

1）SB1（左键）：用于选择菜单命令。

2）SB2（中键，或者滚轮）：用于确定所执行的指令。

3）SB3（右键）：用于显示快捷菜单。

4）Alt+SB2：用于取消所实行的指令。

5）Shift+SB1：取消之前在绘图区中所选取的对象，而在列表框中，这一操作是实现某一连续范围的多项选择。

6）Ctrl+SB1：用于在列表框中选择多项连续或者不连续的选项。

7）Shift+SB3：就某个选项打开其快捷菜单。

8）Alt+Shift+SB1：对于连续的选项进行选取。

14.5.2 快捷键的应用

除了可以用鼠标进行设计，还可以利用键盘中的某些键进行设计，这些键就是快捷键。利用它们可以和 UG 系统进行很好的人机交流。对于选项的设置，一般情况是将鼠标移动至所要设置的选项处，还可以利用键盘中的某些键来进行设置。快捷键的运用，可以参考有关菜单栏中选项后面的标识。下面说明某些通用的快捷键。

1）Tab：将鼠标在对话框中的选项之间进行切换。

2）Shift+Tab：在多选对话框中，将单个显示栏目往下一级移动，当光标位于某个选项上时，该选项在绘图区中对应的对象便亮显，以便选择。

3）方向键：对于单选框中的选项，可以利用方向键来进行选择。

4）Enter 键：其功能相当于对话框中的“确定”按钮。

5）Ctrl+C：其功能相当于菜单选项中的复制功能。

6）Ctrl+V：其功能相当于菜单选项中的粘贴功能。

7）Ctrl+X：其功能相当于菜单选项中的剪切功能。

14.6 视图的应用

在设计过程中，需要经常改变视角来观察模型，调整模型以线框图或着色图来显示。有时也需要多幅视图结合起来分析，因此观察模型不仅与视图有关，也和模型的位置、大小相关联。观察模型的常用方法有放大、缩小、旋转、平移等，而多幅视图是通过“布局”选项来实现的。

观察模型的常用方法有 3 种：

1）直接在视图工具条中单击需要的视图按钮。

2）在绘图区中单击鼠标右键，在弹出的快捷菜单中选择需要的选项。

3）直接利用鼠标中键的功能观察模型。

1. 观察模型的方法

在设计中常常需要通过观察模型来粗略检查模型设计是否合理，UG 软件提供的视图功能可让设计者方便、快捷地观察模型。“视图”工具条如图 14-44 所示。

图 14-44 “视图”工具条

1）（适合窗口）：单击该按钮将可见图素全部显示在绘图区内。

2）（缩放）：单击该按钮后，按下鼠标左键并保持，以两个对角线端点确定一个矩形为放大区域，区域内图素将被放大。

3）（放大/缩小）：单击该按钮后，按下鼠标左键并保持，然后在绘图区中移动光标即可实现放大或缩小功能。

4）（旋转）：单击该按钮后，按下鼠标左键并保持，然后在绘图区中移动即可实现旋转功能。

5）（平移）：单击该按钮后，按下鼠标左键并保持，然后在绘图区中移动即可实现平移功能。

2. 模型的显示方式

在“视图”工具条中单击带边着色按钮右边的下三角按钮，弹出视图着色下拉菜单，如图 14-45 所示。

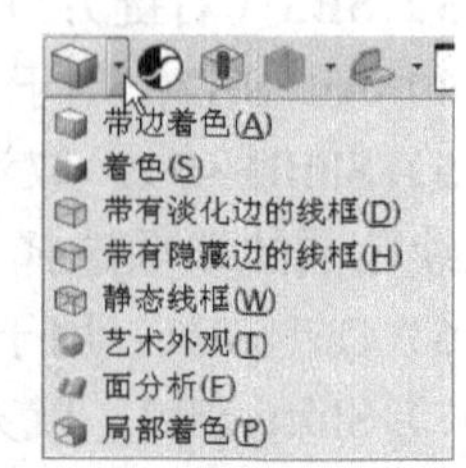

图 14-45 视图着色下拉菜单

表 14-2 列出了视图着色的使用说明和图解。

表 14-2 视图着色的使用说明和图解

命令	说明	图解
带边着色	选择该命令，用光顺着色和显示实体边缘	
着色	选择该命令，将对模型零件进行着色	
带有淡化边的线框	选择该命令，模型零件的隐藏线将以灰色表示	
带有隐藏边的线框	选择该命令，模型零件的隐藏线不可见	
静态线框	选择该命令，模型零件的隐藏线可见，而且旋转视图后必须"更新"显示来校正隐藏的边或线	
艺术外观	选择该命令，根据指定的基本材料、纹理和光源着色	
面分析	选择该命令，对模型表面进行光顺分析	
局部着色	用光顺着色和打光渲染光标指向的视图中的局部着色面，用边缘几何体渲染剩余的面	

3. 模型的查看方向

在"视图"工具条中单击正二测视图按钮右边的下三角按钮，弹出视图显示下拉菜单，如图 14-46 所示。

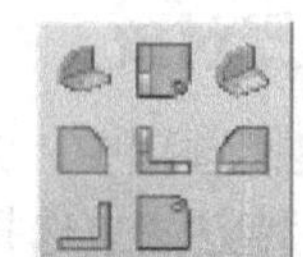

图 14-46 视图显示下拉菜单

表 14-3 列出了视图显示的使用方法及说明。

表 14-3 视图显示的使用方法及说明

图标	说明	图解
（正二测视图）	单击该按钮，将模型零件以正二测视图显示	
（顶部）	单击该按钮，将模型零件以顶部视图显示	
（正等测视图）	单击该按钮，将模型零件以正等测视图显示	
（左视图）	单击该按钮，将模型零件以左视图显示	
（前视图）	单击该按钮，将模型零件以前视图显示	
（右视图）	单击该按钮，将模型零件以右视图显示	
（背景色）	单击该按钮，将模型零件以后视图显示	
（底部）	单击该按钮，将模型零件以底部视图显示	

14.7 对象操作

当要对对象（点、线、面等）进行操作时，首先需要选择对象，选择对象可以用鼠标在图形界面中直接选择，也可以在导航器中选择。

14.7.1 观察对象

1）用快捷菜单观察对象，在工作区单击鼠标右键，弹出图 14-47 所示的快捷菜单。

2）通过工具栏或“视图”菜单观察对象，如图 14-48 所示。

图 14-47 快捷菜单

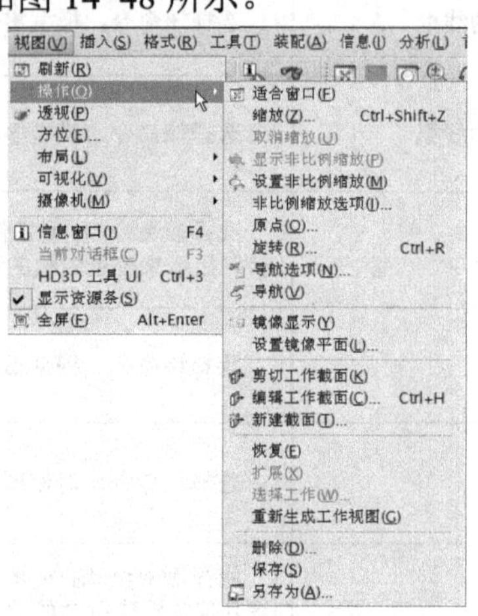

图 14-48 观察对象操作

14.7.2 选择对象

在 UG 建模过程中，为了方便、快速地选择目标体，可以有多种方法来选择对象。NX 允许直接在图形窗口中或在部件导航器或装配导航器中选择对象。将光标移动到图形窗口中对象的上方时，NX 会预先高亮显示可选择的对象。当单击以选择所需的对象时，NX 会高亮显示选定的对象。通过连续单击可选对象，或通过使用矩形来选择多个对象。

要取消选择对象，请按住 Shift 并单击该对象，通过按 Esc 键取消选择所有选定的对象。NX 提供快速拾取对话框和选择条，以辅助简化图形窗口选择。常用的是选择“编辑”→“选择”命令，弹出图 14-49 所示的子菜单。

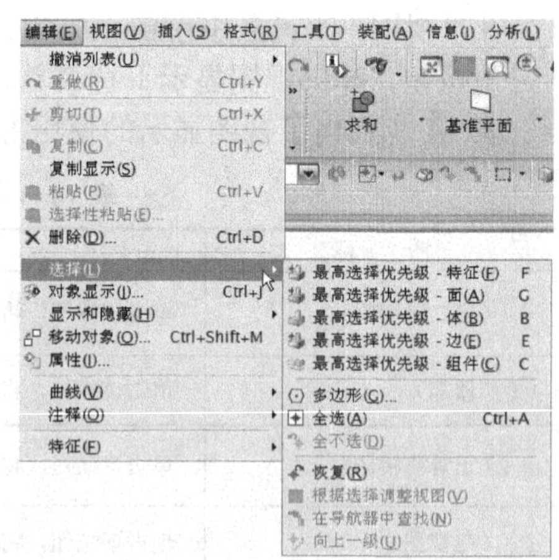

图 14-49 “选择”子菜单

14.7.3 更改对象显示方式

选择“编辑”→“对象显示”命令（图 14-50）或按 Ctrl+J 快捷键，弹出图 14-51 所示的“类选择”对话框，完成“选择对象”后，出现图 14-52 所示的对话框。通过该对话框可编辑所选择对象的层、颜色、网格数和着色等参数。

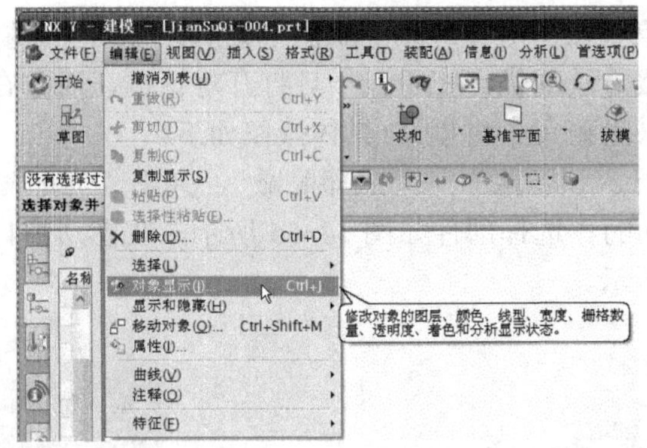

图 14-50 对象显示操作

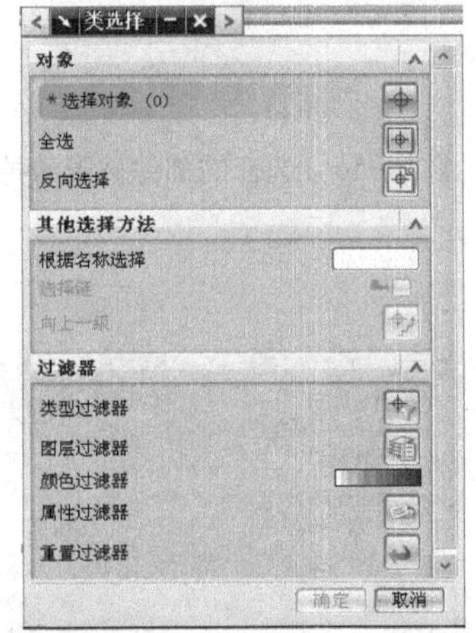

图 14-51 “类选择”对话框

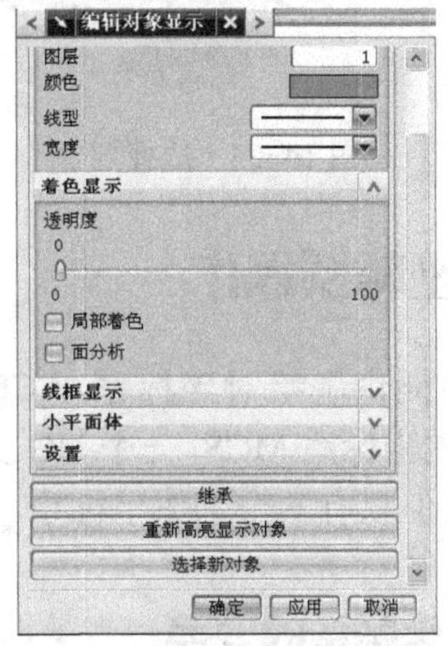

图 14-52 “编辑对象显示”对话框

14.7.4 隐藏和重现对象

当工作窗口图形太多，以致不便于操作时，需要将暂时不需要的对象（草图、基准面和曲线等）隐藏，选择“编辑”→“显示和隐藏”命令，弹出子菜单，如图 14-53 所示。该功能是对对象实现隐藏和显示功能。具体操作如图 14-54 所示。

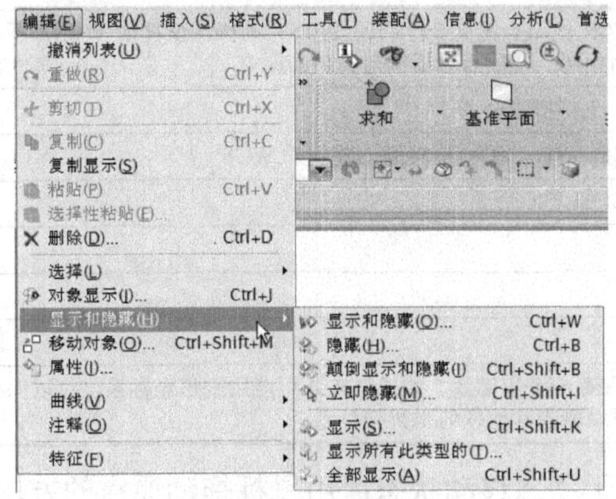

图 14-53 “显示和隐藏”子菜单

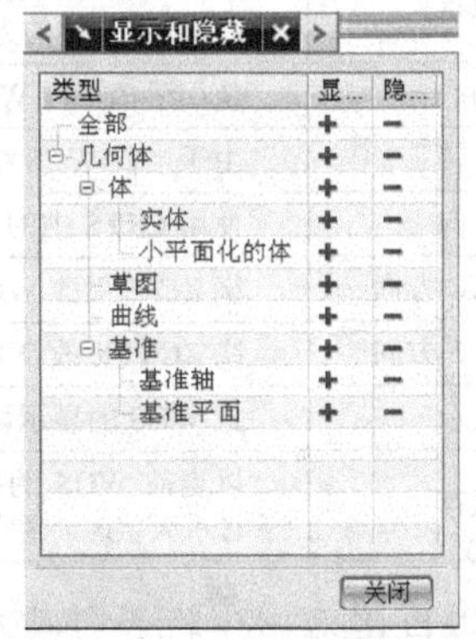

图 14-54 显示和隐藏操作

也可以通过选择对象（在图形窗口或导航器中）后，使用“立即隐藏”命令来隐藏这些对象。此方法较其他隐藏方法的优点在于，一旦打开对话框，对象在被选择之后便隐藏（换言之，您可以单击一次来隐藏每个对象）。具体操作如下：

选择“编辑”→“显示和隐藏”→“立即隐藏”，弹出“立即隐藏”对话框。其中，单个选项选择对象⊕是活动的。选择部件如图 14-55 所示，在图形窗口或导航器中选择对象。隐藏对象后如图 14-56 所示。

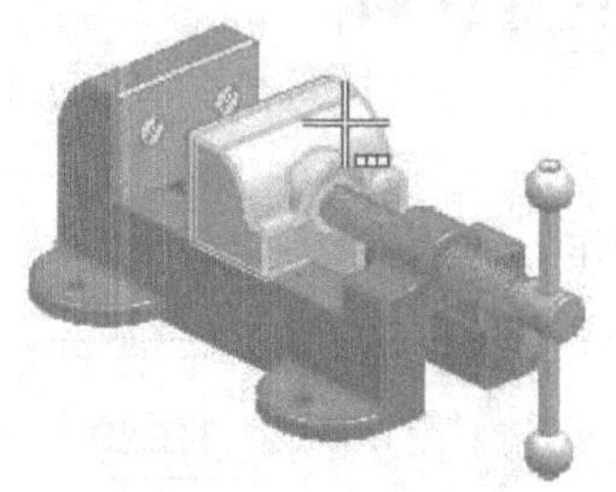

图 14-55　选择部件

图 14-56　选择的部件被隐藏掉

14.8　坐标系操作

UG 中提供了绝对坐标系 ACS、工作坐标系 WCS 和机械坐标系 MCS，一个 UG 文件可以存在多个坐标系，但只有一个工作坐标系。

14.8.1　坐标系的变换

选择“格式”→“WCS”命令，弹出图 14-57 所示的子菜单。各种坐标系变换方式及其说明参见表 14-4。

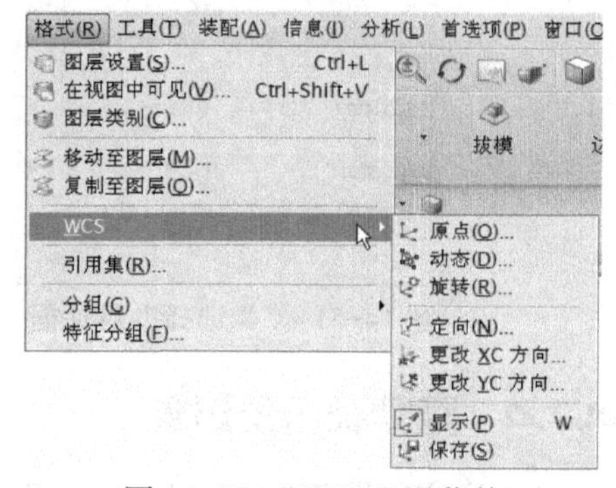

图 14-57　“WCS”子菜单

表 14-4　坐标系变换说明

选　项	描　述
原点	此选项让用户通过重新定义当前 WCS 的原点定义一个新的 WCS。此操作仅移动 WCS，不会更改方位。新 WCS 轴的方向与当前轴的方向相同。使用点对话框定义新的原点
动态	使用手柄操控 WCS 的位置和方位。支持撤销命令
旋转	由于当前 WCS 绕自身的一个轴（XC，YC，ZC）旋转而创建新的 WCS
定向	使用 CSYS 中的功能指定新的 WCS
更改 XC 方向	绕 ZC 轴更改 WCS 的 XC 轴方向
更改 YC 方向	绕 ZC 轴更改 WCS 的 YC 轴方向
显示	把 WCS 的显示切换为“开”和“关”
保存	以当前 WCS 的原点和方向创建并保存一个坐标系。如果将来还可能用到该坐标系，可以保存它，赋予它永久状态。除了当前 WCS 外，可以删除其他任何永久坐标系

可以直接双击坐标系使坐标系激活，处于动态移动状态；用鼠标拖动原点的方块，可以沿 X、Y、Z 方向任意移动，也可以绕任意坐标轴旋转。

14.8.2 坐标系的定义

选择“格式”→“WCS”→“定向”命令，弹出图 14-58 所示的“CSYS”对话框，用于定义一个新的坐标系，该对话框提供了多种基准坐标系的创建方法。

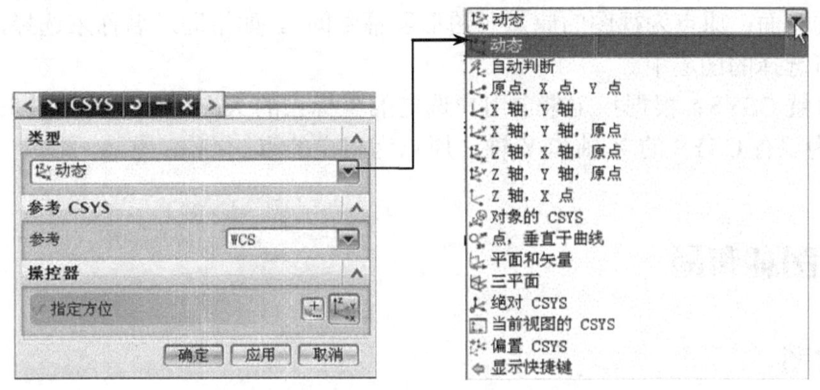

图 14-58 “CSYS”对话框及其类型

1）动态：可以手动移动 CSYS 到任何想要的位置或方位，或创建一个关联、相对于选定 CSYS 动态偏置的 CSYS。

2）自动判断：定义一个与选定几何体相关的 CSYS，或通过 X、Y 和 Z 分量的增量来定义 CSYS。实际所使用的方法是基于选定的对象和选项。

3）原点，X 点，Y 点：根据选定或定义的三个点来定义 CSYS。要指定所有三个点，可使用“点构造器”。X 轴是从第一点到第二点的矢量；Y 轴是从第一点到第三点的矢量；原点是第一点。

4）X 轴，Y 轴：根据选定或定义的两个矢量来定义 CSYS。X 轴和 Y 轴是矢量。原点是矢量交点。

5）X 轴，Y 轴，原点：根据选定或定义的一点和两个矢量来定义 CSYS。X 轴和 Y 轴都是矢量；原点为一点。

6）Z 轴，X 轴，原点：根据选择或定义的点和两个矢量定义 CSYS。Z 轴和 X 轴是矢量；原点是点。

7）Z 轴，Y 轴，原点：根据选择或定义的点和两个矢量定义 CSYS。Z 轴和 Y 轴是矢量；原点是点。

8）Z 轴，X 点：根据定义的一个点和一条 Z 轴来定义 CSYS。X 轴是从 Z 轴矢量到点的矢量；Y 轴是从 X 轴和 Z 轴计算得出的；原点是这三个矢量的交点。

9）对象的 CSYS：从选定的曲线、平面或制图对象的 CSYS 来定义相关的 CSYS。

10）点，垂直于曲线：通过一点且垂直于曲线定义 CSYS。当选择线性曲线时，X 轴是从曲线到点的垂直矢量；Y 轴是 Z 与 X 的矢量积；Z 轴是垂直点的切矢；原点是曲线上的点，垂直点在此点处垂直于曲线。当选择一条非线性曲线，X 轴点处于任意的方位，并不指向选定的点。

11）平面和矢量：根据选定或定义的平面和矢量来定义 CSYS。X 轴方向为平面法向；Y 轴方向为矢量在平面上的投影方向；原点为平面和矢量的交点。

12）三平面：根据三个选定的平面来定义 CSYS。X 轴是第一个“基准平面/平的面”

的法线；Y 轴是第二个“基准平面/平的面”的法线；原点是这三个平面/面的交点。

13）绝对 CSYS：指定模型空间坐标系作为坐标系。X 轴和 Y 轴是“绝对 CSYS”的 X 轴和 Y 轴；原点为“绝对 CSYS”的原点。

14）当前视图的 CSYS：将当前视图的坐标系设置为坐标系。X 轴平行于视图底部；Y 轴平行于视图的侧面；原点为视图的原点（图形屏幕中间）。如果通过名称来选择，CSYS 将不可见或在不可选择的图层中。

15）偏置 CSYS：根据指定来自用户选定的坐标系的 X、Y 和 Z 的增量来定义 CSYS。X 轴和 Y 轴为现有 CSYS 的 X 轴和 Y 轴；原点为指定的点。

14.9 视图和布局

14.9.1 视图

选择“视图”命令，弹出图 14-59 所示的子菜单。在 UG 建模模块中，沿着某个方向去观察模型，得到的一幅平行投影平面图像称为视图，不同的视图用于显示在不同方位和观察方向上的图像。

14.9.2 布局

选择“视图”→“布局”命令，弹出图 14-60 所示的子菜单。其中的命令用于控制布局的状态和各种视图角度的显示。该菜单可以在绘图工作区同时显示多个视角的视图，便于用户更好地观察和操作模型，可以定义系统默认的布局，也可以生成自定义的布局。

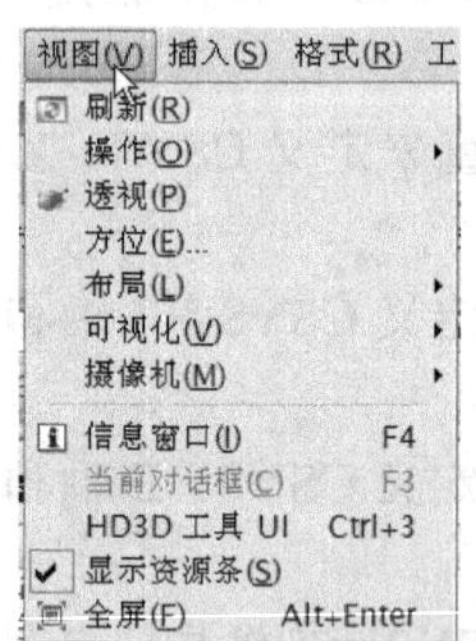

图 14-59 “视图”子菜单

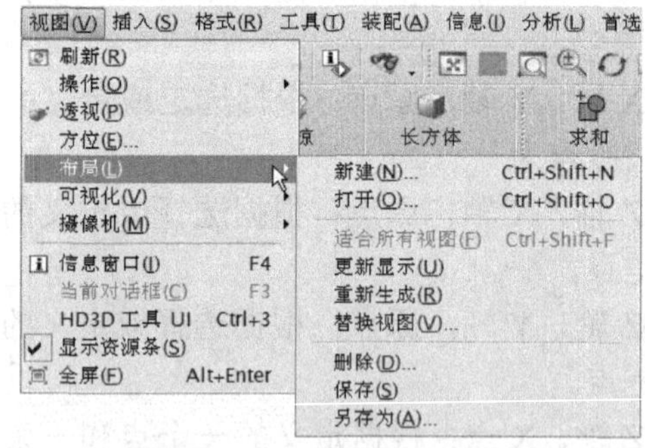

图 14-60 “布局”子菜单

14.10 图层操作

图层的主要功能是在复杂建模时可以控制对象的显示、编辑和状态。UG NX7.0 软件提供了 256 个图层供用户使用，图层的应用对绘图工作将会有很大的帮助。一个对象上的部件也可以分布在很多层上，但只有一个图层是当前工作图层，所有的操作只能在工作图层上进行，其他图层可以通过可见性和可选择性等设置进行辅助工作。

14.10.1 图层分类

在 UG 产品设计过程中，层的分类仅靠层号区分是不够的，也是非常麻烦的。因此，在 UG NX7.0 中，提供了将多个图层设置为集合的方法，这样便于用户按照层组查找层。

单击实用工具工具栏中的图层类别按钮，或执行“格式”→“图层类别”命令，弹出图 14-61 所示的对话框。在 UG NX7.0 中新增了 5 个预定义层组，包括 CURVES（曲线层）、DATUMS（基准层）、SHEETS（曲面层）、SKETCHES（草图层）和 SOLIDS（实体层）。

14.10.2 图层设置

可以在任何一个或一群图层中设置该图层是否显示和是否变换工作图层等。图层的设置包括图层的编辑、图层的显示和选择以及工作层的设置等。目的是将不同的内容设置在不同的图层中。不同的用户对图层的使用习惯不同，但同一设计单位要保证图层设置一致，图层的分类如下。

1）1～20 层：实体（Solid Geometry）。

2）21～40 层：草图（Sketch Geometry）。

3）41～60 层：曲线（Curve Geometry）。

4）61～80 层：参考对象（Reference Geometries）。

5）81～100 层：片体（Sheet Bodies）。

6）101～120 层：工程制图对象（Drafting Objects）。

单击实用工具工具栏中的图层设置按钮，或执行“格式”→“图层设置”命令，弹出图 14-62 所示的对话框。

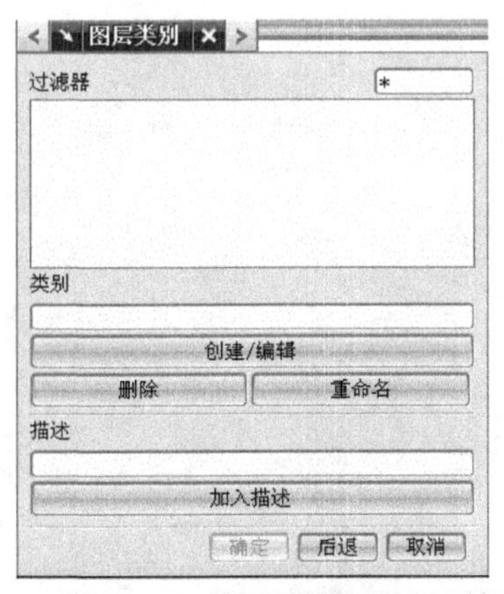

图 14-61 “图层类别”对话框

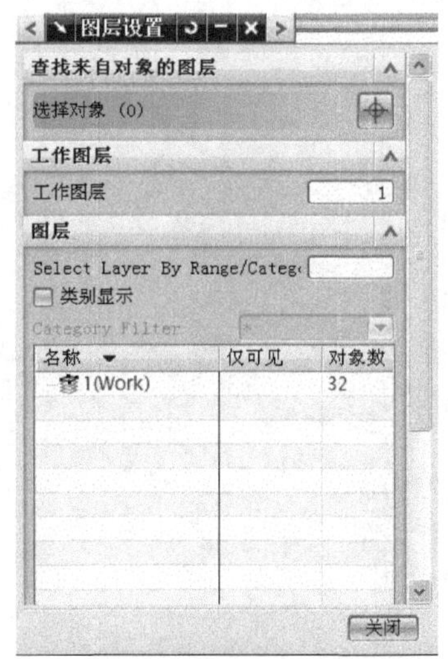

图 14-62 “图层设置”对话框

14.10.3 移动至图层

单击实用工具工具栏中的移动至图层按钮，或选择“格式”→“移动至图层”命令，弹出对象选取提示，选取要移动的对象，然后单击“确定”按钮，弹出图 14-63 所示的对话框。

14.10.4 复制至图层

单击实用工具工具栏中的复制至图层按钮，或选择“格式”→“复制至图层”命令，弹出对象选取提示，选取要复制的对象，然后单击“确定”按钮，弹出图 14-64 所示对话框。其中，各选项的使用方法与移动至图层操作时功能对话框选项的用法一致。

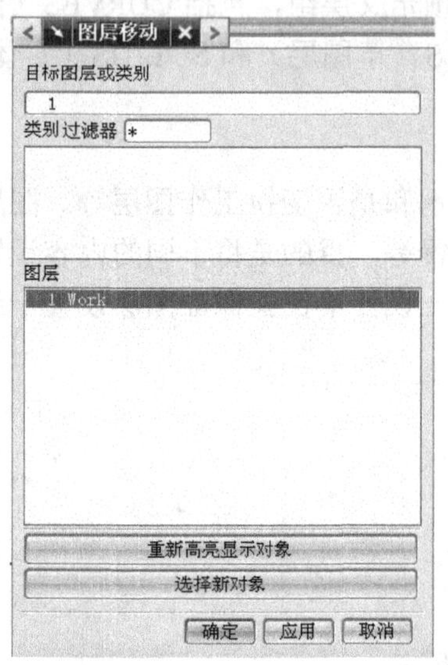

图 14-63 “图层移动”对话框

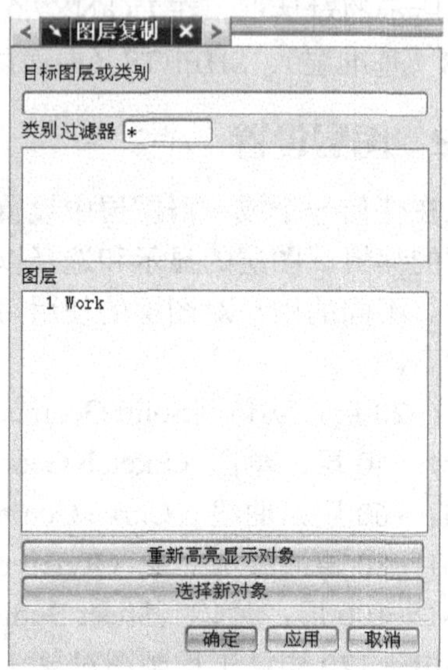

图 14-64 “图层复制”对话框

第 15 章　特 征 建 模

UG NX 7.0 提供了成形特征模块、特征操作模块和编辑特征模块，具有强大的实体造型功能。UG 的实体造型功能，是一种基于特征和约束的建模技术，不论在概念设计还是详细设计中都可以自如地运用。与其他一些实体造型 CAD 系统相比较，其在建模和编辑的过程中能够获得更大的、更自由的创作空间，而且花费的时间和精力更少。

UG 实体造型具有如下特点：

1）UG 实体造型充分继承了传统意义上的线、面、体造型特点，能够方便迅速地创建二维或三维图形，还可以通过其他特征操作，如扫描、旋转实体等，加以布尔操作和参数化来进行更广范围的实体造型。成形特征模块提供了长方体、圆柱、锥体、球体、管体、孔、圆形凸台、腔体、凸垫、键槽、环形槽。另外，特征操作模块和编辑特征模块可以对实体进行各种操作和编辑，将复杂的实体造型大大简化。

2）UG 的实体造型能够保持原有的关联性，可以引用到二维工程图、装配、加工、机构分析和有限元分析中。

3）UG 的三维实体造型中可以对实体进行一系列修饰和渲染。例如着色、消隐和干涉检查，并可从实体中提取几何特性和物理特性，进行几何计算和物理特性分析。

15.1　特征建模基本知识

对于简单的实体造型，首先新建一个文件，便可利用 UG NX 7.0 提供的实体造型模块进行具体的实体造型操作。

15.1.1　常用工具条简介

实体造型功能可通过下拉菜单来实现，还可以通过工具条上的图标来实现。实体造型一般要通过成形特征、特征操作和曲线三个功能模块来实现。

1．成形特征工具条

成形特征工具用于创建基本形体、扫描特征、参考特征、成形特征、用户自定义特征和抽取几何形体、由曲线生成片体、增厚片体与由边界生成的边界平面片体等。单击特征工具条右端的“添加或移除按钮”→“成形特征”，弹出图 15-1 所示的成形特征工具条，其中功能按钮前有✓的，表明其已在工具条中显示。

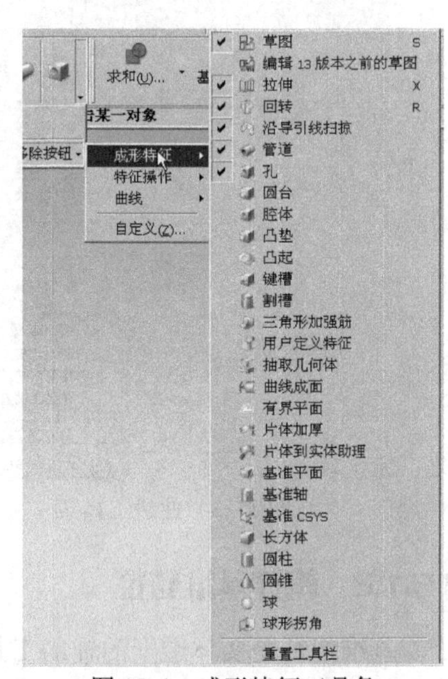

图 15-1　成形特征工具条

2. 特征操作工具条

特征操作工具用于实体拔锥、边倒角、面倒圆、软倒圆、斜倒角、挖空实体、螺纹、阵列特征、缝合、修补实体、简化实体、包裹、移动表面、放缩实体、修剪实体、分割实体以及布尔操作等。单击特征工具条右端的“添加或移除按钮”→“特征操作”，弹出图 15-2 所示的特征操作工具条。

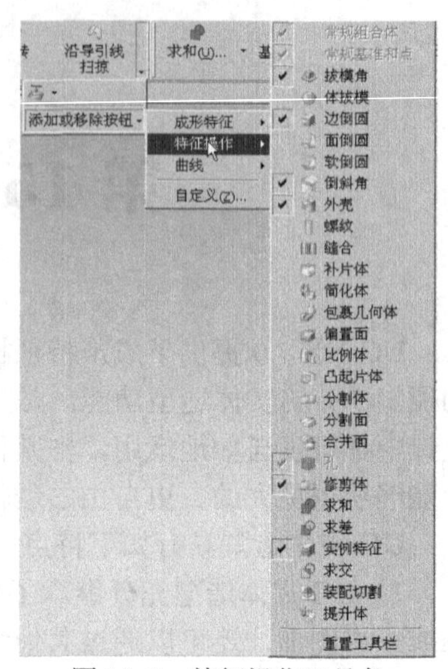

图 15-2 特征操作工具条

3. 曲线工具条

曲线工具用于绘制草图、编辑平面空间曲线特征等。单击特征工具条右端“添加或移除按钮”→“曲线”，弹出图 15-3 所示的曲线工具条。

读者可通过在工具条上单击鼠标右键，选择“定制...”，在弹出的“定制”对话框中改变工具条的显示与个性化的设置，如图 15-4 所示。

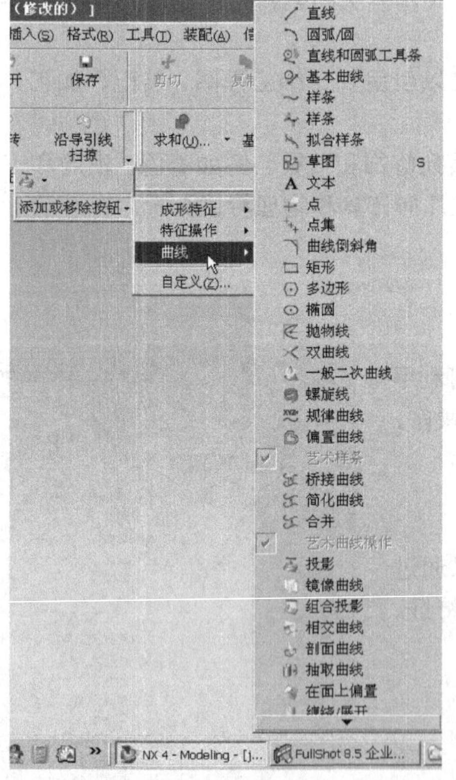

图 15-3 曲线工具条

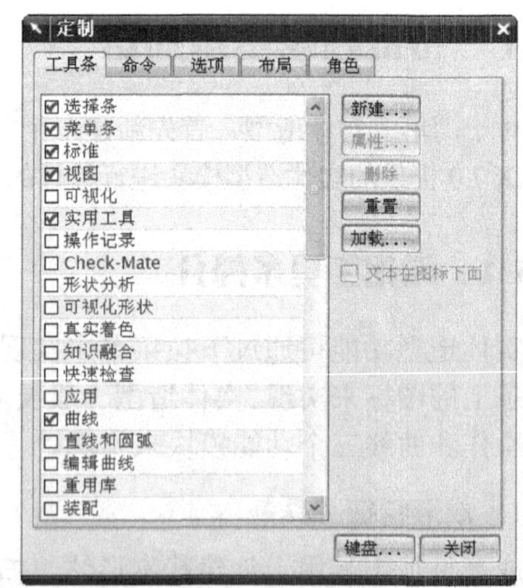

图 15-4 自定义工具条

15.1.2 构建基准特征

基准特征是实体造型的辅助工具，起参考作用。基准特征包括基准轴和基准面。在实体造型过程中，利用基准特征，可以在所需的方向和位置上绘制草图生成实体或者直接创建实体。基准特征的位置可以固定，也可以随其关联对象的变化而改变，使实体造型更灵活方便。例如，基准面可以用作草图和特征的放置面，而基准轴可以用于定位特征和草图。

1. 基准轴

基准轴可用于定位和约束图形、创建基准面、旋转和延伸特征等。基准轴分为固定基准轴和相对基准轴两种。固定基准轴没有任何参考，是绝对的，不受其他对象约束。相对基准轴与模型中其他对象（例如曲线、平面或其他基准等）关联，并受其关联对象约束，是相对的。

可以使用两种基本方法来构造基准轴：

1）选择需要指定基准的边、平面或线框几何体，然后选择“基准轴”选项。

系统试图自动判断用于选中对象的最佳模式以成功定义基准，并在图形窗口中显示一个基准的预览。如果不能根据选中对象创建基准轴，使用图标选项来改变模式，添加附加对象或更改约束。

2）调用“基准轴”选项并从图形窗口选择所需的基准对象。

当选择了足够的有效对象以定义基准时，可在图形窗口中进行基准的预览。使用“基准轴”图标选项来帮助指定对象和约束。

在特征操作工具条上，单击“基准平面”右侧▼→“基准轴”，如图 15-5 所示，弹出图 15-6 所示对话框。创建基准轴的类型如图 15-7 所示。

图 15-5　基准轴

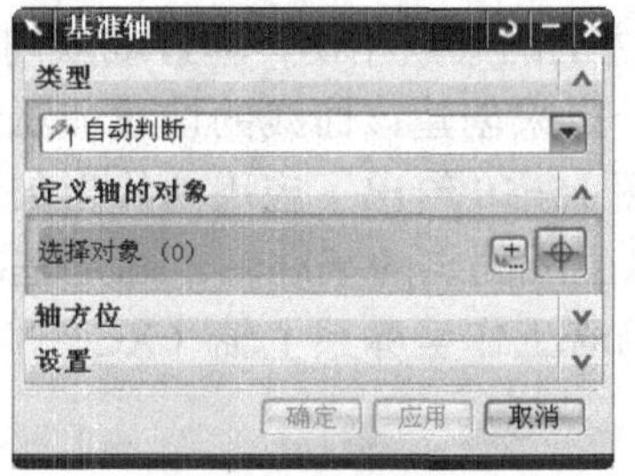

图 15-6　创建基准轴

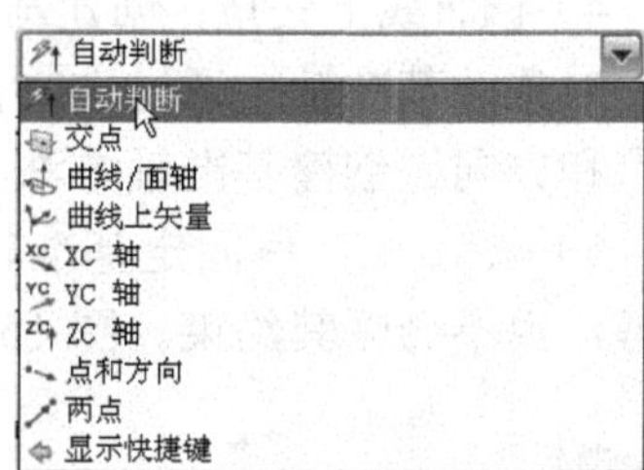

图 15-7　创建基准轴的类型

1）自动判断：系统根据选择的形体来推断基准轴的构成。

2）点和方向通过定义一个点和一个矢量方向来生成基准轴。操作方法如下：

① 打开“基准轴”对话框，单击图标。

② 选择点和方向。

③ 根据图形特点，选择点的捕捉模式。图 15-8a 所示为捕捉圆柱底面圆心。

④ 可通过系统自动判断的矢量或矢量构造器来定义一个方向，如图 15-8b 所示。

⑤ 单击“确定”或“应用”创建基准轴，如图 15-8c 所示。

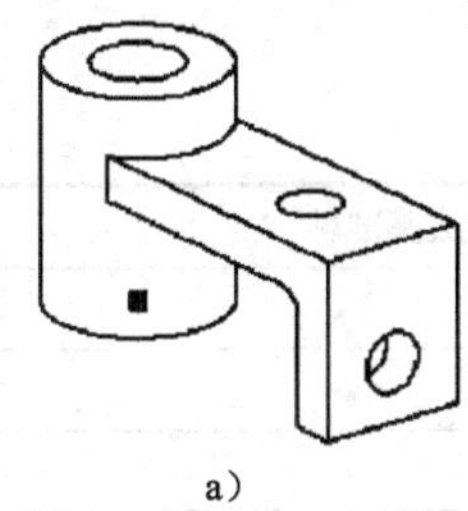
a）

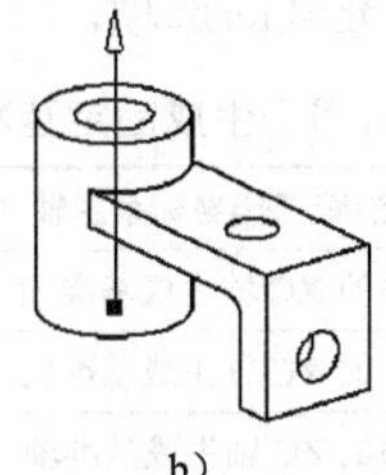
b）

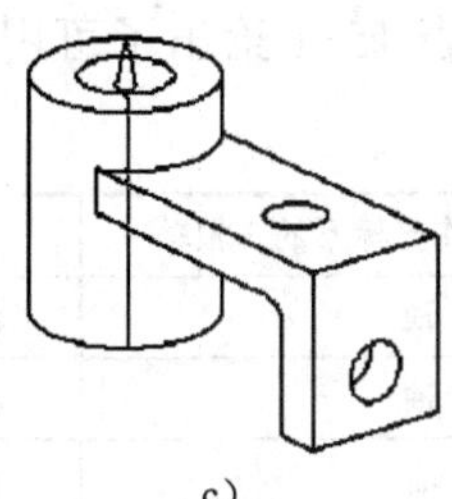
c）

图 15-8　通过点和方向创建基准轴

a）捕捉圆柱底面圆心　b）定义方向　c）结果

3）两点：通过定义两个点来生成基准轴。使用两次点选择步骤来定义这两个点（“第一点”和“第二点”）。第一点必须是基点，而第二点定义了从第一点到第二点的方向。操作方法如下：

① 打开“基准轴”对话框，单击图标。

② 选择两个点。

③ 根据图形特点，选择点的捕捉模式。图 15-9a 为选择“控制点”捕捉模式的两个点。

④ 可应用鼠标拖动的方式或修改参数来改变点的位置，如图 15-9b 所示。

⑤ 单击“确定”或“应用”创建基准轴，如图 15-9c 所示。

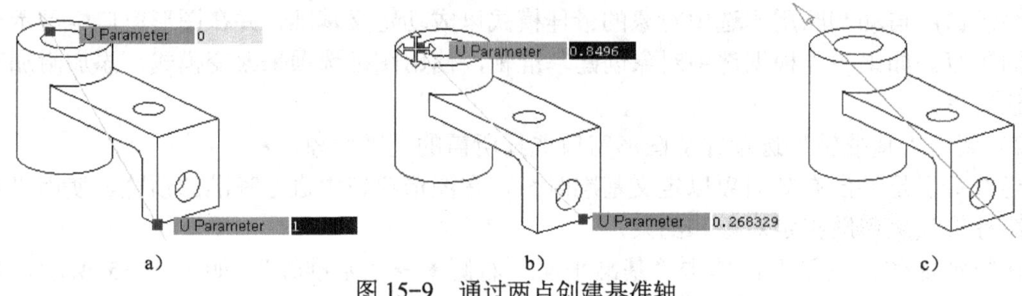

图 15-9 通过两点创建基准轴
a）选择两个点 b）改变点的位置 c）结果

4）曲线上矢量：创建与曲线或边上的某点相切、垂直或双向垂直，或者垂直或平行于另一对象的基准轴。通过定义曲线上一点来创建该曲线的切线或法线方向，操作方法与应用“点和方向”创建基准轴方法类似。图 15-10 给出了应用曲线上矢量的方式创建的基准轴。

5）、、固定基准轴：可以生成固定的基准轴。固定基准轴不会被其他几何对象参考，也不会受其约束。图 15-11 为沿着工作坐标系主轴（XC、YC 和 ZC）生成的基准轴。

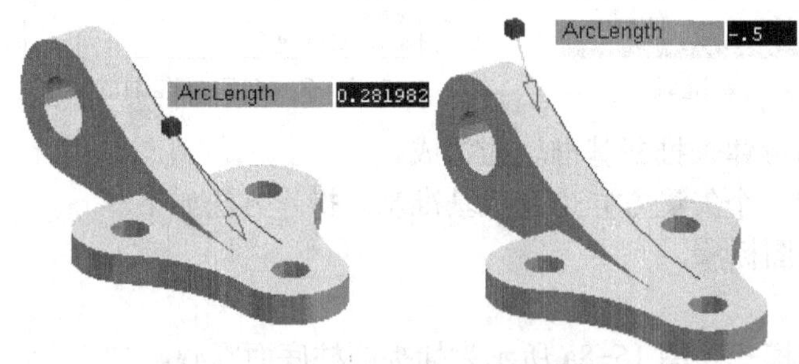

图 15-10 通过曲线上矢量创建基准轴

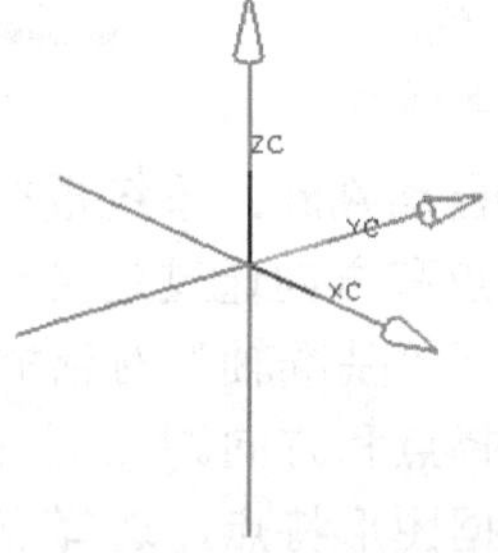

图 15-11 沿着工作坐标系主轴（XC、YC 和 ZC）生成的基准轴

表 15-1 给出了可用于生成固定基准轴的选项。

表 15-1 可用于生成固定基准轴的选项

工作坐标系的 3 根轴	沿着工作坐标系主轴（XC、YC 和 ZC）生成基准轴
XC 轴	沿着当前工作坐标系的 XC 轴生成基准轴
YC 轴	沿着当前工作坐标系的 YC 轴生成基准轴
ZC 轴	沿着当前工作坐标系的 ZC 轴生成基准轴
矢量构造器	使用矢量构造器生成基准轴

2. 基准面

基准面是实体造型中经常使用的辅助平面，通过使用基准面可以在现有平面不可用的情况下，通过此选项生成参考平面作为辅助方式来创建特征，或为草图提供工作平面。如借助基准面，可在圆柱面、圆锥面、球面和旋转的实体等不易创建特征的表面上，方便地创建孔、键槽等复杂形状的特征。基准平面还有助于在目标实体面的非法线角度上生成特征。

可以创建两种类型的基准平面：相对的和固定的。相对基准平面是根据模型中的其他对象而创建的。可使用曲线、面、边缘、点及其他基准作为基准平面的参考对象。用于创建相对基准平面的方法很多。固定基准平面不需设定参考，也不受其他几何对象的约束（在用户定义特征中使用除外）。可使用任意创建相对基准平面的方法创建固定基准平面。

在特征操作工具条上，单击，弹出图 15-12 所示对话框。在该对话框中，可通过以下几种方法来创建基准平面。

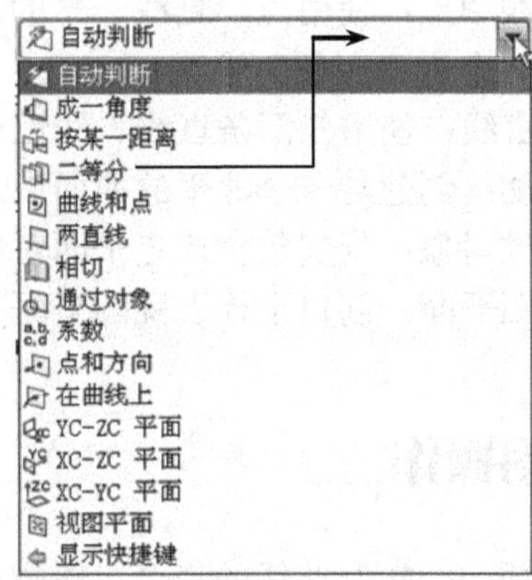

图 15-12 创建基准平面

1）自动判断：系统根据选择的形体来推断基准面的构成。

2）点和方向：通过定义一个点和一个矢量方向来生成基准面。操作方法如下：

① 打开“基准平面”对话框，单击图标。

② 选择点和方向。

③ 单击“确定”或“应用”按钮，创建基准面，如图 15-13 所示。

3）在曲线上：在曲线或边缘上创建平面。图 15-14 为应用该方法创建的基准平面。

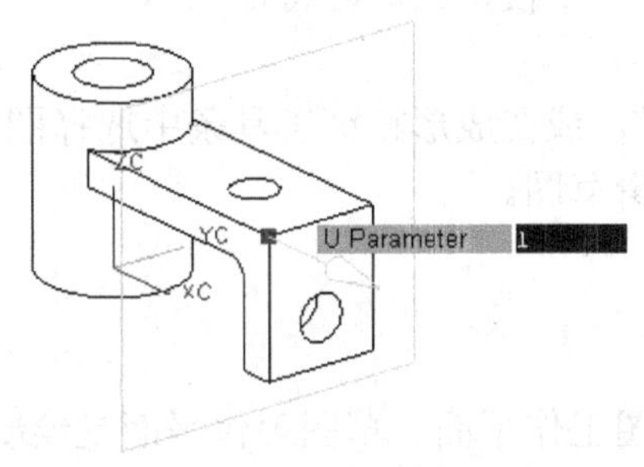

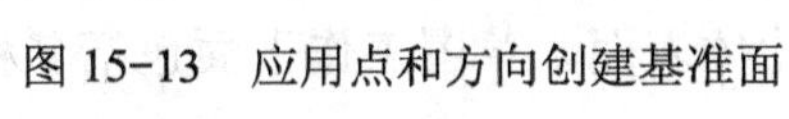

图 15-13 应用点和方向创建基准面

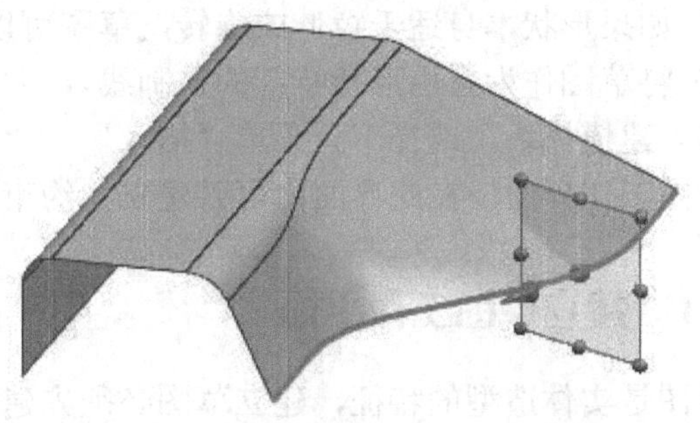

图 15-14 在曲线或边缘上创建基准平面

4）以某一距离：创建与一个平的面或其他基准平面平行且相距指定距离的基准平面。

5）YC-ZC 平面：在工作坐标系（WCS）或绝对坐标系（ABS）的 YC-ZC 平面上创建固定基准平面。

6）XC-ZC 平面：在 WCS 或 ABS 的 XC-ZC 平面上创建固定基准平面。

7）XC-YC 平面：在 WCS 或 ABS 的 XC-YC 平面上创建固定基准平面。

8）成一角度：按照与选定平面对象所呈的特定角度创建平面，如图 15-15 所示。

9）平分线：在两个选定的平的面或平面的中间位置创建平面。如果输入平面互相呈一角度，则以平分角度放置平面。

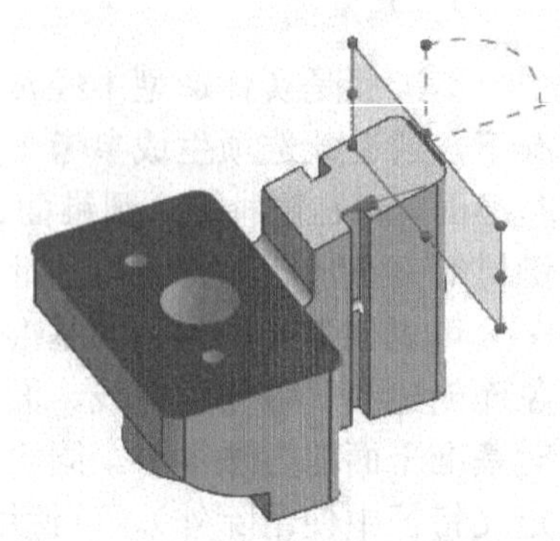

图 15-15 与选定边成一角度（默认 90°）的基准面

10）曲线和点：使用点、直线、平的边、基准轴或平的面的各种组合来创建平面（例如，三个点、一个点和一条曲线等）。

11）两直线：使用任两条直线、线性边、面轴或基准轴的组合来创建平面。

12）相切：创建与一个非平的曲面以及第二个选定对象（可选）相切的基准平面。

13）通过对象：创建包含选定平面对象的基准平面。

14）视图平面：创建平行于视图平面并穿过 ACS 原点的固定基准平面。

15.2 草图操作

草图是组成一个轮廓曲线的集合。轮廓可以用于拉伸或旋转特征，也可以用于定义自由形状特征或过渡曲线片体的截面。

尺寸和几何约束用于建立设计意图及提供参数驱动改变模型的能力。

使用草图可以实现对曲线的参数化控制。草图主要用于以下几个方面：

1）需要参数化控制曲线时。

2）用草图建立用标准成形特征无法实现的形状。

3）如果用一组特征去建立模型，会使该形状编辑困难时。

4）从部件到部件形状相同但尺寸改变，可将草图作为用户定义特征的一部分。

5）如果形状本身适于拉伸或旋转，草图可以用作一个模型的基础特征。

6）将草图作为自由形状特征的控制线。

进入建模模块，选择下拉菜单“插入”→“草图”，或在成形特征工具条中选择图标，进入草图工作界面。在此界面内可以建立、约束和编辑草图。

15.2.1 建立草图工作平面

草图是实体造型的特征，建立草图必须先建立草图工作平面。草图工作平面是绘制草图对象的平面，可以是坐标平面、基准面、实体表面或片体表面。草图工作平面包括名称、草图平面及参考方向三项内容。

1. 命名草图

每一个草图都具有唯一的草图名，因此在建立草图前，首先给定草图命名。可以在图 15-16 所示的“草图生成器”工具条中加入草图名称（系统默认名称为 SKETCH_000）。通常草图名称由三部分组成，即前缀_图层_作用。

图 15-16　命名草图

草图名称的第一个字符必须是字母，无论输入是大写或小写，系统都将输入的名称改为大写。

2. 选择草图平面

草图平面可以是当前工作坐标系的 XC_YC、XC_ZC、YC_ZC 平面之一（系统默认的草图平面是 XC_YC），或是已存在的实体表面，或是已存在的基准平面。如图 15-17 所示，可以通过现有平面、创建平面或创建基准坐标系的形成设定草图平面。

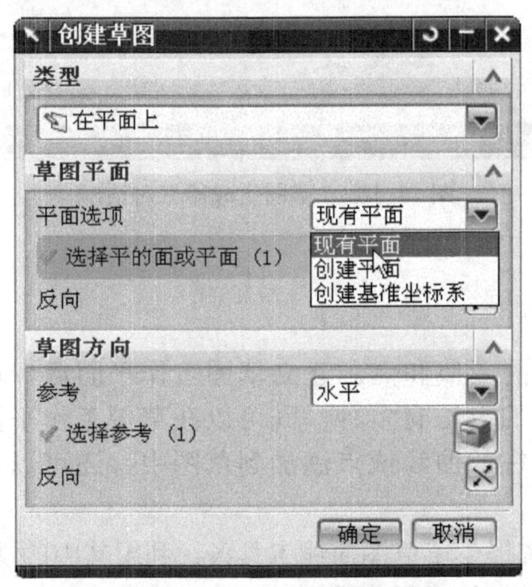

图 15-17　选择草图平面

3. 设置参考方向

如果在坐标系上设置草图平面，则不必指定草图参考方向，系统自动用坐标轴的方向作为草图的参考方向；如果在基准面、实体表面设置草图平面，则在选择草图平面后，还应设置草图参考方向。

参考方向将决定草图的 X、Y 方向，水平参考方向对应 X 方向，垂直参考方向对应 Y 方向；另外可以选择实体边缘或基准轴为参考方向。

4. 建立草图工作平面

在输入草图名称、选择草图平面并且指定了草图参考方向后，单击图 15-17 中的“确定”按钮，则在选择的表面上按指定的方向生成指定名称的草图工作平面，同时进入“草图生成器”的对话框，如图 15-18 所示。

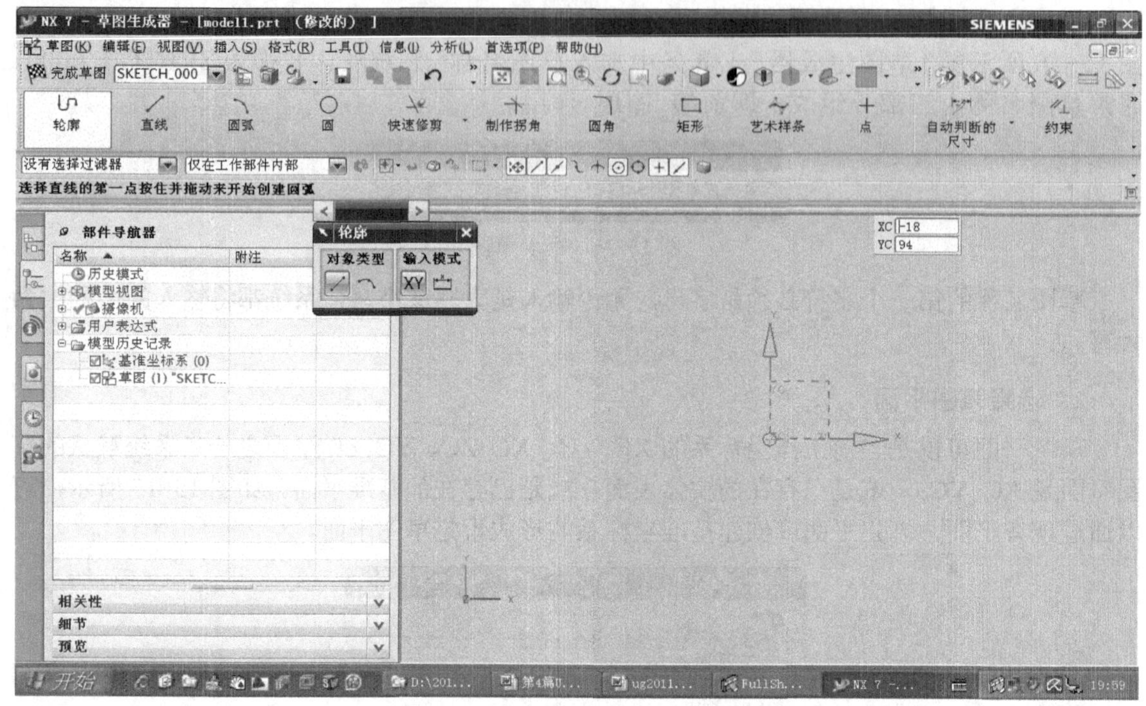

图 15-18 “草图生成器”对话框

15.2.2 建立草图对象

草图对象是指草图中的曲线和点。建立草图工作平面后，可在草图工作平面上建立草图对象。建立草图对象的方法有多种，既可以在草图工作平面中直接绘制曲线或点，也可以将图形窗口中已存在的曲线或点添加到草图中，还可以从实体或片体上抽取边缘到草图中。

如图 15-19 所示，系统提供了草图曲线工具条，利用其中的功能可以在草图平面中创建出所需的草图曲线或编辑已有的草图曲线。

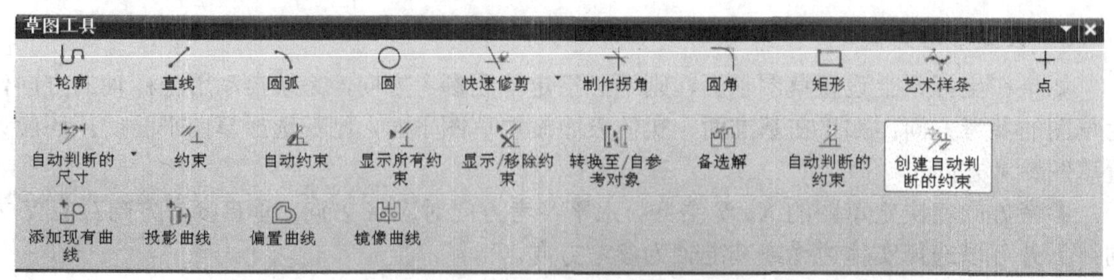

图 15-19 草图曲线工具条

在草图曲线工具条中提供了如直线、圆弧、圆角、快速延伸等常用曲线的建立，以及编辑的操作功能。现以图 15-20 所示的手柄零件图为例，来讲解创建草图对象的过程。

首先利用图 15-19 中的绘制圆图标⊙绘制圆 1 和圆 2，如图 15-21 所示；然后选择╱图标分别绘制两条与圆 1 和圆 2 相切的直线，如图 15-22 所示；接着利用快速裁剪图标将中间的部分裁剪，如图 15-23 所示；最后绘制圆（选择圆心以保证两个圆同心），这样就得到图 15-24 所示的零件图。

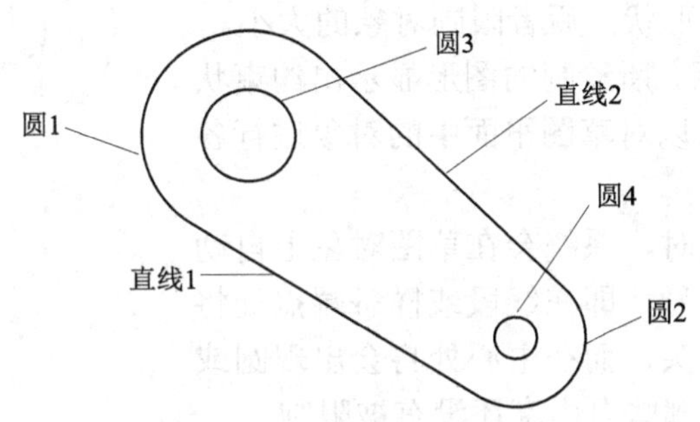

图 15-20　手柄零件图

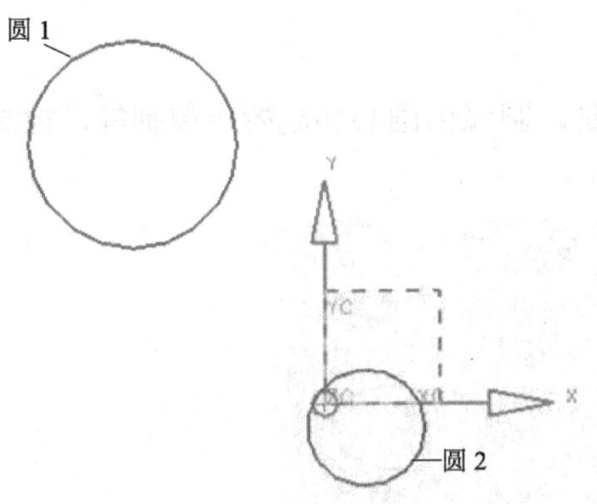

图 15-21　绘制圆

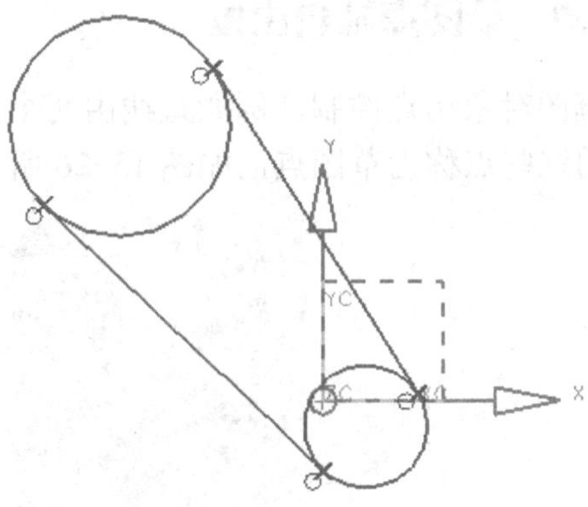

图 15-22　绘制切线

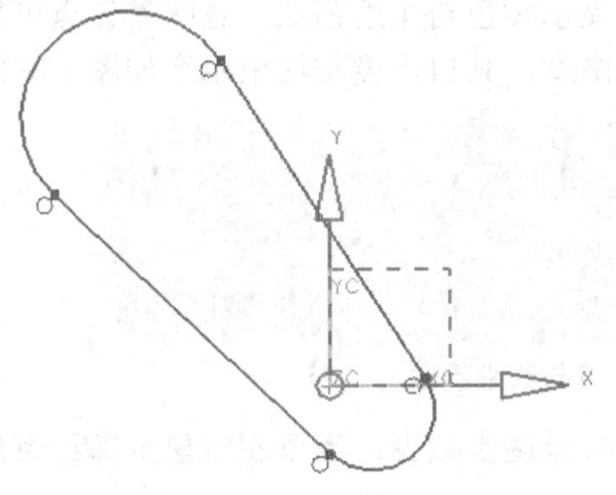

图 15-23　裁剪

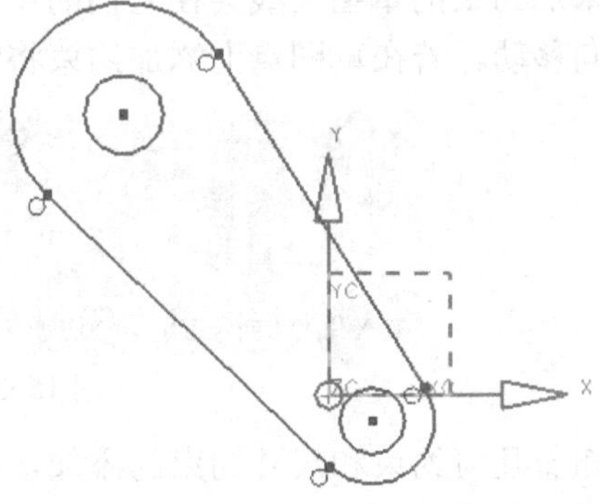

图 15-24　绘制同心圆

注意

在创建草图曲线时，不必在意尺寸是否正确，只需绘出近似的曲线轮廓即可，然后加上约束来精确地控制图形的形状和尺寸。

15.2.3 约束条件

建立草图对象后，需要对草图对象进行必需的约束。草图约束将限制草图的形状和尺寸，包括几何约束和尺寸约束。前者限制对象的形状，后者限制对象的大小。

约束按钮按下以后，所绘制的图形显示出约束状态，如图 15-25 所示。可以对草图平面中的对象进行各种约束条件的限制。

在应用草图约束功能时，系统会在草图对象上自动显示自由度或约束条件符号，即在线段或样条端点处将会出现互相垂直的黄色箭头，而在中心处将会出现圆或椭圆，它表明了当前存在哪些自由度还没有被限制。

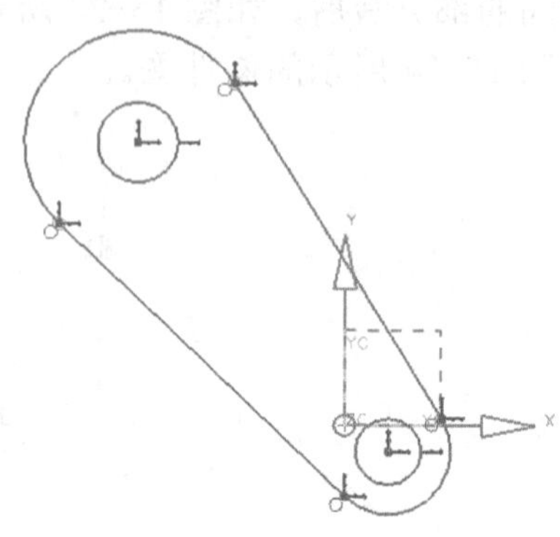

图 15-25　草图约束状态

15.2.4 草图点和自由度

草图对象由点控制，例如直线由两个端点控制，圆弧由圆心和起始点控制等，控制草图对象的这些点称为草图点，如图 15-26 所示。

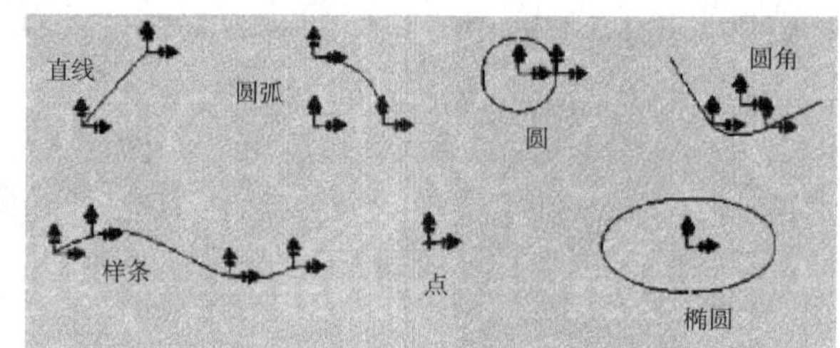

图 15-26　草图点

未加约束的草图曲线会在它们的草图点上显示黄色自由度箭头，意味着该点可以沿该箭头方向移动。若在草图点上添加约束将消除自由度，其自由度与约束示意如图 15-27 所示。

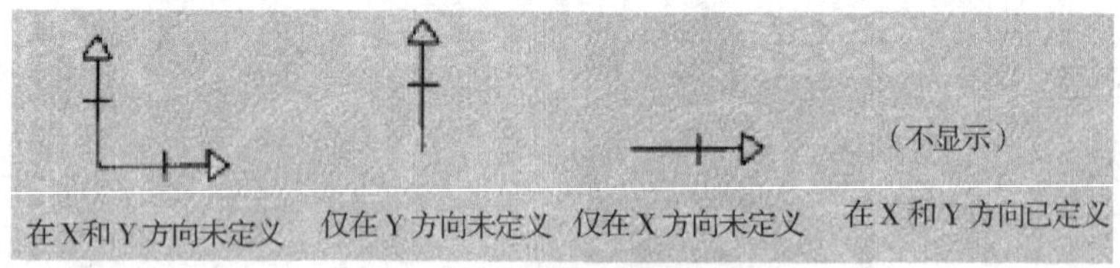

图 15-27　自由度与约束示意

随着几何约束和尺寸约束的添加，自由度符号逐步减少；当草图对象全部约束后，自由度符号全部消失。

15.2.5 建立几何约束

以图 15-28a 所示的手柄草图为例，在图 15-28 所示草图约束中，单击约束图标后用鼠标在绘图工作区选择图 15-20 中所指圆 3 和圆 4，系统会在绘图工作区的右上角显示当前可以为所选对象添加的几何约束条件，选择其中的⌒（等径），系统会在选取对象上添加该约束条件，其示意图如图 15-28b 所示。

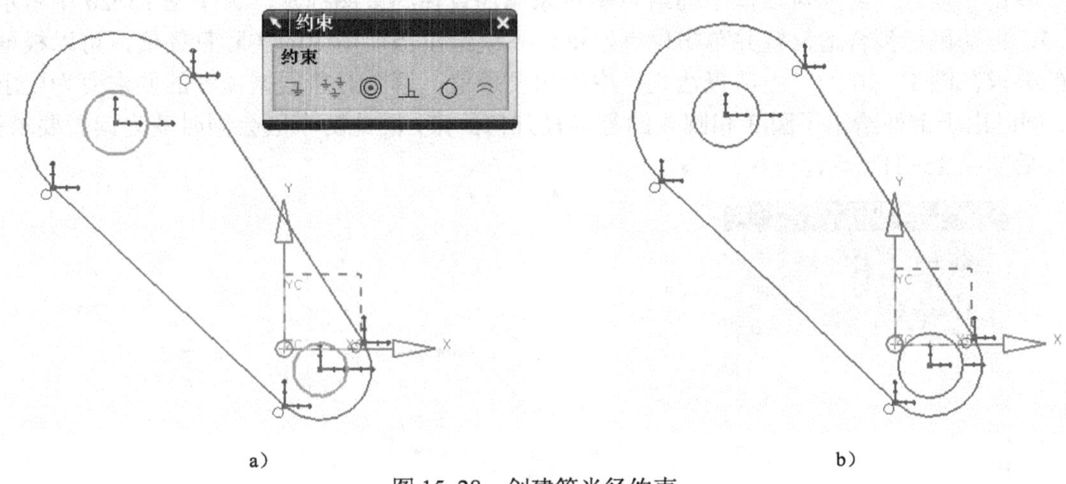

图 15-28 创建等半径约束

还可以给圆 1 和圆 3 加同心约束，圆 1 和直线 1 加相切约束，这里不再给出每一个约束的图形。

上面结合实际图形只讲解了 3 种约束类型，在 UG NX 系统中，几何约束的类型有很多种，不同的草图对象可以添加不同的几何约束。下面介绍几种常用的几何约束。

1）水平：定义一直线为水平线（平行于 XC）。

2）垂直：定义一直线为垂直线（平行于 YC）。

3）平行：定义两条或多条直线或椭圆彼此是平行的。

4）正交：定义两条直线或椭圆彼此是正交的。

5）共线：定义两条或多条直线共线。

6）中点：定义点在直线或圆弧的中点上。

7）相切：定义选取的两个对象是相切的。

8）同心：定义两个或多个圆弧或椭圆弧的圆心相互重合。

9）等长：定义选取的两条或多条曲线等长。

10）等半径：定义选取的两个或多个圆弧等半径。

几何约束的标记如图 15-29 所示。

图 15-29 几何约束的标记

15.2.6 建立尺寸约束

建立尺寸约束是为了限制草图几何对象的大小，也就是在草图上标注草图尺寸。

在图 15-19 工具条中单击“自动判断的尺寸”图标，系统会在绘图区域的左上角弹出三个图标，单击“草图尺寸对话框”图标，弹出如图 15-30 所示“尺寸”约束对话框，其中包含了尺寸标注方式、尺寸表达式引出线和尺寸标注位置等选项。利用这些功能可以为草图对象添加相应的尺寸约束，以改变其形状。下面利用前面所讲的手柄的草图对象为例，来介绍尺寸约束的过程。

单击“尺寸”约束对话框中的给草图对象添加直径约束图标，选择图 15-20 中所示的圆 3，拖动鼠标到合适位置并单击鼠标左键，系统给出当前图中的实际直径值，可以根据自己的要求在图 15-30 的“当前表达式”中给出要求值，草图对象根据读者的要求变为要求尺寸，同时由于前面给出了圆 3 和圆 4 的等半径几何约束，因此两个圆会同时变为读者要求值，操作后如图 15-31 所示。

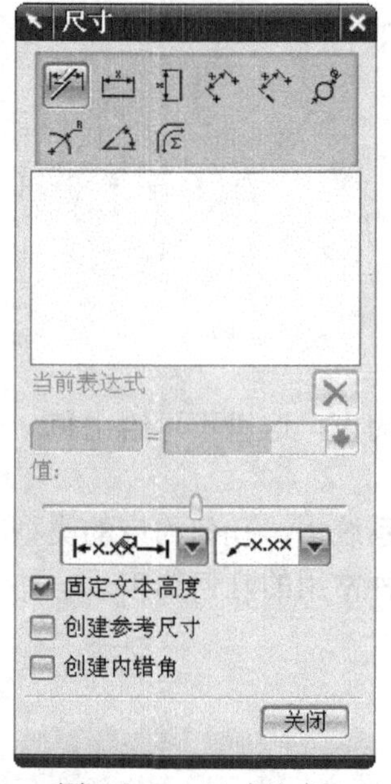

图 15-30　尺寸约束

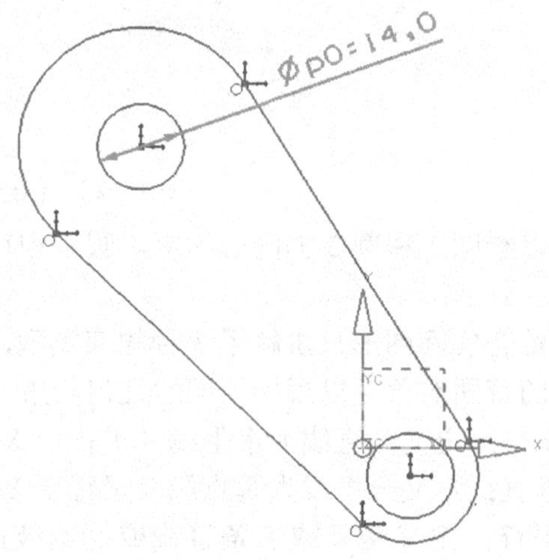

图 15-31　添加尺寸约束后的草图对象

下面介绍一些常用的尺寸约束的用法：

1）（水平的）：对所选对象进行水平方向的尺寸约束（平行于 XC 轴）。

2）（竖直的）：对所选对象进行竖直方向的尺寸约束（平行于 YC 轴）。

3）（平行的）：对所选对象进行平行于对象的尺寸约束。

4）（垂直的）：对所选的点到直线的距离进行尺寸约束。

5）（半径）：对所选的圆弧进行半径的约束。

6）（角度）：对所选的两条直线进行角度尺寸的约束。

7）（周长）：对所选的多个对象进行周长的尺寸约束。

15.2.7　显示/移除约束

显示/移除约束主要是查看现有的约束，设置查看范围、查看类型、列表方式以及移除不需要的几何约束。

在图 15-19 工具条中单击“显示/移除约束”图标，系统弹出图 15-32 所示的对话框，其中包含了约束类型、约束列表、移除约束和信息等选项。

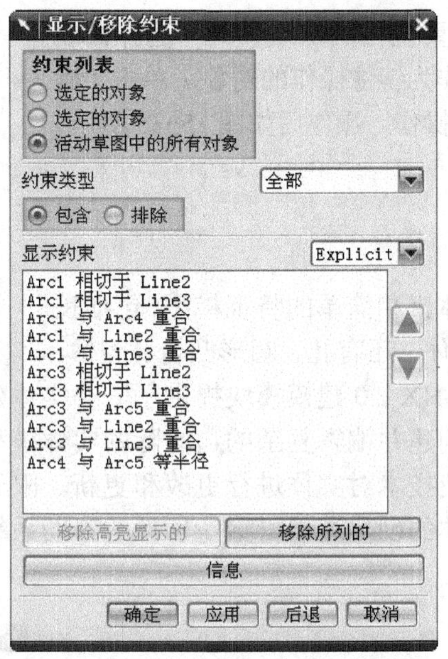

图 15-32 “显示/移除约束”对话框

“约束列表”选项用于设置显示在约束列表框中的草图对象的约束范围，“约束类型”选项用于设置要在约束列表框中显示的约束类型。

15.2.8 镜像草图

镜像草图就是将草图中的几何对象以一条直线为对称中心线，将所选取的对象以这条存在的直线为轴进行镜像，复制成新的草图对象。镜像复制对象与原对象形成一个整体，并保持关联性。下面以前面的手柄为例来介绍镜像功能的使用。

1）打开图 15-33 所示的手柄草图对象，在草图曲线工具条中单击直线图标，绘制一条以圆 4 圆心为端点的直线，作为镜像对称直线。

2）在图 15-19 工具条中单击镜像图标，系统弹出图 15-34 所示的对话框，进入镜像草图对象的操作功能。

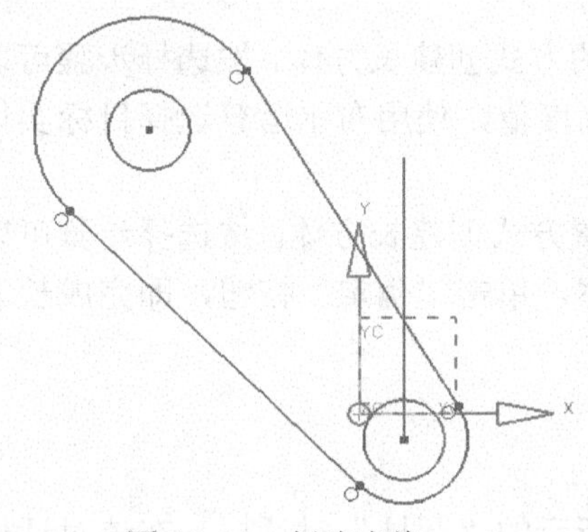

图 15-33 创建直线

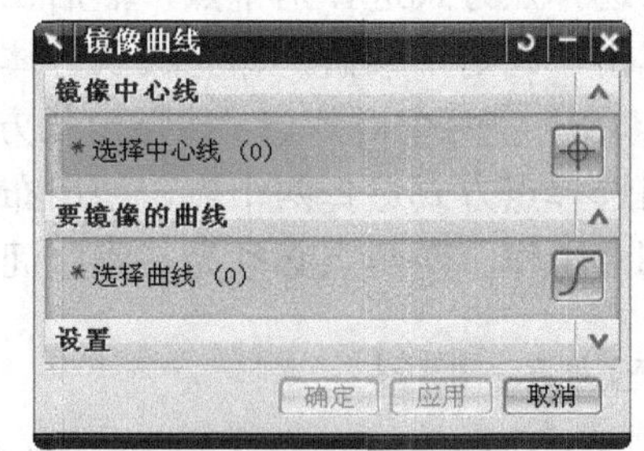

图 15-34 “镜像曲线”对话框

3）在图 15-34 中单击“镜像中心线”的“选择中心线（0）”，用鼠标选择第一步中绘制的直线。

4）在图 15-34 中单击“要镜像的曲线”的“选择曲线（0）”，用鼠标选取整个曲线作为镜像操作的对象，单击“确定”按钮，系统就会进行镜像操作，操作后如图 15-35 所示。

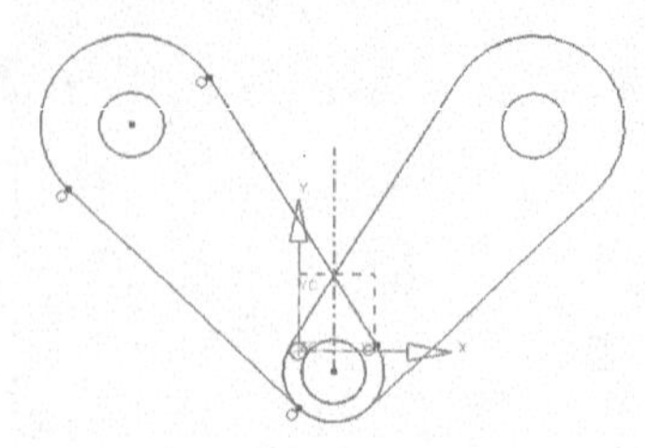

图 15-35　镜像操作后的图形

15.3　创建基本特征

特征建模用于建立基本体素和简单的特征模型，包括长方体、圆柱、锥体、球体、管体，还有孔、圆形凸台、腔体、凸垫、键槽、环形槽等。UG NX 7.0 建模模块提供了一个实体建模系统，可以进行快速的概念设计。读者可以交互式地创建并编辑复杂的、实际的实体模型，也可以通过直接编辑实体尺寸的方法，或使用其他构造技术对实体进行更改和更新。限于篇幅，下面简单介绍长方体和圆柱的创建方法，其他形体的创建过程可参考软件的帮助系统。

15.3.1　长方体

长方体也称为块体，通过给定具体参数确定。在特征工具条上单击长方体图标，弹出图 15-36 所示的“长方体”对话框。在对话框中选择其生成方式，然后按选择步骤操作，再在相应文本框中输入长方体参数，确定后，即可创建所需要的长方体。

图 15-36　“长方体”对话框

各种长方体的创建方式具体操作说明如下：

1）原点和边长：按长方体的一个顶点位置和三边长度来创建长方体。用鼠标单击该选项，对话框形式如图 15-36 所示。按选择步骤顺序可以使用选点方式选择点 1 作为一个定位顶点，然后在各文本框中分别输入长、宽、高的数值，选择布尔运算方式中的（）、并（）、减（）和交（）的一种确定目标体，单击“确定”按钮，即可创建所需的长方体。如果创建的新特征体与实体不接触，则只能选用创建项。

2）两点和高度：按指定高度和底面两个对角点的方式创建长方体。按选择步骤可以使用选择点方式选择两个点，然后在文本框中输入方向高度值，使用布尔运算选择目标实体，单击“确定”按钮，即完成长方体创建工作。

3）两个对角点：按指定长方体的两个对角点位置方式创建长方体。按选择步骤可以使用选择点方式选择两个点，使用布尔运算选择目标实体，单击“确定”按钮，即完成长方体创建工作。两角点必须为三维空间对角线角点。

15.3.2　圆柱

在特征工具条上单击圆柱图标，弹出图 15-37 所示的“圆柱”对话框。在该对话框中选择一种圆柱生成类型，图 15-37 为选择“轴、直径和高度”选项，当选择“圆弧和高度”时，对话框变为图 15-38 所示。分别根据对话框要求输入相应的数据信息，即可创建圆柱。

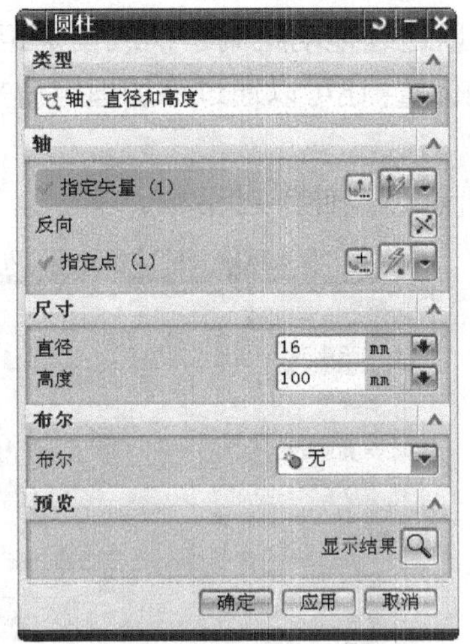

图 15-37 “圆柱”对话框

图 15-38 根据圆弧和高度创建圆柱

15.4 扫掠特征

扫掠特征是通过拉伸或旋转一截面几何体的曲线、草图、片体或一个面的边来生成特征。可以扫掠单个截面，也可以扫掠一组截面几何体，还可以生成带偏置的扫掠实体。扫掠实体有拉伸、回转、扫掠三种。

15.4.1 拉伸

此功能沿指定方向扫掠 2D 或 3D 曲线、边、表面和草图的轮廓或曲线特征的直线距离，由此来创建体。通过布尔运算选项允许创建拉伸部分或对其与其他对象进行求和、求差或求交。

如果选择单个开放或封闭的剖面，则将得到单个片体或实体；如果选择多个开放或封闭的剖面，则可得到多个片体或实体。在这两种情况下，都能获得单个拉伸特征。图 15-39 为使用“贯通全部对象”和布尔求差创建的拉伸特征。

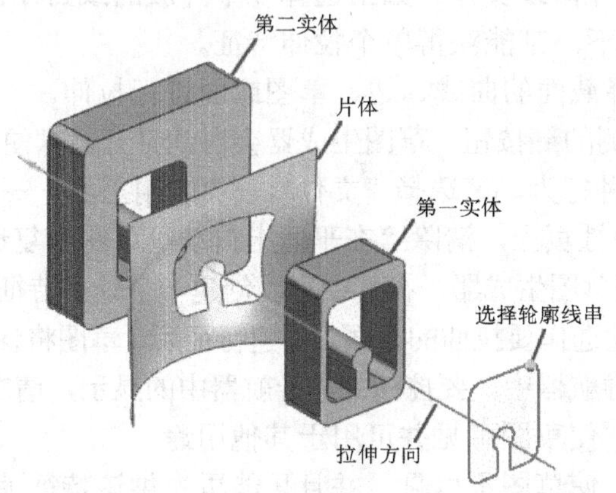

图 15-39 使用“贯通全部对象”和布尔求差创建拉伸

在图 15-40 中，选择了两个封闭的剖面，但在它们之间单击“应用”按钮，将创建两个拉伸体。如果尚未在选择之间单击“应用”，则结果的形状将不同，并将产生单个体而不是两个体。

可以使用面、基准平面或实体修剪拉伸特征；可以通过拖动距离手柄或指定距离值来确定拉伸的大小；也可以通过添加常数值来创建基本轮廓的偏置；还可以通过添加恒定值来创建拔模。

创建拉伸体的具体方法与步骤如下：

单击特征工具条上拉伸图标，弹出图 15-41 所示“拉伸”对话框。

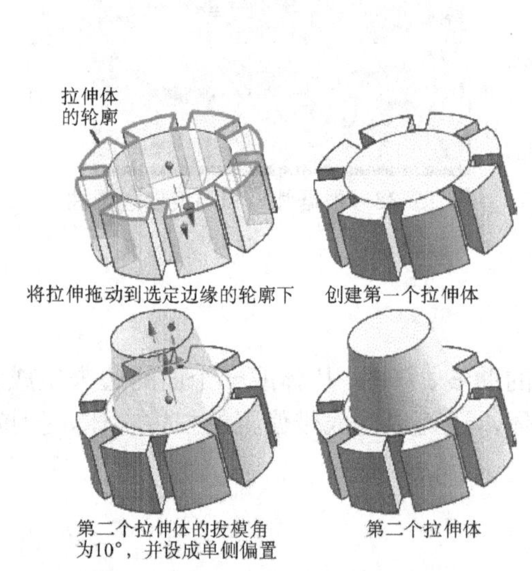

图 15-40　两个拉伸体的构造示例

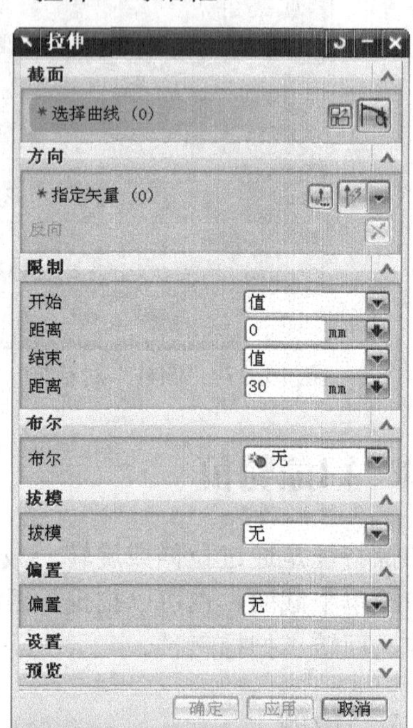

图 15-41　“拉伸”对话框

在该对话框中包含以下选项。

1．截面

允许用户指定要拉伸的曲线或边。如果指定的截面是一个开放的或封闭的曲线集或边集合，则拉伸体将成为一个片体或实体。如果选择多个开放的或封闭的截面，则将形成多个片体或实体。在这两种情况下，都能获得单个拉伸特征。

（曲线）：允许选择截面的曲线、边、草图或面进行拉伸。

单击“选择曲线”右侧的按钮，草图生成器会自动打开，以便在选定的平面上绘制新曲线截面的草图。要更改这种行为，请选择“文件”→“实用工具”→“用户默认设置”→“建模”→“常规”。在杂项属性页上，清除“在平面上自动绘草图”复选框。

（绘制截面）：打开草图生成器，在其中可以创建一个处于特征内部的截面草图。在退出草图生成器时，草图被自动选作要拉伸的截面。创建特征后，草图将保留在该特征内部，并且不会出现在图形窗口或部件导航器中。要控制部件导航器中的显示，请右键单击该特征并选择：

1）使草图为外部的：使草图可见并可用于其他用途。

2）使草图为内部的：使草图不可见，并且只能再次供该特征使用。

2．方向

用户指定要拉伸截面的方向。默认方向为选定截面的法向。可以使用曲线、边或任意标准矢量类型（包括“矢量构造器”上的类型）指定自己的方向。拉伸特征和方向之间将存在关联性。如果在创建拉伸特征后更改了选定用于方向的几何体，则拉伸特征将相应更新。

（自动判断的矢量）：一种矢量类型。单击可查看矢量类型列表。从列表中选择一种矢量类型，然后选择该类型支持的对象。

（矢量构造器）：显示矢量对话框。

（反向）：将拉伸方向切换为截面的另一侧。还可以通过右键单击方向矢量箭头上的反向来更改方向。

3．限制

使用“限制”选项，可定义拉伸特征的整体构造方法和拉伸范围。

开始/结束：表示从截面开始测量的拉伸的相反的两侧。“开始”和“结束”选项列表均提供了以下选项，可以使用它们控制对拉伸的限制。

1）值：允许指定拉伸起始或结束的值。值是数字类型的。在截面上方的值为正，在截面下方的值为负。可在截面的任一侧将起始和终止限制手柄拖动一个线性距离。除了拖动手柄，还可以直接在起始和终止距离框中或在屏显输入框中键入值。

2）直至下一个：将拉伸特征沿方向路径延伸到下一个体。

3）直至选定对象：将拉伸特征延伸到选择的面、基准平面或体。

4）直到被延伸：当截面延伸超过所选择面上的边时，将拉伸特征（如果是体）修剪到该面。

5）对称值：将开始限制距离转换为与结束限制相同的值。

6）贯通：沿指定方向的路径延伸拉伸特征，使其完全贯通所有的可选体。

还可以通过右键单击“开始”和“结束”限制手柄来设置限制选项。

距离：当“开始”和“结束”选项中的任何一个设置为值或对称值时出现。将拉伸特征的起始和终止限制设置为在框中输入的值。

4．布尔

允许指定拉伸特征与创建该特征时所接触的其他体之间的一种逻辑运算形式。为除“无”以外的所有布尔选项显示“选择体”选项，以指定目标体。

1）无：创建独立的拉伸实体。当编辑拉伸特征（如果适用）时，可以将“布尔”选项从“无”更改为“求和”、“求差”或“求交”，反之亦然。

2）求和：将两个或多个体的拉伸体合成为一个单独的体。

3）求差：从目标体移除拉伸体。

4）求交：创建一个体，这个体包含由拉伸特征和与之相交的现有体共享的体积。

5．拔模

使用拔模可将斜率添加到拉伸特征的一侧或多侧，且只能将拔模应用于基于平面截面的拉伸特征。拔模包含如下选项：

1）无：不创建任何拔模。

2）从起始限制：创建一个拔模，拉伸形状在起始限制处保持不变，从该固定形状处将拔模角应用于侧面，如图 15-42 所示。

3）从截面：创建一个拔模，拉伸形状在截面处保持不变，从该截面处将拔模角应用于侧面，如图 15-43 所示。

4）从截面非对称角度：创建一个拔模，拉伸形状在截面处保持不变，但也会在截面处将侧面分割在两侧。此选项仅当从截面的两侧同时拉伸时可用，如图 15-44 所示，可以单独控制截面每一侧的拔模角。如果将角度选项设置为单个，则会出现前角和后角选项，以便向非对称拉伸的前后侧指定单独的尺寸。如果将角度选项设置为多个，则会出现一个角度选项和一个列表框，以便向非对称拉伸前后侧的每个相切面指定单独的尺寸。

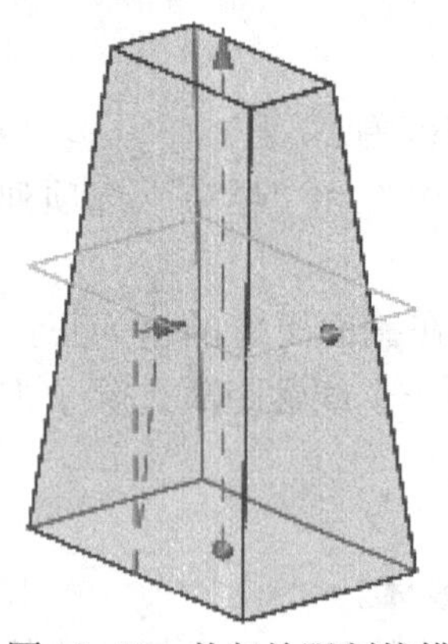
图 15-42　从起始限制拔模

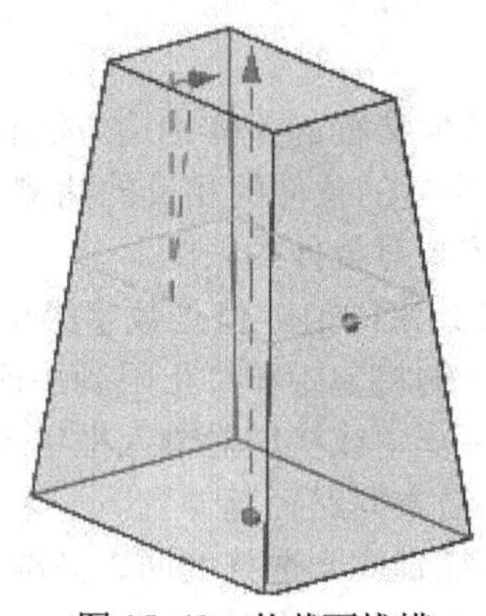
图 15-43　从截面拔模

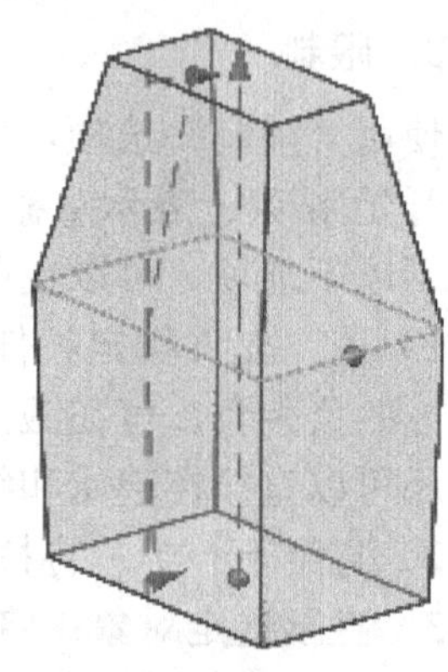
图 15-44　从截面非对称角度拔模

5）从截面对称角度：创建一个拔模，拉伸形状在截面处保持不变。此选项仅当从截面的两侧同时拉伸时可用。应用该选项将在截面处分割侧面，并且截面的两侧共享相同的拔模角，如图 15-45 所示。

6）从截面匹配的终止处：创建一个拔模，截面保持不变，并且在截面处分割拉伸特征的侧面。此选项仅当从截面的两侧同时拉伸时可用。如图 15-46 所示，终止限制处的形状与起始限制处的形状相匹配，并且终止限制处的拔模角将更改，以保持形状的匹配。

可以在此处的对话框中，或通过右键单击拉伸预览，来选择拔模选项。

“角度”选项：指定如何应用拔模角。

1）单个：为拉伸特征的所有面添加单个拔模角。如图 15-47 所示，通过在角度框中键入值，或者通过拖动角度手柄或在屏显输入框中键入值，可编辑该角度。

2）多个：向拉伸特征的每个相切面指定不同的拔模角。

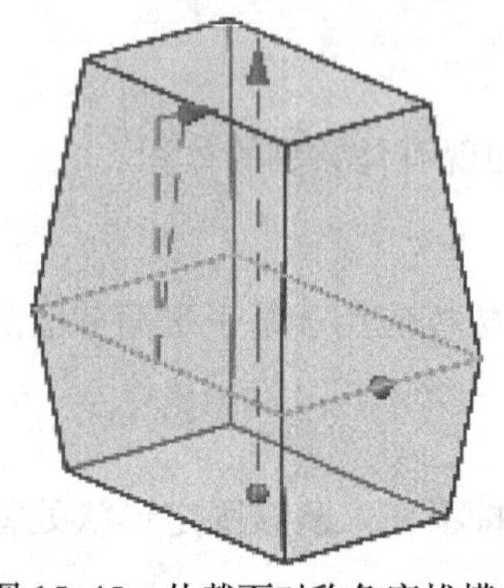
图 15-45　从截面对称角度拔模

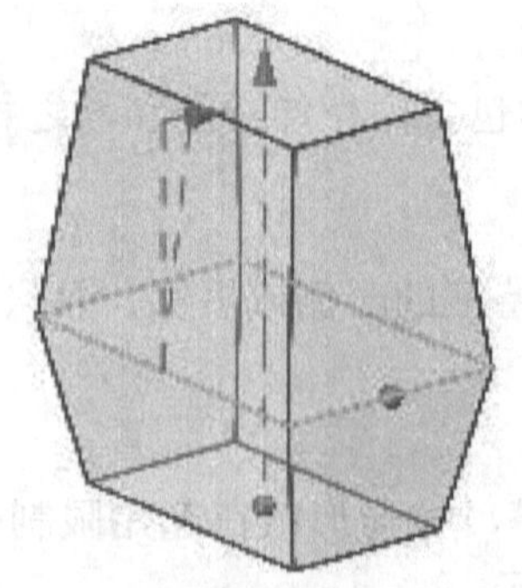
图 15-46　从截面匹配的终止处拔模

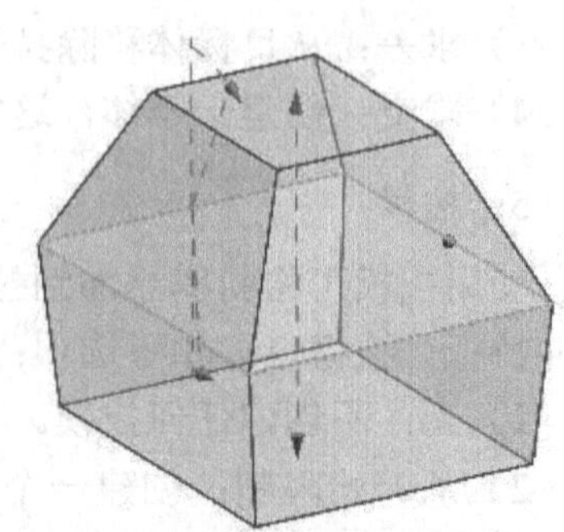
图 15-47　添加单个拔模角

图 15-48 是和“从截面”拔模一起使用的多个选项的示例，图 15-49 是和“从截面非对称”拔模一起使用的多个选项的示例。

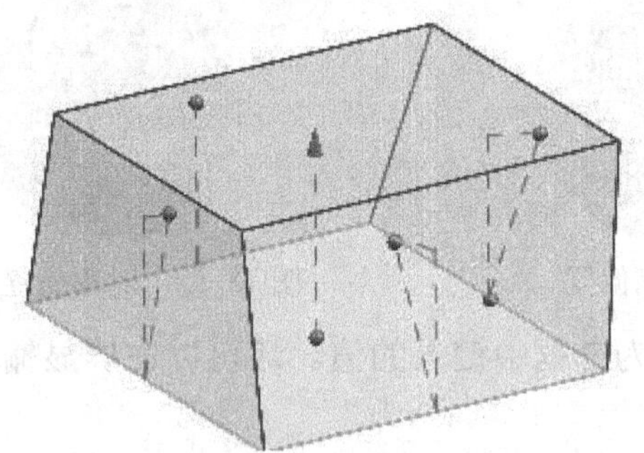

图 15-48　和从截面拔模一起使用的多个选项

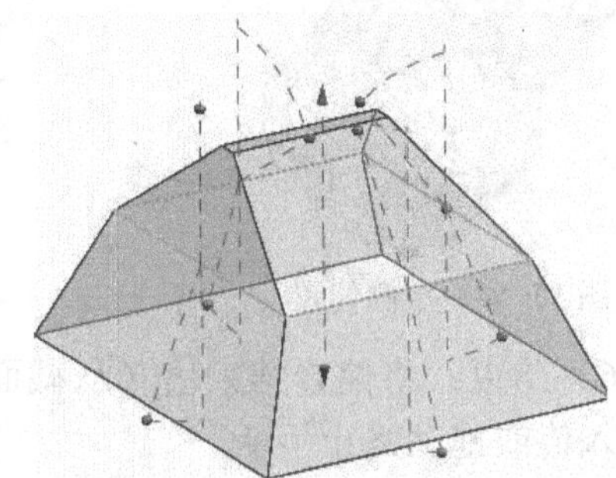

图 15-49　和“从截面非对称”拔模一起使用的多个选项

可以通过从对话框的列表框中选择这些尺寸，然后在“角度”框中键入新值来编辑这些尺寸。还可以拖动角度手柄或在屏显输入框中键入值。当“拔模”选项为“从起始限制”时，“角度”选项不可用。

当“拔模”设置成“从起始限制”或“从截面”时，在拔模下方出现“角度”等选项。

1）角度：允许为拔模角指定一个值。如果拔模列表框可用，则将值应用于列表框中的选中的角度。否则，该值将应用于拔模中的所有角度。正角使得拉伸特征的侧面向内倾斜，朝向选中曲线的中心。负角使得拉伸特征的侧面向外倾斜，远离选定曲线的中心。角度值为零将导致无斜率。还可以通过在屏显输入框中键入值或通过拖动角度手柄来指定拔模角。

2）前角/后角：允许向非对称拉伸特征的前后侧指定单独的角度值。还可以在屏显输入框中键入值或拖动角度手柄。仅当“拔模”选择设置为“从截面非对称”，并且“角度”选项设置为“单个”时可用。当“角度”选项设置为“多个”时，可以向拉伸特征中的每个相切面链指定单独的拔模角。

3）列表：列表中将显示每个拔模角的名称和值。可以通过在列表框中选择角度并在角度框中键入新值、在屏显输入框中键入值或拖动其角度手柄，来编辑角度。

6．偏置

允许指定最多两个偏置添加到拉伸特征。可以为这两个偏置指定唯一的值。在起始和终止框中或在它们的屏显输入框中键入偏置值，还可以拖动偏置手柄。只要起始和终止偏置为相等值，偏置就在截面中对称。偏置有以下选项：

1）无：不创建任何偏置。

2）单侧：向拉伸添加单侧偏置。这种偏置可轻松填充孔，从而创建凸台，简化部件的开发，如图 15-50 所示。

3）两侧：向拉伸中添加具有起始和终止值的偏置，如图 15-51 所示。

4）对称：向拉伸中添加具有完全相等的起始和终止值（从截面相对的两侧测量）的偏置，如图 15-52 所示。

5）起始：将偏置开始值（从截面测量）设置为在框中键入的值。还可以在屏显输入框中输入值或拖动起始手柄。

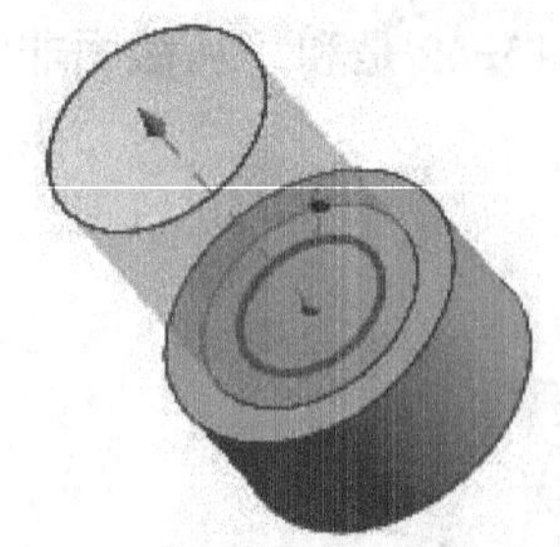

图 15-50 单侧偏置

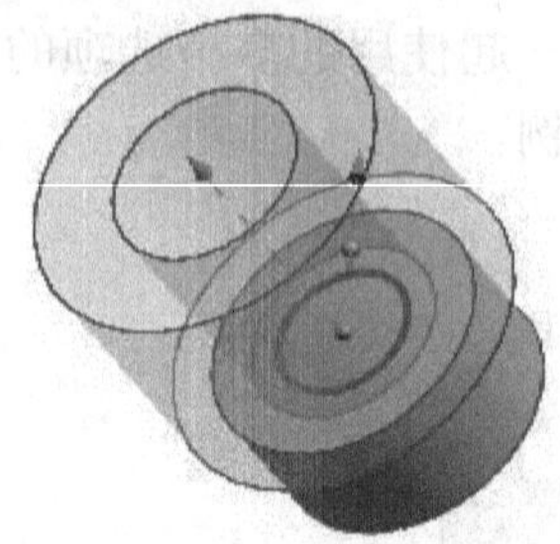
图 15-51 两侧偏置

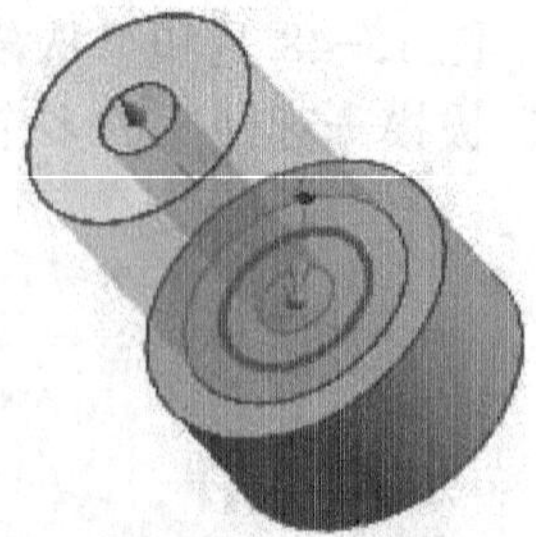
图 15-52 对称偏置

6）结束：将偏置结束值（从截面测量）设置为在框中键入的值。还可以在屏显输入框中输入值或拖动终止手柄。

7. 设置

体类型：允许指定拉伸特征为一个或多个片体或实体。要获得实体，此截面必须为封闭轮廓截面或带有偏置的开放轮廓截面。如果使用偏置，则将无法获得片体。此选项在创建或编辑过程中可用，这意味着在某些情况下，可将拉伸的片体更改为实体，或将实体更改为片体。

公差：允许在创建或编辑过程中更改距离公差。默认值取自“建模首选项”距离公差的设置。在此处输入新公差值会替代拉伸操作的建模距离公差。要更改公差，可在该选项框中键入新值并按下 Enter 键。新的距离公差对整个当前对话框中的后续拉伸操作均有效。

8. 预览

当指定创建特征所需的最少参数时，会产生预览。默认情况下会选择该选项。

显示结果：计算特征并显示结果。

撤销结果：撤销结果，退出结果显示，并返回对话框。

15.4.2 回转

特征的回转是将实体表面、实体边缘、曲线、链接曲线或者片体通过围绕给定轴回转一个非零角度生成实体或者片体，如图 15-53 所示。

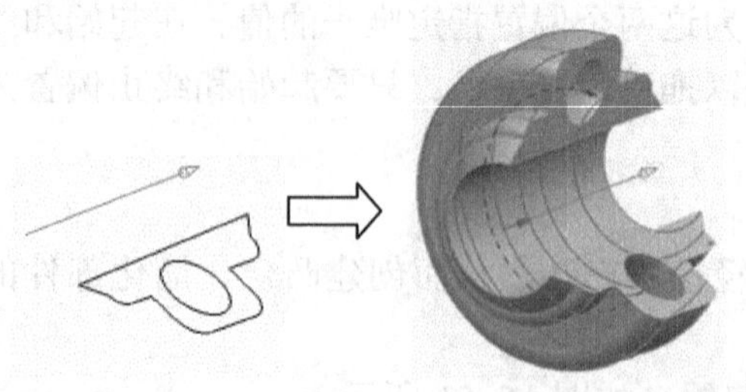
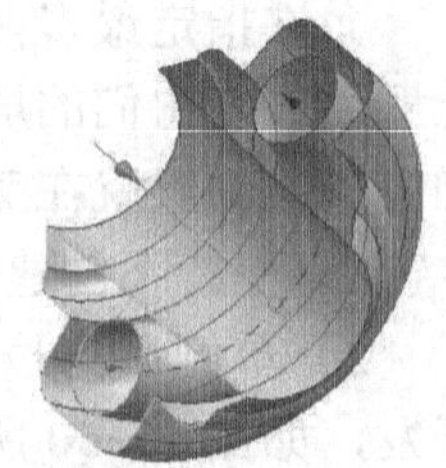
图 15-53 创建回转特征

在生成回转特征前，要定义回转轴，该轴的定义如下：

首先，需要使用“矢量构成”来定义回转方向（回转轴）。回转轴不能和剖面曲线在单个点处相交，但可以和一条边重合。

然后，使用“点构造器”来定义回转点。如果矢量包含一个隐含点的信息，就像和标准轴、直线或边缘一样，则无需定义点。

使用“矢量构成”会在回转体和回转轴之间建立一种关联性。如果在创建回转体以后改变选作回转轴的几何体，则回转体相应地被更新。

在为回转矢量定义了矢量以后，可以建立回转的方向。回转的正向通过右手规则确定。

可通过以下方式创建回转特征：

1）绕指定轴回转截面几何图形。

2）将截面几何图形（曲线、草图、面或面的边）回转到修剪面或相对基准平面。

3）在两个修剪面或相对基准平面之间回转截面几何图形。

4）可为回转特征添加偏置，创建回转特征时，可获得片体或实体。

5）可编辑回转特征的所有创建参数，“求和”、“求差”和“求交”布尔函数除外。

使用以下方法时可获得实体：

1）封闭轮廓线串（体类型建模首选项设置为实体时）。

2）一个不封闭的轮廓线串，且总的回转角度等于 360°。

3）一个不封闭的轮廓线串，有任何角度的偏置或增厚。

使用以下方法时可获得片体：

1）封闭轮廓（体类型建模首选项设置为片体时）。

2）一个不封闭的轮廓，且角度小于 360°，没有偏置。

创建回转特征的基本步骤：

图 15-54 “回转”对话框

1）单击特征工具条上“回转”图标，弹出图 15-54 所示“回转”对话框。该对话框中包含“截面”、“轴”、“限制”等回转的参数设定。

2）选择要回转的截面几何图形。

3）指定回转轴。单击“回转”对话框“轴”中的图标，选定回转轴。如果选择的矢量没有暗指的点，则需要指定一个。也可以选择曲线、边缘、相对基准轴或平面作为回转特征的回转轴。

指定回转轴后，可根据需要，在矢量锥形箭头上单击图标来反转它的方向。

如果选择了“启用预览”选项，并且截面几何图形和回转轴对回转特征有效，则系统将显示预览。如果所设定的参数通过随后的修改过程有效，则预览将继续更新，直至最终使用确定创建回转特征。

4）定义回转体的回转开始和结束限制。

起始/结束：用于设置回转对象回转的起始/终止角度，值的大小是相对于回转截面曲线中各曲线所在平面而言，其方向与回转轴成右手定则为正。

将起始/结束限制手柄拖动到所需的角度设置处，或在数据字段中输入起始/结束角的值。

5）如有必要，可选择要使用的“布尔”模式。

6）如果剖面由单个开放或封闭环组成，则可选择为回转添加偏置。

添加偏置的方法：选择工具条上的偏置按钮，或选择对话框上的“偏置”选项。使用对话框“起始偏置”和“结束偏置”选项，或在图形窗口中拖动偏置手柄，以便定义偏置的范围。

7）单击“确定”按钮，创建回转特征，如图 15-55 所示。

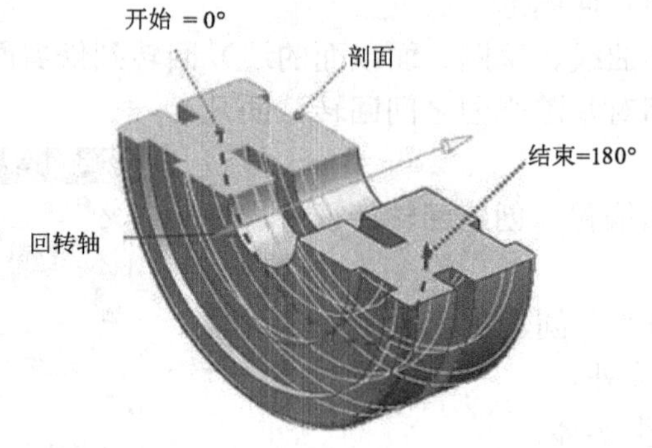

图 15-55　创建回转特征

除基本的回转特征外，UG NX 还可以实现带有偏置的回转（图 15-56）、回转到对象（图 15-57）以及在两个对象之间回转（图 15-58）等。

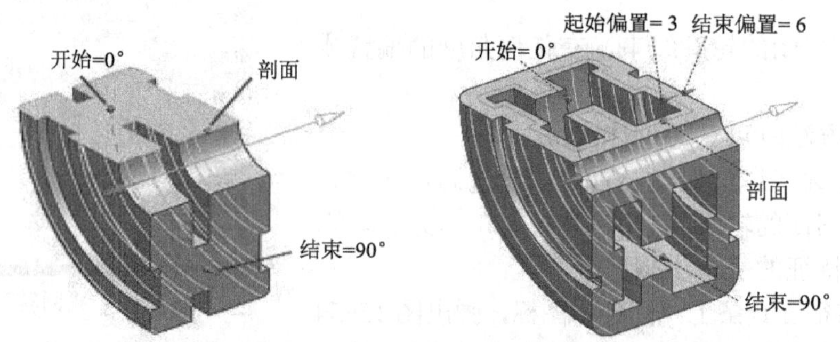

图 15-56　带有偏置的回转特征

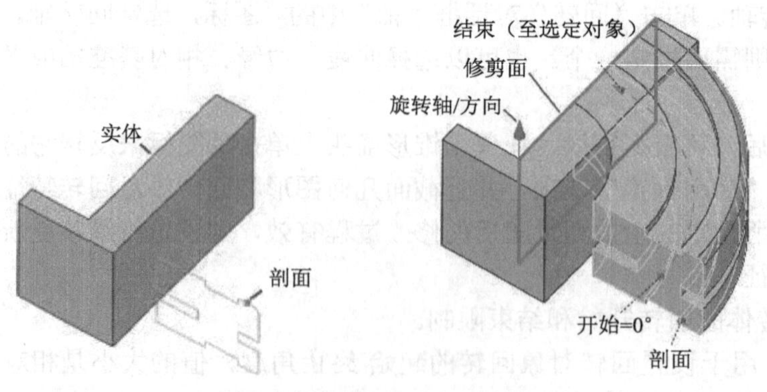

图 15-57　回转到对象特征

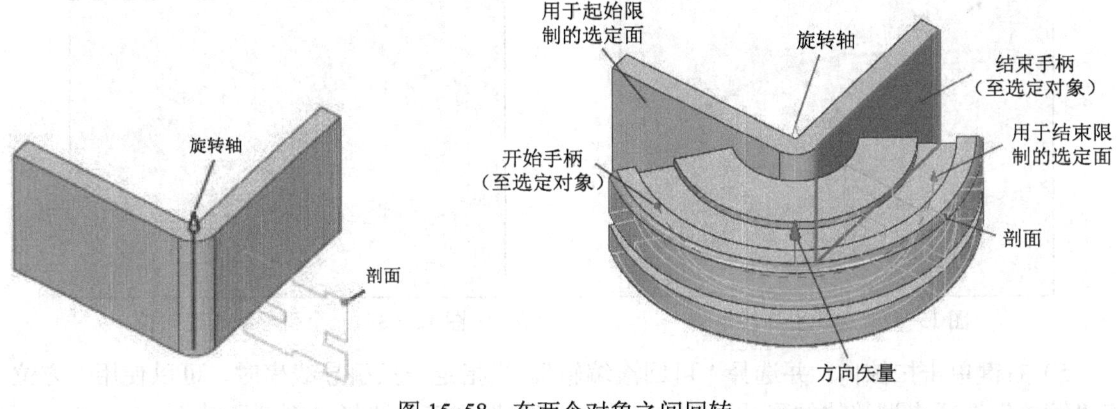

图 15-58　在两个对象之间回转

15.4.3　扫掠

通过沿着一条、两条或三条引导线串扫掠一个或多个截面线串，来创建实体或片体。单击特征工具条上“扫掠”按钮，弹出图 15-59 所示的“扫掠”对话框。可通过以下几种方法，来创建扫掠特征。

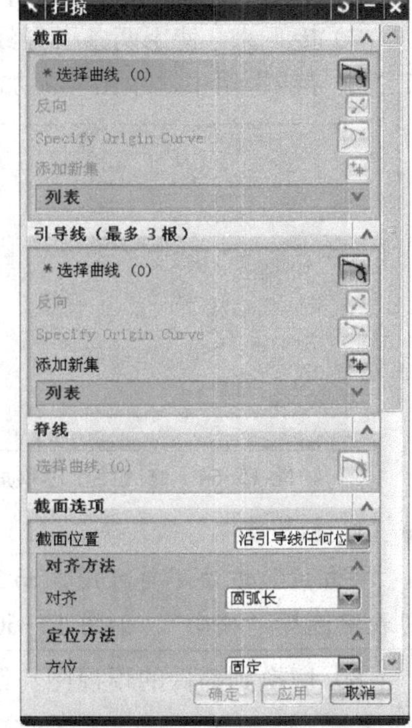

图 15-59　“扫掠”对话框

1．用一条或两条引导线进行扫掠

要指定截面沿着导线扫掠时的方位和/或缩放，可使用一条引导线串。两条引导线串可以完全指定扫掠体的比例和方位。第二条导线会始终横向或均匀地对体进行缩放。

以图 15-60 所示示例，介绍如何沿曲线创建含一条或两条引导线的体。

1）在特征工具条上单击扫掠，或选择“插入”→“扫掠”→“扫掠”。

2）单击截面线串的两端附近，然后单击鼠标中键，完成截面线串的选择，如图 15-61 所示。

3）单击上方引导线串的两端附近，然后单击鼠标中键，以便选择引导线串，如图 15-62 所示。

4）要创建扫掠体，单击“确定”按钮，如图 15-63 所示。

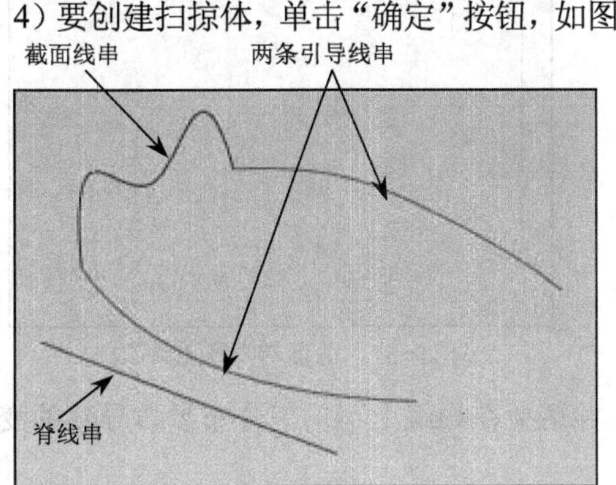

图 15-60　用一条或两条引导线进行扫掠

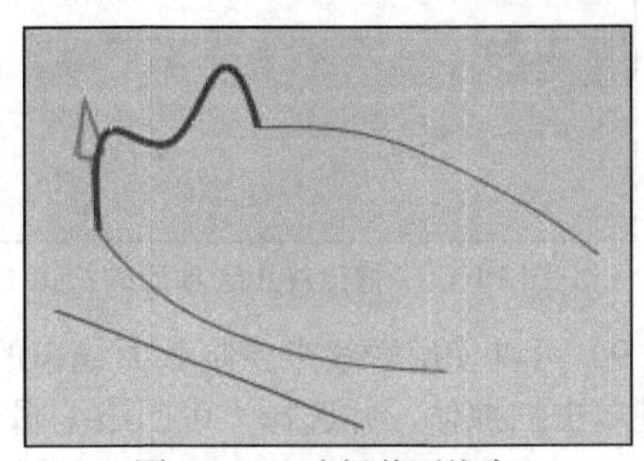

图 15-61　选择截面线串

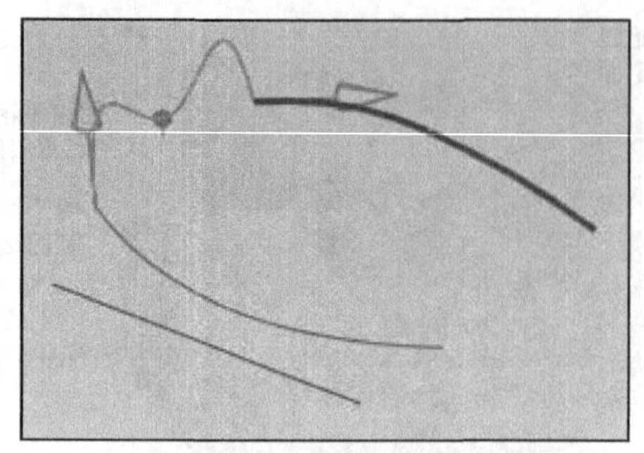
图 15-62　选择引导线串

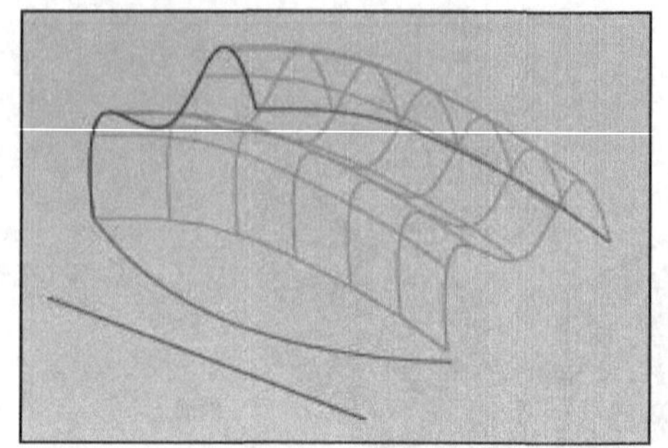
图 15-63　一个引导线创建扫掠

5）右键单击扫掠体，并选择“可回滚编辑”。当指定一条引导线串时，可以使用“方位”和“缩放”选项来调整体的形状。例如，从“缩放”列表中选择“倒圆函数”。

6）保留“起始”值不便，将“终止”值指定为 1.5，并单击“确定”按钮，如图 15-64 所示。

7）接下来，使用两条引导线串修改该扫掠体。右键单击扫掠体，并选择“可回滚编辑”。在“引导线”组中，单击“添加新集”。单击下方的引导线串，如图 15-65 所示。

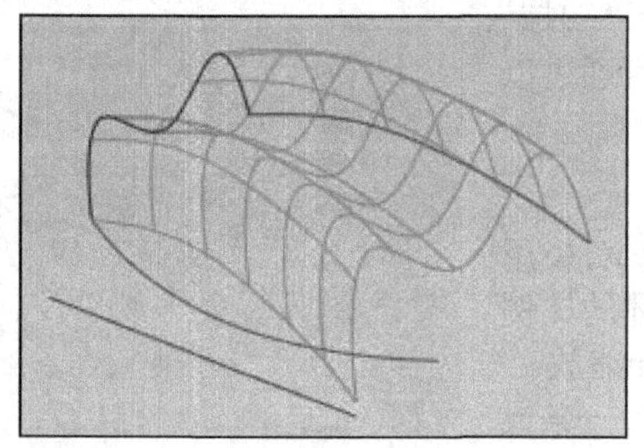
图 15-64　修改终止选项后的扫掠

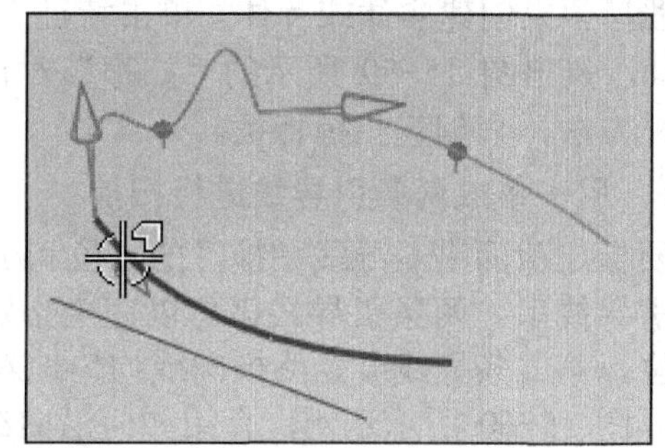
图 15-65　选择第二条引导线串

注意

“方位”方法不再可用，而且“缩放方法”选项现在为“均匀”和“横向”。从“缩放”列表中选择“横向”，如图 15-66 所示。

8）切换到部件的顶视图。请注意曲面等参数线是不均匀的，如图 15-67 所示。

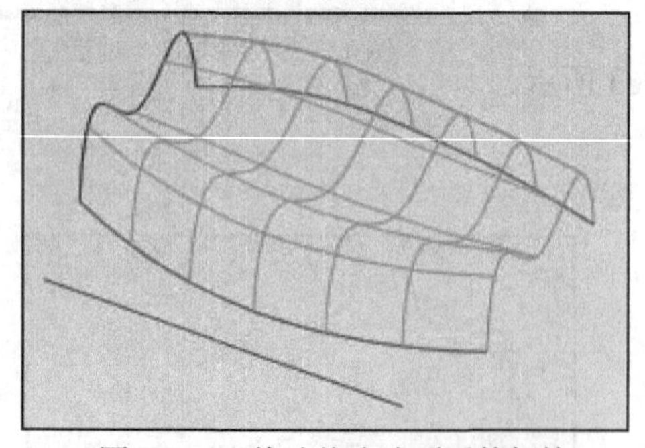
图 15-66　修改终止选项后的扫掠

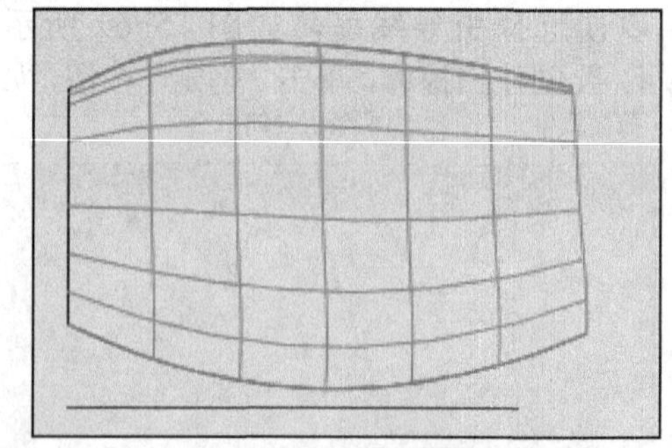
图 15-67　曲面等参数线不均匀

9）可以使用脊线来控制截面线串的方位，并避免在导线上不均匀分布参数导致的变形。右键单击扫掠体，并选择“可回滚编辑”。

10）在脊线组中，单击选择曲线按钮，并单击图 15-68 中所示的“脊线串”。

11）单击“确定”按钮完成部件，如图 15-69 所示。

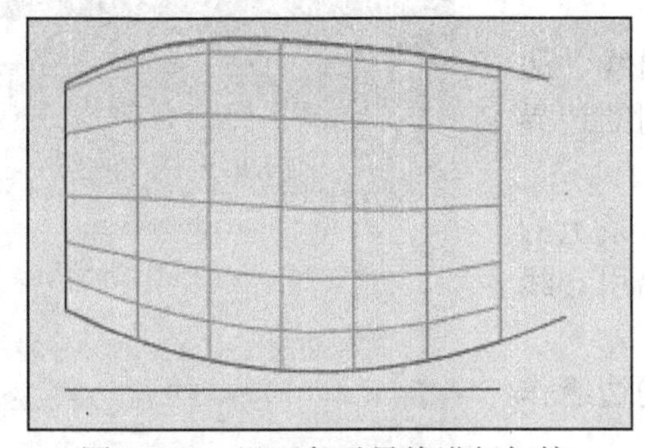

图 15-68　沿两条引导线进行扫掠

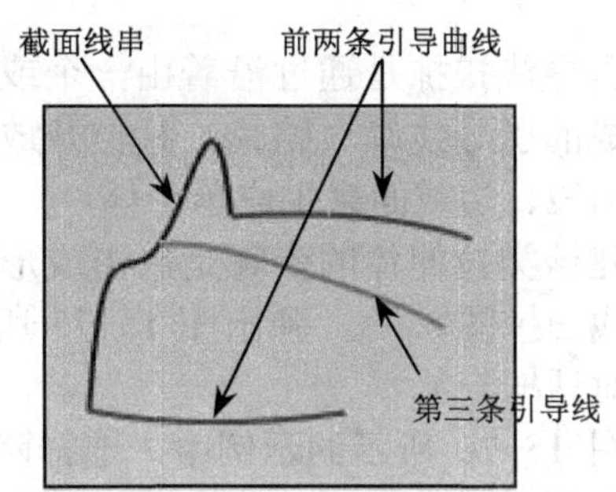

图 15-69　沿三条引导线进行扫掠

2．使用三条引导线扫掠

指定了三条引导线时，第一条和第二条引导线可完全定义体的方位和缩放，而第三条引导线将使体沿着一条独立的轴剪切。如图 15-60 所示，在此示例中，将使用两条引导线创建一个扫掠特征，然后再添加第三条引导线，以便您了解扫掠效果。

1）在特征工具条上单击扫掠，或选择“插入”→“扫掠”→“扫掠”。

2）单击图 15-69 所示的截面线串两端附近，然后单击鼠标中键，完成截面线串的选择，如图 15-70 所示。

3）选择引导线串，并在每次进行选择后单击鼠标中键，如图 15-71 所示。

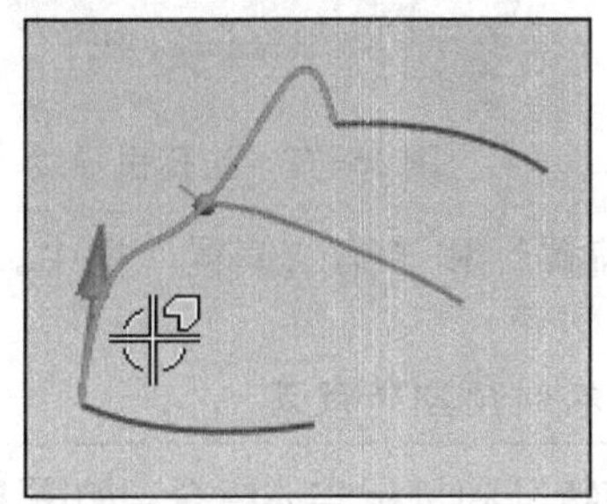

图 15-70　选择截面线串

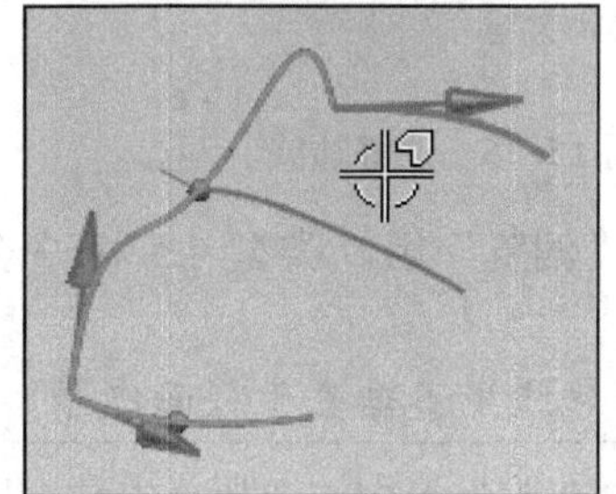

图 15-71　沿三条引导线进行扫掠

4）单击“确定”按钮，结果如图 15-72 所示。

5）右键单击扫掠体，并选择“可回滚编辑”。

6）在引导线组中，单击添加新集。

7）单击选择原始导线的同一端点附件的引导线串，如图 15-73 所示。

8）单击“确定”按钮，完成更新的扫掠特征，如图 15-74 所示

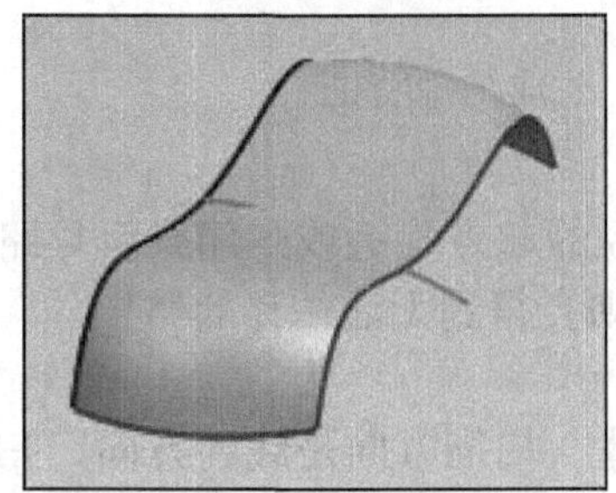

图 15-72　两条引导线串的扫掠

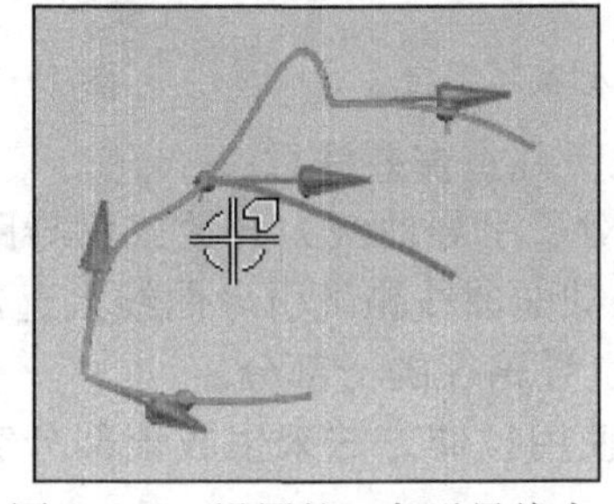

图 15-73　设置第三条引导线串

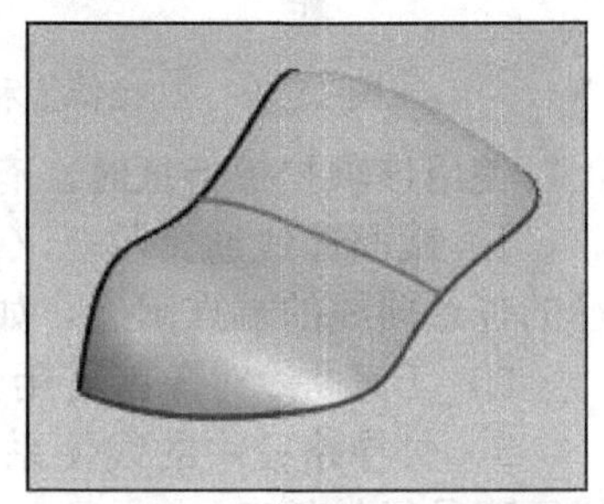

图 15-74　三条引导线串的扫掠

15.4.4 沿引导线扫掠

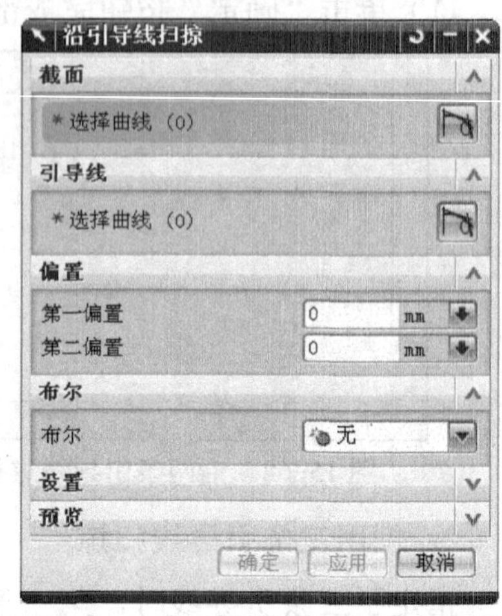

图 15-75 “沿引导线扫掠”对话框

沿引导线扫掠是通过沿着由一个或一系列曲线、边或面构成的引导线串（路径）拉伸开放的或封闭的边界草图、曲线、边或面来生成单个体。

创建该类拉伸体的步骤是单击成形特征工具条上的沿导引线扫掠图标，弹出图 15-75 所示的“沿引导线扫掠”对话框。

在图 15-76 所示的示例中，选择两个特征的边缘作为输入来创建沿引导线扫掠特征。

1）选择“插入”→“扫掠”→“沿引导线扫掠”。在“沿引导线扫掠”对话框中，选择曲线在截面组中处于活动状态。

2）选择边缘，如图 15-76 所示。

3）在“引导线”组中，单击选择曲线并选择边缘，如图所示 15-77 所示。

图 15-76 选择边缘

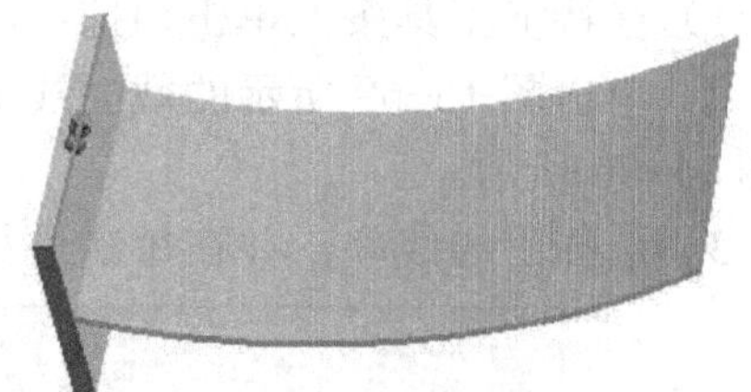
图 15-77 选择引导线

4）在“偏置”组，类型 4.5 和-3 分别在“第一偏置”和“第二偏置”框中。

注意

如果引导线串不垂直于截面线串，则偏置可能达不到预期的效果。

5）在“布尔”组中，选择“求和”以使创建的扫掠特征和目标实体组合，如图 15-78 所示。

6）单击“确定”或“应用”按钮来创建“扫掠”特征，如图 15-79 所示。

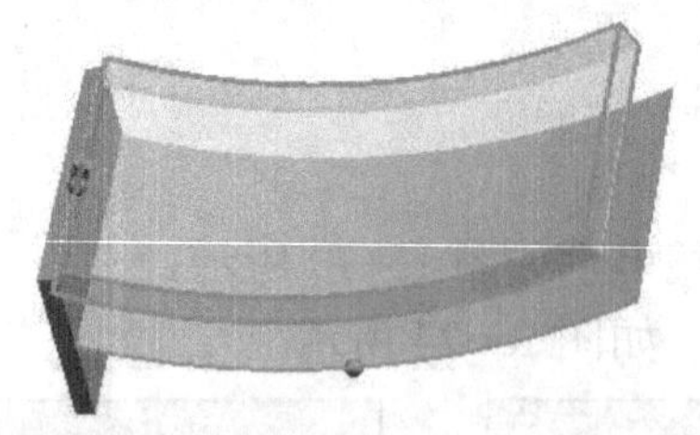
图 15-78 扫掠特征和目标实体组合

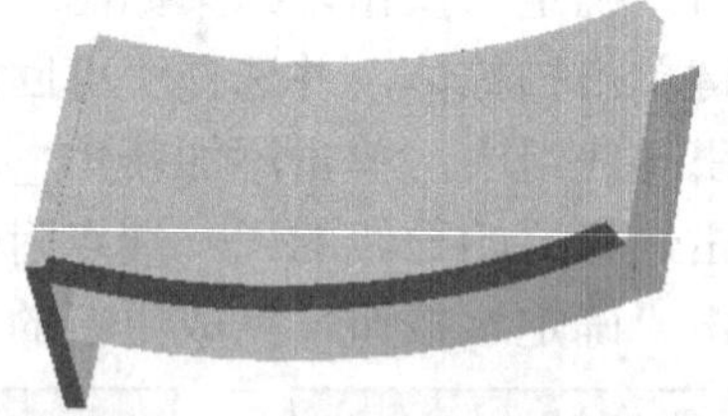
图 15-79 生成扫掠特征

使用该项扫掠特征时，有以下几点需要注意：

1）截面曲线通常位于（相对于引导曲线）开放式引导路径的起点附近或封闭式引导路径的任意曲线的端点附近。如果截面曲线距离引导曲线太远，则会得到无法估计的结果。

2）任何曲线对象都可用作引导路径的一部分。

3）引导路径中的线使系统使用拉伸方法来生成该部分实体。扫描方向是线的方向，扫描距离是线的长度。

4）引导路径中的圆弧使系统使用旋转方法。旋转轴是圆弧的轴，即位于圆弧的中心并垂直于圆弧平面。旋转角度是圆弧的起始角和终止角的差。

5）对于曲线/圆弧构成的 2D 光顺引导线串，侧面是平面或圆柱形的面。对于非光顺的二次曲线、样条和 B 样条，系统生成精确的几何体。

6）对于 3D 光顺引导线串，建议使用自由曲面特征。

15.5 创建其他特征

基本实体特征通常用来描述零件的结构，而其他特征则描述了零件的细节信息。创建零件时，总是在基本实体中加入特征来准确地描述零件的详细结构。

常见的特征包括孔、键槽、沟槽、腔体、圆台和凸垫。另外，使用用户自定义选项，还可以向部件添加用户化特征。许多成形特征是关联的，即如果更改了用于生成成形特征的几何体，它会自动更新。

绝大多数成形特征都需要一个平的放置面，在其上生成成形特征，并与之相关联。平的放置面可以是一个基准平面或是目标实体上的平面。当能够对面进行更为精确的定位时，在面的法向上、并靠近选择面的位置生成特征。特征将自动链接到选中面，以便当面被平移或旋转时，特征将保持与面的垂直关系，并且特征的高度相对于面将保持恒定。

如果将基准平面作为平的放置面，将出现方向矢量，显示将在基准平面的那一侧生成特征。可以选择是接受这一默认侧，还是对矢量进行反向，以便使用另一侧。

有些形式特征要求水平参考，需定义特征坐标系的 X 方向。可以选择边、面、基准轴或基准平面作为水平参考。水平参考定义那些需要长度的成形特征的长度方向，这些成形特征包括键槽、腔体和凸垫。

可以生成总是完全通过选中面的孔和槽，而不必考虑实体怎样修改。选择一个通过面，则孔或槽特征就认为要完全贯通整个实体，并且只受限于放置面和通过面。可以相对于已有的实体几何体或基准平面来定位特征（或草图），即控制特征相对于已有的实体几何体或基准平面的位置。也可以通过在选择尺寸类型之前单击“确定”按钮来完成一个特征而不用约束它的位置。随后可以使用下拉菜单“编辑”→“特征”下的选项来定位或移动特征。

在特征工具条上单击孔，或者选择“插入”→“设计特征”→“孔”，弹出图 15-80 所示“孔”对话框。使用孔命令可在部件或装配中添加的孔特征有常规孔（简单、沉头、埋头或锥形状），钻形孔，螺钉间隙孔（简单、沉头或埋头形状），螺纹孔，孔系列（部件或装配中一系列多形状、多目标体、对齐的孔）。

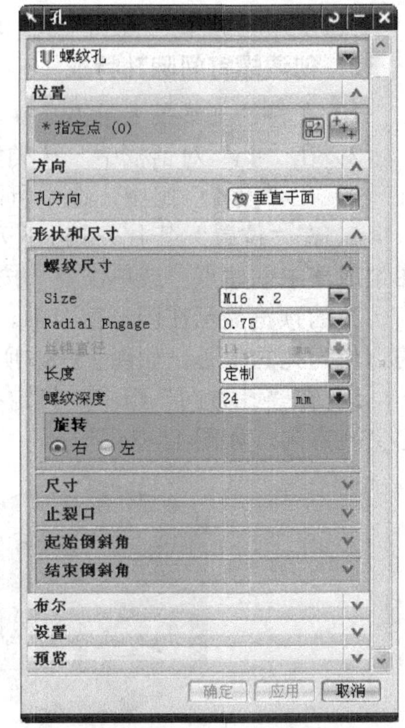

图 15-80 “孔”对话框

创建孔特征的方式：

1）在非平面的面上创建孔。

2）通过指定多个放置点，在单个特征中创建多个孔。

3）使用草图生成器来指定孔特征的位置。也可以使用“捕捉点”和“选择意图”选项帮助选择现有的点或特征点。

4）通过使用格式化的数据表为螺钉间隙孔、钻形孔和螺纹孔类型创建孔特征。

下面通过具体实例来说明创建孔特征的方法与步骤。

1．创建常规孔特征

1）在特征工具条上单击孔，或者选择“插入”→“设计特征”→“孔”。

2）在“孔”对话框中，从类型列表中选择“常规孔”。

3）在“位置”组中，通过下列方法中的一种指定孔的中心：

① 单击绘制截面在草图生成器中创建点。

② 单击点选择现有的点或特征点。

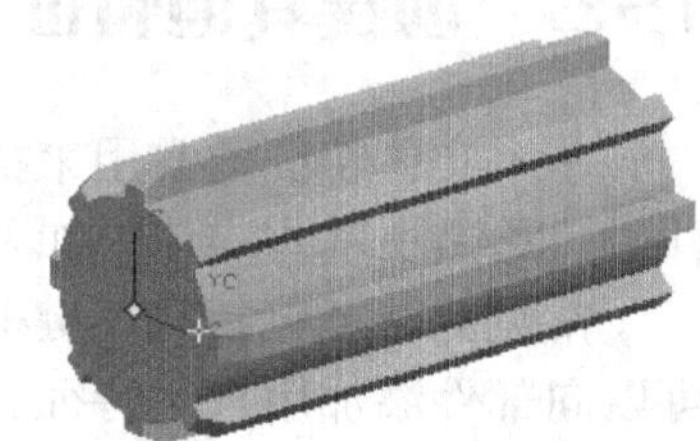

图 15-81　选择现有的点

孔的预览显示在图形窗口中。

选择了现有的点作为孔的中心，如图 15-81 所示。

4）在“方向”组中，从“孔方向”列表中选择所需的选项。对于此示例，选择了“垂直于面”。

5）在“形状和尺寸”组中，指定孔的形状和尺寸。对于此示例，从“形状和尺寸”中选择了“埋头孔”形状。

6）在“尺寸”组中，输入埋头孔直径、埋头孔角度和直径的所需值。对于此示例，深度限制列表被设置为贯通体。

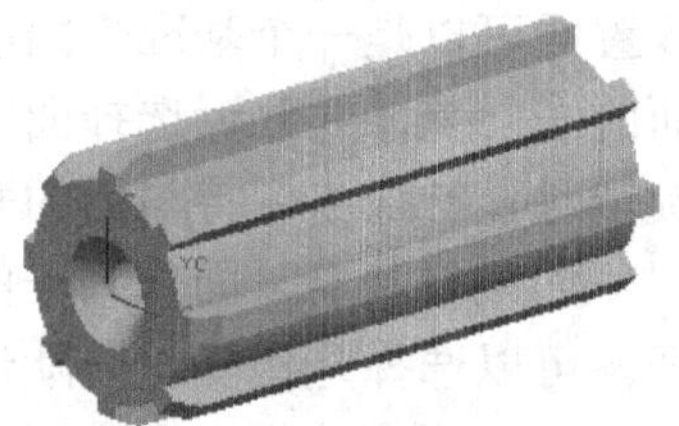

图 15-82　创建常规孔特征

7）单击“确定”或“应用”按钮，以创建埋头孔形状的常规孔特征，如图 15-82 所示。

2．创建螺钉间隙孔特征

1）在特征工具条上单击孔，或者选择“插入”→“设计特征”→“孔”。

2）在“孔”对话框中，从类型列表中选择“螺钉间隙孔”。

3）在“设置”组中，选中所需的标准或者接受默认值。

4）在“位置”组中，通过下列方法中的一种指定孔的中心：单击绘制截面按钮，在草图生成器中创建点；或单击点按钮，选择现有的点或特征点。

孔的预览显示在图形窗口中。可以选择多个点来创建多个孔。对于此示例，选择了现有的点作为孔的中心，如图 15-83 所示。

5）在“孔方向”组中，指定孔的方向。对于此示例，使用了“沿矢量”方法沿-ZC 轴定义孔方向，如图 15-84 所示。

图 15-83　选择现有点创建孔

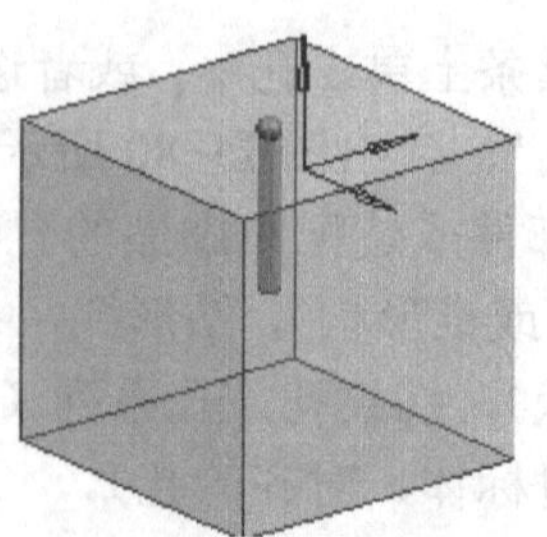

图 15-84　定义孔方向

6）在“形状和尺寸”组中，就此示例而言，执行以下操作：

① 从“形状”列表中，选择“沉头孔”。

② 从“螺钉类型”列表中，选择“六边形螺栓”。

③ 从“螺钉大小”列表中，选择“5/8”。

④ 从“适合”列表中，选择“定制”。

7）在“尺寸”组中，输入“沉头孔直径”、“沉头孔深度”和“直径”所需的值，如图 15-85 所示。需要注意的地方：

① 沉头孔直径必须大于孔径。

② 沉头孔深度必须小于孔深度。

③ 只有在“适合”设置为“定制”时才可以输入“沉头孔直径”、“沉头孔深度”和“直径”的值。

8）输入“起始倒斜角”、“颈部倒斜角”和“终止倒斜角”的值。各参数的定义如图 15-86 所示。

9）单击“确定”或“应用”按钮，以创建沉头孔形状的螺钉间隙孔特征。

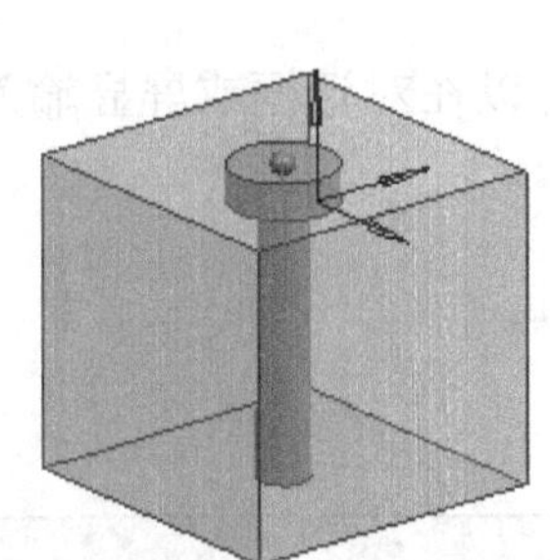

图 15-85　沉头孔形状的螺钉间隙孔

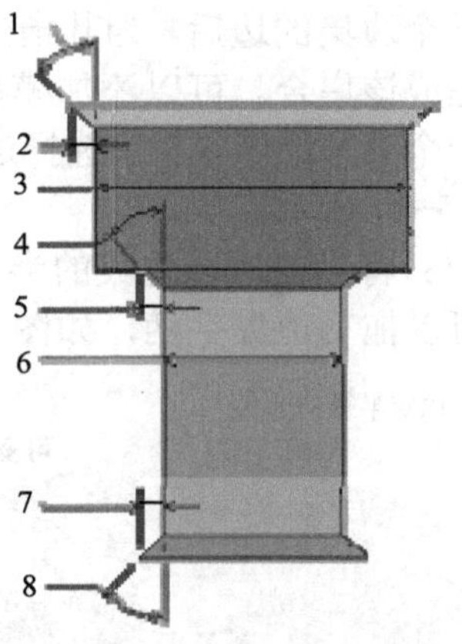

图 15-86　螺钉间隙孔各参数说明

1—起始倒斜角度　2—起始倒斜角偏置　3—沉头孔直径
4—颈部倒斜角度　5—颈部倒斜角偏置　6—孔直径
7—终止倒斜角偏置　8—终止倒斜角度

15.6 特征操作

特征操作是对已构造特征进行修改。通过特征操作，可以用简单实体建立复杂的实体。实体及特征的基本操作包括实体的逻辑运算、修剪、抽壳、倒角、圆角、拔模以及螺纹的攻螺纹等操作。限于篇幅的原因，本节仅给出圆角及螺纹攻螺纹的相关介绍。

15.6.1 边倒圆

边倒圆选项能通过对选定的边进行倒圆以修改一个实体，如图 15-87 所示。

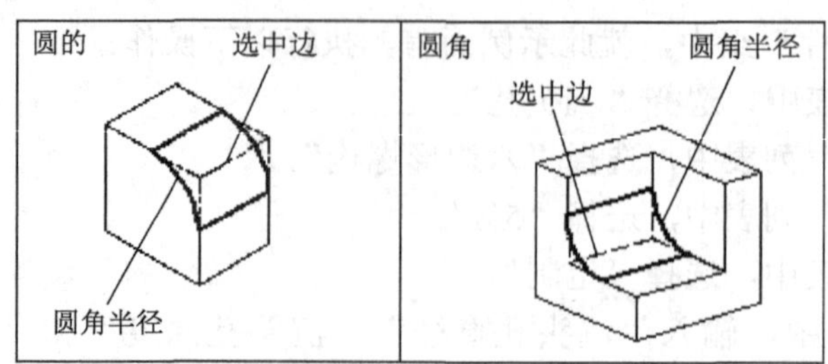

图 15-87　边倒圆

单击特征操作工具条的边倒圆图标，弹出图 15-88 所示“边倒圆”对话框。该对话框包括如下内容：

图 15-88 “边倒圆”对话框

1．要倒圆的边

1）选择边：为边倒圆集选择边。可以对每个边集的所有边都指定一个独一无二的半径值。单击边集选择边。要从边集删除边，按住 Shift 单击该边。加入到边集时，各边不必相互接触。为边集选择边时，可以指定圆角半径的值，此值将应用于边集中的所有边。

选择第一个边集的边后，为其指定半径值，并通过单击“添加新集”来完成该集合。可以添加模型所允许的任意多个边集，并给每个边一个唯一的半径值。选择边后，就可以向其应用其他选项，如图 15-89 所示。

2）半径 1：将当前所选边集的半径设置为指定的值。可以在对话框或屏显输入框中键入半径值，还可以拖动边集手柄，如图 15-90 所示。

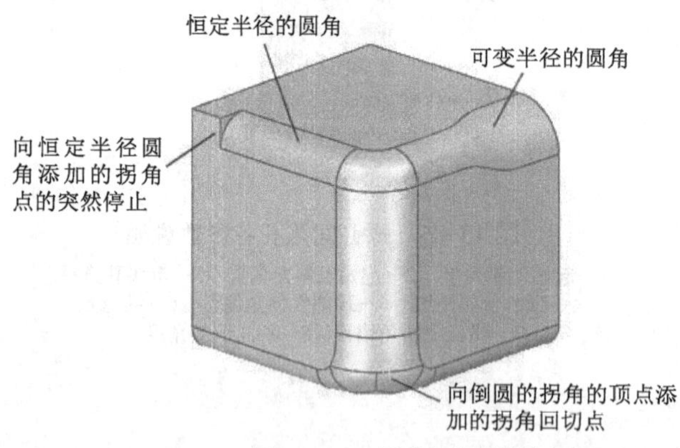

图 15-89　指定不同倒圆半径

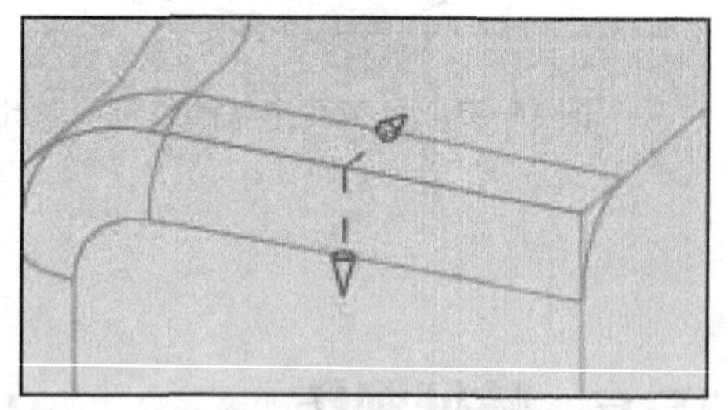

图 15-90　半径拖动手柄

3）添加新集：完成当前边集，并将其添加到列表框。还可以通过单击鼠标中键来完成边集。边集在图形窗口中以球形手柄标志，如图 15-91 所示。

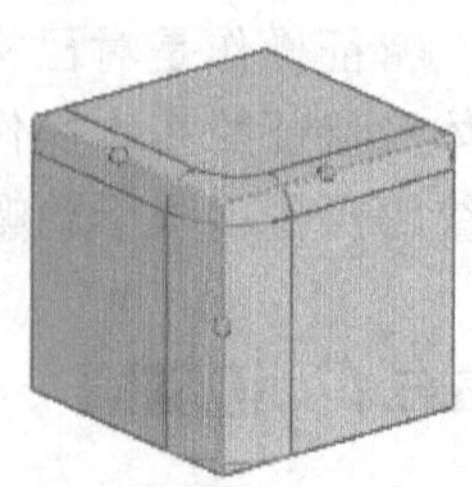

图 15-91　边集手柄

4）列表：边集在列表框中显示为“半径 1”、“半径 2”、“半径 3”等，还有其“名称”、“值”和“表达式”信息。要选择边集，在对话框列表框中单击其条目，或在图形窗口中单击其球形手柄。要删除边集，在列表框中选择移除，并单击“删除”按钮；还可以在图形窗口中右键单击边集手柄，并选择“删除”按钮。

2．可变半径点

可以通过向边倒圆添加半径值唯一的点来创建可变半径圆角。

1）指定新的位置：首先必须选择至少一个要倒圆的边，然后才能使用此选项。在“要倒圆的边”组中，使用“选择边缘”。沿边集中的边添加可变半径点，如图 15-92 所示。

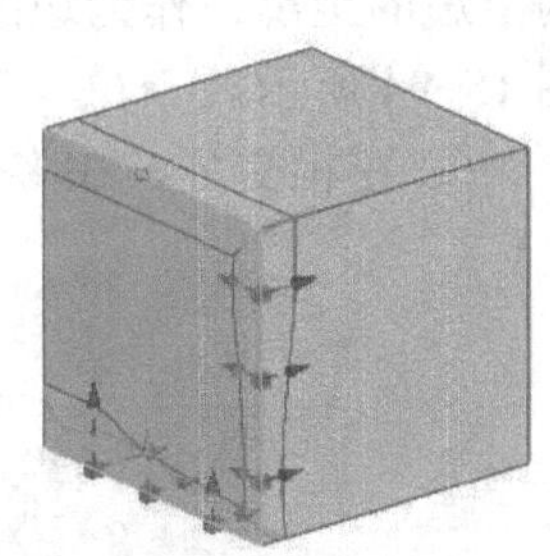
图 15-92 可变半径点和拖动手柄

可变半径点是关联的。如果在更新期间部件发生更改而在稍后移动关联的点，则可变半径位置随其一同移动。如果以后删除点，则该点的可变半径位置继续存在（作为圆弧长的某个百分比），但不再与任何东西关联。

添加可变半径点时，显示点手柄和半径手柄。

2）位置：指定在边上如何定位可变半径点。从以下方法中选择：

圆弧长/%圆弧长：使用圆弧长的指定值或总边圆弧长的百分比定义所选可变半径点的位置。

还可以通过以下方法移动点：沿着边拖动可变半径点手柄，或者在“弧长或%弧长”屏显输入框中键入值。

通过点：通过选择或指定边上的点来指定可变半径点。“选择条”上的“捕捉点”选项可用。

3）列表：定义的可变半径点在列表框中显示为“V 半径 1”、“V 半径 2”、“V 半径 3”等，还有其名称、半径值和表达式信息，与“要倒圆的边”组中列表框的作用相同。

3．拐角回切

可以通过向拐角添加缩进点并调节其与拐角顶点的距离，来更改拐角的形状。可以使用拐角回切创建球头圆角等。拐角回切旨在辅助无样式曲面进行钣金冲压。它们并不用于创建曲率连续的面。

1）选择端点▱：指定边集中的拐角端点，这将自动向圆角拐角添加倒角点。必须首先选择至少三个构成拐角顶点的边，然后才能使用此选项。在“要倒圆的边”组中，使用“选择边缘”。为“缩进选择拐角点”时，会在拐角顶点显示拖动手柄，每个组成拐角的圆角一个，如图 15-93 所示。最初，倒角点与顶点的距离相等，从而使拐角圆角的半径恒定。可以拖动手柄获得不同的半径值。

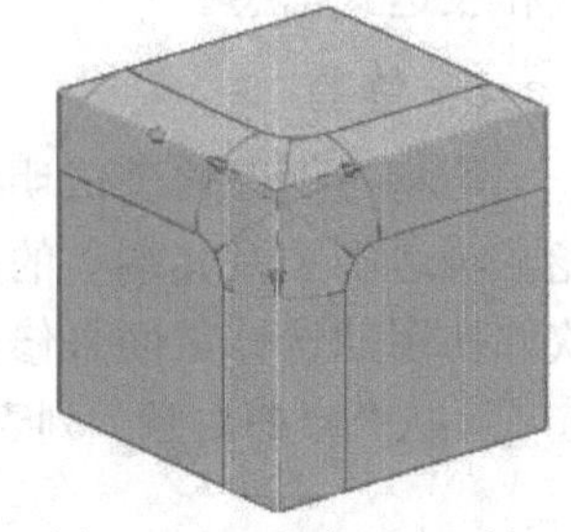
图 15-93 拐角回切手柄

2）点 1 缩进 1：将当前所选缩进点的距离设置为指定的值。

3）列表：将列表框中的缩进点列出为“点 1 缩进 1”、“点 1 缩进 2”、“点 1 缩进 3”、“点 2 缩进 1”等，还有其名称、值和表达式信息。

4．拐角突然停止

使某点处的边倒圆在边的末端突然停止。

1）选择端点▱：选择要倒圆的边上的端点。首先必须选择至少一个要倒圆的边，然后才能使用此选项。在“要倒圆的边”组中，使用“选择边缘”。选择边端点后，就可以指定“停止位置”。

2）停止位置：指定在边倒圆上创建停止点的方法。从以下选项选择：

① 在某一距离处：在边端点突然停止圆角。可以使用以下任何一种方法指定停止点：作为沿边的距离；作为边的圆弧总长度的百分比；在要停止圆角的边上定义特定的通过点，如图 15-94 所示。

② 在相交处：在多个圆角相交的所选顶点处停止圆角，如图 15-95 所示。

图 15-94 使用“在某一距离处”在拐角处突然停止

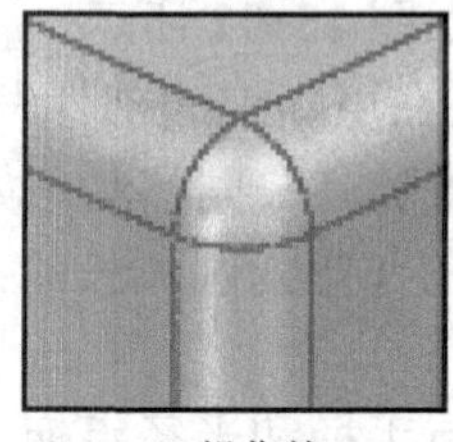

操作前

操作后

图 15-95 使用“在相交处”在拐角处突然停止

3）位置：将“停止位置”设置为“在某一距离处”时出现。指定位置方法，从以下选项选择：

① 圆弧长/%圆弧长：使用沿边的指定圆弧长距离或总边圆弧长的指定百分比定义突然停止点的位置。指定停止点之后，就可以在“弧长”或“%弧长”对话框或屏显输入框中键入值，或沿着边拖动突然停止点手柄，如图 15-96 所示。

② 通过点：在边上指定圆角停止的点。

4）列表：突然停止点在列表框中列出为“突然停止 1”、“突然停止 2”、“突然停止 3”等，还有其名称、值和表达式信息。

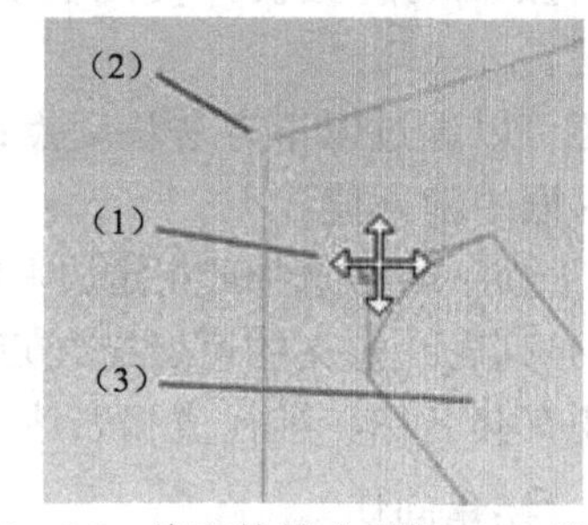

图 15-96 将突然停止手柄（1）沿着边（3）从其起点（2）开始拖动

5. 修剪

可将边倒圆修剪成明确选定的面或平面，而不是依赖软件通常使用的默认修剪面。这可能影响边倒圆及其端盖的形状。图 15-97a 为❶“修剪组”、“用户选定对象”选项未选中且软件使用默认修剪面来修剪倒圆时，得到的边倒圆❷。图 15-97b 为在选择“用户选定对象”选项、从“修剪对象”列表中选择“面”，然后选择一个不同的修剪面时，得到的不同结果❸。

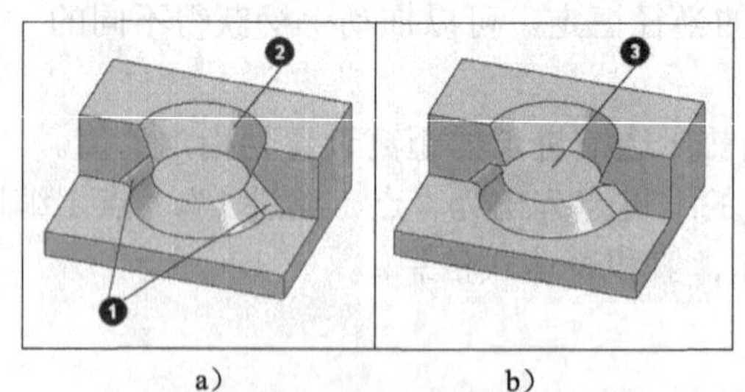

图 15-97 面倒圆修剪不同结果图
a）结果 1 b）结果 2

1）用户选定对象：使修剪选项可用，可利用这些选项来指定用于修剪边倒圆或给边倒圆加端盖的面或平面。否则，软件将确定要使用的修剪面。

2）修剪对象：允许指定用于修剪边倒圆的面或平面。选择以下选项之一：

① 平面：软件确定给倒圆加端盖时要使用的面。

② 面：选择给倒圆加端盖时要使用的面。

3）选择面：选择一个或多个面以修剪圆角。仅在“修剪对象”设置为“面”时可用。

4）指定平面：允许指定用于修剪边倒圆的基本平面。仅在“修剪对象”设置为“平面”时可用。

5）平面工具：打开“平面”对话框。

6）自动判断：这是默认平面方法。单击可从可用平面方法中进行选择，然后选择该方法支持的对象。

7）使用修剪平面给倒圆加端盖：使用指定的修剪平面给倒圆加端盖，仅在“修剪对象”设置为“平面”时可用。

8）指定点：允许指定最靠近要修剪倒圆的交点的点，用于那些修剪平面与倒圆面在多个位置上相交的情况，如图 15-98 所示。仅在修剪对象设置为平面时可用。

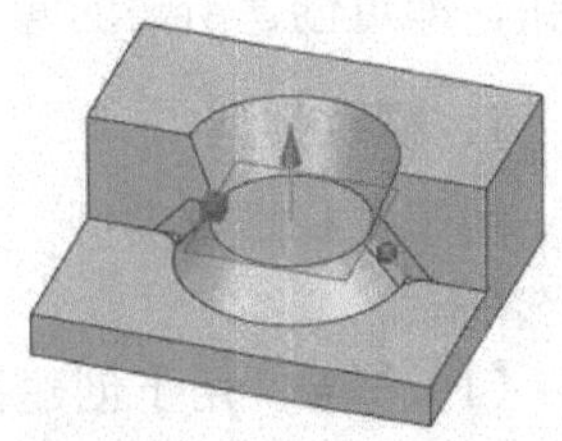

图 15-98 修剪平面在指定点上给倒圆加端盖

9）添加新集：完成当前边集，并将其添加到列表框。

10）列表：封口面集在列表框中列出为“集合 1”、“集合 2”、“集合 3”等。

6．溢出解

当圆角的相切边与该实体上的其他边相交时，就会发生圆角溢出。可以尝试组合使用这些选项来获得不同的结果。

1）在光顺边上滚动：允许圆角延伸到其遇到的光顺连接（相切）面上。图 15-99 中，❶溢出现有圆角的边的新圆角。❷选择在光顺边上滚动时，会在圆角相交处生成光顺的共享边。❸未选择在光顺边上滚动时，结果为锐共享边。

2）在边上滚动（光顺或尖锐）：允许圆角在与定义面之一相切之前发生，并展开到任何边（无论光顺还是尖锐）上。图 15-100 中，❶选择在边上滚动（光顺或尖锐）时，遇到的边不更改，而与该边所在面的相切会被超前；❷未选择在边上滚动（光顺或尖锐）时，遇到的边发生更改，且保持与该边所属面的相切。

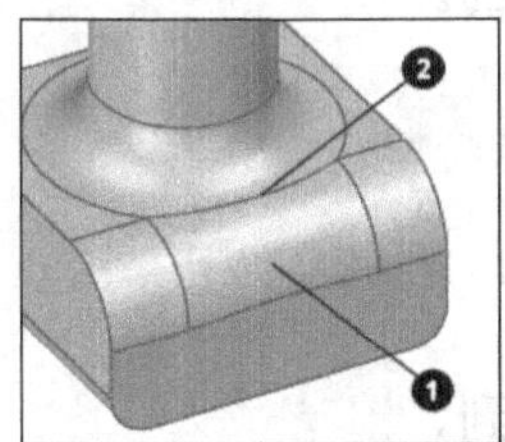
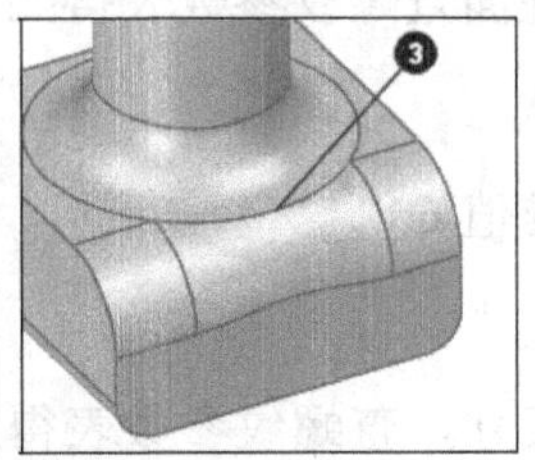

图 15-99 在光顺边上滚动

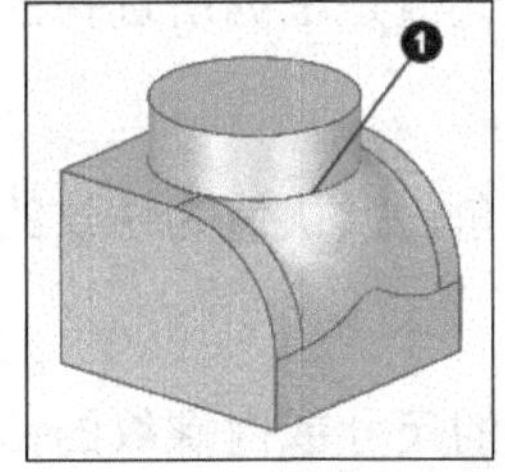
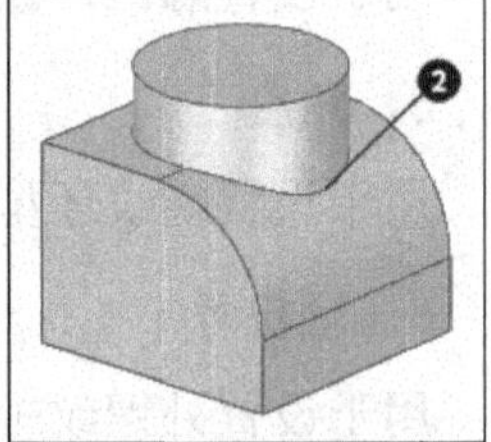

图 15-100 在边上滚动

3）保持圆角并移动锐边：允许圆角保持与定义面的相切，并将任何遇到的面移动到圆角面。图 15-101 中，❶为选择“在锐边上保持圆角”选项的情况下，预览边倒圆过程中遇到的边；❷生成的边倒圆显示保持了圆角相切。

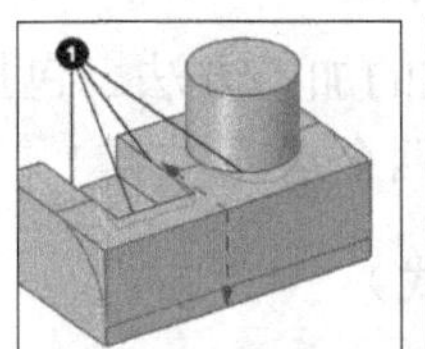
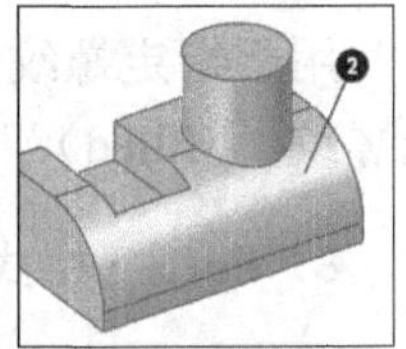

图 15-101 保持圆角并移动锐边

15.6.2 螺纹

螺纹特征操作是在具有圆柱面的特征上创建符号螺纹或详细螺纹，这些特征包括孔、圆柱、圆台以及圆周曲线扫掠产生的减去或增添部分。单击特征操作工具条上螺纹图标，弹出图 15-102 所示“螺纹”对话框。根据需要选择螺纹类型，设置螺纹参数，然后单击“确定”按钮，即可创建所需的螺纹。

1. 螺纹类型

用于选择螺纹类型，其中包括“符号”与“详细”两个选项。

（1）符号　用于创建符号螺纹。符号螺纹指的是用虚线圆表示，而不显示螺纹实体，在工程图中用于表示螺纹和标注螺纹。这种螺纹生成螺纹的速度快，计算量小。图 15-102 所示对话框为符号螺纹的参数设置对话框。

（2）详细　用于创建详细螺纹。详细螺纹看起来更真实，可是由于螺纹几何形状的复杂性，计算量大，创建和更新的速度减慢。

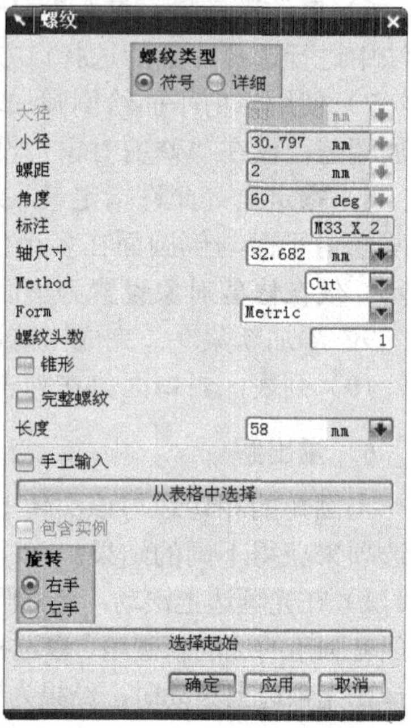

图 15-102 “螺纹”对话框

2. 大径

用于设置螺纹大径，默认值是根据所选择圆柱面直径和内外螺纹的形式、螺纹参数表得到的。

3. 小径

用于设置螺纹小径，默认值是根据所选择圆柱面直径和内外螺纹的形式、螺纹参数表得到的。

4. 螺距

用于设置螺距，默认值是根据所选择的圆柱面查螺纹参数表得到的。

5. 角度

用于设置螺纹牙型角，默认值为螺纹的标准值 60°。

6. 轴尺寸

用于设置外螺纹轴的尺寸或内螺纹的钻孔尺寸，查螺纹参数表得到。

7. Method（方法）

用于指定螺纹的加工方法。包括剪切（车螺纹）、滚螺纹（Rolled）、接地（磨螺纹）和铣螺纹（Milled）四个选项。

8. Form（格式）

确定使用哪个查找表来获取参数默认值。表单选项有统一的、公制的、梯形的、三角的和增强的等。这个选项只出现于符号螺纹类型。

9. 完整螺纹（全螺纹）

用于指定在整个圆柱上攻螺纹。如果圆柱长度改变时，螺纹随着自动改变。

10. 长度

用于设置螺纹的长度，默认值是根据所选择的圆柱面查螺纹参数得到的。螺纹长度从起始面（Select Start）进行计算。

11. 从表格中选择

用于指定螺纹参数从螺纹参数表中选择。

12. 包含实例

如果选中的面属于一个实例阵列，则此选项能将螺纹应用到其他实例上。当“螺纹类型”是“详细”时，这个选项不出现。

13. 手工输入

用于设置从键盘输入螺纹的基本参数。

14. 旋转

用于指定螺纹的旋向，其中可供选择的有“右手”与“左手”两个选项。

15. 选择起始

用于指定一个实体平面或基准平面作为螺纹的起始位置。

图 15-103 为创建符号螺纹和详细螺纹实例。

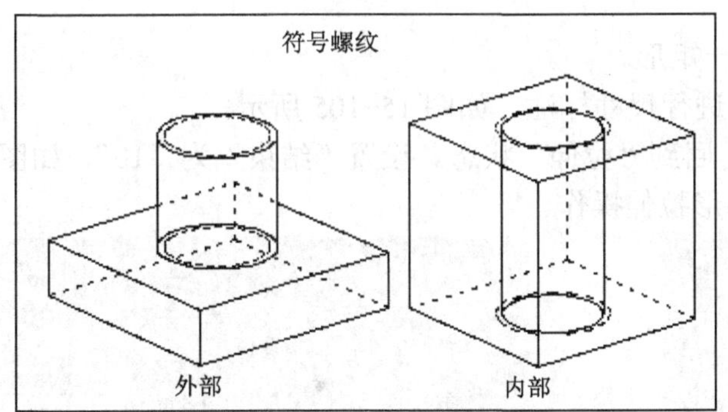

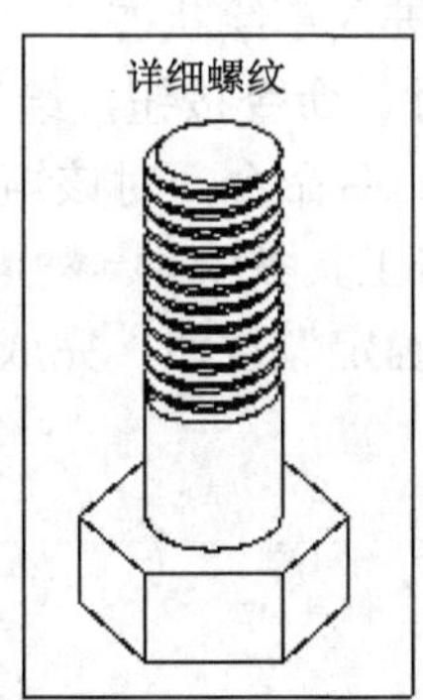

图 15-103　符号螺纹和详细螺纹实例

15.7 综合实例

如图 15-104 所示的支架结构，介绍该模型的创建方法与步骤。

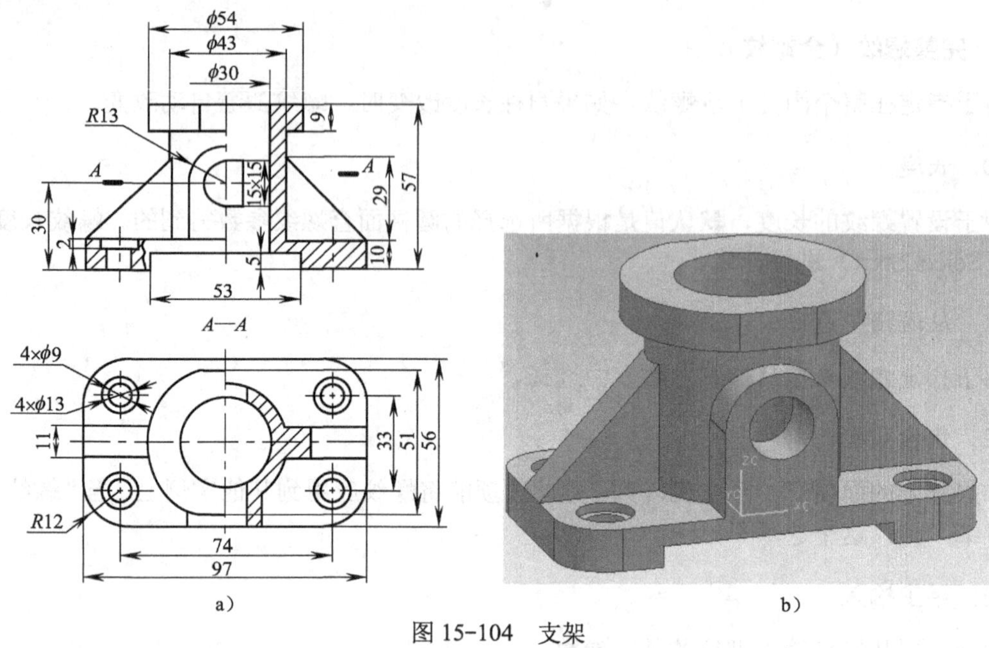

图 15-104 支架
a）平面图 b）立体模型

1．新建文件

单击标准工具条中新建按钮，弹出“新建”对话框。选择名称为“模型”，类型为“建模”，单位为“毫米”，在“名称”输入框中输入“zhijia”，单击“确定”按钮完成文件的建立。

2．创建支架底板

1）单击特征工具条中“拉伸”按钮，弹出“拉伸”对话框。单击该对话框中“截面”里的绘制截面按钮，弹出“创建草图”对话框，选择 XOY 平面作为草图平面，单击“确定”按钮，进入草绘状态。

2）应用 命令按钮，绘制一矩形。

3）点取 命令，对该矩形进行尺寸标注，如图 15-105 所示。

4）单击工具条中 完成草图，回到“拉伸”状态。设置“结束”为“10”，如图 15-106 所示。单击“确定”按钮，完成矩形拉伸操作。

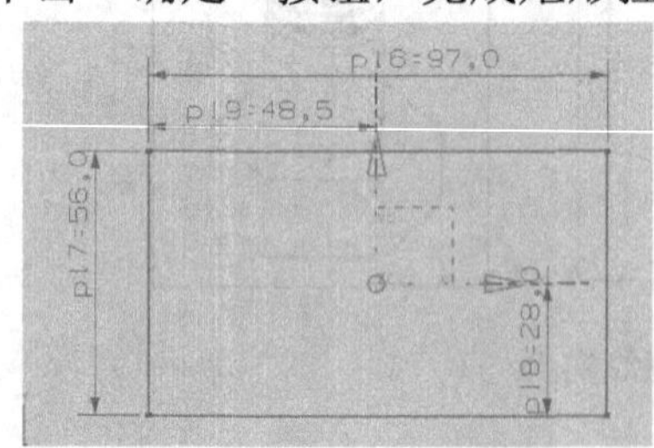

图 15-105 绘制矩形

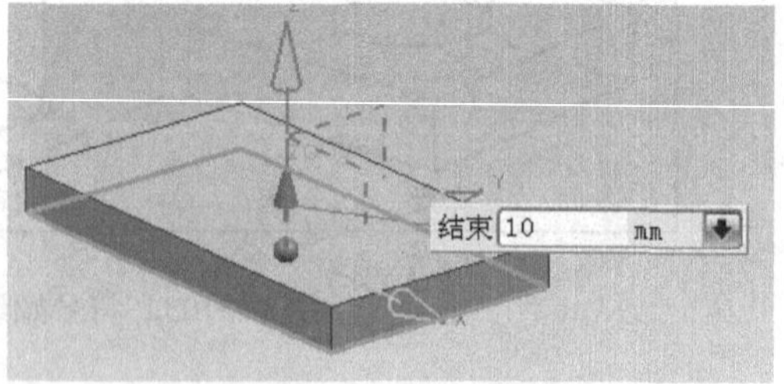

图 15-106 设置拉伸高度

5）单击边倒圆按钮，弹出“边倒圆”对话框。在“半径 1”文本框中输入“12”，点选刚拉伸的长方体四个边线，创建四个圆角，如图 15-107 所示。单击“确定”按钮，完成圆角操作。

6）单击特征工具条中“拉伸”按钮，弹出“拉伸”对话框。点取该对话框中“截面”里的绘制截面按钮，弹出“创建草图”对话框，选择长方体前表面作为草图平面，单击“确定”按钮，进入草绘状态。

7）应用 命令按钮，绘制一矩形。单击 命令，对该矩形进行尺寸标注，如图 15-108 所示。

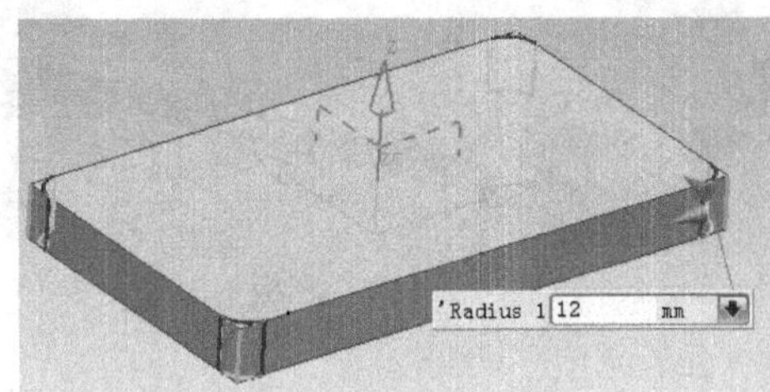

图 15-107 圆角操作

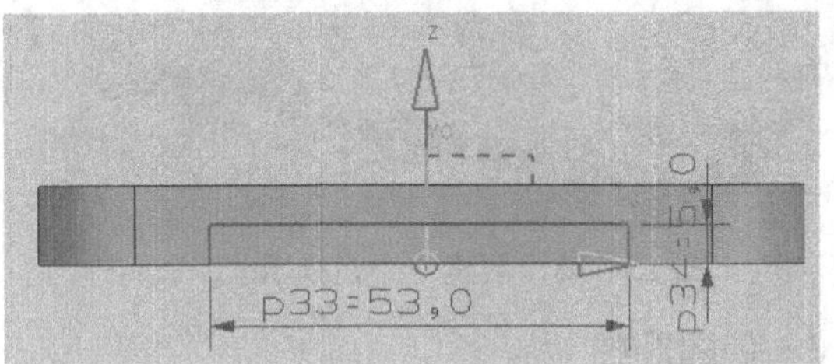

图 15-108 绘制矩形

8）单击工具条中 完成草图，回到“拉伸”状态。在“限制”中设置“开始”为“贯通”，在“布尔”中设置“求差”。单击“确定”按钮，长方体下方减掉底部切口，如图 15-109 所示。

9）单击特征工具条中孔按钮，弹出“孔”对话框。在该对话框中“位置”选项里，单击“指定点”的绘制截面按钮，弹出“创建草图”对话框。选择底板上表面为草图平面，单击“确定”按钮，弹出“点”对话框。在草图中圆弧圆心的位置上创建一个点，用于定位孔的中心，如图 15-110 所示。

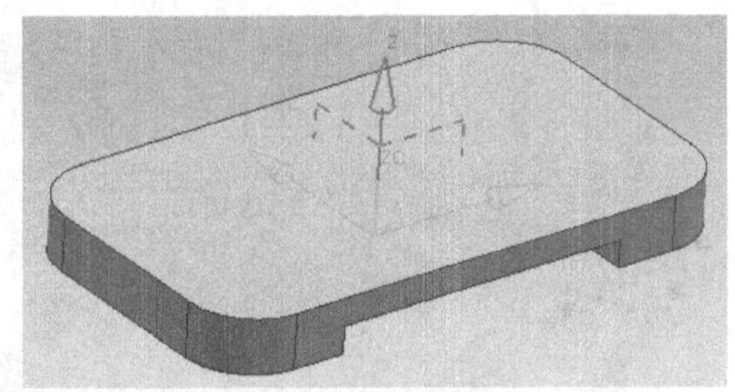

图 15-109 减掉底部切口

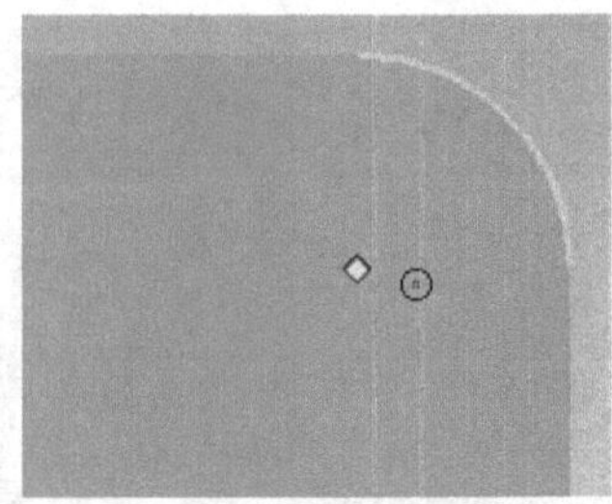

图 15-110 在圆弧圆心处创建点

10）单击工具条中 完成草图，回到“孔”对话框。在该对话框中的“方向”、“形状与尺寸”、“布尔”等选项中输入图 15-111 所示的设置。设好后单击“确定”按钮，完成一个沉头孔的创建，如图 15-112 所示。

11）重复 9）、10）的操作，再创建 3 个沉头孔，完成底板的创建，如图 15-113 所示。

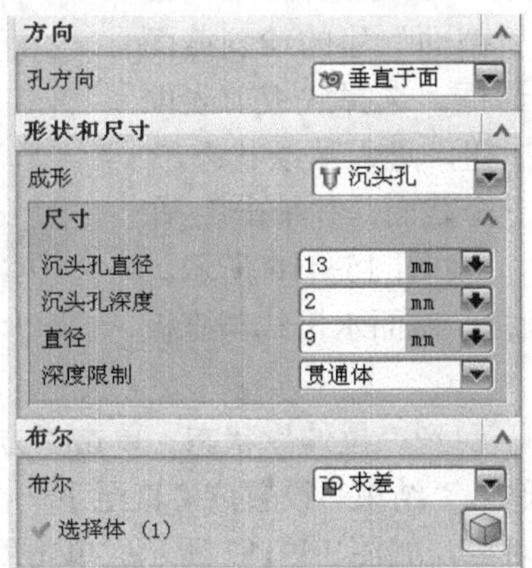

图 15-111 设置沉头孔的参数

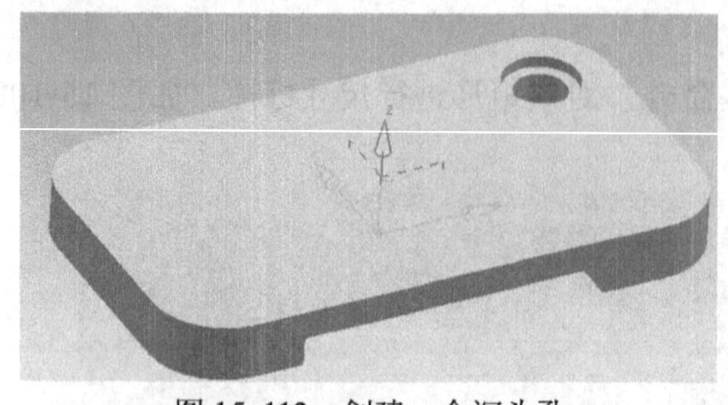

图 15-112　创建一个沉头孔

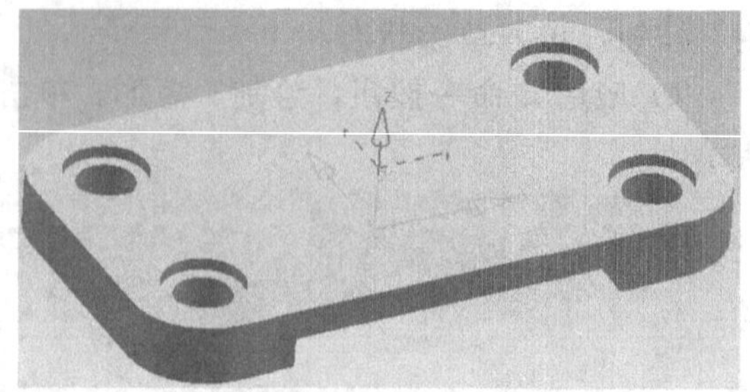

图 15-113　底板

3. 创建圆柱

1）单击特征工具条中“拉伸”按钮，弹出“拉伸”对话框。单击该对话框中“截面”里的“绘制截面”按钮，弹出“创建草图”对话框。选择底板上表面作为草图平面，单击“确定”按钮，进入草绘状态。

2）应用命令按钮，绘制一个圆。

3）单击命令，对该圆形进行尺寸标注，如图 15-114 所示。

4）单击工具条中完成草图，回到“拉伸”状态。设置“结束”为“38”，“布尔”设成“求和”，并选择底板作为求和对象，如图 15-115 所示。单击“确定”按钮，完成圆柱拉伸操作。

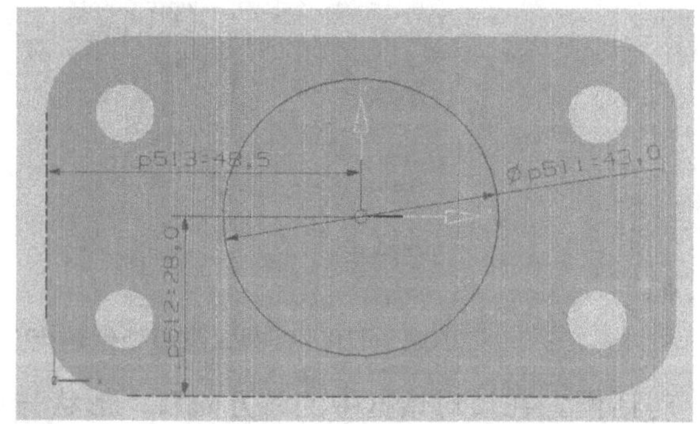

图 15-114　圆形尺寸标注

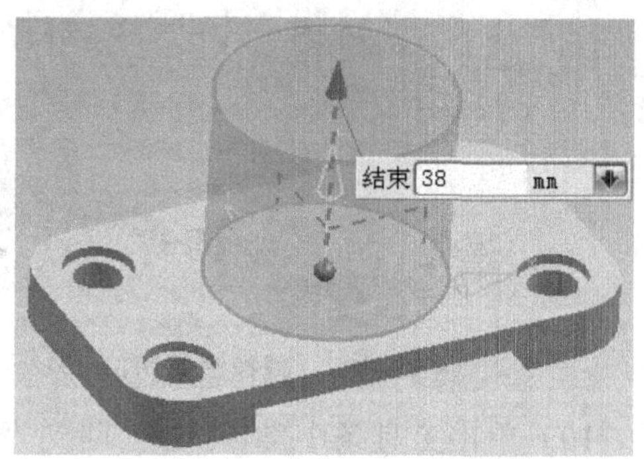

图 15-115　拉伸圆柱

4. 创建拱形结构

1）单击特征工具条中“拉伸”按钮，弹出“拉伸”对话框。单击该对话框中“截面”里的绘制截面按钮，弹出“创建草图”对话框。选择底板前表面作为草图平面，单击“确定”按钮，进入草绘状态。

2）应用命令按钮，绘制一个截面，并单击命令，对该截面轮廓进行尺寸标注，如图 15-116 所示。应用命令设置圆弧中心在 Z 轴上，截面水平线与底板上表面边线重合约束。

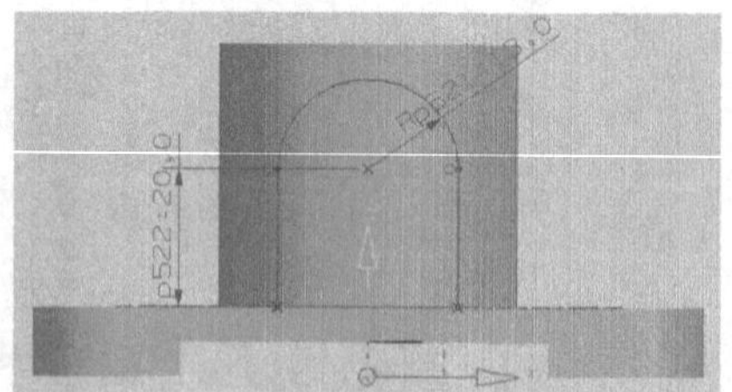

图 15-116　对截面轮廓进行尺寸标注

3）单击工具条中完成草图，回到“拉伸”状态。单击“方向”设置中的反向按钮，使拉伸方向改变。在“限制”选项中，“结束”设置成“直至下一个”。“布尔”选项设成“求和”，并选择刚建好的圆柱作为求和对象，如图 15-117 所示。单击“确定”按钮，完成拱形结构的拉伸操作，如图 15-118 所示。

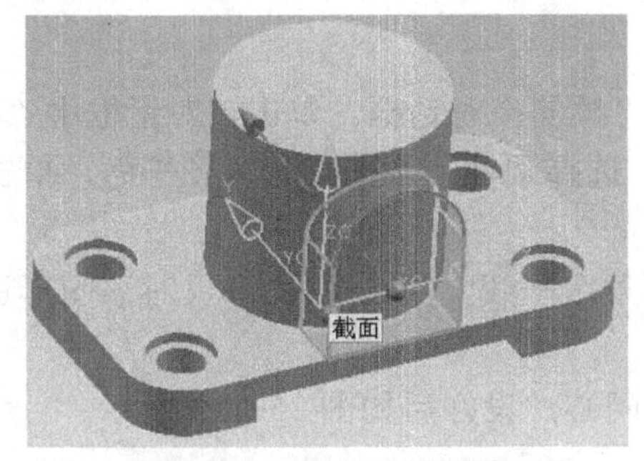

图 15-117　拉伸拱形结构

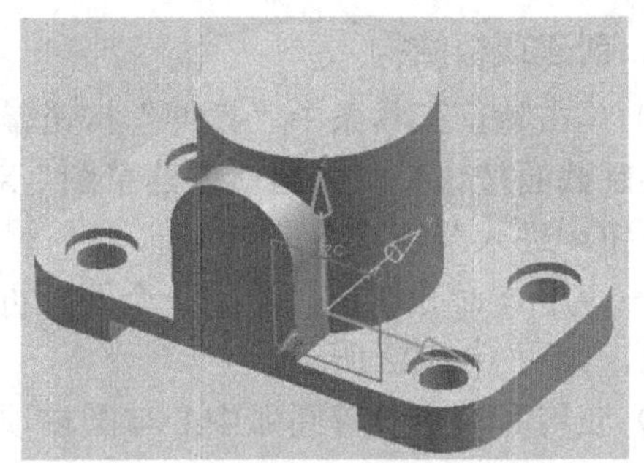

图 15-118　拱形结构

5．创建筋板结构

1）单击特征工具条中“拉伸”按钮，弹出“拉伸”对话框。单击该对话框中“截面”里的绘制截面按钮，弹出“创建草图”对话框。在“草图平面”中，“平面”选项设置成“创建平面”；单击坐标系中 X 轴和 Z 轴，在“草图方向”选项中，“参考”设置成“水平”，并单击选择参考命令按钮，单击 X 轴作为水平参考，创建一个草图平面，如图 15-119 所示。单击“确定”按钮，进入草绘状态。

2）应用命令按钮，绘制一个截面，并单击命令，对该截面轮廓进行尺寸标注，如图 15-120 所示。应用命令，设置三角形底边与底板上表面边线对齐约束。

图 15-119　创建平面

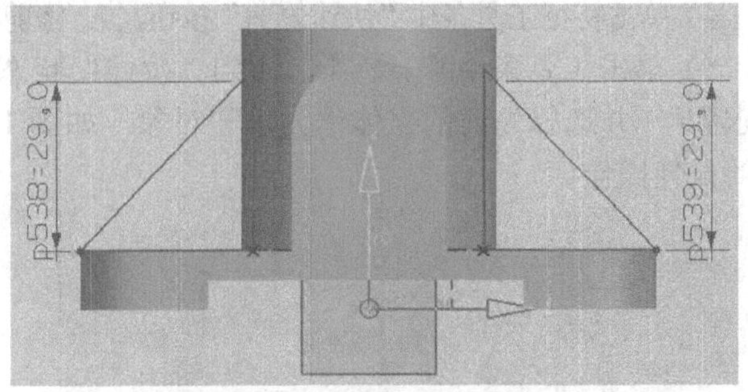

图 15-120　筋板结构草图

3）单击工具条中完成草图，回到“拉伸”状态。在“限制”选项中，“开始”设置成“对称值”。“距离”设置成“5.5”，“布尔”选项设成“求和”，并选择刚建好的圆柱作为求和对象，如图 15-121 所示。单击“确定”按钮，完成筋板结构的拉伸操作。

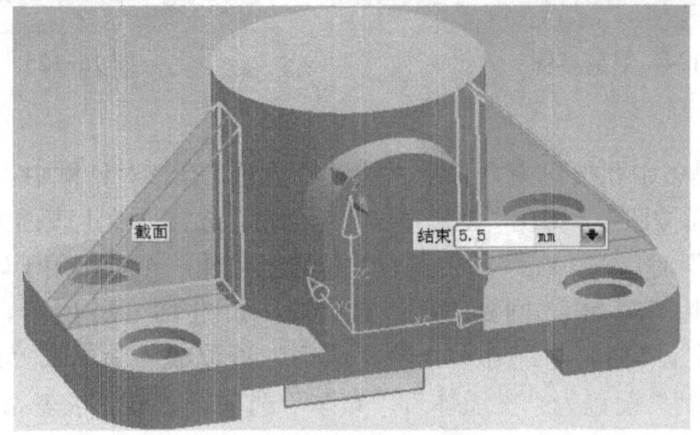

图 15-121　创建筋板

6．创建顶板结构

1）单击特征工具条中“拉伸”按钮，弹出“拉伸”对话框。单击该对话框中“截面”里的绘制截面按钮，弹出“创建草图”对话框。选择圆柱上表面作为草图平面，单击“确定”按钮，进入草绘状态。

2）应用命令按钮，绘制一个圆，再绘制两条水平线，单击命令，对该图形进行尺寸标注，如图 15-122 所示。

3）应用命令设置圆弧中心与圆柱顶面中心同心，设好后如图 15-123 所示。

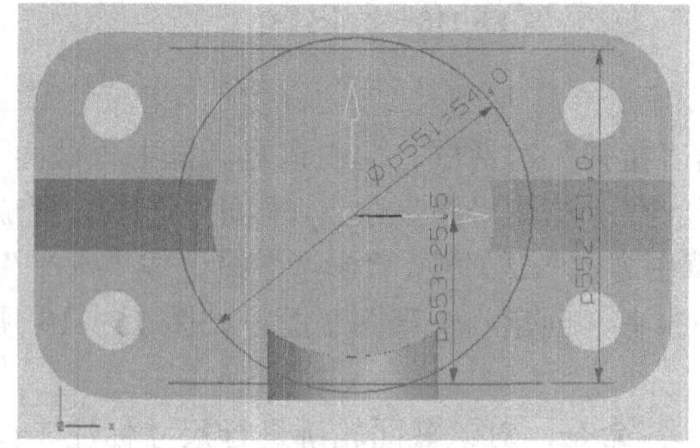

图 15-122　顶板结构草图

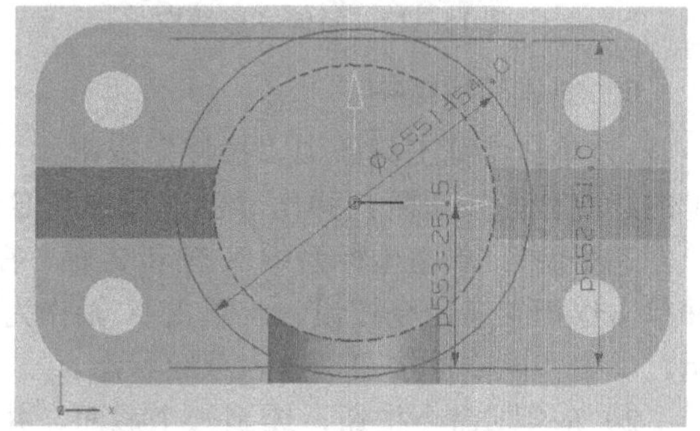

图 15-123　设置同心约束

4）单击特征工具条中“快速修剪”按钮，修剪多余的直线与圆弧，结果如图 15-124 所示。

5）单击工具条中完成草图，回到“拉伸”状态。设置“结束”为“9”。“布尔”设置成“求和”，并选择先前的立体作为求和对象，如图 15-125 所示。单击“确定”按钮，完成顶板的拉伸操作。

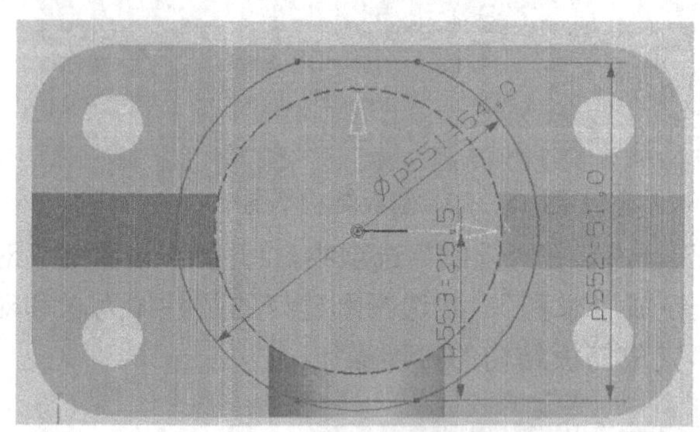

图 15-124　修剪草图

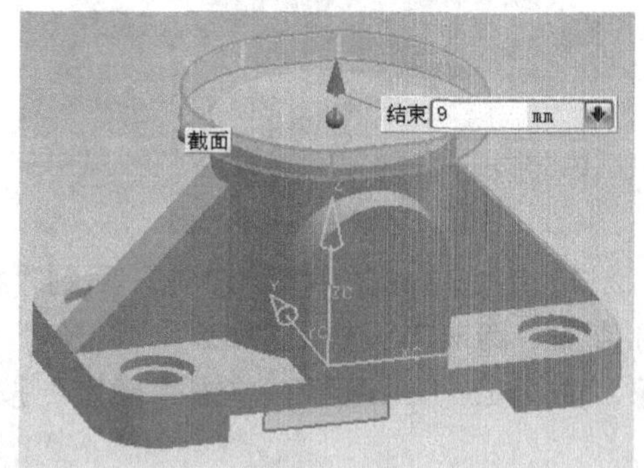

图 15-125　拉伸顶板

7．减掉孔

1）单击特征工具条中孔按钮，弹出“孔”对话框。在该对话框中“位置”选项里，单击“指定点”的绘制截面按钮，弹出“创建草图”对话框。选择顶板上表面为草图平面，单击“确定”按钮，弹出“点”对话框。在草图中圆心的位置上创建一个点，用于定位孔的中心。

2）单击工具条中完成草图，回到“孔”对话框，如图 15-126 所示。在该对话框中，“方向”选择“垂直于面”，“形状与尺寸”中的“成形”设置成“简单”、“尺寸”的“直径”设置为“30”、“深度限制”设置为“贯通体”，“布尔”选项设置成“求差”。设好后单击“确定”按钮，完成一个孔的创建，如图 15-127 所示。

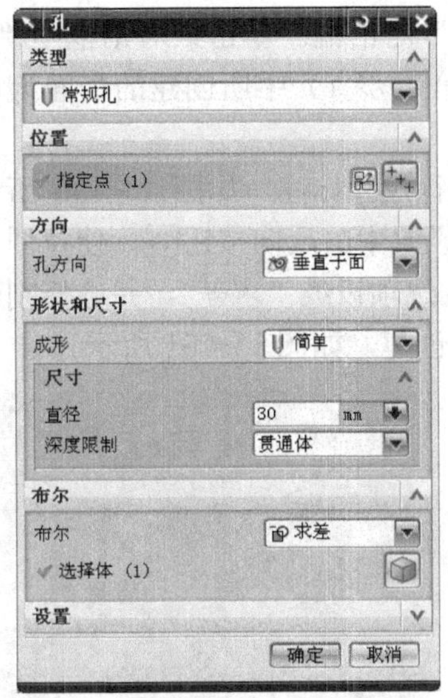

图 15-126　竖直方向孔的参数设置

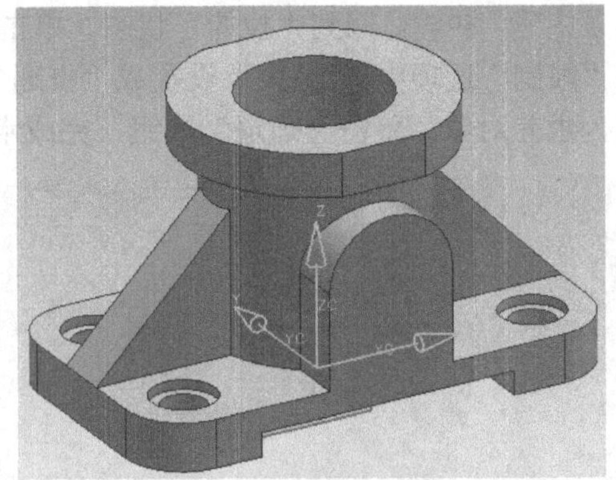

图 15-127　减掉竖直孔

3）单击特征工具条中孔按钮，弹出“孔”对话框。在该对话框中“位置”选项里，单击“指定点”的绘制截面按钮，弹出“创建草图”对话框。选择拱形结构的前表面为草图平面，单击“确定”按钮，弹出“点”对话框。在草图中拱形上方圆弧圆心的位置上创建一个点，用于定位孔的中心。

4）单击工具条中完成草图，回到“孔”对话框，如图 15-128 所示。在该对话框中的“方向”选择“垂直于面”，“形状与尺寸”中的“成形”设置成“简单”、“尺寸”的“直径”设置为“15”、“深度限制”设置为“值”、深度为“25”，“布尔”选项设置成“求差”。设好后单击“确定”按钮，完成水平圆孔的创建，如图 15-129 所示。

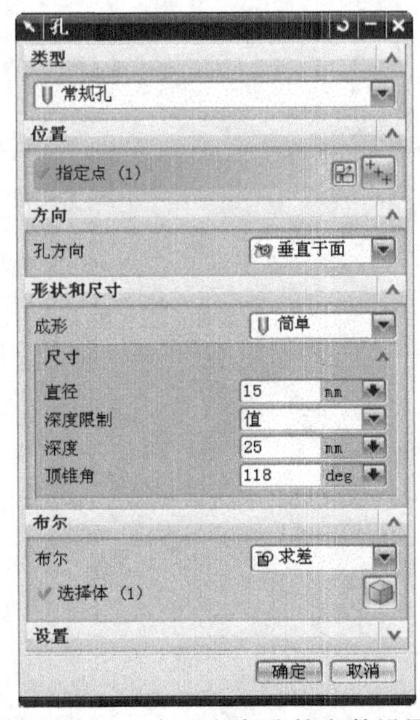

图 15-128　水平方向孔的参数设置

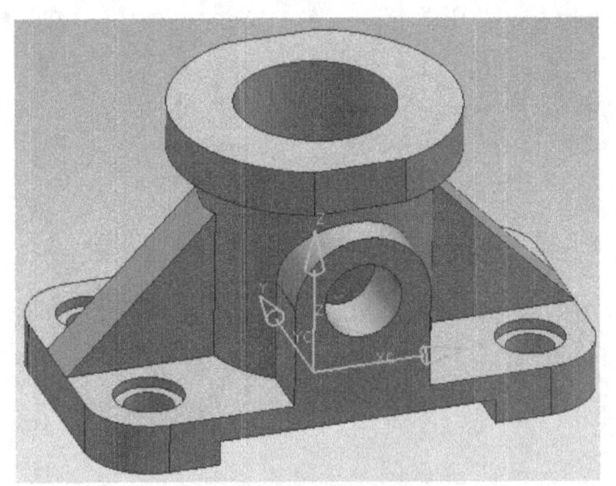

图 15-129　减掉水平圆孔

5）单击特征工具条中“拉伸”按钮，弹出“拉伸”对话框。单击该对话框中“截面”里的绘制截面按钮，弹出“创建草图”对话框。选择第 5 步 1）中所创建的平面为草图平面，单击“确定”按钮，进入草绘状态。

6）绘制正方形的截面，并应用命令，对该图形进行尺寸标注，如图 15-130 所示。单击工具条中完成草图，回到“拉伸”状态。单击“方向”设置中的反向按钮，使拉伸方向改变。在“限制”选项中，“结束”设置成“贯通”。“布尔”选项设成“求差”，并选择刚建好的立体作为求差对象。单击“确定”按钮，完成水平方孔的创建，如图 15-131 所示。

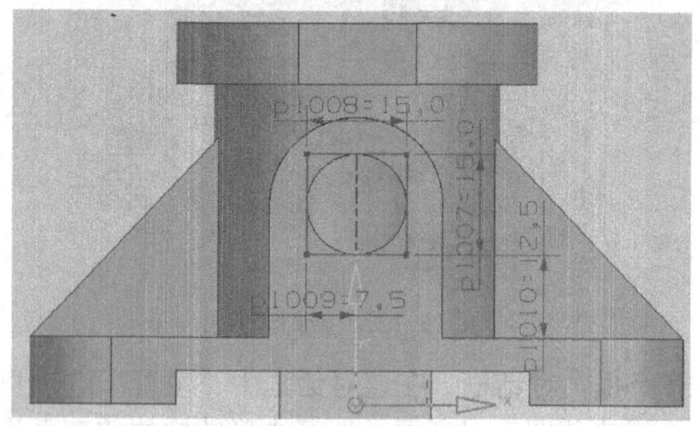

图 15-130　标注尺寸

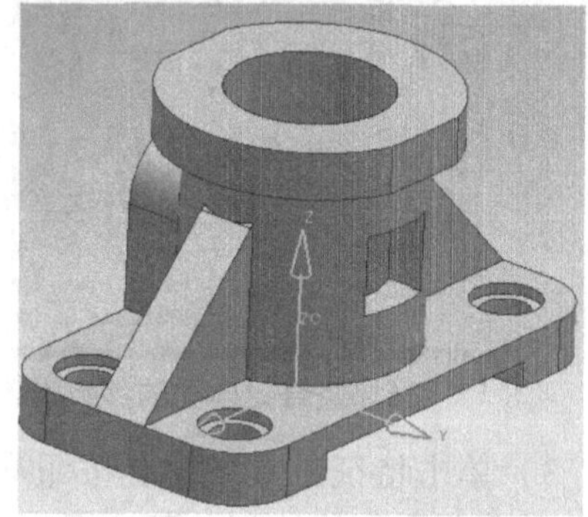
图 15-131　减掉水平方孔

第 16 章　装　　配

装配是将产品的各个部件进行组织和定位的一个过程。通过装配操作，系统可以形成产品的总体结构，绘制装配图和检查部件之间是否发生干涉等。装配模块不仅能快速组合零部件成为产品，而且在装配过程中，可以参照其他部件进行部件关联设计，并可对装配模块进行间隙分析、重量管理等操作。通过 UG NX 系统，可以在计算机上进行虚拟装配仿真，以及早发现部件配合间存在的问题。另外，装配模型生成后，还可以建立爆炸视图，并将其引入到装配工程图中。

本章将介绍装配模块的使用方法，同时按照工程实践的要求，结合实例创建一个完整的装配模型。

16.1　装配概述

装配过程是在装配中建立部件之间的链接关系。它是通过关联条件在部件间建立约束关系来确定部件在产品中的位置。在装配中，部件的几何体是被装配引用，而不是复制到装配中，不管如何编辑部件和在何处编辑部件，整个装配部件保持关联性；如果某部件修改，则引用它的装配部件自动更新，反映部件的最新变化。

16.1.1　装配概念和术语

在装配操作中经常用到一些术语，包含装配部件、子装配、组件对象、组件、单个部件、自顶向下装配、自底向上装配、混合装配和主模型。

1．装配部件

装配部件是由部件和子装配构成的部件，通俗地说就是在机械设计中学过的整件。

2．子装配

子装配是在高一级装配中被用作组件的装配。子装配也拥有自己的组件。子装配是一个相对的概念，任何一个装配部件可以在更高级的装配中用作子装配。

3．组件对象

每一个装配件和子装配件可以看作一个组件对象。组件对象是一个从装配部件或子装配件链接到主模型部件的实体。组件对象记录的信息有部件名称、层、颜色、线型、线宽、引用集和配对条件等。

4．组件

组件是装配中由组件对象所指的部件文件，它可以是单个部件（即零件），也可以是一个子装配。组件是由装配部件引用，而不是复制到装配部件中的。

5．单个部件

单个部件是指在装配外存在的部件几何模型，它可以添加到一个装配中去，但它不能含有下级组件。

6．自顶向下装配

自顶向下装配就是在上下文中进行设计，即由装配部件的顶级向下产生子装配和组件，在装配层次上建立和编辑组件，从装配件的顶级开始自顶向下进行设计。

7．自底向上装配

自底向上装配是先建立单个零件的几何模型，即组件，再装成子装配件，最后装成装配部件，自底向上逐级地进行设计。

8．混合装配

在实际工作中，根据实际需要可以混合运用上述两种装配。例如，先创建几个主要部件模型，再将其装配在一起，然后在装配中设计其他部件。根据需要，可以在这两种装配之间任意转换。

9．主模型

主模型是组成 UG NX 各个模块共同引用的部件模型。同一主模型，可同时被工程图、装配、加工、机构分析和有限元分析等模块引用。当主模型修改时，有限元分析、工程图、装配和加工等应用根据部件模型的改变自动更新。

16.1.2 装配结构编辑

可以对添加到装配结构中的组件进行删除、抑制、替换和重新定位等操作。下面介绍几种常用的编辑操作方法。

在任意工具条的任意位置单击右键，在弹出的工具条列表中选择“装配”，调出“装配”工具条，如图 16-1 所示。

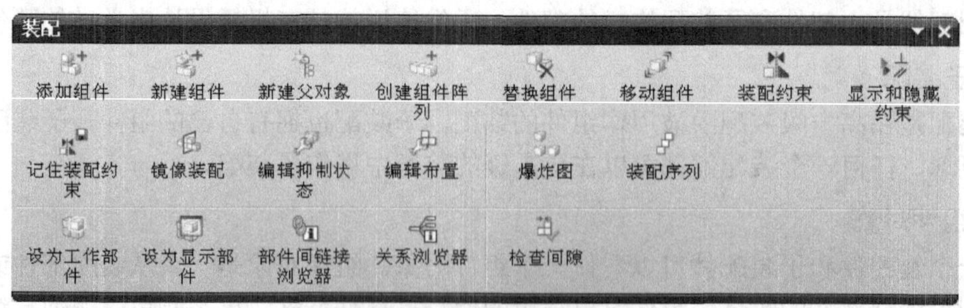

图 16-1 “装配”工具条

1．添加组件

使用“添加组件”可通过自下而上设计方法创建装配，将一个或多个部件作为组件添加到工作部件，每个部件可以是现有的部件，也可以为装配创建新的部件族成员。

在“装配”工具条中单击“添加组件”图标，弹出“添加组件”对话框，如图 16-2 所示。通过该对话框进行替换装配中的组件。

2．替换组件

使用“替换组件”命令可移除现有组件，并按原始组件的精确方向和位置添加其他组件。也可按需要重命名新的组件。

在“装配”工具条中单击“替换组件”图标，弹出“替换组件”对话框，如图 16-3 所示。通过该对话框进行替换装配中的组件。

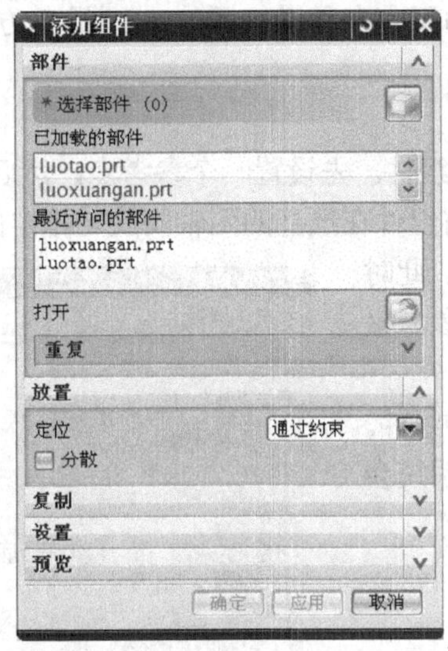

图 16-2 “添加组件”对话框

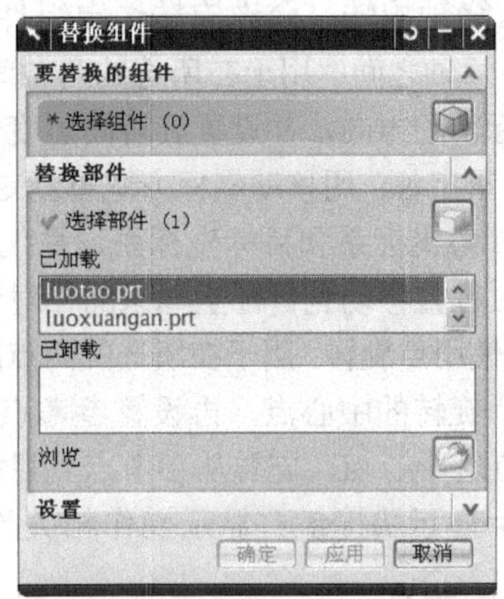

16-3 “替换组件”对话框

3．移动组件

可使用“移动组件”选项来移动装配中的组件。可以选择以动态方式移动组件（如使用拖动手柄），也可以创建约束来将组件移到位置上。

在“装配”工具条中单击“移动组件”图标，系统弹出图 16-4 所示的“移动组件”对话框。

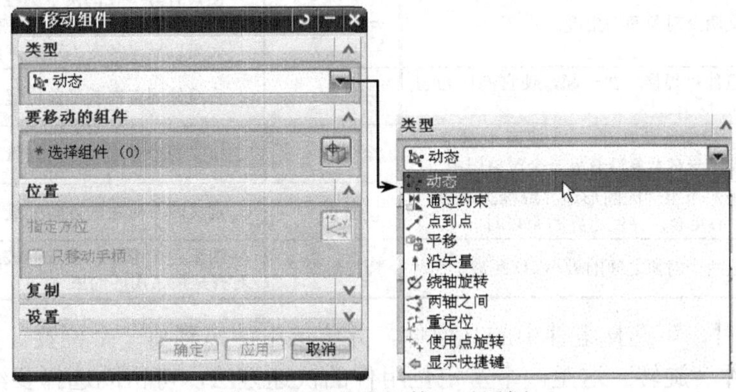

图 16-4 “移动组件”对话框

该对话框用于重新定位装配中组件的位置。对话框上部是组件重新定位的方法图标，对话框中部列出距离或角度变化大小的设置，对话框下部是重新定位的其他选项。系统提供了以下几种重新定位组件的方式。

1）动态：通过拖动、使用图形窗口中的屏幕上输入框或通过“点”对话框来重定位组件。

2）通过约束：通过创建移动组件的约束来移动组件。

3）点到点：用于将所选组件从一点移动到另一点。先在组件上设置一个基点，然后再指定移动的目标点，即可完成组件的定位。

4）平移：用于平移所选组件。设置组件沿 X、Y 和 Z 坐标轴方向的增量值，即可完成组件的平移定位；如果输入的是正值，则沿坐标轴正方向移动；反之，则沿负方向移动。

5）沿矢量：沿选定矢量进行平移。

6）绕轴旋转：允许旋转选定组件。

7）两轴之间：用于在所选的两轴间旋转所选的组件。先设置一个参考点，然后再设置参考轴和目标轴的方向，并设置旋转的角度值，系统会将组件在选择的两轴间旋转指定的角度。

8）重定位：用移动坐标方式重新定位所选组件。此时需要指定参考坐标系和目标坐标系，系统会将组件从参考坐标系的相对位置移动到目标坐标系的相对位置。

9）使用点旋转：用于在所选的两点间旋转所选的组件。先设置一个旋转的中心点，再设置参考点和目标点，系统会将组件绕旋转中心点，旋转从参考点到目标点的角度值。

10）显示快捷键：显示操作相关的快捷键。

4. 装配约束

使用装配约束定义装配中组件的位置。在“装配”工具条中单击“装配”图标，系统弹出图 16-5 所示的“装配约束”对话框。表 16-1 说明了装配约束类型及其描述。

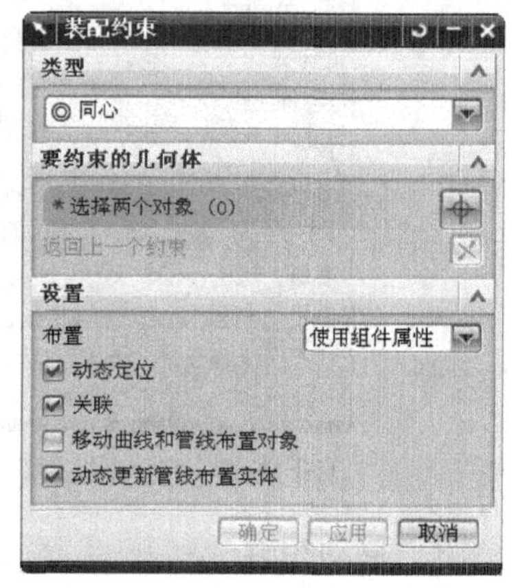

图 16-5 “装配约束”对话框

表 16-1 装配约束类型及其描述

装配约束类型	描述	装配约束类型	描述
角度	定义两个对象间的角度尺寸	拟合	使具有等半径的两个圆柱面合起来。此约束对确定孔中销或螺栓的位置很有用 如果以后半径变为不等，则该约束无效
胶合	将组件“焊接”在一起，使它们作为刚体移动	固定	将组件固定在其当前位置上
中心	使一对对象之间的一个或两个对象居中，或使一对对象沿着另一个对象居中	平行	定义两个对象的方向矢量为互相平行
同心	约束两个组件的圆形边界或椭圆边界，以使中心重合，并使边界的面共面	垂直	定义两个对象的方向矢量为互相垂直
距离	指定两个对象之间的最小 3D 距离	接触对齐	约束两个组件，使它们彼此接触或对齐。接触对齐是最常用的约束

在创建约束时，可选择组件中的几何体，并将该组件拖到另一个位置。如果在拖动时按住 Alt 键，则组件会旋转。这是一个重定位组件的快速方法，可帮助选择要约束的几何体。

在约束到圆柱、圆锥或圆环时，可选择对象的轴或面进行约束。

16.1.3 装配导航器

装配导航器（装配导航工具）提供了一个装配结构的图形显示界面，也被称为“树形表”或“树图”。每一个组件显示为装配树结构中的一个节点。装配导航器能更清楚地表达装配关系，提供一种选择组件和操作组件的快速而简单的方法。例如，利用装配导航器可以改变工作部件和显示部件、隐藏与显示组件等。选择屏幕右方的图标，可以进入装配导航器，如图 16-6 所示。

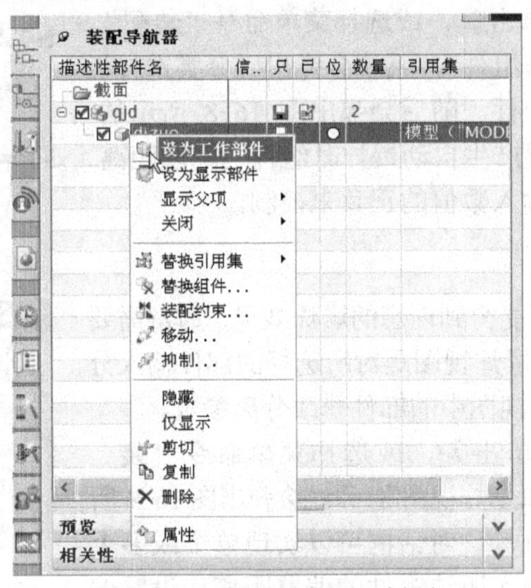

图 16-6 “装配导航器”树图

将光标放在树中的一个节点上，单击鼠标右键后，出现图 16-6 所示的弹出式菜单，利用此菜单可以方便地操纵组件。

16.1.4 爆炸视图

一旦建立了装配视图，便可以为其中的组件定义爆炸视图了。在爆炸视图中，各个组件或子装配已经从它们的装配位置移离，如图 16-7 所示的千斤顶的爆炸视图与装配图。爆炸视图与显示部件相关联，并且可以与显示部件一起保存。

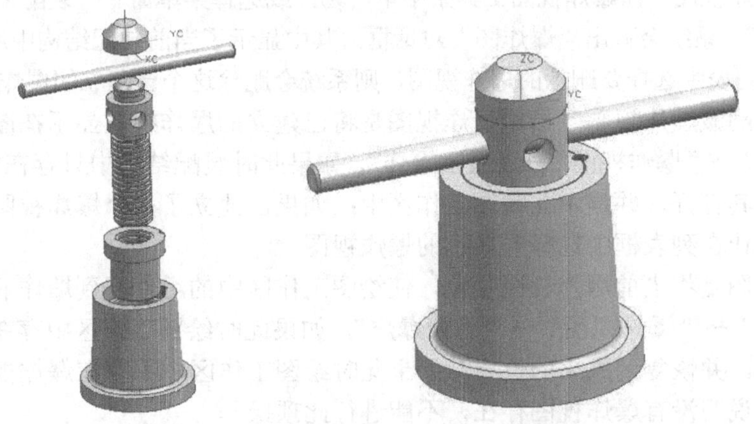

图 16-7 千斤顶爆炸视图（左）与装配图（右）

1．爆炸视图的建立

完成部件装配后，可建立爆炸视图来表达装配部件内部各组件之间的相互关系。在“装配”工具条中单击图标，或选择菜单命令“装配”→“爆炸视图”→“新建爆炸...”，系统会弹出“创建爆炸图”对话框，输入产生爆炸视图的名称，随后即可创建一个新的爆炸视图。

在新创建爆炸视图后，视图并没有发生变化，接下来就必须使装配中的组件炸开。在 UG NX 中，组件爆炸的方式为自动爆炸，即基于组件关联条件，沿表面的正交方向自动爆炸组件。

在爆炸视图工具条中单击，或选择菜单命令“装配”→“爆炸图”→“自动爆炸组件”，系统会弹出“分类选择”对话框，让指定要爆炸的组件。随后会弹出图 16-8 所示的“爆炸距离”对话框，设置产生自动爆炸时组件之间的距离参数，自动爆炸的方向由输入数值的正负来控制。

图 16-8 “爆炸距离”对话框

2．爆炸视图的编辑

采用自动爆炸，一般不能得到理想的爆炸效果，通常需要对爆炸视图进行调整。编辑爆炸视图是对所选择的部件输入分离参数，或对已存在的爆炸视图中的部件修改分离参数。

在爆炸视图工具条中单击，或选择菜单命令“装配”→“爆炸视图”→“编辑爆炸视图”，系统会弹出图 16-9 所示的“编辑爆炸图”对话框。该对话框可以实现单个或多个组件位置的调整，在其中输入所选组件的偏置距离和设置偏置方向后，即可完成该组件位置的调整。

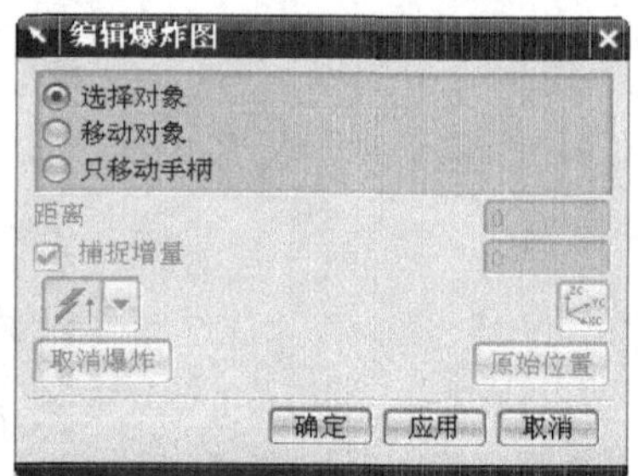

图 16-9 “编辑爆炸图”对话框

3．爆炸视图的操作

在创建了爆炸视图后，还可以利用系统提供的爆炸视图操作功能，对其进行一些常规的修改操作。

（1）复位组件　在爆炸视图工具条中单击，或选择菜单命令“装配”→“爆炸视图”→“取消爆炸组件”，系统会弹出“分类选择”对话框。选择要复位的组件后，系统即可使已爆炸的组件回到其原来的位置。

（2）删除爆炸视图　在爆炸视图工具条中单击，或选择菜单命令“装配”→“爆炸视图”→“删除爆炸图”，系统会弹出“爆炸图”对话框。其中显示了当前装配结构中所有的爆炸视图的名称，可以在列表中选择要删除的爆炸视图，则系统会删除这个已建立的爆炸视图。

（3）显示与隐藏爆炸视图　显示爆炸视图是将已建立的爆炸视图显示在图形区中。选择菜单命令“装配”→“爆炸视图”→“显示爆炸”，如果此时装配结构中只存在一个爆炸视图，则系统会直接将其打开，并显示在视图工作区中；如果已建立了多个爆炸视图，则系统会打开一个对话框，让在列表框中选择要显示的爆炸视图。

隐藏爆炸视图是将当前爆炸视图隐藏，使绘图工作区中的组件回到爆炸前的状态。选择菜单命令“装配”→“爆炸视图”→“隐藏爆炸”，如果此时绘图工作区中存在爆炸视图，则该爆炸视图隐藏，并恢复到原来的位置；如果此时绘图工作区中不存在爆炸视图，则会出现错误信息提示，说明没有爆炸视图存在，不能进行此项操作。

16.2 装配综合实例

在前面建模建立的千斤顶零件图的基础上，现利用这些零件图进行装配图的实例讲解。可以分为以下几个步骤：

1）进入 UG NX 7.0 后，打开前面创建的 5 个零件的文件，再新建名称为“assembly1.prt”的文件，模板名称选择“装配”。单击“确定”按钮后弹出“添加组件”对话框。

2）在“添加组件”对话框中的已加载的部件列表框中选择“luoxuangan.prt”，“放置”中的“定位”设为“选择原点”，如图 16-10 所示。单击“应用”按钮，随后系统会弹出点构造器，此时在绘图工作区的任意位置单击鼠标左键，系统就会导入螺旋杆。重复上述操作步骤，再导入螺套的文件“luotao.prt”，如图 16-11 所示。

3）单击“装配”工具条上“装配约束”图标，弹出图 16-12 所示的“装配约束”对话框。在该对话框中，“类型”选项设置为“接触对齐”，然后在绘图工作区中选择螺套的上端面，以及螺旋杆与螺套结合的端面，单击“应用”按钮，即可完成对所选对象装配条件的约束，其操作步骤如图 16-13 所示。

图 16-11　导入螺套

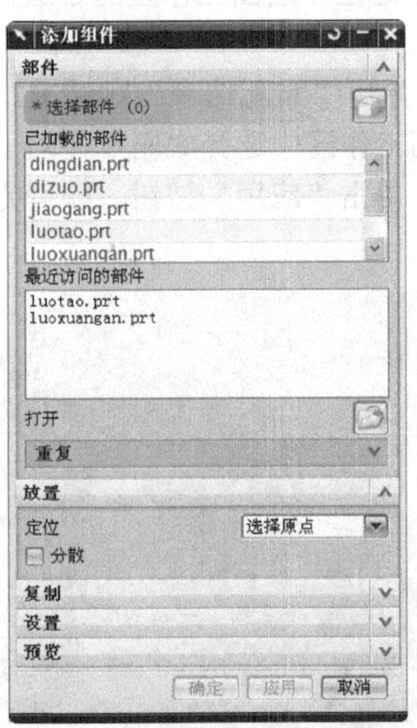

图 16-10 “添加组件”对话框

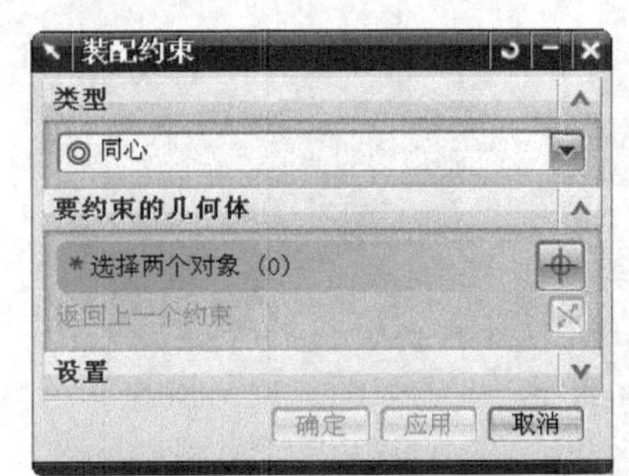

图 16-12 “装配约束”对话框

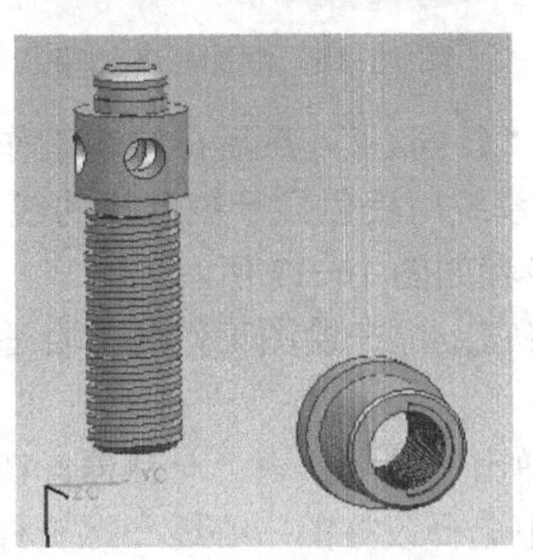

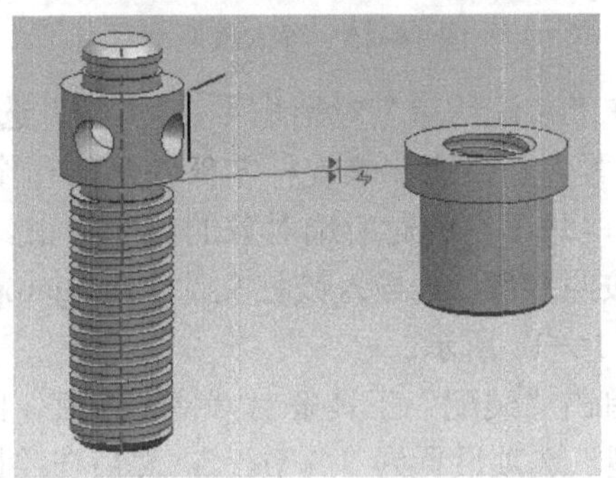

图 16-13　接触对齐约束约束前（左）和约束后（右）

4）在“装配约束”对话框中，“类型”选项设置为“◎同心”，然后在绘图工作区中选择螺套的上端面，以及螺旋杆与螺套结合的端面，单击“确定”按钮，即可完成对所选对象装配条件的约束。其操作步骤如图 16-14 所示。

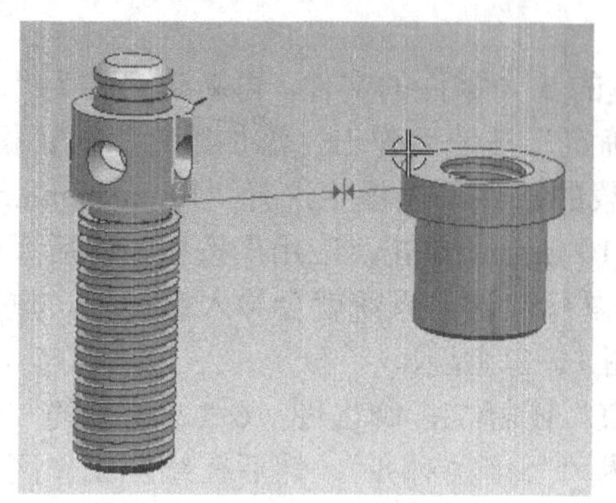
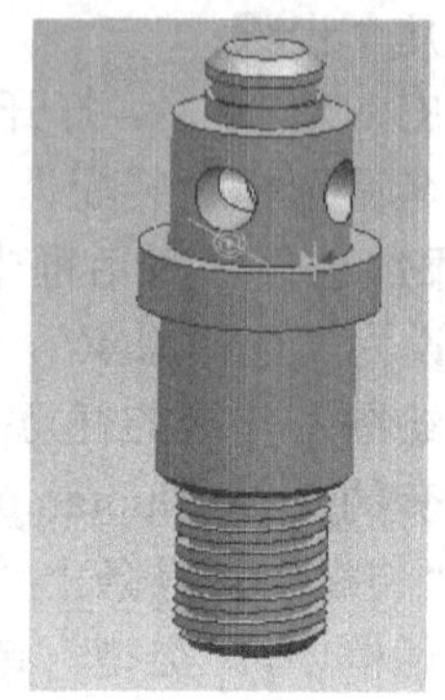

图 16-14 同心约束约束前（左）和约束后（右）

5）按照步骤 2）导入底座文件“dizuo.prt”，并将它定位在绘图工作区的合适位置，导入后如图 16-15 所示。

6）单击“装配”工具条上“装配约束”图标，弹出“装配约束”对话框。在该对话框中，“类型”选项设置为“接触对齐”，然后在绘图工作区中选择底座零件的上端面，以及螺套零件的上端面，系统用橙色显示被选择的端面，单击“应用”按钮，即可完成对所选对象装配条件的约束。结果如图 16-16 所示。

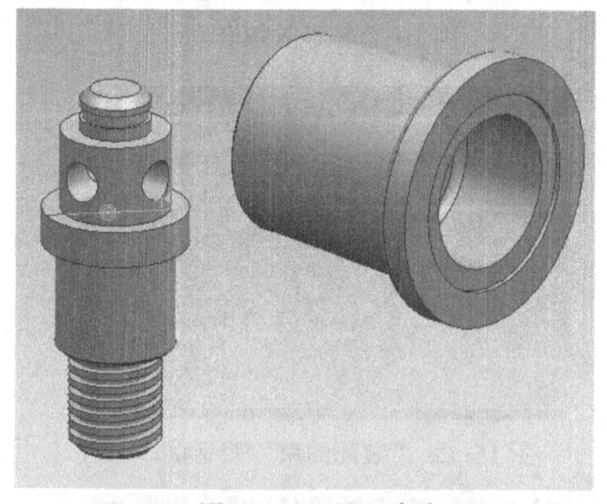

图 16-15 导入底座

图 16-16 添加对齐约束

7）在“装配约束”对话框中，“类型”选项设置为“◎同心”，然后在绘图工作区中选择底座上表面一圆弧线和螺旋杆零件外侧的一个圆弧线，系统用橙色显示被选择的线，单击“应用”按钮，即可完成对所选对象的装配约束。其操作步骤如图 16-17 所示。

8）按照步骤 2）导入铰杠文件“jiaogan.prt”，并将它定位在绘图工作区的合适位置，导入后如图 16-18 所示。

9）单击“装配”工具条上“装配约束”图标，弹出“装配约束”对话框。在该对话框中，“类型”选项设置为“∥平行”，然后在绘图工作区中选择铰杠的中心线和螺旋杆上部孔的中心线，单击“应用”按钮，即可完成对所选对象装配条件的约束。结果如图 16-19 所示。

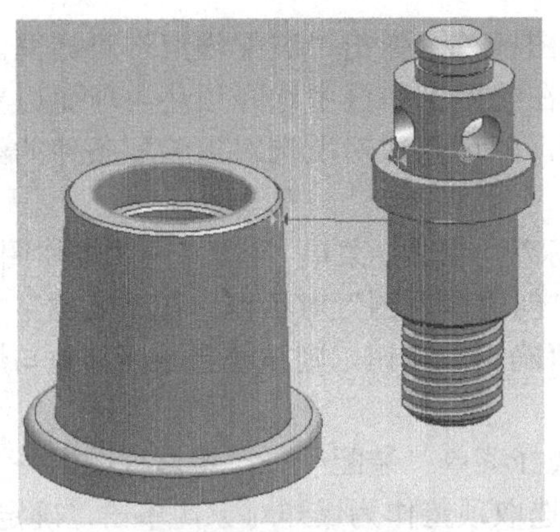

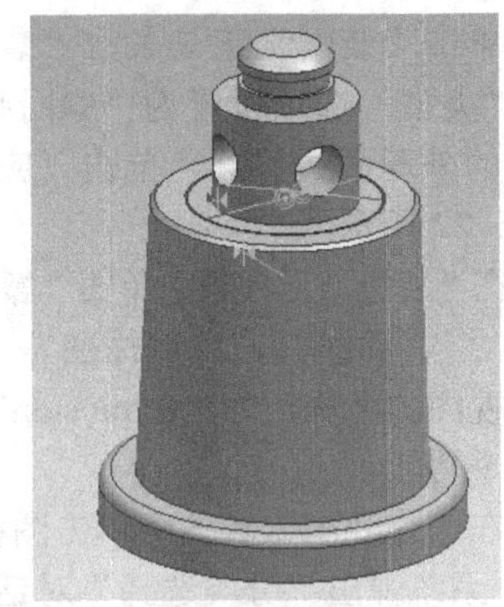

图 16-17 添加同心约束约束前（左）和约束后（右）

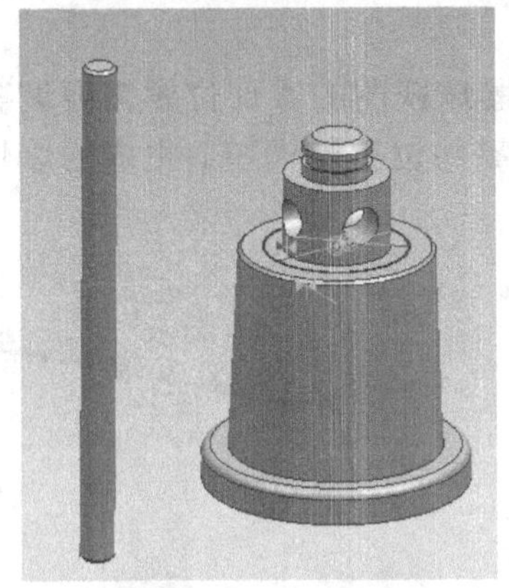

图 16-18 导入铰杠

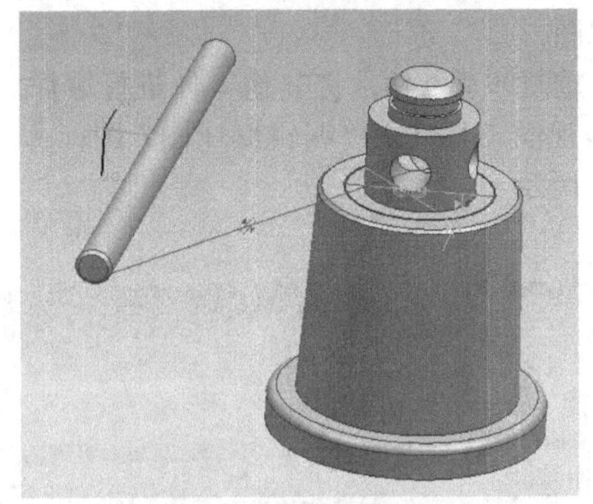

图 16-19 添加平行约束

10）单击“装配”工具条上“装配约束”图标，弹出“装配约束”对话框。在该对话框中，“类型”选项设置为“接触对齐”，然后在绘图工作区中选择铰杠的外圆柱面和螺旋杆上部内孔面，系统用橙色显示被选择的面，单击“应用”按钮，即可完成对所选对象装配条件的约束。结果如图 16-20 所示。

11）按照步骤 2）导入顶垫文件“dingdian.prt”，并将它定位在绘图工作区的合适位置，导入后如图 16-21 所示。

图 16-20 添加接触对齐约束

图 16-21 导入顶垫

12）单击“装配”工具条上“装配约束”图标，弹出“装配约束”对话框。在该对话框中，“类型”选项设置为“◎同心”，然后在绘图工作区中选择顶垫内球面边界圆和螺旋杆上部的外球面边界圆，单击“应用”按钮，即可完成对所选对象装配条件的约束。结果如图 16-22 所示。

13）在“装配”工具条中单击“爆炸图”图标，或选择菜单“装配”→“爆炸图”→“新建爆炸图 ...”，系统弹出“爆炸图”工具条和“创建爆炸图”对话框。在“名称”文本框中输入爆炸视图的名称，如“Explosion1”，单击“确定”按钮，则系统会激活其他与爆炸视图有关的命令功能。

14）在爆炸视图工具条中单击图标，或选择菜单“装配”→“爆炸视图”→“自动爆炸组件”，系统弹出“分类选择”对话框。此时选取顶垫作为爆炸对象，单击“确定”按钮，系统弹出“爆炸距离”对话框。在“距离”文本框中输入“5”，单击“确定”按钮，即可生成爆炸视图。

15）重复步骤 14)，将其他零件进行爆炸。如果爆炸视图的零件位置需要调整时，可单击爆炸视图工具条上“编辑爆炸图”图标，进行零件位置的调整。生成的爆炸视图如图 16-23 所示。

图 16-22　添加同心约束

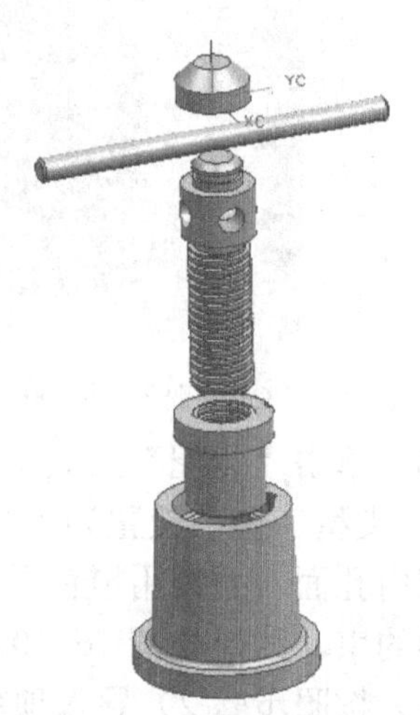

图 16-23　千斤顶的爆炸视图

参 考 文 献

[1] 姚涵珍，等．AutoCAD 2009 工程绘图及 Solid Edge、UG 造型设计[M]．北京：机械工业出版社，2008．

[2] 沈旭，等．AutoCAD 2010 实用教程[M]．北京：清华大学出版社，2011．

[3] 李伟，等．AutoCAD 2010 从入门到精通[M]．北京：清华大学出版社，2010．

[4] 潘苏蓉．AutoCAD 2010 基础教程与应用实例[M]．北京：机械工业出版社，2010．

[5] 陈志民．AutoCAD 2010 中文版实用教程[M]．北京：机械工业出版社，2009．

[6] 姜勇，等．AutoCAD 2010 中文版机械制图基础教程[M]．北京：人民邮电出版社，2010．

[7] 刘红宁．AutoCAD 2010 中文版通用机械设计[M]．北京：机械工业出版社，2010．

[8] 李茳淼，等．AutoCAD 2010 机械设计实例解析[M]．北京：机械工业出版社，2010．

[9] 胡仁喜，等．SolidWorks 2007 中文版标准实例教程[M]．北京：机械工业出版社，2007．

[10] 江洪，等．SolidWorks 2010 完全自学手册[M]．北京：机械工业出版社，2010．

[11] 赵罘，等．中文版 SolidWorks 2010 从入门到精通[M]．北京：科学出版社，2010．

[12] DS SolidWorks 公司．SolidWorks 工程图教程（2010 版）[M]．陈超群，叶修梓，译．北京：机械工业出版社，2010．

[13] 黄成．UG NX 7.0 产品设计行业应用实践[M]．北京：机械工业出版社，2010．

[14] 展迪优．UG NX 7.0 产品设计实例精解[M]．北京：机械工业出版社，2010．

[15] 王国业．UG NX 7.0 中文版从入门到精通[M]．北京：机械工业出版社，2010．